ENGINEER / INDUSTRIAL ENGINEER GAS

No.1

2022
최신 출제경향에 맞춘
최고의 수험서

가스
기사·산업기사
실기

권오수 · 권혁채 · 전삼종

이 책의 구성

PART 01 가스 기초 이론 | **PART 02** 필답형 출제 예상문제 | **PART 03** 동영상 출제 예상문제
부록I 가스기사 기출문제 | **부록II** 가스 산업기사 기출문제

 예문사

머리말

　가스 분야(기능장, 기사, 산업기사, 기능사)의 실기시험이 필답형 주관식으로 바뀌면서 몇 년 전부터 동영상 실기 필답형이 추가되었다. 기능장, 기사, 산업기사 실기시험은 필답형 실기시험과 동영상 실기시험으로 치러지는데, 특히 기능사 실기시험은 동영상 실기 및 작업형 실기로 구분하여 시험을 보게 된다.

　따라서 실기시험의 특성상, 동영상 화면에 보이는 것을 토대로 질문을 정확히 파악하고 이에 대한 정확한 답을 요령있게 서술하는 것이 시험전략이 될 것이다.

　개정 출간하는 가스 기사/산업기사 실기 교재는 필답형 실기와 동영상 실기시험에 꾸준히 출제되는 주요 문제들을 추리고, 최신 기출문제를 추가하여 실제 시험에서와 유사한 설명으로 최대한 현장의 분위기를 느낄 수 있도록 문제들을 구성하였다.

　특히 이 책에 참여한 필자들은 한국가스신문사 기술자문위원이자 (사)한국가스기술인협회 설립자로서 가스 분야에 종사하는 국가기술자격증 취득자들의 권익 향상에 관심을 두고 관련 사업들을 추진해왔다. 그런 만큼 무엇보다 가스 분야의 후진을 양성하는 일의 중요성을 알고 이를 위한 실제적 노력을 하는 과정에서 보다 좋은 교재 출간으로 도움을 주고자 이 책을 기획하게 되었다.

　가스, 공조냉동, 에너지관리 등의 전문직업훈련교사로서의 오랜 경험과 카페 운영 등으로 수험자들이 무엇을 어려워하는지를 가장 잘 아는 만큼 한 권의 책이지만 충실하게 활용한다면 모자람이 없을 것이다.

　또한 교재와 함께 네이버카페(가냉보열), 다음카페(에너지관리자격증취득연대) 등의 질의응답 및 가스분야 자료실 등을 잘 활용하면 큰 도움을 얻을 수 있을 것이다.

　끝으로 출간을 위해 애써 주신 도서출판 예문사의 편집부 직원들에게 감사의 뜻을 전하며, 이 책의 모든 독자들에게 준비하는 모든 시험에서 좋은 결과가 있기를 바란다.

2021년
저자 일동

출제기준

- **자격종목** : 가스기사
- **검정방법** : 실기
- **실기검정방법** : 복합형
- **직무분야** : 안전관리
- **적용기간** : 2020. 1. 1.~2023. 12. 31.
- **시험시간** : **필답형** 1시간 30분 / **작업형** 1시간 30분 정도

- **직무내용** : 가스 및 용기 제조의 공정관리, 가스의 사용방법 및 취급요령 등을 위해 예방을 위한 지도 및 감독 업무와 저장, 판매, 공급 등의 과정에서 안전관리를 위한 지도 및 감독 업무 수행
- **수행준거** : 1. 가스제조에 대한 고도의 전문적인 지식 및 기능을 가지고 각종 가스를 제조할 수 있다.
  2. 가스설비, 운전, 저장 및 공급에 대한 설비 및 취급과 가스장치의 고장 진단 및 유지 관리를 할 수 있다.
  3. 가스기기 및 설비에 대한 검사업무 및 가스안전관리에 관한 업무를 수행할 수 있다.

실기과목명	주요항목	세부항목	세세항목
가스 실무	1. 가스설비 실무	1. 가스설비 설치하기	1. 고압가스 설비를 설계 · 설치관리 할 수 있다. 2. 액화석유가스 설비를 설계 · 설치관리 할 수 있다. 3. 도시가스 설비를 설계 · 설치관리 할 수 있다.
		2. 가스설비 유지 관리 하기	1. 고압가스 설비를 안전하게 유지 관리할 수 있다. 2. 액화석유가스 설비를 안전하게 유지 관리할 수 있다. 3. 도시가스 설비를 안전하게 유지 관리할 수 있다.
	2. 안전관리 실무	1. 가스안전 관리하기	1. 용기, 가스용품, 저장탱크 등 가스설비 및 기기의 취급 운반에 대한 안전대책을 수립할 수 있다. 2. 가스폭발 방지를 위한 대책을 수립하고, 사고 발생 시 신속히 대응할 수 있다. 3. 가스시설의 평가, 진단 및 검사를 할 수 있다.

실기과목명	주요항목	세부항목	세세항목
가스 실무	2. 안전관리 실무	2. 가스 안전 검사 수행 하기	1. 가스 관련 안전인증 대상 기계 · 기구와 자율안전확인 대상 기계 · 기구 등을 구분할 수 있다. 2. 가스 관련 의무안전인증 대상 기계 · 기구와 자율안전확인 대상 기계 · 기구 등에 따른 위험성의 세부적인 종류, 규격, 형식의 위험성을 적용할 수 있다. 3. 가스 관련 안전인증 대상 기계 · 기구와 자율안전 대상 기계 · 기구 등에 따른 기계 · 기구에 대하여 측정 장비를 이용하여 정기적인 시험을 실시할 수 있도록 관리계획을 작성할 수 있다. 4. 가스 관련 안전인증 대상 기계 · 기구와 자율안전 대상 기계 · 기구 등에 따른 기계 · 기구 설치방법 및 종류에 의한 장단점을 조사할 수 있다. 5. 공정 진행에 의한 가스 관련 안전인증 대상 기계 · 기구와 자율안전확인 대상 기계 · 기구 등에 따른 기계 기구의 설치, 해체, 변경 계획을 작성할 수 있다.
		3. 가스 안전 조치 실행 하기	1. 가스설비의 설치 중 위험성의 목적을 조사하고 계획을 수립할 수 있다. 2. 가스설비의 가동 전 사전 점검하고 위험성이 없음을 확인하고 가동할 수 있다. 3. 가스설비의 변경 시 주의 사항의 기본 개념을 조사하고 계획을 수립할 수 있다. 4. 가스설비의 정기, 수시, 특별 안전점검의 목적을 확인하고 계획을 수립할 수 있다. 5. 점검 이후 지적사항에 대한 개선방안을 검토하고 권고할 수 있다.

출제기준

- **자격종목** : 가스산업기사
- **검정방법** : 실기
- **실기검정방법** : 복합형
- **직무분야** : 안전관리
- **적용기간** : 2020.1.1.~2023.12.31.
- **시험시간** : **필답형** 1시간 30분 / **작업형** 1시간 30분 정도

- **직무내용** : 가스 및 용기 제조의 공정관리, 가스의 사용방법 및 취급요령 등을 위해 예방을 위한 지도 및 감독 업무와 저장, 판매, 공급 등의 과정에서 안전관리를 위한 지도 및 감독 업무 수행
- **수행준거** : 1. 가스제조에 대한 전문적인 지식 및 기능을 가지고 각종 가스를 제조, 설치 및 정비 작업을 할 수 있다.
  2. 가스설비, 운전, 저장 및 공급에 대한 취급과 가스장치의 고장 진단 및 유지관리를 할 수 있다.
  3. 가스기기 및 설비에 대한 검사업무 및 가스안전관리에 관한 업무를 수행할 수 있다.

실기과목명	주요항목	세부항목	세세항목
가스 실무	1. 가스설비 실무	1. 가스설비 설치하기	1. 고압가스 설비를 설계·설치관리 할 수 있다. 2. 액화석유가스 설비를 설계·설치관리 할 수 있다. 3. 도시가스 설비를 설계·설치관리 할 수 있다.
		2. 가스설비 유지 관리 하기	1. 고압가스 설비를 안전하게 유지 관리할 수 있다. 2. 액화석유가스 설비를 안전하게 유지 관리할 수 있다. 3. 도시가스 설비를 안전하게 유지 관리할 수 있다.
	2. 안전관리 실무	1. 가스안전 관리하기	1. 용기, 가스용품, 저장탱크 등 가스설비 및 기기의 취급 운반에 대한 안전대책을 수립할 수 있다. 2. 가스폭발 방지를 위한 대책을 수립하고, 사고 발생 시 신속히 대응할 수 있다. 3. 가스시설의 평가, 진단 및 검사를 할 수 있다.

Information

실기과목명	주요항목	세부항목	세세항목
가스 실무	2. 안전관리 실무	2. 가스 안전 검사 수행 하기	1. 가스 관련 안전인증 대상 기계 · 기구와 자율안전확인 대상 기계 · 기구 등을 구분할 수 있다. 2. 가스 관련 의무안전인증 대상 기계 · 기구와 자율안전확인 대상 기계 · 기구 등에 따른 위험성의 세부적인 종류, 규격, 형식의 위험성을 적용할 수 있다. 3. 가스 관련 안전인증 대상 기계 · 기구와 자율안전 대상 기계 · 기구 등에 따른 기계 · 기구에 대하여 측정 장비를 이용하여 정기적인 시험을 실시할 수 있도록 관리계획을 작성할 수 있다. 4. 가스 관련 안전인증 대상 기계 · 기구와 자율안전 대상 기계 · 기구 등에 따른 기계 · 기구 설치방법 및 종류에 의한 장단점을 조사할 수 있다. 5. 공정 진행에 의한 가스 관련 안전인증 대상 기계 · 기구와 자율안전확인 대상 기계 · 기구 등에 따른 기계 기구의 설치, 해체, 변경 계획을 작성할 수 있다.

차 례

Contents

차 례

Contents

부록 I

가스기사 기출문제

차 례

Contents

부록 Ⅱ

가스
산업기사
기출문제

차 례

CHAPTER 02 ┃ 가스산업기사 작업형(동영상)[2014~2021]

PART **01**

가스 기초 이론

CHAPTER **01**

■ ■ ■ ■ Engineer Gas / Industrial Engineer Gas

가스의 제조 및 분석

01 가스의 구분

1. 가연성 가스

(1) 가연성 가스

공기 중에서 연소하는 가스로서 폭발한계의 하한이 10% 이하인 것과 상한과 하한의 차가 20% 이상인 것

→ **중요 가연성 가스 폭발범위**

가스명	화학식	폭발범위 하한치~상한치	가스명	화학식	폭발범위 하한치~상한치
아세틸렌	C_2H_2	2.5~81%	메탄	CH_4	5~15%
산화에틸렌	C_2H_4O	3~80%	프로판	C_3H_8	2.1~9.5%
수소	H_2	4~75%	부탄	C_4H_{10}	1.8~8.4%
일산화탄소	CO	12.5~74%	암모니아	NH_3	15~28%
이황화탄소	CS_2	1.25~44%	브롬화메탄	CH_3Br	13.5~14.5%
시안화수소	HCN	6~41%	벤젠	C_6H_6	1.3~7.9%
에틸렌	C_2H_4	2.7~36%	염화메탄	CH_3Cl	8.3~18.7%
에탄	C_2H_6	3~12.5%	황화수소	H_2S	4.3~45%

(2) 폭발범위와 압력 영향

① 일반적으로 가스압력이 높을수록 발화온도는 낮아지고, 폭발범위는 넓어진다.
② 수소가스는 10atm 정도까지는 폭발범위가 좁아지고 그 이상 압력에서는 넓어진다.
③ 일산화탄소는 압력이 높을수록 폭발범위가 좁아진다.
④ 가스의 압력이 대기압 이하로 낮아지면 폭발범위가 좁아진다.

2. 독성 가스

(1) 독성 가스

인체에 유해한 독성을 가진 가스로서 허용농도가 5,000PPM 이하인 것

➔ **중요 독성가스의 허용 농도(TLV-TWA 기준)**

가스명	화학식	허용농도(PPM)	가스명	화학식	허용농도(PPM)
포스겐	$COCl_2$	0.05	황화수소	H_2S	10
오존	O_3	0.1	시안화수소	HCN	10
불소	F_2	0.1	벤젠	C_6H_6	10
브롬	Br	0.1	브롬화메탄	CH_3Br	20
인화수소	PH_3	0.3	암모니아	NH_3	25
염소	Cl_2	1	일산화질소	NO	25
불화수소	HF	3	산화에틸렌	C_2H_4O	50
염화수소	HCl	5	일산화탄소	CO	50
아황산가스	SO_2	5	염화메탄	CH_3Cl	100

(2) 허용농도

해당 가스를 성숙한 흰쥐 집단에게 대기 중에서 1시간 동안 계속 노출시킨 경우 14일 이내에 2분의 1 이상이 죽게 되는 가스의 농도를 말한다.(Lc50 기준)

3. 조연성 가스

자신은 연소하지 않고 연소를 도와주는 가스(예 산소, 공기, 불소, 염소 등)

4. 고압가스 종류와 범위

(1) 35℃ 또는 상용의 온도에서 압력이 1MPa 이상이 되는 압축가스(C_2H_2는 제외)

(2) 15℃의 온도에서 압력이 0Pa을 초과하는 아세틸렌가스

(3) 35℃ 또는 상용의 온도에서 압력이 0.2MPa 이상이 되는 액화가스

(4) 35℃의 온도에서 압력이 0Pa을 초과하는 액화가스 중 액화시안화수소 · 액화브롬화메탄 및 액화산화에틸렌가스

02 가스의 특성

1. 도시가스(City Gas, Town Gas)

(1) 도시가스의 연료

액화석유가스(LPG), 액화천연가스(LNG), 나프타(Naphtha) 등

① 근래에는 대부분 LPG와 LNG를 기화하여 공급하고 있다.
② LPG를 도시가스로 이용할 경우 LPG+AIR(15,000kcal/m³)를 사용하고 있다.
③ LNG는 액화 상태로 수입하고 기화시켜 수요자에 11,000kcal/m³의 열량으로 공급한다.
④ LNG는 메탄이 주성분이고 약간의 에탄 등의 경질 파라핀계 탄화수소계를 포함한다.

(2) 도시가스(메탄(H₄)가스) 성질

① 대기압 하에서는 기체 상태로 존재하며 공기보다 가벼워 누출 시에 천장 부분에 체류한다.
② 액화시킬 경우 1/600로 축소되고, 비점은 −161.49℃이다.
③ 가스 비중은 조성에 따라 다르지만 0.5~0.8 정도가 일반적이다.
④ 발열량은 특별한 것을 제외하고 1m³당 3,500~11,000kcal이다.
⑤ 폭발범위는 5~15%, 착화온도는 550~600℃이다.

2. 대체천연가스(SNG ; Substitute Natural Gas)

(1) 대체천연가스

SNG 합성 천연가스라고도 부르며 석유 및 석탄 등의 탄소원으로부터 제조된 천연가스에 상당하는 성상을 가진 가스를 말한다.

(2) 규격

정해져 있지 않으나, 주성분은 메탄이므로 발열량, 비중도 메탄에 준한 범위에 있다.

3. 합성천연가스(SNG ; Synthetic Natural Gas)

제조가스(Manufactured Gas)라고도 불리며, 95~98%가 메탄으로 구성되어 있고 석탄이나 나프타(Naphtha)로부터 제조된 가스를 말한다. 또한, 천연가스와 비슷한 에너지를 함유하고 있다.

4. 액화천연가스(LNG ; Liquefied Natural Gas)

저장이나 선적을 위해 초저온 용기(Cryogenic Container)에서 메탄이 주성분인 천연가스에 압력을 가하여 섭씨 약 −162도로 냉각, 액화한 것을 말한다. 가격이 낮고 해상 수송도 가능하다.

5. 수소(Hydrogen, H₂)

(1) 성질

① 상온에서 무색, 무취, 무미의 가연성 압축가스

② 가장 밀도가 작고 가장 가벼운 기체

③ 액체수소는 극저온으로 연성의 금속재료를 쉽게 취화시킨다.

④ 산소와 수소의 혼합가스를 연소시키면 2,000℃ 이상의 고온을 얻을 수 있다.

$2H_2 + O_2 = 2H_2O + 135.6kcal$(수소폭명기)

⑤ 고온·고압하에서 강재 중의 탄소와 반응하여 메탄을 생성 수소취화현상이 있다.

㉠ $Fe_3C + 2H_2 = CH_4 + 3Fe$(탈탄작용)

㉡ 탈탄작용 방지금속 : W, Cr, Ti, Mo, V

㉢ 탈탄작용 방지재료 : 5~6% 크롬강, 18−8 스테인리스

분자량	비점	임계온도	임계압력	융점	폭발범위	폭굉범위	발화점
2.016	−252.8℃	−239.9℃	12.8atm	−259.1℃	4~75%	18.3~59.0	530℃

(2) 공업적 제법

① 수전해법 : 물전기분해법(20% NaOH 사용)

② 수성가스법 : 석탄, 코크스의 가스화법(폭발등급 3등급)

③ 석유분해법 : 수증기 개질법, 부분산화법(파우더법)

④ 천연가스 분해법

⑤ 일산화탄소 전화법

(3) 용도

① 공업용으로 널리 사용되는 압축가스이다.

② 금속의 용접이나 절단에 사용

③ 액체수소의 경우 로켓이나 미사일의 추진용 연료

(4) 폭발성 및 인체에 미치는 영향

    ① 염소, 불소와 반응하면 폭발(수소폭명기) 위험

    ② 최소발화에너지가 매우 작아 미세한 정전기나 스파크로도 폭발 위험

    ③ 비독성으로 질식제로 작용

6. 산소(Oxygen, O_2)

(1) 성질

    ① 비중은 공기를 1로 할 때 1.11의 무색 · 무취 · 무미의 기체이다.

    ② 화학적으로 화합하여 산화물을 만든다.

    ③ 순산소 중에서는 공기 중에서보다 심하게 반응한다.

    ④ 수소와는 격렬하게 반응하여 폭발하고 물을 생성한다.

    ⑤ 탄소와 화합하면 이산화탄소와 일산화탄소를 생성한다.

    ⑥ 산소-수소화염은 2,000~2,500℃, 산소-아세틸렌화염은 3,500~3,800℃에 달한다.

    ⑦ 산소는 그 자신 폭발의 위험은 없지만 강한 조연성 가스이다.

    ⑧ 기름이나 그리스 같은 가연성 물질은 발화 시에 산소 중에서 거의 폭발적으로 반응한다.

    ⑨ 만일 유지류가 부착되어 있을 경우에는 사염화탄소(CCl_4) 등의 용제로 세정한다.

분자량	비점	임계온도	임계압력	융점	용해도	정압비열	정적비열
32	−182.97℃	−118.4℃	50.1atm	−218℃	49.1cc	0.2187cal/g℃	0.1566cal/g℃

(2) 제법

    ① 물전기 분해법 : $2H_2O = 2H_2 + O_2$

    ② 공기액화분리법 : 비등점 차이에 의한 분리(O_2 : −183℃, N_2 : −195.8℃)

       ∗ 공기액화장치의 종류 : 전저압식 공기분리장치 : 5MPa 이하, 대용량 사용

          중압식 공기 분리장치 : 1~3MPa 정도, 질소가 많음

          저압식 액상플랜드 방식 : 2.5MPa 이하, Ar 회수

(3) 용도

    ① 타 가스에 의한 마취로부터의 소생 등 의료계에 널리 이용되고 있다.

    ② 잠수 시 또는 우주탐사 시 호흡용과 연료원으로 사용된다.

    ③ 산소-아세틸렌염, 산소-수소염, 산소-프로판염 등으로 용접, 절단용으로 쓰이고 있다.

    ④ 인조보석 제조와 로켓 추진의 산화제로 또는 액체산소 폭약 등에도 널리 쓰이고 있다.

(4) 폭발성 및 인화성

① 물질의 연소성은 산소농도나 산소분압이 높아짐에 따라 현저하게 증대하고 연소속도의 급격한 증가, 발화온도의 저하, 화염온도의 상승 및 화염길이의 증가를 가져온다.

② 폭발한계 및 폭굉한계도 공기 중과 비교하면 산소 중에서는 현저하게 넓고 또 물질의 점화에너지도 저하하여 폭발의 위험성이 증대한다.

(5) 인체에 미치는 영향

① 기체산소의 흡입은 인체에 독성효과보다 강장의 효과가 있다.

② 산소과잉이거나 순산소인 경우는 인체에 유해하다. 60% 이상의 고농도에서 12시간 이상 흡입하면 폐충혈이 발생하며 어린아이나 작은 동물은 실명·사망하게 된다.

(6) 장치 안전

① 산소가스 용기 및 기계류에 윤활유, 그리스 등을 사용하지 않는 금유표시 표시기기 사용

② 산소 압축기의 윤활유로 물이나 10% 이하의 글리세린수 사용

③ 산소의 최고압력은 $150kg/cm^2$이며, 용기재질은 Mn강, Cr강, 18-8 스테인리스강

7. 질소(Nitrogen, N_2)

(1) 성질

① 상온에서 무색·무취의 기체이며 공기 중에 약 78.1% 함유되어 있다.

② 불연성 기체로 분자상태는 안정하나 원자상태는 화학적으로 활발하다.(NO, NO_2)

③ Mg, Li, Ca 등과 질화작용한다.(Mg_3N_2, Li_3N_2, Ca_3N_2)(내질화성 금속 : Ni)

분자량	비점	임계온도	임계압력	융점	밀도
28	-195.8℃	-147℃	33.5atm	-209.89℃	1.25

(2) 제법

① 공기 액화 분리장치

② 아질산 암모늄(NH_4NO_2) 가열

(3) 용도

① 급속동결용 냉매

② 산화방지용 보호제

③ 기기 기밀시험용 퍼지용 등

8. 희가스

(1) 성질

① 원소와 화합하지 않는 불활성 기체이다.

② 무색 · 무취의 기체이며, 방전관 속에서 특유의 빛을 발생한다.

명칭	분자량	공기 중 분포	융점($℃$)	비점($℃$)	임계온도	임계압력	발광색
Ar(아르곤)	39.94	0.93%	-189.2	-185.8	$-22℃$	40atm	적색
Ne(네온)	20.18	0.0015%	-248.67	-245.9	$-228.3℃$	26.9atm	주황색
He(헬륨)	4.004	0.0005%	-272.2	-268.9	$-267.9℃$	2.26atm	황백색

Kr : 록자색   Xe : 청자색   Rn : 청록색

(2) 제법

공기액화 시 부산물로 생산

(3) 용도

네온사인용, 형광등 방전관용, 금속가공 제련 보호가스 등 이용

9. 염소(Chlorine, Cl_2)

(1) 성질

① 상온에서 심한 자극적 냄새가 있는 황록색의 무거운 독성 기체이다.(허용농도 1ppm)

② $-34℃$ 이하로 냉각시키거나, 6~8기압의 압력으로 액화되어 액체상태로 저장한다.

③ 기체일 때 무게는 공기보다 약 2.5배 무겁고 조연성 가스로 취급된다.

④ 수소와 염소가 혼합되었을 경우 폭발성을 가진다.

⑤ 염소 폭명기 : Cl_2^+

분자량	비점	임계온도	임계압력	융점	용해도	허용농도	밀도(g/l)
71	$-34℃$	$144℃$	76.1atm	$-100.98℃$	4.61배	1ppm	1.429

(2) 제조(소금 전기 분해)

① 수은법 : 아말감(고순도)

② 격막법 : 공업용

(3) 용도

    ① 수돗물의 살균

    ② 펄프 · 종이 · 섬유의 표백

    ③ 공업용수나 하수의 정화제

(4) 폭발성, 인화성 및 위험성

    ① 염소가스 분위기 중에 있는 금속을 가열하면, 금속이 연소된다.

    ② 염소와 아세틸렌이 접촉하게 되면 자연발화의 가능성이 높다.

    ③ 독성 가스로서 호흡기에 유해하다.

    ④ 독성 제해제로는(소석회, 가성소다, 탄산소다 수용액을 사용한다.)

    ⑤ 안전변 : 가용전(용융온도 65~68℃)식 안전변 사용

10. 암모니아

(1) 성질

    ① 상온 · 상압하에서 자극이 강한 냄새를 가진 무색의 기체이다.

    ② 물에 잘 용해된다.(0℃, 1atm에서 1,164배 용해됨)

    ③ 증발잠열이 크며, 독성, 가연성 가스이다.

분자량	비점	임계온도	임계압력	융점	연소범위	허용농도	비중(공기)
17	−33.4℃	132.9℃	112.3atm	−77.7℃	15~28%	25ppm	0.59

(2) 제법

    ① 하버보시법 : $N_2 + 3H_2 = 2NH_3 + 23kcal$(촉매 $Fe + Al_2O_3$)

        ㉠ 고압법(60~100MPa 이상) : 클로우드법, 카자레법

        ㉡ 중압법(30MPa) : IG법, 뉴파우더법, 동고시법, JCI법

        ㉢ 저압법(15MPa) : 구우데법, 켈로그법(경제적임)

    ② 석회질소법 : $3CaO + 3C + N_2 + 3H_2O = 3CaCO_3 + 2NH_3$

(3) 용도

    ① 질소비료, 황산암모늄 제조, 나일론, 아민류의 원료

    ② 흡수식이나 압축식 냉동기의 냉매, 드라이아이스 제조

(4) 누출검지 및 인체에 미치는 영향

① 염산수용액과 반응하면 흰연기 발생

② 페놀프탈레인 용액과 반응(무색 → 적색)

③ 적색리트머스 시험지와 반응(파란색)

④ 독성 가스로 최대허용치는 25ppm, 고온, 고압에서 질화작용으로 방지를 위하여 18−8 스테인리스강 사용

11. 일산화탄소(CO)

(1) 성질

① 무미, 무취, 무색의 기체. 독성이 강하고, 환원성의 가연성 기체이다.

② 물에는 녹기 어렵고 알코올에 녹는다.

③ 금속과 반응하여 금속(Fe, Ni) 카보닐을 생성(카보닐 방지금속 : Cu, Ag, Al)

   ㉠ 철(Fe) + 5CO = $Fe(CO)_5$ − 철카보닐

   ㉡ $Ni + 4CO = Ni(CO)_4$ − 니켈카보닐

분자량	비점	임계온도	임계압력	융점	연소범위	허용농도	비중(공기)
28	−192.2℃	139℃	35atm	−207℃	12.5~74.2%	50ppm	0.97

(2) 제조

① 수성가스화법 : $CH_4 + H_2O = CO + 2H_2$

② 석탄 코오크스 습증기 분해법 : $C + H_2O = CO + H_2$

(3) 용도

메탄올 합성, 포스겐 제조 등

12. 이산화탄소(CO_2)

(1) 성질

① 무미, 무취, 무색의 기체. 독성이 없고, 불연성 기체로 공기보다 무겁다.

② 물에는 녹기 어렵고 물에 녹아 약산성으로 관을 부식시킨다.

분자량	비점	임계온도	임계압력	융점	공기 중 분포	허용농도	비중(공기)
44	$-78.5℃$	$31℃$	72.9atm	$-56℃$	0.03%	1,000ppm	-1.517

(2) 제조

일산화탄소 전화반응, 석회석 가열, 코크스 연소 등

(3) 용도

드라이아이스 제조, 요소($(NH_2)_2CO$) 원료, 탄산수, 소화제 등

13. LPG(Liquefied Petroleum Gas, 액화석유가스)

LPG란 프로판, 부탄을 주성분으로 한 저급탄화수소로 보통 $C_3 \sim C_4$까지를 말한다.

(1) 특성

① 기화 및 액화가 쉽다.(기화잠열 C_3H_8 : 101.8kcal/kg, C_4H_{10} : 92kcal/kg)
   프로판은 약 0.7MPa, 부탄은 약 0.2MPa 정도로 가압시키면 액화된다. 기화되어도 재액화될 가능성이 있다.

② 공기보다 무겁고 물보다 가볍다.

③ 액화하면 부피가 작아진다.

④ 폭발성이 있다.

⑤ 연소 시 다량의 공기가 필요하다.(C_3H_8 : 25배, C_4H_{10} : 32배)

⑥ 발열량 및 청정성이 우수하다.
   프로판(C_3H_8)$+5O_2 = 3CO_2 + 4H_2O + 530$kcal/mol
   부탄(C_4H_{10})$+6.5O_2 = 4CO_2 + 5H_2O + 700$kcal/mol

   ＊ LPG 가스의 공기희석 목적 : 열량조절, 연소효율 증대, 재액화 방지, 누설손실감소

⑦ LPG는 고무, 페인트, 테이프 등의 유지류, 천연고무를 녹이는 용해성이 있다.

⑧ 무색무취이다.(부취제인 메르캅탄을 첨가)

구분	분자량	비점	임계온도	임계압력	발화점	연소범위
C_3H_8	44	−42.1℃	96.8℃	42atm	460~520℃	2.1~9.5%
C_4H_{10}	58	−0.5℃	152℃	37.5atm	430~510℃	1.8~8.4%

(2) 부취제

① 부취제 첨가 : 공기 중의 혼합비율이 1/1,000 상태에서 감지하도록 첨가

② 부취제의 특성
  ㉠ 독성이 없을 것
  ㉡ 일반적으로 존재하는 냄새와는 명확하게 구별될 것
  ㉢ 저농도에 있어서도 냄새를 알 수 있을 것
  ㉣ 가스 배관이나 가스메타 등에 흡착되지 않을 것
  ㉤ 완전히 연소하고 연소 후에는 유해하거나 냄새를 가지는 물질을 남기지 않을 것
  ㉥ 배관 내에서 통상의 온도로 응축되지 않을 것
  ㉦ 부식성이 없고 화학적으로 안정할 것
  ㉧ 물에 녹지 않고 토양에 대한 투과성이 좋을 것
  ㉨ 가격이 저렴할 것

(3) 제법

① 습성 천연가스 및 원유로부터의 제조 : 압축냉동법(8, 24), 흡수법(경유), 활성탄 흡수법
② 제유소 가스로부터 제조
③ 나프타 분해 및 수소화 분해 생성물

(4) 용도

① 프로판은 가정용 · 공업용, 내연기관의 연료로도 많이 쓰인다.
② 합성고무 원료인 부타디엔은 노르말부탄의 제조

> Reference | 정전기 발생 방지대책
>
> • 폭발성 분위기 형성, 확산방지   • 방폭전기설비 설치
> • 접지 실시   • 작업자의 대전방지

(5) 액화 석유가스 누출 시 주의사항

① LPG가 누출되면 공기보다 무거워서 낮은 곳에 고이게 되므로 특히 주의할 것
② 가스가 누출되었을 경우 부근의 착화원은 신속히 치우고 용기밸브, 중간밸브를 잠그고 창문 등을 열어 신속히 환기시킬 것
③ 용기의 안전밸브에서 가스가 누출될 때에는 용기에 물을 뿌려 냉각시킬 것

> Reference | **발화점에 영향을 주는 인자**
>
> • 가연성 가스와 공기의 혼합비 　　• 가열속도와 지속시간
> • 점화원의 종류와 투여법 　　　　　• 발화가 생기는 공간의 형태
> • 기벽의 재질과 촉매효과

14. 포스겐(COCl₂)

(1) 성질

① 순수한 것은 무색, 시판품은 짙은 황록색, 자극적인 냄새를 가진 유독가스이다.
② 서서히 분해하면서 유독성과 부식성이 있는 가스를 생성
③ 300℃에서 분해하여 일산화탄소와 염소가 된다.
④ 표준품질은 순도는 97% 이상이며, 유리염소 0.3% 이상이다.
⑤ 중화제 흡수제로 강한 알칼리를 사용한다.

분자량	융점	비점	임계온도	임계압력	비중	허용농도
98.92	−128℃	8.2℃	181.85℃	56atm	1.435	0.1ppm

(2) 제조법

① 일산화탄소와 염소로부터 제조
$$CO + Cl_2 = COCl_2$$
② 사염화탄소를 공기 중, 산화철, 습한 곳에서 생성

15. 아세틸렌(Acetylene, C_2H_2)

(1) 성질

① 3중 결합을 가진 불포화 탄화수소로 무색의 기체이다.

② 비점($-84℃$)과 융점($-81℃$)이 비슷하여 고체 아세틸렌은 융해하지 않고 승화한다.

③ 물 1몰에 아세틸렌은 1.1몰($15℃$), 아세톤 1몰에 아세틸렌 25몰($15℃$)이 녹는다.

④ 불꽃, 가열, 마찰 등에 의하여 자기분해를 일으키고, 수소와 탄소로 분해된다.

$C_2H_2 = 2C + H_2 + 54.2kcal/mol$(분해 폭발)

⑤ Cu, Hg, Ag 등의 금속과 결합하여 금속아세틸리드 생성한다.

$C_2H_2 + 2Cu = Cu_2C_2$(동아세틸리드)$+ H_2$

분자량	융점	비점	임계온도	임계압력	연소범위
26	$-82℃$	$83.8℃$	$36℃$	61.7atm	2.1~81%

(2) 제법

① 카바이드(Carbide)에 물을 가하여 제조 : $CaC_2 + 2H_2O = C_2H_2 + Ca(OH)_2$

② 석유 크래킹으로 제조

$C_3H_8 \rightarrow C_2H_2 + CH_4 + H_2$(Creaking, 1,000~1,200℃)

(3) 용도

① 산소 · 아세틸렌염을 이용 금속의 용접 및 절단에 사용된다.

② 벤젠, 부타디엔(합성고무원료), 알코올, 초산 등 생산

(4) 아세틸렌 발생기

① 가스발생기 : 주수식, 침지식, 투입식

② 습식 아세틸렌 발생기 표면온도는 $70℃$ 이하 유지, 적정온도는 $50~60℃$ 유지

③ 아세틸렌 압축기의 윤활유는 양질의 광유 사용, 온도에 불구하고 2.5MPa 이상 압축금지

④ 아세틸렌가스를 용제에 침윤시킨 다공도 75~92% 이하

⑤ 건조기 건조제 : $CaCl_2$ 사용

⑥ 아세틸렌가스 청정제 : 에푸렌, 카타리솔, 리카솔(대표불순물 : H_2S, PH_3, NH_3, SiH_4)

⑦ 아세틸렌가스 용제 : 아세톤, DMF(디메틸포름아미드)

⑧ 다공도(%)$= \dfrac{(V-E)}{V} \times 100$ (V : 다공물질의 용적, E : 아세톤 침윤시킨 잔용적)

16. 산화에틸렌(CH₂CH₂O)

(1) 성질

① 상온에서는 무색가스로 에테르 냄새, 고농도에서 자극적 냄새가 난다.

② 액체는 안정하나 증기는 폭발성·가연성 가스로 중합 및 분해 폭발을 한다.

④ 아세틸라이드를 형성하는 금속(Cu, Hg, Ag)을 사용해서는 안 된다.

분자량	융점	비점	인화점	발화점	밀도	연소범위
44.05	−113℃	−10.4℃	−17.8℃	429℃	1.52	3~80%

(2) 용도

에티렌 글리콜, 폴리에스테르섬유 원료 등에 이용

17. 프레온(Freon, 탄화수소와 할로겐 원소의 결합화합물)

(1) 성질

① 무미, 무취, 무색의 기체. 독성이 없고, 불연성 비폭발성으로 열에 안정하다.

② 액화하기 쉽고 증발잠열이 크다.

③ 약 800℃에서 분해하여 유독성의 포스겐가스 발생

④ 천연고무나 수지를 침식시킨다.

(2) 용도

냉동기 냉매, 테프론수지 생산, 에어졸 용제, 우레탄 발포제 등

> **Reference | 헤라이트 토치 램프 색상으로 프레온가스 누설검사**
>
> ① 누설이 없을 때 : 청색   ② 소량누설 시 : 녹색
> ③ 다량 누설 시 : 자색   ④ 극심할 때 : 불꺼짐
>
> | 품명 | 약칭 | 분자식 | 비중 | 할론No. |
> |---|---|---|---|---|
> | 사염화탄소 | CTC | CCl_4 | 1.595 | 104 |
> | 1염화 1취화 메탄 | CB | CH_2BrCl | 1.95 | 1011 |
> | 1취하 1염화 2불화 메탄 | BCF | CF_2ClBr | 2.18 | 1211 |
> | 1취하 메탄 | MB | CH_3Br | − | 1001 |
> | 1취하 3불화 메탄 | MTB | CF_3Br | 1.50 | 1301 |
> | 2취하 4불화 에탄 | FB⁻² | $C_2F_4Br_2$ | 2.18 | 2402 |

18. 시안화수소(HCN)

(1) 성질

① 복숭아 냄새의 무색 기체, 무색 액체로 독성이 강하고 휘발하기 쉽다.

② 물, 암모니아수, 수산화나트륨용액에 쉽게 흡수된다.

③ 장기간 저장하면 중합하여 암갈색의 폭발성 고체가 된다(60일 이내 저장).

분자량	융점	비점	인화점	발화점	밀도	연소범위	허용농도
27	-13.2℃	-25.6℃	-17.8℃	538℃	0.941	6~41%	10ppm

(2) 제법

① 앤드류소법 : $CH_4 + NH_3 + \frac{3}{2}O_2 = HCN + 3H_2O + 11.3kcal$

② 폼아미드법 : $CO + NH_3 \rightarrow HCONH_2(폼아미드) \rightarrow HCN + H_2O$

(3) 용도

살충제, 아크릴수지 원료

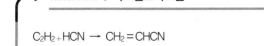

Reference | 아크릴로니트릴

$C_2H_2 + HCN \rightarrow CH_2 = CHCN$

19. 벤젠(Benzene, C_6H_6)

(1) 무색, 특유의 냄새를 지닌 휘발성, 가연성, 독성이다.

(2) 물에 녹지 않으나, 유기용매에 잘 녹으며 용제로 사용한다.

(3) 방향족 탄화수소로 수소에 비해 탄소가 많아 연소 시 그을음이 많이 생긴다.

(4) 살충제(DDT), 염료, 수지의 원료로 사용

20. 황화수소(H_2S)

(1) 달걀 썩은 냄새가 나는 유독성 · 가연성 가스이다.

(2) 화산 속에 포함되어 있고, 킵장치로 얻는다.

(3) 연당지[$(CH_2=COO)_2Pb$]와 반응하여 흑색으로 변한다.(검출법)

(4) 환원제, 정성분석, 공업용 의약품 등에 이용

21. 이황화탄소(CS_2)

(1) 성질

① 무색 또는 엷은 황색 휘발성 액체. 보통은 악취(계란 썩는 냄새)를 가지고 있음
② 물에는 잘 녹지 않으며 알코올, 에테르에 용해
③ 저온에도 강한 인화성이 있다.
④ 산화성은 없으나 폭발성, 연소성이 있다.

분자량	융점	비점	인화점	발화점	밀도	연소범위	허용농도
76.14	−112℃	46.25℃	−30℃	90℃	2.67	1.2~50%	20ppm

(2) 위험성

① **흡입 시** : 현기증, 두통, 의식불명, 정신장애, 정신착란, 전신마비
② **삼켰을 때** : 두통, 구토, 다발성 신경염, 정신착란, 혼수상태
③ **피부** : 홍반, 심한 통증, 피부로 흡수되어 중독되는 수도 있음
④ **눈** : 심하게 자극, 통증, 홍반, 급성중독의 경우는 순환기계의 장애를 일으킴

(3) 용도

① 비스코스레이온, 셀로판 제조
② 고무가황 촉진제 등

21. 아황산가스(SO_2)

(1) 성질

① 물에는 쉽게 녹으며, 알코올과 에테르에도 녹는다. 환원성이 있다.
② 표백작용을 하고 액체는 각종 무기, 유기화합물의 용제로 사용한다.
③ 누출 시 눈, 코, 및 기도를 강하게 자극시킨다.

분자량	융점	비점	임계온도	임계압력	밀도	허용농도
64	−78.5℃	−10℃	157.5℃	77.8atm	2.3	5ppm

(2) 제법

황을 연소 : $S + O_2 \rightarrow SO_2$

(3) 용도

황산 제조, 제당, 펄프의 표백제 이용

03 연소 기초 이론

1. 연소의 종류

(1) 증발연소

석유나 알코올, 가솔린 등의 주로 경질유인 가연성 액체연료가 탈 때에 연소를 하는 형태로서 연료가 열분해가 없이 물질의 표면에서 증발하게 된 가연성 증기가 공기 중의 산소와의 화합으로 인하여 연소하는 형태

(2) 분해연소

석탄, 목제, 중질유 등의 열분해과정에서 초기에 일어나는 연소형태 열분해 시 발생하는 휘발분이 공기와 혼합하여 확산하여 연소하는 형태

(3) 표면연소

숯, 목탄 등의 연료가 1차 건류하여 증발, 분해 등을 하지 않고 고체 그대로 연소하는 형태이다.

(4) 예혼합연소와 확산연소

① **예혼합연소** : 기체연료 연소방식의 하나로서 미리 연료(기체 연료)와 공기(1차 공기)를 혼합하여 버너로 공급 연소시키는 방식. 예혼합 연소에서 버너로부터 분출하는 혼합기는 전부 필요한 공기를 적당량 포함하고 있기 때문에 연소반응이 신속히 행해지고 특징이 있다.

② **확산연소** : 기체(가스)연료와 공기를 혼합시키지 않고 연료만 버너로부터 분출시켜 연소에 필요한 공기는 모두 화염의 주변에서 확산에 의해 공기와 연료를 서서히 혼합시키면서 연소시키는 방식이다.

2. 연소기구

(1) 적화식 연소

가스를 그대로 대기 중에 분출하여 연소시키는 방법으로 연소에 필요한 공기는 모두 화염의 주위에서 확산하여 얻어진다. 즉, 연소에 필요한 공기 전부를 2차 공기로 취하고 1차 공기는 취하지 않는 것이다.

① 장점
  ㉠ 역화하는 일은 전혀 없다.
  ㉡ 자동온도 조절장치의 사용이 용이하다.
  ㉢ 적황색의 장염을 얻을 수 있다.

ⓔ 낮은 칼로리의 기구에 사용된다.

ⓜ 염의 온도는 비교적 낮다(900℃).

ⓗ 기기를 국부적으로 과열하는 일이 없다.

② 단점

ⓖ 연소실이 넓어야 한다. 좁으면 불완전 연소를 일으키기 쉽다.

ⓛ 버너 내압이 너무 높으면 선화(Lifting) 현상이 일어난다.

ⓒ 고온을 얻을 수 없다.

ⓔ 불꽃이 차가운 기물에 접촉하면 기물 표면에 그을음이 부착된다.

(2) 분젠식 연소

가스가 노즐에서 일정한 압력으로 분출하고 그때의 운동에너지로 공기공에서 연소 시 필요한 공기의 일부분(1차 공기)을 흡입하여 혼합관 내에서 혼합시켜 염공으로 나와 연소된다. 이때 부족한 산소는 불꽃 주위에서 확산함으로써 공급받는다. 이 공기를 2차 공기라 한다. 즉, 공기와 일정 비율로 혼합된 가스를 대기 중에서 연소시키는 것이다.

① 장점

ⓖ 염은 내염, 외염을 형성한다.

ⓛ 2차 공기가 혼합되어 있기 때문에 연소는 급속한다. 따라서 염이 짧게 되며 발생한 열은 집중되어 염의 온도가 높다(1,200~1,300℃).

ⓒ 연소실은 작고 좁아도 된다.

② 단점

ⓖ 일반적으로 댐퍼의 조절을 요한다.

ⓛ 역화, 선화의 현상이 나타난다.

ⓒ 소화음, 연소음이 발생할 수 있다.

(3) 세미 · 분젠식 연소

적화식 연소방법과 분젠식 연소방법의 중간방법, 즉 1차 공기량을 제한하여 연소시키는 방법으로 1차 공기와 2차 공기의 비율이 분젠식과는 반대이다. 1차 공기율이 약 40% 이하이고 내염과 외염의 구별이 뚜렷하지 않은 연소를 세미 · 분젠식 연소방법이라 한다. 염의 색은 주로 청색을 띠게 된다.

① 장점

ⓖ 적화와 분젠의 중간상태의 연소상태라서 역화하지 않는다.

ⓛ 염의 온도는 1,000℃ 정도이다.

② 단점
  ㉠ 고온을 요할 경우는 사용할 수 없다.
  ㉡ 국부적인 감열에는 사용할 수 없다.
③ 용도
  목욕탕 버너, 온수기 버너 등에 이용된다.

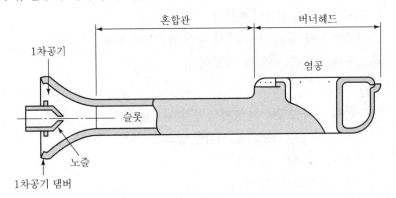

‖ 분젠식 연소기구 구조 ‖

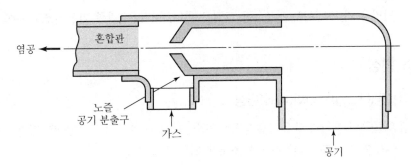

‖ 세미 분젠식 연소기구 구조 ‖

(4) 전일차 공기식 연소

연소에 필요한 공기의 전부를 1차 공기로 혼합시켜 연소를 행하는 것으로 2차 공기가 필요 없다.

① 장점
    ㉠ 버너는 어떠한 쪽으로 붙여도 사용할 수 있다.
    ㉡ 가스가 갖는 에너지의 70% 가까이 적외선으로 전환할 수 있다.
    ㉢ 적외선은 열의 전달이 빠르다.
    ㉣ 개방식 노에 사용해도 대류에 의한 열손실이 적다.
    ㉤ 표면온도는 850~950℃ 정도이다.

② 단점
    ㉠ 고온의 노 내에 완전히 넣어서 부착하는 일이 불가하다.
      (버너의 뒷면은 가능한 한 냉각할 필요가 있다.)
    ㉡ 구조가 복잡해서 고가이다.
    ㉢ 거버너의 부착이 필요하다.

③ 용도
난방용 가스스토브, 건조로용 그릴용 버너, 소각용, 각종 가열건조로 등에 이용된다.

3. 연소 현상

(1) 리프팅(Lifting) : 선화(비화)현상

염공(불구멍)에서의 가스 유출속도가 연소 속도보다 빠르게 되었을 때, 가스는 염공에 붙어서 연소하지 않고 염공을 이탈하여 연소하게 되는 현상이다.

■ 리프팅 원인
    ① 버너의 염공에 먼지 등이 부착하여 염공이 작아졌을 때
    ② 가스의 공급압력이 지나치게 높은 경우
    ③ 노즐 구경이 지나치게 클 경우
    ④ 가스의 공급량이 버너에 비해 과대할 경우
    ⑤ 연소폐가스의 배출이 불충분한 경우
    ⑥ 환기가 불충분함에 따라 2차 공기 중의 산소가 부족한 경우
    ⑦ 공기조절기를 지나치게 열었을 경우

(2) 역화(Flash Back)

가스의 연소속도가 염공에서의 가스 유출속도보다 빠르게 되었을 때, 또는 연소속도는 일정하여도 가스의 유출속도가 느리게 되었을 때, 불꽃이 버너 내부로 들어가 노즐의 선단에서 연소하게 되는 현상이다.

- **역화의 원인**
  ① 부식으로 인하여 염공이 커진 경우
  ② 노즐 구경이 너무 적을 때
  ③ 노즐 구경이나 연소기 코크의 구멍에 먼지가 묻거나 코크가 충분히 열리지 않았거나 가스 압력이 낮을 때
  ④ 가스레인지 위에 큰 냄비 등을 올려놓고 장시간 사용하는 경우

(3) 황염(Yellow Tip)

버너에서 황적색의 불꽃이 되는 것은 공기량의 부족 때문이며 탄소가 연소하지 못하고 황염이 되어 불꽃이 길어지고, 저온의 물체에 접촉하면 불완전연소를 촉진하여 일산화탄소(CO)나 그을음이 발생하므로 주의해야 한다.

(4) 불완전연소

가스의 연소는 산화반응으로서 이 반응이 진행하기 위해서는 충분한 산소와 일정온도 이상이어야 한다. 이 조건이 만족되지 않으면 반응 도중 중간 생성물(일산화탄소 등)을 발생하는데 이 상태를 불완전연소라 한다.

- **발생원인**
  ① 공기 공급량 부족
  ② 환기 불충분
  ③ 배기 불충분
  ④ 프레임의 냉각
  ⑤ 가스 조성이 맞지 않을 때
  ⑥ 가스기구 및 연소기구가 맞지 않을 때

4. 급배기방식에 의한 연소기구

(1) 개방형 연소기구

실내로부터 연소용의 공기를 취해서 연소하고 폐가스를 그대로 실내에 배기하는 연소기구로서 비교적 입열량이 적은 주방용 기구, 소형 온수기(순간 온수기), 소형 가스난로 등이 이것에 해당한다.

이 개방형 연소기구를 좁은 방에 설치할 경우에는 환기에 특히 주의해야 한다.

- **■ 개방형 기구 종류**
  - ① 주방기구 : 가스테이블, 가스레인지, 가스밥솥, 가스오븐, 6,000kcal/hr 이하의 음료용
  - ② 가스난로 : 입열량이 6,000kcal/hr 이하의 난로
  - ③ 순간온수기 : 입열량이 10,000kcal/hr 이하의 온수기로 연통을 연결하지 않은 구조

(2) 반밀폐형 연소기구

연소용 공기를 실내로부터 공급받아 연소하고 폐가스를 배기통을 통하여 배출하는 기구를 말한다.

- **■ 반밀폐형 연소기구 종류**
  - ① 난방용 가스보일러, 목욕탕용 순간온수기 및 대형온수기
  - ② 순간온수기 : 인풋(Input)이 10,000kcal/hr를 초과하거나 10,000kcal/hr 이하로 연통장 치가 부착된 연소기구
  - ③ 난로 : Input 6,000kcal/hr를 초과하는 연소기구
  - ④ 기타 연소기구로서 연통을 부착한 구조의 연소기구

(3) 밀폐형 연소기구

실내공기와 완전히 격리된 연소실 내에서 외기로부터 공급되는 공기에 의하여 연소되고 다시 외기로 폐가스를 배출하는 기구를 말한다.

- **■ 밀폐형 연소기구 종류**
  - ① 밸런스형 난방기구 : 대형 온수기, 보일러
  - ② 강제 급배기형 난방기구 : 대형 보일러

(4) 가스 보일러 구분

① 반밀폐형 자연배기식(CF식) 보일러
연소용 공기를 실내에서 취하고, 연소배기가스를 배기통을 이용하여 자연 통기력에 의하여 실외로 배출하는 방식이다.

② 반밀폐형 강제배기식(FE식) 보일러
연소용 공기는 실내에서 취하고 연소된 폐가스는 보일러에 내장된 배기팬을 이용하여 옥외로 강제 배출시키는 방식으로서, CF방식 보일러에 배기팬이 추가된 형태이다.

③ 밀폐형 강제급배기식(FF식) 보일러
급·배기통을 외부에 설치하고 팬을 이용하여 강제로 급·배기시키는 방식으로서, 연소용 공기는 물론이고 연소된 폐가스도 실내의 공기와 관계없이 옥외로 배출되는 방식이다.

가스보일러는 다른 가정용 연소기구에 비하여 가스 소비량이 많으므로 연소 시 많은 공기를 필요로 하게 된다.

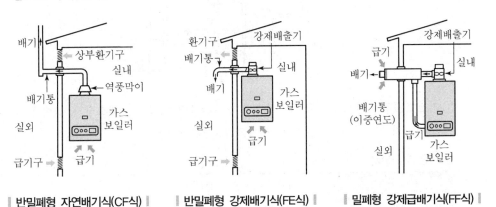

| 반밀폐형 자연배기식(CF식) | 반밀폐형 강제배기식(FE식) | 밀폐형 강제급배기식(FF식) |

Reference |

CF식 또는 FE식 보일러는 반드시 별도의 전용 보일러실에 설치하여야 한다.

(5) 가스 보일러 구조

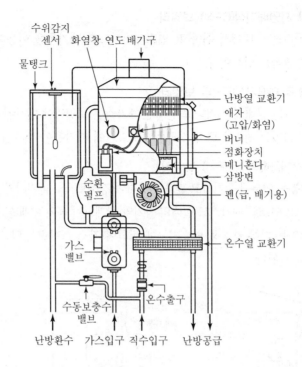

① 가스보일러는 가스 연소로 인하여 목적하는 열을 얻는 것으로 연소장치, 점화 장치, 제어장치, 안전장치, 열교환기 및 순환 펌프 등으로 구성한다.

→ **주요 구성장치**

점멸장치	유수감지, 플로트S/W
연소장치	메인버너, 버너, 연도 등
열교환장치	주열교환기, 온수열교환기
안전장치	소화안전장치, 과열방지, 공연소방지장치 등
급배기장치	급배기용 팬, 급배기통
물순환장치	순환펌프, 삼방변, 배관류

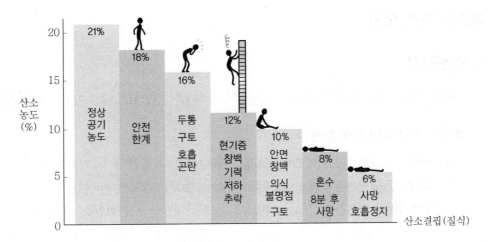

‖ 가스보일러실 산소결핍농도 ‖

② 가스보일러 안정장치

　㉠ 공연소 방지장치

　　비사용 시에는 검지하기 어렵기 때문에 팽창탱크의 수위로서 감지하고 있다. 수위를 감지
　　하는 데 플로터식, 전극식 수위스위치를 사용하고 있다.

　㉡ 동결방지장치

　　공결방지장치에는 순환펌프 운전, 부동액 첨가, 전기히터 등에 의한 방법이 있다. 순환펌
　　프 운전방법은 추운 지방에서는 동파에 의한 기기의 손상을 고려한 동파방지의 한 방법으
　　로서 한냉 시 난방 · 온수 온도를 검지하고 있다.

　㉢ 연소용 팬 검지장치

　　연소용 팬 검지 안전장치는 보일러 연소실 내에 남이 있는 잔류가스의 배출 및 팬 고장에
　　의한 사고를 방지하기 위한 안전장치로서 연소용 팬을 검지하는 방법에는 풍압, 풍량을 검
　　지하는 것과 팬의 회전수를 검지하는 것이 있다.

　㉣ 역풍방지장치

　　역풍방지장치는 보일러 연소 중 연통을 통하여 외부로부터 바람이 들어올 때 연실내의 연소
　　에 지장을 주지 않도록 배기장치에 내장되어 있다. 주로 자연배기식 보일러에 사용된다.

　㉤ 과열방지장치

　　과열방지장치는 난방수 출구(난방 접촉구)에 바이메탈 스위치(대개 105℃)를 부착해서 비
　　증한 온수가 나올 때는 전자밸브의 회로를 차단하여 가스를 정지시킨다.

04 가스 폭발

1. 안전간격

폭발성 혼합가스를 점화시켜 외부 폭발성 가스에 화염이 전달되지 않는 한계의 틈을 말한다.

■ 안전간격에 따른 폭발 등급

① 폭발 1등급(안전간격 : 0.6mm 초과) : 메탄, 에탄, 가솔린 등
② 폭발 2등급(안전간격 : 0.6mm 이하~0.4mm 초과) : 에틸렌, 석탄가스
③ 폭발 3등급(안전간격 : 0.4mm 이하) : 수소, 아세틸렌, 이황화탄소, 수성가스

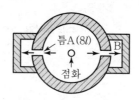

| 안전간격의 측정 |

2. 폭굉과 폭굉 유도거리

(1) 폭굉(Detonation)

가스 연소 시 음속보다 화염전파속도가 큰 경우 파면선단에 충격파라는 솟구치는 압력으로 격렬한 파괴 작용이 일어나는 현상

(2) 폭굉 유도거리

최초 완만연소에서 격렬한 폭굉으로 발전할 때까지의 거리를 말한다.

(3) 폭굉 유도거리가 짧아지는 요소

① 정상연소속도가 큰 혼합가스일수록
② 관속에 방해물이 있거나 관경이 작은 경우
③ 압력이 클수록
④ 점화원의 에너지가 큰 경우

3. UVCE(개방형 증기운 폭발) 및 BLEVE(비등액체 팽창증기폭발)

(1) UVCE(Unconfined Vapor Cloud Explosion)

가연성 물질이 용기 또는 배관 내에 액체 상태로 저장, 취급되는 경우에 외부화재, 부식, 내부압력 초과 및 설비결함 등에 의해 대기 중으로 누출되면 액체상태의 위험물질이 증발되면서 갑자기 증기로 변화되어 외부로 치솟게 되는데, 이때 스파크, 정전기, 기타 불 등의 발화원에 의하여 화염이 발생, 폭발하는 현상을 말한다.

(2) BLEVE(Boiling Liquid Expanding Vapor Explosion)

가연성 물질이 용기 또는 배관 내에 저장, 취급되는 과정에서 서서히 지속적으로 누출되면서 대기 중의 한 곳으로 모이게 되어 바람, 대류 등의 영향으로 움직이다가 스파크, 정전기, 기계적 마찰열 등의 발화원에 의해 순간적으로 과압 폭발하는 현상을 말한다.

05 가스 계량기

1. 계량기 목적

일정한 양의 부피가 통과되었을 때 그 양을 측정하는 장치

2. 종류

(1) 직접식

막식, 루트(건식, 습식)(소용량 계량기)

(2) 간접식

오리피스, 벤투리, 터빈, 로터리, 와류(대용량)

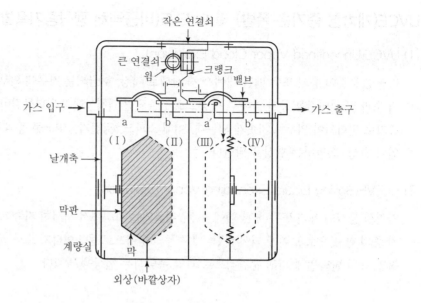

작은 연결쇠

큰 연결쇠
웜   크랭크
            밸브

가스 입구 →   → 가스 출구

a   b   a′   b′

(Ⅰ)   (Ⅱ)   (Ⅲ)   (Ⅳ)

날개축

막판

계량실

막

외상(바깥상자)

‖ 막식 가스미터 구조 ‖

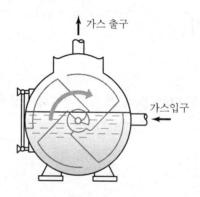

↑ 가스 출구

가스입구 ←

‖ 습식 가스미터 구조 ‖

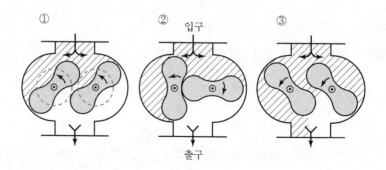

①   ② 입구   ③

출구

‖ 루트식 가스미터 구조 ‖

(3) 현재 상용 가스계량기

‖ 막식 가스미터 ‖

‖ 로터리식 가스미터 ‖

‖ 터빈 가스미터 ‖

3. 가스 계량기의 표시사항

(1) 가스미터 형식

(2) MAX 1.5(m^3/h) : 사용 최대 유량 1.5

(3) 0.5(L/rev) : 계량실의 일주기(1회전)의 가스체적

(4) 형식승인 제 호

(5) 가스 유입방향

(6) 사용 가스명(공용 : LPG, 도시가스 사용)

(7) 검정정인 및 합격정인

4. 가스계량기 설치기준

(1) 가스계량기와 화기 사이는 2m 이상 유지하여야 한다.

(2) 설치 장소

　　① 가스계량기의 교체 및 유지관리가 용이할 것

　　② 환기가 양호할 것

　　③ 직사광선이나 빗물을 받을 우려가 없을 것

　　④ 가스 사용자가 구분하여 소유하거나 점유하는 건축물의 외벽

(3) 가스계량기의 설치높이는 바닥으로부터 1.6m 이상 2m 이내에 수직 · 수평으로 설치

(4) 입상관과 화기 사이에 유지해야 하는 거리는 우회거리 2m 이상

(5) 전기기기 유지거리

　　① 가스계량기와 전기계량기 및 전기개폐기와의 거리는 60cm 이상

　　② 굴뚝ㆍ전기점멸기 및 전기접속기와의 거리는 30cm 이상

　　③ 절연조치를 하지 아니한 전선과의 거리는 15cm 이상

06 안전밸브 및 안전장치

1. 역할

설비나 장치에 이상압력 상승 시 가스설비나 장치 등의 압력폭발을 방지하기 위해 내압시험의 8/10 이하에서 작동하여 가스를 분출하여 사전에 가스 사고를 방지하는 밸브

2. 설치장소

용기밸브, 저장탱크정상, 반응탑/관, 감압밸브 등 이상압력 상승 장소

3. 안전밸브 종류

(1) 스프링식

설비 내의 압력이 스프링의 설정압력을 초과하는 경우 밸브가 열려 내부 가스를 방출하는 방식

| 스프링식 안전밸브 |

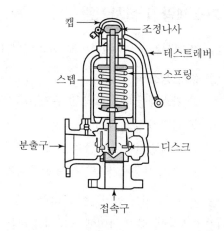

| 스프링식 구조 |

(2) 가용전식

설정온도에서 용기 내의 온도가 규정온도 이상이면 가용전의 저융점 함금이 녹아 내부가스를 방출하는 방식(가용전 재료 : 구리, 망간, 주석, 납, 안티몬 등)

(3) 파열판식(박판)

얇은 박판 또는 돔형 원판의 주위를 홀더로 고정하여 설정압력 이상 시 파손하여 장치를 보호하는 방식으로 누설은 없으나 한 번 사용하면 재사용이 어렵다.

(4) 릴리프 밸브(Relief valve)

밸브 입구 쪽의 압력이 상승하여 미리 정해진 압력으로 되었을 때, 자동적으로 밸브 디스크가 열리고 압력이 소정의 값으로 강하하면 다시 밸브 디스크를 닫는 기능을 가진 밸브

| 가용전식 안전밸브 | | 파열판(박판)식 안전밸브 | | 릴리프 밸브 |

07 긴급 차단 밸브

1. 역할

고압가스설비의 이상사태가 발생하는 경우에 해당 설비를 신속히 차단하도록 하는 장치

2. 설치장소

(1) 내용적 5,000l 이상의 저장탱크 배관으로 액상가스를 이입·이충전하는 곳
(2) 탱크 주 밸브 외부에서 탱크에 가까운 곳 내부 설치 가능

3. 긴급 차단장치 동력원

액압 · 기압 · 전기 또는 스프링 등

4. 긴급 차단장치 구조기준

(1) 원격조작에 따라 작동되는 구조
(2) 전기식 이외의 긴급차단장치는 이상사태가 발생하여 고압가스설비 또는 주위의 온도가 상승할 때 자동적으로 차단되는 구조
(3) 전기식 긴급차단장치는 밸브 몸통부, 밸브 구동부, 전기배선 등이 화재 시 1,093℃에서 20분 이상 견딜 수 있는 구조
(4) 긴급차단장치가 유압식인 것은 유압을, 기압식인 것은 기압을 각각 가했을 때 누출이 없고, 압력을 방출했을 때 밸브가 신속히 닫히며 제조자가 정하는 소정의 압력에서 밸브가 원활히 작동되는 구조

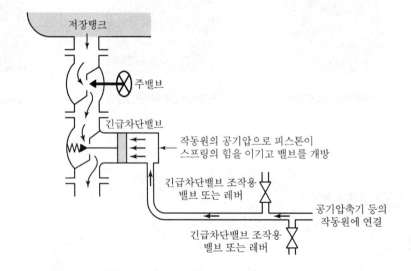

08 방류둑

1. 방류둑의 구조 및 기준

① 방류둑의 재료는 철근콘크리트, 철골·철근콘크리트, 금속, 흙 또는 이들을 혼합한 액밀한 구조일 것
② 액이 체류하는 표면적은 가능한 한 적게 할 것(대기와 접하는 부분이 많으면 기화량 증대)
③ 높이에 상당하는 당해 가스의 액두압에 견딜 수 있을 것
④ 배관관통부의 틈새로부터 누설방지 및 방식조치를 할 것
⑤ 금속재료는 당해 가스에 부식되지 않게 방식 및 방청조치를 할 것
⑥ 방류둑 내에 고인 물을 외부에 배출하기 위한 배수조치를 할 것
⑦ 가연성 및 독성 또는 가연성과 조연성의 액화가스 방류둑을 혼합배치하지 말 것
⑧ 방류둑의 내면과 그 외면으로부터 10m 이내에는 저장 탱크 부속설비 이외의 것을 설치하지 아니할 것
⑨ 성토는 수평에 대하여 45° 이하의 구배를 가지고 성토한 정상부의 폭은 30cm 이상일 것
⑩ 방류둑의 계단 및 사다리는 출입구 둘레 50m마다 1개 이상 설치하고 그 둘레가 50m 미만일 경우는 2개소 이상 분산 설치할 것
⑪ 저장탱크를 건물 내에 설치한 경우에는 그 건물구조가 방류둑의 구조를 갖는 것일 것

2. 적용 범위

① 고압가스 제조시설의 가연성 및 산소의 액화가스 저장능력이 1,000톤(독성가스는 5톤) 이상일 경우
② 냉동제조시설의 독성가스를 냉매로 사용하는 수액기의 내용적 10,000L 이상인 경우
③ 액화석유가스 저장시설의 LPG 저장능력이 1,000톤 이상인 경우
④ 도시가스시설 중 가스도매사업에서 LPG 저장능력이 500톤(일반도시가스는 1,000톤) 이상인 경우

3. 방류둑 용량

① 저장탱크의 저장능력에 상당하는 용적 이상으로 한다.(단, 액화산소는 저장능력의 상당용량의 60% 이상으로 한다.)

② 2기 이상의 저장탱크를 집합방류둑 내에 설치한 저장탱크에는 당해 저장탱크 중 최대 저장탱크의 저장능력 상당용적에 잔여저장탱크의 총 저장능력 상당용량 10%를 합하여 산정한다.(이때, 칸막이가 있을 경우 칸막이 높이는 방류둑보다 10cm 낮게 한다.)

③ 액화석유가스의 종류 및 저장능탱크 내의 압력구분에 따라 기화하는 액화석유가스의 용적을 저장능력 상당용적에서 다음 표에 의해 감한 용적으로 할 수 있다.

→ 프로판 저장탱크의 경우

압력 범위	0.2MPa 이상~ 0.4MPa 미만	0.4MPa 이상~ 0.7MPa 미만	0.7MPa 이상~ 1.1MPa 미만	1.1MPa 이상
감한 용량	90%	80%	70%	60%

→ 부탄 저장탱크의 경우

압력 범위	0.1MPa 이상~0.25MPa 미만	0.25MPa 이상
감한 용량	90%	80%

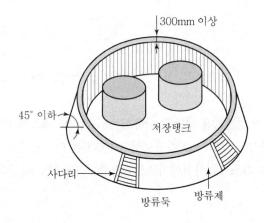

02 액화석유가스(LPG) 설비

01 ▶ LP가스 제조 및 저장

1. LP가스 생산

(1) 습성 천연가스 및 원유에서 제조
(2) 나프타 분해 생성물에서 제조
(3) 나프타 수소화 분해 생성물에서 제조
(4) 제유소 가스

■ 제조장치 분류
① 상압증류장치
② 접촉개질장치
③ 접촉분해장치

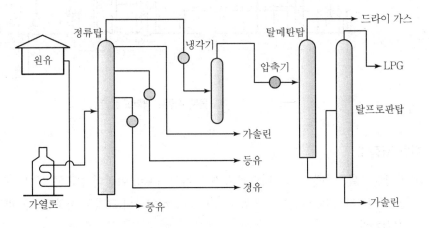

▌상압 증류장치 생산 공정도 ▌

2. LP가스 저장설비

(1) 지상 저장탱크

① 두 저장 탱크의 최대지름을 합산한 길이 1/4분 이상 또는 1m 이하인 경우 1m 이상 유지
② 탱크 주위 화재발생 시 물분무장치 설치
   ㉠ 물분무장치는 저장탱크의 표면적 $1m^2$당 8L/min을 표준으로 방사한다.
   ㉡ 내화구조 저장탱크에서는 그 수량을 4L/min을 표준한 수량으로 한다.
   ㉢ 소화전의 호스 끝 압력을 0.35MPa 이상으로 한다.
   ㉣ 방수능력 400L/min 이상의 물을 방수할 수 있는 것을 말한다.
   ㉤ 설치위치는 해당 저장탱크의 외면으로부터 40m 이내로 한다.
   ㉥ 소화전의 설치개수는 해당 저장탱크의 표면적 $30m^2$당 1개의 비율로 계산한 수 이상으로 한다.

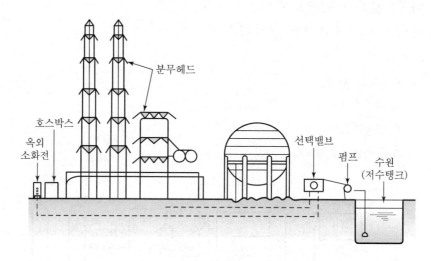

┃ **물분무장치 개략도** ┃

(2) 지하 저장조

① 저장탱크실은 천장 · 벽 · 바닥의 두께가 각각 30cm 이상의 철근콘크리트 구조로 한다.
② 집수구는 가로 30cm, 세로 30cm, 깊이 30cm 이상의 크기로 저장탱크실 바닥면 보다 낮게 설치한다.
③ 저장탱크를 2개 이상 인접하여 설치하는 경우에는 상호 간에 1m 이상의 거리를 유지한다.
④ 저장탱크를 묻은 곳의 지상에는 경계표지를 한다.

⑤ 저장탱크 외면에서 저장탱크실의 상부 윗면은 주위 지면보다 최소 5cm, 최대 30cm 까지 높게 설치하고, 저장탱크실 상부 윗면으로부터 저장탱크 상부까지의 깊이는 60cm 이상으로 한다.

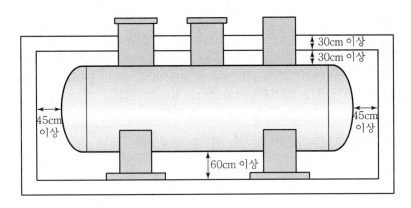

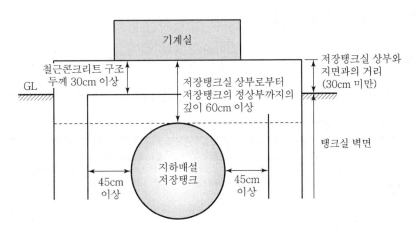

⑥ 점검구 설치
  ㉠ 점검구는 저장능력이 20톤 이하인 경우에는 1개소, 20톤 초과인 경우에는 2개소로 한다.
  ㉡ 점검구는 저장탱크실의 모래를 제거한 후 저장탱크 외면을 점검할 수 있는 저장탱크 측면 상부의 지상에 설치한다.
  ㉢ 사각형 점검구는 0.8m × 1m 이상의 크기로 하며, 원형 점검구는 직경 0.8m 이상의 크기로 한다.

(3) 저장설비 부압파괴 방지조치

저온저장탱크는 그 저장탱크의 내부압력이 외부압력보다 저하됨에 따라 그 저장탱크가 파괴되는 것을 방지하기 위한 조치로서 다음의 설비를 갖춘다.

① 압력계
② 압력경보설비
③ 진공안전밸브
④ 다른 저장탱크 또는 시설로부터의 가스도입배관(균압관)
⑤ 압력과 연동하는 긴급차단장치를 설치한 냉동제어설비
⑥ 압력과 연동하는 긴급차단장치를 설치한 송액설비

02 LP가스 사용 시설

1. 사업소 경계와의 거리

(1) 액화 석유가스 충전시설 중 저장설비의 외면에서 사업소경계까지 다음 거리를 유지한다.

→ 사업소 경계와의 거리

저장능력	사업소 경계와의 거리
10톤 이하	24m
10톤 초과 20톤 이하	27m
20톤 초과 30톤 이하	30m
30톤 초과 40톤 이하	33m
40톤 초과 200톤 이하	36m
200톤 초과	39m

[비고] 같은 사업소에 두 개 이상의 저장설비가 있는 경우는 그 설비별로 각각 안전거리를 유지한다. 이하 2.1에서 같다.

(2) 액화석유가스 충전시설 중 충전설비의 외면으로부터 사업소 경계까지 유지해야 할 거리는 24m 이상으로 한다.
(3) 탱크로리 이입·충전장소의 중심으로부터 사업소 경계까지 유지해야할 거리는 24m 이상으로 한다.

2. LP 가스의 수송

(1) 용기에 의한 방법

- 장점
  ① 용기 자체가 저장설비로 이용될 수 있다.
  ② 소량 수송에 편리하다.

- 단점
  ① 수송비가 높다.
  ② 취급 부주의로 사고의 위험이 수반된다.

(2) 탱크로리에 의한 방법

- 장점
  ① 기동성이 있어 장단거리 수송에 용이하다.
  ② 용기에 비해 대량 수송이 가능하다
  ③ 철도와 같은 수송로가 필요하지 않다.

- 단점
  탱크로리 탱크가 부설되어야 한다.

(3) 철도 차량에 의한 수송

① 철도에 부설된 LP가스 유조화차이며 대량공급에 사용된다.
② 내륙의 장거리 수송에 적합하다.
③ 용량은 20톤, 25톤, 30톤, 35톤 등이다.

(4) 유조선에 의한 수송

① 유조선에 설치된 탱크를 탱크카라 하며 가압식과 냉동식이 있다.
② 해상 수입 설비가 있는 공급기지나 대량 수요자에게 수송하는 경우 이용된다.

03 LPG 조정기

1. LPG 조정기 목적

가스 유출 압력(공급압력)을 조정하여 안정된 연소를 도모하기 위해 사용하는 것으로 총가스 소비량의 150% 이상의 규격 용량 이상이어야 한다.

2. LPG 조정기 구조

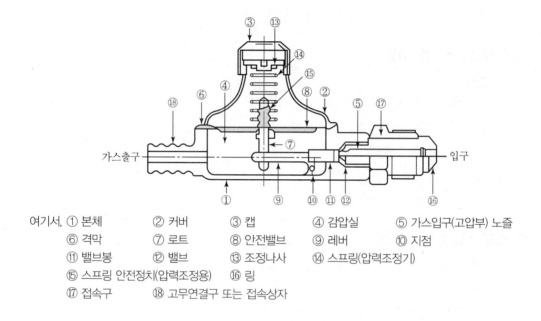

여기서, ① 본체   ② 커버   ③ 캡   ④ 감압실   ⑤ 가스입구(고압부) 노즐
⑥ 격막   ⑦ 로트   ⑧ 안전밸브   ⑨ 레버   ⑩ 지점
⑪ 밸브봉   ⑫ 밸브   ⑬ 조정나사   ⑭ 스프링(압력조정기)
⑮ 스프링 안전정치(압력조정용)   ⑯ 링
⑰ 접속구   ⑱ 고무연결구 또는 접속상자

3. 1단 감압식 저압 조정기

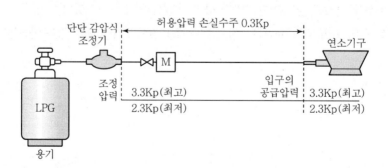

■ 다단(1단) 감압방법

① 장점
  ㉠ 장치가 간단하다.
  ㉡ 조작이 간단하다.

② 단점
  ㉠ 배관이 비교적 굵어진다.
  ㉡ 최종 압력에 정확을 기하기 힘들다.

4. 2단 감압식 저압 조정기

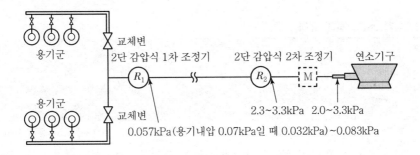

■ 2단 감압방법

① 장점
  ㉠ 공급압력이 안정하다.
  ㉡ 중간 배관이 가늘어도 된다.
  ㉢ 배관 입상에 의한 압력 강하를 보정할 수 있다.
  ㉣ 각 연소기구에 알맞은 압력으로 공급이 가능하다.

② 단점
  ㉠ 설비가 복잡하다.
  ㉡ 조정기가 많이 든다.
  ㉢ 제액화의 우려가 있다.
  ㉣ 검사방법이 복잡하다.

5. 자동교체식 분리형 조정기

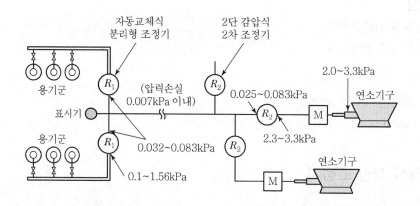

→ **압력조정기 조정압력의 규격**

구분 \ 종류		1단 감압식		2단 감압식		자동절체식		
		저압 조정기	준저압 조정기	1차용 조정기	2차용 조정기	분리형 조정기	일체형 조정기 (저압)	일체형 조정기 (준저압)
입구 압력	하한	0.07MPa	0.1MPa	0.1MPa	0.01MPa	0.1MPa	0.1MPa	0.1MPa
	상한	1.56MPa	1.56MPa	1.56MPa	0.1MPa	1.56MPa	1.56MPa	1.56MPa
출구 압력	하한	2.3kPa	5kPa	0.057MPa	2.3kPa	0.032MPa	2.55kPa	5kPa
	상한	3.3kPa	30kPa	0.083MPa	3.3kPa	0.083MPa	3.3kPa	30kPa
내압 시험	입구측	3MPa 이상	3MPa 이상	3MPa 이상	0.8MPa 이상	3MPa 이상	3MPa 이상	3MPa 이상
	출구측	0.3MPa 이상	0.3MPa 이상	0.8MPa 이상	0.3MPa 이상	0.8MPa 이상	0.3MPa 이상	0.3MPa 이상
기밀 시험 압력	입구측	1.56MPa 이상	1.56MPa 이상	1.8MPa 이상	0.5MPa 이상	1.8MPa 이상	1.8MPa 이상	1.8MPa 이상
	출구측	5.5kPa	조정압력 2배 이상	0.15MPa 이상	5.5kPa 이상	0.15MPa 이상	5.5kPa 이상	조정압력 2배 이상
최대 폐쇄압력		3.5kPa	조정압력 1.25배 이하	0.095MPa 이하	3.5kPa	0.095MPa 이하	3.5kPa	조정압력 1.25배 이하

(1) 자동절환식(교체식) 조정기 사용 시 이점

① 전체 용기 수량이 수동교체식의 경우보다 적어도 된다.

② 잔액이 거의 없어질 때까지 소비된다.

③ 용기 교환주기의 폭을 넓힐 수 있다.

④ 분리형을 사용하면 단단 감압식 조정기의 경우보다 도관의 압력손실을 크게 해도 된다.

(2) 조정기 내압시험

① 입구 쪽

3MPa 이상으로 1분간 실시(단, 2단감압식 2차용 조정기의 경우에는 0.8MPa 이상)

② 출구 쪽

㉠ 보통 0.3MPa 이상

㉡ 2단감압식 1차용 조정기 및 자동절체식 분리형 조정기의 경우에는 0.8MPa 이상

㉢ 그 밖의 압력조정기의 경우에는 0.8MPa 이상 또는 조정압력의 1.5배 이상 중 압력이 높은 것

6. 용기 집합시설의 개략도

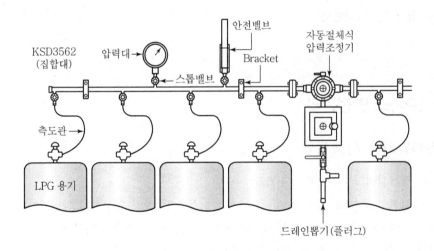

(1) LPG 배관설계

① 가스소비량 선정
② 공급방식 결정
③ 저장설비 위치 결정

(2) 설계의 기본원칙

① 기능이 수요자의 목적에 맞고 안전할 것
② 기기의 취급이 용이하고 사용하기 쉬울 것
③ 고장이 적고 내구성이 있을 것
④ 공사비와 유지비가 경제적일 것

(3) 배관 내의 압력손실

① 유속의 2제곱에 비례
② 관내경의 5제곱에 반비례
③ 관의 길이에 비례
④ 관내벽 상태에 비례
⑤ 유체의 점도와 밀도에 비례
⑥ 압력과는 관계없다.

04 LP가스 안전관리

1. 액화석유가스 사용시설

(1) 용기집합설비의 저장능력이 100kg 이하일 것
(2) 사용시설의 호스 길이는 3m 이내로 하고, 호스를 T형으로 연결하지 아니한다.
(3) 입상관의 부착된 밸브는 바닥으로부터 1.6m 이상 2m 이내에 설치할 것
(4) 사용시설의 저장설비를 용기는 저장능력 500kg 이하로 할 것
(5) 소형 저장탱크와 기화장치의 주위 5m 이내에서는 화기의 사용을 금지할 것
(6) 밸브나 배관을 가열하는 때에는 열습포나 40℃ 이하의 더운 물을 사용할 것
(7) 가스계량기와 전기계량기 및 전기개폐기와의 거리는 60cm 이상, 굴뚝·전기점멸기 및 전기접속기와의 거리는 30cm 이상, 절연조치를 하지 아니한 전선과의 거리는 15cm 이상의 거리를 유지할 것

(8) 가스보일러를 설치 · 시공한 자는 그가 설치 · 시공한 시설에 관련된 정보가 기록된 가스보일러 설치시공확인서를 작성하여 5년간 보존하여야 하며 그 사본을 가스보일러 사용자에게 교부하여 야 하고 작동요령에 대한 교육을 실시할 것

(9) 가스용 폴리에틸렌관은 노출배관으로 사용하지 아니할 것. 다만, 지상배관과 연결을 위해 지면에 서 30cm 이하로 노출배관으로 사용할 수 있다.

(10) 사이폰용기는 기화장치가 설치되어 있는 시설에서만 사용할 것

(11) 소형 저장탱크의 수는 6기 이하로 하고 충전 질량의 합계는 5,000kg 미만이 되도록 할 것

(12) 물분무장치, 살수장치와 소화전은 매월 1회 이상 작동상황을 점검하여 원활하고 확실하게 작동 하는지 확인하고, 그 기록을 작성 · 유지할 것

(13) 배관의 고정 부착은 관지름이 13mm 미만은 1m마다, 관지름이 13mm 이상 33mm 미만은 2m 마다, 관지름이 33mm 이상은 3m마다 할 것

2. 용기보관장소의 충전용기 보관기준

(1) 용기보관장소에는 계량기 등 작업에 필요한 물건 외에는 두지 아니할 것

(2) 용기보관장소의 주위 8m 이내에는 화기 또는 인화성 물질이나 발화성 물질을 두지 아니할 것

(3) 충전용기는 항상 40℃ 이하를 유지하고, 직사광선을 받지 않도록 조치할 것

(4) 충전용기에는 넘어짐 등에 의한 충격이나 밸브의 손상을 방지하는 조치를 하고 난폭한 취급을 하 지 아니할 것

(5) 용기보관장소에는 방폭형 휴대용 손전등 외의 등화를 지니고 들어가지 아니할 것

(6) 용기보관장소에는 충전용기와 잔가스용기를 각각 구분하여 놓을 것

3. 차량에 고정된 저장태크 안전

(1) 가스 충전 시 가스의 용량이 저장탱크 내용적의 90%(소형 저장탱크의 경우는 85%)를 넘지 아니 하도록 충전할 것

(2) 자동차에 고정된 탱크는 저장탱크의 외면으로부터 3m 이상 떨어져서 정지할 것

(3) 액화석유가스는 공기 중 혼합비율의 용량이 1/1,000의 상태에서 누설 시 냄새로 감지할 것

(4) 액화석유가스가 충전된 이동식 부탄연소기용 용접용기는 연속공정에 의하여 55±2℃의 온수조 에 60초 이상 통과시키는 누출검사를 전수에 대하여 실시하고, 불합격된 이동식 부탄연소기 중 용접용기는 파기할 것

(5) 정전기 제거설비를 정상상태로 유지하기 위하여 다음 기준에 따라 검사를 하여 기능을 확인할 것

① 지상에서 접지저항치

② 지상에서의 접속부의 접속상태

③ 지상에서의 절선 그 밖에 손상부분의 유무

4. LPG 충전소 설치 안전

(1) 충전설비 중 충전기는 사업소 경계가 도로에 접한 경우에는 그 외면으로부터 도로경계선까지 4m 이상을 유지한다.

(2) 충전시설에는 자동차에 고정된 탱크에서 가스를 이입할 수 있도록 건축물 외부에 로딩암을 설치한다.

(3) 충전소에는 자동차에 직접 충전할 수 있는 고정 충전설비(충전기)를 설치하고 공지를 확보한다.

(4) 충전기 상부에는 캐노피를 설치하고, 그 면적은 공지면적의 2분의 1 이하로 한다.

(5) 배관이 캐노피 내부를 통과하는 경우에는 1개 이상의 점검구를 설치한다.

(6) 충전기의 충전호스의 길이는 5m 이내로 하고, 정전기를 제거할 수 있는 정전기제거장치를 설치한다.

(7) 충전호스에 과도한 인장력이 가해졌을 때 충전기와 가스주입기가 분리될 수 있는 안전장치를 설치한다.

(8) 충전호스에 부착하는 가스주입기는 원터치형으로 한다.

(9) 이충전 시 정전기 제거 조치

① 접지저항치는 총합 $100\,\Omega$ (피뢰설비를 설치한 것은 총합 $10\,\Omega$) 이하로 한다.

② 접지접속선은 단면적 5.5mm^2 이상의 것(단선은 제외한다)을 사용하고, 경납붙임, 용접, 접속금구 등을 사용하여 확실히 접속한다.

③ 접속금구 등 접지시설은 차량에 고정된 탱크, 저장탱크, 가스설비, 기계실 개구부 등의 외면으로부터 수평거리 8m 이상 거리를 두고 설치한다.

5. 액화석유가스 판매, 영업소 설치 안전

(1) 사업소의 부지는 그 한 면이 폭 4m 이상의 도로에 접할 것

(2) 판매업소의 용기보관실 벽은 방호벽으로 할 것

(3) 용기보관실은 누출된 가스가 사무실로 유입되지 아니하는 구조로 하고, 용기보관실의 면적은 19m² 이상으로 할 것

(4) 용기보관실과 사무실은 동일한 부지에 구분하여 설치하되, 사무실의 면적은 9m² 이상으로 할 것

(5) 판매 업소에는 용기보관실 주위에 11.5m² 이상의 부지를 확보할 것

(6) 용기보관실은 불연성 재료를 사용하고, 용기보관실의 벽은 방호벽으로 하여야 한다.

(7) 용기보관실에서 사용하는 휴대용 손전등은 방폭형일 것

(8) 용기는 2단 이상으로 쌓지 아니할 것. 다만, 내용적 30L 미만의 용기는 2단으로 할 수 있다.

도시가스 설비

01 ▶ 도시가스 제조

1. 도시가스 원료

(1) 액화천연가스(LNG, Liquefied Natural Gas) : 메탄을 주성분으로 한 천연가스를 액화한 것으로 발열량은 11,000kcal/m³ 정도

(2) 정유가스(Off Gas) : 석유정제 또는 화학제품 공장에서 부생되는 가스로 발열량은 6,680 ~9,800kcal/m³ 정도

(3) 나프타(Naphtha) : 원유의 상압 증류에 의해 얻어지는 유분으로 발열량 6,500kcal/m³ 정도

(4) 석탄 가스 : 석탄 건류 시 발생가스로 발열량은 5,500~7,500kcal/m³ 정도

2. 도시가스 제조

(1) 도시가스 제조과정

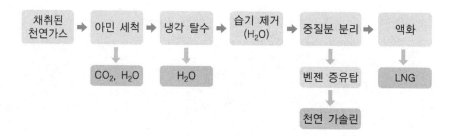

(2) 가스화 방식에 의한 도시가스 제조방법

① **열분해공정** : 원료탄화수소(C_mH_n)를 고온(800~900℃)에서 가열 분해
② **접촉분해공정** : 촉매를 사용하여 탄화수소와 수증기를 반응시켜 저급탄화수소로 변환(싸이클링식, 저온수증기)
③ **부분연소공정** : 탄화수소를 공기, 수증기를 사용하여 변환
④ **수소화분해공정** : 저온수증기 개질 공정의 발생가스류를 수소기류 중에서 열분해하여 고품질 가스 발생
⑤ **상압증류공정** : 원유를 정제하여 나프타, 등유, 경유, 중유 등 분류 시 가스 추출
⑥ **SNG공정** : 대체 천연가스이며 나프타 및 LPG를 원료로 메탄올 합성제

(3) 원료 송입에 의한 분류

① 연속식   ② 배치식   ③ 사이클링식

(4) 가열에 의한 분류방식

① 외열식   ② 축열식
③ 부분연소식   ④ 자열식

3. 도시가스 종류

(1) 천연가스 : 지하에서 자연적으로 생성되는 가연성 가스로서 메탄을 주성분으로 한다.
(2) 천연가스와 일정량을 혼합하거나 이를 대체하여도 가스공급시설 및 가스사용시설의 성능과 안전에 영향을 미치지 않는 것으로서 다음 가스 중 배관을 통하여 공급되는 가스
① **석유가스** : 액화석유가스의 안전관리 및 사업법 액화석유가스 및 석유 및 석유대체연료 사업법에 따른 석유가스를 공기와 혼합하여 제조한 가스
② **나프타 부생가스** : 나프타 분해공정을 통해 에틸렌, 프로필렌 등을 제조하는 과정에서 부산물로 생성되는 가스로서 메탄이 주성분인 가스 및 이를 다른 도시가스와 혼합하여 제조한 가스
③ **바이오가스** : 유기성 폐기물 등 바이오매스로부터 생성된 기체를 정제한 가스로서 메탄이 주성분인 가스 및 이를 다른 도시가스와 혼합하여 제조한 가스
④ 그 밖에 메탄이 주성분인 가스로서 도시가스 수급 안정과 에너지 이용효율 향상을 위해 보급할 필요가 있다고 정하는 가스

1. 천연가스 인수기지 공급

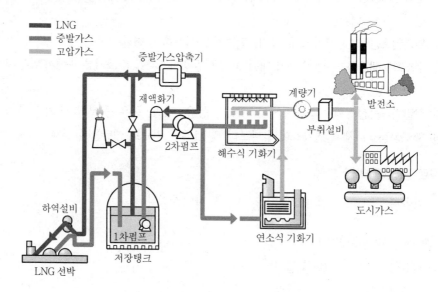

| 천연가스 인수기지 공급 |

2. 천연가스 관리소 계통도

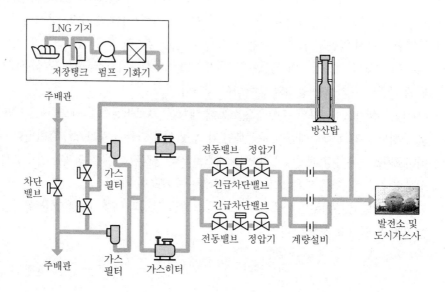

(1) **차단밸브** : 유사시 수동 또는 원격 조정으로 차단기능을 하는 밸브

(2) **가스필터** : 배관 내 이물질 등을 포집하는 여과장치

(3) **가스히터** : 가스가 감압될 때 냉각되는 것을 방지하기 위한 온도 보상설비

(4) **계량설비** : 발전소 및 도시가스회사에 공급하는 가스량의 측정 설비

(5) **방산탑** : 비상시 배관 내의 가스를 대기 중으로 방출하는 굴뚝

3. 천연가스 공급 계통도

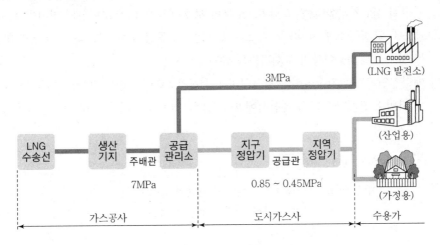

‖ **천연가스 공급 계통도** ‖

(1) 도시가스 용어

① 배관이란 본관, 공급관 및 내관을 말한다.

② 본관이란 도시가스 제조사업소의 부지 경계에서 정압기까지 이르는 배관을 말한다.

③ 공급관이란 정압기에서 가스사용자가 구분하여 소유하거나 점유하는 건축물의 외벽에 설치하는 계량기를 말한다.

④ 사용자공급관이란 공급관 중 가스사용자가 소유하거나 점유하고 있는 토지의 경계에서 가스사용자가 구분하여 소유하거나 점유하는 건축물의 외벽에 설치된 계량기의 전단밸브를 말한다.

⑤ 내관이란 가스사용자가 소유하거나 점유하고 있는 토지의 경계에서 연소기까지 이르는 배관을 말한다.

(2) 압력에 따른 도시가스 구분

① **고압** : 1MPa 이상의 게이지 압력(다만, 액체상태의 액화가스는 고압으로 본다)

② **중압** : 0.1MPa 이상 1MPa 미만의 압력(다만, 액화가스의 경우에는 0.01MPa 이상 0.2MPa 미만의 압력)

③ **저압** : 0.1MPa 미만의 압력(다만, 액화가스의 경우에는 0.01MPa 미만의 압력)

(3) 도시가스 공급시설의 안전거리

① 저장설비와 처리설비는 그 외면으로부터 보호시설까지 30m 이상의 거리를 유지

② 제조소 및 공급소에 설치하는 가스가 통하는 가스공급시설은 그 외면으로부터 화기를 취급하는 장소까지 8m 이상의 우회거리를 유지

③ 액화천연가스의 저장설비와 처리설비(1일 처리능력이 5만2천500m³ 이상)는 그 외면으로부터 사업소 경계까지 다음 계산식에 따라 얻은 거리(그 거리가 50m 미만인 경우에는 50m) 이상을 유지

$$L = C \times \sqrt[3]{143,000\,W}$$

여기서, L : 유지하여야 하는 거리(단위 : m)

C : 저압 지하식 저장탱크는 0.240, 그 밖의 가스저장설비와 처리설비는 0.576

W : 저장탱크는 저장능력(단위 : 톤)의 제곱근, 그 밖의 것은 그 시설 안의 액화천연가스의 질량(단위 : 톤)

④ 고압의 가스공급시설은 안전구획 안에 설치하고 그 안전구역의 면적은 2만m² 미만일 것

⑤ 안전구역 안에 있는 고압인 가스공급시설의 외면까지 30m 이상의 거리를 유지

⑥ 두 개 이상의 제조소가 인접하여 있는 경우의 가스공급시설은 그 외면으로부터 다른 제조소의 경계까지 20m 이상의 거리를 유지

⑦ 액화천연가스의 저장탱크는 그 외면으로부터 처리능력이 20만m³ 이상인 압축기까지 30m 이상의 거리를 유지

⑧ 가스혼합기·가스정제설비·배송기·압송기 그 밖에 가스공급시설의 부대설비는 그 외면으로부터 사업장의 경계까지의 거리를 30m 이상 유지

⑨ 최고사용압력이 고압인 것은 그 외면으로부터 사업장의 경계까지의 거리를 20m 이상, 제1종 보호시설까지의 거리를 30m 이상으로 유지

⑩ 가스발생기와 가스홀더는 그 외면으로부터 사업장의 경계까지 최고사용압력이 고압인 것은 20m 이상, 최고사용압력이 중압인 것은 10m 이상, 최고사용압력이 저압인 것은 5m 이상의 거리를 각각 유지

03 정압기(Governor)

1. 정압기의 기능

정압기는 1차 압력 및 부하변동에 관계없이 2차압력을 일정한 압력으로 유지하는 기능을 가지고 있고 또한 시간대별 가스 수용의 변동에 따라 공급압력을 소요 압력으로 조정한다.

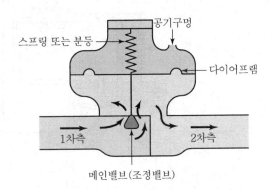

∥ 정압기 조정 원리의 이해 ∥

2. 정압기의 종류

(1) 피셔(Fisher)식 정압기

로딩형으로 정특성, 동특성이 양호하고 사용이 간편한 특징이 있으며 고압에서 중압, 중압에서 중압, 또는 저압에 사용하는 것으로 가장 일반적이다.

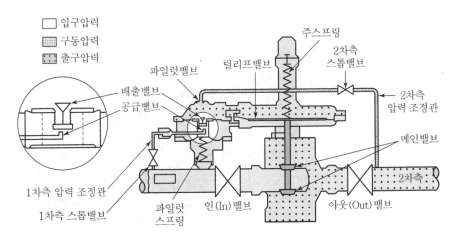

(2) 액시얼 플로우(AFV. Axial Flow valve)식 정압기

변칙 언로딩형으로 정특성, 동특성이 양호하고 사용이 간편한 특징이 있으며 고차압이 될수록 특성이 양호하다.

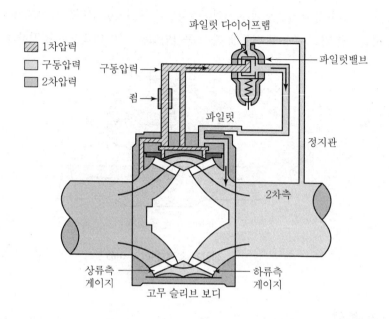

(3) 레이놀드(Reynolds)식 정압기

언로딩형으로 정특성은 극히 좋으나 안전성이 부족하고 다른 것에 비해 크다는 단점이 있고 주로 중압에서 저압에 사용한다.

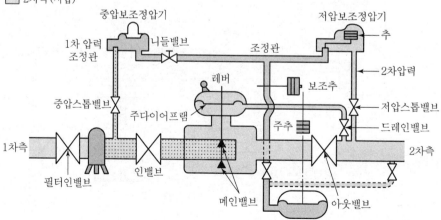

3. 정압기의 특성

(1) 정특성

정상상태의 유량과 2차압력의 관계를 말한다.
① **오프셋**(Off Set) : 기준유량이 설정압력으로부터 어긋나는 것
② **로크업**(Lock Up) : 유량이 "0"일 때 끝맺은 압력이 설정압력의 차이
③ **샤프트**(Shift) : 1차 압력의 변화로 정압곡선이 전체적으로 어긋나는 것

(2) 동특성(응답속도 및 안전성)

부하변동이 큰 곳에 사용하는 정압기에 대하여 중요한 특성으로 변동에 대한 신속성과 안전성이 요구된다.

(3) 유량 특성

메인밸브의 스트로크 리프트 열림과 유량의 관계를 말한다.
① 직선형
② 2차형
③ 평방근형

(4) 사용 최대차압

메인밸브에 1차압력과 2차압력의 차압이 작용하는 정압 성능

(5) 작동 최소 차압

정압기의 2차 압력의 신호로 1차 압력이 작동하는 최소 압력

4. 정압기실에 설치장치

(1) 정압기 출구에는 가스의 압력을 측정 및 기록할 수 있는 장치를 설치한다.
(2) 정압기의 입구에는 수분 및 불순물 제거장치를 설치한다.
(3) 정압기의 분해점검 및 고장에 대비하여 예비정압기를 설치하고, 이상압력이 발생하면 자동으로 기능이 전환되는 구조로 한다.
(4) 수분의 동결로 정압기능을 저해할 우려가 있는 경우에는 동결방지조치를 한다.
(5) 정압기 안전밸브와 가스방출관의 방출구 위치는 지면으로부터 5m 이상의 설치한다.

5. 정압기 자연환기 설비 설치

(1) 환기구의 위치는 환기구 상부가 천장 또는 벽면 상부에서 30cm 이내에 접하도록 설치한다.

(2) 1개 환기구의 면적은 2,400cm^2 이하로 한다.

(3) 환기구의 통풍가능면적 합계는 바닥면적 1m^{2}마다 300cm^2 이상으로 한다.

(4) 환기구의 방향은 2방향 이상으로 분산 설치한다.

(5) 공기보다 비중이 가벼운 도시가스의 공급시설이 지하에 설치된 경우의 통풍구조

　　① 통풍구조는 환기구를 2방향 이상 분산하여 설치한다.

　　② 배기구는 천장면으로부터 30cm 이내에 설치한다.

　　③ 흡입구 및 배기구의 관경은 100mm 이상으로 하되, 통풍이 양호하도록 한다.

　　④ 배기가스 방출구는 지면에서 3m 이상의 높이에 설치하되, 화기가 없는 안전한 장소에 설치한다.

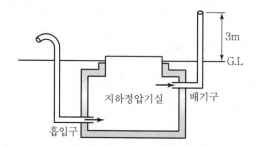

┃ 공기보다 비중이 가벼운 가스를 사용하는 정압기가 지하에 설치된 경우 환기설비 설치 예 ┃

6. 정압기 강제환기설비 벤트스텍 설치

(1) 통풍능력이 바닥면적 1m^{2}마다 0.5m^3/분 이상으로 한다.

(2) 배기가스 방출구는 지면에서 5m 이상의 높이에 설치한다. 다만, 전기시설물과 접촉 등으로 사고의 우려가 있는 경우에는 지면에서 3m 이상의 높이에 설치할 수 있다.

(3) 긴급용 벤트스택 방출구의 위치는 통행하는 장소로부터 10m 이상 떨어진 곳에 설치하고 그 밖의 벤트스택을 통행하는 장소로부터 5m 이상 떨어진 곳에 설치한다.

7. 기타 정압기지 설비

(1) 정압기지 및 밸브기지 주위에는 높이 1.5m 이상의 경계책 등을 설치한다.
(2) 정압기지에 설치된 과압안전장치의 정상 작동 여부를 2년에 1회 이상 확인하고 기록한다.
(3) 배관의 기밀시험 실시 시기

대상구분	기밀시험 실시 시기
PE배관	설치 후 15년이 되는 해 및 그 이후 5년마다
폴리에틸렌 피복강관	설치 후 15년이 되는 해 및 그 이후 3년마다
그 밖의 배관	설치 후 15년이 되는 해 및 그 이후 1년마다

04 도시가스 충전시설

1. 충전시설 기준

(1) 용기 등은 충돌 등에 의한 충격을 방지하기 위해 자동차의 외측으로부터 20cm 이상 간격 유지
(2) 용기 등은 불꽃에 노출된 전기단자 및 전기개폐기와 20cm 이상, 배기관 출구와 30cm 이상 간격 유지

(3) 과충전 방지장치

① 액화도시가스의 충전량이 용기 내 용적의 90%가 되면 자동으로 정지되는 구조
② 충전방지장치는 2.6MPa 이상의 압력으로 실시하는 내압시험을 한다.
③ 기밀시험은 1.7MPa 이상의 압력으로 실시한다.

(4) 가스충전구

① 가스충전구(리셉터클)는 디스펜서 측의 노즐(연료공급 커넥터)과 접속되고 자동차 연료장치에 연료를 공급한다.
② 가스충전구는 배기관의 출구 30cm 이상 간격을 유지하여 설치한다.
③ "액화도시가스" 연료 사용 자동차임을 표시
④ 액화도시가스 용기의 "최고사용압력(MPa)"
⑤ 가스누출경보장치의 경보농도는 액화도시가스 폭발하한계의 20% 미만으로 한다.
⑥ 가스누출경보장치의 정밀도는 경보농도 설정치에 대하여 ±25% 이하로 한다.

05 ▶ 도시가스 배관시설

1. 라인마크

라인마크는 배관길이 50m마다 1개 이상 설치한다.

→ **라인마크의 규격**

기호	종류	직경×두께	핀의 길이×직경
LM−1	직선 방향	60mm×7mm	140mm×20mm
LM−2	양방향	60mm×7mm	140mm×20mm
LM−3	삼 방향	60mm×7mm	140mm×20mm
LM−4	일 방향	60mm×7mm	140mm×20mm
LM−5	135° 방향	60mm×7mm	140mm×20mm
LM−6	관말	60mm×7mm	140mm×20mm

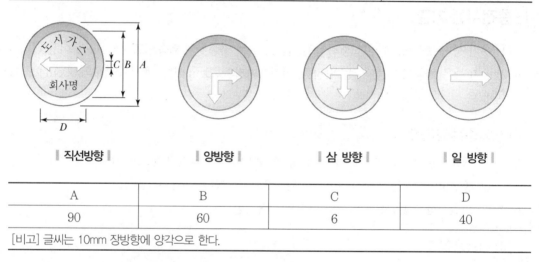

|| 직선방향 || || 양방향 || || 삼 방향 || || 일 방향 ||

A	B	C	D
90	60	6	40

[비고] 글씨는 10mm 장방향에 양각으로 한다.

2. 보호포 설치

(1) 보호포는 폴리에틸렌(합성수지＝스티로폼)ㆍ폴리프로필렌수지 등 재질로서 두께는 0.2mm 이상 으로 한다.

(2) 보호포의 폭은 15cm∼35cm로 한다.

(3) 보호포의 바탕색은 최고사용압력이 저압인 배관은 황색

(4) 보호포의 바탕색은 최고사용압력이 중압 이상인 배관은 적색

(5) 보호포에는 가스명ㆍ사용압력ㆍ공급자명 등을 표시한다.

(6) 보호포는 호칭지름에 10cm를 더한 폭으로 설치한다.

(7) 보호포는 최고사용압력이 저압인 배관은 배관의 정상부로부터 60cm 이상 설치한다.

(8) 최고사용압력이 중압 이상인 배관은 보호판의 상부로부터 30cm 이상 설치한다.

3. 배관 지하매설

(1) 배관은 그 외면으로부터 지하의 다른 시설물과 0.3m 이상의 거리를 유지한다.

(2) 지표면으로부터 배관의 외면까지의 매설깊이는 산이나 들에서는 1m 이상 그 밖의 지역에서는 1.2m 이상으로 한다.

(3) 배관 설치 시 되메움재료 및 다짐공정은 다음과 같이 한다.

  ① 기초재료와 침상재료를 포설한 후

  ② 배관 상단으로부터는 30cm마다 다짐 실시한다.

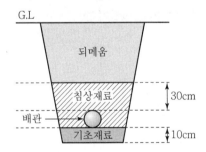

4. 배관 방호조치

(1) 철판 방호조치

① 방호철판의 두께는 4mm 이상으로 한다.

② 방호철판은 부식을 방지하기 위한 조치를 한다.

③ 방호철판 외면에는 야간 식별이 가능한 야광테이프나 야광페인트로 경계표지를 한다.

④ 방호철판의 크기는 1m 이상으로 하고 앵커볼트 등으로 외벽에 견고하게 고정한다.

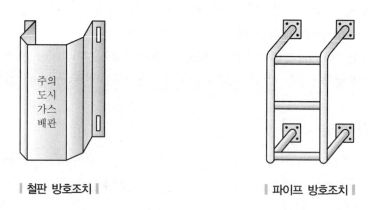

‖ 철판 방호조치 ‖   ‖ 파이프 방호조치 ‖

(2) 파이프 방호조치

① 방호파이프는 호칭지름 50A 이상으로 기계적 강도가 있는 것으로 한다.

② 강관제 구조물은 부식을 방지하기 위한 조치를 할 것

③ 강관제 구조물 외면에는 야간 식별이 가능한 야광테이프나 야광페인트로 경계표지를 한다.

5. PE 배관

(1) PE 배관의 두께는 그 배관의 안전성 확보를 위해 가스압력 및 그 배관의 외경에 따라 결정한다.

(2) 금속관과의 접합은 이형질이음관[T/F(Transition Fitting)]을 사용한다.

(3) PE배관의 접합은 열융착이나 전기융착으로 실시하고, 모든 융착은 융착기(Fusion Machine)를 사용하여 실시한다.

(4) 열융착 이음방법은 맞대기융착, 소켓융착 또는 새들융착으로 구분한다.

   ① 맞대기 융착(Butt Fusion)은 공칭 외경 90mm 이상의 직관과 이음관 연결에 적용한다.

→ **압력범위에 따른 관의 두께**

SDR	압력
11 이하	0.4MPa 이하
17 이하	0.25MPa 이하
21 이하	0.2MPa 이하

[비고] SDR(Standard Dimension Ration) = D(외경)/t(최소두께)

   ② 비드(Bead)는 좌·우대칭형으로 둥글고 균일하게 형성되도록 한다.

   ③ 비드의 표면은 매끄럽고 청결하도록 한다.

   ④ 접합면의 비드와 비드 사이의 경계부위는 배관의 외면보다 높게 형성되도록 한다.

   ⑤ 이음부의 연결오차는 배관 두께의 10% 이하로 한다.

6. 기타 배관 조치

① 배관 및 접합부는 최소 60cm마다 차체에 고정하고 진동 및 충격으로부터 보호한다.

② 배관 및 접합부는 상용압력의 1.5배 이상의 내압성능을 가지며 상용압력 이상에서 기밀성능을 가진다.

③ 튜빙 및 호스는 가장 가혹한 압력 및 온도 조건에 4 이상의 안전율을 가진다.

④ 표지판은 배관을 따라 500m 간격으로 설치한다.

가스설비 및 안전

01 용기

1. 용기 재료의 구비조건

(1) 경량이고 충분한 강도를 가질 것

(2) 저온 및 사용온도에 견디는 연성, 전성 강도를 가질 것

(3) 내식성, 내마모성을 가질 것

(4) 가공성, 용접성이 좋고 가공 중 결함이 생기지 않을 것

2. 용기의 종류

(1) 이음매 없는 용기(무계목 용기)

① 산소, 질소 수소, 아르곤 등의 압축가스 혹은 액화 CO_2 등 사용한다.

② 이음매 없는 용기의 특징

㉠ 고압에 견디기 쉬운 구조이다.

㉡ 내압에 대한 응력 분포가 균일하다.

㉢ 두께가 균일하지 못하고 제작비가 비싸다.

③ 이음매 없는 용기 제조법

㉠ 만네스만(Mannesman)식 : 이음매 없는 강관
을 재료로 사용하는 방식

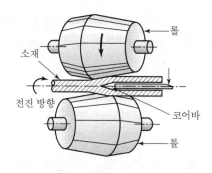

| 만네스만식 제조법 |

ⓛ 에르하르트(Ehrhardt)식 : 각강편을 재료로 하는 방식

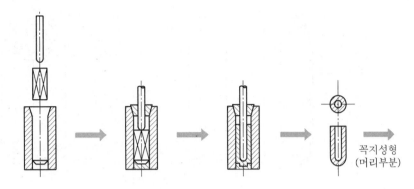

‖ 에르하르트식 제조법 ‖

ⓒ 딥 드로잉(Deep drawing)식 : 강판을 재료로 사용하는 방식

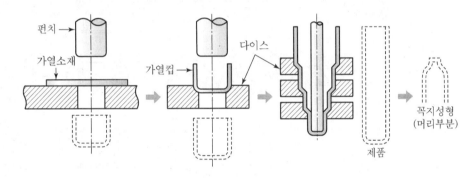

‖ 딥 드로잉식 제조법 ‖

(2) 용접 용기(계목 용기)

① 프로판 및 아세틸렌 등의 비교적 저압인 액화가스 등에 사용한다.

② 용접 용기의 특징

　ⓖ 비교적 저렴한 강판을 사용하므로 경제적이다.

　ⓛ 재료가 판재이므로 용기 형태, 치수가 자유롭다.

　ⓒ 이음매 없는 용기에 비해 두께공차가 적어 두께가 균일하다.

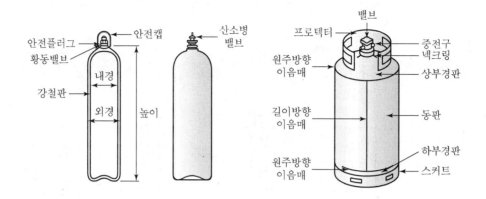

③ 용접용기 제조방법

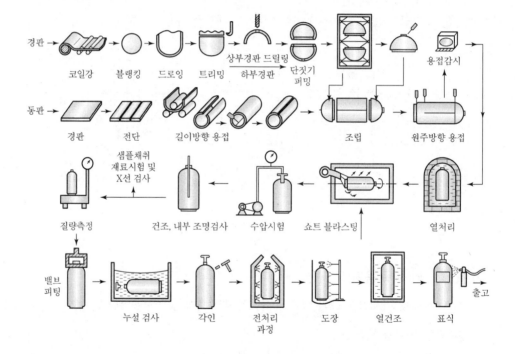

(3) 용기의 화학 성분비

구분	탄소(C)	인(P)	황(S)
이음매 없는 용기	0.55% 이하	0.04% 이하	0.05% 이하
용접 용기	0.33% 이하	0.05% 이하	0.05% 이하

> Reference | 용기에 사용되는 재료 특징
>
> ① 산소(O_2) : 크롬강(산소용기는 크롬 첨가량이 30%가 적당하다.)
> ② 수소(H_2) : 5∼6% 크롬강(내수소취성을 증가시키기 위해 바나듐, 텅스텐, 몰리브덴, 티탄을 사용한다.)
> ③ 암모니아(NH_3) : 탄소강, 18-8 스테인리스강(62% 이상 동 또는 동합금 사용금지한다.)
> ④ 아세틸렌(C_2H_2) : 탄소강(62% 이상 동 또는 동합금 사용금지한다.)
> ⑤ LPG, 염소(Cl_2) : 탄소강

3. 용기용 밸브

(1) 산소충전구 형식에 의한 분류

① A형 : 가스 충전구가 숫나사
② B형 : 가스 충전구가 암나사
③ C형 : 가스 충전구에 나사가 없는 것

(2) 충전가스 종류에 따른 분류

① 왼나사 : 모든 가연성 가스 용기(단, 브롬화 메탄, 암모니아는 제외한다.)
② 오른나사 : 액화브롬화 메탄, 액화 암모니아와 가연성 가스를 제외한 각종 용기

(3) 밸브 구조에 따른 분류

① 패킹식
② O링식
③ 백시트식
④ 다이어프램식

4. 용기 재검사

(1) 용기 재검사 기간

용기의 종류		신규 검사 후 경과 연수 따른 재검사 주기		
		15년 미만	15 이상 20년 미만	20년 이상
용접용기(LPG용 용접용기 제외)	500L 이상	5년마다	2년마다	1년마다
	500L 미만	3년마다	2년마다	1년마다
LPG용 용접용기	500L 이상	5년마다	2년마다	1년마다
	500L 미만	5년마다		2년마다
이음매 없는 용기	500L 이상	5년마다		
	500L 미만	신규검사 후 10년 이하는 5년마다, 초과는 3년마다		
LPG 복합재료용기		5년마다		
용기 부속품	용기에 부착되지 아니한 것	2년마다		
	용기에 부착 시	검사 후 2년이 지나 용기의 재검사 시		

(2) 제조 후 경과연수가 15년 미만이고 내용적이 500L 미만인 용접용기에 대하여는 재검사주기를 다음과 같이 한다.
　① 용기내장형 가스난방기용 용기는 6년
　② 내식성 재료로 제조된 초저온 용기는 5년

5. 용기 재검사 표시방법

(1) 합격용기 각인사항

　① 용기제조업자의 명칭 또는 약호
　② 충전하는 가스의 명칭
　③ 용기의 번호
　④ 내용적(기초 : V, 단위 : L)
　⑤ 초저온용기 외의 용기는 밸브 및 부속품을 포함하지 아니한 용기의 질량(기호 : W, 단위 : kg)
　⑥ 아세틸렌가스는 충전용기 질량에 용기의 다공물질·용제 및 밸브의 질량을 합한 질량(기호 : TW, 단위 : kg)
　⑦ 내압시험에 합격한 연월
　⑧ 내압시험압력(기호 : TP, 단위 : MPa)
　⑨ 최고충전압력(기호 : FP, 단위 : MPa)

⑩ 내용적이 500L를 초과하는 용기에는 동판의 두께(기호 : t, 단위 : mm)

(2) 용기의 도색 및 표시

① 일반가스 용기 도색

가스의 종류	도색의 구분	가스의 종류	도색의 구분
액화석유가스	회색	산소	녹색
수소	주황색	액화탄산가스	청색
아세틸렌	황색	질소	회색
액화암모니아	백색	소방용 용기	소방법에 따른 도색
액화염소	갈색	그 밖의 가스	회색

② 의료용 가스용기

가스의 종류	도색의 구분	가스의 종류	도색의 구분
산소	백색	질소	흑색
액화탄산가스	회색	아산화질소	청색
헬륨	갈색	사이크로프로판	주황색
에틸렌	자색	그 밖의 가스	회색

[비고] 1. 용기의 상단부에 폭 2cm의 백색(산소는 녹색)의 띠를 두 줄로 표시하여야 한다.
      2. 용도의 표시 의료용 각 글자마다 백색(산소는 녹색)으로 가로 · 세로 5cm로 띠와 가스 명칭 사이에 표시하여야 한다.

③ 용기부속품에 대한 표시

ㄱ 부속품제조업자의 명칭 또는 약호

ㄴ 바목의 규정에 의한 부속품의 기호와 번호

ㄷ 질량(기호 : W, 단위 : kg)

ㄹ 부속품검사에 합격한 연월

ㅁ 내압시험압력(기호 : TP, 단위 : MPa)

ㅂ 용기종류별 부속품의 기호

- 아세틸렌가스를 충전하는 용기의 부속품 : AG
- 압축가스를 충전하는 용기의 부속품 : PG
- 액화석유가스 외의 액화가스를 충전하는 용기의 부속품 : LG
- 액화석유가스를 충전하는 용기의 부속품 : LPG
- 초저온용기 및 저온용기의 부속품 : LT

02 **저장 탱크**

1. 원통형 탱크

(1) 원통형 저장탱크는 동체와 경판으로 분류하고 설치에 따라 수직형과 횡형이 있다.

(2) 경판은 압력의 구분에 따라 접시형, 타원형, 반구형 등이 있다.

(3) 저장탱크에는 안전밸브, 유출입구, 드레인 밸브, 액면계 온도계 등을 설치한다.

(4) 횡형은 수직형에 비해 비교적 안전성이 높다.

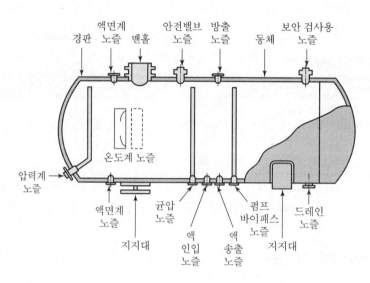

2. 구형 탱크

(1) 구형 저장탱크의 이점

① 고압 저장탱크로서 건설비가 비교적 싸다.

② 동일 압력 및 재료에서 저장하는 경우 표면적이 가장 적어 강도가 높다.

③ 기초 구조가 단순하며 공사가 용이하다.

④ 형태가 아름답다.

(2) 단각식 구형 탱크

① 상온 또는 −30℃ 전후까지의 저온에 사용한다.

② 저온탱크의 경우 일반적으로 냉동장치를 부속하여 탱크 내의 온도와 압력을 조절한다.

③ 구각 외면에 충분히 단열재를 장치하고 흡열에 의한 단열과 방습이 되도록 한다.

④ 사용재료는 용접용 압연 강재, 보일러용 압연강재 또는 고장력강재를 사용한다.

(3) 이중각식 구형 탱크

① 내구에는 저온강재를 외구에는 보통 강재를 사용한 것으로 내외 구간은 진공, 건조공기, 질소 가스를 넣고 펄라이트와 같은 보랭재로 충전한다.

② 단열성능이 높아 −50℃ 이하의 저온 액화가스를 저장하는 데 적합하다.

③ 액체산소, 액체 질소, 액화메탄, 액화에틸렌 저장에 사용한다.

④ 내구는 스테인리스강, 알루미늄강, 9% 니켈강 등을 사용한다.

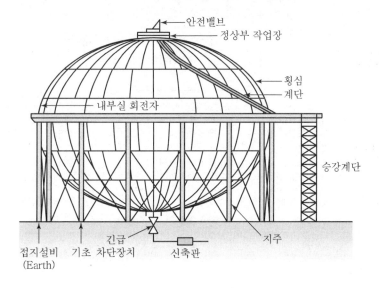

3. 초저온 액화가스 저장탱크(Cold Evaporator)의 구조

공업용 액화가스인 액체산소, 액체 질소, 아르곤, 액화 천연가스, 헬륨 등의 저장에 널리 사용한다.

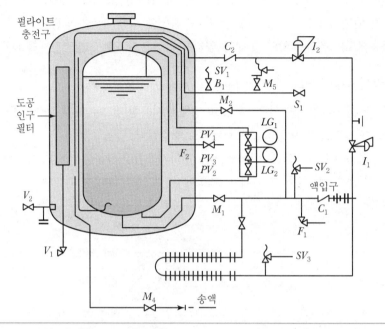

M_1 : 하부 액입구 밸브	F_1 : 액입구 방출밸브	SV_1 : 내조 안전밸브
M_2 : 상부 액입구 밸브	F_2 : 검액 밸브	SV_2 : 액입구 안전밸브
M_3 : 가압 원밸브	C_1 : 액입구 역지 밸브	SV_3 : 가압증발기 안전밸브
M_4 : 송액 밸브	C_2 : 이코너마이저 역지밸브	PV_1 : 액면계 상부밸브
M_5 : 내조 안전 원밸브	I_1 : 가압 자동 밸브	PV_2 : 액면계 하부밸브
S_1 : 가압 자동 원밸브	I_2 : 이코너마이저 밸브	PV_3 : 액면계 균압밸브
B_1 : 내조 방출밸브	V_1 : 진공인구 밸브	LG_1 : 내조 압력계
	V_2 : 진공계용 밸브	LG_2 : 액면계

03 기화장치(Vaporizer)

1. 기화기의 개요

(1) 용기 또는 저장조 탱크의 저온(LP)가스를 감압이나 가온으로 열교환 상태로 가스화한다.

(2) 가열원으로 전열 또는 온수 등으로 강제적으로 가열하는 방식이 있다.

(3) 기화 장치의 구조 개요도는 다음과 같다.

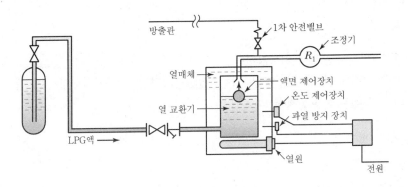

2. 작동원리에 따른 분류

(1) 가온감압방식

(2) 감압가온방식

3. 구성형식에 따른 분류

(1) 다관식 기화기

(2) 단관식 기화기

(3) 사관식 기화기

(4) 열관식 기화기

4. 증발형식에 따른 분류

(1) 순간 증발식

(2) 유입 증발식

5. 강제 기화장치의 분류 및 구성

(1) 강제 기화장치의 분류

① 대기온 이온 방식

② 간접가열방식(열매체 이용방식)
    ㉠ 온수 매체 이용 : 전기가열, 가스가열, 증기가열, 기화기의 사용온도 등
    ㉡ 기타 매체 이용 : 해수, 대기열 등

(2) 기화장치의 구성

① 기화부
    설계압력의 1.5배의 압력으로 내압시험한다.

② 제어부
    ㉠ 액 유출 방지장치 : 액면 검출형, 온도검출형
    ㉡ 열매온도 제어장치 : 과열방지장치, 온도조절장치, 안전변

③ 조압부
    기화부에서 나오는 가스를 소비 목적에 따라 일정 압력으로 조절하는 부분

04 가스액화 분리장치

1. 공기액화 분리장치

(1) 고압식 액화산소 분리장치

원료공기는 압축기에 흡입압력 150~200atm으로 압축 산소와 질소를 분리한다.

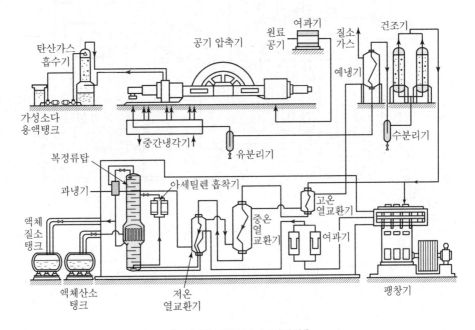

‖ 고압식 액화산소 분리장치 ‖

(2) 저압식 액화산소 분리장치

원료공기는 압축기에 흡입압력 5atm 정도로 압축하여 산소와 질소를 분리한다.

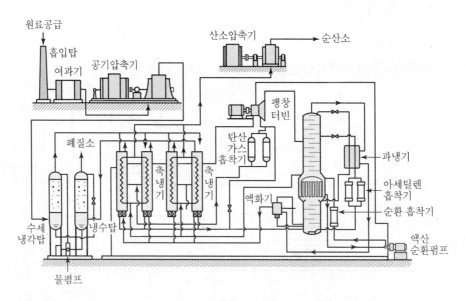

| 저압식 액화산소 분리장치 |

(3) 공기액화장치의 폭발 원인

① 공기 취입구로부터 아세틸렌 혼입
② 공기 압축기의 윤활유에 따른 탄화수소의 생성
③ 공기 중의 산화질소 혼입
④ 액체공기에 오존의 혼입

(4) 공기 중의 탄산가스(CO_2) 제거 이유

① 제거 이유는 저온장치에 탄산가스가 존재하면 고형 드라이아이스가 되어 배관 및 밸브를 폐쇄하여 장치에 장해를 주기 때문이다.
② 이산화탄소 흡수기로 제거하며 흡수제는 가성소다(NaOH) 수용액을 사용한다.

(5) 수분 분리의 목적과 제거

① 제거 이유는 물이 장치에 들어가면 저온에서 얼음이 되어 배관 및 밸브를 폐쇄하므로 공기의 흐름에 대한 방해로 장치에 장해를 주기 때문이다.
② 건조기에는 고형가성소다 또는 실리카겔 등의 흡착제를 사용한다. (건조기 흡착제 : 활성 알루미나, 실리카겔, 염화칼슘, 몰리큘러시브 등)

2. 고형 탄산 제조장치

고형 탄산은 대기압하에서는 용해가 되어도 액체로 되지 않는다는 점에서 드라이 아이스라고 부른다.

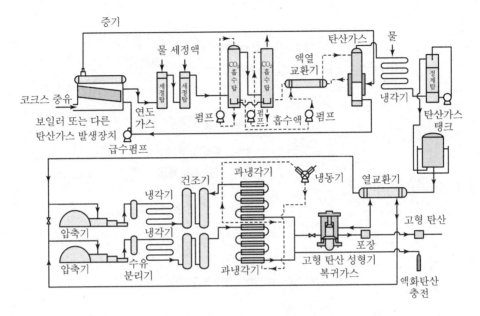

|| 고형 탄산가스의 제조원리 ||

① 탄산가스원에서 탄산가스를 분리하기 위해 탄산가스 흡수탑에서 탄산가스를 탄산칼륨용액에 흡수시킨다.
② 이 용액을 분리탑에서 탄산가스를 방출시키고 정제한 다음 탄산가스 저장조에 저장한다.
③ 탄산가스를 압축기로 압축한 다음 냉동기에서 냉각액화 후 삼중점 이하의 압력까지 단열 교축시킨다.
④ 이때 형성된 설상의 고체를 성형기로 압축하여 고형 탄산을 제조한다.
⑤ 기화된 탄산가스는 압축기로 되돌려 다시 사용한다.

05 펌프와 압축기

1. 펌프

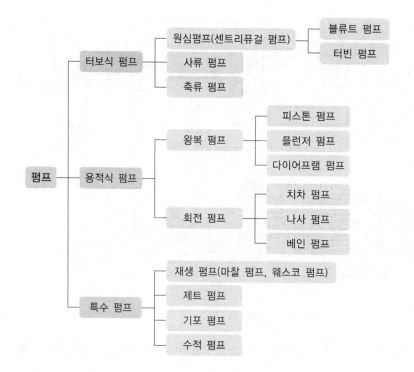

(1) 왕복동 펌프의 특징

① 토출 압력은 회전수에 따라 그다지 변하지 않는다.

② 1스트로크(1왕복)의 토출량이 결정되어 있으므로 일정량을 정확하게 토출할 수 있다.

③ 토출액이 진동하는 것을 줄이기 위해 여러 방법이 취해지고 있다.

④ 이 펌프에는 반드시 두 개 이상의 밸브가 있다. 한쪽이 닫힐 때는 다른 한쪽이 열림으로써 펌프 작용을 한다.

⑤ 소형인 데 비해 매우 고압이 얻어진다.

⑥ 구조적으로는 동력의 회전운동을 왕복으로 변환하는 기수를 갖고 있다.

(2) 로터리 펌프의 특징

① 왕복 펌프와 같은 흡입·토출 밸브가 없고, 연속 회전하므로 토출액의 맥동이 적다.

② 점성이 있는 액체에 좋다.

③ 고압유압 펌프로 사용된다.

(3) 기어 펌프의 특징

① 흡입양정이 크다. 즉, 흡입력이 강하므로 8m 이상 빨아올릴 수가 있다.

② 토출압력은 회전수에 영향을 받지 않고 동력에 의해 얼마든지 높이 올릴 수가 있다.

③ 고압력에 적합하다.

④ 고점도액의 이송에 적합하다(점도가 높은 액이라도 토출량에 큰 영향이 없다.)

⑤ 고점도액인 때는 회전수를 낮춰 사용하는 것이 좋다.

⑥ 토출압력이 바뀌어도 토출량은 크게 바뀌지 않는다.

⑦ 원심 펌프와 같이 액체가 심하게 교반되지 않는다. 교반되어서는 곤란한 액에 적합하다.

⑧ 구조가 간단하고 분해소제, 세척이 용이하므로 식품공업용에 적합하다.

⑨ 모래와 같이 굳은 입자 특히 마모를 촉진하는 입자, 기어 사이에 끼어 회전불능이 되는 단단한 입자를 함유하는 액체에는 사용할 수 없다.

⑩ 기어 펌프의 용량은 보통 $3{\sim}100\text{m}^2/\text{hr}$

2. 압축기

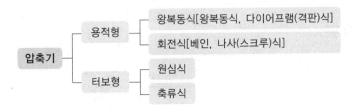

(1) 용적형 압축기

일정용적의 실내에 기체를 흡입한 다음 흡입구를 닫아 기체를 압축하면서 다른 토출구에 유출하는 것을 반복하는 형식이다.

① 왕복식

압축을 피스톤의 왕복운동에 의해 교대로 행하는 것이며 접동부에 급유하는 것 또는 무급유로 래버린스, 카본, 테프론 등을 사용하는 것이 있다.

② 회전식

로터를 회전하여 일정 용액의 실린더 내에 기체를 흡입하고 실의 용적을 감소시켜 기체를 타방으로 압출하여 압축하는 기계이며 가동익, 루트, 나사형이 있다.

(2) 터보형 압축기

기계에너지를 회전에 의해 기체의 압력과 속도에너지로서 전하고 압력을 높이는 것이며 원심식과 축류식이 있다.

① 원심식

케이싱 내에 모인 임펠러가 회전하면 기체가 원심력의 작용에 의해 임펠러의 중심부에서 흡입되어 외조부에 토출되고 그때 압력과 속도 에너지를 얻음으로써 압력 상승을 도모하는 것이다.

ⓘ 터보형 : 임펠러의 출구각이 90°보다 적을 때

ⓛ 레이디얼형 : 임펠러의 출구각이 90°일 때

ⓒ 다익형 : 임펠러의 출구각이 90°보다 클 때

② 축류식

선박 또는 항공기의 프로펠러에 외통을 장치한 구조를 하고 임펠러가 회전하면 기체는 한 방향으로 압출되어 압력과 속도에너지를 얻어 압력상승이 행하여진다. 즉, 기체가 축방향으로 흘러 축류식이라는 명칭이 붙게 되었다.

3. 펌프(Pump) 의 가스 이송도

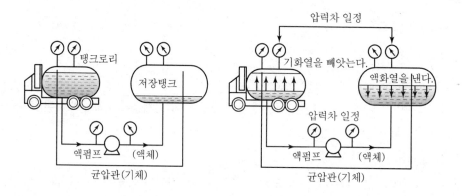

4. 압축기의 가스 이송도

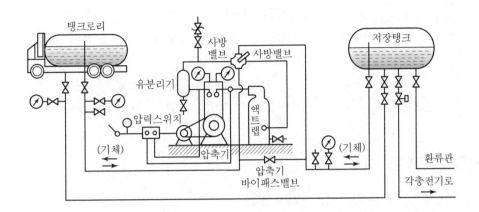

06 경계 표지

1 사업소 경계표지

(1) 사업장 출입구

| LPG 충전사업소 |

① 규격 : 200×50cm 이상
② 색상 : 흰색(바탕), 적색(글자)
③ 수량 : 2개소 이상
④ 게시 위치 : 사업장 출입구

(2) 경계책(외벽)

| 화 기 엄 금
(통제구역) |

① 규격 : 150×40cm 이상
② 색상 : 흰색(바탕), 적색(화기엄금), 청색(통제구역)
③ 수량 : 3개소 이상
④ 게시 위치 : 기계실 출입문

(3) 경계책(울타리, 담)

용무 외 출입금지

화 기 엄 금

① 규격 : 90×40cm 이상
② 색상 : 흰색(바탕), 적색(글자)
③ 수량 : 각각 3개소 이상
　　　　[2개의 경계표지를 병행(교차) 설치]
④ 게시 위치 : 사업장 주위 담 또는 경계 울타리 등

2. 저장설비경계표지

(1) 기계실 · 지상 저장탱크실 출입구 방향

가스설비 기계실 (저장탱크실)

① 규격 : 50×30cm 이상
② 색상 : 흰색(바탕), 흑색(글자)
③ 수량 : 1개소 이상(출입구마다)
④ 게시 위치 : 기계실 출입문

화　　　　기 관계자 외 출입금지 엄　　　　금

① 규격 : 50×40cm 이상
② 색상 : 흰색(바탕), 적색(화기엄금, 사선),
　　　　청색(관계자 외 출입금지)
③ 수량 : 1개소 이상(출입구마다)
④ 게시 위치 : 기계실 출입문

(2) 기계실 · 지상 저장탱크실 내부 [밸브의 개 · 폐 표시(표찰)]

열 림

① 규격 : 10×12cm 이상
② 색상 : 흰색(바탕), 적색(글자)
③ 수량 : 밸브수량과 동일

닫 힘

① 규격 : 10×12cm 이상
② 색상 : 흰색(바탕), 청색(글자)
③ 수량 : 밸브 수량과 동일

(3) 기계실·지상 저장탱크실 경계책 외부

화 기 엄 금 (통제구역)

① 규격 : 150×40cm 이상

② 색상 : 흰색(바탕), 적색(화기엄금), 청색(통제구역)

③ 수량 : 3개소 이상

④ 게시 위치 : 기계실 출입문

3. 충전장소 경계표지

(1) 자동차에 고정된 탱크 이입·충전장소

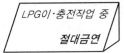

① 규격 : 60×45cm 이상

② 색상 : 흰색(바탕), 흑색(LPG이·충전작업 중),
　　　　적색(절대금연)

③ 수량 : 2개소 이상

④ 게시 위치 : 자동차의 고정된 탱크의 전·후

(2) 자동차용기 충전장소

충 전 중 엔 진 정 지

① 규격 : 30×80cm 이상

② 색상 : 황색(바탕), 흑색(글자)

③ 수량 : 충전기수량 이상

④ 게시 위치 : 충전기 부근(운전자가 보기 쉬운 곳)

화 기 엄 금

① 규격 : 30×80cm 이상

② 색상 : 백색(바탕), 적색(글자)

③ 수량 : 2개소 이상

④ 게시 위치 : 충전기 부근(운전자가 보기 쉬운 곳)

✱ 글자배열은 종횡 모두 가능

① 규격 : 30×50cm 이상

② 색상 : 흰색(바탕), 색(원, 사선, 글자), 흑색(담배 그림)

③ 수량 : 2개소 이상

④ 게시 위치 : 금연구역(보기 쉬운 곳)

요청시
안전점검을
해드립니다.

① 규격 : 80×30cm 이상

② 색상 : 백색(바탕), 적색(글자)

③ 수량 : 2개소 이상

④ 게시 위치 : 충전기 부근(운전자가 보기 쉬운 곳)

✳ 글자배열은 종횡 모두 가능

(3) 기타

■ 긴급차단당치 조작밸브

긴
급
차
단
밸
브

① 규격 : 15×30cm 이상

② 색상 : 황색(바탕), 검정(글자)

③ 수량 : 긴급차단밸브 조작밸브 수량과 동일

■ 소화기 비치장소

소

화

기

① 규격 : 15×30cm 이상

② 색상 : 황색(바탕), 검정(글자)

③ 수량 : 소화기 비치 장소와 동일

✳ 주위로부터 잘 보이는 장소에 "충전작업 중" 및 "화기엄금" 등의 표지를 설치할 것

07 가스설비 안전

1. 배관의 전기방식 구분

(1) 전기방식

지중 및 수중에 설치하는 강재배관 및 저장탱크 외면에 전류를 유입시켜 양극반응을 저지함으로써 배관의 전기적 부식을 방지하는 것을 말한다.

① 희생양극법

지중 또는 수중에 설치된 양극금속과 매설배관을 전선으로 연결해 양극금속과 매설배관 사이의 전지작용으로 부식을 방지하는 방법을 말한다.

② 외부전원법

외부직류 전원장치의 양극(+)은 매설배관이 설치되어 있는 토양이나 수중에 설치한 외부전원 용전극에 접속하고, 음극(-)은 매설배관에 접속시켜 부식을 방지하는 방법을 말한다.

③ 배류법

매설배관의 전위가 주위의 타 금속구조물의 전위보다 높은장소에서 매설배관과 주위의 타 금속구조물을 전기적으로 접속시켜 매설배관에 유입된 누출전류를 전기회로에 복귀시키는 방법을 말한다.

2. 액화석유가스시설의 전위측정용 터미널(T/B) 설치

(1) 희생양극법 또는 배류법에 따른 배관에는 300m 이내의 간격으로 설치한다.

(2) 외부전원법에 따른 배관에는 500m 이내의 간격으로 설치한다.

(3) 저장탱크가 설치된 경우에는 당해 저장탱크마다 설치한다.

(5) 직류전철 횡단부 주위에 설치한다.

(6) 지중에 매설되어 있는 배관 등 절연부의 양측에 설치한다.

(7) 강재보호관 부분의 배관과 강재보호관에 설치한다.

(8) 다른 금속구조물과 근접교차 부분에 설치한다.

3. 도시가스시설의 전위측정용 터미널(T/B) 설치

(1) 희생양극법 또는 배류법에 따른 배관에는 300m 이내의 간격으로 설치한다.

(2) 외부전원법에 따른 배관에는 500m 이내의 간격으로 설치한다.

(3) 밸브스테이션에 설치한다.

(4) 직류전철 횡단부 주위에 설치한다.

(5) 지중에 매설되어 있는 배관절연부의 양측에 설치한다.

(6) 강재보호관 부분의 배관과 강재보호관에 설치한다.

(7) 다른 금속구조물과 근접교차 부분에 설치한다.

(8) 교량 및 하천횡단배관의 양단부에 설치한다. 다만, 외부전원법 및 배류법에 따라 설치된 것으로 횡단길이가 500m 이하인 배관과 희생양극법에 따라 설치된 것으로 횡단길이가 50m 이하인 배관은 제외한다.

4. 기준전극 설치

매설배관 주위에 기준전극을 매설하는 경우 기준전극은 배관으로부터 50cm 이내에 설치한다.

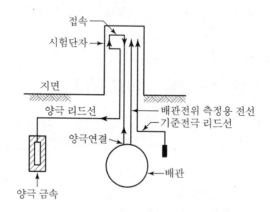

5. 방식 측정 및 점검시기

(1) 전기방식시설의 관대지전위 등은 1년에 1회 이상 점검한다.
(2) 외부전원법에 따른 전기방식시설은 외부전원점 관대지전위 정류기의출력, 전압, 전류, 배선의 접속상태 및 계기류 확인 등을 3개월에 1회 이상 점검한다.
(3) 배류법에 따른 전기방식시설은 배류점 관대지전위, 배류기의 출력, 전압, 전류, 배선의 접속상태 및 계기류 확인 등을 3개월에 1회 이상 점검한다.
(4) 절연부속품, 역전류방지장치, 결선 및 보호절연체의 효과는 6개월에 1회 이상 점검한다.
(5) 가스가 누출되어 체류할 우려가 있는 밸브박스 등의 장소에서는 가스누출 여부를 확인한 후 전위 측정을 한다.

6. 피그 사용방법

도시가스 배관 내의 이물질 제거 및 청소 등에 사용한다.

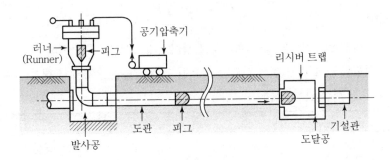

‖ 피그 사용방법 도시 ‖

7. 내압시험

가스설비는 압력계 또는 자기압력기록계 등을 이용하여 상용압력의 1.5배 내압시험한다.

(1) 상용압력

① 프로판용 설비의 경우에는 1.8MPa 이하로서 과압안전장치 작동압력이다.
② 부탄용 설비의 경우에는 1.08MPa 이하로서 과압안전장치 작동압력이다.

(2) 내압시험

① 내압시험은 원칙적으로 수압으로 한다.
② 내압시험은 해당 설비가 취성파괴를 일으킬 우려가 없는 온도에서 실시한다.
③ 내압시험은 내압시험압력에서 팽창, 누출 등의 이상이 없을 때 합격으로 한다.
④ 내압시험을 공기 등의 기체로 하는 경우에는 우선 상용압력의 50%까지 승압하고 그 후에는 상용압력의 10%씩 단계적으로 승압하여 내압시험한다.

(3) 기밀시험

① 기밀시험은 원칙적으로 공기 또는 위험성이 없는 기체로 실시한다.
② 기밀시험은 그 설비가 취성 파괴를 일으킬 우려가 없는 온도에서 실시한다.
③ 기밀 유지 시간(완성검사)

압력측정기	용적	기밀 유지 시간
압력계 또는 자기압력 기록계	$1m^3$ 미만	48분
	$1m^3$ 이상 $10m^3$ 미만	480분
	$10m^3$ 이상 $300m^3$ 미만	$48 \times V$분(다만, 2,880분을 초과한 경우에는 2,880분으로 할 수 있다.)

④ 정기검사 시 기밀시험은 사용압력 이상으로 한다.
⑤ 노출된 가스설비 및 배관은 가스검지기 등으로 누출 여부를 검사한다.
⑥ 지하매설배관은 3년마다 기밀시험을 실시한다.
⑦ 사업소 내 기밀시험은 5m 간격으로 배관노선 상에 설치되어있는 깊이 약 50cm 이상의 검지공 가스누출검지기로 가스누출 여부를 확인한다.
⑧ 사업소 외 50m 간격으로 배관의 노선 상에 깊이 약 50cm 이상으로 보링을 하고 가스누출검지기로 가스누출 여부 검사를 실시한다.

08 비파괴검사

1. 비파괴검사 종류

① 음향검사   ② 침투검사

③ 자기검사   ④ 방사선 투과검사

⑤ 초음파 검사   ⑥ 와류검사

⑦ 전위차법   ⑧ 설파 프린트

2. 방사선 투과검사

X선이나 γ선으로 투과하여 결함의 유무를 살피는 방법이며 널리 사용되고 있는 비파괴검사법이다.

(1) X선이나 γ선을 투과하여 결합의 유무를 아는 방법이며 필름에 의해 결함의 모양, 크기 등을 관찰할 수 있고 결과의 기록이 가능하다.

(2) 보통 두께의 2% 이상의 결함을 검출해야 한다.

(3) 파면이 X선의 투과방향으로 대략 평행한 경우는 검고 예리한 선이 되어 명확히 알 수 없고 직각인 경우에도 거의 알 수 없다.

(4) γ선 투과법은 장치가 간단하고 운반도 용이하나 노출시간이 길고 인체에 유해한 것 등의 결점이 있어 취급과 촬영 작업에는 충분한 주의가 필요하다.

3. 자분 탐상검사

자분검사는 자기검사의 한 방법이다. 피검사물을 자화한 상태에서 표면 또는 표면에 가까운 손상에 의해 생기는 누설 자속을 사용하여 검출하는 방법이다.

(1) 육안으로 검사할 수 없는 결함(균열, 손상, 개재물, 편석, 블로홀 등)을 검지할 수 있으나 오스테나이트계 스테인리스강 등의 비자성체에는 적용되지 않는다.

(2) 결함에 의해 누설자속이 생긴 장소에도 자성이 높은 미세한 자성체분 미자분을 살포하면 자분이 결함부에 응집, 흡인되어 손상 등의 위치가 육안으로 검지된다.

(3) 자분에는 건식 그대로 사용하는 방법(건식법), 액에 분산시켜 사용하는 방법(혼식법) 등이 있다.

(4) 결함검출의 정도는 각종 요인에 따라 좌우되나 표면 균열이면 폭 10μ, 길이 0.1mm, 길이 0.5mm 정도의 결함을 검출할 수 있다.

(5) 검사완료 후는 피검사물을 탈지, 처리할 필요가 있다.

　① 장점

　　육안으로 검지할 수 없는 미세한 표면 및 피로파괴나 취성파괴에 적당하다.

　② 단점

　　㉠ 비자성체는 적용할 수 없다.

　　㉡ 전원이 필요하다.

　　㉢ 종료 후의 탈지처리가 필요하다.

4. 초음파 탐상 검사

초음파 검사법은 초음파(보통 $0.5 \sim 15\text{MC}$)를 피검사물의 내부에 침입시켜 반사파를 이용하여 내부의 결함과 불균일층의 존재 여부를 검사하는 방법으로 투과법, 펄스 반복법, 공진법 등이 있다.

(1) 장점

　① 내부 결함 또는 불균일층의 검사를 할 수 있다.

　② 용입 부족 및 용입부의 결함을 검출할 수 있다.

　③ 검사 비용이 싸다.

(2) 단점

　① 결함의 형태가 부적당하다.

　② 결과의 보존성이 없다.

5. 침투 탐상 검사

침투검사는 표면에 개구된 미소한 균열, 작은 구멍, 슬러그 등을 검출하는 방법이다.

(1) 철, 비철의 각 재료에 적용되며 특히, 자기검사가 이용되지 않는 비자성 재료에 많이 사용된다.

(2) 철강의 용접부에서도 형상이 복잡하고 자기검사가 곤란한 곳에서나 전원이 없는 경우에도 이용된다.

(3) 침투검사의 원리

표면장력이 적고 침투력이 강한 액을 표면에 도포하거나 액체 중의 피검사물을 침지하여 균열 등의 부분에 액을 침투시킨 다음 표면의 투과액을 씻어내고 현상액을 사용하여 균열 등에 남은 침투액을 표면에 출현시키는 방법이다.

(4) 침투검사의 종류

① 형광 침투검사
② 염료 침투검사

(5) 장점

표면에 생긴 미소한 결함을 검출한다.

(6) 단점

① 재부결함은 검지되지 않는다.
② 결과가 즉시 나오지 않는다.

PART **02**

필답형 출제 예상문제

CHAPTER 01

가스의 특성

01 가스의 상태

01 고압가스를 상태에 따라 분류하면 (①)가스, (②)가스, (③)가스 등이 있다.

> **+해답** ① 압축　　　　② 액화　　　　③ 용해

02 용해 아세틸렌가스의 불순가스(SO_2) 측정에서 착색반응을 검사하려면 어떤 시약을 사용하여야 하는가?

> **+해답** 브롬(Br)

03 염소의 제해용 흡수제를 3가지만 쓰시오.

> **+해답** ① 가성소다 수용액
> ② 탄산소다 수용액
> ③ 소석회

04 다음 ( ) 안에 알맞은 말을 보기에서 찾아 써 넣으시오.

유해한 불순물을 제거하는 이유는 불순물이 (①)이 되거나, (②)를 부식시키기 때문이다.

> 촉매활성, 촉매독, 반응물, 생성물, 장치

> **+해답** ① 촉매독
> ② 장치

05 다음 물음에 답하시오.

① 선화는 염공으로부터의 가스 유출속도와 연소속도 중 어느 것이 클 때 일어나는가?

② 저온장치는 냉매를 사용한 냉동장치와 가스의 액화분리에 사용되고 있는 무슨 장치로 분류되는가?

⊕해답 ① 유출속도　　　　　② 심랭장치

06 LP가스가 새어나왔을 때는 보통의 도시가스에 비해 폭발사고가 일어나기 쉬운데 그 이유를 설명하시오.

⊕해답 비중이 공기의 1.5~2배 정도로 크므로 바닥으로 체류되기 쉽고, 또 발화 에너지도 적기 때문에 폭발하기 쉽다.

07 다음 물음에 해당되는 답을 보기에서 골라 쓰시오.(단, 답은 중복될 수 있다.)

> 수소, 산소, 질소, 아세틸렌, 프로판, 염소, 탄산가스

① 압축가스를 3가지만 기입하시오.　　② 용해가스를 1가지만 기입하시오.

③ 액화가스를 3가지만 기입하시오.　　④ 가연성 가스를 2가지만 기입하시오.

⑤ 조연성 가스를 2가지만 기입하시오.　　⑥ 불연성 가스를 2가지만 기입하시오.

⊕해답 ① 수소, 산소, 질소　　② 아세틸렌　　③ 프로판, 염소, 탄산가스
④ 수소, 아세틸렌, 프로판　　⑤ 산소, 염소　　⑥ 질소, 탄산가스

08 다음 표를 보고 TLV 기준 독성 가스의 허용농도(ppm)를 써 넣으시오.

가스명	허용한도	가스명	허용한도	가스명	허용한도
암모니아	①	산화에틸렌	⑥	산화질소	⑪
이산화탄소	②	염화수소	⑦	오존	⑫
염소	③	불화수소	⑧	포스겐	⑬
불소	④	유화수소	⑨	인화수소	⑭
취소	⑤	시안화수소	⑩	이산화유황	⑮

⊕해답 ① 25ppm　　② 5,000ppm　　③ 1ppm　　④ 0.1ppm　　⑤ 0.1ppm
⑥ 50ppm　　⑦ 5ppm　　⑧ 3ppm　　⑨ 10ppm　　⑩ 10ppm
⑪ 25ppm　　⑫ 0.1ppm　　⑬ 0.1ppm　　⑭ 0.3ppm　　⑮ 5ppm

09 다음 가스의 흡수제 또는 중화제를 쓰시오.

① 아황산가스   ② 암모니아   ③ 염소

④ 염화수소   ⑤ 황화수소   ⑥ 포스겐

해답 ① 탄산소다 수용액, 가성소다 수용액
② 물
③ 소석회, 가성소다 수용액
④ 물, 가성소다 수용액
⑤ 탄산소다 수용액, 가성소다 수용액
⑥ 가성소다 수용액, 소석회

10 다음 보기의 가스 중 이산화탄소보다 무거운 것은 어느 것인가?

아르곤, 암모니아, 프로필렌, 이산화황, 염소, 이소부틸렌

해답 이산화황, 염소, 이소부틸렌

11 염소가스의 누설검사를 NH_3로 검지할 경우 백연이 발생한다. 이때의 반응식을 쓰시오.

해답 $8NH_3 + 3Cl_2 \rightarrow 6NH_4Cl + N_2$

12 산소에 관한 다음 물음에 간단히 답하시오.

① 대기압하에서 비등점은 몇 ℃인가?
② 공기를 1로 본 기체의 비중은?
③ 산소 압축기 내부 윤활제로 어떤 것을 쓰는가?
④ 35℃에서 40l의 산소용기에 충전할 때 최고 충전 압력은?
⑤ 수소나 아세틸렌가스 중 산소의 용량이 몇 % 이상인 것은 압축할 수 없는가?
⑥ 의료용 산소용기의 도색 색깔은?
⑦ 이음매 없는 용기로 제조된 40l의 산소용기 제조년이 10년 이하일 경우 재검사 주기는 몇 년마다 인가?
⑧ 공기액화 분리법에 의한 산소제조 시 원료공기 중 이산화탄소를 제거할 필요가 있는데 그 주된 이유는?

＋해답 ① $-183℃$(또는 $-182.97℃$로 정확히 써도 좋다.)

② $\dfrac{32}{29}=1.10$

③ 물 또는 10% 이하의 묽은 글리세린

④ $120kgf/cm^2(12MPa)$

⑤ 2%

⑥ 흰색

⑦ 5년마다

⑧ 저온장치이므로 저온장치에서 CO_2는 드라이아이스(고형탄산)가 되어 장치의 배관이나 밸브를 동결, 폐쇄할 우려가 있으므로 제거해야 한다.

＋참고 $500l$ 미만의 무계목 용기는 사용기간의 10년 초과 시라면 3년마다 재검사를 실시한다.

13 다음 가스들의 희석제 및 안정제를 2가지씩 쓰시오.

① C_2H_2 ② HCN ③ C_2H_4O

＋해답 ① 질소, 메탄, 일산화탄소, 에틸렌

② 아황산가스, 황산, 인산, 오산화인, 염화칼슘, 동망 등

③ 질소, 탄산가스

14 아세틸렌과 구리가 화합하면 폭발성의 물질이 생성되는데 그 물질명은?

＋해답 동아세틸라이드(Cu_2C_2)

＋참고 $C_2H_2+2Cu \rightarrow Cu_2C_2+H_2$

15 C_2H_2가스의 용기 재질로서 동 또는 62% 이상의 동합금을 사용할 수 없다. 그 이유를 간단히 기술하시오.

＋해답 아세틸렌은 동과 화합하여 동아세틸라이드(Cu_2C_2)를 생성하며, 동아세틸라이드는 약간의 충격에도 폭발하므로 사용할 수 없다.

16 공기와의 혼합비율이 200분의 1인 상태에서 검지할 수 있도록 향료(메르갑탄)를 넣는 액화가스 5가지를 쓰시오.

＋해답 ① 프로판 ② 프로필렌 ③ 부탄

④ 부틸렌 ⑤ 부타디엔

17 아세틸렌가스 역화 방지장치 내부에 들어가는 물질 2가지를 쓰시오.

⊕**해답** ① 페로실리콘   ② 모래   ③ 물   ④ 자갈

18 염소폭명기에 대하여 다음 물음에 답하시오.

① 염소와 무엇의 혼합기체인가?
② 반응식을 쓰시오.

⊕**해답** ① 수소
② $Cl_2 + H_2 \rightarrow 2HCl + 44kcal$

19 용해 아세틸렌의 품질검사를 하고자 한다. 다음 물음에 답하시오.

① 시험방법을 2가지 이상 쓰시오.
② 몇 % 이상이어야 합격인가?

⊕**해답** ① 발연황산법, 브롬시약법, 질산은 시약의 정성시험
② 98% 이상

20 암모니아가 다음 조건에서 사용될 때 적당한 금속재료 명칭을 쓰시오.

① 저온이나 상온에서 취급될 때
② 고온 · 고압에서 사용될 때

⊕**해답** ① 탄소강
② 18-8 스테인리스강

21 Cl_2 가스를 소금으로 전해해 제조할 때 양극과 음극에서 가스가 발생하는 과정을 반응식으로 쓰시오.

⊕**해답** $2NaCl + 2H_2O \xrightarrow{\text{전해}} \dfrac{NaOH}{(-)} + H_2\uparrow + \dfrac{Cl_2\uparrow}{(+)}$

22 C_2H_2 를 2.5MPa 이상 압축 시 희석제 3가지를 쓰시오.

⊕**해답** ① 질소   ② 메탄
③ 일산화탄소   ④ 에틸렌

23 다음 고압가스에 통상 첨가되는 안정제 및 희석제를 2가지 쓰시오.

　① HCN을 용기에 충전할 때

　② C_2H_2를 2.5MPa 이상으로 압축할 때

　③ C_2H_4O를 탱크에 충전할 때

　⊕해답 ① 황산, 인산, 인, 염화칼슘, 동망 등
　　　　　② 수소, 질소, 이산화탄소, 일산화탄소, 메탄 등
　　　　　③ 이산화탄소, 질소

24 다음 빈칸을 알맞게 메우시오.

　• 액화가스 : (①), (②), (③)　　• 압축가스 : (④), (⑤), (⑥)

　• 가연성 가스 : (⑦), (⑧), (⑨)　　• 조연성 가스 : (⑩), (⑪)

　• 불연성 가스 : (⑫), (⑬)　　• 용해가스 : (⑭)

　⊕해답 ① 프로판　　② 부탄　　③ 염소
　　　　　④ 산소　　　⑤ 질소　　⑥ 수소
　　　　　⑦ 수소　　　⑧ 아세틸렌　⑨ 프로판
　　　　　⑩ 산소　　　⑪ 염소　　⑫ 질소
　　　　　⑬ 탄산가스　⑭ 아세틸렌

25 고온·고압의 수소가 강에 미치는 작용을 쓰시오.

　⊕해답 고온·고압의 수소는 강에 침투하여 메탄을 생성함으로써 소위 탈탄작용을 일으켜 강을 취하시킨다.
　　　　$Fe_3C + 2H_2 \rightarrow CH_4 + 3Fe$

　⊕참고 이것을 방지하기 위하여 5~6%의 크롬강을 쓰거나 18−8 스테인리스강 또는 V, Mo, W, Ti 등을 첨가한다.

26 시안화수소 안정제의 명칭 3가지를 쓰시오.

　⊕해답 ① 황산　　　② 아황산가스　　③ 염화칼슘
　　　　　④ 동망　　　⑤ 인산

27 가연성 가스, 독성 가스 및 산소의 제조 설비를 수리 또는 청소할 때는 미리 그 내부의 가스를 그 가스와 반응이 용이하지 않은 가스로 치환해야 하는데 그 치환작업 순서 중 다음 ( ) 안에 적당한 말을 써 넣으시오.

> 가연성 가스 → 불활성 가스 → (①) → 수리 → (②) → 가연성 가스

해답 ① 공기 ② 불활성 가스

28 수돗물에 염소가스를 통과시키는 이유와 반응식을 쓰시오.

해답 염소는 물과 반응해 HCl과 HClO를 생성한다. 이때 생성된 HClO는 불안정한 화합물로서 발생기 산소 하나를 내는데 이것이 물의 소독 살균작용을 한다.
$Cl_2 + H_2O \rightarrow HCl + HClO$
$HClO \rightarrow HCl + (O)$

29 염소가스를 건조시키는 이유는?

해답 염소가스는 수분 존재 시 염산을 생산해 배관을 부식시키기 때문이다.

30 카바이드로부터 아세틸렌가스를 제조할 때 나오는 불순 가스명 2가지를 쓰시오.

해답 ① 인화수소(PH_3)   ② 메탄가스(CH_4)   ③ 규화수소(SiH_4)
④ 암모니아(NH_3)   ⑤ 황산수소(H_2S)

31 수증기를 사용하여 수성가스를 얻고자 한다. 반응식을 쓰시오.

해답 $C + H_2O \rightarrow CO + H_2$

32 일산화탄소가 미세한 분말상의 니켈과 작용하여 새로운 물질을 생성하는데 이 과정을 화학반응식으로 나타내시오.

해답 $4CO + Ni \rightarrow Ni(CO)_4$

33 순도 80%인 칼슘 카바이드 200kg으로부터는 아세틸렌 몇 m^3가 발생되는가?(단, 칼슘 카바이드의 분자량은 64이다.)

> **해답** $CaC_2 + 2H_2O \rightarrow C_2H_2\uparrow + Ca(OH)_2$
>
> $64kg : 22.4m^3 = 0.8 \times 200kg : xm^3$
>
> ∴ 아세틸렌 양$(x) = 22.4 \times \dfrac{0.8 \times 200}{64} = 56m^3$

34 염소폭명기란 무엇인지 설명하시오.

> **해답** 염소와 수소를 같은 부피로 혼합하면 일광, 기타 점화원에 의하여 격렬한 폭발을 하며 염화수소를 생성하는 것을 말한다.

35 수소에 관한 다음 물음에 답하시오.

① 상온, 상압상태의 공기 중에서 폭발 범위(%)는?
② 수소는 고온, 고압에서 강제(F_23C) 중의 탄소와 반응하여 수소취화를 일으키는데 그 반응식을 쓰시오.
③ 수소와 일산화탄소가 반응하는 반응식을 쓰시오.
④ 가연성 가스인 수소용기 밸브는 안전을 위하여 어떤 나사를 사용해야 하는가?

> **해답** ① 4~75%   ② $Fe_3C + 2H_2 \rightarrow CH_4 + 3Fe$
> ③ $CO + 2H_2 \rightarrow CH_3OH$ ④ 왼나사

36 다음 물음에 답하시오.

① 수소가스의 발화온도는?
② 공기 중 수소가스의 폭발 범위는?
③ 산소 중 수소가스의 폭발 범위는?
④ 수소폭명기란 무엇인가?
⑤ 수소가스의 제조방법을 7가지 쓰시오.

> **해답** ① 580~590℃
> ② 4~75%
> ③ 4~94%
> ④ 수소와 산소의 체적비가 2 : 1일 때 점화하면 폭발적으로 반응하여 물을 생성한다.
> $(2H_2 + O_2 \rightarrow 2H_2O + 136.6kcal)$

⑤ ㉠ 수 전해법
ⓒ 수성가스법
ⓒ 일산화탄소 전화법(또는 수성가스 전화법)
② 석탄 완전 가스화법
⑩ 석유 분해법
ⓑ 천연가스 분해법
ⓐ 암모니아 분해법

37 수분과 염소가 화합할 때의 반응식을 쓰시오.

➕해답 $Cl_2 + H_2O \rightarrow HClO + HCl$

38 수소폭명기의 화학식을 쓰시오.

➕해답 $2H_2 + O_2 \rightarrow 2H_2O$

39 H_2S가 연소 시 아래 물음에 답하시오.

① 완전연소 시 및 불완전연소 시의 반응식을 쓰시오.
② 완전연소 시 표준상태에서 소요되는 공기량(l)을 구하시오.(단, 공기 중 산소는 20%임)

➕해답 ① 완전연소 : $2H_2S + 3O_2 \rightarrow 2H_2O + 2SO_2$
불완전연소 : $2H_2S + O_2 \rightarrow 2H_2O + 2S$
② $2H_2S + 3O_2 \rightarrow 2H_2O + 2SO_2$
$2 \times 22.4l \ : \ 3 \times 22.4l = 22.4l \ : \ x$
산소량$(x) = \dfrac{22.4 \times 3 \times 22.4}{2 \times 22.4} = 33.6l$
소요공기량$= \dfrac{\text{산소량}}{0.2} = \dfrac{33.6}{0.2} = 168l$

40 염소가스를 건조시키는 이유는?

➕해답 염소가스는 수분 존재 시 염산을 생산해 배관을 부식시키기 때문이다.

41 아세틸렌의 공기 중 폭발 범위를 쓰시오.

➕해답 2.5~81%

42 아세틸렌가스를 압축하여 용기에 충전할 수 없는 이유는 아세틸렌이 (①)이므로 (②)하면 (③)할 우려가 있기 때문이며, 아세틸렌가스를 운반하려면 용기에 (④)를(을) 삽입하여 이것에 (⑤)를(을) 스며들게 한 후 아세틸렌을 (⑥)시켜 운반한다. 다음 보기에서 골라 (   ) 안을 채우시오.

> 발열화합물, 단열물, 흡열화합물, 팽창, 압축, 수축, 폭발, 다공질 물질,
> 알코올,   아세톤, 휘발, 용해

해답 ① 흡열화합물   ② 압축   ③ 폭발
④ 다공질 물질   ⑤ 아세톤   ⑥ 용해

43 카바이드에 AS, Si, N, P, S가 존재할 때 생성될 수 있는 불순물의 명칭을 분자식으로 쓰시오.

해답 ① SiH_4 ② NH_3 ③ PH_3
④ H_2S ⑤ AsH_4

44 다음 가스의 일반적인 비등점을 쓰시오.

① 질소   ② 산소

해답 ① 질소 : $-195.8℃ \, (-196℃)$
② 산소 : $-183.1℃ \, (-183℃)$

45 액화천연가스(LNG)의 특성에 대해 다음 물음에 답하시오.

① LNG의 비점은?
② LNG의 주성분과 저급탄화수소의 종류 2가지를 쓰시오.
③ 천연가스로부터 LNG를 얻는 방법 2가지를 쓰시오.

해답 ① $-162℃$
② ㉠ 주성분 : 메탄   ㉡ 저급탄화수소 : CH_4, C_2H_4, C_3H_8, C_4H_{10}
③ ㉠ 냉동 액화법   ㉡ 압축 냉각법

46 아황산가스(SO_2)의 용도를 쓰시오.

해답 황산재료, 표백제, 의약품 제조, 냉동기 냉매

47 LNG에 대하여 다음 물음에 답하시오.

① 1atm일 때의 비점은 약 몇 ℃인가?

② LNG를 0℃, 1atm으로 가스화했을 때의 용적비는?

③ LNG 저장탱크와 접촉하는 부분의 재질을 3가지만 쓰시오.

④ 천연가스와 비교하여 LNG의 장점을 4가지만 쓰시오.

해답 ① −162℃

② 600배

③ ㉠ 알루미늄 합금

㉡ 9% 니켈강

㉢ 18−8 스테인리스강

④ ㉠ 액화하면 $\dfrac{1}{600}$ 로 체적을 줄일 수 있다.

㉡ 불순물을 함유하지 않는다.

㉢ 대량의 천연가스를 액상으로 수송, 운반이 용이하다.

㉣ 독성이 없고 고열량의 연료로서 도시가스로 이용할 수 있다.

48 아세틸렌(C_2H_2)가스와 관련된 다음 물음에 답하시오.

① 용해시키는 용제 2가지는?

② 용기의 최고충전압력은 15℃에서 몇 kgf/cm^2인가?

③ 충전용 지관에 설치하는 설비는?

④ 폭발성 물질을 만드는 금속 3가지는?

⑤ 카바이드에 의한 습식 발생기의 표면온도는 몇 ℃ 이하로 유지해야 하는가?

해답 ① 아세톤$[(CH_3)_2CO]$, 디메틸포름아미드(D.M.F)

② $15.5kg/cm^2$

③ 역화방지장치

④ 구리, 수은, 은

⑤ 70℃

49 다음의 가스 중 실험적인 반응에 의하여 기체를 얻고자 할 때 기체 포집법 중 수상치환에 의한 기체만 선택하시오.

$$H_2, \ SO_2, \ H_2S, \ NH_3, \ CO_2, \ O_2, \ NO_2$$

해답 H_2, O_2

50 염소(Cl_2)가스에 의한 철의 부식 시 반응식을 쓰시오.

해답 $Cl_2 + H_2O \rightarrow HCl + HClO$

$Fe + 2HCl \rightarrow FeCl_2 + H_2$

51 산소 1기압에서 탄산칼슘($CaCO_3$) 400g을 가열분해시키면 몇 l의 이산화탄소를 얻을 수 있겠는가?

해답 $CaCO_3 \rightarrow CaO + CO_2$

$100g : 22.4l = 400g : x$

$\therefore x = \dfrac{400}{100} \times 22.4 = 89.6l$

52 다음은 가스의 검출에 대한 설명이다. 각 항에 해당하는 반응 생성물을 쓰시오.

① 탄산가스를 석탄수 속에 불어 넣으면 흰색의 침전이 생긴다.

② 염소의 누설 탐지기용으로 암모니아를 사용하면 흰 연기가 생긴다.

③ 산소를 흰 인 속에 불어넣으면 흰 연기가 생긴다.

해답 ① 탄산칼슘($CaCO_3$)   ② 염화암모늄(NH_4Cl)

③ 오산화인(P_2O_5)

53 다음 보기 중 상온에서 액화 가능한 가스를 모두 골라 쓰시오.

| CO, HCN, O_2, N_2, Cl, C_2H_6, H_2S, H_2 |

해답 HCN, Cl_2, C_2H_6

54 다음 가스를 비점이 높은 것부터 낮은 순으로 차례로 쓰시오.

| 염소, 질소, 에틸렌 |

해답 염소(Cl_2) → 에틸렌(C_2H_4) → 질소(N_2)

참고 비점온도＝염소 : $-34.05℃$, 질소 : $-195.8℃$, 에틸렌 : $-103.71℃$

55 일산화탄소(CO)와 미분상의 니켈이 100℃ 이상에서 반응하여 생성되는 물질은 무엇인가?

🔹해답 $Ni + 4CO \rightarrow Ni(CO)_4$, 니켈카르보닐

56 아세틸렌과 공기를 혼합한 경우의 폭발하한계는 아세틸렌(C_2H_2) 용량 %로 2.5%이다. 이 경우 혼합기체 $1m^3$(표준상태)에 함유되어 있는 아세틸렌의 질량은 얼마인가?(단, 아세틸렌의 분자량은 26이다.)

🔹해답 $1,000l \times 0.025 = 25l$
$22.4l \ : \ 26g = 25l \ : \ x$
∴ 아세틸렌질량$(x) = 29.02g$

57 다음 가스의 합성반응식을 쓰시오.
① 일산화탄소와 수소에 의한 메탄올의 합성
② 질소와 수소에 의한 암모니아의 합성
③ 암모니아와 이산화탄소에 의한 요소의 합성
④ 에틸렌의 산화에 의한 산화에틸렌의 합성
⑤ 카바이드와 물의 반응에 대한 아세틸렌의 발생

🔹해답 ① $CO + 2H_2 \rightarrow CH_3OH$
② $N_2 + 3H_2 \rightarrow 2NH_3$
③ $2NH_3 + CO_2 \rightarrow (NH_2)_2CO + H_2O$
④ $2C_2H_4 + O_2 \rightarrow 2C_2H_4O$
⑤ $CaC_2 + 2H_2O \rightarrow C_2H_2 + Ca(OH)_2$

58 다음 물음에 답하시오.
① 프로판 1kg은 표준상태에서 몇 l인가?
② 요소의 합성반응식을 써라.
③ 메탄올의 합성반응식을 써라.

🔹해답 ① C_3H_8 1kgf = 1,000g이므로 $1,000g \times \dfrac{22.4l}{44g} = 509.09l$
② $2NH_3 + CO_2 \rightarrow (NH_2)_2CO + H_2O$
③ $CO + 2H_2 \rightarrow CH_3OH$

59 물의 전기분해에 의해 수소를 제조하고 있는 어느 공장에서 하루 수소의 생산량이 표준상태에서 $40m^3$라면 산소의 생산량은 몇 kg인가?

> **해답** $2H_2O \rightarrow 2H_2 + O_2$
>
> $2 \times 22.4m^3 : 32kg = 40m^3 : x$
>
> 산소생성량$(x) = \dfrac{40 \times 32}{2 \times 22.4} = 28.57kg$

60 포스겐에 대하여 다음 물음에 간단히 답하시오.

① 분자식을 쓰시오.

② 염소와 일산화탄소로부터 제조반응식 및 촉매는?

> **해답** ① $COCl_2$
>
> ② ㉠ 제조반응식 : $CO + Cl_2 \rightarrow COCl_2$
>
> ㉡ 촉매 : 활성탄

61 포스겐을 수산화나트륨에 흡수시킬 때의 독성을 제거하는 화학반응식을 쓰시오.

> **해답** $COCl_2 + 4NaOH \rightarrow Na_2CO_3 + 2NaCl + 2H_2O$

62 다음 물음에 답하시오?

① 일산화탄소와 염소의 반응식을 쓰고 생성물의 명칭을 적으시오.

② 용기의 재질로 Ni을 사용하지 못하는 이유를 반응식으로 나타내시오. (일산화탄소가스 사용 시)

> **해답** ① 반응식 : $CO + Cl^2 \rightarrow COCl_2$ (포스겐 독가스 생성)
>
> ② $Ni + 4CO \rightarrow Ni(CO)_4$

63 다음은 어느 가스의 성질을 나열한 것인가?

> • 비독성이다.
> • 압축가스, 조연성 가스에 속한다.
> • 산화력을 가지고 있으며 생물의 생존과 연료의 연소에 없어서는 안 된다.
> • 색, 맛, 냄새가 없으며 공기의 비중이 1이라면 이 가스의 비중은 1.105이다.
> • 액화온도는 $-182.97℃$이다.

> **해답** 산소(O_2)

64 화학평형 이동에 영향을 주는 3가지 요인을 쓰시오.

➕해답 ① 압력 　　　② 온도 　　　③ 농도

65 다음 화학식을 완성하시오.

$$C_2Cl_6(염화에탄) + (①) \rightarrow (②)(프레온 - 113) + 3HCl(염화수소)$$

➕해답 ① 3HF 　　　② CCl_2FCClF_2

66 다음과 같은 반응식에서 NH_3가 34kg이면 수소는 몇 l가 소요되는가?

$$N_2 + 3H_2 \rightarrow 2NH_3$$

➕해답 $17 \times 2 = 34kg$, 3몰 $\times 22.4l = 67.2l$

$2km$이 $2 \times 17 = 34kg$, $3 \times 22.4 = 67.2m^3$

∴ 수소가스량 $= 67.2 \times 1,000 = 67,200l$

67 질소와 산소의 반응에서 흡열반응식을 쓰시오.

➕해답 $N_2(g) + O_2(g) \rightarrow 2NO(g)$ 　∴ $\Delta H = +42kcal$

68 습식 아세틸렌가스 발생기의 표면은 섭씨 몇 도 이하로 유지하여야 하는가?

➕해답 습식 아세틸렌가스 발생기의 표면은 섭씨 70℃ 이하로 유지해야 한다.

69 수분이 존재할 때 수분과 반응하여 강재를 부식시키는 가스 명칭 4가지를 쓰고 이때의 화학반응식을 쓰시오.

➕해답 ① 염소 : $Cl_2 + H_2O \rightarrow HCl + HClO$, $Fe + 2HCl \rightarrow FeCl_2 + H_2$

② 아황산가스 : $SO_2 + H_2O \rightarrow H_2SO_3$, $H_2SO_3 + \frac{1}{2}O_2 \rightarrow H_2SO_4$

③ 이산화탄소 : $CO_2 + H_2O \rightarrow H_2CO_3$

④ 황화수소 : $2H_2S + 3O_2 \rightarrow 2H_2O + 2SO_2$

$SO_2 + H_2O \rightarrow H_2SO_3$, $H_2SO_3 + \frac{1}{2}O_2 \rightarrow H_2SO_4$

70 수소 가스의 취성 방지 원소를 4가지 쓰시오.

   ➕해답 V, W, Mo, Ti, Cr(바나듐, 텅스텐, 몰리브덴, 티타늄, 크롬)

02 가스의 기초

01 온도 일정, 압력 1기압(atm)에서 $230l$일 때 $15l$ 용기에 넣으면 압력은 얼마인가?

   ➕해답 $P_1 V_1 = P_2 V_2 = 1 \times 230 = P_2 \times 15$

$$\therefore \text{용기 내 압력}(P_2) = 1 \times \frac{230}{15} = 15.33 \text{atm}$$

02 공기를 이상기체라 가정하고 압력 1atm, 20℃의 공기 300m³를 압력 200atm, −140℃로 압축한다면 그 체적은 몇 l가 되겠는가?(단, 소수점 이하 둘째 자리에서 반올림할 것)

   ➕해답 보일−샤를의 법칙에 의해 $\dfrac{P_1 V_1}{T_1} = \dfrac{P_2 V_2}{T_2}$ 에서

$$T_1 = 20 + 273, \ P_1 = 1\text{atm}, \ V_1 = 300 \times 1,000 l$$
$$T_2 = -140 + 273, \ P_2 = 200\text{atm}, \ V_2 = ?$$
$$\frac{1 \times 300 \times 1,000}{293} = \frac{200 \times V_2}{133}$$
$$\text{압축 후 체적}(V_2) = \frac{133 \times 300 \times 1,000}{200 \times 293} = 680.887 = 680.9l$$

03 1기압은 수은주 76cm이다. 이것을 물기둥으로 환산하면 몇 mH_2O인가?

   ➕해답 $76\text{cmHg} = 1.03\text{kgf/cm}^2$

$1\text{kgf/cm}^2 = 10\text{mH}_2\text{O}$

$\therefore$ 물기둥(수두압) $= 1.03 \times 10 = 10.3\text{mH}_2\text{O}$

04 1atm, 1bar, 1kgf/cm^2, 1PSI의 압력이 높은 순으로 나열하시오.

   ➕해답 $1\text{atm} > 1\text{bar} > 1\text{kgf/cm}^2 > 1\text{PSI}$

05 비중이 0.4인 액체와 0.8인 액체가 각각 $500l$ 씩 혼합된 액체의 질량은 몇 kgf인가?

+해답 액체질량$= 0.4 \times 500 + 0.8 \times 500 = 600$

06 U자관 액주식 압력계의 $P_1 = 1kgf/cm^2$, 수은의 비중이 13.6 일 때 P_2는 몇 kg/cm^2인가?

+해답 $P_2 = 1 + 50 \times 13.6 \times \dfrac{1}{1,000} = 1.68kg/cm^2$

+참고 $13.6g/cm^3 = 0.0136kgf/cm^3$

07 프로판 10kg이 표준상태(S.T.P)에서 반응하여 기화할 때 부피는 몇 m^3인가?

+해답 $10 \times \dfrac{22.4}{44} = 5.09m^3$

08 프로판(분자량 44) 및 부탄가스(분자량 58)의 공기에 대한 비중을 구하시오.(단, 공기의 평균 분자량은 29이다.)

+해답 ① C_3H_8 : $\dfrac{44}{29} = 1.52$ ② C_4H_{10} : $\dfrac{58}{29} = 2$

09 도시가스가 10℃, 740mmHg에서 체적이 $0.2l$이며 가스 무게가 0.6g이라면 표준상태에서의 밀도 (g/l)는?

+해답 $\dfrac{PV}{T} = \dfrac{P'V'}{T'}$, $V' = \dfrac{PVT'}{TP'} = \dfrac{740 \times 0.2 \times 273}{283 \times 760} = 0.18786l$

∴ 표준상태밀도$(\rho) = \dfrac{0.6}{0.18786} = 3.19g/l$

+참고 $200cc = 200cm^3 = 0.2l$

10 9기압 용기 $15l$와 $20l$의 12기압 용기 2개를 연결했을 때 평균압력은 얼마인가?

+해답 용기평균압력$= \dfrac{(15 \times 9) + (20 \times 12)}{35} = \dfrac{135 + 240}{35} = 10.714$기압

+참고 용기전체적$= 15l + 20l = 35l$

11 기체 상태 방정식 $PV = nRT$에서 단위가 $l \cdot \text{atm}/^{\circ}\text{K} \cdot \text{mol}$이 되는 기체상수($R$)의 값을 구하시오.

⊕해답 $R = \dfrac{PV}{nT} = \dfrac{1 \times 22.4}{1 \times 273} = 0.082$

12 녹색의 용기 내에 온도가 200°C, $8\text{kgf/cm}^2 \cdot \text{g}$일 때 5kg의 산소가 얼마 후 냉각되어 용적이 $\dfrac{1}{3}$로 줄었다. R의 상수가 $26.52\text{kg} \cdot \text{m/kg} \cdot {}^{\circ}\text{K}$일 때 다음 물음에 답하시오.

① 냉각 시 그 온도는 몇 ℃인가?
② 최초의 용적은 몇 m^3인가?
③ 이때 실시된 일량은 몇 $\text{kg} \cdot \text{m}$인가?

⊕해답 ① $\dfrac{V_1}{T_1} = \dfrac{V_2}{T_2} \rightarrow T_2 = \dfrac{V_2 \cdot T_1}{V_1} = \dfrac{1 \times 473}{3} = 157.67^{\circ}K = -115.33℃$

② $PV = GRT \rightarrow V = \dfrac{GRT}{P} = \dfrac{5 \times 26.52 \times 473}{(8 + 1.0332) \times 10^4} = 0.694\text{m}^3$

③ $W = P \times (V_1 - V_2) = (8 + 1.0332) \times 10^4 (0.694 - 0.231) = 4,182\text{kg} \cdot \text{m}$

⊕참고 $\dfrac{0.694}{3} = 0.231\text{m}^3$

13 질소 60%, 산소 30%, CO_2 10%의 부피 조성을 중량 %로 고치시오.

⊕해답 부피 조성은 몰 %와 같으므로 혼합기체 100몰 중 질소 60몰, 산소 30몰, CO_2 10몰과 같다. 따라서 (분자량 : N_2 28, O_2 32, CO_2 44)

N_2 : $28 \times \dfrac{60}{100} = 16.8\text{g}$

O_2 : $32 \times \dfrac{30}{100} = 9.6\text{g}$

CO_2 : $44 \times \dfrac{10}{100} = 4.4\text{g}$

① N_2의 중량 % $= \dfrac{16.8}{16.8 + 9.6 + 4.4} \times 100 = 54.5\%$

② O_2의 중량 % $= \dfrac{9.6}{16.8 + 9.6 + 4.4} \times 100 = 31.2\%$

③ CO_2의 중량 % $= \dfrac{4.4}{16.8 + 9.6 + 4.4} \times 100 = 14.3\%$

14 전압 10atm의 공기 중에서 산소(O_2)와 질소(N_2)의 분압을 구하시오.

> **해답** 공기 중에서 산소와 질소의 체적비는 4 : 1이므로 산소의 몰분율은 $\frac{1}{5}$, 질소의 몰분율은 $\frac{4}{5}$이다.
>
> ① 산소의 분압 : $10 \times \frac{1}{5} = 2\text{atm}$
>
> ② 질소의 분압 : $10 \times \frac{4}{5} = 8\text{atm}$

15 20℃의 작업장에서 내용적 $50l$의 용기에 산소를 넣어 100atm이 되었다. 이 용기를 −5℃의 장소에 방치하면 용기 내의 압력은 몇 atm이 되는가?(단, 용기의 수축은 없다.)

> **해답** $\dfrac{PV}{T} = \dfrac{P_1 V_1}{T_1}$, $\dfrac{100 \times 50}{273 + 20} = \dfrac{P_1 \times 50}{273 - 5}$
>
> 용기 내 압력(P_1) $= \dfrac{5,000 \times 263}{293 \times 50} = 89.76\text{atm}$

16 내용적 $40l$의 용기에 10℃에서 $150\text{kgf/cm}^2 \cdot \text{g}$인 가스가 35℃가 되면 그 게이지 압력은?(단, 대기 압은 1로 본다.)

> **해답** $\dfrac{40 \times (150 + 1)}{273 + 10} = \dfrac{40 \times P_2}{273 + 35}$
>
> $P_2 = \dfrac{151 \times 308}{283} - 1 \fallingdotseq 164.34\text{kgf/cm}^2 \cdot \text{g}(16.43\text{MPa})$
>
> **참고** $1\text{kg/cm}^2 = 0.1\text{MPa}$

17 산소가스의 표준상태(S.T.C) 시 가스량은?(단, 표준 기압은 1.033kgf/cm^2)

① 온도 20℃, 내용적 $46l$, $120\text{kgf/cm}^2 \cdot \text{g}$ 압력에서의 부피는 몇 m^3인가?
② 또, 이때의 질량은 몇 kg인가?

> **해답** ① $\dfrac{PV}{T} = \dfrac{P_1 V_1}{T_1}$, $V_1 = \dfrac{PVT_1}{TP_1} = \dfrac{121.033 \times 46 \times 273}{293 \times 1.033 \times 1,000} = 5.02\text{m}^3$
>
> ② $PV = \dfrac{W}{M}RT$, $W = \dfrac{PVM}{RT} = \dfrac{121.033 \times 46 \times 32}{0.082 \times 293 \times 1.033} = 7.18\text{kg}$
>
> **참고** $120 + 1.033 = 121.033\text{kg/cm}^2\text{a}$, 기체상수 : 0.082(R), 산소분자량 : 32

18 액화석유가스(LP)의 구성비가 중량 %로 프로판 90%, 부탄 10%이다. 이것을 용량 %로 환산하시오.

해답 $C_3H_8 = 44$(분자량) $= \dfrac{90}{44} = 2.05$몰, $2.05 \times 22.4 = 45.92l$

$C_4H_{10} = 58$(분자량) $= \dfrac{10}{58} = 0.17$몰, $0.17 \times 22.4 = 3.8l$

$\dfrac{45.8}{45.8 + 3.8} \times 100 = 92\%$(프로판 %)

$\dfrac{3.8}{45.8 + 3.8} \times 100 = 8\%$(부탄 %)

참고 $C_3H_8 = 44g/$몰

$C_4H_8 = 58g/$몰

19 어떤 용기 내에 질소가 8.44 중량 %이고 탄산가스가 8.04 중량 %일 때 전압이 15기압이었다. 각각의 분압을 구하시오.

해답 $N_2 = 15 \times \dfrac{8.44}{8.44 + 8.04} = 7.68$기압

$CO_2 = 15 \times \dfrac{8.04}{8.44 + 8.04} = 7.3$기압

20 밀폐된 용기 내에 1atm, 27℃ 프로판과 산소가 $2 : 8$의 비율로 혼합되어 있으며, 그것이 연소하여 아래와 같은 반응이 발생하고 화염온도는 $3,000°$K가 되었다. 이 용기에 발생한 압력은 몇 atm인가?

$$2C_3H_8 + 8O_2 \rightarrow 6H_2O + 4CO_2 + 2CO + 2H_2$$

해답 반응 전의 압력, 온도, 몰수를 P_1, T_1, n_1

반응 후를 P_2, T_2, n_2라 하면,

$\dfrac{P_2}{P_1} = \dfrac{n_2}{n_1}$, $\dfrac{T_2}{T_1}$

$P_1 = 1$atm, $n_1 = 2 + 8 = 10$, $n_2 = 6 + 4 + 2 + 2 = 14$

$T_1 = 300°$K, $T_2 = 3,000°$K이므로

용기발생압력$(P_2) = \dfrac{14}{10} \times \dfrac{3,000}{300} = 14$atm

참고 $P_2 = \dfrac{n_2}{n_1} \times \dfrac{T_2}{T_1}$

21 수소(H_2)와 산소(O_2)의 확산속도의 비는 얼마인가?

> **해답** 산소의 분자량 32, 수소의 분자량 2
>
> $\sqrt{2} : \sqrt{32} = 1 : 4$
>
> ∴ 수소가 4배 빠르다.

22 에탄(C_2H_6) 가스 내용적이 $141.584233l$인 용기에 에탄 $1,650Lb$를 충전하고 용기 온도가 100℃, 절대압은 $1.02327atm$를 나타낼 때 에탄의 압축계수(Z)를 구하시오.(단, 대기압은 $760mmHg$이며, $C_2H_6 = 30Lb/Lb \cdot mol$이다.)

> **해답** $PV = ZnRT$
>
> ∴ 가스압축계수$(Z) = \dfrac{PV}{nRT} = \dfrac{1.02327 \times 141.584233}{24,947.56 \times 0.082 \times 373} = 1.89869 \times 10^{-4} = 1.9 \times 10^{-4}$

> **참고** $n = \dfrac{W}{M} = \dfrac{1,650Lb}{30Lb/Lb \cdot mol} = 55Lb \cdot mol \times 453.592g = 24,947.56g \cdot mol$
>
> $1Lb = 0.453592kg = 453.592g$
>
> $R = 0.082l \cdot atm/mol°K$
>
> $T = 273 + 100 = 373°K$

23 어떤 기체에 $10kcal/kg$의 열량을 가하여 $800kg \cdot m/kg$의 일을 하였다면 이 기체의 내부에너지 증가량은 몇 $kcal/kg$이 되겠는가?

> **해답** 엔탈피$(i) = $내부에너지$(u) + $외부에너지$(APV)$
>
> ∴ $u = i - $외부에너지$(APV) = 10 - \left(800 \times \dfrac{1}{427}\right)$
>
> ≒ $8.13kcal/kg (8.13 \times 4.18 \times = 33.9834kJ/kg)$

> **참고** A(일의 일당량)$ = \dfrac{1}{427}kcal/kg \cdot m$

24 C_3H_8과 O_2가 $2 : 8$의 비율로 섞여 아래 보기와 같이 연소 후 $3,000°K$이 되었다면 압력 상승은 몇 atm인가?(단, 최초 가스압력은 $1atm$, $300K$였다.)

$$2C_3H_8 + 8O_2 \rightarrow 6H_2O + 4CO_2 + 2CO + 2H_2$$

> **해답** $\dfrac{P_1}{P_2} = \dfrac{n_1}{n_2} \times \dfrac{T_1}{T_2}$ ∴ 압력상승$(P_2) = \dfrac{P_1 n_2 T_2}{n_1 T_1} = \dfrac{14 \times 3,000}{10 \times 300} \times 1 = 14atm$

> **참고** $2C_3H_8 + 8O_2 = 10$ $6H_2O + 4CO_2 + 2CO + 2H_2 = 14$

25 표준상태에서 부탄가스(분자량 58)의 밀도 및 비체적을 구하시오.(단, 밀도 단위는 kg/m^2, 비체적은 m^3/kg으로 계산하시오.)

+해답 ① 밀도 $= \dfrac{58}{22.4} = 2.589$ ∴ $2.59kg/m^3$

② 비체적 $= \dfrac{22.4}{58} = 0.386$ ∴ $0.39m^3/kg$

26 어떤 고압가스 용기에 부착된 안전밸브에 $221°F$, $3,000PSI$로 표시되어 있다. 이 단위를 각각 $℃$와 kgf/cm^2의 단위로 환산하시오.

+해답 ① $\dfrac{5}{9}(°F - 32) = \dfrac{5}{9}(221 - 32) = 105℃$

② $3,000 \div 14.2 = 211.267 ≒ 211.27kgf/cm^2$

27 다음 기체들을 이상기체로 볼 때 표준상태에서의 비중이 큰 것부터 배열하시오.

① CH_4 ② NH_3 ③ N_2 ④ CO_2
⑤ O_2 ⑥ SO_2 ⑦ H_2S

+해답 각 기체의 분자량을 구하면 된다.
① 16   ② 17   ③ 28
④ 44   ⑤ 32   ⑥ 64   ⑦ 34
∴ ⑥-④-⑦-⑤-③-②-①

28 내용적이 $118l$인 LP가스 용기에 C_4H_{10} 가스가 $50kg$ 충전되어 있다. 이 부탄을 30일간 소비한 후 용기 내의 잔압을 측정하였더니 $27℃$에서 $3kgf/cm^2$(게이지)였다면 남아 있는 부탄은 몇 kg인가?(단, $27℃$에서 포화증기압은 $9kgf/cm^2$임)

+해답 $PV = \dfrac{W}{M}RT(nRT)$

잔류부탄질량$(W) = \dfrac{PVM}{RT} = \dfrac{\left(\dfrac{3+1.033}{1.033}\right) \times 118 \times 58}{0.082 \times 300} = 1,086.16g ≒ 1.09kg$

29 보일−샤를의 법칙을 보완한 실제가스의 상태식 중 반데르발스의 식은 다음과 같다.

$$PV = RT \rightarrow \left(P + \frac{a}{V^2}\right)(V - b) = RT$$

식에서 다음은 무엇을 뜻하는가?

① $\dfrac{a}{V^2}$

② b

✚해답 ① $\dfrac{a}{V^2}$: 기체 분자 간의 차지하는 부피

② b : 기체 자신이 차지하는 부피

30 다음 단위에 해당하는 기체정수 R의 값을 쓰시오.

① $ml \cdot atm/mol \cdot °K$

② $Joule/mol \cdot °K$

③ $cal/mol \cdot °K$

✚해답 ① $82.05ml \cdot atm/mol \cdot °K$
② $8.31J/mol \cdot °K$
③ $1.987cal/mol \cdot °K$

31 분자량이 44인 CO_2 1mol이 127℃에서 $15.8l$의 부피를 차지할 때 2가지 상태에서 압력을 다음 상태식을 써서 계산하시오.

① 이상기압의 상태식에서 압력

② 반데르발스의 상태식($a = 3.61$, $b = 4.28 \times 10^{-2}$)에서 압력

✚해답 ① $P = \dfrac{nRT}{V} = \dfrac{1 \times 0.082 \times (273 + 127)}{15.8} = 2.08atm$

② $P = \dfrac{RT}{V - b} - \dfrac{a}{V^2} = \dfrac{0.082 \times (273 + 127)}{15.8 - 0.0428} - \dfrac{3.61}{(15.8)^2} = 2.067atm$

32 공기는 질소, 산소, 아르곤의 혼합체로서 다음과 같이 부피 조성과 각 성분의 질량은 S.T.P에서 다음과 같다. 빈칸에 해당하는 각 성분의 무게 조성(%)을 구하시오.

성분	부피(%)	$1l$의 질량(g)	무게(%)
질소	78.06	1.251	①
산소	21.00	1.429	②
아르곤	0.94	1.782	③

해답 $1.251 \times 78.06 = 97.65306$

$1.429 \times 21.00 = 30.009$

$1.782 \times 0.94 = 1.67508$

∴ $97.65306 + 30.009 + 1.67508 = 129.33714g$

① 질소 : $(97.65306 \div 129.33714) \times 100 = 75.50\%$

② 산소 : $(30.009 \div 129.33714) \times 100 = 23.20\%$

③ 아르곤 : $(1.67508 \div 129.33714) \times 100 = 1.30\%$

33 다음 보기 중 1기압 20℃에서 액체인 것 3가지를 쓰시오.

> 아세트알데히드, n-핵산, 염소, 이황화탄소, 산화에틸렌, 염화비닐

해답 ① 아세트알데히드 ② n-핵산 ③ 이황화탄소

34 물 1kg이 1atm에서 온도가 100℃이다. 이 포화수가 전부 수증기로 변화하면 그 체적은 몇 m³가 되겠는가?

해답 H_2O의 분자량 : 18, $\dfrac{1,000g}{18g} = 55.56$몰

∴ 수증기체적 $= 55.56 \times 22.4 \times \dfrac{273 + 100}{273} = 1,700l = 1.7m^3$

35 다음 가스를 무거운 순서대로 나열하시오.

> ① ㉠ 수소　　㉡ 프로판　　㉢ 암모니아　　㉣ 아세틸렌
> ② ㉠ 산소　　㉡ 공기　　㉢ 이산화탄소　　㉣ 메탄

해답 ① ㉡-㉣-㉢-㉠

② ㉢-㉠-㉡-㉣

36 4호 온수기의 인풋(In put)량이 8,000kcal/h이다. 열효율을 구하라.(단, 4호 온수기는 1분 동안 $4l$를 25℃ 상승시킨다.)

⊕해답 η(열효율) $= \dfrac{\text{아웃풋(Out put)}}{\text{인풋(In put)}} \times 100 = \dfrac{4 \times 1 \times 25 \times 60}{8,000} \times 100 = 75\%$

37 일과 열은 바꾸어질 수 있고 에너지 불변의 법칙이라고도 하는 열역학법칙은 제 몇 법칙인가?

⊕해답 제1법칙

38 내용적 $5l$의 용기에 에탄올을 1,500g 충전하였다. 용기의 온도가 100℃일 때 압력은 210atm을 나타내었다면 에탄의 압축계수는 얼마인지 계산하시오.

⊕해답 $PV = nZRT = \dfrac{W}{M}ZRT$에서

압축계수$(Z) = \dfrac{PVM}{WRT} = \dfrac{210 \times 5 \times 30}{1,500 \times 0.082 \times (273 + 100)} = 0.69$

⊛참고 에탄(C_2H_6) 분자량 : 30

39 질소 4몰은 (①)g이다. 산소 1몰은 (②)g이다. 질소와 산소의 몰수비는 4 : 1이다. 0℃, 1기압하에서 질소 (③)기압, 산소 (④)기압이며, 질소와 산소의 혼합가스의 용적이 $100l$일 때 이 혼합가스가 차지하는 질소 (⑤)l, 산소 (⑥)l이다. 분자 수의 비는 질소 (⑦), 산소 (⑧)이다.

⊕해답 ① 112   ② 32   ③ 0.8   ④ 0.2
⑤ 80   ⑥ 20   ⑦ $4 \times 6.02 \times 10^{23}$ ⑧ $1 \times 6.02 \times 10^{23}$

40 에탄올(C_2H_5OH 분자량=46) 23g을 완전히 기화시켰을 때 27℃, 10atm에서 차지하는 부피는?

⊕해답 $23g = \dfrac{1}{2}\text{mol} = 11.2l$

$\dfrac{PV}{T} = \dfrac{P_1V_1}{T_1} \rightarrow \dfrac{1 \times 11.2}{273} = \dfrac{10 \times V_1}{300}$

기화부피량$(V_1) = \dfrac{1 \times 11.2 \times 300}{10 \times 273} = 1.23l$

41 비중이 13.6인 수은주 76cm를 비중이 0.5인 알코올 기둥으로 환산하면 몇 cm인가?

⊕해답 $76 \times 13.6 = 0.5 \times x$

$$x = \frac{13.6 \times 76}{0.5} = 2,067\text{cm}$$

42 18℃의 질소용기에 압력이 150kgf/cm²으로 충전되어 있다. 35℃에서는 압력이 몇 kgf/cm² · g가 되겠는가?(단, 대기압은 1.033kg/cm²이다.)

⊕해답 $\dfrac{150 + 1.033}{273 + 18} = \dfrac{P_1}{273 + 35}$

$P_1 = 159.86 - 1.033 = 158.82\text{kgf/cm}^2 \cdot \text{g}(15.88\text{MPa})$

43 0℃ 얼음 10kgf을 100℃의 수증기로 만들 때 몇 kcal의 열량이 필요한가?(단, 얼음의 융해열은 80kcal/kg, 물의 증발열은 539kcal/kg으로 한다.)

⊕해답 $10 \times 80 = 800\text{kcal}$ (얼음의 융해열)

$10 \times 1(100 - 0) = 1,000\text{kcal}$ (물의 현열)

$10 \times 539 = 5,390\text{kcal}$ (물의 증발잠열)

$\therefore\ Q = 800 + 1,000 + 5,390 = 7,190\text{kcal}$

44 산소(분자량 32) 50mol과 질소(분자량 28) 50mol로 이루어진 혼합가스의 평균분자량을 구하시오.

⊕해답 평균분자량 $= 32 \times 0.5 + 28 \times 0.5 = 30$

45 탄산가스(CO_2) 1몰이 50℃에서 1.30l의 체적을 차지할 때 반데르발스 식으로 압력을 계산하여 CO_2가 이상기체라 가정하였을 경우와의 차이를 내시오.(단, 반데르발스 상수 $a = 3.06\ l^2 \cdot \text{atm/mol}^2$, $b = 4.28 \times 10^{-2} l/\text{mol}$이다.)

⊕해답 ① 이상기체 상태 방정식

$PV = nRT$

$$\therefore\ P = \frac{nRT}{V} = \frac{1 \times 0.082 \times (273 + 50)}{1.30} = 20.374\text{atm}$$

② 반데르발스 식

$$\left(P+\frac{n^2a}{V^2}\right)(V-nb)=nRT$$

$$P=\frac{nRT}{V}-\frac{n^2a}{V^2}=\frac{1\times0.082\times(273+50)}{1.30-4.28\times10^{-2}}-\frac{3.06}{(1.30)^2}=19.256\text{atm}$$

∴ 이상기체 상태식과 반데르발스 식의 차이는 $20.374-19.256=1.12\text{atm}$

46 암모니아(NH_3) 34g을 내용적 $0.2l$의 내압용기에 충전하여 온도를 $60℃$로 하였을 때 압력은 몇 atm 인가?(단, 계산식은 반데르발스 식을 이용하고 $a:4.17l^2\cdot\text{atm}/\text{mol}^2$, $b:3.72\times10^{-2}l/\text{mol}$임)

해답 $\left(P+\dfrac{a}{V^2}\right)(V-b)=RT$

∴ $P=\dfrac{RT}{V-b}-\dfrac{a}{V^2}=\dfrac{0.082\times(273+60)}{0.2-3.72\times10^{-2}}-\dfrac{4.17}{0.2^2}=63.48\text{atm}$

47 다음 가스의 비중을 구하시오.(단, 공기의 평균분자량은 29이다.)

① 암모니아(NH_3)
② 산화에틸렌(C_2H_4O)
③ 아세틸렌(C_2H_2)

해답 ① $\dfrac{17}{29}=0.586≒0.59$

② $\dfrac{44}{29}=1.517≒1.52$

③ $\dfrac{26}{29}=0.89≒0.9$

48 압축가스의 온도가 $0℃$인 어느 장치에서 $20℃$일 때의 가스압력이 $9\text{kgf}/\text{cm}^2(0.9\text{MPa})$인 경우에 법규상 고압가스에 해당하는지 아닌지를 계산으로 증명하시오.

해답 $\dfrac{P_1}{T_1}=\dfrac{P_2}{T_2}$에서

$$P_2=\frac{T_2}{T_1}\times P_1=\frac{273+0}{273+20}\times(9+1.03332)=9.348\text{kgf}/\text{cm}^2\text{abs}\,(0.9348\text{MPa})$$

∴ $9.348-1.0332=8.315\text{kgf}/\text{cm}^2\cdot\text{g}\,(0.8315\text{MPa})$

참고 상용온도에서 $10\text{kgf}/\text{cm}^2(1\text{MPa})$ 이하이므로 고압가스에 해당되지 않는다.

49 메탄 60%, 에탄 15%, 프로판 25%의 혼합기체가 $10l$의 용기에 $25℃$에서 $100atm$으로 충전되어 있을 때 다음 값을 구하시오.

① $25℃$, $100atm$에서의 메탄, 에탄, 프로판의 부피비
② $25℃$, $10l$에서의 메탄의 분압, 프로판의 분압

➕해답 ① 메탄 6 : 에탄 1.5 : 프로판 2.5
② ㉠ 메탄 : $100 \times 0.6 = 60$기압
㉡ 프로판 : $100 \times 0.25 = 25$기압

50 산소, 수소, 질소가 각각 $64g$, $16g$, $56g$이 있다. 이들을 $27℃$에서 $100l$들이 용기에 모두 넣었다면 내부압력은 몇 기압인가?(단, $1kg/cm^2 = 0.1MPa$이다.)

➕해답 $PV = nRT$에서

$$내부압력(P) = \frac{nRT}{V} = \frac{\left(\frac{64}{32} + \frac{16}{2} + \frac{56}{28}\right) \times 0.082 \times (273 + 27)}{100} = 2.95기압$$

51 절대압이란 (①) - (②)의 압력을 말한다.

대기압,   기압,   진공압

➕해답 ① 대기압   ② 진공압

52 어떤 액의 비중이 2.5일 때 이 액기둥 $5m$의 압력은 몇 MPa인가?

➕해답 액압$(P) = rh = 2.5kg/l \times 500cm \times \frac{1}{1,000}l/cm^3 = 1.25kg/cm^2$ $\therefore$ $0.25MPa$

53 $H_2 + \frac{1}{2}O_2 \rightarrow H_2O(g) + 57.8(kcal)$의 연소반응이 정압하에서 완전히 진행한다면, 수증기의 반응이 정압하에서 완전히 진행한다면 수증기의 온도는 얼마나 될까?(단, 수증기의 정압비열은 $12cal/mol°k$이다.)

➕해답 수증기온도 $= \frac{57.8 \times 1,000}{12} = 4,816.67°K$
$4,816.67 - 273 = 4,543.67℃$

54 어떤 고압가스용기에 부착된 안전밸브에 $221\,°F$, $3,000PSI$로 표시되어 있다. 이 단위를 각각 $°C$와 kgf/cm^2의 단위로 환산하시오.(단, 소수점 이하는 반올림할 것)

> ✚해답 ▶ 섭씨온도 $= \dfrac{5}{9}(221-32) = 105°C$
>
> $3,000 \div 14.22 = 210.97kgf/cm^2$ $\qquad \therefore\ 105°C,\ 210.97kgf/cm^2$
>
> ✚참고 ▶ $1kgf/cm^2 = 14.22PSI$

55 다음 액화석유가스의 용적률을 참고하여 평균비중을 계산하시오.

성분	성분 가스의 비중	함유율(용적 %)
에탄(C_2H_6)	1.05	0.6
프로필렌(C_3H_6)	1.48	0.2
프로판(C_3H_8)	1.55	93.4
부탄(C_4H_{10})	2.09	5.8
계		100

> ✚해답 ▶ 가스평균비중 $= \dfrac{(1.05\times0.6)+(1.48\times0.2)+(1.55\times93.4)+(2.09\times5.8)}{100} = 1.58$

56 암모니아(NH_3)가스 1몰(mol)을 $0.25l$의 용기에 충전하여 온도를 $60°C$로 상승시켰을 때의 압력 (atm)을 구하시오.(단, 반데르발스 식 $\left(P + \dfrac{a}{V^2}\right)(V-b) = RT$로 계산하고 a 및 b의 값은 각각 $4.17l^2atm/mol^2$, $3.72\times10^{-2}\,l/mol$로 한다.)

> ✚해답 ▶ $\left(P + \dfrac{4.17}{0.25^2}\right)\{0.25 - (3.72\times10^{-2})\} = 0.082 \times (273+60)$
>
> 압력$(P) = \dfrac{0.082 \times (273+60)}{0.25 - (3.72\times10^{-2})} - \dfrac{4.17}{0.25^2} = 61.597$ $\qquad \therefore\ 61.60atm$

57 게이지 압력 $38cmHgV$(진공)는 몇 $kgf/cm^2 \cdot abs$ 인가?

> ✚해답 ▶ 절대압력 $=$ 대기압 $-$ 진공압력
>
> $76cmHg - 38cmHg = 38cmHg \cdot abs$
>
> $76 : 1.033 = 38 : x$
>
> 절대압$(x) = \dfrac{1.033 \times 38}{76} = 0.5165kgf/cm^2 \cdot abs$

58 비중 13.6인 수은주 높이가 76cm이다. 비중 0.5인 알코올 기둥을 환산하면 그 높이는 몇 m인가?

해답 $13.6 \times 0.76 = 0.5 \times x$

$$x = \frac{13.6 \times 0.76}{0.5} = 20.67\text{m}$$

59 부피로서 N_2 55%, O_2 35%, CO_2 10%인 혼합가스가 있다. 이 혼합가스 각 성분의 무게 %를 구하시오.(단, 혼합가스의 평균분자량은 34.67g이다.)

해답 $N_2 = \dfrac{28 \times 0.55}{34.67} \times 100 = 44.42\%$

$O_2 = \dfrac{32 \times 0.35}{34.67} \times 100 = 32.30\%$

$CO_2 = \dfrac{44 \times 0.1}{34.67} \times 100 = 12.69\%$

60 그레이엄의 확산법칙을 설명하시오.

해답 기체의 확산속도는 분자량의 제곱근에 반비례한다.

$$\frac{U_B}{U_A} = \sqrt{\frac{M_A}{M_B}}$$

61 다음 기체정수의 단위를 보기에서 골라 쓰시오.

cc · atm/mol°K	erg/mol°K
cal/mol°K	kg · m/kmol°K

① 82.06

③ 8.316×10^7

② 1.987

④ 848

해답 ① cc · atm/mol°K
② cal/mol°K
③ erg/mol°K
④ kg · m/kmol°K

62 보일러 내화벽의 두께가 $30cm$이고 열전도율이 $5.1kcal/mh℃$인 노벽의 내면온도가 $1,200℃$, 외면의 온도가 $100℃$일 때 이동손실열량은 몇 $kcal/m^2h$인가?

☀해답 이동손실열량$(Q) = \dfrac{\Delta t}{\dfrac{b}{K \cdot A}} = \dfrac{1,200 - 100}{\left(\dfrac{0.3}{5.1 \times 1}\right)} = \dfrac{1,100}{0.0588} = 18,707.48kcal/m^2h$

63 물 $1kg$이 $1atm$에서 온도가 $100℃$이다. 이 포화수가 전부 수증기로 변화하면 그 체적은 몇 m^3가 되겠는가?

☀해답 H_2O의 분자량 : 18, $\dfrac{1,000g}{18g} = 55.56$몰

$\therefore$ 수증기체적 $= 55.56 \times 22.4 \times \dfrac{273 + 100}{273} = 1,700l = 1.7m^3$

64 체적이 $5.5m^3$인 기름의 무게가 $4,500kgf$일 때 이 기름의 비중량(kgf/m^3), 밀도$(kgf \cdot S^2/m^4)$, 비중을 구하시오.

☀해답 ① 비중량$(\gamma) = \dfrac{W}{V} = \dfrac{4,500}{5.5} = 818kgf/m^3$

② 밀도$(e) = \dfrac{\gamma}{g} = \dfrac{818}{9.8} = 83kgf \cdot S^2/m^4$

③ 비중$(S) = \dfrac{\gamma}{\gamma_w} = \dfrac{818}{1,000} = 0.82$

65 비중이 0.8인 오일이 흐르고 있는 관에 U자 관이 설치되어 있다. A부위의 압력이 $196kPa$ $(196,000Pa)$이면 h는 몇 m인가?

☀해답 $196,000 + 9,800 \times 0.8 \times 1 = 9,800 \times 13.6 \times h$

$h = 1.53m$

66 15℃인 물이 흐르는 관의 직경이 0.3m이다. 관 속의 유량이 0.27m³/s일 때 레이놀즈수는 얼마인가?(단, 15℃ 물의 동점성계수는 $1.141 \times 10^{-6} \mathrm{m^2/s}$ 이다.)

➕해답 유속 $V = \dfrac{Q}{A} = \dfrac{0.27}{\dfrac{\pi}{4} \times (0.3)^2} = 3.82 \mathrm{m/s}$

$\therefore$ 레이놀즈수$(Re) = \dfrac{Vd}{V} = \dfrac{3.82 \times 0.3}{1.141 \times 10^{-6}} = 1,004,382$

67 다음과 같은 관에서 가스가 $1,000 \mathrm{m^3/s}$로 흐르고 있다. 단면 1(V_1)과 단면 2(V_2)에서 평균속도는 각각 몇 m/s 인가?

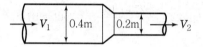

➕해답 $G = \gamma A V$

$V_1 = \dfrac{G}{\gamma A_1} = \dfrac{1,000}{1,000 \times \dfrac{\pi}{4}(0.4)^2} = 7.96 \mathrm{m/s}$

$V_2 = \dfrac{G}{\gamma A_2} = \dfrac{1,000}{1,000 \times \dfrac{\pi}{4}(0.2)^2} = 31.84 \mathrm{m/s}$

68 직경 10cm인 유동노즐이 15cm 관에 부착된다. 이 관에 물이 흐르는 노즐입구와 출구에 설치된 물－수은시차 액주계가 250mmHg라면 유량은 몇 m³/s 인가?(단, 유량계수 C는 1.056이다.)

➕해답 유량$(\theta) = 1.056 \times \dfrac{3.14}{4} \times (0.1)^2 \times \sqrt{2 \times 9.8 \times 0.25\left(\dfrac{13.6}{1} - 1\right)} = 0.065 \mathrm{m^3/s}$

69 그림과 같은 유체통의 밑면에서 유속 V는 몇 m/s인가?

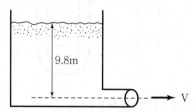

●해답 $H = 9.8\text{m}, \;\; V = \sqrt{2gh}$

∴ 유속$(V) = \sqrt{2 \times 9.8 \times 9.8} = 13.86\text{m/s}$

●참고 1atm(표준대기압) $= 101.325\text{kPa}$

$1\text{MPa} = 10\text{kgf/cm}^2$

$0.1\text{MPa} = 1\text{kgf/cm}^2$

70 다음과 같은 상태에서 단면 ③의 유속은 몇 m/s인가?

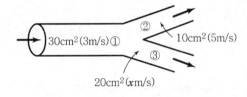

●해답 $\theta_1 = \theta_2 + \theta_3 : \; 30 \times 3 = 10 \times 5 + 20\,V_3$

유속$(V_3) = \dfrac{(30 \times 3) - (10 \times 5)}{20} = 2\text{m/s}$

71 밀폐된 용기 속의 가스 압력을 조사하려고 한다. 이 용기 단면적의 직경이 5cm, 미치는 힘이 100kg일 때 용기의 벽을 안에서 밖으로 미는 힘은 몇 kgf/cm^2인가?

●해답 용기힘$(P) = \dfrac{W}{A} = \dfrac{100}{\dfrac{\pi}{4}(5)^2} = 5.095 = 5.1\text{kgf/cm}^2$

03 연소 · 폭발

01 폭굉 유도거리를 간단히 설명하시오.

해답 최초의 완만한 연소가 격렬한 폭굉으로 발전할 때까지의 거리

02 가스의 불완전 연소 요인을 4가지 쓰시오.

해답 ① 공기 공급량의 부족　　　② 환기불충분
　　　③ 가스조성이 맞지 않을 때　④ 가스기구 및 연소기구가 맞지 않을 때

03 다음 (　) 안에 알맞는 말을 보기에서 골라 써 넣으시오.

기체가 액체에 녹는 경우의 용해도는 일반적으로 온도의 상승에 대하여 (　①　)한다. 또, 온도가 일정한 경우에는 일정량의 액체에 용해하는 기체의 무게는 그 (　②　)에 비례하고 혼합기체이면 (　③　)에 비례한다. 이 관계를 (　④　)의 법칙이라고 한다.

> 증가,　감소,　부피,　농도,　압력,　분자수,　표면장력,　분압,　몰분압,
> 반트호프,　헨리,　오스트발트,　라울

해답 ① 감소　　② 압력　　③ 분압　　④ 헨리

04 표준상태에서 체적비율로 프로판 75%, 부탄 25% 가스상태의 혼합가스가 있다. 다음 물음에 답하시오.

① $1m^3$의 가스 무게는 얼마인가?
② 혼합가스 $1m^3$를 완전 연소시키는 데 필요한 이론공기량은 얼마인가?

해답 ① $(0.75 \times 1,000) = 750, \dfrac{750}{22.4} \times 44 = 1.473kg$

　　　$(0.25 \times 1,000) = 250, \dfrac{250}{22.4} \times 58 = 0.647kg$

　　　$\therefore\ 1.473 + 0.647 = 2.12kg$

② $\left(750 \times \dfrac{5}{0.21}\right) + \left(250 \times \dfrac{6.5}{0.21}\right) = 25,595.095 l = 25.60m^3$

05 다음 보기의 가스를 허용농도(ppm)가 큰(독성이 약한) 순서대로 나열하시오.

> 암모니아,   일산화탄소,   이산화탄소,   염소

+해답 이산화탄소 – 일산화탄소 – 암모니아 – 염소
    (5,000ppm) (50ppm) (25ppm) (1ppm)

06 다음 보기에 나열한 가스에 대하여 아래 물음에 답하시오.

> O_2, C_2H_2, Ar, Cl_2, NH_3, He

① 고압가스의 성질에 따라 3가지로 분류, 구분하시오.
② 고압가스의 상태에 따라 3가지로 분류, 구분하시오.

+해답 ① ㉠ 가연성 가스   ㉡ 조연성(지연성) 가스   ㉢ 불연성 가스
    ② ㉠ 압축가스   ㉡ 액화가스   ㉢ 용해가스

07 압가스의 상태에 따른 분류를 쓰고 그 예를 한 가지씩 쓰시오.

+해답 ① 압축가스 : H_2, N_2, O_2
    ② 액화가스 : C_3H_8, C_4H_{10}, Cl_2
    ③ 용해가스 : C_2H_2

08 다음 물음에 대하여 간단히 답하시오.
① 가연성 가스 공장에서 작업할 때 사용하는 공구로서 불꽃이 나지 않는 안전공구의 일반적인 재료를 4가지만 쓰시오.
② 수소의 탈탄작용에 견딜 수 있는 합금을 얻기 위하여 강에 첨가하는 일반적인 금속의 명칭을 4가지만 쓰시오.
③ 저온취성을 일으키기 어려운 합금을 얻기 위하여 강에 첨가하는 일반적인 금속의 명칭을 4가지만 쓰시오.

+해답 ① ㉠ 고무   ㉡ 나무   ㉢ 플라스틱   ㉣ 베릴륨합금
    ② ㉠ V(바나듐)   ㉡ W(텅스텐)   ㉢ Mo(몰리브덴)   ㉣ Ti(티탄)
    ③ ㉠ 9% Ni강   ㉡ Cu   ㉢ Al   ㉣ 18–8 스테인리스강

09 가연성 가스의 폭발 한계에 따른 위험도를 표시하는 식을 고찰하면,

위험도 $= \dfrac{(\ ① \ ) - (\ ② \ )}{\text{폭발하한계}}$ 이다.

해답 ① 폭발상한계
　　　② 폭발하한계

10 다음 등급에 따른 안전 간격의 간격(mm)과 해당 가스를 각각 2가지씩 쓰시오.

① 1등급
② 2등급
③ 3등급

해답 ① 0.6mm 초과 : 일산화탄소, 메탄, 에탄, 프로판, 암모니아, 아세톤, 에틸에테르, 가솔린, n−부탄, 벤젠, 메탄올, 초산, 초산에틸렌, 톨루엔, 핵산 아세트 알데히드 등
　　　② 0.4~0.6mm 이하 : 에틸렌, 석탄가스, 에틸렌옥시드 등
　　　③ 0.4mm 미만 : 수소, 아세틸렌, 이황화탄소, 수성가스 등

11 액화가스 용기에 안전 공간을 두는 이유는?

해답 액화가스는 열팽창률이 크므로 온도 상승 시 액화가스가 팽창할 수 있는 공간을 주어 용기의 파열을 막기 위해서이다.

12 다공도를 구하는 식을 쓰시오.

해답 다공도 $= \dfrac{V-E}{V} \times 100(\%)$

여기서, V : 다공물질의 용적
　　　　E : 아세톤 침윤 잔용적

13 다공물질의 다공도 계산식은 $(V-E) \times 100/V$ 이다. 이때 다공물질의 용적이 170m³, 침윤잔용적이 100m³라면 다공도를 구하시오.

해답 $(170-100) \times \dfrac{100}{170} = 41.176 ≒ 41.18\%$

14 고압가스 제조장치를 개방하여 작업원이 내부에 들어가 수리를 하는 경우 작업할 수 있는 다음 가스의 허용 농도 기준에 관하여 답하시오.

① 가연성 가스의 경우
② 독성 가스의 경우
③ 산소가스의 경우

해답 ① 폭발하한계의 $\frac{1}{4}$ 이하   ② 허용 농도 이하   ③ 18~22% 이하

15 가연성 가스의 범위 2가지를 쓰시오.

해답 ① 폭발한계의 하한이 10% 이하
② 폭발한계의 상한과 하한의 차가 20% 이상

16 일반적으로 발화의 원인은 (①), (②), (③) 용기의 크기, 형태 등으로 대별한다. (   ) 안에 알맞은 말을 쓰시오.

해답 ① 온도   ② 조성   ③ 압력

17 착화온도란 무엇인지 간단히 쓰시오.

해답 공기 중에서 가연성 물질을 가열하여 점화하지 않더라도 일정한 온도로 상승하면 스스로 연소를 개시하는 최저온도를 착화온도 또는 발화온도라 한다.

18 부탄의 완전연소 반응식과 비등점을 쓰시오.

해답 ① $C_4H_{10} + 6.5O_2 \rightarrow 4CO_2 + 5H_2O$
② 비등점 : $-0.5℃$

19 수소 30%, 메탄 50%, 에탄 20%인 혼합가스의 공기 중 폭발하한계 농도는 얼마인가?(단, 수소, 메탄, 에탄의 하한계 농도는 각각 4%, 5%, 3%이다.)

해답 $\dfrac{100}{L} = \dfrac{30}{4} + \dfrac{50}{5} + \dfrac{20}{3}$

$L = \dfrac{100}{24.17} \fallingdotseq 4.137$ $\therefore 4.14\%$

20 다음 고압가스의 폭발 범위(%)를 쓰시오.

① 수소   ② 메탄   ③ 메탄올
④ 시안화수소   ⑤ 에틸렌

해답 ① 4~75%   ② 5~15%   ③ 7.3~36%
④ 5.6~41%   ⑤ 2.7~36%

21 폭굉에 대하여 간단히 설명하시오.

해답 데토네이션(Detonation)이라 하여 폭발 시 가스 중의 화염전파 속도가 음속보다 큰 경우에 압력의 상승으로 파괴작용을 하는 것으로서 압력은 최초의 수 배~수십 배에 이른다.

22 프로판 가스 $4l$를 완전히 연소시키자면 같은 조건의 공기가 몇 l 필요한가?(단, 공기 중 산소는 20%이다.)

해답 $C_3H_8 + 5O_2 \rightarrow 3CO_2 + 4H_2O$

$22.4 : \dfrac{5 \times 22.4}{0.20} = 4 : x$

소요 공기량$(x) = \dfrac{4 \times \left(\dfrac{5 \times 22.4}{0.20}\right)}{22.4} = 100l$

23 비열 0.7의 액체 1,000kg을 30℃에서 150℃까지 올리는 데 몇 kg의 프로판이 소비되겠는가?(단, 프로판의 열효율은 90%, 발열량은 12,000kcal/kg이다.)

해답 프로판 소비량$(G) = \dfrac{W \cdot C \cdot \Delta t}{Q \cdot \eta} = \dfrac{1,000 \times 0.7 \times (150-30)}{12,000 \times 0.9} = 7.8\text{kg}$

24 메탄이 다음 식과 같이 불완전연소를 했을 때의 발열량은 메탄 1몰에 대해 얼마인가?(단, CH_4, CO, CO_2, H_2O의 생성열은 각각 17.9, 26.4, 91.4, 57.8kcal이다.)

$$2CH_4 + 2O_2 \rightarrow CO + H_2O + 3H_2 + Q$$

해답 $\dfrac{(26.4 + 91.4 + 57.8)}{2} = 87.8$

$\therefore 87.8 - 17.9 = 69.9\text{kcal}$

25 아래의 열역학 방정식을 이용하여 CH_4의 생성열을 구하시오.

$C + O_2 = CO_2 + 94.1kcal$ ·························· ①

$H_2 + \dfrac{1}{2}O_2 = H_2O + 68.3kcal$ ·················· ②

$CH_4 + 2O_2 = CO_2 + 2H_2O + 212.8kcal$ ··········· ③

해답 ②×2+①−③ = 68.3×2+94.1−212.8 = 17.9kcal

26 아세틸렌의 폭발성 3가지를 쓰고 화학반응식으로 나타내시오.

해답 ① 산화폭발 : $C_2H_2 + 2.5O_2 \rightarrow 2CO_2 + H_2O$
② 분해폭발 : $C_2H_2 \rightarrow 2C + H_2$
③ 화합폭발 : $C_2H_2 + 2Cu \rightarrow Cu_2C_2 + H_2$

27 다음 가스의 폭발 범위를 쓰시오.(단, 공기 중)

① 수소　　　　　　② 산화에틸렌　　　　　③ 아세트알데히드
④ 염화비닐　　　　⑤ 이황화탄소

해답 ① 4~75%　　　② 3~80%　　　③ 4~60%
④ 4~22%　　　⑤ 1.2~44%

28 2kg의 물을 18℃에서 99℃까지 상승시키는 데 0.011Nm³의 프로판을 연소시켰다. 열효율은 얼마인가?(단, 프로판의 발열량은 24,000kcal/Nm³이다.)

해답 열효율$(\eta) = \dfrac{2 \times 1 \times (99-18)}{0.011 \times 24,000} \times 100 = 61.36\%$

29 가연성 가스란 폭발하한이 (①)% 이하, 폭발상한과 하한의 차가 (②)% 이상인 가스를 말한다.

해답 ① 10　　　　　② 20

30 H_2S가 연소 시 완전연소된 때와 불완전연소된 때의 반응식을 쓰시오.

해답 ① 불완전 연소식 : $2H_2S + O_2 \rightarrow 2S + 2H_2O$
② 완전 연소식 : $2H_2S + 3O_2 \rightarrow 2SO_2 + 2H_2O$

31 프로판 73%, 부탄 27%인 LP가스의 이론 공기량(Nm^3/Nm^3)과 이론 습연소가스량(Nm^3/Nm^3)을 계산하시오.

⊕해답 이론 공기량(A_0) = $\{(5 \times 0.73) + (6.5 \times 0.27)\} \times \dfrac{1}{0.21} = 25.74 Nm^3/Nm^3$

이론 습연소가스량(G_o) = $(1 - 0.21) \times 25.74 + (7 \times 0.73) + (9 \times 0.27) = 27.8 Nm^3/Nm^3$

⊕참고 $C_3H_8 + 5O_2 \rightarrow 3CO_2 + 4H_2O$
$C_4H_{10} + 6.5O_2 \rightarrow 4CO_2 + 5H_2O$

32 다음 물음에 해당하는 답을 보기에서 모두 골라 그 번호를 쓰시오.

㉠ $2CO + O_2 \rightleftarrows 2CO_2$	㉡ $CO_2 + H_2 \rightleftarrows CO + H_2O$
㉢ $H_2O(g) \rightleftarrows H_2O(l)$	㉣ $2H_2 + O_2 \rightleftarrows 2H_2O(g)$

① 온도가 높으면 좌로 이동하는 것은?
② 온도가 높으면 우로 이동하는 것은?
③ 압력에 의하여 변화하지 않는 것은?

⊕해답 ① ㉠, ㉢, ㉣   ② ㉠, ㉢, ㉣   ③ ㉡

33 다음 단위에 해당되는 것을 보기에서 골라 쓰시오.

발열량, 가속도, 비열, 밀도, 열전도도, 압력, 유량, 속도

① kcal/kg   ② g/l   ③ m/s^2

⊕해답 ① 발열량   ② 밀도   ③ 가속도

34 $9,000kcal/m^3$의 발열량을 가진 천연가스를 발열량 $3,600kcal/m^3$의 도시가스로 공급하려 한다. 다음 물음에 답하시오.

① 천연가스 $1m^3$에 대한 공기량은 몇 m^3인가?
② 혼합가스 중 천연가스가 차지하는 부피는 몇 %인가?

⊕해답 ① $\dfrac{9,000}{3,600} = 2.5$ ∴ $2.5 - 1 = 1.5 m^3$

② $\dfrac{1}{2.5} \times 100 = 40\%$

35 LP가스의 연소 특성을 3가지만 쓰시오.

⊕해답 ① 연소 시 다량의 공기가 필요하다.
② 연소상태가 완만하다.
③ 연소 시 발열량이 높다.

36 암모니아가 공기 중에서 완전연소하는 반응식을 쓰시오.

⊕해답 $4NH_3 + 3O_2 \rightarrow 2N_2 + 6H_2O$

37 프로판 50%, 부탄 40%, 프로필렌 10%로 된 혼합가스가 있다. 이 혼합가스가 공기 중에 혼합되었을 때 폭발하한치는 얼마인가?(단, 프로판, 부탄, 프로필렌의 공기 중에서의 폭발하한치는 각각 2.2%, 1.9%, 2.4%임)

⊕해답 $\dfrac{100}{L} = \dfrac{50}{2.2} + \dfrac{40}{1.9} + \dfrac{10}{2.4} = \dfrac{100}{22.73 + 21.05 + 4.17} = 2.09\%$

38 가스 폭발의 유형을 4가지만 쓰시오.

⊕해답 ① 분해폭발   ② 중합폭발
③ 촉매폭발   ④ 압력폭발

39 24,000kcal/m³의 액화석유가스 1m³에 공기 3m³를 혼합하였다면 혼합기체 1m³당 발열량은 몇 kcal/m³인가?

⊕해답 발열량$= \dfrac{24,000}{1+3} = 6,000kcal/m^3(혼합기체)$

40 아래의 물음에 대하여 답하시오.
① 메탄이 공기 중에서 완전연소할 때의 화학반응식을 쓰시오.
② 필요한 산소의 부피는 메탄의 몇 배인가?

⊕해답 ① $CH_4 + 2O_2 \rightarrow CO_2 + 2H_2O$
② 2배

41 LP가스가 불완전연소되는 원인을 6가지만 기술하시오.

> **해답** ① 공기 공급량의 부족   ② 프레임의 냉각
> ③ 배기의 불충분   ④ 환기의 불충분
> ⑤ 가스 조성이 맞지 않을 때   ⑥ 가스 기구 및 연소 기구가 맞지 않을 때

42 다음 보기는 가연성 가스의 연소 범위를 표시한 것이다. 아래 가스에 해당되는 연소 범위를 보기 중에서 골라 그 기호를 기입하시오.

㉠ 5.0~15.0		㉡ 2.5~80.5	
㉢ 3.0~80		㉣ 4.1~74.2	
㉤ 12.5~74.2		㉥ 5.3~32.0	

① 수소   ② 아세틸렌   ③ 일산화탄소
④ 메탄   ⑤ 산화에틸렌

> **해답** ①-㉣   ②-㉡   ③-㉤
> ④-㉠   ⑤-㉢

43 다음 가스의 산소 중 폭발한계를 쓰시오.(단, 조건 : 1atm, 상온)

가스명	하한계(%)	상한계(%)
수소	①	②
에틸렌	③	④
메탄	⑤	⑥
암모니아	⑦	⑧
에탄	⑨	⑩
아세틸렌	⑪	⑫

> **해답** ① 4   ② 94   ③ 2.7   ④ 80   ⑤ 5   ⑥ 59
> ⑦ 15   ⑧ 79   ⑨ 3   ⑩ 66   ⑪ 2.5   ⑫ 93

44 LP가스의 연소 특성에 대하여 3가지만 쓰시오.

> **해답** ① 열효율이 높다.
> ② 발열량이 높다.
> ③ 기체로 되어 완전연소하기 때문에 공해가 적다.

45 프로판가스 1kg을 25℃, 1기압하에서 연소시킬 때 발생되는 열량은 몇 kcal인가? 다음 자료를 이용하여 계산하시오.

> - 원자량 : C : 12.0, H : 1.0, O : 16.0
> - 25℃, 1기압에서 표준 생성열(kcal/mol) :
> $C_3H_8(g)$: -24.8, $CO_2(g)$: -94.1, H_2O : -57.8
> - 반응식 : $C_3H_8(g) + 5O_2(g) \rightarrow 3CO_2(g) + 4H_2O(g)$

⊕해답 연소 열량$= \left\{ \left(\dfrac{3 \times 94.1 \times 1,000}{44} \right) \right\} + \left(\dfrac{4 \times 57.8 \times 1,000}{44} \right) \right\} - \dfrac{24.8 \times 1,000}{44} = 11,106.81 kcal$

46 C_3H_8가 완전연소하였다. 다음 물음에 답하시오.(단, 공기 중 산소는 21%)

① 연소반응식을 쓰시오.

② 프로판 $1m^3$가 연소하는 데 필요한 이론 공기량(m^3)은?

⊕해답 ① $C_3H_8 + 5O_2 \rightarrow 3CO_2 + 4H_2O$

② $5 \times \dfrac{1}{0.21} = 23.81m^3$

47 LP가스의 발열량이 $26,000kcal/m^3$이다. 이것을 발열량 $500kcal/m^3$의 혼합가스로 희석하려면 몇 m^3의 공기가 필요한가?

⊕해답 소요공기량$= \dfrac{26,000}{500} = 52$

∴ 희석공기량$= 52 - 1 = 51m^3$

48 순간온수기(능력 2호)를 사용해서 온도가 20℃인 물 12l를 70℃의 물로 바꾸려면 몇 분이나 소요되는가?(단, 능력 2호라 함은 1분에 2l의 물을 25℃ 상승시키는 능력을 가진 온수기이다.)

⊕해답 소요시간(분)$= \dfrac{12 \times (70 - 20)}{2 \times 25} = 12분$

49 다음은 각종 가스와 공기의 혼합 시 연소가 일어날 수 있는 혼합비율을 나타낸 것이다. ①~⑤까지 해당 가스의 명칭을 쓰시오.

연소범위(%)		가스명칭
하한	상한	
4	75	①
2.5	81	②
2.1	9.5	③
15	28	④
2.7	36	⑤

해답 ① 수소(H_2) ② 아세틸렌(C_2H_2) ③ 프로판(C_3H_8)
④ 암모니아(NH_3) ⑤ 에틸렌(C_2H_4)

50 다음과 같은 조성을 가진 천연가스의 이론공기량(Nm^3/Nm^3)을 계산하시오.(단, 공기 중 O_2의 조성은 21%임)

성분	함유율(용적 %)
CH_4	96.0
N_2	2.5
CO_2	1.5
계	100

해답 $0.96 \times 2 \times \dfrac{100}{21} = 9.14 Nm^3/Nm^3$

참고 $CH_4 + 2O_2 \rightarrow CO_2 + 2H_2O$

51 프로판 4.4kg을 완전히 태우기 위해서는 적어도 몇 m^3(STP)의 공기가 필요한가?(단, 공기 중에서 산소는 부피로 20% 함유되어 있는 것으로 한다.)

해답 $C_3H_8 + 5O_2 \rightarrow 3CO_2 + 4H_2O$

$44 : \dfrac{5 \times 22.4}{0.2} : 4.4 : x$

$\therefore$ 소요공기량$(x) = 5 \times 22.4 \times \dfrac{4.4}{44} \times \dfrac{1}{0.2} = 56m^3$

52 메탄 80%, 에탄 10%, 프로판 10%의 혼합가스는 공기 중에서의 폭발하한계가 얼마인가?(단, 메탄, 에탄, 프로판 단독의 공기 중에 대한 폭발하한계는 5.0%, 3.0%, 2.1%로 한다.)

> **해답** $\dfrac{100}{L} = \dfrac{V}{L_1} + \dfrac{V_2}{L_2} + \cdots \dfrac{V_n}{L_n}$
> $= \dfrac{80}{5.0} + \dfrac{10}{3.0} + \dfrac{10}{2.1} = \dfrac{100}{16 + 3.33 + 4.76} = \dfrac{100}{24.09} = 4.15\%$

53 폭발등급 및 안전간격에 대해서 쓰시오.

> **해답** ① 안전간격 : 2개의 평행금속판의 틈 사이로 화영이 전달되는지 여부를 측정하여 화염이 전달되지 않는 한계의 틈 사이를 말한다.
> ② 폭발등급 구분
> ㉠ 폭발 1등급 : 안전간격 0.6mm 이상의 가스
> 　종류 : CO, CH_4, C_2H_6, C_3H_8, NH_3 가솔린 등
> ㉡ 폭발 2등급 : 안전간격 0.4~0.6mm의 가스
> 　종류 : 에틸렌, 석탄가스
> ㉢ 폭발 3등급 : 안전간격 0.4mm 이하의 가스
> 　종류 : 수소, 수성가스, 아세틸렌, 이황화탄소

54 11g의 프로판이 완전 연소하면 몇 몰의 이산화탄소가 만들어지는가?

> **해답** $C_3H_8 + 5O_2 \rightarrow 3CO_2 + 4H_2O$
> $44g : 3mol = 11g : x$
> 탄산가스량$(x) = \dfrac{3 \times 11}{44} = 0.75mol$

55 메탄의 발열량은 $1m^3$당 24,000kcal이다. 메탄 $1m^3$에 공기 $2m^3$ 혼합 시 발열량은?

> **해답** 혼합가스 발열량 $= \dfrac{24,000}{1+2} = 8,000kcal/m^3$

56 10℃ 물 1톤을 100℃까지 가열하는 데 필요한 프로판가스의 질량을 구하시오.(단, 프로판의 열량은 12,000kcal/kg으로 하고 열효율은 60%로 한다.)

> **해답** 프로판 가스 질량$(W) = \dfrac{1,000 \times 1 \times (100 - 10)}{12,000 \times 0.6} = 12.5kg$

57 르샤틀리에의 법칙에 의해 C_3H_8이 45%, C_4H_{10}가 3%, H_2가 15%, O_2가 11%, N_2가 26%인 도시가스의 폭발 범위를 구하시오.(단, C_3H_8의 폭발범위는 2.0~9.0%, C_4H_{10}의 폭발 범위는 1.5~10.0%, H_2의 폭발 범위는 4.0~75%이다.)

해답 ① $\dfrac{100}{L_1} = \dfrac{45}{2} + \dfrac{3}{1.5} + \dfrac{15}{4}$, $\dfrac{100}{L_1} = 28.25$

폭발하한계$(L_1) = \dfrac{100}{28.25} = 3.54$

② $\dfrac{100}{L_k} = \dfrac{49}{9} + \dfrac{3}{10} + \dfrac{15}{75}$, $\dfrac{100}{L_k} = 5.5$

폭발상한계$(L_k) = \dfrac{100}{5.5} = 18.18$

∴ 3.54~18.18

58 프로판가스 0.8kg을 완전연소시키면 몇 kg의 이산화탄소가 생기겠는가?

해답 $C_3H_8 + 5O_2 \rightarrow 3CO_2 + 4H_2O$ 연소식에서

44kg : 3×44kg = 0.8kg : $x$kg

∴ $x = 2.4$kg

59 수소, 암모니아, 아세틸렌 등은 폭발 범위가 매우 커서 위험성이 대단히 크다. 이들의 공기 중에서와 산소 중에서의 폭발 범위는 각각 어떻게 변하는지 비교하시오.

해답 ① 공기 중

ㄱ 수소 : 4.0~75.0%

ㄴ 아세틸렌 : 2.5~81.0%

ㄷ 암모니아 : 15~28%

② 산소 중

ㄱ 수소 : 4.0~94.0%

ㄴ 아세틸렌 : 2.5~93%

ㄷ 암모니아 : 15~79%

60 고압가스 연소성에 따라 구분하면 (①) 가스, (②) 가스, (③) 가스가 있다.

해답 ① 가연성

② 지연성(조연성)

③ 불연성

61 마찰, 타격 등에 의하여 맹렬히 폭발하는 가장 예민한 폭발물질을 5가지만 쓰시오.

+해답
① 아질화은(AgN_2)
② 질화수은(HgN_6)
③ 아세틸렌은(Ag_2C_2)
④ 동아세틸라이드(Cu_2C_2)
⑤ 유화질소(N_4S_4)
⑥ 데도라센($C_2H_8ON_{10}$)
⑦ 질화수소산
⑧ 할로겐 치환제(N_3H, N_3Cl, N_3l)
⑨ 염화질소(NCl_3)
⑩ 옥화질소(Nl_3)
⑪ 유기과산화물

62 80% CH_4, 15% C_2H_6, 4% C_3H_8, 1% C_4H_{10}로 이루어진 혼합가스의 공기 중 폭발한계(%)를 구하시오.

+해답

$$\frac{100}{L} = \frac{V_1}{L_1} + \frac{V_2}{L_2} + \frac{V_3}{L_3} + \frac{V_4}{L_4} \text{에서}$$

$$\frac{100}{L} = \frac{80}{5} + \frac{15}{3} + \frac{4}{2.1} + \frac{1}{1.8}$$

$$\frac{100}{L} = 23.46031746$$

$$\text{하한 } L = \frac{100}{23.46031746} = 4.26\%$$

$$\frac{100}{L} = \frac{80}{15} + \frac{15}{12.4} + \frac{4}{9.5} + \frac{1}{8.4}$$

$$\frac{100}{L} = 7.083111002$$

$$\text{상한 } L = \frac{100}{7.083111002} = 14.12\%$$

$$\therefore 4.26 \sim 14.12\%$$

참고
• CH_4 : 5 ~ 15%
• C_2H_6 : 3 ~ 12.4%
• C_3H_8 : 2.1 ~ 9.5%
• C_4H_{10} : 1.8 ~ 8.4%

63 가연성 액체로부터 발생한 증기가 액체 표면에서 연소 범위의 하한에 도달할 수 있는 그 액체의 최저 온도를 무엇이라 하는가?

+해답 인화점

64 밀폐된 실내에서 LP가스가 연소될 때 산소가 부족하면 불완전연소하게 된다. 다음 선도는 밀폐된 실내에서 LP가스가 연소될 때의 공기 조성이다. 물음에 답하시오.

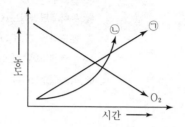

① ㉠의 선도로 나타내는 가스는?
② ㉡의 선도로 나타내는 가스는?(단, H_2나 H_2O는 선도상에 표시되어 있지 않다.)

➕해답 ① CO_2　② CO

65 LP가스 화재의 초기 소화에 가장 적당한 소화기 한 가지를 쓰시오.

➕해답 중탄산소다(중조) 분말소화기

66 가스 폭발 범위를 하한계로 제한치를 표시한 것을 위험도라고 한다. 아세틸렌의 경우 폭발상한치가 81%, 폭발하한치가 2.5%일 때 아세틸렌 가스의 위험도는 얼마인가?

➕해답 위험도$(H) = \dfrac{U-L}{L} = \dfrac{81-25}{2.5} = 31.4$

　　　여기서, U : 폭발상한계
　　　　　　 L : 폭발하한계

67 혼합가스의 폭발한계를 구하는 데 르샤틀리에의 식을 사용한다. CH_4 60%, C_2H_6 30%, C_3H_8 10%의 혼합가스가 공기와 혼합하였을 때 CH_4의 폭발하한계 값을 구하시오.(단, 에탄, 프로판 및 혼합가스의 하한계 값은 각각 3%, 2.1% 및 3.7%이다.)

➕해답 $\dfrac{100}{L} = \dfrac{V_1}{L_1} + \dfrac{V_2}{L_2} + \dfrac{V_3}{L_3}$ 에서 $\dfrac{100}{3.7} = \dfrac{60}{L_1} + \dfrac{30}{3.0} + \dfrac{10}{2.1}$

　　　$\therefore L_1 = \dfrac{60}{\dfrac{100}{3.7} - \dfrac{30}{3.0} - \dfrac{10}{2.1}} = 4.89\%$

68 메탄 70%, 에탄 20%, 프로판 6%, 부탄 4%의 혼합가스 폭발하한계를 구하시오.(단, 메탄, 에탄, 프로판, 부탄의 폭발 범위는 각각 5.3~14%, 3.0~12.5%, 2.2~9.6%, 1.9~8.5%이다.)

해답 $\dfrac{100}{L} = \dfrac{70}{5.3} + \dfrac{20}{3} + \dfrac{6}{2.2} + \dfrac{4}{1.9} = \dfrac{100}{13.21 + 6.67 + 2.73 + 2.11} = 4.05\%$

69 다음 ( ) 안에 적절한 용어를 쓰시오.

> 폭발범위의 측정은 (①) 불꽃으로 점화하여 화염의 전달로써 구하며 이때 낮은 농도한계를 (②), 고농도의 한계를 (③)라고 한다.

해답 ① 전기   ② 폭발하한계   ③ 폭발상한계

70 프로판의 불완전연소로 다음의 반응이 생긴다고 가정할 때 프로판 1몰당 발열량(Q)을 구하시오.(단, C_3H_8, CO, CO_2 및 H_2O의 생성열은 각각 24.8, 26.4, 94.1 및 57.8kcal/mol이다.)

> $$C_3H_8 + 3O_2 \rightarrow CO + 2CO_2 + H_2O + 3H_2 + Q$$

해답 발열량 = 생성열의 총량 − 원래 생성열
= 26.4 + 2 × 94.1 + 57.8 − 24.8
= 247.6kcal/mol

71 다음 보기의 가스 중 공기와 혼합하였을 때 폭발성 혼합가스를 형성할 수 있는 것을 고르시오.

> ① 질소   ② 염소   ③ 암모니아
> ④ 일산화탄소   ⑤ 이산화황   ⑥ 도시가스
> ⑦ 황화수소   ⑧ 산화질소

해답 ③ 암모니아   ④ 일산화탄소   ⑥ 도시가스   ⑦ 황화수소

72 다음 물음에 답하시오.

① 프로판의 완전연소식을 쓰시오.
② 11g 프로판의 완전연소 시 몇 g의 물이 생기는가?
③ 11g 프로판의 완전연소 시 몇 몰의 CO_2가 생기는가?

◆해답 ① $C_3H_8 + 5O_2 \rightarrow 3CO_2 + 4H_2O$

② $44g : 4 \times 18g = 11g : x$

$\therefore x = \dfrac{11}{44} \times 4 \times 18 = 18g$

③ $44g : 3몰 = 11g : x$

$\therefore x = \dfrac{11}{44} \times 3 = 0.75몰$

◆참고 C_3H_8의 분자량 : 44

73 용적비율로 프로판 15%, 메탄 70%, 에탄 10%, 부탄 5%의 혼합가스 폭발하한계를 구하시오.(단, 각 성분의 가스 폭발하한계는 프로판 2.1%, 메탄 5%, 에탄 3%, 부탄 1.8%이다.)

◆해답 $\dfrac{100}{L} = \dfrac{15}{2.1} + \dfrac{70}{5} + \dfrac{10}{3} + \dfrac{5}{1.8}$

하한계$(L) = \dfrac{100}{\dfrac{15}{2.1} + \dfrac{70}{5} + \dfrac{10}{3} + \dfrac{5}{1.8}} = 3.67\%$

74 다음은 CO 중독사고에 대한 설명이다. ( ) 안에 알맞는 말을 쓰시오.

> 가스기구(보일러 등)에 의해서 일어나는 CO 중독사고는 CO를 포함한 (①)의 방출에 의해서 일어나는 경우와 가스 기구의 (②)에 의해서 발생하는 CO에 의한 경우가 있다. 불완전연소가 일어나기까지의 과정은 가스 기구 또는 가스 기구 설치실의 (③)가 불미하여 연소 시 충분한 (④)가 공급되지 않기 때문에 연소를 계속하면 실내의 (⑤)가 저하되고, 마침내 가스 기구에서 CO를 발생하여 사고로 연결된다. 이와 같은 사고의 경우를 산소결핍 사고라 한다.

◆해답 ① 가연성 가스 ② 불완전연소 ③ 장소 ④ 공기 ⑤ 산소

75 폭굉이 일어날 때 파면압력은 폭발할 때에 비해 몇 배 정도 되며, 폭발성 혼합가스의 폭발한계 공식을 쓰시오.

◆해답 ① 파면압력 2배

② 폭발성 혼합가스 공식 : $\dfrac{100}{L} = \dfrac{V_1}{L_1} + \dfrac{V_2}{L_2} + \dfrac{V_3}{L_3} + \cdots$

여기서, L : 혼합가스의 폭발한계

$L_1,\ L_2,\ L_3$: 각 혼합가스 성분의 폭발한계

$V_1,\ V_2,\ V_3$: 각 혼합가스 성분의 체적(%)

76 다음 보기에서 자기분해 폭발을 일으키는 가스가 아닌 것을 한 가지만 골라 쓰시오.

> 아세틸렌, 산화에틸렌, 히드라진, 에틸렌

해답 에틸렌

77 탄화수소의 완전연소식을 쓰시오.

해답 $C_mH_n + \left(m + \dfrac{n}{1}\right)O_2 \rightarrow mCO_2 + \dfrac{n}{2}H_2O$

78 폭굉 유도 거리가 짧아질 수 있는 조건 4가지를 쓰시오.

해답 ① 정상 연소 속도가 큰 혼합가스일수록
② 관 속에 방해물이 있거나 관경이 가늘수록
③ 압력이 높을수록
④ 점화원의 에너지가 강할수록

79 LPG의 연소 특성을 4가지만 쓰시오.

해답 ① 발열량이 크다.　　　　　② 연소 속도가 느리다.
③ 연소 범위가 좁다.　　　　④ 연소 시 많은 공기가 필요하다.

80 가연성 가스의 연소 범위란 무엇을 말하는지 간단히 설명하시오.

해답 가연성 가스가 공기 또는 산소와 혼합하여 연소할 수 있는 농도의 체적 %로 최소치가 하한이고 최대치가 폭발 상한이다.

81 C_3H_8 $1m^3$의 완전연소 시 그 발열량과 이론 공기량은?(단, 공기 중의 산소량은 20%로 한다.)

해답 $C_3H_8 + 5O_2 \rightarrow 3CO_2 + 4H_2O + 530kcal/mol$

① 발열량 : $\dfrac{1,000}{22.4} \times 530 = 23,660.71kcal/m^3$

② 이론 공기량 : $\dfrac{5}{0.2} = 25m^3$

82 다음의 연소반응식 ①, ②로부터 식 ③의 ( ) 안을 채우시오.

$C(s) + O_2(g) \rightarrow CO_2(g) + 97kcal$ ························· ①

$C(s) + \dfrac{1}{2}O_2(g) \rightarrow CO(g) + 29kcal$ ················· ②

$CO(g) + \dfrac{1}{2}O_2(g) \rightarrow CO_2(g) + (\quad)kcal$ ············· ③

해답 반응열 = ① - ② = 97 - 29 = 68kcal

83 프로판이 50%, 부탄이 50%인 혼합가스 $1m^3$의 완전연소 시 총 발열량과 이론 공기량을 구하시오.(단, 공기 중 산소는 21%이고 혼합가스 발열량은 프로판이 24,320kcal/m^3, 부탄은 24,320kcal/m^3이다.)

해답 ① 총 발열량 : $(24,320 \times 0.5) + (32,010 \times 0.5) = 28,165kcal/m^3$

② 이론공기량 : $\dfrac{(5 \times 0.5) + (6.5 \times 0.5)}{0.21} = 27.38m^3$

84 공기와 혼합하였을 때 폭발성 혼합가스를 형성할 수 있는 것을 다음 보기에서 찾아 4가지를 쓰시오.

질소, 암모니아, 도시가스, 이산화질소, 염소, 일산화탄소, 황화수소

해답 ① 암모니아　　② 도시가스
③ 일산화탄소　　④ 황화수소

85 부탄의 완전연소식을 쓰시오.

해답 $C_4H_{10} + 6.5O_2 \rightarrow 4CO_2 + 5H_2O$

86 가연성 가스의 발화점에 영향을 주는 인자에 대하여 쓰시오.

해답 가연성 가스의 조성, 온도, 압력

87 다음 물음에 답하시오.

① 발화지연이란 무엇인가?

② 고온 · 고압 시 발화지연은 어떻게 변하는가?(단, 커진다, 작아진다로 답하시오.)

③ 완전 산화 시 발화지연은 어떻게 변하는가?(단, 커진다, 작아진다로 답하시오.)

해답 ① 어느 온도에서 가열하기 시작하여 발화에 이르기까지의 시간

② 작아진다.

③ 작아진다.

88 탄을 완전연소시켰을 때의 화학반응식을 쓰시오.

해답 $2C_4H_{10} + 13O_2 \rightarrow 8CO_2 + 10H_2O$

89 프로판을 완전연소시켰을 때 생성되는 물질 2가지를 화학식으로 쓰시오.

해답 ① CO_2 ② H_2O

90 표준상태에서 이산화탄소($CO_2 = 44$) 중 $5.6m^3$는 몇 kg인가?

해답 $44kg : 22.4m^3 = x : 5.6$

∴ $x = 11kg$

91 다음 물질을 공기 중 폭발범위가 넓은 것부터 순서대로 쓰시오.

$$H_2, \quad CH_4, \quad CO, \quad C_3H_8$$

해답 $H_2 > CO > CH_4 > C_3H_8$

92 프로판 1kg을 완전연소시켰을 때의 발열량을 계산하시오.

해답 프로판의 발열량은 530kcal/mol이므로 ∴ $\dfrac{1,000 \times 530}{44} = 12,045.45kcal/kg$

93 가스 폭발의 유형 5가지를 쓰시오.

◈해답 ① 화학적 폭발   ② 압력의 폭발
　　　 ③ 분해 폭발   ④ 중합 폭발
　　　 ⑤ 촉매 폭발

94 10℃ 물 1톤을 100℃까지 올리려 한다. 필요한 프로판 소요 질량을 구하시오.(단, 발열량 12,000kcal/kg, 효율 60%)

◈해답 $Q = m \cdot C \cdot \Delta t = 1,000 \times 1 \times (100 - 10) = 90,000kcal$

∴ 프로판 소요 질량 $= \dfrac{9,000}{12,000 \times 0.6} = 12.5kg$

95 아세틸렌(C_2H_2) 가스 $1m^3$가 완전연소하는 데는 공기 몇 m^3가 필요한가?

◈해답 $2C_2H_2 + 5O_2 \rightarrow 4CO_2 + 2H_2O$

이론공기량$(A_o) = 5 \times \dfrac{1}{0.21} \times \dfrac{1}{2} = 11.91m^3$

96 혼합가스의 폭발하한계를 구하는 데에는 르샤틀리에 공식이 있다. 이 공식을 써서 메탄 80%, 에탄 15%, 프로판 4%, 부탄 1%의 혼한가스의 공기 중 폭발하한계를 구하라.(단, 각 성분가스의 폭발하한계는 메탄 5.0%, 에탄 3.0%, 프로판 2.1%, 부탄 1.8%이다.)

◈해답 $\dfrac{100}{L} = \dfrac{80}{5} + \dfrac{15}{3} + \dfrac{4}{2.1} + \dfrac{1}{1.8} = \dfrac{100}{\dfrac{80}{5} + \dfrac{15}{3} + \dfrac{4}{2.1} + \dfrac{1}{1.8}}$

∴ $L = 4.2\%$

97 2kg의 물을 18℃에서 99℃까지 상승시키기 위해 표준상태에서 $0.011m^3$의 프로판을 연소시켰다. 열효율은 얼마인가?(단, 프로판 발열량은 $24,000kcal/m^3$)

◈해답 $Q = m \cdot c \cdot \Delta t = 2 \times 1 \times (99 - 18) = 162kcal$

$24,000 \times 0.011 = 264kcal$

$\dfrac{162}{264} \times 100 = 61.36\%$

98 메탄 80%, 에탄 15%, 프로판 4%, 부탄 1%인 혼합가스의 공기 중 폭발하한치를 구하시오.(단, 각 성분의 폭발 하한치는 메탄 5, 에탄 3, 프로판 2, 부탄 2이다.)

➕해답 $\dfrac{100}{L} = \dfrac{80}{5} + \dfrac{15}{3} + \dfrac{4}{2} + \dfrac{1}{2}$, $\dfrac{100}{L} = 16 + 5 + 2 + 0.5$

∴ 폭발 하한치 $= \dfrac{100}{23.5} = 4.26$

99 액화프로판 $1m^3$를 완전연소시키는 데 필요한 이론 공기량은 몇 m^3인가?

➕해답 $C_3H_8 + 5O_2 \rightarrow 3CO_2 + 4H_2O$, 산소량 $= 5m^3/m^3$

∴ 공기량 $=$ 산소량 $\times \dfrac{1}{0.21} = 5 \times \dfrac{1}{0.21} = 23.81m^3$

100 아세틸렌을 압축하면 분해 폭발한다. 그 반응식을 쓰시오.

➕해답 $C_2H_2 \rightarrow 2C + H_2$

101 순 부탄 $1kg$이 완전연소되어 CO_2와 H_2O가 되었다. 이때의 CO_2는 표준상태에서 몇 m^3나 생성되는가?

➕해답 $C_4H_{10} + 6.5O_2 \rightarrow 4CO_2 + 5H_2O$

$58 : 4 \times 22.4 = 1 : x$

$x = 4 \times 22.4 \times \dfrac{1}{58} = 1.54m^3$

102 가연성 가스 중 산소의 농도가 증가할수록 아래의 사항은 어떻게 변하는가?

① 연소속도   ② 발화온도

③ 폭발한계   ④ 화염온도

➕해답 ① 빨라진다.   ② 내려간다.
③ 넓어진다.   ④ 높아진다.

103 프로판 1g이 완전연소할 때 공기량은 몇 g인가?(단, 공기 중 산소는 23.3%이다.)

해답 $C_3H_8 + 5O_2 \rightarrow 3CO_2 + 4H_2O$

44g : $5 \times 32g = 1g$: xg

산소량$(x) = \dfrac{5 \times 32}{44} = 3.636g$

∴ 공기량 $= 3.636 \times \dfrac{100}{23.3} = 15.6g$

참고 공기 속의 산소 중량 % = 23.3%

104 프로판 10kg 연소 시 필요한 공기량은 몇 m³인지 화학식을 쓰시오.(단, 공기 중 산소는 21%)

해답 $C_3H_8 + 5O_2 \rightarrow 3CO_2 + 4H_2O$

44kg : $5 \times 22.4m^3 = 10kg$: xm^3

이론산소량$(x) = \dfrac{5 \times 22.4 \times 10}{44} = 25.45m^3$

∴ 소요공기량 $= 25.45 \times \dfrac{100}{21} = 121.21m^3$

105 수소 20%, 메탄 50%, 에탄 30%로 혼합가스가 공기와 혼합된 경우 폭발하한계는 얼마인가?(단, 하한계 수소 4, 메탄 5, 에탄 3)

해답 $\dfrac{100}{L} = \dfrac{V_1}{L_1} + \dfrac{V_2}{L_2} + \dfrac{V_3}{L_3} + \dfrac{V_4}{L_5} + \cdots$

$\dfrac{100}{L} = \dfrac{20}{4} + \dfrac{40}{5} + \dfrac{30}{3}$

$L = \dfrac{100}{5 + 10 + 10} = 4\%$

106 다음은 가스의 일반적 성질에 대하여 일람표로 나타낸 것이다. 성질이 있는 것에는 ○, 없는 것에는 × 표시를 하시오.

성질 가스명	중합폭발	분해폭발	독성
산화에틸렌			
시안화수소			
아세틸렌			

◈해답

성질 가스명	중합폭발	분해폭발	독성	공기와 혼합 시 폭발성
산화에틸렌	○	○	○	○
시안화수소	○	×	○	○
아세틸렌	×	○	×	○

107 부탄가스의 발열량이 $30,000\text{kcal/m}^3$인데 폭발범위는 $1.8\sim8.4\%$이다. 다음 물음에 답하시오.

① 상한을 기준으로 한다면 공기 희석 시 발열량은?
② 공기 희석의 목적은?
③ 공기 희석 시 주의사항은?

◈해답 ① $30,000\times0.084 = 2,520\text{kcal/m}^3$
② 발열량 조절과 재액화 방지
③ 폭발 범위에 들지 않도록 유의한다.

108 가스기구 연소용 공기공급, 배출방법을 쓰시오.

◈해답 ① 개방식　　② 반밀폐식　　③ 밀폐식

109 다음 공식의 각 기호가 뜻하는 바를 쓰시오.

$$C_r = K\frac{1.0\text{H}_2 + 0.6(\text{CO}+\text{C}_\text{m}\text{H}_\text{n}) + 0.3\text{CH}_4}{\sqrt{d}}$$

◈해답 ① C_r : 연소 속도
② H_2 : 도시가스 중의 수소 함유율(단위 : 용량 %)
③ CO : 도시가스 중의 일산화탄소 함유율(단위 : 용량 %)
④ $\text{C}_\text{m}\text{H}_\text{n}$: 도시가스 중의 메탄 이외의 탄화수소 함유율(단위 : 용량 %)
⑤ CH_4 : 도시가스 중의 메탄 함유율(단위 : 용량 %)
⑥ d : 도시가스의 공기에 대한 비중
⑦ K : 도시가스 중 산소 함유량에 따라 정하는 정수

110 고압가스 충전 용기 부근에서 화재가 발생하였다. 고압가스 취급자가 조치할 사항을 기술하시오.

> ➕해답 시간적인 여유가 없을 때는 종업원을 대피시키고 용기에 물을 뿌려 용기의 온도가 상승하지 않도록 함과 동시에 화재를 진압한다.

111 내용적 20m³의 빈 저장탱크에 불연성 가스로 치환하기 위해 불연성 가스를 게이지 압력으로 3기압 압입한 후 가스방출관의 밸브를 열었다. 가스를 방출한 후 내부에 잔류하는 산소의 농도는 몇 %가 되겠는가?(단, 공기 중의 산소 농도는 21%이다.)

> ➕해답 잔류산소농도 $= \dfrac{20 \times 0.21}{20 \times (1+3)} \times 100 = 5.25\%$

112 10℃의 물이 1톤(1,000kg)있다. 이 물에 프로판 1kg을 연소시켜 열을 가한 경우에 물은 대략 몇 ℃로 최종 상승되는가?(단, 열의 손실은 없다고 보고, 프로판 1kg의 발열량은 12,000kcal/kg으로 한다.)

> ➕해답 $Q = W \cdot C \cdot \Delta t$
>
> 물의 온도 상승$(\Delta t) = \dfrac{Q}{W \cdot C} = \dfrac{12,000}{1,000} = 12℃$
>
> $\Delta t = t_2 - t_1, \ t_2 = t_1 + \Delta t$
>
> ∴ 물의 최종온도 $= 10 + 12 ≒ 22℃$

113 프로판가스의 폭발범위 하한치가 2.1%이다. 이것은 표준상태(S.T.P) 상태에서 몇 mg/l가 되겠는가?

> ➕해답 $1 \times 0.021 = 0.021l$, C_3H_8 1몰은 44g $= 22.4l$, $1g = 1,000$mg이다.
>
> $\dfrac{0.021}{22.4} \times 44 = 0.04125$g
>
> ∴ $0.04125 \times 1,000 = 41.25$mg/1

114 다음 열화학 반응식을 이용하여 반응열을 구하시오.

$$C(S) + H_2O(g) \rightarrow CO(g) + H_2(g)$$

$C(S) + O_2(g) \rightarrow CO_2(g) + 94.1\text{kcal}$ ·············· ㉠

$2H_2(g) + O_2(g) \rightarrow 2H_2O(g) + 115.6\text{kcal}$ ·············· ㉡

$2CO(g) + O_2(g) \rightarrow 2CO_2(g) + 135.4\text{kcal}$ ···· ㉢

➕**해답** 반응열＝생성물질의 결합에너지 합계－반응물질의 결합에너지 합계

$$\therefore \; 94.1 - \left(\frac{115.6}{2} + \frac{135.4}{2} \right) = 94.1 - 125.5 = -31.4\text{kcal}$$

➕**참고** S표시 : 고체, g표시 : 가스, l 표시 : 액체

115 탄소와 산소는 $C(S) + O_2(g) \rightarrow CO_2(g)$이다. 반응열($\Delta$H)은 몇 kcal인가?

➕**해답** $2C(S) + O_2(g) \rightarrow 2CO(g), \;\; \Delta\text{H} = -53\text{kcal}$

$2CO(g) + O_2(g) \rightarrow 2CO_2(g), \;\; \Delta\text{H} = -135\text{kcal}$

$$\Delta\text{H} = -\frac{53}{2} - \frac{135}{2} = -94\text{kcal}$$

➕**참고** 생성물의 엔탈피(ΔH)는 발열반응에서는 －, 흡열반응에서는 ＋이다.

116 다음 반응식을 보고 그 내용을 설명하시오.

$$H_2(g) + \frac{1}{2}O_2(g) \rightarrow H_2O(l) + 68.3\text{kcal}(25℃)$$

➕**해답** $H_2O(l)$ 1몰의 엔탈피가 $H_2(g)$ 1몰과 $O_2(g)$ $\frac{1}{2}$ 몰의 엔탈피 합보다 68.3kcal가 적다.

➕**참고** 발열반응이므로 생성물의 엔탈피(ΔH)가 작다.

$$H_2(g) + \frac{1}{2}O_2(g) \rightarrow H_2O(l), \;\; \Delta\text{H} = -68.3\text{kal}$$

117 다음 반응식에서 반응열 Q는 몇 kcal인가?(단, 기화잠열은 540cal/g이다.)

$$H_2 + \frac{1}{2}O_2 \rightarrow H_2O$$

➕해답 H_2O 1몰 = 18g

$540cal/g \times 18g = 9.72kcal$

118 다음 열화학 반응식을 보고 3가지 관점으로 설명하시오.

$$C(S) + O_2(g) \rightarrow CO_2(g) + 94.1kcal$$

➕해답 ① 발열반응이다.

② CO_2의 생성열은 94.1kcal이다.

③ 생성물이 반응물보다 안정하다.

119 프로판가스의 연소를 나타내는 열화학 반응식은 다음과 같다. 1기압 25℃에서 프로판 11g이 연소할 때 발생하는 열량은 몇 kcal인가?

$$C_3H_8(g) + 5O_2(g) \rightarrow 3CO_2(g) + 4H_2O(l), \ \Delta H = -531kcal$$

➕해답 $44g : 531 = 11g : x$

프로판 발생 열량$(x) = 531 \times \frac{11}{44} = 132.75kcal$

120 반응열의 종류 5가지를 쓰시오.

➕해답 ① 생성열 ② 분해열 ③ 연소열 ④ 용해열 ⑤ 중화열

121 탄소와 산소의 화합 시 생성열을 구하시오.

➕해답 $C(g) + O_2(g) \rightarrow CO_2(g) + 94kcal$

CO_2의 생성열은 94kcal/몰이다.

122 H_2O의 분해열 반응식을 쓰시오.

+해답 $H_2O(l) \rightarrow H_2(g) + \dfrac{1}{2}O_2(g) - 68.3\text{kcal}$

H_2O의 분해열은 -68.3kcal이다.

123 탄소와 일산화탄소의 연소열 반응식을 쓰시오.

+해답 $C(g) + O_2(g) \rightarrow CO_2(g) + 94\text{kcal}$
$2CO(g) + O_2(g) \rightarrow 2CO_2(g) + 136\text{kcal}$

참고 탄소의 연소열은 94kcal/mol, 일산화탄소의 연소열은 $\dfrac{136}{2} = 68\text{kcal/mol}$이다.

124 탄소의 열화학 반응에서 발열반응 연소열과 엔탈피 변화를 쓰시오.

+해답 ① 연소열 $C + O_2 \rightarrow CO_2 + 94.1\text{kcal}$
② 엔탈피 변화 $C + O_2 \rightarrow CO_2$, $\Delta H = -94.1\text{kcal}$

125 다음 물음에 답하시오.

① 선화는 염공으로부터의 가스 유출속도와 연소속도 중 어느 것이 클 때 일어나는가?
② 저온장치는 냉매를 사용한 냉동장치와 가스의 액화분리에 사용되고 있는 무슨 장치로 분류되고 있는가?
③ 가스 액화를 위해 냉각시키는 기본적인 방법은 압축된 가스를 외부로부터 열이 들어오지 못하게 하는 무슨 팽창으로 이루어지는가?

+해답 ① 유출속도
② 심냉장치
③ 단열팽창

가스설비

01 LPG 설비

01 기화기 사용 시의 이점을 3가지만 쓰시오.

> **해답** ① 한랭 시에도 연속적으로 공급 가능
> ② 가스의 조성이 일정
> ③ 설치면적이 작다.

02 LPG 설비에 기화기를 사용할 경우 주된 이점을 5가지만 쓰시오. (단, 자연 기화 시와 비교했을 경우)

> **해답** ① 한랭지에서도 연속적으로 충분한 가스공급이 가능하다.
> ② 공급가스의 조성이 일정하다.
> ③ 설치면적이 절약된다.
> ④ 설비비 및 인건비가 절약된다.
> ⑤ 기화량 가감이 용이하다

03 LPG 용기에 관해 다음 물음에 답하시오.

① 충전구의 나사형식
② 용기밸브의 그랜드 너트의 왼나사와 오른나사 구별은 어떻게 표시하는가?

> **해답** ① 왼나사
> ② 왼나사인 그랜드 너트에는 "V"자 홈으로 표시한다.

04 다음 저장탱크는 10톤을 저장할 수 있는 LPG가스 저장탱크 도면이다. ①∼⑦ 물음에 답하시오.

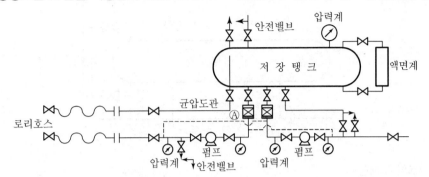

① 기호 Ⓐ는 어떤 밸브를 나타내는가?
② 펌프 고장 시 가스를 공급할 수 있도록 배관을 완성하여라.
③ 저장 탱크의 설계 압력은?
④ 최고 충전 압력은?
⑤ 기밀 시험 압력은?
⑥ 몇 ton을 저장할 수 있는가?(단, 안전공간은 10%로 한다.)
⑦ 기화 설비의 주위에서 보안벽을 설치하지 않아도 되는 경우를 요약하시오.

➕해답 ① 긴급차단 밸브
② 스트레이너, 역지 밸브, 온도계
③ 최고 상용압력의 1.5배 이상(내압 시험 압력 이상)
④ 내압 시험 압력의 $\frac{3}{5}$배 이하
⑤ 내압 시험 압력의 $\frac{3}{5}$배 이하
⑥ 9ton
⑦ 보안 거리가 유지된 경우나 또는 저장탱크에 보안벽을 설치하지 않아도 된다는 사항을 허가 관청이 인정하는 경우

05 다음 그림은 LP가스 저장탱크이다. ①~③의 물음에 답하시오.

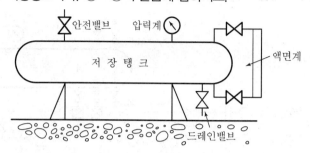

① 탱크의 도색은?

② 글자의 크기는?

③ 이 탱크와 제1종 보안 시설의 보안 거리는 몇 m 이상이어야 하는가?(단, 용량은 10톤 저장 탱크이다.)

해답 ① 회색(은백색)

② 탱크 지름의 $\frac{1}{10}$ 이상

③ 17m(10톤 이하의 경우)

06 10kg 용기로 2테이블 가스레인지(0.32kg/h) 1대를 설치한다. 다음 표에서 2호 가스를 사용하는 경우 LP가스 용기 수량을 구하시오.(단, 연소기의 1일 평균 사용 상황은 아침 30분, 저녁 30분, 기타 30분씩 2회이다.)

[10kg 용기가 발생하는 LP가스량]

LP 가스규격	1회 소비 상황	용기 1본 가스 발생 능력(kg/hr)
1호 가스 p.p 90%	1시간 소비 1.5시간 소비 장시간 소비	0.70 0.55 0.35
2호 가스 p.p 60%	1시간 소비 1.5시간 소비 장시간 소비	0.40 0.30 0.20

해답 ∴ 10kg 용기 1개로 충분하다.

07 다음 표를 보고 하기의 설계조건에 있어서 가스소비량과 표준용기 설치 본수를 구하시오.

호수	50호 이상			30~50호 미만			10~30호		
기온	5℃	0℃	−5℃	5℃	0℃	−5℃	5℃	0℃	−5℃
발생압력(kg/hr)	1.48	1.07	0.66	1.51	1.09	0.7	1.68	1.19	0.72

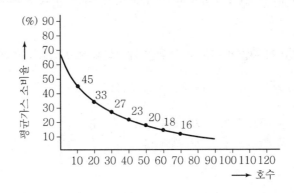

가. 피크 시 기온 0℃
나. 자동교체장치 사용
다. 50kg용 프로판가스 용기
라. 소비자 호수 60호
마. 1호당 1일 평균 가스소비량 1.33kg/hr

① 피크 시의 평균 가스 소비량은 몇 kg/hr인가?
② 피크 시 50kg 용기의 가스 발생능력은 몇 kg/hr인가?
③ 피크 시 최저 필요 용기는 몇 개인가?
④ 2일분의 소비량을 충당하는 최저용기는 몇 개인가?
⑤ 표준용기의 설치개수는 몇 개인가?
⑥ 2열의 합계용기 개수는?

+해답 ① $60 \times 1.33 \times 0.18 = 14.36\text{kg/hr}$
② 1.07kg/hr(조건에서 피크 시 기본이 0℃이다.)
③ $\dfrac{14.36}{1.07} = 14$본
④ $\dfrac{1.33 \times 2 \times 60}{50} = 4$본
⑤ $14 + 4 = 18$본
⑥ $18 \times 2 = 36$본

＊참고 60호에서 도표에서 직선에서 평균가스사용량 18%가 나온다.

08 자동 교체식 조정기 사용 시 이점을 4가지 쓰시오.

➕해답 ① 전체용기 본수가 수동 교체식의 경우보다 적어도 된다.
② 잔액이 거의 없어질 때까지 소비된다.
③ 용기 교환주기의 폭을 넓힐 수 있다.
④ 분리형을 사용하면 단단 감압식 조정기의 경우보다 도관의 압력손실을 크게 해도 된다.

09 LP가스 배관에 있어서 저압 배관의 가스 유량 계산식을 쓰고 식을 기호에 대해서 설명하시오.

➕해답 $Q = K\sqrt{\dfrac{D^5 H}{S \cdot L}}$

여기서, Q : 가스 유량 H : 압력 강하 K : 정수
S : 가스 비중 D : 배관 내경 L : 배관 길이

10 어떤 식당에 LP가스 소비가 1시간당 0.4kgf/hr인데 10시간 동안 계속 사용하고, 테이블이 8대 있다면 필요 최저용 기본수는 얼마인가?(단, 잔액이 30%일 때 교환하고 최저 0℃에서 용기 1본의 가스 발생 능력은 850g/hr로 한다.)

➕해답 $0.4 \times 8 = 3.2\text{kg/hr}$
가스 발생 능력 $= 850\text{g/hr} = 0.85\text{kg/hr}$

∴ 용기 본수 $= \dfrac{3.2}{0.85} = 4$개

11 다음 ( )를 보기에서 골라 채우시오.

> 자동절환식 조정기, 고압호스, 사용측, 예비측, 용기, 용기밸브, 메인밸브, 지변

① 용기를 교체하고자 한다. 작동레버를 조정하여 ( )과 ( )의 기능을 상호 교환한다.
② 교체하고자 하는 측의 ( )와 ( )을 잠근다.
③ ( )와 ( )를 분리한다.
④ ( ) 등을 열고 ( )의 기능을 압력계의 지침을 보면서 확인한다.

➕해답 ① 예비측, 사용측
② 용기밸브, 지변
③ 용기, 고압호스
④ 메인밸브, 자동절환식 조정기

12 LPG 공기 혼합설비에서 ① 벤투리 믹서와 ② 플로믹서 방식에 대해 설명하시오.

> **⊕해답** ① 기화한 가스를 일정압력으로 노즐에서 분출, 노즐실 내를 감압시켜 대기압보다 저압에 의해서 공기를 흡입하여 혼합하는 방식이다.
> ② LPG의 압력을 대기압으로 하며 플로(Flow)로서 공기와 함께 흡입하는 방식으로 가스압이 내려갈 경우 안전장치가 움직여 플로(Flow)가 정지하도록 되어 있다.

13 2호기 순간온수기가 있다. $20l$의 물을 $15℃$에서 $80℃$까지 상승시키고자 한다. 몇 분이 걸리는가? (단, 2호기라 함은 $2l$의 물을 1분 동안 $25℃$ 상승시킬 수 있는 온수기를 말한다.)

> **⊕해답** ① 2호기 순간온수기의 1분당 능력은
> $$Q_1 = C \times G \times \Delta t_1 = 1 \times 2 \times 25 = 50\text{kcal/min}$$
> ② 소요되는 열량은
> $$Q_2 = C \times G \times \Delta t_2 = 1 \times 20 \times (80 - 15) = 1,300\text{kcal}$$
> $$\therefore \text{소요시간} = \frac{1,300}{50} = 26\text{분}$$

14 50kg 용기를 사용하여 자연기화 방식에 특정가스 발생설비로 LPG 가스를 일반 주택 단지에 공급하고 있다.(단, Peak 일률은 120%로 변함이 없는 것으로 하고, 가설공급지점의 편측 용기 필요 최저본수는 15개였다.) 공급지점 증가 후의 다음 물음에 답하시오.(단, 월은 30일로 한다.)

구분	가스공급지점	신규공급지점(증가분)
Peak 공급 지점수	100	30
Peak 월의 지점당 평균가스 수요량	50	45

① Peak 일의 가스수요량(kg/일)은?
② 편측 용기 필요 최저본수는?
③ 용기 최단 교환 주기일은?
④ 최저 필요한 자동전환 장치의 능력은 몇 kg/h인가?(단, 피크 시 가스 수요량은 피크시율은 25%, 자동전환 조정장치능력은 1.3이다.)

> **⊕해답** ① $100 \times 50 + 30 \times 45 = 6,350\text{kg}$, $\dfrac{6,350}{30} = 212\text{kg/일}$
>
> ② 지금까지 피크일의 가스수요량은 $\dfrac{100 \times 50 \times 1.2}{30} = 200\text{kg/일}$, 필요 최저본수는 피크일 가스수요량에 비례하므로 $15\text{본} \times \dfrac{212\text{kg/일}}{200\text{kg/일}} = 16\text{본}$

③ ②에 2일분 이상의 가스량에 상당하는 용기 본수를 더한 것을 1계층으로 하므로

$$\frac{6,350 \times 2월}{30 \times 50 \text{kg/본}} = 9본$$

$$16 + 9 = 25$$

용기 최단 교환주기 $\frac{25 \times 50}{6,350} \times 30일 = 5일$

④ $212\text{kg/일} \times 0.25 = 53\text{kg/hr}$

∴ $53\text{kg/h} \times 1.3 = 68.9\text{kg/hr}$

15 부취제에 관한 다음 물음에 답하시오.

① 부취제의 종류를 3가지 쓰시오.
② 부취제의 구비조건을 5가지 쓰시오.
③ 부취제의 역할을 간단히 쓰시오.

+해답 ① ㉠ THT
　　　　㉡ TBM
　　　　㉢ DMS
② ㉠ 독성이 없을 것
　　㉡ 보통 존재하는 냄새와 명확하게 식별될 것
　　㉢ 극히 낮은 농도에서는 냄새가 확인될 수 있을 것
　　㉣ 가스관이나 가스미터에 흡착되지 않을 것
　　㉤ 완전히 연소하고 연소 후에 유해한 냄새를 갖는 성질을 남기지 않을 것
　　㉥ 도관 내의 상용온도에서는 응축하지 않을 것
　　㉦ 도관을 부식시키지 않을 것
　　㉧ 물에 잘 녹지 않을 것
　　㉨ 화학적으로 안정될 것
　　㉩ 토양에 대한 투과성이 클 것
　　㉪ 가격이 저렴할 것
③ LPG, 나프타가스, 액화천연가스 등은 무색, 무취이므로 누설 시 발견할 수 없다. 따라서 냄새를 낼 수 있는 향료(부취제)를 첨가함으로써 가스가 누설되었을 때 조기에 발견 조치하여 사고를 미연에 방지할 수 있다.

16 다음은 현재 가장 많이 사용되고 있는 단단 감압식 저압 조정기의 구조도를 나타낸 것이다. 이 조정기가 작용하여 감압되는 작동순서를 간단히 설명하시오.

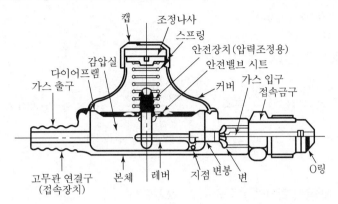

+해답 조정기의 입구 측에 가해지는 높은 압력의 가스가 밸브가 덮고 있는 작은 구멍을 통과할 때 감압된다.

17 가스미터의 설치장소를 선정하는 데 있어 고려해야 할 사항 6가지를 쓰시오.

+해답 ① 통풍이 양호한 위치일 것
② 가능한 한 배관의 길이가 짧고 굴곡되지 않는 위치일 것
③ 검침 · 수리 등의 작업이 편리한 위치일 것
④ 화기와 습기에서 멀리 떨어져 있고 청결하며, 진동이 없는 위치일 것
⑤ 전기 개폐기 등과 60cm 이상 떨어진 위치일 것
⑥ 실외에 설치하되 그 높이가 1.6m 이상 2m 이내인 위치일 것

18 LP가스 공급 시 ① 1단 감압의 장단점 2가지와 ② 2단 감압의 장단점 3가지를 각각 쓰시오.

+해답 ① 1단 감압방식
 • 장점 : ㉠ 장치가 간단하다.   ㉡ 조작이 간단하다.
 • 단점 : ㉠ 배관이 굵어야 한다.   ㉡ 최종 압력이 부정확하다.

② 2단 감압방식
 • 장점 : ㉠ 공급압력이 안정하다.
       ㉡ 중간 배관이 가늘어도 된다.
       ㉢ 입상배관의 압력 강하에 대한 보정이 가능하다.
       ㉣ 각 연소기구에 알맞은 압력 공급이 가능하다.
 • 단점 : ㉠ 설비가 복잡해진다.
       ㉡ 조정기가 많이 소요된다.
       ㉢ 재 액화의 우려가 있다.
       ㉣ 검사방법이 복잡해진다.

19 내용적 118l의 LP가스 용기에 프로판이 50kg 충전되어 있다. 지금 이 프로판을 소비하여 용기 내에 액체가 없는 상태에서 잔압을 측정하니 27℃일 때 3kg/cm² · g였다면 소비한 프로판은 몇 kg인가? (단, $R = 0.082$atm · l/mol°K)

╋해답 ① 소비 후 잔가스량은 $PV = \dfrac{W}{M}RT$

$$\text{잔류가스량}(W) = \dfrac{PVM}{RT} = \dfrac{\left(\dfrac{3+1.0332}{1.0332}\right) \times 118 \times 44}{0.082 \times (273+27)} = 824\text{g} = 0.824\text{kg}$$

② 따라서 사용된 양은 50kg $-$ 0.824kg $=$ 49.176kg $\fallingdotseq$ 49.18kg

20 LP가스 공급 시 공기 희석의 목적을 4가지 쓰시오.

╋해답 ① 발열량을 조절한다.
② 재 액화를 방지한다.
③ 소요 공기량을 보충한다.
④ 누설 시 손실이나 체류를 방지한다.

21 LP가스 1l가 보통 기체의 용적 250l일 때 10kg의 LP가스(비중 0.5)는 보통 기체의 용적 몇 m³에 해당하는가?

╋해답 액화가스용적 $= \dfrac{10}{0.5} = 20l$

기화가스량 $= 20 \times 250 = 5,000l$

$\therefore$ 5m³

22 조정기를 사용하여 공급하는 가스를 감압하는 방법 중 2단 감압법의 장점 4가지를 쓰시오.

╋해답 ① 공급 압력이 안정하다.
② 중간 배관이 가늘어도 된다.
③ 배관 입상에 의한 압력 강하를 보정할 수 있다.
④ 각 연소기구에 알맞은 압력으로 공급이 가능하다.

23 LP가스용품 중 고압 고무호스의 안층 및 바깥층의 재료로 갖추어야 할 조건 2가지를 쓰시오.

╋해답 ① 호스의 안지름과 두께가 균일할 것
② 호스의 안층과 바깥층이 잘 접촉되어 있을 것

24 LPG를 사용하고 있는 가정에서 LPG/air(공기혼합방식) 가스인 도시가스로 바꾸어 공급받아 사용하려 할 때 연소기의 염공(Nozzle) 직경은 몇 mm로 바꾸어야 하는가?

구분	LPG	LPG/Air 가스
고위발열량	$24,000\text{kcal/Nm}^3$	$11,000\text{kcal/Nm}^3$
공급압력	$280\text{mmH}_2\text{O}$	$245\text{mmH}_2\text{O}$
가스의 비중	1.5	1.24
염공의 직경	0.9mm	$x\text{ mm}$

⊕해답 인풋량은 LPG 사용 시나 LPG/air 가스 사용 시 모두 같아야 하므로 다음과 같은 식이 성립된다.

$$0.009 \times D_1^2 \times \sqrt{\frac{P_1}{d_1}} \times H_1 = 0.009 \times D_1^2 \times \sqrt{\frac{P_2}{d_2}} \times H_2$$

$$\therefore D_2 = \sqrt{\frac{\sqrt{\frac{P_1}{d_1}} \times H_1 \times D_1^2}{\sqrt{\frac{P_2}{d_2}} \times H_2}} = \sqrt{\frac{\sqrt{\frac{280}{1.5}} \times 24,000 \times (0.9)^2}{\sqrt{\frac{245}{1.24}} \times 11,000}} = 1.31\text{mm}$$

25 다음과 같은 조건일 때 그래프를 이용해 ①~⑤까지 각 항을 계산하시오.

- 세대수 : 40세대
- 1세대당 1일 평균가스 소비량(겨울) : 1.35kg/day
- 50kg 1개 용기의 가스발생 능력이 1.07kg/hr이고, 이때의 외기 온도는 0℃를 기준으로 하였으며, 자동 교체장치를 사용하였다.

① 피크 시 평균가스 소비량은?
② 필요한 최저 용기 개수는?
③ 2일분의 소비량에 해당되는 용기수는?
④ 표준용기의 설치 개수는?
⑤ 2열의 용기 개수는?

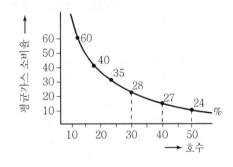

⊕해답 ① $1.35 \times 40 \times 0.27 = 14.58\text{kg/h}$

② $\dfrac{14.58}{1.07} = 14$개

③ $\dfrac{1.35 \times 40 \times 2}{50} = 3$개

④ $14 + 3 = 17$개

⑤ $17 \times 2 = 34$개

참고 도표에서 40호 상부 27%는 0.27로 계산

26 다음 시설은 가연성 가스인 고압가스를 제조하여 저장탱크에 저장한 후 탱크로리차로 다시 출하하는 시설의 일부분을 나타낸 것이다. 여기서 ㉠~㉣의 밸브 사용 적당성 여부를 ①~④까지 묻는 대로(적당 또는 부적당으로) 답하시오.

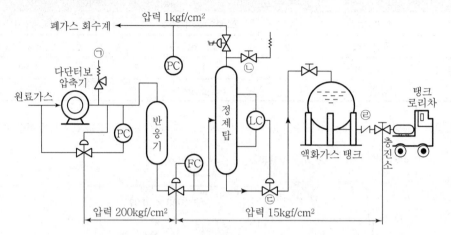

① 압축기 출구배관에 설치된 ㉠번 안전밸브의 사용은?
② 정제탑의 압력을 조절하는 ㉡번 수동압력 조절밸브의 사용은?
③ ㉢번의 정제탑 액면 조절밸브 사용은?
④ 구형 저장탱크 출구측의 ㉣번 역지밸브 사용은?

⊕해답 ① 적당　　　② 부적당　　　③ 적당　　　④ 부적당

27 LP가스 압력 조정기의 종류에 따른 입구압력, 조정압력 범위를 쓰시오.

종류	입구압력	조정압력
1단 감압식 저압조정기	MPa	kPa
2단 감압식 1차용 조정기	MPa	kPa
자동절체식 분리형 조정기	MPa	kPa

⊕해답 ① 1단 감압식 저압조정기
　　　㉠ 입구압력 : 0.07~1.56MPa
　　　㉡ 조정범위 : 2.3~3.3kPa
② 2단 감압식 1차조정기
　　　㉠ 입구압력 : 0.1~1.56MPa
　　　㉡ 조정범위 : 57~83kPa
③ 자동절체식 분리형 조정기
　　　㉠ 입구압력 : 0.1~1.56MPa
　　　㉡ 조정범위 : 2.55~3.3kPa

28 다음과 같은 LPG 설비에 있어서 조정기(R)의 능력을 계산하시오.

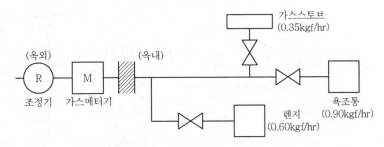

+해답 $(0.35 + 0.9 + 0.6) \times 1.5 = 2.78 \text{kgf/hr}$

참고 조정기 능력은 가스소비량의 1.5배

29 가스미터(Gas Meter)의 구비조건 5가지를 쓰시오.

+해답 ① 정확히 계량될 것
② 내구성이 있을 것
③ 소형이며 용량이 클 것
④ 감도가 예민할 것
⑤ 수리가 용이할 것
⑥ 사용가스량을 명확히 지시할 수 있는 것일 것

30 A지점으로부터 B지점까지 액화천연가스(LNG, 비중 0.65) 300m³/h를 운송하는 경우 B지점에서의 압력을 폴(Pole)의 유량공식으로 구하시오.(단, B점은 A점보다 30m 높은 곳에 위치하고 있으며 A점의 송출압력은 160mmH₂O, 유량계수 K는 0.727이다.)

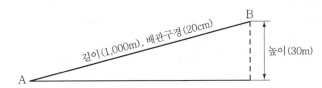

① 고도차를 고려하지 않은 경우 B지점 압력을 구하시오.
② 고도차에 의한 압력보정 도달압력(B지점)을 구하시오.

+해답 ① $Q = K \times \sqrt{\dfrac{D^5 \cdot H}{S \cdot L}}$

$H = \dfrac{Q^2 \cdot S \cdot L}{K^2 \cdot D^5} = \dfrac{(300)^2 \times 0.65 \times 1{,}000}{(0.727)^2 \times 20^5} = 34.59 \text{mmH}_2\text{O}$

$\therefore \text{P}_0 = 160 - 34.59 = 125.41 \text{mmH}_2\text{O}$

② $\text{P}_h = \text{P}_0 + (1-\text{S})\text{AH} = 125.41 + (1-0.65) \times 1.293 \times 30 = 138.99 \text{mmH}_2\text{O}$

31 다음 그림은 일체형 자동 교체식 고압 집합장치를 나타낸 것이다. 물음에 답하시오.

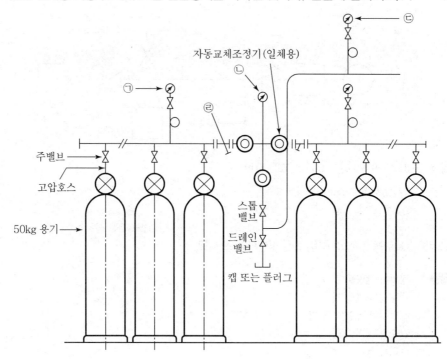

① ㉠~㉣의 명칭을 쓰시오.
② 자동교체식 조정기 사용 시 이점 3가지를 쓰시오.

⊕해답 ① ㉠ 고압압력계
　　　　 ㉡ 표시계(중압압력계)
　　　　 ㉢ 저압압력계
　　　　 ㉣ 스트레이너
　　　 ② ㉠ 전체의 용기 수량이 수동교체식의 경우보다 적어도 된다.
　　　　 ㉡ 잔액이 거의 없어질 때까지 소비가 가능하다.
　　　　 ㉢ 용기교환주기의 폭을 넓힐 수 있다.

32 LP가스설비의 완성 검사 중 기밀시험에 대하여 다음 물음에 답하시오.

① 기밀시험의 목적
② 가스매체는 공기 N_2 및 He와 같은 무슨 가스를 사용하는가?
③ 시험압력은 몇 mmH_2O 이상 및 몇 mmH_2O 이하인가?

⊕해답 ① 가스 누설 방지
　　　 ② 불활성 기체
　　　 ③ 840~1,000mmH_2O

33 어느 음식점에서 $0.32kg/h$의 LP가스를 연소시키는 데 버너를 10대 설치하여 1일 평균 5시간씩 영업하고 있을 때 다음 물음에 답하시오.(단, 사용할 때 최저온도는 $-5℃$로 하고 용기는 $50kg$ 용기이며 잔액이 20%일 때 교환하고 버너는 모두 단속적으로 사용한다.)

① 이때 필요한 용기의 최소수는 몇 개인가?

② 용기는 며칠 만에 교환하면 되겠는가?

[50kg 용기 단속 사용할 때의 증발량(kg/hr)]

용기 중의	기온(℃)					
잔가스량(kg)	−5	0	5	10	15	20
5.0	0.55	0.625	0.700	0.775	0.850	0.922
10.0	0.75	0.850	0.950	1.050	1.155	1.250
15.0	0.97	1.100	1.225	1.355	1.430	1.620
20.0	1.170	1.325	1.480	1.640	1.800	1.952
25.0	1.357	1.500	1.750	1.935	2.120	2.320
30.0	1.595	1.810	2.025	2.240	2.410	2.670
35.0	1.800	2.045	2.290	2.530	2.770	3.017

해답 ① $\dfrac{0.32 \times 10}{0.75} = 5$개 　　② $\dfrac{50 \times 0.8 \times 5}{0.32 \times 10 \times 5} = 12.5 ≒ 12$일

참고 50kg의 용기 중 잔액 20%=10kg(용기 중 잔가스량), −5℃의 도표에서 0.75 수치를 찾는다. 잔액이 20%이면 사용량은 80%(0.8)

34 다음은 조정기의 구조이다. 아래 그림 중 감압실, 롯드, 변봉에 해당하는 번호를 기술하시오.

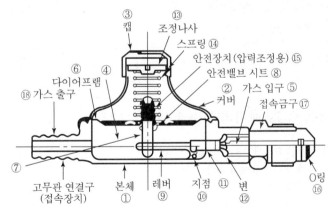

해답 • 감압실 : ④ 　 • 롯드 : ⑦ 　 • 변봉 : ⑪

35 다음은 LP가스 기화장치의 구조를 설명한 것이다. ( ) 안에 알맞은 용어를 써 넣으시오.

> 온수에 의하여 액상 액화석유가스를 기화하는 (①)와 열매가 과열하지 않도록 입열을 제어하는 (②)장치, 그리고 일정액면의 제어와 액화석유가스가 액상 그대로 장치 외로 유출하는 것을 방지하는 (③)장치 및 기화장치 내의 압력이 비정상적으로 상승했을 때 내부압력을 외부로 방출하는 (④) 및 기타 열교환기, 온도제어 장치 등으로 나눌 수 있다.

●해답 ① 기화기　　　　② 과열방지
　　　　③ 액면제어　　　　④ 안전밸브

36 가스용품의 종류를 5가지만 쓰시오.

●해답 ① 연소기　　　　② 밸브　　　　　　③ 콕
　　　　④ 호스　　　　　⑤ 호스밴드

37 프로판 및 부탄의 기화방식의 ① 차이점을 쓰고, ② 기화기 사용 시 이점에 대하여 5가지만 기술하시오.

●해답 ① 기화방식
　　　　　㉮ 프로판 : 자연기화방식
　　　　　㉯ 부탄 : 비점이 높아 강제기화방식을 주로 채택한다.
　　　　② 기화기 사용 시 이점
　　　　　㉮ 한랭 시에도 연속적으로 충분한 가스를 공급할 수 있다.
　　　　　㉯ 공급가스의 조성이 일정하다.
　　　　　㉰ 기화량을 가감할 수 있다.
　　　　　㉱ 자연기화방식에 비해 장소가 절약된다.
　　　　　㉲ 설비비 및 인건비가 절감된다.

38 초저온 액화가스를 취급할 때 유의사항을 5가지만 쓰시오.

●해답 ① 액체의 급격한 증발에 의한 이상압력 상승
　　　　② 저온에 의해 생기는 물성의 변화
　　　　③ 화학적 원인에 의한 것
　　　　④ 동상
　　　　⑤ 질식에 의한 가스사고

39 아래의 설계조건에서 1일 피크(Peak) 시의 평균 가스 소비량(kg/hr)은 얼마인가?

> ① 호수 : 40호
> ② 호당 평균 가스 소비량 : 1.33kg/d
> ③ 피크 시의 평균 가스 소비율 : 23%

⊕해답 가스소비량= $1.33 \times 40 \times 0.23 = 12.24$ kg/h

⊕참고 피크 시의 평균 가스 소비량(kg/hr)
= 호당 평균 가스 소비량(kg/day) × 호수(호) × 피크 시의 평균 가스 소비율(%)

40 부피가 $50,000 l$ 인 액화산소 탱크의 저장능력은 얼마인가?(단, 액산의 비중은 1.14이다.)

⊕해답 탱크저장능력(W) $= 0.9 \times d \times V = 0.9 \times 1.14 \times 50,000 = 51,300$ kg(51.3ton)

41 LP가스 소비설비에서 공기로 희석하여 공급하는 목적 2가지를 쓰시오.

⊕해답 ① 발열량 조절
② 재액화 방지
③ 소요공기량 보충
④ 누설 시 가스 손실감소

42 LP가스설비의 완성검사 항목을 4가지만 쓰시오.

⊕해답 내압시험, 성능시험, 기밀시험, 가스치환

43 프로판과 부탄의 기화 종류를 쓰시오.

⊕해답 • 프로판 : 자연기화방식
• 부탄 : 강제기화방식

44 다음 그림은 LPG Lorry 차에서 LPG를 Loading하는 그림이다. 물음에 답하시오.

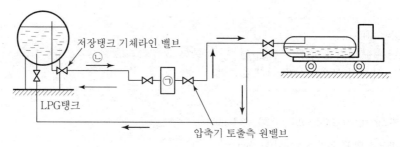

① ㉠의 명칭은?
② ㉡ Flow에서 화살표 방향으로 가는 LPG의 상은 액상인가, 기상인가?
③ ㉡ Flow에서 LPG 액상을 모두 Tank로 옮긴 뒤 Tank Lorry의 LPG 기상(Vapor)을 회수할 때 ㉠에서 조작 사용하는 밸브의 명칭은?

해답 ① 압축기
② 기상
③ 압축기 토출 측 원밸브

45 가연성 가스의 용기밸브를 급격히 열면 어떤 위험이 있는가?

해답 가연성 가스가 급격히 분출되므로 정전기의 발생에 의해 발화의 위험성이 있다.

46 공기를 압축하여 서지탱크에 저장하였다가 공압기계에 압축공기를 공급하려고 한다. 서지탱크의 온도는 25℃로 유지시키고, 압축기는 시간당 50,000kg/hr로 압축하며, 안전밸브 분출압력을 100kgf/cm²(계기압)으로 한다면, 서지탱크에 설치한 안전밸브의 분출 면적(cm²)은 얼마로 설계해야 하는가?

해답 안전밸브 분출면적$(a) = \dfrac{50,000}{230 \times (100 + 1.0332)\sqrt{\dfrac{29}{273 + 25}}} = 6.90 \text{cm}^2$

참고 $a = \dfrac{W}{230P\sqrt{\dfrac{M}{T}}}$

※ 공기분자량 : 29

47 허용 농도가 $5,000 ppm$이다. $3m \times 4m \times 3m$ 넓이의 거실에서 허용농도까지 도달하는 데 필요한 프로판 CO_2 질량을 구하시오. (공기 분자량 $= 29$)

➕해답 거실 체적 : $3 \times 4 \times 3 = 36 m^3$

이산화탄소량 : $36 m^3 \times \dfrac{5000}{1,000,000} = 0.18 m^3$

$C_3H_8 + 5O_2 \rightarrow 3CO_2 + 4H_2O,\ 44\ :\ 3 \times 44 = x\ :\ 0.18$

질량$(x) = 44 \times \dfrac{0.35357}{132} = 0.12 kgf$

➕참고 $1 ppm = \dfrac{1}{1,000,000}$

$22.4 m^3 = 44 kg$

$44 \times \dfrac{0.18}{22.4} = 0.35357 kgf$

CO_2 분자량 $44,\ 44 \times 3 kmol = 132 kgf$

48 아래 설비는 가정용 LPG 사용 시의 배관도이다. 아래 그림과 같이 시설하여 가스를 공급하기 전 공급 자로서 해야 할 기밀 시험의 순서를 6단계 범위로 설명하시오.

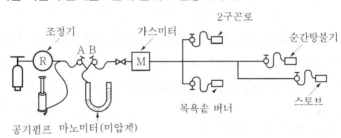

조정기　가스미터　2구곤로　순간탕불기　A B　R　M　공기펌프　마노미터(미압계)　목욕솥 버너　스토브

➕해답 ① 조정기의 출구에서 배관의 접속부분을 분리하여 배관측에 A, B콕을 갖는 삼방이음, 공기펌프 및 자기압력계를 부착한다.
② 각 연소기구에 달하는 배관 말단의 콕을 전부 닫는다.
③ 중간 콕을 연다.
④ 시험용 기구 또는 설비 부착상태의 기밀양부를 조사한다. A콕을 열고 B콕을 닫고, 공기펌프를 서서히 조작한다. 자기압력계 지침이 수주 840~1,000mm를 가리키도록 압력을 올린 후 A콕을 닫아서 자기압력계의 지침이 내려가는 것을 확인한다. 내려갈 경우는 부착에 불량이 있다.
⑤ 기밀시험의 실시 : A, B콕을 열고 공기펌프를 서서히 조작하여 배관계 전체에 압력을 걸어 자기압력계를 작동시킨다. 자기압력계의 지침이 수주 840~1,000mm의 압력이 되면 A콕을 닫는다. 이때까지의 상태에서 소정시간 이상 유지하여 자기압력계의 지침이 저해되지 않으면 기밀시험은 합격이다.
⑥ 다만 자기압력계의 지침이 저하했을 경우 누설부를 검지하여 보수하고 다시 전술한 방법으로 기밀시험을 행하여 합격이 될 수 있을 때까지 실시한다.

49 안지름 $0.2m$, 최고사용압력 $16kgf/cm^2$인 강철 용기의 동판 두께를 계산하시오.(단, 용기의 용접 효율은 0.8, 허용 인장 강도는 $8kgf/mm^2$, 부식여유는 $1mm$, 안전율은 4이다.)

➕해답 용기동판두께$(t) = \dfrac{16 \times 200}{\left(200 \times \dfrac{8}{4} \times 0.8\right) - (1.2 \times 16)} + 1 = 11.64mm$

➕참고 $t = \dfrac{P \cdot D}{D \cdot a \cdot \eta - 1.2P} + C$

50 수소용기의 재질로서 고탄소강을 사용하는데 그 이유를 간단히 설명하시오.

➕해답 저탄소강을 사용하면 메탄에 의한 탈탄현상과 수소취화를 일으켜 금속을 부식시키므로 이를 방지하기 위함

51 물펌프가 흡입관에서 공기를 흡입하면 어떤 현상이 일어나는지 2가지만 쓰시오.

➕해답 ① 펌프의 기능불량 초래
② 토출량이 감소하며 공기흡입이 심하면 토출불량 초래

52 연립주택 LP가스 저압배관(관지름 $30mm$) 길이 $100m$ 공사를 완성하여 기밀시험을 하기 위해 공기압을 $100cmH_2O$로 했다. 기밀시험 온도가 직사광선에 의해 $7℃$에서 $27℃$로 변할 때 배관 내 공기압력을 구하시오.(단, 배관의 누설은 없고 대기압은 $1,033.2cmH_2O$로 한다.)

➕해답 $\dfrac{PV}{T} = \dfrac{P'V'}{T'}$ 식에서 $V = V'$

절대압 $= 100cmH_2O$(게이지) $+ 1,033.2 = 1,133.2cmH_2O \cdot a$

$\dfrac{1,133.2}{(273+7)} = \dfrac{(x+1,033.2)}{(273+27)}$

공기압력$(x) = \dfrac{1,133.2 \times (273+27)}{(273+7)} - 1,033.2 = 180.94cmH_2O$

53 LP가스를 큰 용기로부터 작은 용기로 옮길 때 압력차를 $0.6kgf/cm^2$로 하여 충전하려면 작은 용기를 큰 용기보다 몇 m 높게 해야 하는가?(단, LP가스(액체상태)의 비중은 0.6임)

➕해답 $P = rh$에서 $\quad 0.6 \times 10^4 = 0.6 \times 1,000 \times x \quad x = \dfrac{0.6 \times 10^4}{0.6 \times 1000} = 10m$

➕참고 $[kg/m^2] = [kg/l] \times [l/^3] \times [m]$

54 지름 18mm의 강볼트로 고압플랜지를 조였더니 내압에 의한 한 개의 볼트에 작용되는 인장응력이 4,000kgf/cm²로 되었다. 만약 지름 10mm의 볼트를 같은 수로 사용하려면 한 개의 볼트에 작용하는 인장응력(kgf/cm²)은 얼마인가?(단, 조임력에 의한 초기 응력은 무시하는 것으로 한다.)

⊕해답 $0.785 \times 18^2 \times 4,000 = 0.785 \times 10^2 \times x$

인장응력$(x) = 12,960 \text{kg/cm}^2$

참고 $\dfrac{\pi}{4} = 0.785$

55 다음 시설은 액송펌프에 의한 충전작업 과정이다. ⓐ, ⓑ, ⓒ의 명칭을 쓰시오.

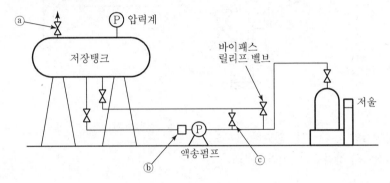

⊕해답 ⓐ 안전밸브   ⓑ 여과기(스트레이너)   ⓒ 바이패스 밸브

56 LP가스 기구에서 노즐 직경이 5mm, 노즐 직전의 가스압력이 25mm 수주일 때 LP가스의 분출량 Q를 구하시오.(단, LP가스 비중은 1로 한다.)

⊕해답 가스분출량$(Q) = 0.009 \text{D}^2 \sqrt{\dfrac{\text{h}}{\text{d}}} = 0.009 \times 5^2 \times \sqrt{\dfrac{25}{1}} = 1.13 \text{m}^3/\text{h}$

57 LP가스용 순간 온수기를 목욕탕 내에 설치하는 것은 부적합하다. 그 이유를 다음 항목에 따라 간단히 쓰시오.

① 인체에 대한 영향
② 기구에 대한 영향

⊕해답 ① 산소결핍 또는 일산화탄소의 중독사고
② 습기가 많이 차므로 기구 수명 단축

58 고압가스 용기나 탱크에 설치하는 과류방지 밸브의 사용 목적을 간단히 쓰시오.

> **해답** 액송펌프 앞에서 탱크나 용기에 과충전 시 그 과잉량을 다시 탱크로 보내어 과잉 충전을 방지하는 데 목적이 있음

59 다음 장치는 가장 많이 사용되고 있는 벤투리믹서의 구조이다. 물음에 답하시오.

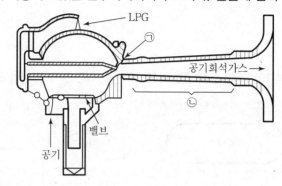

① ㉠, ㉡의 명칭을 쓰시오.
② 이 혼합기의 작동원리를 간단히 쓰시오.
③ 이 혼합기의 장점을 2가지만 쓰시오.

> **해답** ① ㉠ 노즐   ㉡ 벤투리
> ② 기화한 가스를 일정압력으로 노즐에서 분출시켜 노즐실 내를 감압하에 의해서 공기를 흡입하여 혼합하는 방식
> ③ ㉠ 동력원을 특별히 필요로 하지 않는다.
>   ㉡ 가스분출에너지의 조절에 의해서 공기의 혼합비를 자유로이 바꿀 수 있기 때문에 가장 많이 사용되고 있다.

60 도피밸브(릴리프 밸브)에 대해 간단히 설명하시오.

> **해답** 주로 펌프나 배관 내에서 유체의 압력상승을 방지하기 위해 설치한다. 일정한 압력 이상 상승하면 유체는 이 밸브를 통해 배출되어 저장 탱크나 펌프의 흡입 측으로 되돌려준다.

61 액화부탄을 기화기로 기화시킬 때의 장점을 3가지만 쓰시오.

> **해답** ① 한랭 시에도 충분히 공급 가능
> ② 설비비 및 인건비가 절약된다.
> ③ 설치면적이 적게 든다.
> ④ 가스 조정이 일정하다.

62 LPG 사용 안전장치 작동법에 대한 다음 (   ) 안에 적당한 용어(숫자)를 채우시오.

① 과류 작동 시 안전장치

작동압력＝(㉠)[kg/cm²] ± (㉡)[kg/cm²]

② 과압작동식 안전장치

작동압력＝(㉠)[mmH₂O] ± (㉡)[mmH₂O]

해답 ① ㉠ 1.5   ㉡ 0.2
② ㉠ 1,500   ㉡ 300

63 순간 온수기(능력 2호)를 사용해서 15℃의 물 10*l*를 90℃의 물로 바꾸려면 몇 분이나 소요되는가? (단, 능력 2호라 함은 1분에 2*l*의 물을 25℃ 상승시키는 능력을 가진 온수기이다.)

해답 소요시간(분)＝$\dfrac{10 \times (90-15)}{2 \times 25}$＝15분

64 액송펌프를 이용한 LP가스 충전방법의 단점을 2가지만 쓰시오.

해답 ① 베이퍼록 현상이 생긴다.   ② 충전시간이 길다.

65 연소기 능력이 0.4kgf/h인 것을 하루에 5시간씩 쓰는 것이 10대가 있다. 용기 최저 보유수를 구하라.(단, 교체 주기는 용기 잔여가스가 15%일 때 조정기 능력 0.85kg/h)

해답 용기 최저 보유수＝$\dfrac{0.4 \times 10}{0.85}$＝5개

66 다음의 LP가스 이용 도시가스 직접혼입방식공급 계통도를 완성하시오.(①, ②, ③, ④, ⑤만)

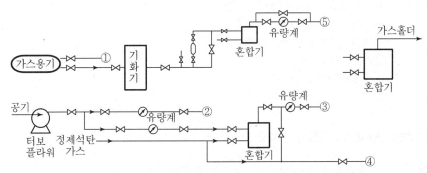

[직접 혼입방식에 의한 공급계열]

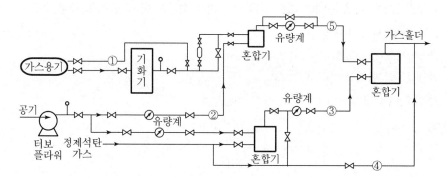

67 액화프로판 및 부탄의 ① 기화방식의 차이점을 쓰고, ② 기화기 사용 시 이점에 대하여 4가지만 쓰시오.

해답 ① 프로판 : 자연기화방식, 부탄 : 강제기화방식
② ㉠ 한랭 시 충분히 기화된다.
　 ㉡ 소비량이 많은 경우라도 연속적으로 공급이 가능하다.
　 ㉢ 공급가스 조성이 일정하다.
　 ㉣ 필요한 설비 면적이 작게 하여도 된다.
　 ㉤ 설비비, 인건비가 절감된다.

68 발열량 24,000kcal/m³의 프로판가스를 폭발한계 직전까지 공기로 희석할 때 다음 물음에 답하시오. (폭발 범위는 2.2~9.5%이다.)
① 공기 희석프로판가스의 발열량은 몇 kcal/m³인가?
② 가스에 공기 희석 목적을 4가지 쓰시오.
③ 프로판가스의 완전연소 반응식을 쓰시오.

해답 ① $24,000\text{kcal/m}^3 \times 0.095 = 2,280\text{kcal/m}^3$
② ㉠ 연소 시 소요 산소량(공기량)의 보충
　 ㉡ 재 액화 방지
　 ㉢ 누설 시 가스의 손실이나 체류방지
　 ㉣ 발열량의 조절
③ $C_3H_8 + 5O_2 \rightarrow 3CO_2 + 4H_2O$

69 자연기화방식의 특징 3가지를 쓰시오.

해답 ① 용기 수량이 많이 필요하다.　　② 발열량의 변화가 크다.
③ 가스의 조성 변화가 크다.　　④ 기화능력에 한계가 있어 소량 소비 시에 용이하다.

70 액화석유가스의 저장설비 · 가스설비실 및 충전용기 보관실 등에 설치한 강제통풍 장치의 설치 기준을 3가지 쓰시오.

➕해답 ① 통풍 능력이 바닥면적 $1m^2$마다 $0.5m^3$/분 이상일 것
② 흡입구는 바닥면 가까이에 설치할 것
③ 배기가스 방출구는 지면에서 5m 이상의 높이에 설치할 것

71 도서관 구내식당에서 0.32kgf/h의 가스를 연소시키는 데 버너를 10대 설치하여 1일 평균 5시간씩 사용하고 있을 때 다음 물음에 답하시오.(단, 사용할 때 최저온도는 $-5℃$로 하고 용기는 50kg 용기이며 잔액이 20%일 때 교환하고 버너는 모두 단속적으로 사용한다.)

① 이때 필요한 용기의 최소 수는?
② 용기는 며칠 만에 교환하면 되겠는가?

➕해답 ① 1시간당 사용량 $= 0.32 \times 10 = 3.2$kgf/h
사용 가능한 가스량 $= 50 \times 0.8 = 40$kg
∴ 50kg 용기 1개 사용

② 교환 주기일수 $= \dfrac{50 \times 0.8}{0.32 \times 10 \times 5} = 2.5$ ∴ 2일

72 열효율 90%인 연소기구를 사용하여 $30℃$의 물 1톤을 $100℃$까지 가열하려면 프로판 가스는 몇 kg이 필요하겠는가?(단, 프로판 가스의 발열량은 12,000kcal/kg이다.)

➕해답 가스소비량 $= \dfrac{1,000\text{kg} \times (100-30)℃ \times 1\text{kcal/kg} \cdot ℃}{12,000\text{kcal/kg} \times 0.9} = 6.48$kg

73 공기액화 분리장치의 정류탑에서 질소와 산소가 분리될 수 있는 이유는 무엇 때문인가?

➕해답 가스의 비등점 차가 있기 때문이다.

74 가스미터 선정 시 주의사항 3가지를 쓰시오.

➕해답 ① 용량에 여유가 있을 것
② 계량법에서 정한 유효기간에 충분히 만족할 것
③ 액화가스 계량도 가능할 것

75 LPG가스의 불완전 연소의 원인 4가지를 쓰시오.

> **해답** ① 공기공급량 부족
> ② 프레임의 냉각
> ③ 환기 불충분
> ④ 가스와 연소기구가 맞지 않을 때

76 LP가스의 제조방법을 3가지만 쓰시오.

> **해답** ① 정유공장에서 증류로 얻는 방법
> ② 분해가스로 얻는 방법
> ③ 정유공장에서 개질가스로 얻는 방법

77 C_2H_4O(산화에틸렌)이 다음과 같은 반응식에서 공기와 혼합 시 완전연소하는 농도는 몇 %인가?(단, 반응식은 $C_2H_4O + 2.5O_2 \rightarrow 2CO_2 + 2H_2O$이다.)

> **해답** 이론공기량 $= 2.5 \times \dfrac{1}{0.21} = 11.90\,\mathrm{Nm^3/Nm^3}$
>
> $\therefore$ 산소농도(%) $= \dfrac{1}{(11.9+1)} \times 100 = 7.75\%$

78 아래의 설계조건에서 1일 가장 많이 사용하는 피크(Peak) 시의 평균 가스소비량(kg/hr)은 얼마인가?

① 사용호수 : 40호
② 호당 평균 가스소비량 : 1.33kg/d(LPG)
③ 피크 시의 평균 가스소비율 : 23%

> **해답** 가스소비량 $= 1.33 \times 40 \times \dfrac{23}{100} = 12.236\mathrm{kg/h}$

79 LP가스 공급강제기화방식(부탄) 중 공기혼합가스공급방식의 다음의 배관도를 보고 안전밸브, 드레인밸브, 압력계, 펌프를 적당한 곳에 그려 넣으시오.

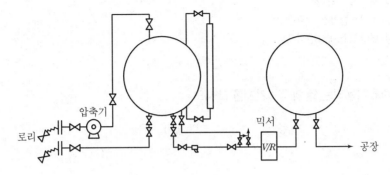

 해답

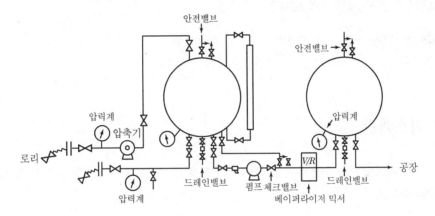

80 프로판과 부탄가스의 기화방식은 어떤 기화방식이 유리한가?

해답 ① 프로판 : 자연기화방식
② 부탄 : 강제기화방식(비점이 높아서)

81 가스의 강제기화 방식의 장점 3가지를 쓰시오.

해답 ① 한랭 시에도 연속공급이 가능하다.
② 공급가스의 조성이 일정하다.
③ 기화량을 가감할 수 있다.
④ 자연기화방식에 비해 설치장소가 작아도 된다.
⑤ 설비비나 인건비가 절약된다.

82 LP 가스의 강제기화에서 공급방식 3가지를 쓰시오.

➕해답 ① 생가스 공급방식
② 공기혼합가스 공급방식
③ 변성가스 공급방식

83 기화장치에 사용되는 열 매체 3가지를 쓰시오.

➕해답 ① 온수　　　② 증기　　　③ 공기

84 기화장치의 3대 구성요소를 쓰시오.

➕해답 ① 기화부　　　② 제어부　　　③ 조압부

02 가스배관

01 LP가스를 사용할 중앙 집중 배관공사에서 안전한 배관 시공을 위해 고려해야 할 사항을 2가지만 간단히 기입하시오.

➕해답 ① 배관 내의 압력손실
② 가스 소비량의 결정
③ 배관경로 및 관경의 결정

02 저압 설비, 배관 설계 시 유의점을 4가지 쓰시오.

➕해답 ① 배관 내의 압력손실
② 가스 소비량의 결정(유량)
③ 용기의 크기 및 필요 본수의 결정
④ 감압방식의 결정 및 조정기의 선정
⑤ 배관 경로 및 관경의 결정

03 도시가스 배관은 내부에 흐르는 가스 압력의 고저에 따라 다음과 같이 분류한다. 각 압력값(①~③)을 기입하시오.

압력종류	압력범위(MPa)
저압배관	①
중압배관	②
고압배관	③

➕해답 ① 0.1MPa 미만　② 0.1MPa 이상, 1MPa 미만　③ 1MPa 이상

04 가스배관의 크기를 결정하는 4가지 요소를 쓰시오.

➕해답 ① 관길이　② 압력손실　③ 유량　④ 가스비중

05 배관 내 압력손실의 요인 3가지를 쓰시오.

➕해답 ① 배관 입상에 의한 손실
② 마찰 저항에 의한 손실
③ 밸브, 플랜지 등의 계수에 의한 손실

06 다음 항목을 배관도시기호로 나타내시오.

① 밸브 　　　　　　　② 앵글밸브
③ 압력조절용 밸브 　　④ 접촉되지 않고 교차된 파이프
⑤ T자로 접촉된 파이프

➕해답 ① ② ③ ④ ─┼─ ⑤ ─┬─

07 중압배관의 유량 계산식 $Q = K\sqrt{\dfrac{D^5(P_1^2 - P_2^2)}{SL}}$ 에서 Q, K, D, S, L, P_1, P_2 각각의 기호가 뜻하는 것은 무엇인지 쓰시오.

➕해답 Q : 가스 유량(m^3/hr)　　K : 유량 계수
D : 관(파이프) 내경(cm)　S : 가스의 비중
L : 관 길이(m)　　　　　P_1 : 초압(kg/cm^2 절대)
P_2 : 종압(kg/cm^2 절대)

08 저압배관 설치 시 가스유량 계산식을 쓰고 그 기호를 설명하시오.

해답 $Q = K\sqrt{\dfrac{D^5 \cdot H}{S \cdot L}}$

여기서, Q : 가스 유량(m^3/hr)　　K : 정수
　　　　S : 가스의 비중　　　　D : 내경
　　　　H : 허용 손실 압력(수주 mm)

09 관 재료의 구비조건을 5가지 쓰시오.

해답 ① 관 내의 가스 유통이 원활한 것일 것
　　　② 내부의 가스압과 외부로부터 하중 및 충격하중 등에 견디는 강도를 가질 것
　　　③ 토양, 지하수 등에 대하여 내식성을 가지는 것일 것
　　　④ 관의 접합이 용이하고 가스의 누설을 방지할 수 있는 것일 것
　　　⑤ 절단 가공이 용이할 것

10 배관의 모든 조건이 같을 때 직경을 2배로 하면 유량은 몇 배가 되는가?

해답 4배(직경을 2배로 하면 단면적은 4배가 되므로 유량이 4배로 된다.)

11 다음 배관길이, 관의 크기에 대한 표를 보고 물음에 답하시오.

배관 길이 (m)	관속의 허용 압력 손실(mmH₂O)																				
3	0.3	0.5	0.8	1.0	1.3	1.5	1.8	2.0	2.3	2.5	3.0	3.5	4.0	4.5	5.0	6.0	7.0	8.0	10.0	12.0	14.0	16.0
5	0.5	0.9	1.3	1.7	2.2	2.5	3.0	3.4	3.8	4.2	5.0	5.9	6.7	7.5	8.4	10.0	11.7	13.4	16.7	20.0	23.4	26.7
7.5	0.7	1.3	1.9	2.5	3.2	3.8	4.4	5.0	5.7	6.3	7.5	8.8	10.0	11.3	12.5	15.0	17.5	20.0	25.0	30.0		
10	0.9	1.7	2.5	3.4	4.2	5.0	5.9	6.7	7.5	8.4	10.0	11.7	13.5	15.0	16.7	20.0	23.4	26.7				
12.5	1.1	2.1	3.2	4.2	5.3	6.3	7.4	8.4	8.5	10.5	12.5	14.6	16.7	18.8	20.9	25.0	29.2					
15	1.3	2.5	3.8	5.0	6.3	7.5	8.8	10.0	11.3	12.6	15.0	17.5	20.0	22.5	25.0	30.0						
17.5	1.5	3.0	4.4	5.9	7.4	8.8	10.3	11.8	13.3	14.7	17.5	20.5	23.4	26.3	29.2							
20	1.7	3.3	5.0	6.7	8.4	10.0	11.7	13.4	15.0	16.7	20.0	23.5	26.7	28.0								
22.5	1.9	3.8	5.7	7.5	9.5	11.3	13.2	15.0	16.9	20.8	22.5	26.3	30.0									
25	2.1	4.2	6.3	8.4	10.5	12.5	14.6	16.8	18.8	20.9	25.0	29.2										
27.5	2.3	4.6	6.9	9.2	11.5	13.8	16.1	18.4	20.7	23.0	27.5											
30	2.5	5.0	7.5	10.0	12.5	15.0	17.5	20.0	22.5	25.0	30.0											

관 크기	프로판 가스 유량(kg/h)																				
3/8B	0.60	1.85	1.04	1.20	1.34	1.47	1.58	1.70	1.80	1.90	2.08	2.26	2.40	2.54	2.68	2.94	3.18	3.40	3.80	4.15	4.50	4.80
1/2B	1.08	1.54	1.88	2.16	2.43	2.66	2.87	3.08	3.26	3.43	3.76	4.00	4.35	4.61	4.84	5.32	5.75	6.16	6.88	7.52	8.14	8.69
3/4B	2.26	3.20	3.92	4.52	5.06	5.55	5.99	6.40	6.79	7.16	7.84	8.52	9.08	9.61	10.1	11.1	12.0	12.8	14.3	15.6	16.9	18.1
1B	4.18	5.91	7.24	8.36	9.34	10.2	11.0	11.8	12.5	13.2	14.5	15.7	16.7	17.7	18.6	20.4	22.1	23.7	26.4	29.0	31.3	33.4
1 1/4B	7.96	11.2	13.7	15.9	17.8	19.4	21.0	22.5	23.8	25.1	27.4	29.9	31.9	33.7	35.6	38.8	42.1	45.1	50.3	54.8	59.6	63.6
1 1/2B	11.6	16.5	20.2	23.2	26.0	28.4	30.8	33.0	34.9	36.8	40.4	43.8	46.9	49.4	52.0	56.8	61.7	66.1	73.8	80.8	87.4	93.3
2B	21.2	30.1	36.8	42.4	47.5	52.0	56.2	60.2	63.8	67.2	73.6	80.0	85.2	90.2	96.0	104	102	120	134	147	159	170
3B	57.4	81.2	99.4	114	128	140	151	162	174	181	198	216	230	243	256	280	304	325	363	396	430	459

① LP가스의 소비 설비가 저압 배관으로 되어 있다. 길이 29m, 관치수 3/4B이고, 허용 압력 강하가 수주 15mm를 넘지 않는 범위로 흘려보낼 수 있는 LP가스의 유량은 몇 kgf/h가 되는가?

② 길이 30m, 관 치수 2B의 배관이 있다. 압력 강하 수주 15mm 이내로 가스를 소비할 때 가스 유량은 최대 몇 kg/h까지 통과시킬 수 있는가?

③ 압력 강하 수주 15mm, 최대 가스 유량 10kg/h, 관 치수 1B로 하면 연소기구의 설치는 최대 몇 m 떨어진 곳에 할 수 있는가?

⊕해답 ① 5.55kgf/h(관 길이가 29m이므로 27.5m와 30m의 사이에서 압력 강하는 30m에서 결정된다. 다음 3/4B의 유량과 압력 손실 15mm 이내인 곳이 마주치는 점의 유량을 구하면 5.55kgf/h가 된다.)

② 52kgf/h(상기와 같은 방법으로 표에서 구하면 52kgf/h가 된다.)

③ 30m(1B관에서 유량이 10kgf/h에 가까운 것은 9.34와 10.2 두 가지이다. 이때 최대 유량을 넘을 수 있으므로 10.2를 택해 압력 손실 15mm와 가까운 것을 찾으면 30m가 된다.)

12 다음 밸브의 종류에 대한 명칭을 쓰시오.

①   ②

⊕해답 ① 글로브 밸브(Glove Valve, 옥형밸브)
② 스프링식 안전밸브

13 LP가스를 사용할 중앙 집중 배관 공사에서 안전한 배관 시공을 위해 고려할 사항을 5가지만 간단히 기입하시오.

⊕해답 ① 배관 내의 압력 손실
② 배관 경로 및 관 지름의 결정
③ 가스 소비량의 결정
④ 용기의 크기 및 필요한 용기 수의 결정
⑤ 감압 방식의 결정 및 조정기의 선정

14 산소가스를 이송하는 배관에서 연소사고가 일어나는 경우가 있다. 그 원인이라고 생각되는 사항을 4가지만 기술하시오.

⊕해답 ① 산소가스 기류 중에 녹, 용접슬래그, 건조제의 분말 등의 혼합
② 배관 중 이물질(유지, 녹) 등의 혼입
③ 밸브의 급격한 개폐
④ 산소가스 중 수분의 혼입

15 100m 배관에서 온도차가 60℃일 때 신축량이 30mm였다. 그렇다면 신축이음은 몇 개가 필요한가? (단, 신축이음계수는 1.2×10^{-5}이다.)

> **해답** 신축량 $\Delta l = l \cdot \varepsilon \cdot \Delta t$
> $$= 100,000 \times (1.2 \times 10^{-5}) \times 60$$
> $$= 72\text{mm}$$
>
> $\therefore$ 신축이음 개수$= \dfrac{72}{30} = 2.4$개 $\therefore$ 3개

16 다음 배관도시기호 중 기구의 기호 명칭을 쓰시오.

①   ②   ③

> **해답** ① 회전펌프 또는 압축기
> ② 증발기
> ③ 원심분리기

17 고압장치 배관설계에 있어서 관경의 결정에 필요한 요소로 중요한 것을 4가지만 쓰시오.

> **해답** ① 허용압력손실   ② 가스소비량
> ③ 가스비중   ④ 배관길이

18 동력용 나사절삭기 종류를 2가지만 쓰시오.

> **해답** ① 오스터형
> ② 호브형
> ③ 다이헤드형(절삭, 절단, 거스러미 제거 가능)

19 배관계의 응력 요인이 될 수 있는 것을 3가지만 쓰시오.

> **해답** ① 열 팽창에 의한 응력
> ② 내압에 의한 응력
> ③ 냉간 가공에 의한 응력
> ④ 용접에 의한 응력
> ⑤ 배관재료, 보온재 및 배관 내 유체 중량에 의한 응력
> ⑥ 배관 부속물인 밸브 · 플랜지 등의 중량에 의한 응력

20 매설가스 도관의 부식 원인으로는 자연부식과 전식(전기방식)이 있다. 그 방지법을 각각 3가지씩 쓰시오.

> **⊕해답** ① 자연부식
>   ⊙ 부식환경을 처리하는 방법
>   ⓛ 부식억제제(인히비터)에 의한 방법
>   ⓒ 피복에 의한 방법
> ② 전기방식법
>   ⊙ 유전 양극법
>   ⓛ 선택 배류법
>   ⓒ 강제 배류법

21 배관계 진동요인을 5가지 쓰시오.

> **⊕해답** ① 펌프 · 압축기 등의 구동에 의한 진동
> ② 파이프 내 유체의 압력 변화에 의한 진동
> ③ 파이프의 굽힘에 의해 생긴 힘의 영향에 의한 진동
> ④ 안전밸브 분출에 의한 진동
> ⑤ 바람 · 지진 등에 의한 진동

22 고압가스 설비와 배관의 내압시험에 관해 다음 물음에 답하시오.
① 내압시험은 원칙적으로 어떤 유체를 이용하여 압력을 측정하는가?
② 내압시험은 상용 압력의 몇 배 이상으로 하는가?
③ 내압시험의 유지시간은 얼마 정도인가?

> **⊕해답** ① 물   ② 1.5배   ③ 5~20분

23 내경 10cm의 파이프를 플랜지로 접속하였다. 이 파이프 내에 40kg/cm²의 압력이 걸렸을 때 볼트 1개에 걸리는 힘을 300kg 이하로 하고자 한다. 볼트는 최소한 몇 개가 필요한가?

> **⊕해답** $P = \dfrac{W}{A}$
>
> $W = P \times \dfrac{\pi}{4}D^2 = 40 \times \dfrac{\pi}{4} \times 10^2 = 3,140 \text{kg}$
>
> $\therefore$ 볼트 개수 $= \dfrac{3,140}{300} = 10.46 \fallingdotseq 11$개

24 배관공사 시 대표적인 관의 연결방식 4가지를 쓰고 간단히 설명하시오.

해답 ① 나사이음 : 배관 외경과 이음쇠 내부에 나사를 내어 결합한다.
② 용접이음 : 배관 양단에 맞대고 용접하여 결합한다.
③ 납땜이음 : 배관 양단을 납땜으로 결합한다.
④ 플랜지이음 : 배관 양단에 플랜지를 만들어 붙인 후 개스킷을 사이에 두고 양 플랜지를 볼트 등으로 체결하여 결합한다.

25 고압장치 배관 설계에 있어서 관경의 결정에 필요한 중요한 요소 4가지를 쓰시오.

해답 ① 가스 소비량
② 가스 비중
③ 허용 압력손실
④ 배관의 길이 및 부속품 수와 형태

26 다음 도시 기호의 명칭을 쓰시오.

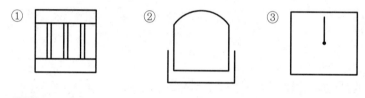

해답 ① 열교환기　② 가스탱크　③ 전기 집진기

27 열응력을 방지할 수 있는 배관이음 방법을 4가지 쓰시오.

해답 ① 루프 이음(신축곡관)
② 벨로스 이음(파형 이음 또는 팩레스 이음)
③ 슬리브 이음(미끄럼 이음)
④ 스위블 이음

28 그림과 같은 LP가스 저압배관이 있다. 이 배관에 저압의 LP가스를 공급할 때 AC 간의 압력손실은 몇 mmAq인지 아래 LP가스 저압배관 조건표를 이용하여 계산하시오.
(단, ① 배관의 입상에 의한 압력손실은 배관길이 1m당 수주 1mm로 한다.
② 배관 중 이음(계수)에 의한 손실은 무시한다.
③ 가스배관 중 밸브에 의한 압력손실은 동일 지름의 길이 2.5m에 상당한다.)

구간	배관길이(m)	배관지름	유량(kg/hr)
AB	19.5	$\frac{1}{2}$B	2
BC	25	$\frac{1}{2}$B	1.5

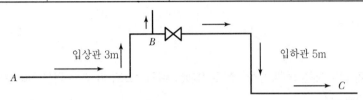

[LP가스의 저압배관 조건표]

배관 길이 (m)	배관 중의 압력손실(수주 mm)																					
3	0.3	0.5	0.8	1.0	1.3	1.5	1.8	2.0	2.3	2.5	3.0	3.5	4.0	4.5	5.0	6.0	7.0	8.0	10.0	12.0	14.0	16.0
4	0.4	0.7	1.1	1.3	1.7	2.0	2.4	2.7	3.1	3.3	4.0	4.7	5.3	6.0	6.7	8.0	9.3	10.7	13.3	16.0	18.7	21.3
5	0.5	0.8	1.3	1.7	2.2	2.5	3.0	3.3	3.8	4.2	5.0	5.8	6.7	7.5	8.3	10.0	11.7	13.3	16.7	20.0	23.3	26.9
6	0.6	1.0	1.6	2.0	2.6	3.0	3.6	4.0	4.6	5.0	6.0	7.0	8.0	9.0	10.0	12.0	14.0	16.0	20.0	24.0	28.0	
7	0.7	1.2	1.9	2.3	3.0	3.5	4.2	4.7	5.4	5.8	7.0	8.2	9.3	10.5	11.7	14.0	16.3	18.7	23.3	28.0		
8	0.8	1.3	2.1	2.7	3.5	3.9	4.8	5.3	6.1	6.7	8.0	9.3	10.7	12.0	13.3	16.0	18.7	21.3	26.7			
9	0.9	1.5	2.4	3.0	3.9	4.5	5.4	6.0	6.9	7.5	9.0	10.5	12.0	13.5	15.0	18.0	21.3	24.0	30.0			
10	1.0	1.7	2.7	3.3	4.3	5.0	6.0	6.7	7.7	8.3	10.0	11.7	13.3	15.0	16.7	20.0	24.0	26.7				
12.5	1.25	2.1	3.3	4.2	5.4	6.2	7.5	8.3	9.6	10.4	12.5	14.6	16.7	18.7	20.8	25.0	26.7					
15	1.5	2.5	4.0	5.0	6.5	1.5	9.0	10.0	11.5	12.5	15.0	17.5	20.0	22.5	25.0	30.0						
17.5	1.75	2.9	4.7	5.8	7.6	8.7	10.5	11.7	13.4	14.6	17.5	20.4	23.3	26.2	29.2							
20	2.0	3.3	5.3	6.7	8.7	10.3	12.0	13.3	15.3	16.7	20.0	23.3	26.7	30.0								
22.5	2.25	3.8	6.0	7.5	9.8	11.3	13.5	15.0	17.3	18.8	22.5	26.3	30.0									
25	2.5	4.2	6.7	8.3	10.8	12.5	15.0	16.7	19.2	20.8	25.0	29.2										
27.5	2.75	4.6	7.3	9.2	11.9	13.7	16.5	18.3	21.1	22.9	27.5											
30	3.0	5.0	8.0	10.0	13.0	15.0	18.0	20.0	23.0	25.0	30.0											

관치수	가스 유량(kg/h)																					
$\phi 8$	0.05	0.07	0.08	0.09	0.10	0.11	0.12	0.13	0.14	0.15	0.16	0.17	0.18	0.20	0.21	0.23	0.24	0.26	0.29	0.32	0.34	0.37
$\phi 10$	0.11	0.14	0.18	0.20	0.23	0.25	0.27	0.29	0.31	0.32	0.35	0.32	0.41	0.53	0.46	0.50	0.54	0.58	0.65	0.71	0.76	0.82
3/8B	0.37	0.48	0.61	0.68	0.77	0.83	0.91	0.96	1.03	1.07	1.17	1.27	1.36	1.44	0.52	1.66	1.79	1.92	2.14	2.35	2.54	2.71
1/2B	0.73	0.96	1.20	1.34	1.53	1.64	1.80	1.90	2.03	2.12	2.32	2.51	2.68	2.84	3.00	3.28	3.55	3.79	4.24	4.64	5.02	5.36
3/4B	1.70	2.19	2.77	3.10	3.53	3.79	4.16	4.38	4.70	4.90	5.37	5.80	6.20	6.57	6.93	7.59	8.20	8.76	9.80	10.7	11.6	12.4
1B	3.39	4.37	5.53	6.18	7.05	7.57	8.30	8.75	9.38	9.78	10.7	11.6	12.4	13.1	13.8	15.1	16.4	17.5	19.6	21.4	23.1	24.7
1 1/4B	6.94	8.97	11.3	12.7	14.5	15.5	17.0	17.9	19.2	20.0	22.0	23.7	25.4	26.9	28.4	31.1	33.5	35.9	40.1	43.9	47.4	50.7
1 1/2B	10.6	13.7	17.7	19.4	22.1	23.7	26.0	27.4	29.4	30.6	33.5	36.2	38.7	41.1	43.3	47.4	51.2	54.7	61.2	67.0	72.4	77.4

해답 ① AB 사이의 압력손실을 표에서 구하면

19.5m → 15.3mm(20)

$\frac{1}{2}$B → 2kg/h(2.03)

② BC 사이는 $l = 25 + 2.5 = 27.5$m 이므로

27.5m → 11.9mm

$\frac{1}{2}$B → 1.5kg/h(1.53)

③ LP가스 입하관은 $5 - 3 = 2$mm 상승된다.

∴ 종합 압력손실 $= 15.3 + 11.9 - 2 = 25.2$mm

29 안지름 40cm의 파이프를 플랜지에 접속하였다. 이 파이프 내의 압력을 40kg/cm²로 하였을 때 볼트 1개에 걸리는 힘을 400kg 이하로 하고 싶다면 볼트 수는 최소한 몇 개가 필요한가?

❋해답 볼트 개수 = $\dfrac{40 \times \dfrac{3.14}{4} \times (40)^2}{400}$ = 125.6

∴ 126개

30 아래 그림과 같이 배관 중에 가스측정 유량계를 설치하고자 할 경우 점선 안에는 어떤 부품장치가 들어가야 하겠는가?

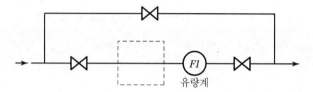

❋해답 여과기

31 매설 배관에서 ① 전식의 용어 정의와 ② 그 방지법을 3가지 쓰시오.

❋해답 ① 전해질(흙) 속에 어떠한 이유로 전류가 흐르고 있을 때 전해질 속의 금속에 전류의 일부가 유입하여 이것이 유출하는 부위에서 일어나는 부식
② ㉠ 유전(희생양극)법
㉡ 외부 전원법
㉢ 배류법(선택 배류법과 강제 배류법)

32 밸브의 누설종류 2가지를 쓰고 이를 설명하시오.

❋해답 ① 패킹 누설 : 핸들을 완전히 개방하고 충전구를 막은 상태에서 그랜드 너트와 스핀들 사이로 누설하는 것
② 시트 누설 : 핸들을 완전히 잠근 상태에서 시트로부터 충전구로 누설하는 것

33 배관길이 120m의 교량에 내경 200mm(20cm)의 가스도관을 설치하려 할 때 벨로스형 신축이음매를 사용해서 온도변화에 의한 신축을 흡수하기로 하였다. 이때 양단의 고정점에 가해지는 힘은 얼마인지 구하시오.(단, 중간지지구 등에 의한 영향은 고려하지 않는다.)

- 가스압력 : 1.5kgf/cm^2
- 이음매의 스프링정수 : 15kg/mm
- 온도변화의 차 : 30℃
- 가스도관의 열팽창계수 : 1.2×10^{-5}/℃

⊕해답 ① 내압에 의한 추력

$$F_1 = \frac{\pi}{4} \times D^2 \times P = \frac{3.14 \times (20)^2}{4} \times 1.5 = 471 \text{kg}$$

② 신축 이음쇠 스프링의 힘

$$F_2 = \frac{F_1 a}{n} \times \Delta l = \frac{F_1 a}{n} = 15 \text{kg/mm}$$

$$120 \times 1.2 \times 10^{-5} \times 30 = 0.0432\text{m} = 43.2\text{mm}$$

$$F_1 = 15 \times 43.2 = 648 \text{kg}$$

그러므로 고정 끝에 가해지는 힘은,

$$\therefore \ F = F_1 + F_2 = 471 + 648 = 1,119 \text{kg}$$

34 신축관의 설치에 있어서 주의할 점을 3가지만 쓰시오.

⊕해답 ① 배관의 온도변화에 의한 신축량을 십분 흡수할 수 있는 신축이음계수를 계산한다.
② 신축이음의 부착간격을 똑같게 하고 그 흡수량이 균등히 되도록 각 구간마다 관체를 견고히 지지하는 조치를 강구한다.
③ 부착 후의 유지관리상, 신축량의 측정ㆍ점검과 보수하기 쉬운 설치장소, 발판 등을 설치 및 고려하여야 한다.

35 다음 LP가스 저압배관 조건표를 이용해 다음 물음에 답하시오.

[LP가스의 저압배관 조건표]

배관 길이 (m)	배관 중의 압력손실(수주 mm)																					
3	0.3	0.5	0.8	1.0	1.3	1.5	1.8	2.0	2.3	2.5	3.0	3.5	4.0	4.5	5.0	6.0	7.0	8.0	10.0	12.0	14.0	16.0
4	0.4	0.7	1.1	1.3	1.7	2.0	2.4	2.7	3.1	3.3	4.0	4.7	5.3	6.0	6.7	8.0	9.3	10.7	13.3	16.0	18.7	21.3
5	0.5	0.8	1.3	1.7	2.2	2.5	3.0	3.3	3.8	4.2	5.0	5.8	6.7	7.5	8.3	10.0	11.7	13.3	16.7	20.0	23.3	26.9
6	0.6	1.0	1.6	2.0	2.6	3.0	3.6	4.0	4.6	5.0	6.0	7.0	8.0	9.0	10.0	12.0	14.0	16.0	20.0	24.0	28.0	
7	0.7	1.2	1.9	2.3	3.0	3.5	4.2	4.7	5.4	5.8	7.0	8.2	9.3	10.5	11.7	14.0	16.3	18.7	23.3	28.0		
8	0.8	1.3	2.1	2.7	3.5	3.9	4.8	5.3	6.1	6.7	8.0	9.3	10.7	12.0	13.3	16.0	18.7	21.3	26.7			
9	0.9	1.5	2.4	3.0	3.9	4.5	5.4	6.0	6.9	7.5	9.0	10.5	12.0	13.5	15.0	18.0	21.3	24.0	30.0			
10	1.0	1.7	2.7	3.3	4.3	5.0	6.0	6.7	7.7	8.3	10.0	11.7	13.3	15.0	16.7	20.0	24.0	26.7				
12.5	1.25	2.1	3.3	4.2	5.4	6.2	7.5	8.3	9.6	10.4	12.5	14.6	16.7	18.7	20.8	25.0	26.7					
15	1.5	2.5	4.0	5.0	6.5	1.5	9.0	10.0	11.5	12.5	15.0	17.5	20.0	22.5	25.0	30.0						
17.5	1.75	2.9	4.7	5.8	7.6	8.7	10.5	11.7	13.4	14.6	17.5	20.4	23.3	26.2	29.2							
20	2.0	3.3	5.3	6.7	8.7	10.3	12.0	13.3	15.3	16.7	20.0	23.3	26.7	30.0								
22.5	2.25	3.8	6.0	7.5	9.8	11.3	13.5	15.0	17.3	18.8	22.5	26.3	30.0									
25	2.5	4.2	6.7	8.3	10.8	12.5	15.0	16.7	19.2	20.8	25.0	29.2										
27.5	2.75	4.6	7.3	9.2	11.9	13.7	16.5	18.3	21.1	22.9	27.5											
30	3.0	5.0	8.0	10.0	13.0	15.0	18.0	20.0	23.0	25.0	30.0											

관치수	가스 유량(kg/h)																					
$\phi 8$	0.05	0.07	0.08	0.09	0.10	0.11	0.12	0.13	0.14	0.15	0.16	0.17	0.18	0.20	0.21	0.23	0.24	0.26	0.29	0.32	0.34	0.37
$\phi 10$	0.11	0.14	0.18	0.20	0.23	0.25	0.27	0.29	0.31	0.32	0.35	0.32	0.41	0.53	0.46	0.50	0.54	0.58	0.65	0.71	0.76	0.82
3/8B	0.37	0.48	0.61	0.68	0.77	0.83	0.91	0.96	1.03	1.07	1.17	1.27	1.36	1.44	0.52	1.66	1.79	1.92	2.14	2.35	2.54	2.71
1/2B	0.73	0.96	1.20	1.34	1.53	1.64	1.80	1.90	2.03	2.12	2.32	2.51	2.68	2.84	3.00	3.28	3.55	3.79	4.24	4.64	5.02	5.36
3/4B	1.70	2.19	2.77	3.10	3.53	3.79	4.16	4.38	4.70	4.90	5.37	5.80	6.20	6.57	6.93	7.59	8.20	8.76	9.80	10.7	11.6	12.4
1B	3.39	4.37	5.53	6.18	7.05	7.57	8.30	8.75	9.38	9.78	10.7	11.6	12.4	13.1	13.8	15.1	16.4	17.5	19.6	21.4	23.1	24.7
1 1/4B	6.94	8.97	11.3	12.7	14.5	15.5	17.0	17.9	19.2	20.0	22.0	23.7	25.4	26.9	28.4	31.1	33.5	35.9	40.1	43.9	47.4	50.7
1 1/2B	10.6	13.7	17.7	19.4	22.1	23.7	26.0	27.4	29.4	30.6	33.5	36.2	38.7	41.1	43.3	47.4	51.2	54.7	61.2	67.0	72.4	77.4

① LP가스의 소비설비가 저압배관으로 되어 있다. 길이 24m, 관치수 $\frac{1}{2}$B이고 허용압력 강하가 수주 15mm를 넘지 않는 범위로 흘러보낼 수 있는 LP가스의 유량은 몇 kg/hr가 되는가?

② 관치수 $\frac{3}{4}$B, 가스소비량 4kg/hr인 경우 압력손실을 9mm 이내로 하려면 배관 길이는 몇 m까지인가?

③ 압력강하 수주 25mm, 최대가스 유량 10kg/hr, 관치수 1B로 하면 연소기구는 최대 몇 m 떨어진 곳에 설치할 수 있는가?

➕해답 ① 1.80kg/h ② 15m ③ 25m

참고 배관의 길이는 큰 수치 사용, 압력손실은 작은 수치 사용, 가스유량은 큰 수치 사용

36 LP가스 배관 내에서 압력손실이 생기는 주된 원인 3가지를 쓰시오.

➕해답 ① 배관 직관부에서의 마찰 저항에 의한 손실
② 수직 입상관에 의한 손실(입하관은 압력 상승)
③ 엘보우, 티, 밸브, 콕, 플랜지 등의 계수(이음쇠)나 가스미터 등에 의한 손실

37 매설 가스 배관의 전기·화학적 부식 원인을 4가지 쓰시오.

    +해답 ① 다른 종류의 금속 간 접촉에 의한 부식
        ② 국부 전지에 의한 부식
        ③ 농염전지 작용에 의한 부식
        ④ 미주 전류에 의한 부식

38 안지름 40cm(400mm)의 파이프를 플랜지 이음으로 접속하였다. 이 파이프 내의 압력을 40kgf/cm^2로 하였을 때 볼트 1개에 걸리는 힘을 400kg 이하로 하고 싶다면 볼트는 몇 개가 필요한가?

    +해답 파이프에 걸리는 힘은

$$W = \frac{\pi D^2}{4} \times P = \frac{3.14 \times (40)^2}{4} \times 40 = 50{,}240\text{kg}$$

    볼트 1개가 맡는 힘이 400kg이라면

$$\therefore \text{볼트 개수} = \frac{50{,}240}{400} = 125.6 \fallingdotseq 126\text{개}$$

39 다음은 배관의 부식에 관한 설명이다. (　) 안에 적합한 용어를 쓰시오.

> 토양 중에 매설되어 있는 강관의 부식은 토양의 상태에 따라 부식이 진행되는데 이들 부식은 (①)작용, (②)작용, (③)작용, (④)작용 등과 이들의 복합작용에 의해 발생한다. 이 중 가장 심하게 부식을 일으키는 것은 (⑤)작용에 의한 것이다.

    +해답 ① 농염전지　　② 이종금속의 접촉　　③ 미주전류
        ④ 박테리아　　⑤ 농염전지

40 고압배관 금속재료의 부식속도에 영향을 끼치는 인자는 각각의 재료마다 다르다. 부식인자의 일반적인 사항을 간단히 4가지로 답하시오.

    +해답 ① 금속재료의 조성·조직·구조　　② 부식액의 조성
        ③ 전기 화학적 특징　　④ 용존가스 농도

41 도시가스 배관공사를 하려고 한다. 도관의 노선 선정에 있어서 검토할 사항 4가지를 쓰시오.

    +해답 ① 지하 매몰조사　　② 현장의 도로구조 조사
        ③ 도로 환경의 조사　　④ 관련 공사의 조사

42 액화석유가스 등의 가스 공급용 배관재료의 구비조건을 5가지 쓰시오.

> **◆해답▶** ① 관내의 가스 유통이 원활한 것일 것
> ② 내부의 가스압과 외부로부터 하중 및 충격하중 등에 견디는 강도를 가지는 것일 것
> ③ 토양, 지하수 등에 대하여 내식성을 가지는 것일 것
> ④ 관의 접합이 용이하고 가스의 누설을 방지할 수 있는 것
> ⑤ 절단가공이 용이할 것

43 고온·고압장치의 가스배관 플랜지에서 수소가스가 누설되기 시작했다. 누설원인 3가지를 쓰시오.

> **◆해답▶** ① 수소 취성에 의한 크랙(Crack)의 발생
> ② 플랜지 부분의 개스킷이 부적당
> ③ 재료 부품의 부적당

44 다음은 저압배관에서의 압력손실이다. ( ) 안을 알맞게 채우시오.

① ( )의 2승에 비례한다.
② 관 내경의 ( )에 반비례한다.
③ 관의 길이에 ( )한다.

> **◆해답▶** ① 유량   ② 5제곱(5승)   ③ 비례
>
> **참고** 저압배관 유량공식은
>
> $$Q = K\sqrt{\frac{D^5 \cdot H}{S \cdot L}}$$ 에서 압력손실(H)은
>
> $$H = \frac{Q^2 \cdot S \cdot L}{K^2 \cdot D^5}$$ 이므로
>
> 압력손실(H)는 유량(Q)의 제곱에 비례하고, 가스비중(S) 및 관 길이(L)에 비례하며, 관경(D)의 5제곱에 반비례한다.(※ K는 상수임)

45 다음 장치나 밸브를 도면에 나타낼 때의 도시기호를 그리시오.

① 슬로스밸브
② 앵글밸브
③ 오리피스

> **◆해답▶** ① ▷◁   ② ▷   ③ ⊣¦⊢

46 고압장치에 사용하는 구조상이 아닌 용도에 따른 밸브의 종류 5가지를 쓰시오.

⊕해답 ① 스톱밸브   ② 감압밸브   ③ 제어밸브
          ④ 안전밸브   ⑤ 체크밸브

47 고온 · 고압에서 사용되는 가스배관에 쓰이며 가끔 분해할 수 있는 파이프 이음은 어떤 이음이 적당한가?

⊕해답 플랜지 이음

48 LP가스 저압배관(관경 2.67cm이고, 관 길이 $2,000\text{cm}$)의 공사를 완성하고 이 배관의 기밀시험을 위하여 공기압을 $1,000\text{mm}$ 수주로 압입하고 5분이 경과하였더니 700mm 수주로 압력이 내려갔다. 이때의 누설된 가스량은 몇 cm^3인가?(단, 공기의 온도변화는 없는 것으로 보며 대기압은 1.0332kgf/cm^2임)

⊕해답 • $V = \dfrac{\pi}{4}D^2 \times L = \dfrac{\pi}{4} \times 2.76^2 \times 2,000 = 11,959.632\text{cm}^3$(배관 내 가스 체적)

      • $P_1 V_1 = P_2 V_2$

        $(1,000 + 10,332) \times 11,959.632 = 10,332 \times V_2$

      • $V_2 = 13,117.165\text{cm}^3$(기밀시험개시 시 배관 내 체적)

      • $P_3 V_3 = P_4 V_4 (V = V_1 = V_3)$

        $(700 + 10,332) \times 11,959.632 = 10,332 \times V_4$

        $V_4 = 12,769.90517\text{cm}^3$(5분 후 체적)

      ∴ 누설된 가스량$(\varDelta V) = V_2 - V_4 = 13,117.1651 - 12,769.90517 = 347.26\text{cm}^3$

49 직경 18mm의 강볼트로 고압 플랜지를 조였을 때 내압에 의한 볼트의 인장응력이 400kg/cm^2로 되었다. 만약 직경 12mm의 볼트를 같은 수로 썼다면 볼트의 인장응력은 얼마인가?(단, 조임력에 의한 초기 응력은 무시하는 것으로 한다.)

⊕해답 식 $P(\text{kg/cm}^2) = \dfrac{W(\text{kg})}{A(\text{cm}^2)}$ 에서 $W = P_1 A_1 = P_2 A_2$

      $400 \times \dfrac{3.14 \times 1.8^2}{4} = P_2 \times \dfrac{3.14 \times 1.2^2}{4}$

      ∴ $P_2 = 400 \times \dfrac{\dfrac{3.14 \times (1.8)^2}{4}}{\dfrac{3.14 \times (1.2)^2}{4}} = 900\text{kg/cm}^2$

50 다음의 도표는 저압가스관의 가스 유량선도이다. 이 도표를 이용하여 관경이 50A이며, 관길이 80m 인 도관에 입구압력이 120mmH$_2$O인 가스를 흘려보냈더니 도관이 출구에서는 110mmH$_2$O였다. 이때 단위 시간당 흐른 가스의 양은 몇 m^3/hr인가?(단, 가스의 비중은 0.64이다.)

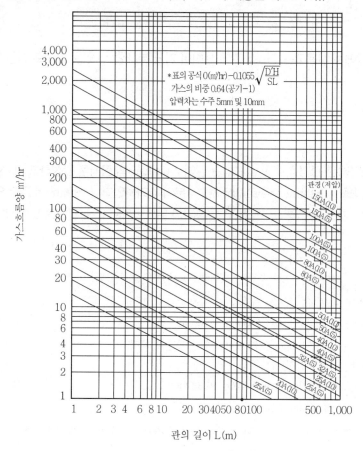

+해답 20m^3/hr

51 계통도에 표시된 다음 가스설비 기계장치 및 기구의 명칭을 쓰시오.

①   ②   ③

+해답 ① 압력조절밸브   ② 파열판   ③ 저장탱크

52 고압가스 화학장치에서 배관설계상 유의사항을 5가지만 쓰시오.

 ✚해답 ① 배관 내의 압력손실　　　　② 배관경로 및 관지름 결정
　　　 ③ 가스소비량 결정　　　　　 ④ 용기의 크기 및 필요한 용기 수의 결정
　　　 ⑤ 감압방식의 결정 및 조정기의 선정

53 LPG 배관 중 사용 호스 길이는 몇 m 이내인가?

 ✚해답 3m 이내

54 2중 관을 사용하는 독성 가스의 종류 8가지를 쓰시오.

 ✚해답 ① 아황산가스　　② 산화에틸렌　　③ 시안화수소　　④ 암모니아
　　　 ⑤ 염소　　　　　⑥ 염화메탄　　　⑦ 포스겐　　　　⑧ 황화수소

55 다음 설명의 (　) 안에 알맞은 내용을 보기에서 골라 쓰시오.

저압가스배관을 설계할 때, 배관 내의 (①) 손실 및 배관 (②)의 결정 등을 중요하게 고려해야 한다.

압력,　　　부식,　　　용량,　　　밀도

 ✚해답 ① 압력　　　　　② 용량

56 다음 설명의 (　) 안에 올바른 용어를 쓰시오.

고압가스 화학장치에서 배관설계상 유의사항은 "마찰저항으로 인한 (①)을 고려해야 하며, 같은 (②)의 관을 사용하고, 고온, 저온 유체의 관로를 (③)로 싸주며, 관로에 (④) 이음을 만들어 준다."

 ✚해답 ① 압력손실　　　② 재질　　　　③ 보온제　　　　④ 신축

57 도시가스 배관을 3가지로 분류하시오.

 ✚해답 ① 본관　　　　　② 공급관　　　③ 옥내관

58 서로 관계되는 것끼리 선을 연결하시오.

배관용 탄소강 강관 •   • SPPS
압력배관용 탄소강 강관 •   • SPP
고압배관용 탄소강 강관 •   • SPPH
고온배관용 탄소강 강관 •   • STS×TP
배관용 아크용접 탄소강 강관 •   • SPHT
배관용 스테인리스 강관 •   • SPPY

＋해답 • 배관용 탄소강 강관(SPP)
        • 압력배관용 탄소강 강관(SPPS)
        • 고압배관용 탄소강 강관(SPPH)
        • 고온배관용 탄소강 강관(SPHT)
        • 배관용 아크용접 탄소강 강관(SPPY)
        • 배관용 스테인리스 강관(STS×TP)

59 주철관의 이음방법을 3가지만 쓰시오.

＋해답 ① 소켓 이음   ② 메커니컬 이음
        ③ 빅토리 이음   ④ 플랜지 이음

60 관 연결 시 신축이음 형식을 4가지만 쓰시오.

＋해답 ① 루프형   ② 슬리브형
        ③ 벨로스형   ④ 스위블형

61 두 개의 배관이 합류하는 곳에는 T이음보다 Y이음이 이상적이다. 그 이유를 쓰시오.

＋해답 가스나 유체가 관성력에 의한 충돌로 생기는 수두압력 강하를 방지하기 위하여

62 관 이음 시 용접이음의 장점을 4가지만 쓰시오.

＋해답 ① 유체가 누설되는 일이 적고 보수비용이 절감된다.
        ② 유체의 마찰손실이 적다.
        ③ 피복재료를 절감할 수 있다.
        ④ 이음부의 강도가 크다.
        ⑤ 배관상의 공간효율이 좋다.

63 다음 유체 이송 시 배관의 색깔은 어떤 색으로 도장하는가?

① 물　　　　　　　② 증기　　　　　　③ 공기　　　　　④ 도시가스

⑤ 산, 알칼리　　　⑥ 오일　　　　　　⑦ 전기선　　　⑧ 응축수

해답 ① 물 : 청색　　　　　　　　② 증기 : 진한 적색

③ 공기 : 백색　　　　　　　④ 도시가스 : 황색

⑤ 산, 알칼리 : 회자색　　　⑥ 오일 : 진한 황적색

⑦ 전기선 : 엷은 황적색　　⑧ 응축수 : 노란색

64 배관의 이음방법을 3가지만 쓰시오.

해답 ① 나사이음　　　② 용접이음　　　③ 플랜지 이음

65 배관재료 선택 시 고려해야 할 사항을 4가지만 쓰시오.

해답 ① 관내 유체의 화학적 성질　　② 유량 또는 유속

③ 최고사용온도, 최고사용압력　④ 시공의 난이도

⑤ 열팽창이나 관내 마찰저항

66 배관에서 수격작용(워터해머) 방지법을 3가지만 쓰시오.

해답 ① 밸브 개폐시간의 완화

② 릴리프밸브에 의한 바이패스

③ 축압기 설치

④ 완충탱크 부착

⑤ 배관지지대 설치 시 기초를 튼튼히 한다.

67 배관계에서 발생하는 응력의 원인 4가지를 쓰시오.

해답 ① 용접에 의한 잔류 응력

② 유체의 압력에 대한 응력

③ 배관 또는 유체 무게에 의한 응력

④ 진동에 의한 응력

⑤ 배관 무게에 의한 응력

⑥ 열응력

68 배관의 진동 원인을 4가지만 쓰시오.

⊕해답 ① 펌프와 팬의 구동에 의한 진동
② 안전밸브 작동에 의한 진동
③ 관내 유체의 압력변화에 의한 진동
④ 배관의 굴곡에 의한 진동
⑤ 풍력이나 지진에 의한 진동

69 특정부위에 부식이 집중하는 형식으로 부식속도가 크므로 장치에 중대한 손상을 미치는 부식은 어떤 부식인가?

⊕해답 국부부식

70 용접이음 후 비파괴 검사법을 3가지만 쓰시오.

⊕해답 ① 외관검사　　② 방사선 검사　　③ 초음파 검사　　④ 자분 검사
⑤ 침투검사·　　⑥ 음향검사　　⑦ 설파프린트 검사

71 지름이 다른 강관을 직선으로 이음하는 부속품은 무엇인가?

⊕해답 부싱

72 역류 방지에 쓰이는 밸브의 명칭을 쓰시오.

⊕해답 체크밸브

73 펌프 흡입관 하부에 설치하는 역지밸브의 명칭을 쓰시오.

⊕해답 푸트밸브

74 길이가 10m인 강관에서 유체의 온도가 30℃에서 40℃로 상승하면 그 관의 팽창길이는 몇 mm인가?(단, 관의 선팽창계수는 10.7×10^{-6}이다.)

⊕해답 관의 팽창길이 $= 10 \times (10.7 \times 10^{-6}) \times (40 - 30) = 1.07\text{mm}$
※ 1m=1,000mm

75 가스배관 재료에 대한 허용응력 중 크리프 영향을 고려해야 할 온도는 그 기준이 몇 ℃ 이상인가?

➕해답 350℃

76 300mm 강관을 호칭 B(Inch)로 하면 약 몇 B가 되겠는가?

➕해답 1인치＝25.4mm

$$\therefore \frac{300}{25.4} = 12B$$

77 도시가스에 사용되는 콕의 재질을 3가지만 쓰시오.

➕해답 ① 황동　　　② 청동　　　③ 스테인리스강

78 수도나 가스 등의 지하 매설용으로 사용되는 관의 명칭을 쓰시오.

➕해답 주철관

79 관을 4조각 내어 용접을 세 곳에 하여 90° 곡관을 만들려면 전단각은 몇 도가 되어야 하는가?

➕해답 절단각 ＝ $\dfrac{구부림\ 각도}{2 \times 용접할\ 곳의\ 수}$

$$\therefore \frac{90}{2 \times 3} = 15°$$

80 가스도관으로 사용이 가능한 시멘트관의 명칭을 한글로 쓰시오.

➕해답 어터니트관

81 스케줄번호(Sch)의 계산식을 완성하시오. (단, P는 사용압력, S는 허용응력이다.)

➕해답 $Sch = 10 \times \dfrac{P}{S}$

82 동관의 특징을 3가지만 쓰시오.

해답 ① 암모니아수, 초산, 진한 황산에는 심하게 침식된다.
② 가성소다, 알칼리성에는 내식성이 강하다.
③ 경수에는 아연, 황동, 탄산칼슘의 보호피막이 생긴다.

83 배관의 신축량은 무엇에 비례하는가?

해답 열팽창계수, 관의 길이, 온도차 등에 비례한다.

84 용접배관에서 피닝을 하는 이유를 쓰시오.

해답 잔류응력을 제거하기 위하여

85 LPG 수송라인의 패킹 재료로 가장 이상적인 것을 쓰시오.

해답 합성고무

86 배관연결 가스용접에서 내용적 $50l$ 산소용기에 140kgf/cm^2 산소가 압축되어 있다. 1시간에 산소사용량 $350l$를 사용하는 가스토치를 써서 가스와 산소의 혼합비 1 : 1의 중성화염으로 용접하면 이 산소로는 몇 시간 용접작업이 가능한가?

해답 용기 내 산소량 $= 50 \times 140 = 7,000l$

$\therefore$ 산소 소비시간 $= \dfrac{7,000}{350} = 20$시간

87 동관의 이음방법 3가지를 쓰시오.

해답 ① 납땜접합 ② 플레어 접합 ③ 용접접합 ④ 플랜지 접합

88 안지름 40cm의 파이프를 플랜지에 접속하였다. 이 파이프 내의 압력을 40kg/cm^2로 하였을 때 볼트 1개에 걸리는 힘을 400kg 이하로 하고 싶다면 볼트수는 최소한 몇 개가 필요한가?

해답 볼트 개수 $= \dfrac{40 \times \dfrac{3.14}{4} \times (40)^2}{400} = 125.6$ $\therefore$ 126개

89 강관용 공작공구를 4가지만 쓰시오.

해답 ① 쇠톱　　　② 파이프커터　　　③ 파이프 바이스
④ 파이프리머　　　⑤ 파이프렌치

90 수동용 나사절삭기 종류 2가지를 쓰시오.

해답 ① 오스터형　　　② 리드형

91 주철관용 공구를 4가지만 쓰시오.

해답 ① 납용해용 공구 세트　　　② 링크형 파이프커터
③ 크립　　　④ 코킹 정

92 파이프 밴딩머신을 2가지만 쓰시오.

해답 ① 로터리식(스테인리스, 동관, 강관 두께에 관계없이 대량생산용)
② 유압식(유압펌프, 전동기, 램실린더, 센터포머 등으로 구성)
참고 유압식은 구조로서 굽힘형, 압력형, 클램프형이 있다.

93 동관용 공구를 4가지만 쓰시오.

해답 ① 토치램프　　　② 사이징툴　　　③ 플레어링 툴 세트
④ 튜브밴더　　　⑤ 익스팬더　　　⑥ 튜브커터

94 연관용 공구를 3가지만 쓰시오.

해답 ① 봄볼　　　② 드레셔
③ 벤드벤　　　④ 턴핀
⑤ 마레트

01 다음 그림을 보고 물음에 답하시오.

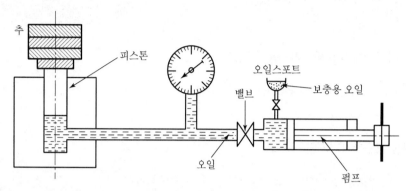

① 이 압력계의 명칭은?

② 이 압력계에서 게이지 압력 P를 구하는 식을 다음 기호를 이용하여 만드시오.
  (P : 압력, w : 피스톤의 무게, W : 추의 무게, a : 실린더 내 단면적)

⊕해답 ① 자유 피스톤식 압력계

② $P = \dfrac{W+w}{a}$

02 다음 그림은 배관 내에 공기가 유동하고 있을 때 전압, 정압, 동압을 측정하는 모양이다. 그림의 ①, ②, ③은 각각 어떤 압력을 측정하는 것인가?

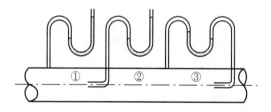

⊕해답 ① 정압   ② 전압   ③ 동압

03 다음 수은을 사용한 U자관 압력계에서 $h = 60\text{cm}$일 때 P_2는 몇 kgf/cm^2 절대압력인가?(단, $P_1 = 1\text{kgf/cm}^2$ 절대로 한다. 여기서 수은의 밀도 $= 0.0136\text{kgf/cm}^3$)

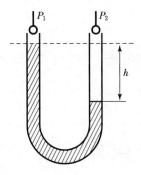

⊕해답 $P_2 = P_1 + P_h$

$P_h = r \cdot h = 0.0136\text{kgf/cm}^3 \times 60\text{cm} = 0.816\text{kgf/cm}^2$

$\therefore P_2 = 1 + 0.816 = 1.816\text{kgf/cm}^2\text{abs}$

04 압력을 전기적 변량으로 바꾸어 측정하는 전기식 압력계의 장점 4가지를 쓰시오.

⊕해답 ① 정밀도가 높고 측정을 안정하게 할 수 있다.
② 지시 및 기록이 크지 않은 압력에 사용된다.
③ 원격측정이 가능하다.
④ 반응속도가 빠르고 소형이다.

05 밀도 1.0g/cm^3, 점도 $0.01\text{g/cm} \cdot \text{s}$의 유체가 안지름 2cm인 관에서 0.5m/s의 속도로 흐르고 있다면 레이놀즈수는 얼마인가?

⊕해답 $R_e = \dfrac{\rho Vd}{\mu} = \dfrac{1 \times 50 \times 2}{0.01} = 10,000(\text{난류})$

06 자유피스톤형 압력계에서 실린더 직경이 2cm, 추와 피스톤의 무게가 20kg일 때, 이 압력계에 접속된 부르동관 압력계 눈금이 7kgf/cm^2를 나타내었다. 이 부르동관 압력계의 오차는 몇 %인가?

⊕해답 정상압력$(P) = \dfrac{20}{\dfrac{\pi}{4} \times (2)^2} = 6.37\text{kgf/cm}^2$

$\therefore$ 오차$(\%) = \dfrac{7 - 6.37}{6.37} \times 100 = 9.89\%$

07 압력차를 일정하게 한 테이퍼관으로 유량을 측정하는 유량계는?

> **+해답** 면적식 유량계

08 물탱크 깊이 10m의 지점에 구멍이 뚫려 물이 샐 때 물의 속도를 계산하시오.

> **+해답** 유속 $= \sqrt{2 \times 9.8 \times 10} = 14(\mathrm{m/sec})$

09 액주식 압력계의 종류를 4가지만 쓰시오.

> **+해답** ① 호르단형식　　　　② 경사식
> ③ 단관식　　　　　　④ 유자관식

10 액주식 온도계에서 액체의 구비조건을 4가지만 쓰시오.

> **+해답** ① 열팽창계수가 적을 것
> ② 온도에 따른 밀도 변화가 적을 것
> ③ 화학적으로 안정하고 휘발성이나 흡수성이 적을 것
> ④ 점성이 적을 것

11 직경 2cm의 실린더를 갖는 부유피스톤식 압력계에서 추와 피스톤의 무게가 10kg이고 브르동 압력계의 지시값이 $4\mathrm{kgf/cm^2}$이라면 이 압력계의 오차는 몇 %인가?

> **+해답** $P = \dfrac{10}{\dfrac{3.14}{4} \times (2)^2} = 3.185\mathrm{kgf/cm^2}$
>
> ∴ 압력계 오차 $= \dfrac{4 - 3.185}{3.186} \times 100 = 25.59\%$

12 탄성식 압력계의 종류 3가지를 쓰시오.

> **+해답** ① 브르동관 압력계　　　② 다이어프램식 압력계　　　③ 벨로스식 압력계

13 압력식 온도계의 종류를 3가지만 쓰시오.

> **+해답** ① 증기압식　　　　② 액체 팽창식　　　　③ 기체압력식

14 열전대 온도계 4가지와 측정온도 범위를 쓰시오.

　　◆해답 ① P-R 온도계 : 0~1,600℃
　　　　② C-A 온도계 : 0~1,200℃
　　　　③ I-C 온도계 : -200~800℃
　　　　④ C-C 온도계 : -200~350℃

15 저항온도계의 종류를 4가지만 쓰시오.

　　◆해답 ① 백금 측온 저항 온도계　　② 니켈 측온 저항 온도계
　　　　③ 구리 측온 저항 온도계　　④ 서미스터 저항 온도계

16 내화물의 온도측정이 가능한 온도계 명칭을 쓰시오.

　　◆해답 제겔콘

17 열전대의 구비조건을 4가지만 쓰시오.

　　◆해답 ① 열기전력의 특성이 안정되고 장시간 사용에도 변화가 없을 것
　　　　② 열기전력이 크고 온도상승에 따라 연속적으로 상승할 것
　　　　③ 전기저항 및 온도계수 열전도율이 작을 것
　　　　④ 내열성이 크고 특성이 일정한 것을 얻기 쉬울 것

18 비접촉식 온도계의 종류 3가지와 온도 측정범위를 쓰시오.

　　◆해답 ① 방사 온도계 : 500~3,000℃
　　　　② 광고 온도계 : 700~3,000℃
　　　　③ 색 온도계 : 700~3,000℃

19 액면계의 구비조건을 4가지만 쓰시오.

　　◆해답 ① 구조가 간단하고 가격이 저렴할 것
　　　　② 조작이 용이하고 연속측정이 가능할 것
　　　　③ 고온·고압에 충분히 견딜 것
　　　　④ 지시나 기록 또는 원격측정이 가능할 것
　　　　⑤ 자동제어가 가능할 것
　　　　⑥ 내구성이나 내식성이 있고 보수나 점검이 용이할 것

20 직접식 액면계의 종류 3가지와 간접식 액면계의 종류 4가지를 쓰시오.

해답 ① 직접식 : 유리관식, 부자식, 검척식
② 간접식 : 햄프슨 차압식(액화산소 등 극저온용), 기포식, 방사선식, 정전용량식, 다이어프램식, 초음파식, 편위식(알키메데스의 원리 이용)

21 용적식 유량계의 종류를 3가지만 쓰시오. (적산식 유량계)

해답 ① 오벌기어식   ② 회전원판식
③ 로터리 피스톤식   ④ 가스미터기
⑤ 루트식

22 고압용 유량계의 종류를 3가지만 쓰시오.

해답 ① 압력천평식   ② 전기저항식   ③ 부자식

23 차압식 유량계를 압력손실이 큰 것부터 쓰시오.

해답 오리피스식 > 플로노즐 > 벤투리미터

24 면적식(순간유량측정) 유량계의 종류 2가지를 쓰시오.

해답 ① 부자식(게이트식)   ② 면적식(로터미터식)

25 용적식 유량계의 특징을 4가지만 쓰시오.

해답 ① 고점도 유체 및 점도 변화가 있는 유체에 적합하다.
② 입구 측에 여과기를 설치하여 고형물의 유입을 방지한다.
③ 맥동의 영향을 적게 받으며 점도가 높아 상업거래용으로 많이 사용된다.
④ 비교적 구조가 복잡하다.

26 와류식 유량계의 종류를 3가지만 쓰시오.

해답 ① 델타유량계
② 스와르메타 유량계
③ 카르만 유량계

27 페레데이의 전자유도법칙을 이용한 유량계 명칭을 쓰시오.

⊕해답 전자식 유량계

28 유체의 온도를 전열로 일정 온도 상승시키는 데 필요한 전기량을 측정하여 유량을 측정하는 유량계의 명칭을 쓰시오.

⊕해답 열선식 유량계

29 열선식 유량계의 종류 3가지를 쓰시오.

⊕해답 ① 토마스미터
② 미풍계
③ 써멀

30 도플러 효과를 이용하여 대유량 측정에 용이한 유량계의 명칭을 쓰시오.

⊕해답 초음파 유량계

31 압력계는 1차 압력계와 2차 압력계로 대별할 수 있다. 1차 압력계는 직접 압력을 측정하고 2차 압력계는 물질의 성질이 압력에 의해 받는 변화를 측정하는데, 1차 압력계의 종류 2가지와 2차 압력계의 종류 3가지를 쓰시오.

⊕해답 ① 1차 압력계 : 수은주 압력계, 자유피스톤식 압력계
② 2차 압력계 : 부르동관식 압력계, 벨로스식 압력계, 다이어프램식 압력계, 전기 저항 압력계

32 일반 온도계의 교정을 위하여 온도의 기준점 측정으로 이용되는 것은?

⊕해답 ① 얼음의 용해온도(0.000℃)
② 수증기의 응축온도(100.00℃)
③ 액체 산소의 비등온도(−182.7℃)

위의 3가지 외에 유황증기의 응축온도, 은의 응축온도, 철의 응축온도 등이 이용될 수 있다.

33 자유 피스톤식 압력계로 부르동관 압력계를 비교 · 검사할 때 피스톤의 직경이 2cm, 추와 피스톤의 무게가 31.4kg일 경우 압력계의 눈금은 몇 kg인가?

> **●해답** 부르동관의 게이지 압력 = $\dfrac{\text{추와 피스톤 무게}}{\text{실린더 단면적}}$ 이므로
>
> 실린더 단면적 = $\dfrac{3.14}{4} \times 2^2 = 3.14\text{cm}^2$
>
> $\therefore \dfrac{31.4}{3.14} = 10\text{kg/cm}^2$

34 그림과 같은 수은 마노미터 M_1 및 M_2를 용기 A에 연결하고, M_2의 한쪽은 대기에 개방시켜 놓았다. $\Delta h_1 = 30\text{cm}$, $\Delta h_2 = 23\text{cm}$일 때 A만의 절대 압력은 수은주로 몇 cm일까?

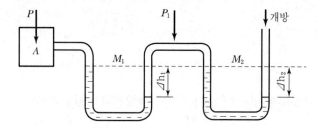

> **●해답** $P_1 = (76 - \Delta h_2)\text{cmHg} = (76 - 23)\text{cmHg} = 53\text{cmHg}$
>
> $\therefore P = (P_1 - \Delta h_1)\text{cmHg} = (53 - 30)\text{cmHg} = 23\text{cmHg}$
>
> **참고** 대기압 = 76cmHg, 30 + 23 = 53cmHg

35 아래 그림 중 A, B, C는 무엇을 뜻하는가?

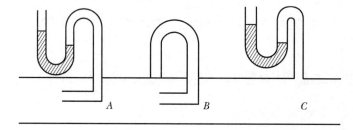

> **●해답** A : 전압, B : 동압, C : 정압

36 다음은 수은을 사용한 U자관 압력계이다. $h=50\text{cm}$일 때 P_2는 몇 kgf/cm^2 절대압력인가?(단, P_1 은 1kgf/cm^2 절대이다.)

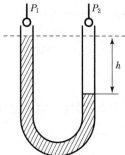

➕해답 $P_2 = P_1 + rh$이므로

$P_1 = 1\text{kgf/cm}^2$, 절대$=1$기압

$rh = 0.0136 \times 50 = 0.68\text{kgf/cm}^2$ 절대

$P_2 = 1 + 0.68\text{kgf/cm}^2$

$\therefore\ P_2 = 1.68\text{kgf/cm}^2\text{abs}$

➕참고 수은의 밀도 $= 13.6\text{g/cm}^3 = 0.0136\text{kgf/cm}^3$

37 부르동관 압력계로 측정한 압력이 10kgf/cm^2였다. 자유 피스톤식 압력계의 펌프 실린더 직경이 4cm, 피스톤의 직경이 2cm일 때 추와 피스톤의 무게를 구하시오.

➕해답 피스톤의 단면적은 $\dfrac{3.14}{4} \times 2^2 = 3.14$이므로 $\dfrac{x\text{kg}}{3.14} = 10\text{kgf/cm}^2$

$x = 3.14 \times 10 = 31.4\text{kg}$(추와 피스톤 무게)

38 다음 압력계의 명칭 또는 재질을 쓰시오.

① 급속한 압력 변화를 측정하는 데 적당한 압력계

② 부르동관식 압력계의 눈금 교정에 쓰이는 압력계

③ C_2H_2 및 NH_3 압력계 부르동관의 재질

➕해답 ① 피에조 전기 압력계　　　　② 자유피스톤식 압력계　　　　③ 연강제

39 LP가스 저장탱크에 주로 설치하는 액면계의 명칭과 액면계에 설치해야 할 보안장치는 무엇인가?

➕해답 ① 명칭 : 클린카식 액면계

② 보안장치 : 플라스틱 및 금속제의 커버를 씌우고 수동 및 자동폐지밸브를 설치한다.

40 가스미터에서 습식과 건식이 구분되는 점은 어떤 것인가?

➕해답 습식은 물을 사용하며, 건식은 물을 사용하지 않는다.

➕참고 습식은 실험실용이나 다른 가스 미터의 기준용으로 사용되며, 계량이 정확하고 사용 중 기차(器差)의 변동이 작으나, 설치면적이 크고 사용 중 수위 조정 등의 관리가 필요하다.

41 욕실 내에 설치하는 순간 온수기와 탕비기의 자동 제어장치 종류를 4가지 쓰시오.

> **＋해답** ① 파일럿 안전장치 ② 비등 방지장치
> ③ 과열 방지장치 ④ 동결 방지장치
> ⑤ 과압유출 밸브

42 액화가스 저장탱크의 액면계가 유리관으로 되어 있을 때 그 보안 확보를 위하여 꼭 필요한 장치 2가지를 쓰시오.

> **＋해답** ① 금속관 등 유리관 보호장치
> ② 유리관 파손 시 수동 또는 자동식의 폐지밸브

43 유량계에는 간접법과 직접법이 있다. 간접법으로 유량을 측정하는 유량계 4가지를 쓰시오.

> **＋해답** 피토관, 오리피스미터, 벤투리미터, 로터미터

44 고압장치에 쓰이는 압력계 중 1차 압력계 및 2차 압력계의 명칭을 3가지 쓰시오.

> **＋해답** • 1차 압력계 : 액주관(마노미터) 압력계, 자유피스톤 압력계, 환상천평식 압력계
> • 2차 압력계 : 부르동튜브식 압력계, 피에조 전기압력계, 전기저항식 압력계

45 자유 피스톤 압력계의 구조도를 보고 다음 물음에 답하시오.

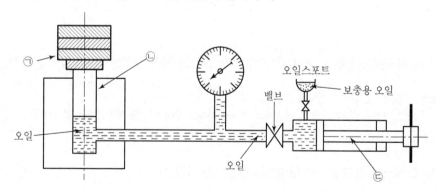

① 용도는?
② ㉠~㉢의 명칭은?
③ 이상 상태에서 측정해야 할 절대압력을 P 라 하고 대기압을 P_1, 피스톤의 무게를 G, 추의 무게를 W, 실린더 단면적률을 a라 할 때 식으로 나타내시오.

④ ③에 따른 온도 변화에 의한 조정 계산식은?(단, T : 온도 함수, F : 피스톤 유효 단면적)

⑤ 자유피스톤 압력계의 원리는?

⑥ 눈금 교정방법을 쓰시오.

해답 ① 부르동관 압력의 눈금 교정용(또는 연구실용에 사용한다.)

② ㉠ 추, ㉡ 피스톤, ㉢ 펌프

③ $P = \dfrac{W+G}{a} + P_1$

④ $P = \dfrac{W+G}{FT} + P_1$

⑤ 피스톤 위에 추를 올려놓고 실린더 내외 액압과 균형을 이루면 게이지 압력으로 나타낸다.

⑥ 추의 중량을 미리 측정해두면 압력이 계산되므로 눈금과 비교하여 오차를 교정한다.

46 부르동관식 압력계의 교정 검사에 사용되는 압력계를 쓰시오.

해답 ① 수은주 압력계   ② 자유피스톤형 압력계

47 안지름이 0.3m인 원관 도중에 구멍 지름 0.15m의 오리피스를 두어 상온의 물을 흐르게 하였다. 수은 마노미터의 차압이 0.376m였다면 시간당 유량은 몇 m^3/h인가?(단, 오리피스 유량계수 C는 0.624, π는 3.14로 본다.)

해답 m : 개구비 $\dfrac{d^2}{D^2} = \dfrac{(0.15)^2}{(0.30)^2} = 0.25$

$\therefore$ 유량$(Q) = \dfrac{3.14 \times (0.15)^2}{4} \times \dfrac{0.624}{\sqrt{1-0.25^2}} \times \sqrt{2 \times 9.8 \left(\dfrac{13.6}{1} - 1\right) \times 0.376} \times 3{,}600$

$= 394.88\text{m}^3/\text{hr}$

※ 유속$(V) = \dfrac{C}{\sqrt{1-m^2}} \times \sqrt{2g\left(\dfrac{\rho'}{\rho} - 1\right) \times H}\,(\text{m/s})$

단면적$(A) = \dfrac{\pi D^2}{4}\,(\text{m}^2)$, 유량$(Q) = $ 단면적 × 유속(m^3/s)

48 1시간당 300톤(300m^3)의 물을 내경 25cm의 강관으로 수송하였다. 관내의 평균유속(m/sec)은 얼마인가?(단, 물의 밀도는 $1{,}000\text{kg/m}^3$으로 한다.)

해답 식 $Q = AV$에서 $300\text{m}^3/\text{h} = \dfrac{\pi \times 0.25^2}{4}\text{m}^2 \times V\text{m/sec} \times 3{,}600\text{sec/h}$

$\therefore$ 평균유속$(V) = \dfrac{300}{\dfrac{3.14 \times 0.25^2}{4} \times 3{,}600} = 1.70\text{m/s}$

04 공통냉동

01 왕복동 압축기의 시동 시 시동부하를 경감시킬 수 있는 방법을 3가지만 쓰시오.

> **해답** ① 토출가스는 바이패스를 통해 흡입 측에 되돌린다.
> ② 간극체적(톱클리어런스)을 크게 한다.
> ③ 언-로드법, 즉 흡입변을 개방한 상태로 시동한다.

02 프레온 냉매 사용 증기압축식 냉동기에서 냉매가 순환되는 경로를 써 넣으시오.

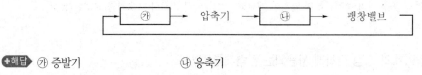

> **해답** ㉮ 증발기　　　　　　　㉯ 응축기

03 프레온 냉동기에서 증발기의 재료금속을 고순도 알루미늄으로 제작하는 이유를 쓰시오.

> **해답** 알루미늄 내에 마그네슘이 2% 이상 함유되면 부식되기 때문이다.

04 냉동장치에서 어큐뮬레이터를 설치하는 이유를 쓰시오.

> **해답** 흡입가스 중에 냉매액이 섞여 들어가 압축기에서 액압축이 되는 것을 방지하기 위하여 증발기와 압축기 사이의 흡입관에 설치한다.

05 흡수식 냉동기에서 사용하는 냉매 2가지와 흡수제 1가지만 쓰시오.

> **해답** ① 냉매 : 물(H_2O), 암모니아(NH_3)
> ② 흡수제 : 리튬브로마이드(LiBr)

06 냉동기에 사용하는 냉매의 물리적 성질을 4가지만 쓰시오.

> **해답** ① 임계온도가 상온보다 높을 것
> ② 응고점이 낮을 것
> ③ 증기의 비열은 크나 냉매 액체의 비열은 작을 것
> ④ 냉매 증기의 비열비가 적을 것

07 냉동기에 이코노마이저(중간냉각기)의 설치 목적을 쓰시오.

   ＋해답 저단의 토출가스를 냉각시켜 냉동효과 및 성적계수를 향상시키는 중간냉각기이다.

08 냉매의 화학적 성질을 4가지만 쓰시오.

   ＋해답 ① 무해·무독성일 것
       ② 인화나 폭발성이 없을 것
       ③ 전기저항이 클 것
       ④ 점성이 적을 것
       ⑤ 전열이 양호할 것

09 냉동기 안전장치에서 고압스위치(HPS)에 대한 기능을 쓰시오.

   ＋해답 냉동기 운전 중 고압이 설정압력 이상 되면 압축기 운전을 정지시켜 압축기를 보호한다.

10 냉동기 운전 중 안전장치인 저압스위치(LPS)의 역할에 대하여 쓰시오.

   ＋해답 압축기의 흡입압력이 설정치 이하로 저하 시 압축기 운전을 중지시키며 부하와의 밸런스를 유지한다.

11 흡수식 냉동기의 4대 구성요소를 쓰시오.

   ＋해답 ① 흡수기   ② 증발기   ③ 재생기   ④ 응축기

12 흡수식 냉동기에서 냉수온도가 설정온도로 내려가지 않는 이유를 4가지만 쓰시오.

   ＋해답 ① 냉각수 온도가 높다.
       ② 냉각수의 수량이 적다.
       ③ 냉각관이 오손되어 있다.
       ④ 냉동기 내에 불응축가스가 존재한다.
       ⑤ 냉매 속에 흡수용액이 들어가 있다.

13 냉매배관 중 여과기의 메시(Mesh)는 얼마 정도인가?

   ＋해답 ① 액관 : 80~100 정도
       ② 가스관 : 40 정도

14 균압관의 설치목적을 쓰시오.

⊕해답 수액기를 설치한 실내온도가 응축기 설치장소보다 높거나 냉각수의 온도가 너무 낮을 때 수액기의 압력이 높
아지는 경우 응축기 상부와 수액기 상부를 연결하여 응축기 응축냉매의 이송을 원활하게 하는 균형관이다.

15 흡수식 냉동기의 용량 제어방법을 3가지만 쓰시오.

⊕해답 ① 재생식 공급증기나 또는 온수유량을 조절한다.
② 재생기로 공급하는 용액량을 조절한다.
③ 응축수량을 조절한다.

16 압축기의 기동불량 원인을 3가지만 쓰시오.

⊕해답 ① 연결선이 단선
② 너무 낮은 공급전압
③ 압축기의 기동부하 과대
④ 오일 주유 불량

17 불꽃에 접촉할 때 불화수소가 발생하는 냉매는 무엇인가?

⊕해답 프레온 가스

18 압축기의 저압 측 압력이 과도하게 낮아지는 원인을 3가지만 쓰시오.

⊕해답 ① 흡입여과망이 막혔을 때
② 부하가 감소할 때
③ 팽창밸브의 개도 불량
④ 적상이 과대할 때

19 냉동장치에서 암모니아 냉매배관 설치 시 주의사항을 4가지만 쓰시오.

⊕해답 ① 압력강하를 가능한 적게 한다.
② 관의 신축을 고려한다.
③ 흡입배관상에 오일이나 액냉매가 체류하지 않게 트랩이나 굴곡부를 피한다.
④ 배관에 진동이 없도록 적당한 지지기구를 설치한다.

20 응축기의 응축압력이 높을 때 그 대책을 4가지만 쓰시오.

> **+해답** ① 불응축가스의 제거   ② 냉각관의 철저한 청소
>   ③ 냉각면적 추가   ④ 냉각수량 증가

21 냉동기에 사용되는 동관이 20mm 이하일 때 이음 시 기계의 점검·보수·기타 관을 분리하기 좋게 하기 위한 이음 방식은?

> **+해답** 플레어이음(압축이음)

22 냉동장치의 냉매 중 상태변화 없이 감열된 열을 운반하는 냉매는 어떤 냉매인가?

> **+해답** 브라인(Brine)

23 응축기의 냉각방법을 3가지만 쓰시오.

> **+해답** ① 수냉식   ② 공랭식   ③ 증발식

24 왕복동 압축기의 피스톤링 기능 3가지를 쓰시오.

> **+해답** ① 냉매가스 누설 방지
>   ② 실린더 및 피스톤 마모 방지
>   ③ 오일 회수 및 공급

25 압축기가 과열되는 원인을 3가지만 쓰시오.

> **+해답** ① 냉매량 부족   ② 압축비 증대   ③ 윤활유 부족

26 암모니아 냉동장치에서 수분이 침입할 경우 일어나는 장해를 간단히 기술하시오.

> **+해답** 적상이 생기고 냉매와 저냉각체의 사이에 열교환을 방해하므로 증발압력이 낮아진다.

27 R−12의 냉매 분자식을 쓰시오.

> **+해답** CCl_2F_2

28 일반적으로 압축비가 얼마 이상이면 2단 압축을 하여야 하는가?

➕해답 6 이상

29 암모니아 냉매의 누설 식별방법을 3가지만 쓰시오.

➕해답 ① 냄새로 발견한다.
② 리트머스 시험지가 청색으로 변화한다.
③ 네슬러 용액을 시료에 떨어뜨리면 소량 누설 시는 황색, 다량 누설 시는 자색으로 변한다.

30 펌프다운 시 냉매액은 어디에 저장하여 모아두는가?

➕해답 수액기

31 액펌프 방식의 펌프 출구와 증발기 사이의 액봉이 일어나는 원인을 쓰시오.

➕해답 액펌프 출구에 체크밸브가 있고 증발기 입구에 전자밸브가 있는 경우 전자밸브가 닫히며 그 사이가 액봉이 된다.

32 응축기의 응축압력이 높을 때 그 대책을 기술하시오.

➕해답 ① 가스퍼지를 점검하고 불응축가스를 완전히 배출시킨다.
② 수질이 나쁜 경우 냉각관의 오염을 제거시킨다.
③ 냉각면적을 추가한다.
④ 냉각수량을 증가시킨다.

33 2원 냉동장치를 채택하는 이유는?

➕해답 증발온도가 초저온 이하가 되면 단일 냉매로서는 증발온도에서부터 응축온도까지 압축이 불가능하기 때문에 2원 냉동을 채택한다.

34 응축기의 공냉각 방식 2가지를 쓰시오.

➕해답 ① 수냉식   ② 공냉식

35 진공냉매란 무엇인지 설명하고 그 종류를 2가지만 쓰시오.

◆해답▷ ① 진공냉매 : 상온에서 냉매가 증발 시 증발 압력이 대기압 이하인 냉매이며 증발압력이 대기압 이하로 내려가지 않으면 상온에서 증발하지 않는 냉매이다.
② 종류 : R-11, R-113

36 진공냉매란 무엇인지 설명하고 그 종류를 2가지만 쓰시오.

◆해답▷ ① 진공냉매 : 상온에서 냉매가 증발 시 증발 압력이 대기압 이하인 냉매이며 증발압력이 대기압 이하로 내려가지 않으면 상온에서 증발하지 않는 냉매이다.
② 종류 : R-11, R-113

37 암모니아 냉동장치에서 수분이 침입하면 어떤 현상이 발생하는가?

◆해답▷ 수분이 침입하면 적상되어 냉매와 피냉각체 간의 열교환을 방해하여 증발압력이 낮아진다.

38 압축기 저압 측의 압력이 과도하게 낮아지는 원인을 3가지만 쓰시오.

◆해답▷ ① 흡입여과망에 막혔을 때   ② 부하가 감소될 때
③ 팽창밸브의 개도   ④ 적상이 과대할 때

39 냉동장치에서 체크밸브가 설치되는 4곳을 쓰시오.

◆해답▷ ① 토출가스 배관의 응축기 가까운 곳
② 액회수 장치의 액분리기에서 수액기 사이
③ 가스퍼저 공기 출구
④ 만액식 증발기의 액분리기에서 액을 보내는 곳

40 냉동기 냉동장치에 불응축가스가 미치는 장애를 4가지만 쓰시오.

◆해답▷ ① 응축압력 상승
② 토출가스 온도 상승으로 압축기의 소손 우려
③ 압축비 증가로 소요동력 증대
④ 체적효율 감소 및 열전달 불량으로 냉동능력 감소

41 냉동장치에서 액봉이 발생하기 쉬운 곳을 3군데만 쓰시오.

> **+해답** ① 액펌프 방식의 펌프 출구와 증발기 사이의 배관
> ② 2단 압축 냉동장치의 중간냉각기에서 과냉각된 액관
> ③ 수액기와 증발기의 액배관

42 냉동장치에서 옥상에 냉각탑을 설치하는 이유를 쓰시오.

> **+해답** 응축기 내에 고온·고압의 냉매가스를 응축시킨 후 온도가 높은 냉각수를 다시 사용하기 위해 설치한다.

43 CH_4를 주성분으로 하는 9,000kcal/m³의 천연가스를 발열량 3,000kcal/m³의 도시가스로 공급하고자 한다. 이 경우 공기를 사용하여 희석이 가능한가? 만약 가능하다면 그 이유를 간단히 설명하시오.

> **+해답** CH_4 9,000kcal/m³를 3,000kcal/m³로 만들 때 공기량을 메탄 1m³에 대하여 x m³라면 공기량은
>
> $$x = \frac{9,000}{3,000} - 1 = 2\text{m}^3(\text{공기량})$$
>
> $$\frac{1}{1+2} \times 100 = 33.33\%$$
>
> ∴ 메탄의 연소범위는 5~15%이므로 폭발 범위를 벗어나 혼합이 가능하다.

44 25℃에서 150atm의 게이지 압력으로 충전된 C_2H_6 탱크 상부에 180atm의 게이지압에 작동되는 안전밸브를 설치하였다. 이 안전밸브가 작동하였다면 이 탱크는 몇 kcal의 열량을 흡수하였는가? 다음 조건을 이용하여 계산하시오.(단, 탱크 내의 가스는 이상 기체로 간주한다.)

> - 탱크 내 고압가스 충전량 : 60kg, 분자량 : 30
> - 가스 정용비열 : 13cal/gmol

> **+해답** $T_2 = \dfrac{180 \times (273+25)}{150} - 273 = 84.6$℃
>
> ∴ 열량흡수 $= \dfrac{60}{30} \times (84.6 - 25) \times 13 = 1,549.6$kcal

45 액체산소 용기에 액체산소가 50kg이 충전되어 있다. 이 용기의 외부로부터 액체산소에 대하여 매시 50kcal의 열량을 준다면 액체 산소량을 $\frac{1}{2}$로 감소하는 데 몇 시간이 걸리는가?(단, 비등할 때의 증발 잠열은 1,600cal/mol이다.)

+해답 $\dfrac{\dfrac{1,600}{32} \times 50 \times \dfrac{1}{2}}{50} = 25\text{hr}$

∴ 25시간

참고 O_2(산소) 1mol은 32g이다.(1kmol은 32kg)

46 대형 액화 염소 용기에 대하여 다음 물음에 계산식으로 답하시오.

① 1,000kg 액화 염소를 충전하려면 내용적은 몇 l인가?(액화염소의 비중 = 1.57, 정수 C값은 0.8이다.)
② 안전 공간은 몇 %인가?(소수점 이하 첫째 자리까지 구하시오.)

+해답 ① $G = \dfrac{V}{C}$ 식에서

$V = G \cdot C = 1,000 \times 0.8 = 800l$

② $G = dV$ 식에서 $\dfrac{1,000}{1.57} = 636.94l$

∴ $\dfrac{800 - 636.94}{800} \times 100 = 20.38\%$

47 내용적 50l인 LPG 용기에 프로판을 충전하던 중 잘못해서 1.5kg 정도 과충전하였다. 프로판의 온도 상승에 의하여 이 용기가 액상의 프로판으로 충만될 위험에 이르게 되는 온도는 대략 얼마인가?(단, 이 프로판의 충전 정수는 2.35로 하고 액상프로판의 비용적은 온도에 따라 아래 그림과 같이 변화되는 것으로 한다.)

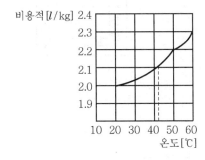

해답 $G=\dfrac{V}{C}=\dfrac{50}{2.35}=21.28\text{kgf}$

$21.28+1.5=22.78\text{kgf}$

$\dfrac{50}{22.78}=2.19$

∴ 도표에서 2.19에서 직선으로 내려오면 약 40℃에서 만난다.

48 33,200kcal/h의 냉동기 용량을 USRT로 구하시오.(단, 1USRT=3,024kcal/h)

해답 냉동기 용량$=\dfrac{33,200}{3,024}=10.98\text{RT}$

49 $R-717$은 NH_3의 냉매기호이다. 7과 17의 의미를 쓰시오.

해답 7 : 무기질   17 : NH_3 냉매 분자량

50 다음은 교반형 오토클레이브이다. ①~⑥까지의 명칭을 보기에서 골라 쓰시오.

온도계봉입구, 전자코일, 교반축, 압력계, 전열로, 교반기 오토클레이브, 가스 입구

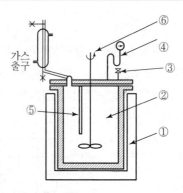

해답 ① 전열로   ② 오토클레이브   ③ 가스입구
④ 압력계   ⑤ 온도계봉입구   ⑥ 교반축

51 용기 등 비파괴 검사항목 8가지를 쓰시오.

해답 ① 음향검사   ② 침투검사   ③ 자기검사   ④ 방사선투과검사
⑤ 초음파검사   ⑥ 과류검사   ⑦ 전위차법   ⑧ 설파프린트

52 냉동기 용량이 200RT이고 팽창밸브 직전의 냉매엔탈피가 105kcal/kg, 흡입증기냉매 엔탈피가 375kcal/kg일 때 냉매 순환량은 몇 kg/h인가?(단, 1RT의 용량은 3,320kcal/h이다.)

해답 $jr' = 375 - 105 = 270\text{kcal/kg}$

$$\therefore \text{냉매 순환량}(x) = \frac{200 \times 3,320}{270} = 2,459.26\text{kg/h}$$

53 카르노 사이클의 사이클 과정 순서를 쓰시오.

해답 등온팽창 → 단열팽창 → 등온압축 → 단열압축

54 $-10℃$에서 열을 흡수하고 $30℃$에서 방출하는 냉동기의 성적계수는 얼마인가?

해답 $\text{COP} = \dfrac{T_2}{T_1 - T_2} = \dfrac{263}{303 - 263} = 6.58$

55 33,200kcal/h의 냉동기 용량에서 증기압축식과 흡수식의 RT를 구하시오.

해답 ① 증기압축식 : $\dfrac{33,200}{3,320} = 10\text{RT}$

② 흡수식 : $\dfrac{33,200}{6,640} = 5\text{RT}$

56 다음과 같은 P–i 선도조건에서 절대압(abs) 기준 압축비는 얼마인가?

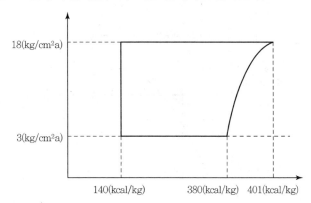

해답 압축기 압축비$(P) = \dfrac{P_2}{P_1} = \dfrac{18}{3} = 6$

57 다음 카르노 사이클의 $T-S$ 선도를 보고 열효율 공식을 2가지만 쓰시오.

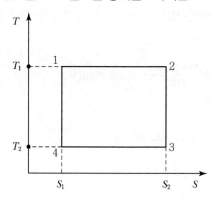

◆해답▶ ① $1 - \dfrac{T_2}{T_1}$　　② $1 - \dfrac{Q_2}{Q_1}$

58 다음의 $P-i$ 선도에서 2 부분의 냉매상태는 어떤 구역인가?

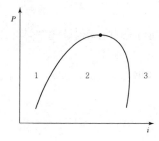

◆해답▶ 습증기 구역

59 다음과 같은 사이클 조건에서 $R-12$의 성적계수를 구하시오.

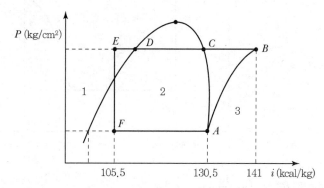

+해답 $141 - 130.5 = 10.5\mathrm{kcal/kg}$

$130.5 - 105.5 = 25\mathrm{kcal/kg}$

$\therefore$ 성적계수$(\mathrm{COP}) = \dfrac{25}{10.5} = 2.38$

60 다음과 같은 조건의 몰리에르선도에서 성적계수, 압축일량, 냉동효과(성적계수)를 각각 구하시오.

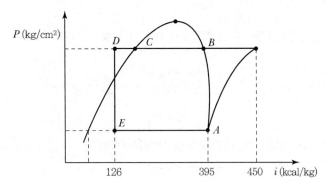

+해답 ① 냉동효과 : $395 - 126 = 269\mathrm{kcal/kg}$

② 압축일량 : $450 - 395 = 55\mathrm{kcal/kg}$

③ 성적계수(COP) : $\dfrac{269}{55} = 4.89$

61 냉동기의 성적계수가 7일 때 냉매의 증발온도가 $-15℃$이면 응축온도는 몇 $°\mathrm{K}$인가?

+해답 $Cop = \dfrac{T_2}{T_1 - T_2}, \ -15℃ = 258°\mathrm{K}$

$7 = \dfrac{258}{(T_1 - 258)}, \ 7\,T_1 - 1,806 = 258$

$7\,T_1 = (1,806 + 258)$

$\therefore$ 응축온도$(T_1) = \dfrac{1,806 + 258}{7} = 294.86°\mathrm{K}$

+참고 $258 \times 7 = 1,806°\mathrm{K}$

62 냉동장치에서 고압이 상승하는 원인을 4가지만 쓰시오.

+해답 ① 냉각수량이 부족하다   ② 냉각수의 온도가 높다.

③ 전열면이 오염되어 있다.   ④ 불응축 가스가 고여 있다.

01 메탄가스의 제조법을 고찰하면 유기물의 (①)로부터, 석유정제의 (②)로부터, 석탄의 (③)로부터, (④)로부터 메탄가스를 얻을 수 있다.

> **+해답** ① 발효   ② 분해가스   ③ 고압건류   ④ 천연가스

02 도시가스에 수분이 침입했을 때 그 영향으로 미치는 장해 4가지만 쓰시오.

> **+해답** ① 도관의 막힘   ② 공급능력 저하
> ③ 도관의 부식 촉진   ④ 정압기나 가스미터 등의 동결

03 나프타(Naphtha)의 성질이 가스화에 미치는 영향을 판정하는 수치로 PONA치가 있는데 이 PONA치에 대하여 다음 괄호 안에 적당한 용어를 쓰시오.

① P : (   )계 탄화수소   ② O : (   )계 탄화수소
③ N : (   )계 탄화수소   ④ A : (   )계 탄화수소

> **+해답** ① 파라핀   ② 올레핀   ③ 나프텐   ④ 방향족

04 도시가스 미터에 다음 표시가 있다. 그 표시의 의미를 간단히 쓰시오.

① $M_{AX}3.0[m^3/h]$ ② $1[l/rev]$

> **+해답** ① 사용 최대유량이 시간당 $3m^3$
> ② 계량실의 1주기 체적이 $1l$

05 도시가스 발열량이 $5,000kcal/m^3$, 비중이 0.61, 공급 표준 압력 $100mmH_2O$인 가스에서 발열량 $11,000kcal/m^3$, 비중이 0.66, 공급표준 압력이 $200mmH_2O$인 LNG로 가스를 변경할 경우 노즐구경의 변경률 $\left(\dfrac{\phi_1}{\phi_2}\right)$은 몇 배로 축소하여야 하는가?

> **+해답** 노즐변경 축소 $\left(\dfrac{D^2}{D^1}\right) = \dfrac{\sqrt{H_1 \times \sqrt{\dfrac{h_1}{d_1}}}}{\sqrt{H_2} \times \sqrt{\dfrac{h_2}{d}}} = \dfrac{\sqrt{5,000 \times \sqrt{\dfrac{100}{0.61}}}}{\sqrt{11,000 \times \sqrt{\dfrac{200}{0.66}}}} = 0.58$배 축소

06 다음 Axial Flow Valve(A.F.V) 방식 정압기의 각 부분(①~③) 명칭을 쓰시오.

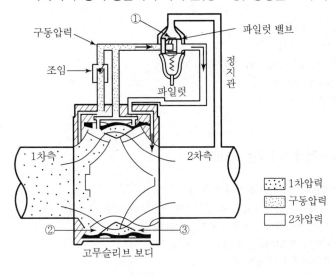

구동압력
파일럿 밸브
조임
정지관
파일럿
1차측
2차측
①
②
③
고무슬리브 보디

::::: 1차압력
▨ 구동압력
□ 2차압력

⊕**해답** ① 파일럿 다이어프램   ② 입구 측 케이지   ③ 출구 측 케이지

07 도시가스 부취설비 중 액체주입식 부취설비에서 실제 사용되고 있는 방식 3가지를 쓰시오.

⊕**해답** ① 펌프 주입 방식   ② 적하 주입 방식   ③ 미터 연결 바이패스 방식

08 다음 도시가스 부취제의 냄새를 간단히 적으시오.
① T · H · T(Tetra Hydro Thiophene)
② T · B · M(Tertiary Buthyl Mercaptan)
③ D · M · S(Dimetyle Sulfide)

⊕**해답** ① 석탄가스 냄새
② 양파 썩는 냄새
③ 마늘 냄새

09 일반 도시가스 사업자의 가스공급 시설 중 최고 사용압력이 고압 또는 중압인 가스홀더의 설치 조건을 4가지만 쓰시오.

⊕**해답** ① 홀더 관리 입구 및 출구에는 온도 또는 압력의 변화에 의한 신축을 흡수하는 조치를 할 것
② 응축액을 외부로 드레인할 수 있는 장치를 설치할 것
③ 응축액의 동결을 방지하는 조치를 할 것
④ 맨홀 또는 검사구를 설치할 것

10 레이놀즈(Reynolds) 정압기(Govemor) 2차압 이상 저하 원인 5가지를 쓰시오.

> **해답** ① 정압기 능력 부족
> ② 필터의 먼지류의 막힘
> ③ 저압보조 정압기의 열림 정도 불조(不調)
> ④ Center Steam의 부족
> ⑤ 주 보조 Weight의 부족

11 부취제의 구비조건을 5가지만 쓰시오.

> **해답** ① 화학적으로 안정하고 독성이 없을 것
> ② 보통 존재하는 냄새(생활취)와 명확하게 구별될 수 있을 것
> ③ 극히 낮은 농도에서도 냄새가 확인될 수 있을 것
> ④ 가스관이나 가스미터 등에 흡착되지 않을 것
> ⑤ 도관을 부식시키지 않을 것
> ⑥ 도관 내의 상용 온도에서 응축되지 않을 것
> ⑦ 완전히 연소할 수 있고 연소 후에는 유해한 냄새를 갖는 성질을 남기지 않을 것
> ⑧ 물에 잘 녹지 않고 토양에 대한 투과성이 클 것
> ⑨ 가격이 저렴할 것

12 가스홀더에 관해 다음 물음에 답하시오.
① 구형 가스홀더 사용 시의 이점 7가지를 쓰시오.
② 가스홀더의 기능 4가지를 쓰시오.

> **해답** ① ㉠ 강도가 커서 두께가 얇아도 된다.
> ㉡ 용량이 크다.
> ㉢ 표면적이 저장탱크 중 적다.
> ㉣ 보존, 관리면에서 유리하다.
> ㉤ 기초 구조가 단순해 공사가 용이하다.
> ㉥ 탱크 완성 시 충분한 내압 및 기밀시험을 행하므로 누설이 방지된다.
> ㉦ 형태가 아름답다.
> ② ㉠ 가스 수요의 시간적 변동에 대하여 일정한 제조 가스량을 안전하게 공급하고 남는 가스를 저장한다.
> ㉡ 정전, 배관공사 제조 및 공급설비의 일시적 지장에 대하여 어느 정도 공급을 확보한다.
> ㉢ 각 지역에 가스홀더를 설치하여 피크 시 지구의 공급을 가스홀더에 의해 공급함과 동시에 배관의 수송 효율을 높인다.
> ㉣ 조성이 변동하는 제조가스를 저장 혼합하여 공급 가스의 열량성분, 연소성 등을 균일화한다.

13 다음 탱크는 가스를 압축해서 저장하는 구형 고압 홀더를 나타낸 것이다. 물음에 답하시오.

　① (a)~(d)의 부품명칭을 쓰시오.

　② 정압기 중 파일럿식 정압기의 종류 2가지를 쓰시오.

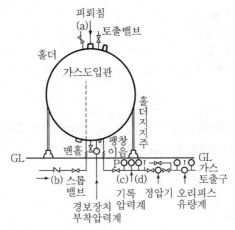

　●해답 ① (a) 안전밸브, (b) 체크밸브, (c) 압력계, (d) 온도계
　　　　② ㉠ 파일럿식 언로딩형 정압기
　　　　　 ㉡ 파일럿식 로딩형 정압기

14 다음 각 항에 관하여 설명하시오.

　① 가스기구의 Input이라 함은 무엇인가?

　② 가스기구의 Output이라 함은 무엇인가?

　③ Output과 Input의 열효율 관계를 표시하시오.

　●해답 ① 가스기구가 단위시간에 소비하는 열량을 말한다.
　　　　② 가스기구가 가열하는 목적물에 유효하게 주어진 열량을 말한다.
　　　　③ 열효율(%) = $\dfrac{Output}{Input} \times 100(\%)$

15 정압기 중 파일럿식 정압기의 종류 2가지를 쓰시오.

　●해답 ① 파일럿식 언로딩형 정압기
　　　　② 파일럿식 로딩형 정압기

16 피셔식 정압기 2차 압력 이상 상승 원인 6가지를 서술하시오.

+해답 ① 메인밸브에 먼지류가 끼어들어 Cut-off 불량
② 메인밸브의 밸브폐쇄
③ 파일럿 서프라이 밸브에서의 누설
④ 바이패스 밸브류의 누설
⑤ 가스 중 수분의 동결
⑥ 센터스템과 메인밸브의 접속불량

17 도시가스 성분 중 유해 성분의 양은 0℃, 1.013250Bar에서 건조한 도시가스 $1m^3$당 황전량, 황화수소, 암모니아는 각각 몇 g 이하여야 하는가?

+해답 ① 황전량 0.5g 이하
② 황화수소 0.02g 이하
③ 암모니아 0.2g 이하

18 Fisher(피셔)식 정압기의 압력이상 저하원인과 대책을 각각 5가지씩 쓰시오.

+해답 • 원인 : ① 정압기 능력 부족
② 필터의 먼지류의 막힘
③ 파일럿 오리피스의 녹막힘
④ 주 다이어프램의 파손
⑤ 스트로크의 조정불량
⑥ 센터스템의 작동불량
• 대책 : ① 정압기의 적절한 교환
② 필터의 교환
③ 필터의 교환과 분해정비
④ 다이어프램의 교환
⑤ 분해 정비

19 다음은 도시가스 공급 계통도이다. 물음에 답하시오.

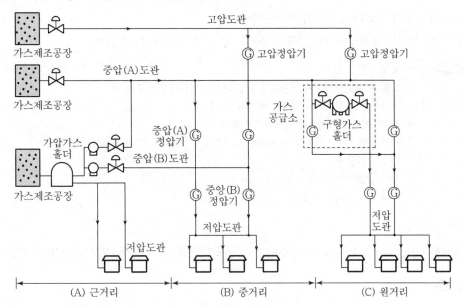

① 도시가스의 압력은 몇 kgf/cm² 범위인지 쓰시오.
  ㉠ 고압
  ㉡ 중압
  ㉢ 저압
② "(A) 근거리"는 가스홀더의 압력만으로 공급하는 저압공급방법이다. 그 이점을 3가지 쓰시오.
③ 위 계통도상에서 중압 A(MPA)와 중압 B(MPB)로 공급압력이 구분되어 있는데, 그 각각의 압력 범위는 몇 kgf/cm²인지 쓰시오.
  ㉠ 중압 A(MPA)
  ㉡ 중압 B(MPB)

+해답 ① ㉠ 10kgf/cm²(1MPa 이상)
    ㉡ 1kgf/cm² 이상 10kgf/cm 미만(0.1MPa 이상 1MPa 미만)
    ㉢ 1kgf/cm² 미만(0.1MPa 미만)
  ② ㉠ 공급계통이 간단하므로 유지관리가 쉽다.
    ㉡ 압송비용이 불필요하거나 극히 저렴하다.
    ㉢ 정전 시에도 공급이 중단되지 않고, 공급의 안전성이 높다.
  ③ ㉠ 3kgf/cm 이상 10kgf/cm² 미만
    ㉡ 1kgf/cm 이상 3kgf/cm² 미만

20 부취 설비에 관해 다음 물음에 답하시오.

① 부취제로서 필요한 조건 5가지만 쓰시오.

② 액체 주입식 부취설비에서 실제 사용되고 있는 방식 3가지를 쓰시오.

> **+해답** ① ㉠ 독성이 없을 것
> ㉡ 보통 존재하는 가스와 부취제가 섞인 가스는 명확하게 식별될 것
> ㉢ 극히 낮은 농도에서도 냄새가 확인될 수 있을 것
> ㉣ 가스관이나 가스미터에 흡착되지 않을 것
> ㉤ 완전히 연소하고 연소 후에 유해한 냄새를 갖는 성질을 남기지 않을 것
> ② ㉠ 펌프 주입방식
> ㉡ 적하 주입방식
> ㉢ 미터 연결 바이패스 방식

21 가스홀더(Holder)의 기능을 ① 제조면과 ② 공급면으로 나누어 각 2가지씩 설명하시오.

> **+해답** ① 제조면
> ㉠ 가스 수요의 시간적 변동에 대하여 일정한 제조 가스량을 안정하게 공급하고 남는 가스를 저장한다.
> ㉡ 조성의 변동하는 제조 가스를 저장 혼합하여 공급 가스의 열량, 성분, 연소성 등을 균일화한다.
> ② 공급면
> ㉠ 정전, 배관공사, 제조 및 공급설비의 일시적 가스생산이 이루어지지 않을 때에 대하여 어느 정도 공급을 확보한다.
> ㉡ 각 지역에 가스홀더를 설치하여 피크 시에 각 지구의 공급을 가스홀더에 의해 공급함과 동시에 배관의 수송 효율을 높인다.

22 ① 도시가스 부취제의 종류 3가지와 그 냄새 그리고 ② 부취제 주입설비 중 액체 주입방식 2가지를 쓰시오.

> **+해답** ① ㉠ THT : 석탄가스 냄새
> ㉡ TBM : 양파 썩는 냄새
> ㉢ DMS : 마늘 냄새
> ② ㉠ 펌프 주입식
> ㉡ 적하 주입식
> ㉢ 미터연결 바이패스 방식

23 다음과 같은 레이놀드 정압기의 각 부(①~⑥) 명칭을 쓰시오.

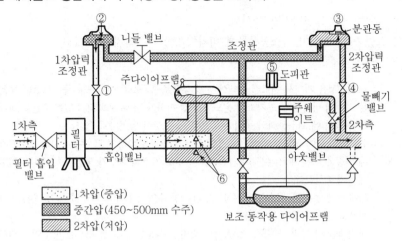

+해답 ① 중압 스톱 밸브
② 중압 보조 정압기
③ 저압 보조 정압기
④ 저압 스톱 밸브
⑤ 보조 웨이트 또는 보조분동
⑥ 메인 밸브

24 도시가스 부취제의 주입방식에 관해 다음 물음에 답하시오.

① 액체 주입방식 3가지를 쓰시오.

② 증발방식 2가지를 쓰시오.

+해답 ① 펌프 주입식, 적하 주입식, 미터연결 바이패스 방식
② 바이패스 증발식, 위크 증발식

25 도시가스 나프타에 의한 에틸렌 제조공정 중 ①~②에 해당하는 명칭을 쓰시오.

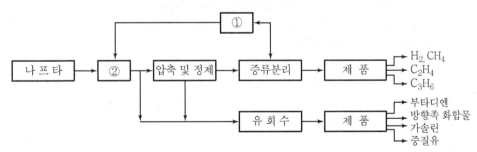

+해답 ① C_2H_6
② 열분해와 급랭

26 가스도관 중에 물이 고여서 지장을 일으키는 일이 있다. 이에 관해 다음 물음에 답하시오.

① 물이 고이는 원인을 4가지만 쓰시오.

② 물이 고였을 때 이것이 가스공작물에 미치는 영향을 4가지만 쓰시오.

해답 ① 원인

　　㉠ 정제공정을 거쳐서 애프터 쿨러에서 냉각된 송출가스가 아직도 지중온도보다 높은 경우 관내를 흐르는 사이에 냉각되어 그 가스의 온도가 노점 이하가 될 때 포화되어 있는 수분이 관내에 응축한다. 동기에는 특히 애프터 쿨러의 능력 부족으로 이 현상이 일어나기 쉽다.

　　㉡ 유수식 홀더에 보내진 가스는 보통의 경우 수면과 접촉하여 그 수온에서의 포화가스로서 송출된다. 이때 지중온(배관 내의 온도)이 가스온보다 낮고 가스의 온도가 노점 이하로 냉각될 때 포화수분을 관내에서 응축시킨다.

　　㉢ 도관에 손상이 생긴 경우 그 손상부분의 지중 수압이 관내의 가스압보다도 높을 때에는 스며드는 물의 형태로 관내에 물이 침입한다.

　　㉣ 도관매설 시 그의 구배도는 수취기의 위치가 적절한 경우 관내에 물이 고이는 일이 있다.

② 공작물에 미치는 영향

　　㉠ 도관 내에 다량의 물이 고이면 가스의 흐름을 저해하고 압력저하, 공급 불량 등의 원인이 되는 동시에 압력이 변동하여 가스의 연소에 악영향을 줄 우려가 있다.

　　㉡ 정압기에 응축수가 고이면 압력제어의 평형을 잃고 가스압력을 혼란시킬 염려가 있다.

　　㉢ 가스 미터에 물이 고이면 흔들림의 원인이 되고 최악의 경우 지동의 원인도 된다.

　　㉣ 지역에 따라서는 정압기, 가스미터가 겨울철 동결의 원인이 된다.

---

06 **시험분석**

01 FID 가스크로마토그래피에 대한 설명 중 바른 것끼리 짝지어진 것은?

> • A : 칼럼으로부터 나오는 가스는 열전도도법에 의하여 기록된다.
> • B : 칼럼 중에는 실리카겔이 채워져 있다.
> • C : 시료가스는 소량이라도 분석된다.
> • D : 메탄과 수소를 포함한 시료는 분석할 수 없다.

① A · B　　　　　② C · D　　　　　③ A · B · C

④ B · C · D　　　　⑤ A · C · D

해답 ③

02 흡수분석법인 오르사트 가스분석기에 대한 다음의 그림을 보고 물음에 답하시오.

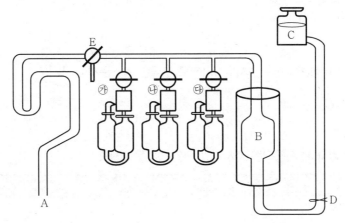

① 분석할 시료 가스의 저장장소는 A, B, C, D, E 중 어느 곳인가?
② CO_2 가스가 흡수되는 부분의 기호를 쓰시오.
③ CO_2 가스의 흡수제를 화학식으로 쓰시오.

+해답 ① B(뷰렛) ② ㉰ ③ 33% KOH수용액

03 다음은 가스의 흡수제들이다. 어떤 가스의 흡수제인지 각각 쓰시오.

① 수산화칼륨
② 무수황산(발연황산)
③ 염화 제1동 용액
④ 알칼리성 피로카롤용액

+해답 ① CO_2 ② 탄화수소
③ CO ④ O_2

04 다음 표를 완성하시오.

검지가스	시험지	변색
① 염소		
② 아세틸렌		
③ 일산화탄소		
④ 암모니아		
⑤ 황화수소		

해답 ① KI전분지, 청색 ② 염화 제1동 착염지, 적색
③ 염화파라듐지, 흑색 ④ 적색 리트머스시험지, 청색
⑤ 초산연/납 시험지(연당지), 흑색

05 오르사트 가스분석계의 흡수순서를 3가지로 분류한 가스순서로 쓰시오.

해답 $CO_2 \to O_2 \to CO$

06 다음의 가스 검사 시 사용되는 검사지와 색깔변화를 쓰시오.

가스명	검사지	색깔변화
① HCN		
② CO		
③ NH₃		
④ COCl₂		
⑤ C₂H₂		

해답 ① 질산구리벤젠지, 청색 ② 염화파라듐지, 흑색
③ 적색 리트머스 시험지, 청색 ④ 하리슨시약 시험지, 심등색(오렌지색)
⑤ 염화 제1동 착염지, 적색

07 기기분석법인 가스크로마토그래피에 사용되는 검출기의 종류는 열전도형 검출기(TCD), 수소이온화 검출기(FID), 전자포획 검출기(ECD) 등이 있다. 이들 검출기 중 불꽃으로 시료성분이 이온화됨으로써 불꽃 중에 놓여진 전극 간의 전계가 증대하는 것을 이용하여 시료를 분석하는 검출기는 어떤 것인가?

해답 수소이온화 검출기(FID)

08 다음은 가스검지에 사용되는 시험지 명칭과 반응색을 나타낸 표이다. ①~③을 알맞게 쓰시오.

가스(화학식)	시험지 명칭	반응색
NH₃	(①)	청색
(②)	염화 제1구리 착염지	적색
H₂S	연당지	(③)

해답 ① 적색리트머스 시험지 ② C₂H₂ ③ 흑색

09 어떤 기체 100ml를 취해서 가스분석기에서 CO_2를 흡수시킨 후 남은 기체는 88ml이며 다시 O_2를 흡수시키니 54ml가 되었다. 여기서 다시 CO를 흡수시키니 50ml가 남았다. 잔존기체가 질소일 때 이 시료기체 중 O_2의 용적 백분율(%)을 구하시오.

➕해답 산소$(O_2) = \dfrac{88-54}{100} \times 100 = 34(\%)$

10 50ml의 시료가스(CO_2, O_2, CO, N_2의 혼합가스)를 CO_2, O_2, CO 순으로 흡수시켜서 그때마다 남는 부피가 32.5ml, 24.2ml, 17.8ml였다면 이들 가스의 조성(부피 %)은 어떻게 되는가?

➕해답 ① $CO_2 = \dfrac{50-32.5}{50} \times 100 = 35\%$ ② $O_2 = \dfrac{32.5-24.2}{50} \times 100 = 16.6\%$

③ $CO = \dfrac{24.2-17.8}{50} \times 100 = 12.8\%$ ④ $N_2 = 100 - (35+16.6+12.8) = 35.6\%$

11 대기 중에 장치로부터 미량의 가스가 누설될 경우가 있을 때 다음 가스의 검지에 사용되고 있는 시험지와 색변상태를 쓰시오.

① SO_2가스   ② LPG   ③ 염소
④ 황화수소   ⑤ 시안화수소   ⑥ 아세틸렌

➕해답

번호	가스종류	시험지명	변색
①	SO_2	암모니아를 적신 헝겊	백연기
②	LPG	비눗물	기포
③	염소	요오드칼륨 전분지	청색
④	황화수소	초산납 시험지(연당지)	흑(회)색
⑤	시안화수소	초산벤젠지	청색
⑥	아세틸렌	염화 제1구리 착염지	적색

12 30ml의 시료가스를 CO_2, CmHn, O_2, CO 순으로 흡수시켜 그때마다 남은 부피가 15ml, 10ml, 3ml, 1ml였다면 이들 가스의 조성(부피 %)은 각각 얼마인가?

➕해답 ① $CO_2 = \dfrac{30-15}{30} \times 100 = 50\%$ ② $C_mH_n = \dfrac{15-10}{30} \times 100 = 16.67\%$

③ $O_2 = \dfrac{10-3}{30} \times 100 = 23.33\%$ ④ $CO = \dfrac{3-1}{30} \times 100 = 6.67\%$

13 어떤 기체 $100ml$를 취해서 가스분석기에서 CO_2를 흡수시킨 후 남은 기체는 $88ml$이며 다시 O_2를 흡수시키니 $58ml$가 되었다. 여기서 다시 CO를 흡수시키니 $50ml$가 남았다. 잔존기체가 질소일 때 이 시료기체 중 O_2의 용적 백분율(%)을 구하시오.

> **+해답** 산소$(O_2) = \dfrac{88-58}{100} \times 100 = 30\%$

14 아황산가스에 접촉할 때 백연기 발생으로 누설 확인이 가능한 가스는 무엇인가?

> **+해답** 암모니아

15 공업용 아세틸렌의 품질을 브롬법에 의하여 검사하고자 한다. 흡수시약 제조방법을 2가지로 나누어서 쓰시오.

> **+해답** ① 유리 삼산화황(SO_3) 약 30%를 함유하는 KS M 1205(발연황산)를 흡수용으로 사용한다.
> ② 30% 브롬화칼륨(시약용) 수용액에 시약용 브롬을 포화시켜서 흡수용 시약으로 한다.

16 다음 가스의 누설을 검지하는 시험지 명칭 및 색변상태를 쓰시오.

가스명	시험지 명칭	색변상태
시안화수소		
황화수소		
일산화탄소		

> **+해답**

가스명	시험지 명칭	색변상태
시안화수소	질산구리벤젠지	청색
황화수소	초산연시험지(연당지)	흑색
일산화탄소	염화파라듐지	흑색

17 다음 가스 누설시험 검사 시 시험지 색변상태를 쓰시오.

가스	시험지	색깔
NH_3	적색 리트머스 시험지	①
CO	염화파라듐지 수용액	②
H_2S	초산연 시험지	③
Cl_2	요오드화칼륨 푼덴지(요오드화칼륨 녹말종이)	④
HCN	질산구리벤젠지	⑤
C_2H_2	염화 제1동 착염지	⑥

✚해답 ① 청색 ② 흑색 ③ 흑색 ④ 청색 ⑤ 청색 ⑥ 적색

18 대기 중의 장치로부터 미량의 가스가 누설될 경우 다음 가스의 검지에 사용되고 있는 ① 시험지를 쓰고 ② 색변상태를 쓰시오.

㉮ 암모니아　　　　㉯ 일산화탄소　　　　㉰ 염소
㉱ 황화수소　　　　㉲ 시안화수소　　　　㉳ 아세틸렌

✚해답 ① ㉮ 적색리트머스시험지
　　　　㉯ 염화파라듐지
　　　　㉰ KI 전분지
　　　　㉱ 초산연 시험지(연당지)
　　　　㉲ 질산구리벤젠지
　　　　㉳ 염화 제1동 착염지
　　　② ㉮ 청색
　　　　㉯ 흑색
　　　　㉰ 청색
　　　　㉱ 흑색
　　　　㉲ 청색
　　　　㉳ 적색

19 가스분석법 중 시료가스를 공기, O_2 또는 산화제로 연소하여 CO_2의 생산량, O_2의 소비량 등으로 성분을 산출하는 분석법은?

✚해답 연소분석법

20 $60 \mathrm{m}l$의 시료가스를 CO_2, O_2, CO의 순으로 흡수시켜서 그때마다 남은 부피가 $34 \mathrm{m}l$, $26.2 \mathrm{m}l$, $18.2 \mathrm{m}l$이고 나머지가 N_2라면 이들 가스의 조성(부피 %)은 각각 얼마인가?

해답 $CO_2 = \dfrac{(60-34)}{60} \times 100 = 43.33\%$

$O_2 = \dfrac{(34-26.2)}{60} \times 100 = 13\%$

$CO = \dfrac{(26.2-18.2)}{60} \times 100 = 13.33\%$

$N_2 = 100 - (CO_2 + O_2 + CO) = 100 - (43.33 + 13 + 13.33) = 30.34\%$

21 가스누설검지 경보장치의 설치기준에 대하여 ①, ②, ③ 물음에 답하시오.

해답 ① 가연성 가스의 경보농도 : 폭발하한계의 $\dfrac{1}{4}$ 이하

② 독성 가스의 경보농도 : 허용농도 이하

③ 암모니아를 실내에서 사용 시 농도 : 50ppm 이하

22 다음 (1)~(6) 가스의 검지에 사용되고 있는 시험지명과 색변상태를 쓰시오.

가스명	시험지명	색변
(1) 암모니아	①	㉮
(2) 일산화탄소	②	㉯
(3) 염소	③	㉰
(4) 황화수소	④	㉱
(5) 시안화수소	⑤	㉲
(6) 아세틸렌	⑥	㉳

해답 • 시험지명
① 적색리트머스 시험지　② 염화파라듐지　③ KI전분지
④ 초산연시험지(연당지)　⑤ 질산구리벤젠지　⑥ 염화 제1동 착염지

• 색변상태
㉮ 청색　　　　㉯ 흑색　　　　㉰ 청색
㉱ 흑색　　　　㉲ 청색　　　　㉳ 적색

23 가스검지기에 대하여 다음 물음에 답하시오.

① 설치장소   ② 설치위치
③ 농도 측정범위   ④ 검지기 종류(3가지)

+해답 ① 가스 누설 시 체류하기 쉬운 장소
② 공기보다 가벼운 가스의 경우 지면에서 30cm 이하의 높이, 공기보다 무거운 가스의 경우 천장에서 30cm 이내
③ 0부터 폭발범위까지 명확히 지시할 수 있어야 한다.
④ 열선식, 간섭계형, 검지관식

24 가스검지기에 대하여 다음 물음에 답하시오.

① 설치 장소는?
② 공기보다 가벼운 가스의 경우 설치 위치는?

+해답 ① 가스 누설 시 체류하기 쉬운 장소   ② 지면에서 30cm 이하의 높이

25 유독가스 검지법으로 초산연 시험지(연당지)를 사용하였을 때 회색 또는 흑색으로 변하는 가스는?

+해답 H_2S(황화수소)

07 압축기 펌프

01 액화가스 충전에는 액펌프와 압축기가 사용될 수 있다. 이때 압축기를 사용하는 경우의 이점을 3가지 이상 쓰시오.

+해답 ① 충전시간이 짧다.   ② 베이퍼록 등의 지장이 없다.
③ 잔가스의 회수가 가능하다.   ④ 가스의 누설이 적다.

02 원심 압축기는 왕복 압축기에 비해 어떤 장점이 있는가?

+해답 ① 동일 용량에 대하여 외형이 작다.   ② 진동이 적다.
③ 오일의 혼입이 적다.   ④ 마모가 적다.

03 압축기는 기체를 취급하는 플랜트에서 고압력을 발생시키기 위해 사용하는 기기로서 가장 중요한 역할을 하고 있다. 그 용도 5가지를 쓰시오.

> **해답** ① 화학반응의 촉진
> ② 가압 시 용이하게 액화하는 가스를 가압액화 저장 혹은 운반
> ③ 액화가스 기화잠열을 이용하여 냉각
> ④ 압축가스 팽창 시 온도 강하를 이용하여 냉동장치와 조합하여 초저온에서 가스를 액화
> ⑤ 기체의 체적을 압축에 의해 축소, 저장, 운반
> ⑥ 배관 중의 유동저항을 극복하여 가스를 수송

04 다단 왕복동 압축기에 다음과 같은 이상현상이 발생했다. 그 원인을 각각 2가지씩 쓰시오.
① 1단 흡입 압력의 이상상승
② 중간 압력 이상상승
③ 유압저하

> **해답** ① ㉠ 1단 흡입·토출밸브 불량
> ㉡ 흡입관계에서 고압유입
> ② ㉠ 다음단의 흡입·토출밸브 불량
> ㉡ 중간단의 바이-패스 순환
> ㉢ 2단 냉각기의 능력 저하
> ㉣ 다음 단 클리어런스 밸브의 불완전 폐쇄
> ㉤ 다음 단 피스톤링 마모
> ③ ㉠ 기어펌프의 불량
> ㉡ 릴리프 밸브의 작동 불량
> ㉢ 높은 유온
> ㉣ 관로의 오손

05 압축기의 운전 중에 유의하여야 할 점 5가지를 쓰시오.

> **해답** ① 압력계는 규정 압력을 나타내고 있는지 확인
> ② 작동 중 이상음이 없는지 확인
> ③ 누설 여부 확인
> ④ 진동 유무 확인
> ⑤ 온도가 상승하지 않는지 확인

06 다단 압축기 중간단의 토출 압력이 이상하게 저하한다. 그 원인을 8가지 쓰시오.

+해답 ① 흡입 토출 밸브의 불량 　　　　② 흡입축 바이패스의 순개방
③ 앞단 냉각기의 과냉 　　　　　④ 앞단 클리어런스 밸브의 불완전 폐쇄
⑤ 앞단 피스톤링의 마모 　　　　⑥ 흡입 관로의 저항 증대
⑦ 흡입 관계의 누설 　　　　　　⑧ 흡입 밸브 언로더의 복귀 불량

07 터보 압축기의 누설을 일으킬 수 있는 부분과 이들 부분에 대한 밀봉(Seal) 방법을 각각 4가지씩 쓰시오.

+해답 ① 누설부분
　ㄱ 축이 케이싱을 관통하는 부분 　　ㄴ 밸런스 피스톤
　ㄷ 다이어프램 부식 　　　　　　　　ㄹ 임펠러 입구부분
② 밀봉방법
　ㄱ 레비린스 실 사용 　　　　　　　　ㄴ 메커니컬 실 사용
　ㄷ 오일필립 실 사용 　　　　　　　　ㄹ 카본 실 사용

08 압축기 운전 중 압력계의 눈금이 정상적이지 않을 경우 기계적 고장에 의한 원인 6가지를 쓰시오.

+해답 ① 용량조정장치의 작동 불균일
② 그랜드 패킹의 마모 또는 파손
③ 피스톤링의 마모
④ 흡입, 토출밸브의 고장
⑤ 배관의 플랜지 부분 등 기밀부에서의 누설
⑥ 압력계 자체의 고장
⑦ 압력계 연결 콕 등의 조정 불량

09 공기압축기의 내부 윤활유 규격에 대하여 다음 (　) 안을 알맞게 채우시오.

구분	인화점	교반시간	조건
잔류탄소량이 전 질량의 1% 이하의 윤활유	(　①　)℃ 이상	(　②　)시간 이상	• 재생유 이외의 것일 것 • (　⑤　)℃의 교반조건에 분해되지 않을 것
잔류탄소량이 전 질량의 1% 초과~1.5% 이하의 윤활유	(　③　)℃ 이상	(　④　)시간 이상	

+해답 ① 200　　② 8　　③ 230　　④ 12　　⑤ 170

10 다단 압축기의 단수 결정 시 고려할 사항 4가지를 쓰시오.

> +해답 ① 최종의 토출 압력   ② 취급가스량
> ③ 취급가스의 종류   ④ 연속운전의 여부
> ⑤ 동력 및 제작의 경제성

11 터보압축기의 일상 운전에서 가장 주의를 요하는 것은 진동이다. 다음과 같은 진동 발생의 주요 원인을 2가지씩 쓰시오.

① 설치 또는 센터링 불량

② 회전체의 언밸런스

③ 레비린스와 회전체의 접촉

> +해답 ① ㉠ 기초강도 부족과 설치 불량
> ㉡ 축조인트면의 접촉
> ㉢ 압축기의 위치가 열팽창에 의한 것
> ② ㉠ 제작 시의 잔류 언밸런스
> ㉡ 먼지, 기름, 타르 등의 부착
> ㉢ 부식, 마모
> ③ ㉠ 설치 불량
> ㉡ 열팽창

12 다단 공기압축기의 윤활제는 어떤 것을 사용하면 되는가? 그 이유는?

> +해답 ① 윤활제 : 양질의 물
> ② 이유 : 윤활유를 사용하면 열분해되어 저급 탄화수소가 발생된 후 분리기에 들어가 폭발의 위험성이 있기 때문이다.

13 다음 압축기에 적당한 윤활유를 간단히 쓰시오.

① 산소 압축기   ② 아세틸렌 압축기   ③ 공기 압축기

> +해답 ① 물 또는 10% 이하의 묽은 글리세린수
> ② 양질의 광유 또는 항 유화성이 높은 양질의 광유
> ③ 양질의 광유 또는 고급 디젤 엔진유

14 산소 압축기의 실린더 내 윤활제는 무엇을 사용해야 하는지 2가지만 쓰시오.

> +해답 ① 물   ② 10% 이하의 묽은 글리세린수

15 압축장치 중 1단에서 압력이 1.5kgf/cm^2이고 5단에서 150kgf/cm^2이라면 이 압축기의 압축비는 얼마인가?

+해답 압축비 $= \sqrt[5]{\dfrac{150}{1.5}} = 4.64$

16 다음은 가연성 가스 압축기의 정지 시 주의사항에 대한 것이다. 순서대로 나열하시오.

① 최종 스톱밸브를 닫는다.
② 냉각수 주입밸브를 닫는다.
③ 전동기 스위치를 내린다.
④ 각 단의 압력 저하 확인 후 주 흡입밸브를 닫는다.

+해답 ③ → ① → ④ → ②

17 왕복동 압축기의 운전 중 소요동력이 갑자기 감소되었다. 이때의 원인과 대책을 각각 3가지씩 쓰시오.

+해답 ① 원인
　　ⓐ 발생량보다 처리량이 많고 흡입 압력이 저하하고 있다.
　　ⓑ 흡입·토출 밸브, 특히 1단 흡입 밸브의 불량에 의해 처리량이 저하된다.
　　ⓒ 토출압력 저하
　② 대책
　　ⓐ 발생량에 의한다.
　　ⓑ 밸브를 점검하거나 부품을 교환한다.
　　ⓒ 토출압을 필요로 하지 않는다.

18 왕복동식 다단 공기 압축기에서 대기 중의 20℃ 공기를 흡입하여 최종단에서 30kgf/cm^2 및 60℃로 $27\text{m}^3/\text{h}$의 공기를 토출하였다면 그 체적 효율은 몇 %인가?(단, 1단 압축기를 통과할 수 있는 흡입용적은 $800\text{m}^3/\text{h}$이며, 대기압은 1.033kgf/cm^2이다.)

+해답 ① 흡입 상태로 고친 실제 압축 가스량은
$$\frac{PV}{T} - \frac{P'V'}{T'} \rightarrow V = \frac{P'V'T}{T'P} = \frac{31.033 \times 27 \times (273+20)}{(273+60) \times 1.033} = 713.7\text{m}^3/\text{h}$$
② 체적 효율은
$$\eta_r = \frac{\text{실제 압축량} \times 100}{\text{이론적 압축량}} = \frac{713.7}{800} \times 100 = 89\%$$

19 다음 각 압축기의 피스톤 송출량에 관한 보기의 기호를 보고서 계산식을 세우시오.

> 단, 실린더의 안지름을 $D_1(\text{m})$, 실린더의 수를 Z, 피스톤의 행정을 $L_1(\text{m})$, 실린더 1개의 체적(m^3)을 $V_C\left(=\dfrac{\pi}{4}D_1^2L_1\right)$, 1분간의 회전수를 $n(\text{rpm})$, 저단축 피스톤 송출량 V_L, 고단측 피스톤 송출량 V_H, 회전 피스톤의 두께 $t(\text{m})$, 로터의 지름 $D_2(\text{m})$, 압축에 유효하게 작용하는 로터의 길이 $L_2(\text{m})$, 기어의 형에 따른 계수(K)

① 왕복 압축기의 피스톤 송출량은?
　　㉠ 1단 압축기　　　　　　　　　　　　　㉡ 다단 압축기
② 회전 압축기의 피스톤 송출량은?
③ 스크루 압축기의 피스톤 송출량은?

＋해답 ① ㉠ 1단 압축기 : $V_C = \dfrac{\pi}{4}D_1^2 \times L_1 \times n$

　　　　㉡ 다단 압축기 : $V_H + 0.08\,V_L$

　　② 회전 압축기 피스톤 송출량 : $60 \times 0.785tn \times (D_1^2 - D_2^2)$

　　③ 스크루 압축기의 피스톤 송출량 : $K \times D_2^3 \times \dfrac{L_2}{D_2} \times n \times 60$

20 다단 왕복 압축기에서 다음과 같은 이상현상 시 그 원인을 나열하시오.
① 중간단 토출압력의 이상상승 원인(3가지 이상)
② 중간단 토출압력의 이상저하 원인(3가지 이상)
③ 1단 흡입압력의 이상상승 원인(3가지)

＋해답 ① ㉠ 다음 단의 흡입 · 토출 밸브 불량
　　　　㉡ 중간 단에서의 바이패스 순환
　　　　㉢ 2단 냉각기의 능력 저하
　　　　㉣ 다음 단 클리어런스 밸브의 불완전 폐쇄
　　　　㉤ 다음 단 피스톤링의 마모
　　② ㉠ 흡입 · 토출 밸브의 불량
　　　　㉡ 흡입 측의 바이패스 순환
　　　　㉢ 흡입관의 저항 증대
　　　　㉣ 흡입관로의 누설
　　　　㉤ 흡입 밸브 언로더의 복귀 불량
　　　　㉥ 전단 냉각기의 과냉
　　③ ㉠ 1단 흡입 밸브의 불량
　　　　㉡ 1단 토출 밸브의 불량
　　　　㉢ 흡입관계에 고압의 유입

21 원심식(터보식) 압축기에 사용되는 밀봉장치 4가지를 쓰시오.

> **◆해답** ① 래버린스 실
> ② 오일필림 실
> ③ 메커니컬 실
> ④ 카본 실

22 왕복동압축기의 연속적 용량제어방법 5가지를 쓰시오.

> **◆해답** ① 흡입 주밸브를 폐쇄하는 방법
> ② 타임드 밸브제어에 의한 방법
> ③ 클리어런스 밸브에 의한 방법
> ④ 흡입밸브 개방에 의한 방법
> ⑤ 회전수 변경에 의한 방법

23 터보 압축기의 깃 각도에 의한 분류 3가지는?

> **◆해답** ① 다익형
> ② 레이디얼형
> ③ 터보형

24 윤활유 선택 시 유의할 점 6가지를 쓰시오.

> **◆해답** ① 사용가스와 화학반응을 일으키지 않을 것
> ② 인화점이 높을 것
> ③ 점도가 적당하고 항유화성이 클 것
> ④ 수분 및 산류 등의 불순물이 적을 것
> ⑤ 정제도가 높아 잔류 탄소가 증발해서 줄어드는 양이 적을 것
> ⑥ 열에 대하여 안전성이 좋을 것

25 고압가스 제조용 압축기의 운전 시 조사 점검할 사항을 5가지만 간단히 쓰시오.

> **◆해답** ① 누설유무 점검
> ② 이상음 유무 점검
> ③ 온도의 이상 유무 점검
> ④ 압력의 이상 유무 점검
> ⑤ 냉각수 및 수온 점검

26 압축기나 송풍기 운전 중 발생하는 서징 현상에 관해 다음 물음에 답하시오.

① 서징 현상을 설명하시오.
② 서징의 방지법 4가지를 쓰시오.

💠해답 ① 서징 현상 : 압축기나 송풍기에서 토출 측 저항이 커지면 가스 또는 풍량이 감소하고 어느 풍량에 대하여
　　　　　일정한 압력으로 운전이 되나 우상 특성의 풍량까지 감소하면 관로에 심한 가스나 공기의 맥동과 진동이
　　　　　발생하여 불안전한 운전이 되는 현상
　　　　② 서징 방지법
　　　　　㉠ 우상이 없는 특성으로 하는 방법
　　　　　㉡ 방출 밸브에 의한 방법
　　　　　㉢ 베인 컨트롤에 의한 방법
　　　　　㉣ 회전수를 변화시키는 방법

27 5단 왕복 공기압축기의 3단 토출밸브에 누설이 있을 때 이 누설의 원인과 이에 따른 현상을 각 4가지
씩 쓰시오.

💠해답 ① 누설의 원인
　　　　　㉠ 토출밸브 불량
　　　　　㉡ 토출밸브 시트 불량
　　　　　㉢ 토출밸브의 밸브판 및 스프링의 파손
　　　　　㉣ 이물질 혼입에 의한 밸브판의 작동 불량
　　　　② 현상
　　　　　㉠ 토출가스량의 감소
　　　　　㉡ 소요동력이 증가한다.
　　　　　㉢ 토출 가스의 온도 상승
　　　　　㉣ 체적효율 감소

28 압축기 관리 측면에서 압축기를 운전하기 전에 미리 운전자가 준비하고 점검해야 할 일반적인 사항 5
가지를 쓰시오.

💠해답 ① 압축기에 부속된 모든 나사, 볼트는 잘 조여 있는지 충분히 점검한다.
　　　　② 크랭크케이스, 기름통에 윤활유를 충분히 넣고 주유가 완전히 되는지의 여부를 확인한다.
　　　　③ 냉각수 계통의 밸브를 열어보아 냉각수가 완전히 순환되는지 조사한다.
　　　　④ 압력계, 압력지시 밸브, 드레인 밸브 등을 열어 압력지시의 이상 유무를 조사한다.
　　　　⑤ 무부하 상태에서 소형 압축기는 우선 수동으로, 전동기는 단속적으로 스위치를 넣어 회전시켜 실린더 내
　　　　　에 이상 물질이 없는지 확인해 본다.

29 원심 압축기는 왕복동 압축기에 비해 어떠한 장점이 있는지 5가지를 쓰시오.

> **해답** ① 동일 용량에 비해 형태가 작고 진동 · 소음 · 중량 · 설치면적이 작다.
> ② 가스의 압송은 연속적으로 맥동이 없다.
> ③ 내부에 윤활유를 쓰지 않으므로 압송 유체 중에 기름이 혼입되지 않는다.
> ④ 원동기에 직접 연결하여 감속장치가 필요 없다.
> ⑤ 기계적 접촉부는 베어링 부분뿐이므로 운전이 안전하고 마모나 마찰이 적다.

30 왕복동 압축기에서 중간단 압력의 이상 저하 원인을 4가지만 쓰시오.

> **해답** ① 전단 냉각기의 과냉
> ② 전단 피스톤링 마모
> ③ 흡 · 토출 밸브의 불량
> ④ 전단 클리어런스 밸브의 불완전 폐쇄

31 터보 압축기를 회전차의 깃 각도에 따라 3가지로 분류하시오.

> **해답** ① 터보형 : 임펠러 출구각이 90°보다 작을 때
> ② 레이디얼형 : 임펠러 출구각이 90°일 때
> ③ 다익형 : 임펠러 출구각이 90°보다 클 때

32 대기압의 공기를 계기압 7kgf/cm^2로 압축하는 데 3단 압축을 한다면 이론적인 동력을 최소로 하기 위한 압축비는?

> **해답** 압축비$= \sqrt[3]{\dfrac{7+1}{1}} = 1.98$

33 다음 가스를 취급하는 압축기에 사용되는 내부 윤활유를 쓰시오.

① 공기압축기   ② 산소압축기
③ 염소압축기   ④ 아세틸렌 압축기
⑤ LPG 압축기

> **해답** ① 양질의 광유
> ② 물 또는 10% 이하의 묽은 글리세린
> ③ 진한 황산
> ④ 양질의 광유
> ⑤ 식물성 유

34 오일의 구비조건 5가지를 쓰시오.

◆해답▷ ① 응고점이 낮고 인화점이 높을 것
② 점도가 알맞은 것이며 변질되지 않을 것
③ 불순물이 적고 전기적인 절연 내력이 클 것
④ 저온에서 왁스분이 분리되지 말 것
⑤ 항유화성이 있을 것

35 압축기용 윤활유의 구비조건을 5가지 쓰시오.

◆해답▷ ① 화학적으로 안전하여 사용가스와 반응하지 않을 것
② 인화점이 높을 것
③ 점도가 적당하고, 항유화성이 클 것
④ 수분 및 산 등의 불순물이 적을 것
⑤ 정제도가 높아 잔류 탄소가 적을 것
⑥ 열 안정성이 좋아 쉽게 열분해되지 않을 것

36 다단 압축을 행하는 목적을 4가지만 쓰시오.

◆해답▷ ① 가스의 온도 상승을 피한다.
② 1단 단열 압축과 비교하여 압축 일량을 절약할 수 있다.
③ 이용 효율을 증가시킬 수 있다.
④ 힘의 평형이 양호해진다.

37 압축기의 운전 시 점검사항을 5가지만 쓰시오.

◆해답▷ ① 압력 상승 유무
② 온도 상승 유무
③ 누설 유무
④ 이상음 유무
⑤ 유압 및 유온의 적정 유무
⑥ 냉각수량 및 수온(수냉식)의 적정 여부
⑦ 진동 유무

38 왕복동식 압축기 운전에서 흡입압력이 대기압과 같으며 최종압력이 $26kgf/cm^2$인 3단 압축기의 압축비는 얼마인가?(단, 대기압은 $1kgf/cm^2$로 한다.)

⊕해답 압축비 $= \sqrt[n]{\dfrac{P_2}{P_1}} = \sqrt[3]{\dfrac{26+1.0332}{1.0332}} ≒ 3$

39 다단 공기압축기에 있어서 대기 중의 27℃ 공기를 흡입하여 최종단에서 $28kgf/cm^2$ 및 50℃로 $38m^3/hr$의 압축공기로 토출하였다면 그 체적 효율은 몇 %인가?(단, 1단 압축기를 통과할 수 있는 흡입 용적은 $1,200m^3/hr$이며, 대기압은 $1.033kgf/cm^2$이다.)

⊕해답 체적효율 $= \dfrac{\text{실제 흡입량}(m^3/h)}{\text{이론적 흡입량}(m^3/hr)} \times 100(\%)$ 에서

실제 흡입량은 $\dfrac{P_1V_1}{T_1} = \dfrac{P_2V_2}{T_2}$

실제 토출량$(V_2) = \dfrac{P_1}{P_2} \times \dfrac{T_2}{T_1} \times V_1 = \dfrac{28+1.0332}{1.0332} \times \dfrac{273+27}{273+50} \times 380 = 991.77m^3/h$

∴ 체적효율 $= \dfrac{991.77}{1,200} \times 100 = 82.65\%$

40 터보 압축기의 운전 중 긴급히 정지시켜야 할 중요한 원인 3가지를 쓰시오.

⊕해답 ① 서징의 발생
② 압축기의 기계적 진동
③ 축봉장치 및 윤활유의 압력강하
④ 흡입 드럼의 액면 상승

41 압축기의 운전 중에 베어링의 온도가 상승되었다. 이때의 원인 4가지를 쓰시오.

⊕해답 ① 베어링의 간극이 과소   ② 베어링 간 서로 접촉
③ 높은 유온   ④ 유량의 부족

42 왕복동 압축기에서 압축되어 배출되는 가스의 온도가 이상고온이 되었을 때 원인을 찾기 위해 점검하여야 할 사항을 3가지만 쓰시오.

⊕해답 ① 흡입밸브 점검
② 토출밸브 점검
③ 냉각기의 냉각수량 또는 수온의 점검

43 압축기의 토출압력 저하원인을 6가지 쓰시오.

> **해답** ① 흡입 · 토출 밸브의 불량　　② 흡입 측의 바이패스 순환
> 　　　　③ 냉각기 과냉　　　　　　　　④ 흡입관의 저항 증대
> 　　　　⑤ 흡입관계의 누설　　　　　　⑥ 흡입 언로드 밸브의 복귀 불량

44 다단의 축류 압축기에서 사용되는 깃(날개)의 배열에 따른 분류와 그때의 반동도를 쓰고 반동도가 무엇인지 설명하시오.

> **해답** ① 압축기의 분류
> 　　　　　　ㄱ 전후치 정익형 : 반동도 $40 \sim 60\%$
> 　　　　　　ㄴ 후치 정익형 : 반동도 $80 \sim 100\%$
> 　　　　　　ㄷ 전치 정익형 : 반동도 $100 \sim 120\%$
> 　　　　② 반동도 : 축류 압축기에서 하나의 단락에 대하여 임펠러에서의 전압상승에 대하여 지지하는 비율

45 왕복식 고압 압축기의 흡입 · 토출 배관계에 생기는 응력 4가지를 쓰시오.

> **해답** ① 관내 가스의 내압에 의한 응력
> 　　　　② 열에 의한 응력
> 　　　　③ 진동에 의한 응력
> 　　　　④ 설치에 의한 응력

46 압축기 구조상 실린더 안지름 220mm, 피스톤 행정 150mm, 매분 회전수 360rpm의 단동 압축기가 있다. 지시 평균 유효 압력이 2kgf/cm^2라 하면 압축기에 필요한 전동기의 마력은 몇 PS인가?

> **해답** 전동기 마력$(HP) = \dfrac{P \cdot Q}{75 \times 60} = \dfrac{2 \times 10^4 \times 2.0516}{75 \times 60} = 9.12\text{PS}$
>
> **참고** $Q = \dfrac{\pi}{4}(0.22)^2 \times 0.15 \times 360 = 2.0516\text{m}^3/\text{min}$

47 왕복동식 압축기에서 압축비가 커지면 어떤 문제점이 발생하는지 4가지를 쓰시오.

> **해답** ① 소요 동력이 증대한다.
> 　　　　② 실린더 내의 온도가 상승한다.
> 　　　　③ 체적효율이 저하한다.
> 　　　　④ 토출가스량이 감소한다.

48 실린더의 단면적 50cm^2, 행정 10cm, 회전수 200rpm, 체적효율 80%인 왕복 압축기의 토출량은 몇 l/min인가?

＋해답 $50 \times 10 \times 200 \times 0.8 \times \dfrac{1}{1,000} = 80l/\text{min}$

＋참고 $\dfrac{\pi D^2}{4} \times L \times N \times n \times 60(\text{m}^3/\text{h})$

49 다음 문장은 압축기 분류내용이다. ( ) 안에 들어갈 알맞은 용어를 보기에서 골라 쓰시오.

> 압축기는 압축방법에 따라 단동형과 (①)으로 나누며 구동방법에 따라 직결형과 (②)으로 구분한다. 또 윤활방식에 따라 실린더 윤활식과 무윤활식 및 베어링부에 기어펌프 등으로 윤활유를 공급하는 (③)과 베어링부에 크랭크샤프트의 회전에 의해 윤활유를 공급하는 (④)이 있다.

> 다단형, 복동형, 감속형, 강제윤활, 비말윤활, 원심식, 축류식, 2단형

＋해답 ① 복동형 ② 감속형 ③ 강제윤활식 ④ 비말윤활식

50 압축기에서 발생하는 서징현상(맥동현상)을 설명하시오.

＋해답 압축기 토출 측 저항이 커지면 유량이 감소하고 우상특성의 유량까지 감소하면 관로에 심한 맥동과 진동이 발생하여 불완전 운전되는 현상

51 왕복동 압축기에서 중간 단 압력의 이상저하 원인을 3가지만 쓰시오.

＋해답 ① 앞 단의 냉각기 과냉 ② 중간 단의 흡입관 저항 증대 ③ 흡입관의 누설

52 압축기의 실린더 헤드부에 설치되어 있는 워터 재킷은 어떤 역할을 하는지 설명하고 설치목적 3가지를 쓰시오.

＋해답 ① 역할 : 실린더 내부에 발생되는 열을 제거함으로써 과열로 인해 발생되는 악영향을 방지 또는 억제하는 역할을 한다.
② 목적
  ㉠ 흡입가스의 열을 제거하여 흡입효율을 좋게 한다.
  ㉡ 활동면을 냉각시켜 윤활이 원활하게 되도록 하여 피스톤링에 탄소 발생을 억제한다.
  ㉢ 밸브 및 밸브 스프링의 열을 제거하여 오손을 방지하고 수명을 연장시킨다.

53 왕복동 압축기에서 압축되어 배출되는 가스의 온도가 이상고온이 되었을 때 점검하여야 할 사항 3가지만 쓰시오.

> **해답** ① 압축비 증가
> ② 전단 냉각기 불량에 의한 고온가스의 흡입
> ③ 토출밸브 불량에 의한 역류

54 운전 중에 있는 왕복동 압축기의 실린더를 냉각시키지 않을 때에 비해 냉각할 때에 얻어지는 일반적인 효과를 5가지만 쓰시오.

> **해답** ① 체적 효율 증가
> ② 압축 효율 증가
> ③ 윤활기능의 유지 및 향상
> ④ 윤활유의 탄화 방지
> ⑤ 피스톤링 등 습동 부품의 수명 유지

55 실린더 내경이 200mm, 피스톤 행정 200mm, 실린더 수가 3인 왕복 압축기의 이론적 피스톤 압출량(m³/min)을 구하시오. (단, 회전수는 300rpm이다.)

> **해답** 피스톤 압출량(Q) $= A \cdot L \cdot n \cdot N$ 식에서
> $$Q = \frac{3.14 \times 0.2^2}{4} \times 0.2 \times 3 \times 300 = 5.65 \text{m}^3/\text{min}$$

56 회전피스톤의 가스 압축 부분의 두께 100mm, 회전수 360rpm, 실린더 내경 200mm, 회전피스톤의 외경 100mm인 회전 베인형 압축기의 시간당 피스톤 압축량은 몇 m³/hr인가?

> **해답** 피스톤 압축량(Q) $= 0.785(D^2 - d^2) \times nt \times 60$
> $= 0.785 - (0.2^2 - 0.1^2) \times 0.1 \times 360 \times 60 = 50.868$
> $= 50.87 \text{m}^3/\text{hr}$

57 압축기 실린더의 단면적 50cm², 행정 10cm, 회전수 200rpm, 체적효율 80%인 왕복동 압축기의 토출량(cm³/min)을 구하시오.

> **해답** 압축기의 토출량(V)$[\text{cm}^3/\text{min}] = F \cdot S \cdot N \cdot \eta$
> $= 50 \times 10 \times 200 \times 0.8$
> $= 80,000 \text{cm}^3/\text{min}$

58 실린더 직경이 200mm, 행정 200mm, 회전수 1,500rpm, 기통수 4기통의 고속 다기통에서 피스톤 압출량은 몇 m³/h인가?(단, 효율은 0.8로 한다.)

> **◆해답** 피스톤 압출량$(Q) = \dfrac{\pi}{4} D^2 L N R 60$
>
> $\quad = \dfrac{\pi}{4} 0.2^2 \times 0.2 \times 4 \times 1,500 \times 60 \times 0.8 = 1,808.64\text{m}^3/\text{h}$

59 행정량 0.00248m³, 170rpm, 통과가스량 90kg/hr, 1kg은 체적 0.189m³에 해당된다면 토출 효율은?

> **◆해답** 토출 효율$(\eta) = \dfrac{90 \times 0.189}{0.00248 \times 170 \times 60} \times 100 = 67.2\%$

60 왕복동식 3단 압축기의 2단 안전밸브가 작동했을 때 점검해야 할 부분 5가지를 쓰시오.

> **◆해답** ① 2단 냉각기의 냉각수량 · 수온의 점검
> ② 2단 압축기 바이패스 밸브의 불완전 폐쇄 여부의 점검
> ③ 3단 압축기 흡입 · 토출밸브의 점검
> ④ 3단 압축기 클리어런스 밸브의 불완전 폐쇄 여부의 점검
> ⑤ 3단 압축기 피스톤링의 마모상태 점검

61 왕복동 압축기의 토출변, 흡입변의 구비조건을 4가지 쓰시오.

> **◆해답** ① 개폐가 확실하고 작동이 양호할 것
> ② 충분한 통과 단면을 갖고 유체저항이 적을 것
> ③ 파손이 적을 것
> ④ 운전 중에 분해되는 일이 없을 것

62 터보 압축기 누설 부분 4군데를 쓰시오.

> **◆해답** ① 축이 케이싱을 관통하는 부분
> ② 밸런스 피스톤 부분
> ③ 다이어프램 부분
> ④ 임펠러 입구 부분

63 다단 왕복동 압축기의 2단축 흡입 밸브에서 열이 발생되고 있다. 그 원인 3가지를 쓰시오.

해답 ① 흡입 밸브 불량에 의한 역류가 발생한 경우
② 전단 냉각기의 능력이 저하된 경우
③ 배관계통에서 열을 받고 있는 경우

64 워터재킷식 왕복동 압축기 정지 시 점검사항을 3가지만 쓰시오.

해답 ① 드레인변, 조정변을 열어서 응축수 및 기름을 충분히 배출한다.
② 각 단의 압력이 0으로 되어 있는지 확인한다.
③ 냉각수 밸브를 차단시킨다.

65 왕복동식 압축기에서 압축비가 커지면 어떤 문제점이 발생하는지 3가지만 쓰시오.

해답 ① 실린더 내의 가스온도가 상승한다.
② 소모동력이 증대한다.
③ 용적효율이 저하한다.
④ 토출가스량이 감소한다.

66 압축기를 가동하려고 스위치를 넣었는데 모터가 기동이 안 되고 있다. 이때의 원인이 될 수 있는 요인 4가지를 쓰시오.

해답 ① 배선 계통의 결선 불량
② 모터 자체의 불량
③ 고압 스위치의 개방
④ 유압보호 스위치의 리셋 미실시

67 24m³의 내용적을 가진 빈 저장탱크에 16.74kgf/cm²g의 압력으로 기밀시험 하려 할 때 6,000l/min의 압축기를 사용한다면 몇 시간이나 소요되겠는가?

해답 압축기 소요시간 $= \dfrac{24 \times 16.74}{(0.6 \times 60) \times 1.0332} = 10.8\text{hr} \fallingdotseq 11\text{hr}$

또는 $\dfrac{24 \times \dfrac{(16.74 + 1.0332)}{1.0332} - 24}{(0.6 \times 60)} = 10.8\text{hr} \fallingdotseq 11\text{hr}$

참고 빈 저장탱크라도 대기압만큼의 공기는 있으므로 탱크 용적(24m³)만큼의 공기는 불필요

68 다단압축을 행하는 목적을 3가지만 쓰시오.

> **해답** ① 1단 압축에 비해 일량 절약 가능
> ② 힘의 평형이 양호
> ③ 가스온도 상승 방지
> ④ 이용효율 증가

69 다단공기 압축기의 윤활제에 관해 다음 물음에 답하시오.

① 다단공기 압축기의 윤활제로 어떤 것을 사용하면 되는가?
② 또 그 이유는 무엇인가?

> **해답** ① 양질의 광유
> ② 활동부 유막형성으로 마찰저항 감소 및 과열 압축 방지로 기계 수명 연장

70 고압가스 제조 압축기에 사용하는 윤활유를 선택할 때 주의할 점 3가지를 쓰시오.

> **해답** ① 산소 압축기의 내부 윤활유로는 석유류, 유지류, 글리세린 또는 농후한 글리세린수는 사용하지 아니할 것
> ② 공기 압축기의 내부 윤활유는 재생유 이외의 내부 윤활유로서 잔류 탄소의 질량이 전 질량의 1% 이하이며, 인화점이 200℃ 이상으로 170℃의 온도에서 8시간 이상 교반하여 분해되지 아니하는 것
> ③ 공기 압축기의 내부 윤활유는 잔류 탄소의 질량이 1~1.5% 이하이며 인화점이 230℃ 이상으로서 170℃의 온도에서 12시간 이상 교반하여 분해되지 아니하는 것

71 축류 압축기에서 베인의 배열에 따른 종류를 3가지 들고 그 반동도 값을 쓰시오.

> **해답** ① 후치 정익형(後置靜翼型) : 반동도 80~100%
> ② 전치 정익형(前置靜翼型) : 반동도 100~120%
> ③ 전후치 정익형(前後置靜翼型) : 반동도 40~60%

72 압력 3.5kgf/cm^2, 온도 50℃의 공기 1kg을 부피 $\frac{1}{5}$로 압축할 때 다음 물음에 답하시오.(단, 공기의 기체상수 $R = 29.27\text{kg} \cdot \text{m/kg}°\text{K}$, 단열지수 $\gamma = 1.4$이다.)

① 등온 압축 시 소요일을 구하시오.
② 단열 압축 시 소요일을 구하시오.

+해답 ① 등온 압축 시 소요일량(W) $= GRT \ln \dfrac{V_2}{V_1}$

$$= 1 \times 29.27 \times (273 + 50) \times \ln \dfrac{1}{5}$$

$$= -15,215.96\text{kg} \cdot \text{m}$$

② 단열 압축 시 소요일량(W) $= \dfrac{GR}{\gamma - 1}(T_1 - T_2)$

$$= \dfrac{1 \times 29.27}{1.4 - 1} \times [(273 + 50) - (273 + 341.9)]$$

$$= -21,359.78\text{kg} \cdot \text{m}$$

+참고 압축 후의 온도(T_2)는 $\dfrac{T_2}{T_1} = \left(\dfrac{V_1}{V_2}\right)^{\gamma - 1}$ 에서

$$T_2 = T_1 \left(\dfrac{V_1}{V_2}\right)^{\gamma - 1} = (273 + 50) \times \left(\dfrac{5}{1}\right)^{1.4 - 1} = 614.9°K = 341.88℃ ≒ 341.9℃$$

73 최초압력 $P_1 = 2\text{kgf/cm}^2$의 압력을 $P_2 = 8\text{kgf/cm}^2$까지 압축하는 공기압축기의 체적효율을 등온변화와 단열변화로 각각 구분하여 구하시오. (단, 실린더 간극비 $\varepsilon_0 = 0.06$, 공기의 단열지수 $\gamma = 1.4$로 한다.)

+해답 ① 단열변화 시 체적 효율

$$\eta_v = 1 - \varepsilon_0 \left[\left(\dfrac{P_2}{P_1}\right)^{\frac{1}{1.4}} - 1\right] = 1 - 0.06 \left[\left(\dfrac{8}{2}\right)^{\frac{1}{14}} - 1\right] = 1 - 0.06(4^{0.714} - 1) = 0.898 = 89.8\%$$

② 등온변화 시 체적 효율

$$\eta_v = 1 - \varepsilon_0 \left[\left(\dfrac{P_2}{P_1}\right) - 1\right] = 1 - 0.06 \left[\left(\dfrac{8}{2}\right) - 1\right] = 1 - 0.06[4 - 1] = 0.82 = 82\%$$

74 액화석유가스용 펌프의 종류 2가지를 쓰고 베이퍼록의 방지책 3가지를 쓰시오.

+해답 ① 종류 : 기어펌프, 원심펌프
② 베이퍼록의 방지책
　㉠ 펌프의 설치 위치를 낮춘다.
　㉡ 흡입 관경을 충분히 크게 한다.
　㉢ 단열 조치한다.

75 액체 이송에서 펌프 사용 시 압축기보다 나쁜 점을 3가지만 쓰시오.

> **해답** ① 잔가스의 회수가 어렵다.
> ② 베이퍼록 등으로 운전상 지장이 일어나기 쉽다.
> ③ 충전시간이 길다.

76 펌프 운전 시 발생하는 현상 중 공동현상(Cavitation)이 무엇인지 설명하고 또한 그 방지법 5가지를 쓰시오.

> **해답** ① 현상 : 펌프로 액을 양수할 때 흡입관로의 저항이 증대되거나 관로 중의 액온도가 상승, 혹은 유속이 지나치게 빨라질 경우 국부적으로 공동이 발생하고, 증기화되어 흐름이 불규칙하며 소음과 진동, 부식 등이 일어나는 현상
> ② 방지법
> ㉠ 유효 흡입양정을 계산하여 흡입양정을 짧게 한다.
> ㉡ 흡입 측 배관은 최단거리로 하고, 저항 요소 등을 줄인다.
> ㉢ 관경을 크게 하여 유속을 줄인다.
> ㉣ 회전수를 감속한다.
> ㉤ 양 흡입 펌프를 사용한다.
> ㉥ 펌프를 2대 이상 사용한다.

77 기어 펌프로 액화가스 충전 중 전동기의 Over Load 작동으로 펌프가 정지되었다면 그 원인을 5가지만 쓰시오.

> **해답** ① 토출 측 저항이 증대된 경우
> ② 기어 펌프에 봉입현상이 생기는 경우
> ③ 베어링 축수부가 윤활유 부족 등으로 눌어붙은 경우
> ④ 베어링 축수부의 간극 부적당
> ⑤ 방출 밸브의 차압이 지나치게 큰 경우

78 원심펌프의 구동 중 축추력(Axial Thrust)을 방지하기 위한 대책을 4가지만 쓰시오.

> **해답** ① 밸런스 홀의 설치
> ② 밸런스 파이프의 설치
> ③ 밸런스 디스크의 설치
> ④ 후면 날개의 설치
> ⑤ 다단식 임펠러의 배치

79 비교회전도 175, 회전수 3,000rpm, 양정 210m인 3단 원심펌프에서 유량(m^3/min)은 얼마인가?

해답 비교회전도$(N_S) = \dfrac{N \times \sqrt{Q}}{\left(\dfrac{H}{n}\right)^{\frac{3}{4}}}$

$\therefore$ 펌프 유량(Q) $= \left[\dfrac{N_S \times \left(\dfrac{H}{n}\right)^{\frac{3}{4}}}{N}\right]^2 = \left[\dfrac{175 \times \left(\dfrac{210}{3}\right)^{\frac{3}{4}}}{3,000}\right]^2 = 1.993\text{m}^3/\text{min}$

80 그림과 같은 탱크 A에서 펌프 P에 의해 액체가 탱크 B에 이송되고 있다. 펌프의 표고 H_1을 0미터로 했을 때 A탱크의 액면높이 H_2, B′의 배관입구 높이 H_3, 탱크의 액면높이 H_4는 각각 5미터, 20미터, 35미터이다. 액체는 안지름 150mm의 배관으로 $60\text{m}^3/\text{h}$의 용량으로 하며 배관계의 마찰손실은 액주로서 10미터였다면 펌프의 축동력은 몇 PS인가?(단, 효율은 0.8, 액체의 비중은 0.7이며 A탱크는 대기에 개방되어 있다.)

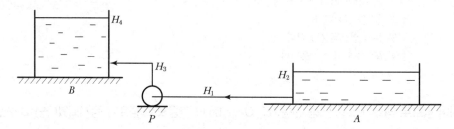

해답 축동력(PS) $= \dfrac{r \cdot Q \cdot H}{75 \times 3,600 \times \eta} = \dfrac{(0.7 \times 1,000) \times 60 \times [(20 + 35 - 5) + 10]}{75 \times 3,600 \times 0.8}$

$\qquad = 11.667 \fallingdotseq 11.67\text{PS}$

여기서, PS : 소요동력

$\qquad \gamma$: 액의 비중량(비중 0.7이므로 $0.7\text{kg}/l = 0.7 \times 1,000\text{kg}/\text{m}^3 = 700\text{kg}/\text{m}^3$)

$\qquad Q$: 송수량($60\text{m}^3/\text{h}$)

$\qquad H$: 전양정(입상−입하이므로 $[(20+35)-5]\text{m}$에 마찰손실 10m이므로

$\qquad\quad (20+35-5)+10\text{m} = 60\text{m}$)

$\qquad \eta$: 효율 (0.8)

81 펌프 운전 중 양정 15m, 토출량이 2m³/min일 때 축동력이 10.25PS으로 나타날 경우 필요로 하는 원심펌프의 효율은 몇 %인가?

　+해답 펌프동력$(PS) = \dfrac{Q \times H \times r}{75 \times 60 \times \eta}$

　　　∴ 효율$(\eta) = \dfrac{2 \times 15 \times 1 \times 1{,}000}{75 \times 60 \times 25} \times 100 = 65.04\%$

　참고 $r = 1{,}000 \text{kg/m}^3$

　　　$10.25 = \dfrac{1{,}000 \times 2 \times 15}{75 \times 60 \times \eta}$

82 액화가스의 이송 및 충전 시 액펌프에서 베이퍼록(Vapour Lock) 현상이 일어날 경우 다음 사항에 대해 어떻게 조치해야 하는가?

① 입구 액온도
② 입구 액압력

　+해답 ① 낮춘다. 　　　　　　　　② 높인다.

83 원심펌프를 직렬연결 운전할 때와 병렬연결 운전할 때의 특성을 양정과 유량을 들어 비교하시오.

　+해답 ① 직렬연결 : 유량은 불변, 양정은 증가
　　　② 병렬연결 : 유량은 증가, 양정은 일정

84 액화산소 · 액화질소 등과 같은 저비점 액체용 펌프의 사용상 주의사항 3가지를 쓰시오.

　+해답 ① 펌프는 가급적 저장탱크 가까이에 설치한다.
　　　② 펌프의 흡입 · 토출관에는 신축 조인트를 한다.
　　　③ 밸브와 펌프 사이에는 기화 가스를 방출할 수 있는 안전밸브를 설치한다.
　　　④ 운전 개시 전에는 펌프를 청정하여 건조한 다음 펌프를 충분히 예냉시킨다.

85 펌프의 축동력이 10.25PS, 송수량이 2m³/min, 양정이 15m일 때의 효율을 구하시오.

　+해답 동력(W)[PS] $= \dfrac{1{,}000QH}{75 \times 60 \times \eta}$, $\eta = \dfrac{1{,}000QH}{75 \times 60 \times W}$

　　　∴ 효율$(\eta) = \dfrac{1{,}000 \times 2 \times 15}{75 \times 60 \times 10.25} = 0.6504 = 65\%$

86 서징(Surging)이란 펌프를 운전하였을 때 (①)사이클에서 (②)사이클 정도의 주기에서 그 운동, (③), 토출량이 규칙적으로 변동하는 현상이며, 진동 및 소음이 따른다. ( ) 안에 적당한 표현은?

해답 ① 10   ② $\frac{1}{10}$ ③ 양정

87 터빈펌프의 물을 수송하는 흡수면으로부터 송출면까지의 거리는 30m인 곳에 유량 0.2m³/s를 송출한다면 소요동력은 몇 PS이겠는가?(단, 이 물의 비중량은 1,000kg/m³이며, 손실수두는 4.5m이다.)

해답 동력(W) = $\dfrac{\gamma \times Q \times H}{75}$ = $\dfrac{1,000 \times 0.2 \times (30+4.5)}{75}$ = 92PS

88 캐비테이션(Cavitation)의 발생 원인을 3가지 쓰시오.

해답 ① 흡입양정이 지나치게 길 때
② 흡입관의 저항이 증가될 때
③ 회전수 증가로 유량이 증가될 때
④ 관로 내의 온도가 상승될 때

89 원심펌프에서 진동이 발생할 경우 그 원인을 4가지 쓰시오.

해답 ① 캐비테이션이 발생했을 때
② 공기의 흡입 시
③ 서징 발생 시
④ 임펠러에 이물질이 끼었을 때

90 터보펌프(원심식) 정지순서를 올바르게 번호로 나열하시오.

① 흡입밸브를 닫는다.
② 토출밸브를 닫는다.
③ 모터를 정지한다.
④ 펌프 내 액을 배출한다.

해답 ② → ③ → ① → ④

91 극수가 4극이고 주파수가 60Hz일 때의 펌프모터의 분당 회전수를 구하시오.(단, 미끄럼율은 0이다.)

➕해답 회전수(rpm) $= \dfrac{120f}{P} \times \left(1 - \dfrac{S}{100}\right)$

$\qquad\qquad = \dfrac{120 \times 60}{4}\left(1 - \dfrac{0}{100}\right) = 1,800\text{rpm}$

여기서, f : 전기의 주파수(Hz), P : 극수, S : 미끄럼률

92 터보식(원심식, 축류식, 사류식) 펌프의 진동, 소음의 발생원인을 4가지만 쓰시오.

➕해답 ① 압력맥동에 따른 영향　　　　② 과류에 따른 영향
　　　 ③ 캐비테이션에 따른 영향　　　 ④ 서징에 따른 영향
　　　 ⑤ 회전부의 불균형

93 운전 중인 펌프의 압력계를 보니 토출 측이 3.7kg/cm^2, 흡입 측이 0.3kg/cm^2이었다. 이 펌프의 전양정은 몇 m인가?(단, 토출 측 압력계는 흡입 측 압력계보다 10cm 높은 곳에 있으며, 토출관과 흡입관의 직경은 같다.)

➕해답 전양정＝흡입양정+토출양정+압력계 손실양정

$\qquad\quad = 0.3\text{kg/cm}^2 + 3.7\text{kg/cm}^2$

$\qquad\quad = 3\text{mH}_2\text{O} + 37\text{mH}_2\text{O} + 0.1\text{mH}_2\text{O}$

$\qquad\quad = 40.1\text{m}$

94 수량(水量) $6\text{m}^3/\text{min}$, 전양정 45m의 터빈 펌프의 소요 동력은 몇 kW인가?(단, 펌프 효율은 80%로 한다.)

➕해답 펌프의 소요동력 $= \dfrac{Q \times H \times r}{102 \times 60 \times n} = \dfrac{6 \times 45}{102 \times 60 \times 0.8} = 55.15\text{kW}$

95 물펌프가 흡입관에서 공기를 흡입하면 어떤 현상이 일어나는지 3가지만 쓰시오.

➕해답 ① 양수량이 감소하며 다량일 경우 양수 불능이 된다.
　　　 ② 펌프의 기동 불능을 초래한다.
　　　 ③ 이상음, 압력계의 변동, 진동 등이 생긴다.

96 캐비테이션(공동현상) 발생에 따른 현상을 3가지만 쓰시오.

> **해답** ① 소음과 진동이 생긴다.
> ② 양정 곡선과 효율 곡선의 저하를 가져온다.
> ③ 깃에 대한 침식이 생긴다.
> ④ 토출량, 양정, 효율이 점차 감소한다.

97 액송펌프를 이용한 LP가스 충전방법의 단점을 2가지만 쓰시오.

> **해답** ① 충전시간이 길다.
> ② 잔가스의 회수가 어렵다.
> ③ 베이퍼록 등의 현상으로 운전상 지장이 있다.
> ④ 누설이 쉽다.

98 송수량 $5,000l/\text{min}$, 전양정 40m의 볼류트펌프의 소요동력(HP)을 구하시오.(단, 펌프의 효율은 60%이고, $1\text{HP}=76\text{kg}\cdot\text{m/s}$이다.)

> **해답** 펌프의 소요동력 $= \dfrac{5,000 \times 1 \times 40}{76 \times 60 \times 0.6} = 73.10\text{HP}$

99 다음은 어느 펌프를 설명한 것인가?

> 임펠러의 회전에 의하여 양정을 내는 펌프이며 임펠러의 모양에 따라서 여러 펌프로 분류되고 현재 가장 많이 쓰인다.

> **해답** 원심 펌프

100 회전식인 기어 펌프의 봉입과 캐비테이션(공동현상)을 막기 위한 방법을 3가지만 쓰시오.

> **해답** ① 두 개의 기어를 헬리컬 기어로 만든다.
> ② 기어의 잇수를 서로 한 개씩 엇갈리게 한다.
> ③ 펌프의 케이싱 안쪽에 릴리프 홈을 내어 액이 유입 또는 유출되도록 하여 고압이나 저압이 형성되지 않게 한다.

101 원심 펌프의 회전수가 1,300rpm일 때 양정 20m, 축동력이 12PS이다. 이 펌프를 1,800rpm으로 운전할 때의 양정은 몇 m인지 구하시오.

➕**해답** 양정(H')은 회전수의 2승에 비례하므로

$$\text{회전수 증가 양정}(H') = H \times \left(\frac{N'}{N}\right)^2 = 20 \times \left(\frac{1,800}{1,300}\right)^2 = 38.35\text{m}$$

102 송수량 $6\text{m}^3/\text{min}$, 전양정 45m, 축동력 100PS일 때 이 펌프의 회전수를 1,000rpm에서 1,100rpm으로 변화시킬 경우 펌프의 송수량, 전양정, 축마력은 각각 어떻게 되는가?

➕**해답** 송수량 $= 6 \times \left(\frac{1,100}{1,000}\right) = 6.6\text{m}^3/\text{min}$

전양정 $= 45 \times \left(\frac{1,100}{1,000}\right)^2 = 54.5\text{m}$

축마력 $= 100 \times \left(\frac{1,100}{1,000}\right)^3 = 133\text{PS}$

103 구형(원통형) 탱크의 보안 검사를 위하여 탱크에 물을 채우는 경우 탱크의 직경이 7.3m라 하면 능력 $10\text{m}^3/\text{h}$의 다단터빈 펌프로 약 몇 시간 몇 분이 소요되는가?

➕**해답** 탱크 용적 $= \dfrac{3.14 \times (7.3)^3}{6} = 203.6\text{m}^3, \quad \dfrac{203.6}{10} = 20.3\text{시간}$

∴ 약 20시간 18분

➕**참고** 탱크 용적$(A) = \dfrac{\pi D^3}{6}(\text{m}^3)$

104 회전수 1,000rpm으로 회전하는 볼트류 펌프를 2,000rpm으로 변동하였다. 이 경우 펌프의 양정 및 소요동력은 각각 몇 배로 상승되는가?

➕**해답** ① 양정 : $H' = H \times \left(\dfrac{N'}{N}\right)^2 = H \times \left(\dfrac{2,000}{1,000}\right)^2 = 4$배

② 소요동력 : $P' = P \times \left(\dfrac{N'}{N}\right)^3 = P \times \left(\dfrac{2,000}{1,000}\right)^3 = 8$배

105 송수량 5,000l/min, 전양정 40m의 볼류트 펌프의 소요동력은 몇 PS인가?(단, 효율은 60%이다.)

⊕해답 펌프 소요동력$(PS) = \dfrac{1,000 \times 5 \times 40}{75 \times 60 \times 0.6} = 74.07PS$

106 전동기 직결식 원심펌프에서 모터의 극수가 6극이며, 미끄럼률이 0%일 때 펌프의 회전수는 얼마인가?(단, 주파수는 60Hz)

⊕해답 펌프 회전수$(R) = \dfrac{120f}{p} = \dfrac{120 \times 60}{6} = 1,200$rpm

107 터빈 펌프가 1,500rpm으로 회전하고 전양정이 100m에 대하여 0.17m³/sec의 유량을 방출하고 250PS이다. 이 펌프와 상사로서 치수가 2배인 펌프가 1,000rpm으로 회전하면서 운전되고 있을 때 축동력은 몇 PS인가?

⊕해답 펌프축동력$(P_2) = P_1 \times \left(\dfrac{D_2}{D_1}\right)^5 \times \left(\dfrac{N_2}{N_1}\right)^3 = 250 \times \left(\dfrac{2}{1}\right)^5 \times \left(\dfrac{1,000}{1,500}\right)^3 = 2,370.37$PS

108 펌프의 운전 중 공기흡입의 원인을 3가지만 쓰시오.

⊕해답 ① 탱크의 수위가 낮아졌을 때
② 흡입관로 중 공기체류부가 있을 때
③ 흡입관에서 누설이 일어날 때

08 저온장치

01 공기를 액화할 때 흡입 공기에 함유되면 안 되는 물질을 3가지만 쓰시오.

> **+해답** ① 탄화수소류　　　　　② 질소산화물
> 　　　　 ③ 염소　　　　　　　　④ 이산화유황
> 　　　　 ⑤ 먼지

02 가스 화 장치의 기기 중 주요 장치 3가지를 쓰시오.

> **+해답** ① 한랭발생장치
> 　　　　 ② 정류(분축, 흡수)장치
> 　　　　 ③ 불순물 제거장치

03 고압장치에서 금속이 가져야 할 구비조건을 4가지만 쓰시오.

> **+해답** ① 내열성이 있을 것
> 　　　　 ② 내압에 견딜 수 있는 충분한 강도가 있을 것
> 　　　　 ③ 고온에서 물리적 변화가 없을 것
> 　　　　 ④ 고온에서 당해 가스와 화학적인 변화가 없을 것
> 　　　　 ⑤ 내마모성 및 내구성이 있을 것

04 저온장치에서 CO_2와 수분이 있을 때 그 영향에 대하여 쓰시오.

> **+해답** CO_2나 수분은 얼음이 되어 밸브나 배관을 폐쇄시켜 가스의 흐름을 저해한다.

05 액화산소 및 기타 저온 액화가스 저장 중 외부열의 침입 요인이라 생각되는 사항을 5가지만 쓰시오.

> **+해답** ① 단열제를 충전한 공간에 남은 가스의 분자 열전도
> 　　　　 ② 외면으로부터의 열복사
> 　　　　 ③ 연결되는 파이프를 따라오는 열전도
> 　　　　 ④ 지지 요크에서의 열전도
> 　　　　 ⑤ 밸브, 안전밸브 등에 의한 열전도

06 줄 톰슨(Joule Tomson) 효과란 무엇인가?

> **해답** 압축가스를 단열팽창시키면 온도가 저하되는 원리이며, 팽창 직전의 압력은 높고 온도가 낮을수록 그 효과가 크다.

07 고온 고압장치용 재료로서 일반적으로 구비해야 할 성질 5가지를 쓰시오.

> **해답** ① 내열성을 가질 것
> ② 내압에 견디는 강도를 가질 것
> ③ 고온에서 화학적인 성질의 변화가 없을 것
> ④ 고온에서도 물리적 성질의 변화가 없을 것
> ⑤ 내마모성 및 내구성이 있을 것

08 가스 액화 분리장치용 밸브는 본체가 극저온이 되나 이것을 개폐하는 밸브봉, 핸들 등은 상온 부근에 있기 때문에 열손실이 불가피하다. 이런 열손실을 줄이기 위한 방법 3가지를 쓰시오.

> **해답** ① 축이 긴 밸브로 열의 전도를 가급적 방지한다.
> ② 열전도율이 작은 재료를 밸브봉으로 사용한다.
> ③ 밸브 본체의 열용량을 가급적 적게 하여 기동 시의 열손실을 줄인다.

09 공기 액화 분리장치의 폭발원인이라 측정되는 사항을 쓰시오.

> **해답** ① 압축기용 윤활유 분해에 따른 탄화수소의 생성
> ② 공기 취입구로부터의 아세틸렌 혼입
> ③ 공기 중에 NO, NO_2 등 질소화합물의 혼입
> ④ 액체 공기 중 오존의 축적

10 공기 액화 분리기가 겨울철보다 여름철에 O_2 및 N_2의 생산량이 감소하는 이유를 설명하시오.

> **해답** 여름에는 습도가 높으므로 응축기에 의하여 수분이 많이 제거되고, 또한 기온이 높아 공기의 밀도가 작아져 산소나 질소량이 감소하기 때문이다.

11 공기 액화 분리장치 중 [수증기, CO_2, C_2H_2]의 제거방법과 이 불순물의 영향을 쓰시오.

> **해답** ① 수증기 : 건조제(Al_2O_3, SiO_2, NaOH, 소바비드)
> ② CO_2 : 3% KOH 용액
> ③ C_2H_2 : 발연황산
> ④ 영향 : 수증기와 CO_2가 있으면 얼음과 드라이아이스가 되어 밸브가 동결되어 장치에 해를 입히고 C_2H_2가 혼입되면 폭발의 원인이 된다.

12 공기 액화 분리장치에서 NaOH에 의한 CO_2 흡수법에 대해 다음 물음에 답하시오.

① 반응식을 쓰시오.
② CO_2 1g을 제거하기 위해 소요되는 NaOH는 몇 g인가?

> **해답** ① $2NaOH + CO_2 \rightarrow Na_2CO_3 + H_2O$
> ② $\dfrac{2 \times 40}{44} = 1.8g$

> **참고** 수산화나트륨(NaOH) 분자량 : 40, CO_2 분자량 : 44

13 공기 액화 분리장치에서 원료공기 중 CO_2를 제거해야 하는데 그 이유는 CO_2가 (①)장치에 들어가 응고되면 밸브 및 배관을 (②)시킬 우려가 있기 때문이며, 이를 제거하기 위해서는 (③)를 CO_2에 접촉시켜 Na_2CO_3로 바꾸어야 한다.

> **해답** ① 저온, ② 폐쇄, ③ NaOH

14 다음 ( ) 안에 적당한 수치 또는 낱말을 써 넣으시오.

> 산소의 비점은 (①)℃, 질소의 비점은 (②)℃이므로 액화공기를 정류하면 저비점 성분인 (③)는 정류탑의 상부에서, 고비점 성분의 (④)는 탑 하부에서 얻어진다.

> **해답** ① −183, ② −196, ③ 질소, ④ 산소

15 공기 액화 분리장치의 액화산소 탱크 내의 액화산소 중 C_2H_2 및 탄화수소 중의 탄소의 질량이 얼마이면 공기 액화 분리장치의 운전을 정지하고 액화산소를 방출해야 하는가?

> **해답** ① 아세틸렌 : 액화 산소 $5l$ 중 5mg 이상
> ② 탄화수소 : 액화산소 $5l$ 중 탄화수소 검출 시 탄소의 질량이 500mg 이상

16 공기 액화 분리장치의 액화산소 $5l$ 중에 메탄(CH_4) 360mg, 에틸렌(C_2H_4) 196mg이 섞여 있다면 운전 가능 여부를 판정하시오.(단, 분자량 메탄 16, 에틸렌 28)

+해답 메탄의 탄소질량과 에틸렌의 탄소질량의 합

$$\frac{12}{16} \times 360 + \frac{24}{28} \times 196 = 438\text{mg}$$

∴ 500mg이 넘지 않으므로 운전이 가능하다.

17 암모니아 합성반응 시 암모니아 100g을 만들려면 0℃, 1atm에서 이론상 최소한 공기 몇 l 필요한가?(단, 공기 중 질소는 80%임)

+해답 $22.4 : 2 \times 17 = x_1 \times 100$

질소 : 공기 $= 80 : 100 = 65.88 : x_2$(공기량)

∴ x_2(공기량) $= 82.35l$

+참고 NH_3 분자량 : 17

$N_2 + 3H_2 \rightarrow 2NH_3 + 2 \times 11\text{kcal}$, $22.4 : 2 \times 17 = x : 100$

$x = 22.4 \times \dfrac{100}{2 \times 17} = 65.88l$ (질소량)

18 저온장치에서 가연성·지연성 가스를 취급할 때 장치의 파열, 가스의 누설, 화재 등의 사고를 일으키는 일이 많다. 사고 방지를 위하여 보인관리상 주의할 사항을 3가지 쓰시오.

+해답 ① 설계 시 재료의 저온취성에 유의하여 사용 재료를 선택한다.

② 기기의 제작 및 수리 시 용접부 응력 제거, 온도 저하에 의한 수축에 유의한다.

③ 공기보다 비점이 낮은 액화가스의 탱크설비 단열재 중에 공기가 있으면 액화되어 위험이 생긴다. 따라서 이들 단열재는 불활성 가스로 봉함과 동시에 불연성 단열재를 사용해야 한다.

④ 계통 내에 수분이 남아 있으면 동결되어 기기, 배관 등의 파손 원인이 되므로 완전히 제거한다.

⑤ 저온 배관의 포켓부에 폭발성 물질이 축적되기 쉬우므로 주의한다.

⑥ 계통 내가 부압(負壓)이 되지 않게 하고, 또한 이상승압에 주의한다.

⑦ 기기, 배관 등에 있는 액화가스가 정전사고 등으로 온도가 상승하고 기화하여 압력의 상승에 의해 대형사고의 원인이 될 수 있으므로 안전밸브, 경보기 등을 정비하여 둔다.

19 공기, 질소, 산소 등을 액화시키려면 압력은 (①) 이상으로 온도는 (②) 이하로 유지해야 하는데 이것을 (③)조건이라 한다. ( ) 안에 알맞은 내용을 보기에서 골라 적어 넣으시오.

포화압력, 액화압력, 임계압력, 포화온도, 임계온도, 액화, 임계

+해답 ① 임계압력 ② 임계온도 ③ 액화

20 액화산소, 액화질소, 액화천연가스, 액화메탄 등을 저장하는 탱크에 사용되는 단열재의 구비조건 3가지를 쓰시오.

해답 ① 열전도율이 작을 것
② 내흡수성 및 내흡습성이 있을 것
③ 부피비중이 작고 시공이 간편할 것

21 다음 그림은 고압식 공기 액화 분리장치의 공정도이다. 번호 ①~⑦에 해당하는 장치명을 찾아 쓰시오.

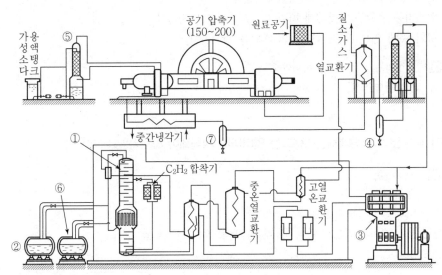

해답 ① 복정류탑   ② 액체질소탱크   ③ 팽창기
④ 수분리기   ⑤ 탄산가스흡수기   ⑥ 액체산소탱크
⑦ 유분리기

22 공기 액화 분리장치에서 수산화나트륨에 의한 탄산가스 흡수법에 대하여 다음 물음에 답하시오.
① 반응식을 쓰시오.
② 탄산가스 1g을 제거하기 위해 소요되는 수산화나트륨은 몇 g인가?

해답 ① $2NaOH + CO_2 \rightarrow Na_2CO_3 + H_2O$

② $2 \times 40 : 44 = x : 1$, 수산화나트륨$(x) = \dfrac{2 \times 40 \times 1}{44} = 1.81818g ≒ 1.81g$

23 공기 액화 분리장치를 장치 조작 압력에 따라 3가지로 분류하시오.

> **해답** ① 전저압식 공기분리장치 : 0.5MPa 이하
> ② 중압식 공기분리장치 : 1~3MPa
> ③ 저압식 액산 플랜트 : 2.5MPa 이하

24 다음 저온공기 액화 분리장치의 폭발원인 및 방지대책에 관하여 ( ) 안에 알맞은 단어를 쓰시오.

① 산화질소 등이 액체산소 중에 모이면 폭발적인 작용을 하기 때문에 장치 내에 ( )를 설치한다.
② 공기 흡입구로부터 ( )의 침입을 방지한다.
③ 압축기용 윤활유의 분해에 따른 ( ) 생성을 방지한다.
④ 공기 중에 있는 ( ) 화합물의 혼입을 방지한다.

> **해답** ① 여과기 　　② 아세틸렌
> ③ 탄화수소 　　④ 질소

25 공기 액화 분리기의 액체산소탱크는 얼마마다 세척해야 하는가?

> **해답** 1년에 1회

26 다음은 공기 액화 분리장치 복식 정류탑의 개략도이다. 다음 물음에 답하시오.

① ㉠에서 나오는 가스의 명칭은?
② ㉡에서 나오는 가스의 명칭은?
③ ㉢에서 흐르는 가스는?
④ ㉣에서 흐르는 가스는?
⑤ ㉤으로 들어가는 가스의 명칭은?
⑥ ㉥에 고여 있는 가스의 명칭은?
⑦ ㉦에 고여 있는 가스의 명칭은?
⑧ 상부 정류탑과 하부 정류탑의 압력은?

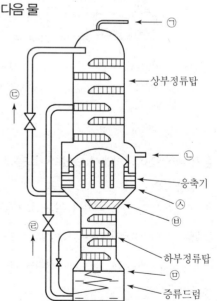

> **해답** ① N_2 가스　　　　② O_2 가스
> ③ N_2가 많은 액　　④ O_2가 많은 액
> ⑤ 압축공기　　　　⑥ N_2가 풍부한 액
> ⑦ O_2(액체)
> ⑧ 상부 정류탑 : 0.04MPa, 하부 정류탑 : 0.5MPa

27 초저온 액화가스 취급 시 사고 발생의 원인이 되는 사항을 5가지만 쓰시오.

> **+해답** ① 액의 급격한 증발에 의한 이상압력 상승
> ② 저온에 의한 물리적 성질의 변화
> ③ 화학적 반응
> ④ 동상
> ⑤ 질식

28 다음 그림은 고압(클로드)식 공기 액화 분리장치의 공정도이다. ①~⑦에 해당하는 알맞은 명칭을 쓰시오.

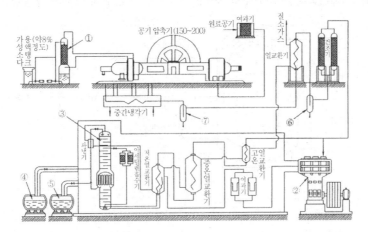

> **+해답** ① 탄산가스 흡수기   ② 팽창기   ③ 복정류탑   ④ 액체질소탱크
> ⑤ 액체산소탱크   ⑥ 수분분리기   ⑦ 유분리기

29 다음은 공기 액화 분리법에 의한 산소의 제조공정들이다. 공정순서대로 번호를 나열하시오.

① 압축기   ② 건조기   ③ 정류장치   ④ 여과기
⑤ CO_2 흡수탑   ⑥ 분리기   ⑦ 열교환기   ⑧ 저온탱크

> **+해답** ④-①-⑤-⑥-②-⑦-③-⑧

30 공기 액화 분리기의 운전 중 위험이 발생되면 운전을 중지하고 액화산소를 방출해야 한다. 어떤 경우인지 2가지를 쓰시오.

> **+해답** ① 액화산소 $5l$ 중 C_2H_2이 5mg 이상
> ② 액화산소 $5l$ 중 탄화수소 내 탄소의 질량이 500mg 이상

31 공기 액화 분리기에 있어서 여름에 겨울보다 산소 및 질소의 생산량이 감소하는 이유를 고찰해보면, 여름에는 (①)가 높기에 (②)에 의하여 수분이 많이 제거되기 때문이며, 또한 여름에는 기온이 높아 공기의 (③)가 작아져 공기량이 감소하기 때문이다.

> 습도,   점도,   밀도,   압축기,   응축기

해답 ① 습도   ② 응축기   ③ 밀도

32 다음 그림은 액체산소의 콜드에버포레이터(CE)이다. 각 번호에 알맞은 명칭을 기입하시오.

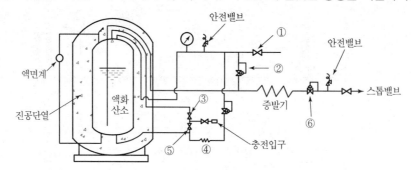

해답 ① 가스블로 밸브   ② 이코노마이저 밸브
        ③ 상부 충전 밸브   ④ 가압코일
        ⑤ 저부 충전 밸브   ⑥ 압력조정 밸브

33 다음 그림은 액체산소, 질소의 제조공정도이다. 도면을 보고 ①~④까지의 기계 명칭을 기입하시오.

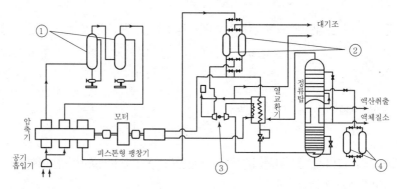

해답 ① CO_2 제거기   ② 공기건조기
        ③ 터보 팽창기   ④ 탄화수소 제거기

34 공기 액화 분리장치에 관한 다음 물음에 답하시오.

    ① 산소, 질소의 비점

    ② 운전을 정지시키고 액화산소를 방출해야 하는 경우 2가지를 쓰시오.

    ③ 폭발원인 4가지를 쓰시오.

    해답 ① 산소 : $-182.97℃$, 질소 : $-195.8℃$,

        ② ㉠ 액화산소 $5l$ 중 C_2H_2 질량이 5mg을 넘을 때

           ㉡ 액화산소 $5l$ 중 탄화수소 중 탄소 질량이 500mg을 넘을 때

        ③ ㉠ 공기 취입구로부터 C_2H_2 침입 시

           ㉡ NO, NO_2 등의 질소화합물 혼합 시

           ㉢ 압축기 윤활유 분해에 의한 탄산수소 생성 시

           ㉣ 아세틸렌 필터 성능 불량 시

           ㉤ 액체공기 중의 오존 혼입 시

35 공기 액화 분리장치의 정류탑에서 질소와 산소가 분리될 수 있는 이유는 ( )이 다르기 때문이다. ( ) 안에 해당하는 말은?

    해답 비등점

36 압축가스를 단열팽창시키면 온도와 압력이 강하한다. 이와 같은 현상을 무슨 효과라 하는가?

    해답 줄 톰슨 효과

37 다음 린데의 보조 냉각부 공기 액화 사이클 계통도를 보고 도표를 완성한 후 4~8의 위치를 표시하시오.

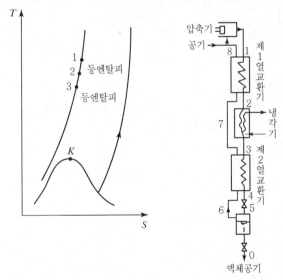

●해답

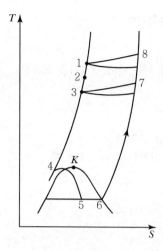

38 다음 저압식 공기 액화 플랜트 공정도를 참고하여 물음에 답하시오.

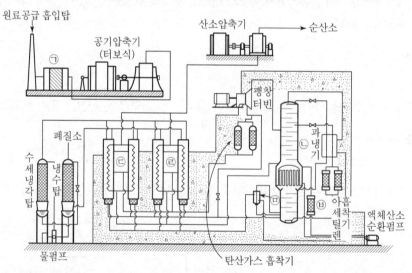

① ㉠~㉂의 명칭을 쓰시오.

② 원료 공기는 터보식 공기 압축기에서 얼마까지 압축(atm)되는가?

③ 복정류탑 상부와 하부에서 분리되는 것을 쓰시오.

●해답 ① ㉠ 여과기   ㉡ 복정류탑
　　　㉢, ㉣ 축냉기   ㉤ 액화기
　　　㉂ 순환흡착기
② 5
③ 상부 : 질소, 하부 : 산소

39 공기 액화 분리장치에서 린데식 액화장치와 클로드 액화장치의 액화 계통도의 선을 연결하고, T−S 선도를 보고 번호를 붙이시오.

① 린데식 액화장치

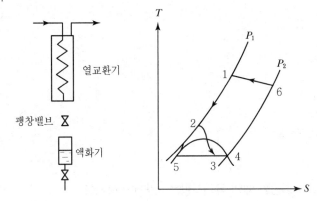

② 클로드식 액화장치

+해답

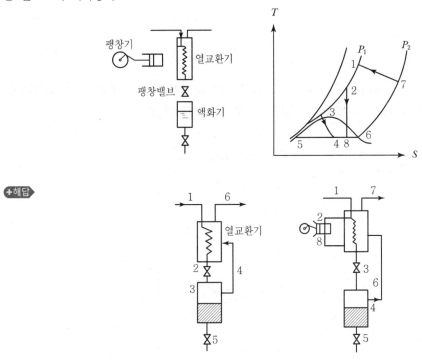

40 초저온 용기의 단열성능 시험 시 사용되는 가스 3가지를 쓰시오.

+해답 ① 액화산소　　② 액화질소　　③ 액화아르곤

41 다음 그림은 산소 제조공정 중 복식 정류탑에서 희가스 분포를 나타낸 것이다. 번호 ①~⑦에 알맞은 희가스의 혼합분포를 기입하시오.

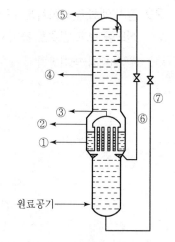

해답 ① O_2, Ar, Kr, Xe
② O_2, Ar, Kr, Xe
③ Ne, He
④ N_2, Ar, O_2
⑤ N_2, Ar
⑥ N_2
⑦ O_2, Ar, Kr, Xe

원료공기 →

42 초저온 액화가스를 취급할 때의 유의사항을 3가지만 쓰시오.

해답 ① 동상
② 질식
③ 이상압력 상승

43 다음 그래프는 0.35%의 탄소를 함유한 탄소강이 고온에서 나타내는 기계적 성질을 나타낸 것이다. ①~③ 각 그래프의 곡선이 무엇을 나타내는지 보기에서 고르시오.

항복점,   인장강도,   교축

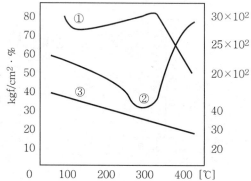

해답 ① 인장강도
② 교축
③ 항복점

44 암모니아 합성반응 시 암모니아 100g을 만들려면 0℃, 1atm에서 이론상 최소 공기 몇 l가 필요한가?(단, 공기 중 질소는 79%임)

> **⊕해설** $N_2 + 3H_2 \rightarrow 2NH_3$
>
> $22.4l : 2 \times 17g = x : 100g$
>
> $\therefore x = 22.4 \times \dfrac{100}{2 \times 17} = 65.88l$ (질소량)
>
> $\therefore$ 소요 공기량(V) $= \dfrac{65.88235}{0.79} = 83.395l$

> **⊕해답** $83.40l$

45 질소와 수소를 반응시켜 암모니아를 합성하려 한다. 다음 물음에 답하시오.

① 반응식을 쓰시오.
② 암모니아 50g을 만들려면 표준상태의 수소 몇 l가 필요한가?

> **⊕해답** ① $N_2 + 3H_2 \rightarrow 2NH_3$
>
> ② $3 \times 22.4l : 2 \times 17g = x : 50g$
>
> $\therefore$ 수소 소비량(x) $= \dfrac{3 \times 22.4 \times 50}{34} = 98.823529 = 98.82l$

46 하버 – 보시법에 의한 암모니아 합성반응식을 쓰고 평형을 오른쪽으로 이동시키기 위한 조건 2가지를 쓰시오.

> **⊕해답** ① 합성반응식 : $N_2 + 3H_2 \rightarrow 2NH_3$
>
> ② 평형이동 조건
>
> ⓐ 농도 증가한다.
>
> ⓑ 온도를 낮춘다.
>
> ⓒ 압력을 높인다.

47 다음 그림은 암모니아 합성 중 신파우서법의 반응탑 계통도이다. 물음에 답하시오.

① 반응탑 ㉠~㉥의 명칭을 쓰시오.
② ㉡의 구조 재료를 쓰시오.
③ 이 신파우서법의 특징 3가지를 쓰시오.

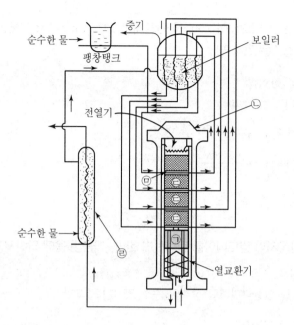

순수한 물 → 팽창탱크
증기
보일러
전열기
ⓛ
순수한 물
ⓔ
ⓜ ⓓ
ⓖ
열교환기

해답 ① ㉠ 촉매를 충전한 열교환기
㉡ 합성관
㉢ 촉매층
㉣ 급수 예열기
㉤ 사관식 냉각코일
② 18-8 스테인리스강
③ ㉠ 각 촉매층의 입구온도를 임의로 조절할 수 있다.
㉡ 촉매층의 온도 분포를 최적온도 분포로 접근시킬 수 있다.
㉢ 폐열에 의해 증기를 재생 가능하다.(부생 가능)

48 고압장치에 사용되는 다음 금속재료에 대하여 적당한 재료를 쓰시오.

① NH_3 합성통 내부재료
② NH_3 압력계 부르동관 재질
③ C_2H_2 충전용 주관
④ 상온 건조한 상태의 Cl_2 가스

해답 ① 18-8 스테인리스강
② 연강 또는 스테인리스강
③ 탄소함유량 0.1% 이하의 연강관
④ 탄소강

49 다음 고형 탄산(Dry Ice) 제조장치의 각 부(①~⑥) 명칭을 쓰시오.

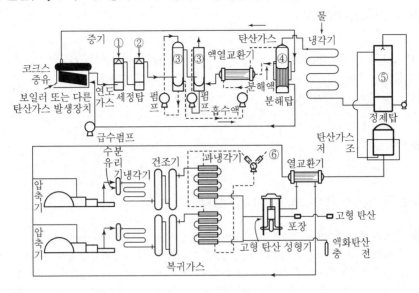

⊕해답 ① 물　　　　② 세정액　　　　③ CO₂ 흡수탑
　　　　④ 분해탑　　　⑤ 정제탑　　　　⑥ 냉동기(압축기)

---

09 **저장공급장치**

01 다음 용어 정의를 쓰시오.

　① 초저온 용기　　　　　　　　　② 저온 용기
　③ 비열처리 재료　　　　　　　　④ 열처리재료

⊕해답 ① 섭씨 −50℃ 이하인 액화가스를 충전하기 위한 용기로서 단열재로 피복하여 용기 내의 가스 온도가 상용
　　　의 온도를 초과하지 아니하도록 조치한 용기
　② 단열재로 피복하거나 냉동설비로 냉각하여 용기 내의 가스온도가 상용의 온도를 초과하지 아니하도록 조
　　　치된 액화가스 충전용기로서 초저온 용기 이외의 것
　③ 용기제조에 사용되는 재료로서 오스테나이트계 스테인리스강, 내식 알루미늄 합금판, 내식 알루미늄 합
　　　금 단조품, 그 밖에 이와 유사한 열처리가 필요 없는 것
　④ 용기 제조에 사용되는 재료로서 비열처리 재료 이외의 것

02 상용하는 고압가스 저장탱크가 있다. 사용 중 일시 정지시켜 내부를 점검할 때의 점검순서를 골라 순서대로 그 기호를 나열하시오.

> ① 탱크 내의 가스를 배출시킨다.   ② 잔가스를 배출시킨다.
> ③ 운전을 정지시킨다.   ④ 내부를 점검한다.
> ⑤ 공기에 의하여 치환시킨다.

+해답 ③-①-②-⑤-④

03 고압가스 용기 저장 시 유의점을 4가지만 쓰시오.

+해답 ① 용기 보관 장소에는 계량기 등 작업에 필요한 물건 이외에는 두지 아니할 것
② 용기 보관 장소의 주위 2m 이내에는 화기 또는 인화성 혹은 발화성 물질을 놓지 아니할 것
③ 가스 충전용기는 항상 40℃ 이하를 유지하고 직사광선을 받지 아니하도록 조치할 것
④ 가스 충전용기에는 전락, 전도 등에 의한 충격 및 밸브의 손상을 방지하는 조치를 하고 난폭한 취급을 하지 말 것
⑤ 용기 보관장소에는 휴대용 손전등 이외의 등화를 휴대하고 들어가지 아니할 것

04 가스설비를 수리 및 청소하고자 한다. ( ) 안에 알맞은 말을 써 넣으시오.

> 가연성 · 독성 가스-(①)-공기-(②)로 치환

+해답 ① 불활성 가스
② 불활성 가스

05 액화 석유가스 충전용기 설치 시 주의사항을 5가지만 쓰시오.

+해답 ① 20*l* 이상의 용기는 옥외에 설치할 것
② 2m 이내의 화기는 장벽으로 차단할 것
③ 주위의 온도는 40℃ 이하일 것
④ 설치장소는 통풍이 양호하고 직사광선을 받지 않는 곳일 것
⑤ 용기는 수평으로 설치하고 20kg 이상의 용기는 쓰러지지 않게 튼튼히 묶을 것
⑥ 설치 장소는 습기가 없는 곳으로 용기 바닥이 녹슬지 않게 콘크리트 바닥 위에 설치할 것

06 어느 고압 설비에 흐르고 있는 가스의 상용 압력이 $20\text{kgf}/\text{cm}^2$(2MPa)이다. 여기에 부착하는 압력계의 최고 눈금의 범위는 얼마인가?

➕해답 고압 설비에 부착하는 압력계는 상용 압력의 1.5~2배 이하의 최고 눈금

∴ $30\text{~}40\text{kgf}/\text{cm}^2$(3~4MPa)이다.

07 액화석유가스 용기가 있다. 이 용기의 각인 사항이 다음과 같을 때 물음에 답하시오.

• 내용적=46 • 내압시험=35 • 재검사 2015년 3월

① 이 용기에 충전할 수 있는 LP가스의 한계 질량을 구하여라. (충전상수 : 2.35)
② 안전밸브의 작동 압력은 얼마인가?
③ 기밀시험 압력은 얼마인가?
④ 충전구의 나사는 왼나사인가, 오른나사인가?

➕해답 ① $\dfrac{46}{2.35}=19.57=19.6\text{kg}$　　　　　　② $35\times\dfrac{8}{10}=28\text{kgf}/\text{cm}^2$

③ $35\times\dfrac{3}{5}=21\text{kgf}/\text{cm}^2$ (내압시험 $\times\dfrac{3}{5}$배)　　④ 왼나사

08 원통형 액화석유가스 저장탱크(외경 2m, 길이 10m)의 외면에 냉각용 살수장치를 설치하려고 한다. 다음 물음에 답하시오. (단, 경판은 평판으로 하며 필요저수량의 단위는 1m^2당 $5l/\min$로 하고 저수 소요시간은 30분으로 한다.)

① 원통형 저장탱크의 표면적(m^2)은?
② 필수 저수량은 몇 톤인가?
③ 원통형을 구형 저장탱크로 개조하였을 때 지름(m)은 얼마인가?

➕해답 ① 표면적 $=\dfrac{\pi}{4}D^2\times2+\pi DL=\dfrac{\pi}{4}(2)^2\times2+3.14\times2\times10=69.08\text{m}^2$

② 필요저수량 $=\dfrac{69.08\times5\times30}{1,000}=10.36\text{m}^3=10.36$

③ 원통형 저장용량 $=\dfrac{\pi}{4}D^2l=0.785\times(2)^2\times10=31.4\text{m}^3$

　구형 저장탱크의 내용적(V) $=\dfrac{\pi}{6}D^3$, 지름(D) $=\sqrt[3]{\dfrac{6V}{\pi}}$

∴ $D=\sqrt[3]{\dfrac{6\times31.4}{3.14}}=3.91\text{m}$

09 고압가스 제조 및 판매자의 용기 보관 및 관리방법에 대하여 5가지만 쓰시오.

해답 ① 충전 용기는 직사광선을 피하고 40℃ 이하로 보관할 것
② 용기에 고압가스를 충전하거나 충전 용기를 판매할 때에는 고압가스의 누설 및 용기의 검사 여부를 확인할 것
③ 용기는 빗물을 받거나 다습한 곳에 보관하지 아니할 것
④ 충전 용기는 난폭하게 취급하지 아니할 것
⑤ 충전 용기는 반드시 용기 보관소에 보관할 것
⑥ 충전 용기는 가스의 종류, 용도별로 용기에 도색 표기할 것

10 고압가스 용기 제조 시 신규 검사에 합격한 용기에 각인할 사항 10가지를 쓰시오.

해답 ① 용기 제조업자의 명칭 또는 약호
② 충전하는 가스의 명칭
③ 용기의 번호
④ 내용적(기호 : V, 단위 : l)
⑤ 초저온 용기 이외의 용기에 있어서는 밸브 및 부속품(분리할 수 있는 것에 한한다.)을 포함하지 아니한 용기의 질량(기호 : W, 단위 : kg)
⑥ 아세틸렌가스 충전 용기에 있어서는 ⑤호의 질량에 용기의 다공물질·용제 및 밸브의 질량을 포함한 질량(기호 : TW, 단위 : kg)
⑦ 내압 시험에 합격한 연월
⑧ 내압 시험 압력(기호 : TP, 단위 : kgf/cm^2)
⑨ 압축 가스를 충전하는 용기에 있어서는 최고 충전 압력(기호 : FT, 단위 : kgf/cm^2)
⑩ 내용적이 500l를 넘는 용기에 있어서는 동판의 두께(기호 : t, 단위 : mm)
⑪ 충전량(g)(다만, 납붙임 용기 또는 접합용기에 한한다.)

참고 최근의 압력표시는 MPa(SI) 단위를 많이 쓴다.(1kgf/cm^2=0.1MPa)

11 C_2H_2 용기에 대하여 물음에 답하시오.

① 용기 내부에 들어 있는 용제의 명칭 2가지
② 최고 충전압력(15℃에서)
③ 다공도
④ 안전장치명

해답 ① 아세톤, DMF(디메틸포름아미드)
② 15.5kgf/cm^2
③ 75% 이상 92% 미만
④ 가용전

12 용기 종류별 부속품에 대해 쓰시오.

해답 ① AG : 아세틸렌가스를 충전하는 용기의 부속품
② PG : 압축가스를 충전하는 용기의 부속품
③ LG : LPG 이외의 액화가스를 충전하는 용기의 부속품
④ LPG : 액화석유가스를 충전하는 용기의 부속품
⑤ LT : 초저온 및 저온 용기의 부속품

13 다음 표를 보고 가스(공업용, 의료용)가 어떤 도색 및 가스용기 도색 및 가스명에 따른 글씨 색깔 색깔이 필요한지 ①∼⑭의 빈칸을 메우시오.

가스명	공업용		의료용	
	도색	글씨 색깔	도색	글씨 색깔
질소	①	⑤	⑨	⑫
액화탄산가스	②	⑥	⑩	⑬
산소	③	⑦	⑪	⑭
아세틸렌	④	⑧		

해답 ① 회색 ② 청색 ③ 녹색 ④ 황색 ⑤ 백색 ⑥ 백색 ⑦ 백색 ⑧ 흑색 ⑨ 흑색
⑩ 회색 ⑪ 백색 ⑫ 백색 ⑬ 백색 ⑭ 녹색

14 카바이드 CaC_2(1드럼)의 중량은 225kgf이며, 카바이드 1kg당 발생하는 아세틸린 가스는 280l이다. 카바이드 CaC_2(1드럼)이 발생하는 아세틸렌을 충전하려면 용기 1개당 충전 용량이 7kg인 용기가 몇 개 필요한가?(단, 아세틸렌의 밀도는 1.161g/l이다.)

해답 $225 \times 280 = 63,000l$
밀도가 1.16g/1이므로 $63,000 \times 1.16 = 73,080g = 73.080kg$
$\therefore \dfrac{73.080}{7} = 11개$

15 다음은 고압가스 용기 제작 시 두께 산정 공식이다. 공식을 참고하여 질문에 간단히 답하시오.

$$t = \frac{PD}{200S\eta - 0.2P} + C$$

① 어떤 모양의 용기 제작 시 두께를 산정하는 공식인가?
② C는 무엇을 뜻하는가?
③ C의 값은 액화석유 용기의 경우라면 얼마인가?

해답 ① 용접 용기 ② 부식 여유 ③ LPG 가스의 경우 일반적으로 설정하지 않음

16 고압가스 용기 관리 시 주의사항을 6가지 쓰시오.

➕해답 ① 40℃ 이하의 온도로 보존할 것
② 통풍이 양호한 곳에 보관할 것
③ 습기가 있는 곳을 피할 것
④ 전락, 전도, 충격을 가하지 말 것
⑤ 용기는 반드시 지정된 장소에 보관할 것
⑥ 인화물질 및 화기 주위에 저장하지 말 것
⑦ 저장 시 직사일광을 피할 것

17 신규검사 용기 각인사항 8가지를 쓰시오. (500l 이상의 아세틸렌 용기)

➕해답 ① 용기 제조업자의 명칭 및 약호　　② 내압시험합격 연월일
③ 충전가스의 명칭　　　　　　　　④ 내압시험 압력
⑤ 용기의 번호　　　　　　　　　　⑥ 최고 충전 압력
⑦ 내용적(V, l)　　　　　　　　⑧ 동판 두께
⑨ 용기의 질량에 다공질물 용제밸브를 합한 질량

18 다음 용기의 각인은 각각 무엇을 표시하는가?

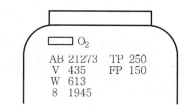

① 충전가스명　　　　② TP　　　　　　③ AB
④ FP　　　　　　　　⑤ W

➕해답 ① 산소　　　　　　　② 내압 시험 압력　　　　③ 용기의 기호 및 번호
④ 최고 충전 압력　　⑤ 용기의 질량

19 LPG 용기 중 제조 경과연수가 다음과 같을 때 내용적이 48l인 용기의 재검사기간을 쓰시오.

① 9년　　　　　　　　② 18년

➕해답 ① 3년, ② 2년

참고 용접용기는 500l 미만인 경우
(15년 미만은 3년마다, 15~20년 미만은 2년마다 재검사를 받아야 한다.)

20 2015년 4월에 제조된 용기가 2017년 4월의 경우 아세틸렌 용기의 내용적이 41*l*일 때 다음 물음에 답하시오.

① 제조 후 용기 검사에 합격했다. 이 용기에 충전하여도 좋은가?
② C_2H_2 용기의 도색은?
③ 온도 15℃에서 최고 충전압력은?

➕해답 ① 충전할 수 있다.
　　　　이유 : 아세틸렌 용기는 용접 용기이므로 제조 후 경과 연수가 15년 미만일 때는 3년마다 재검사를 받아야 하기 때문이다.
② 황색
③ 15.5kgf/cm²

21 용기 검사 후 불합격 용기 파기 방법을 간단히 기입하시오. (단, 용접용기, 이음새 없는 용기에 한해서 설명할 것)

➕해답 ① 이음새 없는 용기 : 용기 어깨 부분을 절단하되 다시 용접하여 사용할 수 없도록 할 것
② 용접 용기 : 상부경판의 어깨 부분을 절단하되 다시 용접하여 용기 원형으로 가공할 수 없도록 할 것

22 내용적이 42*l*이고 내압시험을 위하여 수압을 걸었을 때 용기 내용적이 42.127*l*로 증가했고 압력을 제거했을 때 42.016*l*였다. 이에 관해 다음 물음에 답하시오.

① 항구증가율은?
② 이 용기는 사용할 수 있는가?

➕해답 ① 항구증가율 $\dfrac{42.016-42}{42.127-42} \times 100 = 12.5\%$
② 항구증가율이 10% 초과이므로 사용할 수 없다. (10% 이하만 사용 가능)

23 고압가스 용기의 보수 시 주의할 점을 2가지 이상 쓰시오.

➕해답 ① 가스를 안전한 방법으로 방출할 것
② 가스 방출 후 불활성 가스로 치환할 것
③ 용기 보수 전에 공기로 다시 치환할 것
④ 보수 후 가스충전 전에 불활성 가스로 치환할 것
⑤ 가스 방출 시는 보호구(독성 가스일 때)를 준비하고 화기(가연성 가스일 때) 등을 멀리하며 반드시 감독자의 지시에 따를 것

24 고압용기 파열사고의 원인을 5가지 쓰시오.

> **＋해답** ① 용기의 내압력 부족
> ② 용기 검사 태만, 기피
> ③ 내압의 이상 상승(이상 팽창)
> ④ 용기 자재 불량
> ⑤ 용접상 결함
> ⑥ 폭발성 가스 혼입

25 고압가스가 충전된 용기는 어떻게 보관해야 하는지 4가지 이상 쓰시오.

> **＋해답** ① 충전 용기는 항상 40℃ 이하로 보관한다.
> ② 반드시 캡을 씌워 전락, 전도 시 충격을 방지토록 한다.
> ③ 가연성 가스와 지연성 가스를 함께 보관하지 말 것
> ④ 인화성 물질을 함께 보관하지 말 것
> ⑤ 햇볕이 들지 않는 건조한 곳에 보관할 것
> ⑥ 통풍이 잘되는 곳에 보관할 것

26 용기 각인사항 중 다음 기호는 무엇을 뜻하는가?

① TW ② TP ③ V

> **＋해답** ① 아세틸렌 용기에서 다공질물과 밸브의 질량을 합한 용기질량(kg)
> ② 내압시험 압력(kgf/cm^2)
> ③ 내용적(l)

27 내용적 $47l$ 용기의 내압 시험에서 $30kgf/cm^2$의 수압을 가했더니 용기의 내용적이 $47.125l$로 되었다. 다시 압력을 제거하여 대기압 상태로 하였더니 용기 내용적은 $47.002l$였다. 항구증가율은 몇 %인가?

> **＋해답** 항구증가율$= \dfrac{47.002 - 47}{47.125 - 47} \times 100 = 1.6\%$

28 300kg의 LP가스를 $50l$씩 충전시키려면 용기 몇 개가 필요한가?(단, C = 2.5이다.)

> **＋해답** $G = \dfrac{V}{C}, \ V = G \cdot C, \ V = 300 \times 2.5 = 750l$
>
> $\therefore \dfrac{750}{50} = 15$개

29 C_2H_2 용기에서 TW는 밸브, 용기 다공질물의 무게를 모두 포함한 값이다. 그런데 실제를 측정하면 TW의 값보다 크다. 그 이유는 무엇인가?

⊕해답 용제인 아세톤의 질량이 제외되었기 때문이다.

30 50kg의 프로판(비중 0.55)을 용기 속에 넣으려면 최소한 몇 l의 내용적(V)이 필요한가?(단, 프로판의 정수는 2.35이다.)

⊕해답 $G = \dfrac{V}{C}$ 에서 $V = G \times C$ 이므로

∴ 용기 내용적 $= 50 \times 2.35 = 117.5l$

31 용기의 검사를 실시한 결과 전증가가 200cc이고 항구증가가 15cc이다. 이에 관해 다음 물음에 답하시오.

① 항구증가량을 구하시오.
② 용기의 합격 여부를 쓰시오.

⊕해답 ① $\dfrac{\text{항구증가}}{\text{전증가}} \times 100 = \dfrac{15}{200} \times 100 = 7.5\%$

② 합격할 수 있다.(10% 이하이기 때문)

32 LP가스 저장 탱크에 꼭 부착해야 할 부속품을 5가지만 쓰시오.

⊕해답 ① 안전밸브   ② 긴급차단밸브   ③ 액면계
      ④ 체크밸브   ⑤ 온도계   ⑥ 압력계

33 고압가스 용기 각인사항 중 다음 표시는 무엇을 뜻하는가?

① TP   ② FP   ③ W

⊕해답 ① 내압시험 압력   ② 최고 충전 압력   ③ 용기질량

34 50kg 암모니아 용기의 최소 내용적(V)은 얼마인가?(단, 암모니아의 충전 정수는 1.86이다.)

⊕해답 $V = GC = 50 \times 1.86 = 93l$

35 27℃의 온도에서 용기 내용적 $50l$의 용기에 85기압으로 충전되어 있는 고압가스가 $-3℃$로 방치 시 용기 내 압력은 얼마인가?

> **해답** $\dfrac{85 \times 50}{300} = \dfrac{P_2 \times 50}{270}$
>
> ∴ 용기 내 압력(P_2) = 76.5기압

> **참고** $27 + 273 = 300°K$
>
> $-3℃ + 273 = 270°K$

36 용기 밸브 중 충전구가 왼나사인 것을 2가지만 쓰시오.

> **해답** LPG 용기, 수소 등 가연성 가스 용기

37 용기의 부속품을 보호하기 위한 보호장치 2가지는 무엇인가?

> **해답** 캡, 프로텍터

38 강으로 제조한 이음매 없는 용기의 신규검사 종목을 4가지만 쓰시오.

> **해답** ① 외관검사　② 인장시험　③ 압괴시험　④ 충격시험　⑤ 파열시험

39 용기에 표시하는 충전가스 명칭은 한글로 표기해야 한다. 그렇다면 액화염소란 가스 명칭의 한글 글씨는 무슨 색인가?

> **해답** 백색

40 LPG 용기에 대하여 다음 물음에 답하시오.

① 충전구의 나사 형식은?
② 용기 밸브의 나사 형식 및 취급 시 주의사항은?

> **해답** ① 왼나사
> ② 용기 밸브의 나사형식 : 오른나사
> 취급 시 주의사항 : 밸브개폐는 서서히 하며 무리한 힘을 가하지 않는다.

41 부탄 저장 탱크에 관한 다음 물음에 답하시오.

① 탱크도색 ② 가스 명칭 글씨색

해답 ① 은백색 또는 회색 ② 적색

42 고압 용기에 사용하는 안전 밸브의 종류를 3가지 쓰시오.

해답 ① 스프링식 ② 가용전식 ③ 파열판식

43 액화염소 10톤을 내용적 $1,000l$의 용기에 충전하기 위해서는 최소한 몇 개의 용기가 필요한가?(단, 염소의 가스 정수는 0.80이다.)

해답 용기개수$(E_a) = \dfrac{10,000}{(1,000/0.80)} = 8$개

44 이음새 없는 고압 용기 재질의 화학적 성분으로 C.S.P 등이 있다. 이들의 함량 기준은 몇 % 이하인가?

해답 ① C : 0.55% 이하
② P : 0.04% 이하
③ S : 0.05% 이하

45 홀더에서 유수식 저장탱크의 특징을 5가지 쓰시오.

해답 ① 제조 설비가 저압인 경우 잘 사용된다.
② 구형 가스홀더(Gas Holder)에 비해 유효 가동량이 크다.
③ 많은 물을 필요로 하기 때문에 기초비가 커진다.
④ Gas가 건조해 있으면 물의 수분을 흡수한다.
⑤ 압력이 가스의 양에 따라 변동한다.
⑥ 한랭지에서는 물의 동결 방지 대책이 필요하다.

46 공업용 아세틸렌의 품질을 브롬법에 의하여 검사하고자 한다. 흡수시약 제조방법을 2가지로 나누어 서 쓰시오.

해답 ① 유리 삼산화황(SO_3) 약 30%를 함유하는 KS M 1205(발연황산)를 흡수용으로 사용한다.
② 30% 브롬화칼륨(시약용) 수용액에 시약용 브롬을 포화시켜서 흡수용 시약으로 한다.

47 43l의 용기를 내압시험 시 내압시험압력을 주었을 때 43.125l로 내용적이 증가하였고, 내압시험압력을 제거 후 43.013l였다. 이에 대해 다음 물음에 답하시오.

① 영구증가율은?
② 합격 여부는?

+해답 ① 영구증가율(%) = $\dfrac{영구증가량}{전증가량} \times 100 = \dfrac{0.013}{0.125} \times 100 = 10.4\%$

② 영구증가율이 10% 이상이므로 불합격이다.

48 액화석유가스를 충전할 용기로서 방청도장을 하여야 하는 용기의 적용대상 및 제외대상을 쓰시오.

+해답 ① 방청도장 적용 대상 용기 : 120l 미만의 액화석유가스 충전용기
② 방청도장 적용 제외대상 용기 : 스테인리스강 · 알루미늄 합금 등 내식성 재료

49 액화석유가스 용기의 부식방지 도장 시 부식방지 도장 전에 실시해야 하는 전처리 항목을 쓰시오.

+해답 ① 탈지   ② 피막화성 처리
③ 산 세척   ④ 숏 블라스팅
⑤ 애칭 프라이머

50 다음은 LPG 저장탱크에 설치되는 안전장치이다. 그 설치위치 및 작동개요에 대하여 설명하시오.

① 안전 밸브
② 긴급차단 밸브

+해답 ① 저장탱크의 기상부(氣狀部)에 설치하여 상용 압력을 초과한 경우 내압시험압력의 $\dfrac{8}{10}$ 배 이하에서 자동으로 작동하여 즉시 상용압력 이하로 되돌리게 하는 안전장치이다.
② 액상의 가스를 이송 또는 이충전하기 위한 배관으로서 저장탱크의 주밸브 외측으로 가능한 한 저장탱크의 가장 가까운 위치 또는 저장탱크의 내부에 설치하여 설비에서 가스의 누설 · 화재 등 이상 사태가 발생한 경우 신속히 원거리에서 가스를 차단하여 각종 피해를 최대한 저지한다.

51 프로판가스 용기 밸브에 붙은 안전밸브는 어떤 형식이 주로 쓰이는가? 또 이들 안전밸브는 보통 플라스틱 캡으로 씌워져 있는데 그 목적은 무엇인가?

+해답 • 형식 : 스프링식 안전밸브
• 캡을 설치하는 목적 : 밸브의 손상을 방지하기 위해

52 가연성 용기의 밸브 중 그랜드 너트의 6각 모서리 각 부분에 V홈을 내놓는 것은 ① 무엇을 표시하는 것이며 ② 어떤 곳에 사용하는가?

　해답 ① 왼나사 표시
　　　　② 가연성 가스용기 등의 밸브 · 6각 너트(그랜드 너트) 등에 사용

　참고 단, 암모니아 브롬화 메탄은 가연성 가스이지만 오른나사이므로 표시가 필요 없다.

53 용기검사의 종류는 여러 가지가 있는데 그 중 압괴시험방법을 간단히 설명하시오.

　해답 꼭지각이 60°로서 그 끝을 반지름 13mm의 원호로 다듬질한 강제틀을 써서 시험용기의 대략 중앙부에서 원통축에 대하여 직각으로 서서히 눌러 2개의 꼭지 끝의 거리가 일정량에 달하여도 균열이 생겨서는 안 된다.

54 독성, 가연성 가스 중 충전구 나사가 오른나사인 가스명 2가지를 쓰시오.

　해답 암모니아, 브롬화메탄

55 고온 고압장치 및 용기에 대한 수소가스의 사고 원인에 대하여 다음 물음에 간단히 답하시오.
수소 충전용기가 파열사고를 일으켰다. 이 사고의 원인 3가지를 쓰시오.

　해답 ㉠ 과충전
　　　　㉡ 용기에 균열, 녹 등이 발생하여 충전압력에서 파열
　　　　㉢ 용기의 취급이 난폭

56 안지름 10cm, 두께 0.5cm의 원통용기가 내압에 의하여 항복을 일으키는 압력은 몇 MPa인가?(단, 용기 재료의 항복응력은 200MPa이다.)

　해답 $\sigma = \dfrac{PD}{2t}$

　　　　여기서, σ : 응력 $2,000\mathrm{kgf/cm^2}$　　　P : 압력
　　　　　　　　D : 내경　　　　　　　　　t : 두께

　　　　$\therefore$ 용기 항복압력$(P) = \dfrac{2t\sigma}{D} = \dfrac{2 \times 0.5 \times 20}{10} = 20\mathrm{MPa}$

57 브롬화메탄$(\mathrm{CH_3Br})$의 충전구 나사 형식과 그 이유를 쓰시오.

　해답 • 형식 : 오른나사
　　　　• 이유 : 다른 가연성 가스보다 폭발하한이 높고 폭발상한과 하한의 차가 적기 때문이다.

58 용기용 밸브는 가스 충전구의 형식에 따라 다음과 같이 분류한다. 각각의 형식을 간단히 설명하시오.

① A형   ② B형   ③ C형

➕해답 ① 가스 충전구가 수나사
      ② 가스 충전구가 암나사
      ③ 가스 충전구에 나사가 없는 것

59 고온 고압 장치용 재료로서 일반적으로 구비해야 할 성질 5가지를 쓰시오.

➕해답 ① 내열성을 가질 것
      ② 내압에 견디는 강도를 가질 것
      ③ 고온에서 화학적인 성질의 변화가 없을 것
      ④ 고온에서도 물리적 성질의 변화가 없을 것
      ⑤ 내마모성 및 내구성이 있을 것

60 고압가스 탱크 및 용기에 대해 다음 물음에 답하시오.

① 내용적 $20,000l$인 C_3H_8 저장탱크의 안전공간이 10%일 때 저장능력은 몇 kg인가?(단, 액비중은 0.5이다.)
② 신규검사에 합격된 용기에 대한 각인 사항 10가지를 순서대로 쓰시오.

➕해답 ① 저장능력$(W) = 0.9 \times d \times V = 0.9 \times 0.5 \times 20,000 = 9,000$kg
      ② ㉠ 용기 제조업자의 명칭 또는 약호
          ㉡ 충전하는 가스의 명칭
          ㉢ 용기의 번호
          ㉣ 내용적
          ㉤ 용기의 질량
          ㉥ 아세틸렌은 용기, 다공물질, 용제 및 밸브의 질량을 합한 질량
          ㉦ 내압시험 합격 연월
          ㉧ 내압시험 압력
          ㉨ 최고 충전압력
          ㉩ 내용적 $500l$ 초과 시는 용기의 두께

61 용접 용기의 장점을 3가지만 쓰시오.

➕해답 ① 이음매 없는 용기에 비해 가격이 싸다.
      ② 용기의 모양, 치수가 자유로이 선택된다.
      ③ 두께 공차가 적다.

62 다음 용어를 간단히 설명하시오.

① 크리프(Creep) 현상

② 가공경화

⊕해답 ① 재료에 일정하중을 가한 상태에서 시간과 더불어 변형이 증가하는 현상

② 금속을 가공함에 따라 경도가 커지는 현상

63 액화가스 저장탱크용량 500kg의 가스를 부피가 50l인 용기에 충전한다면 용기 몇 개가 필요한가? (단, 충전 정수는 0.8이다.)

⊕해답 $G(\text{kg}) = \dfrac{V(l)}{C}$ 식에서

$G(\text{kg}) = \dfrac{50}{0.8} = 62.5\text{kg}$(한 개 용기 충전량)

∴ 용기 개수$(E_a) = \dfrac{500}{62.5} = 8$개

64 다음 용어의 정의를 쓰시오.

① 초저온 용기　　　　② 저온 용기　　　　③ 비열처리 재료　　　　④ 열처리 재료

⊕해답 ① 섭씨 −50℃ 이하인 액화가스를 충전하기 위한 용기로서 단열재로 피복하여 용기 내의 가스 온도가 상용의 온도를 초과하지 아니하도록 조치한 용기

② 단열재로 피복하거나 냉동설비로 냉각하여 용기 내의 가스 온도가 상용의 온도를 초과하지 아니하도록 조치된 액화 가스 충전용기로서 초저온 용기 이외의 것을 말한다.

③ 용기 제조에 사용되는 재료로서 오스테나이트계 스테인리스강, 내식 알루미늄 합금판, 내식 알루미늄 합금 단조품, 그 밖에 이와 유사한 열처리가 필요 없는 것을 말한다.

④ 용기 제조에 사용되는 재료로서 비열처리 재료 이외의 것을 말한다.

65 고압장치 재료의 열처리법 중 심랭처리란 무엇인가?

⊕해답 경화강 중의 오스테나이트 조직을 마텐자이트 조직을 바꿀 목적으로 0℃ 이하에서 냉각시키는 조작이다.

66 고압용기에 고압가스를 충전하기 전 테스트해머 등으로 용기를 가볍게 두드렸을 때 그 음향으로 결함 유무를 판단하는 검사방법의 명칭을 쓰시오.

⊕해답 타진법(음향검사)

67 아세틸렌 충전용기에 사용되는 ① 다공물질 6가지와 ② 용제를 2가지 쓰시오.

> **해답** ① 규조토, 석면, 목탄, 석회, 산화철, 탄산마그네슘
> ② 아세톤, 디메틸포름아미드

68 다음과 같은 고압가스 용기의 이점을 각 2가지씩 쓰시오.

① 이음새 없는 용기
② 용접 용기

> **해답** ① ㉠ 이음새가 없어 고압에 견디기 쉽다.
> ㉡ 내압에 대한 응력 분포가 균일하다.
> ② ㉠ 용기의 형태 및 치수를 자유로이 할 수 있다.
> ㉡ 두께공차를 적게 할 수 있다.
> ㉢ 경제적이다.

69 고압용기, 고압장치 등은 내부압력에 의해 파열되는 경우가 있는데 그 파열을 방지하는 대책에는 과잉
(①)을 피할 것, 안전밸브의 규정 (②)을 정비할 것, 재질의 (③)을 점검할 것, 부르동관의 (④)을
고려할 것 등이 있다.

> **해답** ① 충전 　　② 압력
> ③ 균일성 　　④ 재질

70 용기검사 중 비수조식 내압시험방법에 대해 설명하시오.

> **해답** 용기를 수조에 넣지 않고 수압에 의해 가압하며 용기 내에 압입된 물의 양을 살피고 압축된 물의 양을 물의 양
> 에서 빼어 용기의 팽창량을 조사하는 방법

71 터보 펌프의 정지 시에 있어서 주의사항을 4가지 쓰시오.

> **해답** ① 모터 스위치를 정지시킨다.
> ② 토출 밸브를 서서히 닫는다.
> ③ 흡입 밸브를 닫는다.
> ④ 펌프 밸브를 닫는다.

72 용기검사에 합격한 용기에 다음 가스의 용기도색을 써 넣으시오.

가스종류	도색구분	가스종류	도색구분
액화석유가스	(①)	아세틸렌	③
수소	(②)	액화염소	④

해답 ① 회색   ② 주황색   ③ 황색   ④ 갈색

73 신규검사에 합격된 용기 부속품을 확인하니 아래와 같은 기호가 표시되어 있다. 각 기호에 따라 어떤 가스를 충전하는 용기의 부속품인지 설명하시오.

① PG   ② LT   ③ AG

해답 ① 압축가스를 충전하는 용기부속품
② 초저온 및 저온용기 부속품
③ 아세틸렌을 충전하는 용기부속품

74 다음 용기 종류별 부속품 기호를 설명하시오.

① AG   ② LG   ③ LT

해답 ① 아세틸렌을 충전하는 용기부속품
② LPG 이외의 액화가스를 충전하는 용기부속품
③ 초저온 및 저온용기 부속품

75 내용적이 $500l$인 용기에 120kgf/cm^2의 압력으로 충전되어 있는 질소 용기 120본을 저장하는 저장소가 있다. 이 저장소의 저장능력은 몇 m^3인가?(단, 대기압은 1kgf/cm^2이다.)

해답 $Q = (P+1)V$
저장능력$(Q) = (120+1) \times 0.5 \times 120 = 7,260\text{m}^3$

참고 $500l = 0.5\text{m}^3$

76 LPG 용기의 재검사 과정 중 내압검사를 실시한 결과 전증가량이 175cc, 항구증가량이 19cc였다면 ① 항구증가율은 얼마이며, ② 검사 실시 후 재검사 합격 여부를 판정하시오.

해답 ① $\dfrac{19}{175} \times 100 = 10.86\%$
② 10%를 초과하므로 불합격

77 35℃에서 내용적 $40l$의 용기에 $150\text{kgf/cm}^2 \cdot \text{g}$로 충전된 용기를 0℃의 장소에 방치하면 용기 내의 압력은 몇 $\text{kgf/cm}^2 \cdot \text{g}$인가?(단, 대기압은 1.033kgf/cm^2이다.)

➕해답 $\dfrac{(40)\times(150+1.0332)}{(273+35)} = \dfrac{(40)\times(x+1.0332)}{(273+0)}$

용기압력$(x) = \dfrac{19.614675\times273}{40} - 1.033 = 132.84\text{kg/cm}^2 \cdot \text{g}$

78 용기의 파열 원인을 4가지만 쓰시오.

➕해답 ① 용기 재료의 결함　　② 용기 내 압력 부족
③ 과충전　　　　　　　④ 용접부 결함

79 액화프로판 350kg을 내용적 $50l$의 용기에 충전하려면 몇 개의 용기가 필요한가?(단, 프로판의 가스 정수는 2.35이다.)

➕해답 $G = \dfrac{V}{C}$, $V = G\times C$, $V = 350\times2.35 = 822.5l$

∴ 용기개수 $= \dfrac{822.5}{50} = 16.45$　∴ 17개

80 고압가스 용기가 파열되는 주된 원인을 5가지만 쓰시오.

➕해답 ① 타격과 충격　　　　② 폭발성 가스 혼입
③ 용접상 결함　　　　④ 내압의 이상 상승
⑤ 용기자재 불량　　　⑥ 용기검사 태만 또는 용기검사 기피

81 아세틸렌가스 저장 시 용기 내 다공물질을 4가지만 쓰시오.

➕해답 ① 석면　　② 규조토　　③ 다공성 플라스틱　　④ 목탄
⑤ 산화철　⑥ 탄산마그네슘　⑦ 석회석

82 용기의 제조 시 사용되는 비열처리 재료 3가지를 쓰시오.

➕해답 ① 오스테나이트계 스테인리스강
② 내식용 알루미늄 합금
③ 내식 알루미늄 합금 단조품

83 초저온 용기 단열성능 시험에 시험용으로 사용되는 액화가스 3가지는 무엇인가?

➕해답 ① 액화산소 ② 액화질소 ③ 액화 아르곤

84 상용 압력이 20kgf/cm²일 때 부착해야 할 압력계의 최고 눈금은 얼마인가?

➕해답 40kgf/cm²(4MPa)

참고 20×2배=40

85 산소병에 산소가 9kg 충전되어 있다. S.T.P에서 이 가스의 체적은 얼마인가?

➕해답 $32\text{kg} \times 22.4\text{m}^3 : 9\text{kg} \times x\text{m}^3$

$x = \dfrac{9 \times 22.4}{32} = 6.3\text{m}^3$

86 액체산소용기에 액체산소가 50kg 충전되어 있다. 이 용기의 외부로부터 매시 5kcal의 열량을 준다면 액체산소량이 $\dfrac{1}{2}$로 감소하는 데 몇 시간이 걸리는가?(단, 비등할 때 산소의 증발잠열은 1,600kcal/mol이다.)

➕해답 $50,000 \div \dfrac{1}{2} = 25,000\text{g}\,(50\text{kg} = 50,000\text{g})$

$\dfrac{25,000}{32} = 781.25\text{mol}$

$781.25 \times 1,600 = 1,250,000\text{kcal}$

∴ 시간 = 1,250,000 ÷ 5 = 250,000시간

87 내용적 50l의 LPG용기에 비중 0.45인 액화부탄 20kg을 충전하면 이 용기 내의 공간은 약 % 정도 되는가?

➕해답 $d = \dfrac{M}{V}$, $M = d \times V = 0.45 \times 50 = 22.5\text{kg}$

$\dfrac{20}{22.5} \times 100 = 88.89\%$

∴ 용기 내 공간 = 100 − 88.89% = 11.11%

88 부피 50l의 용기에 법정 최고량의 CO_2가스를 충전하였다. 다음 물음에 답하시오. (단, CO_2의 분자량은 44, 또한 가스 정수는 1.34임)

① 충전된 CO_2의 중량은 몇 kg인가?
② 이 가스를 표준상태의 부피로 환산하면 몇 m³인가?

해답 ① $G = \dfrac{50}{1.34} = 37.31\text{kg}$

② $\dfrac{37.31}{44} \times 22.4 = 18.99\text{m}^3$

89 고압가스 용기에 산소가 27℃에서 150kgf/cm²로 충전되어 있다. 용기 내 화재로 인한 온도 상승으로 안전밸브가 규정의 최고 작동압력에서 작동되어 가스가 분출하였다면 이때 산소의 온도는 몇 ℃인지 구하시오.

해답 $\dfrac{(150+1.0332)}{(273+27)} = \dfrac{(150+1.0332) \times \dfrac{5}{3} \times \dfrac{8}{10}}{(273+x)}$

∴ 산소온도$(T_2) = \dfrac{300 \times (200+1.033)}{150+1.033} - 273 = 399.316\text{K} = 126.32℃$

참고 안전밸브 작동압력 : 내압시험 $\times \dfrac{8}{10}$

내압시험압력 : 최고 충전압력 $\times \dfrac{5}{3}$배이다.

90 산소가 0℃에서 압력 8atm, 부피 500l인 용기에 들어 있고, 또 한 개의 용기에 5atm, 800l 들어 있다. 이것을 500l 용기에 혼합하여 넣을 경우 용기 내의 압력은 얼마인가?

해답 용기 내 압력$(P) = \dfrac{P_1 V_1 + P_2 V_2}{V} = \dfrac{(8 \times 500) + (5 \times 800)}{500} = 16\text{atm}$

91 액화석유가스를 옮기기 위해 6m 높은 위치로 LP가스 로리(Lorry)를 설치하면 압력차는 몇 kgf/cm²g인가?

해답 1kgf/cm²=10mH$_2$O이며 LP가스의 액비중은 약 0.5이므로
∴ $6 \times 0.5 = 3\text{kgf/cm}^2\text{g}$

92 고압가스 제조시설에 있어서 역류방지 밸브를 설치하여야 할 장소 3가지를 쓰시오.

> **해답** ① 가연성 가스를 압축하는 압축기와 충전용 주관의 사이 배관
> ② 아세틸렌을 압축하는 압축기의 유분리기와 고압건조기의 사이 배관
> ③ 암모니아 또는 메탄올의 합성통이나 정제통과 압축기의 사이 배관

93 파열판식(박판식 랩튜어 디스크) 안전밸브의 특징을 5가지만 쓰시오.

> **해답** ① 구조가 간단하고 취급, 점검이 용이하다.
> ② 스프링식 안전밸브보다 토출용량이 많으므로 압력상승속도가 급격한 중합분해와 같은 고압가스 장치에 사용된다.
> ③ 스프링식 안전밸브와 같은 밸브 시트 누설은 없다.
> ④ 부식성 유체 또는 괴상물질을 함유한 유체에도 사용이 적합하다.
> ⑤ 한 번 작동하면 재사용이 불가능하다.

94 −183℃의 액체 산소를 기화시켜 25℃에서 매시간 1kg씩 사용하려고 한다. 기화장치를 사용하여 사용온도까지 온도를 상승시키려면 매시간 몇 kcal의 열교환 능력을 갖는 기화기를 사용하여야 하는가?(단, 액체산소의 증발잠열 50.9cal/g, 산소 가스의 비열 0.258cal/g℃)

> **해답** 기화기 열교환능력(Q) $= 1 \times 50.9 + (1 \times 0.258 \times 208) = 104.564$kcal
> **참고** $T_2 = 25 + [0 - (-183)] = 208$℃

95 용량 5,000l의 액산 탱크에 액산을 넣고 방출밸브를 개방하여 10시간 방치했더니 탱크 내의 액산이 4kg 감소되었다. 이때 액산의 증발잠열을 50kcal/kg이라 하면 1시간당 탱크에 침입하는 열량은 몇 kcal인지 계산하시오.

> **해답** 침입열량$= \dfrac{50\text{kcal/kg} \times 4\text{kg}}{10} = 20$kcal

96 다음 다이어프램식(격막식) 감압밸브를 보고 물음에 답하시오.

① 설치 위치
② 감압이 되는 작동을 설명하시오.
③ 나사이음 다이어프램 배관기호를 도시하시오.

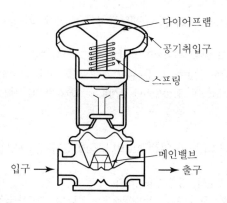

다이어프램

공기취입구

스프링

메인밸브

입구 →   → 출구

해답 ① 고압관과 저압관 사이에 설치한다.
② 상부 머리부분에 공기실을 만들어 여기에 압축 공기를 보내 다이어프램을 작동시키는 구조로 되어 있으며 밸브의 리프트는 공기압과 스프링의 평형상태로 조정되어 있다.
③

97 다음 물음에 답하시오.

① "열스윙법"에 대해 설명하시오.
② 퍼지 가스에 의한 방법을 설명하시오.

해답 ① 압력을 일정하게 하고 가열함으로써 피흡착 물질이 접촉하는 것을 방지한다.
② 질소와 같은 비흡착성 가스를 흐르게 하여 피흡착 물질을 축출하는 방법

98 염소용기에 수분이 함유되면 부식이 일어나는데 그 이유와 반응식을 쓰시오.

해답 • 이유 : 염소와 수분이 작용하여 염산이 생성되고 이 염산이 강제를 부식한다.
• 반응식 : $H_2O + Cl_2 \rightarrow HCl + HClO,\ Fe + 2HCl \rightarrow FeCl_2 + H_2$

99 염소(Cl_2) 용기 두께를 계산하라.(단, 용기 내의 증기압은 40℃에서 11.5kg/cm^2, 지름 226mm, 인장강도는 38kg/mm^2, 안전율은 4로 본다.)

해답 용기두께$(t) = \dfrac{PD}{200S} = \dfrac{11.5 \times 226}{200 \times \left(\dfrac{38}{4}\right)} = 1.37\text{mm}$

100 공기압축기를 세척하고자 한다. 세척제를 쓰시오.

⊕해답 사염화탄소

101 CaC_2 1드럼의 중량이 225kg이다. 카바이트 1kg당 C_2H_2 발생량이 250l/kg이고 충전능력이 10kg인 용기에 충전할 때 용기는 몇 개가 필요한가?(단, C_2H_2 밀도는 1.171g/l이다.)

⊕해답 용기본수$=\dfrac{225\times250\times1.171}{1,000\times10}=7$개

안전관리

01 가스 제조 안전

01 독성 가스 제조시설의 식별표지의 규정에 대한 다음 물음에 답하시오.

① 가스의 명칭 색깔은?

② 바탕색 및 글씨색은?

③ 식별거리(m)는?

+해답 ① 적색

② 바탕색 – 백색, 글씨색 – 흑색

③ 30m 이상

02 액화석유가스 저장탱크의 액면계가 유리관으로 되어 있을 때 그 보안확보를 위해 꼭 필요한 장치 2가지를 쓰시오.

+해답 ① 금속제 덮개

② 상하 자동식 및 수동식 스톱 밸브 설치

03 액화가스 저장탱크의 긴급차단장치 설치에 관해 다음 물음에 답하시오.

① 저장탱크의 내용적이 (   )l 미만의 것은 제외한다.

② 그 저장탱크의 외면으로부터 (   )m 이상 떨어진 위치에서 조작할 수 있게 설치할 것

+해답 ① 5,000

② 5

04 고압가스 제조 시 재해사고 원인 7가지를 쓰시오.

➕해답 ① 폭발가스 발생에 의한 것 ② 설비, 기기류 불량에 의한 것
③ 가스 누설에 의한 것 ④ 기기 사용법 미숙 및 조작에 의한 것
⑤ 설비 미비 및 불량에 의한 것 ⑥ 검사 불량에 의한 것
⑦ 조작 불량에 의한 것

05 고압가스를 상태별로 분류하고 그 예를 한 가지씩 쓰시오.

➕해답 ① 압축가스 : 산소, 질소, 수소 등
② 용해가스 : 용해 아세틸렌 등
③ 액화가스 : 프로판, 염소, 암모니아, 탄산가스 등

06 다음에 해당하는 가스명을 쓰시오.(단, 분자식으로 쓰시오.)
① 가연성 가스 4개 ② 조연성 가스 3개
③ 불연성 가스 5개 ④ 용해가스 1개
⑤ 압축가스 3개 ⑥ 액화가스 3개

➕해답 ① H_2, C_2H_2, CH_4, C_3H_8 ② O_2, 공기, Cl_2
③ N_2, CO_2, Ar, N_2, He ④ C_2H_2
⑤ O_2, N_2, H_2 ⑥ C_3H_8, CO_2, C_4H_{10}

07 고압가스 충전용기에서 안전밸브가 분출하였다. 이때의 조치사항 4가지를 기입하시오.

➕해답 ① 분출 가스에 사람이 직접 닿지 않도록 한다.
② 분출 가스의 방향을 연소하기 쉬운 물질이 없는 안전한 곳으로 돌린다.
③ 부근에 충전용기가 있는 경우에는 충전용기를 안전한 장소로 옮긴다.
④ 분출 시에는 소리는 크나 위험도는 크지 않으므로 침착하게 행동한다.

08 긴급 차단밸브에 관하여 다음 물음에 답하시오.
① 설치 위치 ② 기밀성능의 기준

➕해답 ① 액수입관, 액배출관 겸용의 배관으로 탱크의 내부, 탱크와 원밸브 사이, 원밸브의 외측, 원밸브와 겸용의 위치에 설치한다.
② 탱크에 부착된 상태로 테스트하는 경우에는 구경 1.4mm의 구멍으로부터 유출하는 액화가스량 이상의 누설이 없을 것, 공기 또는 질소 등의 가스압을 써서 테스트하는 경우에는 차압 5kgf/cm²로 3분간 1l 이상 누설이 없을 것

09 저온장치에서 가연성·지연성 가스를 취급할 때 장치의 파열, 가스의 누설, 화재 등의 사고를 일으키는 일이 많다. 사고 방지를 위하여 보안관리상 주의할 사항 5가지를 쓰시오.

> **+해답** ① 설계 시 재료의 저온취성에 유의하여 사용 재료를 선택할 것
> ② 기기의 제작 및 수리 시 용접부의 응력제거, 온도 저하에 의한 수축에 유의할 것
> ③ 저비점 액화가스 탱크일 때는 단열재 중의 공기를 모두 배제하고 불연성의 단열재를 사용할 것
> ④ 계통 내의 수분을 완전히 제거할 것
> ⑤ 저온 배관의 포켓부에 폭발성의 물질이 축적되기 쉬우므로 주의할 것
> ⑥ 계통 내가 부압(負壓)이 되지 않게 할 것, 또한 이상 승압에 주의할 것
> ⑦ 안전밸브, 경보장치 등을 정비하여 둘 것

10 안전밸브에 대하여 다음 물음에 답하시오.

① 설치상 고려할 사항을 기술하라.
② 압축기 안전밸브의 최소 분출면적을 구하는 식을 쓰시오.(단, 문자로 식을 나타낼 때는 문자의 해설도 쓸 것)
③ 프로판 저장탱크의 안전밸브 최고 작동압력을 쓰시오.

11 다음 고압가스를 용기에 충전할 때 보안상의 조치를 기술하시오.

① 산화에틸렌
② 시안화수소

> **+해답** ① 산화에틸렌 : 고압용기의 가스를 질소 또는 이산화탄소로 치환하고 충전한다. 산화에틸렌을 고압용기에 충전한 후 온도 45℃에서 용기 내부 압력이 $4\mathrm{kgf/cm^2}(0.4\mathrm{MPa})$가 되도록 질소 또는 이산화탄소를 봉입할 것
> ② 시안화수소 : 98% 이상의 시안화수소에 안정제로서 인산, 황산, 인, 염화칼슘, 동망을 첨가하여 충전한다. 충전 후 24시간 정치하여 가스 누설이 없는 것을 확인한 후 출하하며, 충전 용기에 충전 연월일을 명기하여 표지를 붙인다.

12 용기 제조용 금속재료 중 C, P, S의 성분은 얼마 이하인가?

> **+해답** ① C : 0.55% 이하
> ② P : 0.04% 이하
> ③ S : 0.05% 이하

02 도시가스 문제

01 도시가스 사용시설에서 도시가스압력이 비정상적으로 상승할 경우 안전을 확보하기 위해 설치하는 안전장치 3가지를 쓰시오.

> **해답** ① 긴급차단장치 ② 안전밸브 ③ 가스방출관

> **해설** 도시가스압력이 비정상적으로 상승할 경우 안전을 확보하기 위해 긴급차단장치와 안전밸브 및 가스방출관을 다음 기준에 따라 설치한다. 다만, 긴급차단장치가 내장된 구역압력조정기는 긴급차단장치를 설치한 것으로 본다.

02 도시가스 사용시설에서 도시가스압력이 비정상적으로 상승할 경우 긴급차단장치 및 안전밸브의 설정 압력을 각각 쓰시오.

구분	설정압력
① 긴급차단장치	
② 안전밸브	

> **해답** ① 3.0kPa 이하
> ② 3.4kPa 이하

> **해설** 도시가스압력이 비정상적으로 상승할 경우 긴급차단장치 및 안전밸브의 설정압력

구분	설정압력
① 긴급차단장치	3.0kPa 이하
② 안전밸브	3.4kPa 이하

> **참고** 예비구역압력조정기를 설치하는 경우에는 예비구역압력조정기의 긴급차단장치 및 안전밸브 설정압력은 정하고 있는 설정압력보다 각각 0.2kPa 높게 설정 할 수 있다.

03 도시가스 사용시설에서 가스방출관의 방출구는 주위에 화기 등이 없는 안전한 위치로서 지면으로부터 얼마 이상의 높이에 설치하는가?

> **해답** 3m 이상

> **해설** 도시가스 사용시설에서 가스방출관의 방출구는 주위에 화기 등이 없는 안전한 위치로서 지면으로부터 3m 이상의 높이에 설치한다.

04 도시가스 배관의 양측에는 상용압력구분에 따른 폭을 유지한다. 상용압력에 따른 공지의 폭에 대한 빈 칸을 채우시오.

상용압력	공지의 폭
① 0.2MPa 미만	
② 0.2MPa 이상 1MPa 미만	
③ 1MPa 이상	

해답 ① 5m   ② 9m   ③ 5m

해설 배관의 양측에는 상용압력구분에 따른 공지의 폭

상용압력	공지의 폭
0.2MPa 미만	5m
0.2MPa 이상 1MPa 미만	9m
1MPa 이상	15m

05 도시가스에서 고압, 중압, 저압을 구분하시오.

① 고압   ② 중압   ③ 저압

해답 ① 1MPa 이상의 압력
② 0.1MPa 이상 1MPa 미만의 압력 MPa
③ 0.1MPa 미만의 압력

해설 도시가스 압력 구분
① 고압 : 1MPa 이상의 압력을 말한다.
② 중압 : 0.1MPa 이상 1MPa 미만의 압력을 말한다. 다만, 액화가스가 기화되고 다른 물질과 혼합되지 아니한 경우에는 0.01MPa 이상 0.2MPa 미만의 압력을 말한다.
③ 저압 : 0.1MPa 미만의 압력을 말한다. 다만, 액화가스가 기화되고 다른 물질과 혼합되지 아니한 경우에는 0.01MPa 미만의 압력을 말한다.
④ 액화가스 : 상용의 온도 또는 35℃의 온도에서 압력이 0.2MPa 이상이 되는 것을 말한다.

06 하 매설 배관에는 일반형 보호포와 탐지형 보호포를 설치한다. ① 보호포의 두께와 ② 폭을 쓰시오.

해답 ① 보호포 두께 : 0.2mm 이상
② 보호포의 폭 : 15~35cm

해설 보호포는 일반형 보호포와 탐지형 보호포 설치 기준
① 보호포는 폴리에틸렌수지ㆍ폴리프로필렌수지 등 잘 끊어지지 아니하는 재질로 직조한 것으로서 두께는 0.2mm 이상으로 한다.
② 보호포의 폭은 15~35cm로 한다.

07 보호포의 바탕색은 최고사용압력 따라 구분한다. 다음의 색상을 쓰시오.

① 저압   ② 중압

해답 ① 황색, ② 적색

해설 보호포의 바탕색은 최고사용압력이 저압인 배관은 황색으로, 중압 이상인 배관은 적색으로 하고, 보호포에는 가스명·사용압력·공급자명 등을 표시한다.

08 보호포는 최고사용압에 따라 매설 위치를 나타낸 규정이다. 빈칸을 채우시오.

> 보호포는 최고사용압력이 저압인 배관의 경우에는 배관의 정상부로부터 (①)cm 이상, 최고사용압력이 중압 이상인 배관의 경우에는 보호판의 상부로부터 (②)cm 이상 떨어진 곳에 설치한다.

해답 ① 60cm   ② 30cm

해설 ① 보호포는 최고사용압력이 저압인 배관의 경우에는 배관의 정상부로부터 60cm 이상, 최고사용압력이 중압 이상인 배관의 경우에는 보호판의 상부로부터 30cm 이상 떨어진 곳에 설치한다.
② 보호포는 호칭지름에 10을 더한 폭으로 설치하고, 2열 이상으로 설치할 경우 보호포 간의 간격은 보호포 넓이 이내로 한다.

09 도시가스 자연환기설비 설치의 경우 환기구의 설치위치를 쓰시오.

해답 환기구 상부가 천정 또는 벽면 상부에서 30cm 이내에 접하도록 설치한다.

해설 환기구의 위치는 환기구상부가 천정 또는 벽면상부에서 30cm 이내에 접하도록 설치한다.

10 자연환기설비 설치의 경우 환기구의 통풍가능면적 합계는 바닥면적 $1m^2$마다 몇 cm^2의 비율하는가?

해답 $300cm^2$

해설 자연환기설비 설치의 경우 외기에 면하여 설치하는 환기구의 면적 기준
① 환기구의 통풍가능 면적합계는 바닥면적 $1m^2$마다 $300cm^2$의 비율로 계산한 면적이상으로 한다. 다만, 철망 등을 부착할 때는 철망이 차지하는 면적을 뺀 면적으로 한다.
② 1개 환기구의 면적은 $2,400cm^2$ 이하로 한다.
③ 환기구의 방향은 2방향 이상으로 분산 설치한다.

11 공기보다 비중이 가벼운 도시가스의 공급시설로서 공급시설이 지하에 설치된 경우 다음의 물음에 답하시오.

① 배기구는 천장면으로부터
② 흡입구 및배기구의 관경
③ 배기 가스방출구는 지면

해답 ① 30cm 이내
② 100mm 이상
③ 3m 이상의 높이

해설 도시가스의 공급시설이 지하에 설치된 경우의 통풍구조 설치기준
① 통풍구조는 환기구를 2방향 이상 분산하여 설치한다.
② 배기구는 천장면으로부터 30cm 이내에 설치한다.
③ 흡입구 및 배기구의 관경은 100mm 이상으로 하되, 통풍이 양호하도록 한다.
④ 배기가스 방출구는 지면에서 3m 이상의 높이에 설치하되, 화기가 없는 안전한 장소에 설치한다.

12 기계(강제)환기설비 설치의 경우 통풍능력을 쓰시오.

해답 바닥면적 $1m^2$마다 $0.5m^3$/분 이상

해설 기계(강제)환기설비 설치 기준
① 통풍능력이 바닥면적 $1m^2$마다 $0.5m^3$/분 이상으로 한다.
② 배기구는 바닥면(공기보다 가벼운 경우에는 천정면) 가까이에 설치한다.
③ 배기가스 방출구는 지면에서 5m 이상의 높이에 설치한다. 다만, 전기시설물과의 접촉 등으로 사고의 우려가 있는 경우에는 지면에서 3m 이상의 높이에 설치할 수 있다.

13 긴급용 벤트스택의 벤트스택 방출구의 위치는 작업원이 정상작업을 하는데 필요한 장소와 작업원이 항시 통행하는 장소로부터 얼마 이상 떨어진 곳에 설치하는가?

해답 10m 이상

해설 긴급용 벤트스택
① 벤트스택의 높이는 방출된 가스의 착지농도가 폭발 하한값 미만이 되도록 충분한 높이로 한다.
② 벤트스택 방출구의 위치는 작업원이 정상작업을 하는데 필요한 장소와 작업원이 항시 통행하는 장소로부터 10m 이상 떨어진 곳에 설치한다.
③ 벤트스택에는 정전이나 낙뢰 등으로 인한 착화를 방지하는 조치를 강구하고 만일 착화된 경우에는 즉시 소화할 수 있는 조치를 강구한다.
④ 액화가스가 함께 방출되거나 급냉될 우려가 있는 벤트스택에는 그 벤트스택과 연결된 가스공급시설의 가장 가까운 곳에 기액분리기를 설치한다.

14 긴급용 벤트스택 이외 벤트스택 방출구의 위치는 작업원이 정상작업을 하는데 필요한 장소와 작업원이 항시 통행하는 장소로부터 얼마 이상 떨어진 곳에 설치하는가?

+해답 5m 이상

+해설 긴급용 벤트스택 이외 벤트스택 방출구의 위치는 작업원이 정상작업을 하는데 필요한 장소와 작업원이 항시 통행하는 장소로부터 5m 이상 떨어진 곳에 설치한다.

15 도시가스 설비의 내압시험 방법이다 빈칸을 채우시오.

> 내압시험을 공기 등의 기체로 실시하는 경우에 압력은 한 번에 시험압력까지 승압하지 아니하고, 먼저 상용압력의 (①)까지 승압하며 그 후에는 상용압력의 (②)씩 단계적으로 승압하여 내압시험압력에 달하였을 때 누출 등의 이상이 없고, 그 후 압력을 내려 상용압력으로 하였을 때 팽창·누출 등의 이상이 없으면 합격으로 한다.

+해답 ① 50%　　　② 10%

03 안전관리 문제

01 고압가스 안전관리법에 규정된 고압가스의 정의를 3가지 이상 쓰시오.

+해답 ① 35℃에서 1MPa를 넘는 압축가스 또는 상용의 온도에서 1MPa를 넘는 압축가스
② 35℃에서 0.2MPa를 넘는 액화가스 또는 상용의 온도에서 0.2MPa를 넘는 액화가스
③ 상용의 온도에서 $0kg/cm^2$를 넘는 C_2H_2
④ 35℃에서 $0kg/cm^2$를 넘는 $L.HCN$, $L.C_2H_4O$, $L.CH_3Br$

02 보안벽의 규격에 대한 다음 표를 보고 ①~⑧을 알맞게 채우시오.

규격	철근콘크리트	블록제	박강판	후강판
두께	①	③	⑤	⑦
높이	②	④	⑥	⑧

+해답 ① 12cm　② 2m　③ 15cm　④ 2m　⑤ 3.2mm　⑥ 2m　⑦ 6mm　⑧ 2m

03 지하 저장실 보안벽의 구조는?

➕해답 높이 2m, 두께 12cm 이상의 철근콘크리트 강도

04 다음 저장설비의 저장능력 산정기준식을 쓰고 각 기호에 대한 설명과 단위를 쓰시오.

① 압축가스   ② 액화가스

➕해답 ① 압축가스 저장설비의 저장능력

$$Q = (10P + 1)V_1$$

여기서, Q : 저장설비의 저장능력(m^3)

P : 35℃에서의 최고충전압력(MPa)

V_1 : 저장설비의 내용적(m^3)

② 액화가스 저장설비의 저장능력

$$W = 0.9dV_2$$

여기서, W : 저장설비의 저장능력(kg)

d : 액화가스의 비중(kg/l)

V_2 : 저장설비의 내용적(l)

05 고압가스 용기용 안전밸브의 TP가 22MPa인 압축가스 용기의 안전밸브 작동 압력은 얼마인가?

➕해답 안전밸브 작동 압력 = 내압시험 압력 × $\dfrac{8}{10}$ 이하

$$= 22 \times \frac{8}{10} = 17.6 \text{MPa}$$

06 독성 가스 이동 시 휴대하는 공구 중 산업자원부 고시 누설방지용 공구 5가지를 쓰시오.

➕해답 ① 나무마개   ② 고무시트 또는 납패킹   ③ 헝겊

④ 실테이프   ⑤ 고무마개

07 고압가스 제조업자가 용기의 고압가스를 충전대장에 기록해야 할 사항을 4가지만 쓰시오.

➕해답 ① 충전 연월일   ② 가스명

③ 용기번호   ④ 인수자

08 LP가스 제조설비의 종류를 4가지만 쓰시오.

+해답 ① 저장설비　　　② 처리설비
　　　③ 충전설비　　　④ 기화설비

09 다음 가스의 용기 도색규정에 대하여 쓰시오.
① 공업용 액화탄산가스　　② 공업용 아세틸렌
③ 의료용 아산화질소　　　④ 공업용 액화암모니아
⑤ 의료용 산소

+해답 ① 청색　　② 황색　　③ 청색　　④ 백색　　⑤ 백색

10 다음 용기에 따른 부속품의 기호를 설명하시오.

① AG　　② PG　　③ LG　　④ LPG　　⑤ LT

+해답 ① AG : 아세틸렌가스 용기 부속품
② PG : 압축가스 용기 부속품
③ LG : LPG 용기 이외의 액화가스 부속품
④ LPG : LPG 용기 부속품
⑤ LT : 초저온용기 및 저온용기 부속품

11 가스 검지기에 대하여 다음 물음에 답하시오.
① 설치장소
② 설치위치
③ 농도 측정범위
④ 가연성 가스의 검지기 종류를 3가지만 쓰시오.

+해답 ① 가스누설 시 체류하기 쉬운 장소
② 공기보다 무거운 가스의 경우 검지부는 바닥면으로부터 검지부 상단까지의 거리가 30cm 이하
③ 가연성 가스는 폭발한계의 $\frac{1}{4}$ 이하, 독성 가스는 허용 농도 이하
④ 열선식, 간섭계형, 검지관식

12 압축가스의 충전량을 구하는 관계식을 고찰하면 가스의 용적$(V) = \dfrac{(\;①\;)}{(\;②\;)}$이다.

➕해답 ① 대기압상태로 고친 가스의 용적(M)
② 35℃에 있어서의 최고충전압력(P)
∴ ① M ② P

13 압축산소가스의 1일 저장능력 설비 및 처리능력 설비에 있어서 그 외면으로부터 다음 시설까지 유지해야 할 안전거리(m)를 구하시오.

시설 ＼ 처리 및 저장능력(m³)	1만 초과~2만 이하	2만 초과~3만 이하	3만 초과~4만 이하
학교	①	③	⑤
주택	②	④	⑥

➕해답 ① 14m　② 9m　③ 16m
④ 11m　⑤ 18m　⑥ 13m

14 검사에 합격된 용기에 도색하는 색깔을 각각 기입하시오.

[일반용기]

가스의 종류	도색구분
산소	①
수소	②
액화탄산가스	③
아세틸렌	④
액화석유가스	⑤

[의료용기]

가스의 종류	도색구분
산소	⑥
질소	⑦
액화탄산가스	⑧
아산화질소	⑨

➕해답 ① 녹색　② 주황색
③ 청색　④ 황색
⑤ 회색　⑥ 백색
⑦ 흑색　⑧ 회색
⑨ 청색

15 다음 (   ) 안에 알맞은 숫자 또는 말을 써 넣으시오.

① 저장탱크와 다른 저장탱크 사이에는 (㉠)m 또는 당해 저장탱크와 다른 저장탱크의 (㉡)을 합산한 길이의 (㉢) 길이 중 큰 것과 동등한 길이 이상의 산소 제조시설의 고압가스 설비와의 사이에는 (㉣) 이상을, 다른 가연성 가스 제조시설의 고압가스설비와의 사이에는 (㉤) 이상의 거리를 유지할 것

② 배관 또는 도관의 적당한 곳에 (㉠)를 설치하고 그 분출면적은 배관 또는 도관의 최대지름부터 단면적의 (㉡) 이상으로 하여야 하며 작동압력은 배관 또는 도관의 내압시험 시험압력의 (㉢) 이하일 것

➕해답 ① ㉠ 1m   ㉡ 최대직경   ㉢ $\frac{1}{4}$ ㉣ 10m   ㉤ 5m

② ㉠ 안전밸브   ㉡ $\frac{1}{10}$ ㉢ $\frac{8}{10}$ 또는 0.8

16 다음은 아세틸렌의 성질을 설명한 것이다. (   ) 안에 알맞은 말을 넣으시오.

> 아세틸렌은 (①)색 기체로서 (②)와 같은 향기가 있으나 (③)중결합을 가진 불포화 탄화수소이며 세 분자를 중합시키면 (④)이 생성된다.

➕해답 ① 무   ② 에테르   ③ 3   ④ C_6H_6(벤젠)

17 고압가스 제조시설 중 플레어 스택에 관한 다음 물음에 답하시오.

① 플레어 스택은 어떤 역할을 하는지 설명하시오.
② 플레어 스택이 설치되는 지표면의 복사열은 얼마 이하가 되어야 하는가?

➕해답 ① 가연성 폐가스를 대기 중에 방출 시 연소화하여 위험성을 제거한 후 방출시키는 역할
② 4,000kcal/m^2 · h

18 LPG 배관 중 호스 길이는?

➕해답 3m 이하

19 LPG 용기에 표시하는 문자는 무엇이며, 문자 색상은 무엇인가?

➕해답 ① 문자 : LPG
② 문자 색상 : 적색

20 산소가스 47*l*의 최고 충전 시 다음 물음에 답하시오.

① 법적 충전량은 몇 m³인가?
② 용기의 도색은?
③ 안전밸브의 형식은?

해답 ① $Q = (P+1)V = (150+1) \times 0.047 = 7.1\text{m}^3$
② 공업용 : 녹색, 의료용 : 백색
③ 파열판식

21 고압가스를 운반하는 차량에는 경계표지를 하게 되어 있다. 다음의 경우 경계표지의 크기에 대하여 쓰시오.

① 직사각형인 경우
② 정사각형인 경우

해답 ① 가로 치수는 차체 폭의 30% 이상, 세로 치수는 가로 치수의 20% 이상으로 한다.
② 경계 표면적은 600cm² 이상

22 강으로 만든 이음새 없는 용기의 신규 검사종목 7가지를 쓰시오.

해답 ① 외관검사   ② 인장검사   ③ 충격시험   ④ 압괴시험
⑤ 파열시험   ⑥ 내압시험   ⑦ 기밀시험

23 다음 용기의 용량과 가스의 종류에 따라 부식 여유의 두께를 쓰시오.

가스종류	용기의 용량	부식 여유 두께(mm)
암모니아	내용적 1,000*l* 이하일 때	㉮
	내용적 1,000*l* 초과일 때	㉯
염소	내용적 1,000*l* 이하일 때	㉰
	내용적 1,000*l* 초과일 때	㉱

해답 ㉮ 1   ㉯ 2   ㉰ 3   ㉱ 5

24 LPG가스 누설 검지 경보장치의 설치 시 주의할 사항을 3가지만 쓰시오.

해답 ① 설치 시 지면으로부터 30cm 이하의 높이에 설치할 것
② 설비로부터 2m 이내의 위치에 설치할 것
③ 가스 누설 시 체류하기 쉬운 장소를 선택하여 가스성질에 맞는 검지기와 적당한 개수로 할 것

25 고압가스 저장탱크 부근에서 화재가 발생하여 그 저장탱크가 화염을 받아 가열되고 있을 경우 다음 물음에 답하시오.

① 긴급처리 방법을 쓰시오.

② 그 이유를 간단히 설명하시오.

해답 ① 살수장치를 작동시켜 탱크에 물을 뿌려 냉각한다.

② 저장탱크 본체가 가열되어 온도가 상승하는 것을 방지하고 동시에 탱크 본체가 가열되어 온도가 상승하는 것에 의해 재료의 강도가 저하하기 때문에 내부 압력으로 본체가 파괴되어 재해가 확대되는 것을 방지한다.

26 다음 표의 ①~⑭까지 색깔별로 빈칸을 채우시오.

가스명	공업용		의료용	
	도색	글씨 색깔	도색	글씨 색깔
질소	①	⑤	⑨	⑫
액화탄산가스	②	⑥	⑩	⑬
산소	③	⑦	⑪	⑭
아세틸렌	④	⑧		

해답
① 회색	② 청색	③ 녹색	④ 황색	⑤ 백색
⑥ 백색	⑦ 백색	⑧ 흑색	⑨ 흑색	⑩ 회색
⑪ 백색	⑫ 백색	⑬ 백색	⑭ 녹색	

27 가스의 총 발열량이 $10,800\text{kcal/m}^3$이고, 가스의 공기에 대한 비중이 0.64인 경우의 웨버 지수(WI)는 얼마인가?

해답 $WI = \dfrac{Q}{\sqrt{d}} = \dfrac{10,800}{\sqrt{0.64}} = 13,500$

04 안전법

[내진]

01 독성과 불연성인 가스로 염료 제조공정과 의약 및 농약 등의 가스제를 만드는데 사용되는 가스를 쓰시오.

해답 포스겐($COCl_2$)

해설 포스겐($COCl_2$)

① 무색액체로 시판품은 담황색이다.
② 벤젠, 에테르에 잘 녹고 사염화탄소, 초산에 대하여 20% 전후에서 녹는다.
③ 연소 시 열분해 또는 연소에 의해 자극적이고 매우 유독한 가스가 발생될 수 있다.
④ 가열 시 용기가 폭발할 수 있다.
⑤ 일부는 탈 수 있으나 쉽게 점화하지 않다.
⑥ 증기는 매우 자극적이고 부식성이 있다.
⑦ 50PPM 이상 존재하는 공기를 흡입하면 30분 이내 사망한다(허용농도 : 0.1PPM).
⑧ 염료 및 염료 중간제의 제조, 아민과 반응하여 이소시아네트, 폴리우레탄, 접착제 도료 등 사용하고 알코올과 페놀과 반응 의약, 농약 가스제를 제조한다.

02 가스배관의 내진특등급은 가스도매사업자가 소유하거나 점유한 제조소 경계 외면으로부터 최초로 설치되는 차단장치 또는 분기점에 이르는 최고사용압력이 몇 MPa 이상인 배관을 말하는가?

해답 6.9MPa

해설 내진 등급 구분

① 내진특등급 : 배관의 손상이나 기능상실로 인해 공공의 생명과 재산에 막대한 피해를 가져올 수 있는 것으로서 도시가스 배관의 경우에는 가스도매사업자가 소유하거나 점유한 제조소 경계 외면으로부터 최초로 설치되는 차단장치 또는 분기점에 이르는 최고사용압력이 6.9MPa 이상인 배관을 말한다.
② 내진1등급 : 배관의 손상이나 기능상실이 공공의 생명과 재산에 상당한 피해를 초래할 수 있는 것으로서 도시가스배관의 경우에는 내진특등급 이외의 고압배관과 가스도매사업자가 소유한 정압기에서 일반도시가스사업자가 소유하는 정압기까지에 이르는 배관 및 일반도시가스사업자가 소유하는 최고사용압력 0.5MPa 이상인 배관을 말한다.
③ 내진2등급 : 배관의 손상이나 기능상실이 공공의 생명과 재산에 경미한 피해를 초래할 수 있다고 판단되는 배관으로서 내진 특등급 및 내진1등급 이외의 배관을 말한다.

03 가연성 가스를 수송하는 고압가스배관의 내진 등급을 쓰시오.

⊕해답 내진 1등급

⊕해설 1) 수송배관별 구분

내진등급	내진 특등급	내진 1등급	내진 2등급
재해규모와범위기준	독성 가스	가연성 가스	독성, 가연성 이외

2) 내진설계의 독성 가스 구분
① 제1종 독성 가스 : 염소, 시안화수소, 이산화질소, 불소 및 포스겐과 그 밖에 허용농도가 1ppm 이하인 것
② 제2종 독성 가스 : 염화수소, 삼불화붕소, 이산화유황, 불화수소, 브롬화메틸 및 황화수소와 그밖에 허용농도가 1ppm 초과 10ppm 이하인 것
③ 제3종 독성 가스 : 제1종 및 제2종 독성 가스 이외의 것

04 액화 석유가스 저장탱크(지하매설 제외)와 지지구조 및 기초 연결부는 몇 톤 이상의 경우 내진설계 적용하는가?

⊕해답 3톤 이상

⊕해설 내진설계 적용 기준
① 고압가스법 적용받는 5톤(비가연성 가스나 비독성 가스의 경우에는 10톤) 또는 500m³(비가연성 가스나 비독성 가스의 경우에는 1,000m³) 이상의 저장탱크
② 고압가스법 적용받는 세로 방향으로 설치한 동체의 길이가 5m 이상인 원통형 응축기 및 내용적 5,000L 이상인 수액기, 지지 구조물 및 기초 와이들의 연결부
③ 액화석유법 적용받는 3톤 이상의 액화석유가스저장탱크 지지구조물 및 기초 와이들의 연결부
④ 도시가스법 적용받는 저장능력이 3톤(압축가스의 경우에는 300m³) 이상인 저장탱크 또는 가스홀더, 지지구조물 및 기초 와이들의 연결부

05 다음 내진설계 적용 되는 6종의 지반 종류의 호칭을 쓰시오.

1) SA   2) SB   3) SC
4) SD   5) SE   6) SF

⊕해답 1) SA : 경암지반
2) SB : 보통암지반
3) SC : 매우 조밀한 토사 지반 또는 연암지반
4) SD : 단단한 토사지반
5) SE : 연약한 토사지반
6) SF : 부지 고유의 특성 평가가 요구되는 지반(붕괴 취약지반 등)

내진 성능 평가항목
① 내진 설계 구조물에 발생한 응력과 변형상태
② 내진 설계 구조물의 변위
③ 가스의 유출방지
④ 저장탱크 · 탑류 및 기초와 지지구조물의 연결부, 처리설비 및 기초와 지지구조물의 연결부에 대한취성파 괴 가능성
⑤ 액체표면의 요동
⑥ 사면의 안정성
⑦ 액상화 잠재성
⑧ 기초의 안정성

[방폭]

06 가연성 가스의 폭발등급 및 이에 대응하는 내압방폭구조의 폭발등급에 관한 다음의 (   )를 채우시오.

> 최대안전틈새는 내용적이 (①)리터이고 틈새 깊이가 (②)mm인 표준용기 안에서 가스가 폭발할 때 발 생한 화염이 용기 밖으로 전파하여 가연성 가스에 점화되지 않는 최대값

해답 ① 8
② 25

07 상용상태에서 가연성 가스가 체류해 위험하게 될 우려가 있는 장소, 정비보수 또는 누출 등으로 인하 여 종종 가연성 가스가 체류하여 위험하게 될 우려가 있는 장소는 어떤 위험장소인가?

해답 1종 위험장소

해설 위험 장소의 구분
① 0종 장소 : 상용의 상태에서 가연성 가스의 농도가 연속해서 폭발하한계 이상으로 되는 장소
② 1종 장소 : 상용상태에서 가연성 가스가 체류해 위험하게 될 우려가 있는 장소, 정비보수 또는 누출 등으 로 인하여 종종 가연성 가스가 체류하여 위험하게 될 우려가 있는 장소
③ 2종장소
 • 밀폐된 용기 또는 설비 안에 밀봉된 가연성 가스가 그 용기 또는 설비의 사고로 인하여 파손 되거나 오조 작의 경우에만 누출할 위험이 있는 장소
 • 확실한 기계적 환기조치에 따라 가연성 가스가 체류하지 아니하도록 되어 있으나 환기장치에 이상이나 사고가 발생한 경우에는 가연성 가스가 체류해 위험하게 될 우려가 있는 장소
 • 1종 장소의 주변 또는 인접한 실내에서 위험한 농도의 가연성 가스가 종종 침입할 우려가 있는 장소

08 다음에 설명한 방폭구조의 명칭을 쓰시오.

> 방폭전기 기기의 용기내부에서 가연성 가스의 폭발이 발생할 경우 그 용기가 폭발압력에 견디고, 접합면, 개구부 등을 통해 외부의 가연성 가스에 인화되지 않도록 한 구조를 말한다.

⊕해답 내압방폭구조

⊕해설 1. 가스시설 방폭 구조의 정의
    ① 내압방폭구조 : 방폭전기 기기의 용기내부에서 가연성 가스의 폭발이 발생할 경우 그 용기가 폭발압력에 견디고, 접합면, 개구부 등을 통해 외부의 가연성 가스에 인화되지 않도록 한 구조를 말한다.
    ② 유입방폭구조 : 용기 내부에 절연유를 주입하여 불꽃 · 아아크 또는 고온발생부분이 기름 속에 잠기게 함으로써 기름면 위에 존재하는 가연성 가스에 인화되지 않도록 한 구조를 말한다.
    ③ 압력방폭구조 : 용기 내부에 보호가스(신선한 공기 또는 불활성가스)를 압입하여 내부압력을 유지함으로써 가연성 가스가 용기내부로 유입되지 않도록 한 구조를 말한다.
    ④ 안전증방폭구조 : 정상운전 중에 가연성 가스의 점화원이 될 전기불꽃 · 아아크 또는 고온부분 등의 발생을 방지하기 위해 기계적 · 전기적 구조상 또는 온도상승에 대해 특히 안전도를 증가시킨 구조를 말한다.
    ⑤ 본질안전방폭구조 : 정상 시 및 사고(단선, 단락, 지락 등) 시에 발생하는 전기불꽃 · 아아크 또는 고온부로 인하여 가연성 가스가 점화되지 않는 것이 점화시험, 그 밖의 방법에 의해 확인된 구조를 말한다.
    ⑥ 특수방폭구조 : 가연성 가스에 점화를 방지할 수 있다는 것이 시험, 그 밖의 방법으로 확인된 구조를 말한다.
  2. 방폭전기기기의 구조별 표시방법

방폭전기기기의 구조 구분	표시방법
내압방폭구조	d
유입방폭구조	o
압력방폭구조	p
안전증방폭구조	e
본질안전방폭구조	ia or ib
특수방폭구조	s

09 도시가스 공급시설에 설치하는 정압기실 및 구역 압력 조정기실 개구부와 RTU(Remote Terminal Unit) Box는 얼마 이상의 거리를 유지하는가?

  (1) 지구정압기, 건축물 내 지역정압기 및 공기보다 무거운 가스를 사용하는 지역정압기?
  (2) 공기보다 가벼운 가스를 사용하는 지역정압기 및 구역압력조정기?

⊕해답 (1) 4.5m 이상
     (2) 1m 이상

해설 방폭전기 기기 설치
① 방폭전기기기 설치에 사용되는 정선박스(Junction Box), 푸울박스(Pull Box), 접속함 등은 내압방폭구조 또는 안전증방폭구조의 것으로 한다.
② 방폭전기기기 설비의 부속품은 내압방폭구조 또는 안전증방폭구조의 것으로 한다.
③ 도시가스공급시설에 설치하는 정압기실 및 구역압력조정기실 개구부와 RTU(Remote Terminal Unit) Box는 다음 기준에서 정한 거리 이상을 유지한다.
   • 지구정압기, 건축물 내 지역정압기 및 공기보다 무거운 가스를 사용하는 지역정압기 : 4.5m
   • 공기보다 가벼운 가스를 사용하는 지역정압기 및 구역압력조정기 : 1m

10 방폭전기기기의 구조 선정기준에서 0종 장소에는 원직적으로 어떤 방폭 구조로 하는가?

해답 본질안전방폭구조

해설 방폭전기기기의 구조 선정기준
① 전폐구조로 한다.
② 0종 장소에는 원칙적으로 본질안전방폭구조의 것을 사용한다.
③ 슬립링정류자 등은 내압방폭구조 또는 압력방폭구조로 한다.
④ 과열보호장치 또는 과부하보호장치를 설치한다. 다만, 50VA 이하의 것은 제외한다.
⑤ 차단기 또는 퓨우즈를 부착한 경우에 흐를 수 있는 단락전류에 대하여 충분한 차단용량을 가진 것일 것
⑥ 시동용 변압기 부분 또는 시동용 리엑터 부분을 안전증방폭구조로 할 것을 포함한다.
⑦ 개폐접촉부가 없는 것 또는 개폐접촉부를 내압방폭구조로 한 것
⑧ 2종 장소에서 사용하는 전선관용부속품은 KS에서 정하는 일반품으로서 나사접속의 것을 사용할 수 있다.

11 본질안전방폭구조의 폭발등급의 최소점화전류비는 어떤 가스의 최소점화전류를 기준으로 나타내는가?

해답 메탄(CH_4)

해설 방폭전기 기기 선정
(1) 가연성 가스의 폭발등급 및 이에 대응하는 내압방폭구조의 폭발등급

최대안전틈새범위(mm)	0.9 이상	0.5 초과 0.9 미만	0.5 이하
가연성 가스의 폭발등급	A	B	C
방폭전기기기의 폭발등급	ⅡA	ⅡB	ⅡC

[비고] 최대안전틈새는 내용적이 8리터이고 틈새깊이가 25mm인 표준용기 안에서 가스가 폭발할 때 발생한 화염이 용기 밖으로 전파하여 가연성 가스에 점화되지 않는 최대값

(2) 가연성 가스의 폭발등급 및 이에 대응하는 본질안전방폭구조의 폭발등급

최소점화전류비의범위(mm)	0.8 초과	0.45 이상 0.8 이하	0.45 미만
가연성 가스의 폭발등급	A	B	C
방폭전기기기의 폭발등급	ⅡA	ⅡB	ⅡC

[비고] 최소점화전류비는 메탄가스의 최소 점화전류를 기준으로 나타낸다.

12 경계표지는 차량의 앞·뒤에서 명확하게 볼 수 있도록 "위험고압가스" 및 "독성 가스"라 표시하고 삼각기를 운전석 외부의 보기 쉬운 곳에 게시한다. 삼각기의 가로, 세로 크기는?

⊕해답 가로 : 40cm, 세로 : 30cm

⊕해설 충전용기 차량 경계 표지
① 경계표지는 차량의 앞·뒤에서 명확하게 볼 수 있도록 "위험고압가스" 및 "독성 가스"라 표시하고 삼각기를 운전석 외부의 보기 쉬운 곳에 게시한다.
② 경계표지크기의 가로치수는 차체 폭의 30% 이상, 세로치수는 가로치수의 20% 이상으로 된 직사각형으로 하고 면적을 600cm² 이상으로 한다.

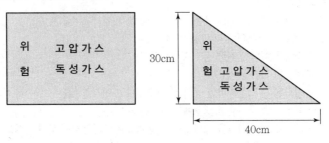

13 운반하는 독성 가스의 양이 1,000kg 미만인 경우 응급조치에 필요한 제독제와 그의 비를 쓰시오.

⊕해답 제독제 : 소석회, 제독제 비 : 20Kg 이상

⊕해설 응급조치에 필요한 제독제는 다음 표에 정한 것으로 하고 비를 맞지 않도록 조치를 한 상자에 넣어 둔다. 〈개정 14.12.10, 15.10.2〉

품명	운반하는 독성 가스의 양		비고
	액화가스질량 1,000kg		
	미만인 경우	이상인 경우	
소석회	20kg 이상	40kg 이상	염소, 염화수소, 포스겐, 아황산가스 등 효과가 있는 액화가스에 적용된다.

14 고압가스 운전자는 운반 중 재해방지를 위하여 운행 개시 전에 다음의 필요한 조치 및 주의사항을 차량에 비치한다. 이때 운반 중의 주의사항 3가지만 쓰시오.

◆해답 ① 점검부분과 방법　　　　　　　② 휴대품의 종류와 수량
　　　③ 경계표지 부착　　　　　　　　④ 온도상승방지 조치
　　　⑤ 주차 시 주의　　　　　　　　　⑥ 안전운행 요령

◆해설 고압가스 운전자는 운반 중 재해방지를 위하여 운행개시 전에 차량에 비치사항
　　　1. 가스의 명칭 및 물성
　　　　(1) 가스의 명칭
　　　　(2) 가스의 특성(온도와 압력과의 관계, 비중, 색깔, 냄새)
　　　　(3) 화재, 폭발의 위험성유무
　　　　(4) 인체에 대한 독성 유무
　　　2. 운반중의 주의사항
　　　　(1) 점검부분과 방법　　　　　　(2) 휴대품의 종류와 수량
　　　　(3) 경계표지 부착　　　　　　　(4) 온도상승방지 조치
　　　　(5) 주차 시 주의　　　　　　　　(6) 안전운행 요령
　　　3. 사고발생시 응급조치
　　　　(1) 가스누출이 있는 경우에는 그 누출부분을 확인하고 수리를 한다.
　　　　(2) 가스누출 부분의 수리가 불가능한 경우
　　　　　• 상황에 따라 안전한 장소로 운반한다.
　　　　　• 부근의 화기를 없앤다.
　　　　　• 착화된 경우 용기파열 등의 위험이 없다고 인정될 때는 소화한다.
　　　　　• 독성 가스가 누출한 경우에는 가스를 제독한다.
　　　　　• 부근에 있는 사람을 대피시키고, 동행인은 교통통제를 하여 출입을 금지시킨다.
　　　　　• 비상연락망에 따라 관계 업소에 원조를 의뢰한다.
　　　　　• 상황에 따라 안전한 장소로 대피한다.
　　　　　• 구급조치

15 탱크 주 밸브 및 긴급 차단장치에 속하는 밸브와 차량의 뒷 범퍼와의 수평거리로 몇 cm 이상 이격하는가?

◆해답 40cm 이상

◆해설 돌출 부속품의 보호조치
　　　① 가스를 이송 또는 이입하는 데 사용되는 밸브를 후면에 설치한 탱크에는 탱크 주밸브 및 긴급차단장치에 속하는 밸브와 차량의 뒷범퍼와의 수평거리를 40cm 이상 이격한다.
　　　② 후부 취출식 탱크외의 탱크는 후면과 차량의 뒷범퍼와의 수평거리가 30cm 이상이 되도록 탱크를 차량에 고정시킨다.
　　　③ 탱크 주밸브 · 긴급차단장치에 속하는 밸브 그 밖의 중요한 부속품이 돌출된 저장탱크의 조작상자와 차량의 뒷범퍼와의 수평거리는 20cm 이상 이격한다.

16 도시가스 굴착공사에서 가스안전 영향 평가서 작성 기준항목 4가지를 쓰시오.

> **해답** ① 굴착공사로 인하여 영향을 받는 가스배관의 범위
> ② 공사계획 변경의 필요성 여부
> ③ 공사 중 안전관리 체계의 입회시기 및 입회 방법
> ④ 안전조치의 비용에 관한 사항
> ⑤ 가스배관의 이설 사용의 일시정지 안전조치의 필요성 방법 시기와 안전조치 세부계획

17 다음 물음에 답하시오.

① 온수가열식의 기화기의 수온은 몇 ℃ 이하인가?
② 증기 가열식 기화기의 증기온도는 몇 ℃ 이하인가?
③ 안전밸브 작동압력은 내압시험 압력의 몇 배인가?

> **해답** ① 80℃   ② 120℃   ③ 0.8배

18 일반도시가스 사업의 가스공급 시설에서 아래 물음의 빈칸을 채우시오.

① 최고사용압력이 저압인 가스정제 설비에는 압력의 이상상승 방지를 위한 (   ) 설치한다.
② 배관의 접합은 용접시공을 원칙으로 하며 배관 용접부에는 (   ) 실시한다.
③ 가스가 통하는 부분에는 직접 액체를 이입하는 장치가 있는 가스정제 설비에는 액체의
(   ) 설치한다.

> **해답** ① 수봉기   ② 비파괴시험   ③ 역류방지장치

19 다음은 LPG자동차 충전소의 폭발사고를 보여주는 모습이다. 동영상과 같이 LPG가 누설되어 가연성 액체 저장탱크 주변에서 화재가 발생하여 사고가 발생하였을 때, 사업자가 가스안전공사에 보고서에 기재하여야 할 사항 4가지 쓰시오.

> **해답** ① 가스사고의 시간
> ② 가스사고에 장소
> ③ 가스사고의 대상
> ④ 물적 및 인적피해 상황

20 지하에 매설된 도시가스 배관에 표시하는 라인마크이다. 직선도로에서의 설치 간격은 몇 m인가?

> **해답** 50m

21 운반하는 독성 가스의 양이 압축가스 용적 100m³ 또는 액화가스 질량이 1,000kg 이상인 경우 보호구 3기지를 쓰시오.

해답 ① 방독마스크　　　② 보호의
③ 보호장갑　　　④ 보호장화

해설 보호구 〈개정 15.10.2〉

품명	규격	운반하는 독성 가스의 양		비고
		압축가스용적 100m³ 또는 액화 가스질량 1,000kg		
		미만인 경우	이상인 경우	
방독 마스크	「산업안전보건법」 제34조에 따른 안전 인증을 받은 것으로서 전면형 고농도용의 것	○	○	「산업안전보건법」 제34조에 따른 안전인증 대상이 아닌 경우에는 인증을 받지 않은 것으로 할 수 있다.
공기 호흡기	압축공기의 호흡기(전면형의 것)	–	○	모든 독성 가스에 대하여 방독마스크가 준비된 경우에는 제외한다.
보호의	비닐피복제 또는 고무피복제의 상의 등의 신속히 착용할 수 있는 것	○	○	압축가스의 독성 가스의 경우는 제외한다.
보호장갑	「산업안전보건법」 제34조에 따른 안전 인증을 받은 것으로서 화학물질용	○	○	압축가스의 독성 가스인 경우는 제외한다.
보호 장화	「산업안전보건법」 제34조에 따른 안전 인증을 받은 것으로서 화학물질용	○	○	압축가스의 독성 가스인 경우는 제외한다.

[비고] 표 가운데의 ○은 비치히는 것을 나타낸다.

22 이송(移送) 작업할 때의 일몰 후 충전작업을 하는 경우 밸브 주위에는 밸브를 확실히 조작할 수 있도록 조명도 몇 Lux 이상을 확보하는가?

해답 150Lux 이상

해설 일몰 후 충전작업을 하는 경우 밸브주위에는 밸브를 확실히 조작할 수 있도록 조명도 150Lux 이상을 확보한다.

23 전기방식시설의 유지관리를 위한 전위측정용터미널(T/B) 설치 기준을 쓰시오.

① 희생양극법 또는 배류법에 의한 배관?
② 외부전원법에 의한 배관?

해답 ① 300m 이내
② 500m 이내

해설 전기방식시설의 전위 측정용 터미널(T/B) 설치 기준

① 희생양극법 또는 배류법에 의한 배관에는 300m 이내의 간격으로 설치할 것

② 외부전원법에 의한 배관에는 500m 이내의 간격으로 설치할 것

③ 직류전철 등에 의한 누출전류의 영향이 없는 경우에는 외부전원법 또는 희생양극법으로 할 것

④ 직류전철 등에 의한 누출전류의 영향을 받는 배관에는 배류법으로 하되, 방식효과가 충분하지 않을 경우에는 외부전원법 또는 희생양극법을 병용할 것

24 배관의 부식방지를 위한 전위상태는 전기방식전류가 흐르는 상태에서 자연전위와의 전위변화가 최소한 얼마 이하로 하는가?

해답 $-300mV$

해설 배관의 부식방지를 위한 전위상태 기준

① 전기방식전류가 흐르는 상태에서 토양 중에 있는 배관 등의 방식전위 상한 값은 포화황산동 기준전극으로 $-0.85V$ 이하이어야 하고, 방식전위 하한 값은 전기철도 등의 간섭영향을 받는 곳을 제외하고는 포화황산동 기준전극으로 $-2.5V$ 이상이 되도록 한다.

② 전기방식전류가 흐르는 상태에서 자연전위와의 전위변화가 최소한 $-300mV$ 이하이어야 한다.

25 도시가스사업자는 전기방식시설의 효과적인 유지관리를 위하여 측정 및 점검을 실시하고 그 실시기록을 작성하여 보존하여야 한다. 점검 주기를 쓰시오.

① 전기방식시설의 관대지전위?

② 외부전원법에 의한 전기방식시설은 외부전원점 관대지전위, 정류기의 출력, 전압, 전류, 배선의 접속상태 및 계기류 확인?

③ 배류법에 의한 전기방식시설은 배류점 관대지전위, 배류기의 출력, 전압, 전류, 배선의 접속상태 및 계기류 확인?

④ 절연부속품, 역전류방지장치, 결선(Bond) 및 보호절연체의 효과?

해답 ① 1년에 1회 이상 ② 3개월에 1회 이상

③ 3개월에 1회 이상 ④ 6개월에 1회 이상

해설 전기방식시설의 효과적인 유지관리 실시기록을 작성하여 보존 기준

① 전기방식시설의 관대지전위 등을 1년에 1회 이상 점검하여야 한다.

② 외부전원법에 의한 전기방식시설은 외부전원점관대지전위, 정류기의 출력, 전압, 전류, 배선의 접속상태 및 계기류 확인 등을 3개월에 1회 이상 점검하여야 한다.

③ 배류법에 의한 전기방식시설은 배류점관대지전위, 배류기의 출력, 전압, 전류, 배선의 접속상태 및 계기류 확인 등을 3개월에 1회 이상 점검하여야 한다.

④ 절연부속품, 역전류방지장치, 결선(Bond) 및 보호절연체의 효과는 6개월에 1회 이상 점검하여야 한다.

26 충전용기 등을 적재한 차량의 주정차 시는 충전용기 등을 적재한 차량은 제1종 보호시설에서 몇 m 이상 떨어지는가?

⊕해답 ▶ 15m 이상

⊕해설 **충전용기 운행 후 조치 사항**
① 충전용기 등을 적재한 차량의 주정차 시는 가능한 한 언덕길 등 경사진 곳을 피하며, 엔진을 정지시킨 다음 주차 브레이크를 걸어 놓고 반드시 차바퀴를 고정목으로 고정시킨다.
② 충전용기 등을 적재한 차량은 제1종 보호시설에서 15m 이상 떨어지고, 제2종 보호시설이 밀집되어있는 지역과 육교 및 고가차도 등의 아래 또는 부근은 피하며, 주위의 교통장애, 화기 등이 없는 안전한 장소에 주정차한다. 또한, 차량의 고장, 교통사정 또는 운반책임자 운전자의 휴식, 식사 등 부득이 한 경우를 제외하고는 그 차량에서 동시에 이탈하지 아니하며, 동시에 이탈할 경우에는 차량이 쉽게 보이는 장소에 주차한다.
③ 차량의 고장 등으로 인하여 정차하는 경우는 적색표지판 등을 설치하여 다른 차와의 충돌을 피하기 위한 조치를 한다.

27 다음 희생 양극법에 관한 물음에 답하시오.
(1) 희생 양극법 원리를 설명하시오.
(2) 희생 양극법의 장점과 단점을 각각 쓰시오.

⊕해답 ▶ (1) 원리 : 희생 양극법은 매설 배관보다 저전위의 금속을 직접 또는 도선으로 접속하여 양금속 사이의 고유의 전위차를 이용하여 매설배관에 방식 전류를 주는 방식이다.

(2)
장점	단점
① 시공이 간단하다.	① 방식 효과 범위가 적다.
② 과방식의 위험이 없다.	② 전류 조절이 안 된다.
③ 타금속 매설물에 간섭의 영향이 거의 없다.	③ 양극이 소모되기에 보충이 필요하다.
④ 가격이 저렴하다.	④ 관리 장소가 필요하다.

28 도시가스사업자는 전기방식시설의 방식 전류의 흐름 방향에 의한 전기 방삭 방법 4가자 쓰시오.

⊕해답 ▶ ① 희생 양극법   ② 외부전원법
③ 선택 배류법   ④ 강제 배류법

29 저장탱크의 안전을 확보하기 위하여 필요한 설비를 설치한다. 안전을 확보하기 위한 설비 4가지를 쓰시오.

⊕해답 ▶ ① 폭발방지장치   ② 액면계   ③ 물분무장치
④ 방류둑   ⑤ 긴급차단장치

해설 저장탱크에는 폭발방지장치, 액면계, 물분무장치, 방류둑, 긴급차단장치 등이며, 다만, 물분무장치와 소화전을 설치하는 저장탱크, 지하에 매몰하여 설치하는 저장탱크는 제외한다.

30 충전 용기등을 차량에 적재하여 압축가스 $100m^3$ 또는 1,000kg 이상 운반하는 경우 휴대하는 소화설비 소화 약제 종류와 비치개수를 쓰시오.

해답 소화약제 : 분말 소화제, 비치 개수 : 2개 이상

해설 차량에 적재하여 운반하는 경우에 휴대하는 소화설비
소화설비〈개정 15.10.2〉

운반하는 가스량에 따른 구분	소화기의 종류		비치개수
	소화약제의 종류	능력단위	
압축가스 $100m^3$ 또는 액화가스 1,000kg 이상인 경우	분말소화제	BC용 또는 ABC용, B-6(약재중량 4.5kg) 이상	2개 이상
압축가스 $15m^3$ 초과 $100m^3$ 미만 또는 액화가스 150kg 초과 1,000kg 미만인 경우	위와 같음	위와 같음	1개 이상
압축가스 $15m^3$ 또는 액화가스 150kg 이하인 경우	위와 같음	B-3 이상	1개 이상

[비고] 소화기 1개의 소화능력이 소정의 능력단위에 부족한 경우에는 추가해서 비치하는 다른 소화기와의 합산 능력이 소정의 능력단위에 상당한 능력 이상이면 그 소정의 능력단위의 소화기를 비치한 것으로 본다.

31 염소와 동일차량에 적재 운반하지 아니하는 가스 3가지를 쓰시오.

해답 ① 아세틸렌   ② 암모니아   ③ 수소

해설 동일 차량에 운반하지 않는 경우
① 염소와 아세틸렌·암모니아 또는 수소는 동일 차량에 적재하여 운반하지 아니한다.
② 가연성 가스와 산소를 동일차량에 적재하여 운반하는 때에는 그 충전용기의 밸브가 서로 마주보지 아니하도록 적재한다.
③ 충전용기와 위험물과는 동일차량에 적재하여 운반하지 아니한다.

32 차량에 고정된 탱크로 산소가스를 운반하는 경우 소화설비 소화약제 종류와 소화기 능력단위를 쓰시오.

해답 • 소화 약제 : 분말 소화제
• 능력단위 : BC용, B-8 이상 ABC용, B-10 이상

*해설 차량에 고정된 탱크로 운반하는 경우에 휴대하는 소화설비

가스의 구분	소화기의 종류		비치개수
	소화약제의 종류	소화기의 능력단위	
가연성 가스	분말소화제	BC용, B-10 이상 또는 ABC용, B-12 이상	차량 좌우에 각각 1개 이상
산소	분말소화제	BC용, B-8 이상 또는 ABC용, B-10 이상	차량 좌우에 각각 1개 이상

[비고]

1. BC용은 유류화재나 전기화재, ABC용은 보통화재, 유류화재 및 전기화재 각각에 사용된다.
2. 소화기 1개의 소화능력이 소정의 능력단위에 부족한 경우에는 추가해서 비치하는 다른 소화기와의 합산 능력이 소정의 능력단위에 상당한 능력 이상이면 그 소정의 능력단위의 소화기를 비치한 것으로 본다.

33 다음 빈칸을 채우시오.

> 커플러는 그 커플러의 안전성·편리성 및 작동성을 확보하기 위하여 (①) 호스가 분리될 경우 자동차 충전구 쪽에, (②)은 가스 충전기 쪽에 설치할 수 있는 구조로 한다.

*해답 ① 암커플러
② 숫커플러

*해설 1. 커플러 구조
① 암커플러와 숫커플러가 결속할 때 누출이 없는 구조일 것
② 커플러가 분리된 경우 자동적으로 신속하게 폐쇄되는 구조일 것
③ 커플러를 연결할 때 숫커플러의 밸브를 완전히 개방시켜 주고 또한 암커플러도 액체의 흐름에 지장이 없는 유효면적을 가지는 구조일 것
2. 내압성능
연결된 상태에서 수압 또는 유압을 이용 2.9MPa 이상의 압력으로 내압시험하여 이상팽창 및 누출이 없는 것으로 한다.
3. 기밀성능
① 연결된 상태에서 공기 또는 불활성 가스를 이용하여 1.8MPa 이상의 압력으로 기밀시험하여 누출이 없는 것으로 한다.
② 숫커플러, 암커플러 각각에 대하여 공기 또는 불활성 가스를 이용하여 1.8MPa 이상의 압력으로 누출시험하여 각 부분에서 누출이 없는 것으로 한다.

34 검지경보장치는 가연성 가스 또는 독성 가스의 누출을 검지하여 그 농도를 지시함과 동시에 경보를 울리는 것이다. 경보 방식 3가지를 쓰시오.

해답 ① 접촉연소방식, ② 격막갈바니전지방식, ③ 반도체방식

해설 검지경보장치 기능
① 검지경보장치는 가연성 가스 또는 독성 가스의 누출을 검지하여 그 농도를 지시함과 동시에 경보를 울리는 것으로서 다음의 기능을 가진 것으로 한다.
② 경보는 접촉연소방식, 격막갈바니전지방식, 반도체방식, 그 밖의 방식으로 검지엘리먼트의 변화를 전기적신호에 의해 이미 설정하여 놓은 가스농도에서 자동적으로 울리는 것으로 한다. 이 경우 가연성 가스 경보기는 담배연기 등에, 독성 가스용 경보기는 담배연기, 기계세척유가스 등 잡 가스에는 경보하지 않은 것으로 한다.

35 다음 괄호에 알맞게 채우시오.

> 주위 분위기 온도에 따라 가연성 가스는 폭발하한계의 (①) 이하, 독성 가스는 TLV−TWA(②) 이하로 한다. 다만, 암모니아를 실내에서 사용하는 경우에는 (③) 50ppm으로 할 수 있다. 또한 경보기의 정밀도는 경보농도 설정치에 대하여 가연성 가스용에서는 (④) 이하, 독성 가스용에서는 (⑤) 이하로 한다.

해답 ① 1/4   ② 기준농도   ③ 50
④ ±25%   ⑤ ±30%

해설 경보농도는 검지경보장치의 설치장소
① 주위 분위기 온도에 따라 가연성 가스는 폭발하한계의 1/4 이하, 독성 가스는 TLV−TWA 기준농도 이하로 한다.(다만, 암모니아를 실내에서 사용하는 경우에는 50ppm으로 할 수 있다.)
② 경보기의 정밀도는 경보농도 설정치에 대하여 가연성 가스용에서는 ±25% 이하, 독성 가스용에서는 ±30% 이하로 한다.
③ 검지에서 발신까지 걸리는 시간은 경보농도의1.6배 농도에서 보통 30초 이내로 한다. 다만, 검지경보장치의 구조상이나 이론상 30초가 넘게 걸리는 가스(암모니아 · 일산화탄소 또는 이와 유사한 가스)에서는 1분 이내로 할 수 있다.
④ 검지경보장치의 경보정밀도는 전원의 전압등 변동이 ±10% 정도일 때에도 저하되지 않아야 한다.
⑤ 지시계의 눈금은 가연성 가스용은 0~폭발하한계값, 독성 가스는 0~TLV−TWA 기준농도의 3배값(암모니아를 실내에서 사용하는 경우에는 150ppm)을 명확하게 지시하는 것으로 한다.
⑥ 경보를 발신한 후에는 원칙적으로 분위기 중 가스농도가 변화하여도 계속 경보를 울리고, 그 확인 또는 대책을 강구함에 따라 경보가 정지되게 한다.

36 가스누출검지경보장치 설치장소의 검출부 설치 기분을 쓰시오.

① 건축물 안에 설치되어 있는 사용설비의 가스가 체류하기 쉬운 장소

② 건축물 밖에 설치되어 있는 경우 가스가 체류할 우려가 있는 장소

⊕해답 ① 10m마다 1개 이상

② 20m마다 1개 이상

⊕해설 가스누출검지경보장치 설치장소 및 설치개수

① 건축물 안에 설치되어 있는 사용설비(버너 등에 있어서는 파일럿 버너방식에 의한 인터록 기구를 설치하여 가스누출의 우려가 없는 것에는 당해 버너 등의 부분을 제외한다) 등 가스가 누출하기 쉬운 설비를 설치한 곳 주위에는 누출한 가스가 체류하기 쉬운 장소에 이들 설비군의 둘레 10m마다 1개 이상의 비율로 계산한 수를 설치한다.

② 건축물 밖에 설치되어 있는 ①에 기재한 설비 외의 설비, 벽 등 구조물에 인접하거나 피트 등의 내부에 설치되어 있는 경우에는 누출한 가스가 체류할 우려가 있는 장소에 그 설비군의 바닥면 둘레 20m마다 1개 이상의 비율로 계산한 수를 설치한다.

37 가연성 가스의 사용설비의 접지저항치의 ① 총합과 접지 접촉선의 ② 단면적은 얼마인가?

⊕해답 ① 100Ω 이하

② 5.5mm² 이상

⊕해설 정전기 제거설비 설치

① 탑류, 저장탱크, 열교환기, 회전기계, 벤트스택 등은 단독으로 접지한다.

② 본딩용 접속선 및 접지접속선은 단면적 5.5mm² 이상의 것(단선은 제외한다)을 사용한다.

③ 접지 저항치는 총합 100Ω(피뢰설비를 설치한 것은 총합 10Ω) 이하로 한다.

38 고압가스시설의 안전을 확보하기 위하여 저장설비·처리설비 및 감압설비를 설치한 장소 주위에는 외부인의 출입을 통제할 수 있도록 얼마 이상의 경계책을 설치하는가?

⊕해답 1.5m 이상

⊕해설 경계책 설치 기준

① 경계책 높이는 1.5m 이상으로 한다.

② 경계책의 재료는 철책, 철망 등 적합한 것으로 한다. 〈개정 13.5.20〉

③ 경계책 주위에는 외부사람이 무단출입을 금하는 내용의 경계표지를 보기 쉬운 장소에 부착한다.

④ 경계책 안에는 누구도 화기, 발화 또는 인화하기 쉬운 물질을 휴대하고 들어갈 수 없도록 필요한 조치를 강구한다.

39 고압가스저장량이 얼마 이상인 용기 보관실의 벽은 방호벽을 설치할 대상 2가지는?

　●해답● ① 액화가스 : 300kg
　　　 ② 압축가스 : 60m³

　●해설● 방호벽
　　　 고압가스저장량이 300kg(압축가스는 60m³) 이상인 용기 보관실의 벽은 방호벽으로 적정하게 설치하였는지
　　　 확인 및 계측한다.

40 안전성평가기법은 위험성에 따라 정성적 분석과 정량적 분석으로 구분한다. 정성분석과 정량분석의
안전성평가기법 각각 3가지씩 쓰시오.

　●해답● (1) 정성분석
　　　　　 ① 체크리스트(Checklist) 기법
　　　　　 ② 상대위험순위결정(Dow And Mond Indices) 기법
　　　　　 ③ 사고 예상 질문 분석(WHAT-IF) 기법
　　　　　 ④ 위험과 운전분석(HAZOP ; Hazard and Operablity) 기법

　　　 (2) 정량분석
　　　　　 ① 이상위험도분석(FMECA ; Failure Modes, Effects and Criticality Analysis) 기법
　　　　　 ② 결함수분석(FTA ; Fault Tree Analysis) 기법
　　　　　 ③ 사건수분석(ETA ; Event Tree Analysis) 기법
　　　　　 ④ 원인결과분석(CCA ; Cause-Consequence Analysis) 기법
　　　　　 ⑤ 작업자실수분석(HEA ; Human Error Ananlysis) 기법

　●해설● 안전성평가기법
　　　 ① 체크리스트(Checklist) 기법 : 공정 및 설비의 오류, 결함상태, 위험상황 등을 목록화 한 형태로 작성하여
　　　　　 경험적으로 비교함으로써 위험성을 정성적으로 파악하는 안전성평가기법을 말한다.
　　　 ② 상대위험순위결정(Dow And Mond Indices) 기법 : 설비에 존재하는 위험에 대하여 수치적으로 상대위
　　　　　 험순위를 지표화하여 그 피해정도를 나타내는 상대적 위험순위를 정하는 안전성평가기법을 말한다.
　　　 ③ 사고예상질문분석(WHAT-IF) 기법 : 공정에 잠재하고 있으면서 원하지 않은 나쁜 결과를 초래할 수 있
　　　　　 는 사고에 대하여 예상 질문을 통해 사전에 확인함으로써 그 위험과 결과 및 위험을 줄이는 방법을 제시하
　　　　　 는 정성적 안전성 평가기법을 말한다.
　　　 ④ 위험과 운전분석(HAZOP ; Hazard And Operablity) 기법 : 공정에 존재하는 위험요소들과 공정의 효
　　　　　 율을 떨어뜨릴 수 있는 운전상의 문제점을 찾아내어 그 원인을 제거하는 정성적인 안전성평가기법을 말
　　　　　 한다.
　　　 ⑤ 이상위험도분석(FMECA ; Failure Modes, Effects and Criticality Analysis) 기법 : 공정 및 설비의
　　　　　 고장 형태 및 영향, 고장형태별위험도 순위 등을 결정하는 기법을 말한다.
　　　 ⑥ 결함수분석(FTA ; Fault Tree Analysis) 기법 : 사고를 일으키는 장치의 이상이나 운전사 실수의 조합을
　　　　　 연역적으로 분석하는 정량적 안전성평가기법을 말한다.
　　　 ⑦ 사건수분석(ETA ; Event Tree Analysis) 기법 : 초기 사건으로 알려진 특정한 장치의 이상이나 운전자
　　　　　 의 실수로부터 발생되는 잠재적인 사고결과를 평가하는 정량적 안전성평가 기법을 말한다.

⑧ 원인결과분석(CCA ; Cause-Consequence Analysis) 기법 : 잠재된 사고의 결과와 이러한 사고의 근본적인 원인을 찾아내고 사고결과와 원인의 상호관계를 예측 · 평가하는 정량적 안전성평가 기법을 말한다.
⑨ 작업자실수분석(HEA ; Human Error Ananlysis) 기법 : 설비의 운전원, 정비보수원, 기술자 등의 작업에 영향을 미칠만한 요소를 평가하여 그 실수의 원인을 파악하고 추적하여 정량적으로 실수의 상대적 순위를 결정하는 안전성 평가기법을 말한다.

41 LPG 저장탱크의 최대직경이 8m인 저장탱크 2기가 설치된 경우 저장탱크 간 거리는?

➕해답 4m

$$(8+8) \times \frac{1}{4} = 4m$$

➕해설 **저장탱크 간 거리**

① 가연성 가스의 저장탱크(저장능력이 300m³ 또는 3톤 이상의 것에 한한다)와 다른 가연성 가스 또는 산소의 저장탱크와의 사이에는 두 저장탱크의 최대지름을 합산한길이의 $\frac{1}{4}$ 이상에 해당하는 거리 유지한다.

② 두 저장탱크의 최대지름을 합산한 길이의 $\frac{1}{4}$ 이 1m 미만인 경우에는 1m 이상의 거리를 유지한다.

③ 유지하지 못하는 경우에는 물분무장치를 설치한다.

42 가연성 가스 저장탱크 상호 인접한 경우 일정거리를 유지하지 못 한 경우 물분무장치를 설치한다. 다음 기준의 방사량을 쓰시오.

(1) 일반 구조물   (2) 내화 구조물
(3) 준내화 구조물   (4) 방사 수원

➕해답 (1) $8L/min \cdot m^2$
(2) $4L/min \cdot m^2$
(3) $6.5L/min \cdot m^2$
(4) 최대수량의 30분 이상 연속 방사량

➕해설 **물분무장치 방사 기준**

① 물분무장치는 저장탱크의 표면적 1m²당 8L/min을 표준으로 계산된 수량을 저장탱크 전 표면에 균일하게 방사할 수 있는 것으로 한다.

② 내화구조 저장탱크는 그 수량을 표면적 1m²당 4L/min을 표준으로 계산 한수량으로 한다.

③ 준내화구조 저장탱크는 그 수량을 표면적 1m²당 6.5L/min을 표준으로 계산한 수량으로 한다.

④ 물분무장치 등은 동시에 방사할 수 있는 최대수량을 30분 이상 연속하여 방사할 수 있는 수원에 접속된 것으로 한다.

43 지하에 설치하는 저장탱크는 지면으로부터 저장탱크의 정상부까지 얼마 이상 거리로 하는가?

➕해답 60cm 이상

➕해설 **저장탱크의 지하설치**
① 저장탱크의 외면에는 부식방지코팅과 전기적 부식방지를 위한 조치를 한다.
② 저장탱크는 천정·벽 및 바닥의 두께가 각각 30cm 이상인 방수조치를 한 철근콘크리트로 만든 곳에 설치한다.
③ 저장탱크실은 레디믹스콘크리트(Ready-mixed Concreate)를 사용하여 수밀(水密) 콘크리트로 시공한다.
④ 지면과 거의 같은 높이에 있는 가스검지관, 집수관 등의 입구에는 빗물 및 지면에 고인 물 등이 저장탱크실 내로 침입하지 않도록 덮개를 설치한다.
⑤ 저장탱크의 주위에는 마른 모래를 채운다.
⑥ 지면으로부터 저장탱크의 정상부까지의 깊이는 60cm 이상으로 한다.
⑦ 저장탱크를 2개 이상 인접하여 설치하는 경우에는 상호 간에 1m 이상의 거리를 유지한다.
⑧ 저장탱크를 매설한 곳의 주위에는 지상에 경계표지를 설치한다.
⑨ 저장탱크에 설치한 안전밸브에는 지면에서 5m 이상의 높이에 방출구가 있는 가스방출관을 설치한다.

44 저장탱크 부압파괴 방지조치에 사용하는 설비 3가지를 쓰시오.

➕해답 (1) 압력계
(2) 압력경보설비
(3) 진공안전밸브

➕해설 **저장탱크 부압파괴 방지조치**
가연성 가스저온저장탱크에는 그 저장탱크의 내부압력이 외부압력 보다 낮아짐에 따라 그 저장탱크가 파괴되는 것을 방지하기 위해 다음의 부압파괴방지설비를 설치한다.
① 압력계
② 압력경보설비
③ 진공안전밸브
④ 다른 저장탱크 또는 시설로 부터의 가스도입배관(균압관)
⑤ 압력과 연동하는 긴급차단장치를 설치한 냉동제어설비
⑥ 압력과 연동하는 긴급차단장치를 설치한 송액설비

45 독성 가스배관 중 2중관으로 해야 하는 가스의 대상 4가지(1)와 외층관 내경은 내층관 외경의 몇(2)배 이상으로 하는가?

➕해답 (1) ① 암모니아   ② 아황산가스   ③ 염소   ④ 염화메탄   ⑤ 산화에틸렌
(2) 1.2배 이상

해설 독성 가스 배관
① 독성 가스 배관 중 2중관으로 해야 하는 가스의 대상은 암모니아, 아황산가스, 염소, 염화메탄, 산화에틸렌, 시안화수소, 포스겐 및 황화수소로 한다.
② 2중관의 외층관 내경은 내층관 외경의 1.2배 이상을 표준으로 하고 재료, 두께 등으로 한다.
③ 2중관의 내층관과 외층관 사이에는 가스누출검지 경보설비의 검지부를 설치하여 가스누출을 검지하는 조치를 강구한다.

46 사업소 밖 배관의 매몰설치 경우 다음 물음의 유지거리를 쓰시오.

(1) 배관은 건축물과는 1.5m
(2) 지하도로 및 터널과는 10m 이상의 거리를 유지한다.
(3) 독성 가스의 배관은 그 가스가 혼입될 우려가 있는 수도시설과 300m 이상의 거리를 유지한다.

해답 (1) 1.5m 이상   (2) 10m 이상   (3) 300m 이상

해설 사업소 밖 배관의 매몰설치
① 배관은 건축물과는 1.5m, 지하도로 및 터널과는 10m 이상의 거리를 유지한다.
② 독성 가스의 배관은 그 가스가 혼입될 우려가 있는 수도시설과는 300m 이상의 거리를 유지한다.
③ 배관은 그 외면으로부터 지하의 다른 시설물과 0.3m 이상의 거리를 유지한다.
④ 지표면으로부터 배관의 외면까지 매설깊이는 산이나 들에서는 1m 이상 그 밖의 지역에서는 1.2m 이상으로 한다.

47 배관 도로매설의 경우 배관의 외면으로부터 도로의 경계까지 얼마 이상의 수평거리를 유지하는가?

해답 1m 이상

해설 배관 도로매설 기준
① 원칙적으로 자동차 등의 하중의 영향이 적은 곳에 매설한다.
② 배관의 외면으로부터 도로의 경계까지 1m 이상의 수평거리를 유지한다.
③ 배관은 그 외면으로부터 도로 밑의 다른 시설물과 0.3m 이상의 거리를 유지한다.
④ 다음 기준에 적합한 보호판을 배관의 정상부로부터 30cm 이상 떨어진 그 배관의 직상부에 설치한다.
⑤ 보호판에는 직경 30mm 이상 50mm 이하의 구멍을 3m 이하의 간격으로 뚫어 누출된 가스가 지면으로 확산이 되도록 한다.
⑥ 보호판은 방청도료(Primer)를 1회 이상 도포한 후, 도막두께가 $80\mu m$ 이상되도록 에폭시 타입도료를 2회 이상 코팅하거나 이와 동등 이상의 방청 및 코팅효과를 가져야 한다.
⑦ 시가지의 도로 노면 밑에 매설하는 경우에는 노면으로부터 배관의 외면까지의 깊이를 1.5m 이상으로 한다.
⑧ 시가지외의 도로 노면 밑에 매설하는 경우에는 노면으로부터 배관의 외면(방호구조물 안에 설치하는 경우에는 그 방호구조물의 외면을 말한다)까지의 깊이를 1.2m 이상으로 한다.
⑨ 인도·보도 등 노면 외의 도로 밑에 매설하는 경우에는 지표면으로부터 배관의 외면까지의 깊이는 1.2m 이상으로 한다.

48 염소가스 제독제 3가지를 쓰시오.

+해답 ① 가성소다수용액 　② 탄산소다 수용액 　③ 소석회

+해설 제독제 보유량

가스별	제독제	보유량
염소	가성소다수용액	670kg[저당탱크 등이 2개 이상 있을 경우 저장탱크에 관계되는 저장탱크의 수의 제곱근의 수치, 그 밖의 제조설비와 관계되는 저장설비 및 처리설비(내용적이 5m² 이상의 것에 한한다) 수의 제곱근의 수치를 곱하여 얻은 수량, 이하 염소에 있어서는 탄산소다수용액 및 소석회에 대해서도 같다.]
	탄산소다수용액	870kg
	소석회	620kg
포스겐	가성소다수용액	390kg
	소석회	360kg
황화수소	가성소다수용액	1,140kg
	탄산소다수용액	1,500kg
시안화수소	가성소다수용액	250kg
아황산가스	가성소다수용액	530kg
	탄산소다수용액	700kg
	물	다량
암모니아 산화에틸렌 염화메탄	물	다량

49 액화가스 저장탱크 온도상승방지설비 설치에 관한 다음의 빈칸을 채우시오?

> 저장탱크 외면으로부터의 거리가 (①) 이내인 위치에, 저장탱크를 향하여 어느 방향에서도 방수 할 수 있는 소화전을 해당 저장탱크 표면적 (②)당 1개의비율로 계산된 수 이상 설치한다. 이 경우 호스 끝 수압 (③) 이상, 방수능력 (④) 이상의 것을 말한다.

+해답 ① 40m 이내, ② 50m², ③ 0.3MPa 이상, ④ 400L/min 이상

+해설 액화가스 저장탱크 온도상승방지설비 설치
① 저장탱크 표면적 1m²당 5L/min 이상의 비율로 계산된 수량을 저장탱크 전 표면에 분무할 수 있도록 고정된 장치를 설치한다.
② 저장탱크 외면으로부터의 거리가 40m 이내인 위치에, 저장탱크를 향하여 어느 방향에서도 방수할 수 있는 소화전(호스 끝 수압 0.3MPa 이상, 방수능력 400L/min 이상의 것을 말한다)을 해당 저장탱크 표면적 50m²당 1개의 비율로 계산된 수 이상 설치한다.
③ 온도상승방지설비의 수원은 분무장치와 소화전 등은 해당 설비를 30분 이상 연속하여 동시에 방수 할 수 있는 수량을 확보한다.

50 저장시설 사업소 밖의 배관에 설치된 배관장치에 비상전력설비를 해야 하는 설비 3가지만 쓰시오.

➕해답 ① 운전상태 감시장치　　　　　② 안전제어장치
　　　③ 가스누출검지 경보설비　　　④ 제독설비

➕해설 저장시설 사업소 밖의 배관에 설치된 다음 배관장치에는 비상전력설비를 설치한다.
　　　① 운전상태 감시장치　　　　　② 안전제어장치
　　　③ 가스누출검지 경보설비　　　④ 제독설비
　　　⑤ 통신시설　　　　　　　　　⑥ 비상조명설비
　　　⑦ 기타 안전상 중요하다고 인정되는 설비

51 사업소안 전체를 알리는 통신설비 3가지만 쓰시오.

➕해답 ① 구내 방송설비　　　　　　　② 싸이렌
　　　③ 휴대용 확성기　　　　　　　④ 페이징설비 또는 메가폰

➕해설 통신설비의 구비조건

사항별(통신범위)	설치(구비)해야 할 통신설비	비고
1. 안전관리자가 상주하는 사업소와 현장사무소와의 사이 또는 현장사무소 상호간	① 구내전화 ② 구내방송설비 ③ 인터폰 ④ 페이징설비	사무소가 동일한 위치에 있는 경우에는 제외한다.
2. 사업소안 전체	① 구내방송설비 ② 사이렌 ③ 휴대용 확성기 ④ 페이징설비 ⑤ 메가폰	
3. 종업원 상호간(사업소안 임의의 장소)	① 페이징설비 ② 휴대용 확성기 ③ 트랜시버(계기 등에 대해서 영향이 없는 경우에 한한다) ④ 메가폰	사무소가 동일한 위치에 있는 경우에는 제외한다.

[비교]
1. 사항별 2, 3의 메가폰은 해당 사업소안 면적이 $1,500m^2$ 이하인 경우에 한한다.
2. 표 중 통신설비는 사업소의 규모에 적합하도록 1가지 이상을 구비한다.

05 액석유

01 디지털 가스누출확인 퓨즈콕 제조의 시설에서 갖추어야 할 필수 검사설비 3가지를 쓰시오.

> **해답** ① 기밀시험설비
> ② 내구시험설비
> ③ 저온시험설비
> ④ 토크메타

> **해설** 디지털 가스누출확인 퓨즈콕 제조의 시설에서 갖추어야 할 필수 검사설비
> ① 버니어캘리퍼스 · 마이크로메타 · 나사게이지 등 치수측정설비
> ② 액화석유가스액 또는 도시가스 침적설비
> ③ 기밀시험설비
> ④ 내구시험설비
> ⑤ 저온시험설비
> ⑥ 토크메타
> ⑦ 절연저항측정기 · 내전압시험기, 충격시험기, 염수분무시험설비

02 액화석유가스에 사용하는 콕의 내압성능과 기밀시험성능을 쓰시오.

① 내압성능   ② 기밀성능

> **해답** ① 내압성능 : 콕은 0.3MPa의 수압으로 1분간 내압시험을 할 때 누출 및 파손 등이 없는 것
> ② 기밀 성능 : 콕은 35kPa 이상의 공기압을 1분간 가했을 때 누출이 없는 것

> **참고** 콕의 내구 성능
> 콕은 2.8kPa의 액화석유가스를 (1.5~3.0)L/h의 유량으로 통과시키면서 (15~20)회/min의 속도로 콕을 6,000회 반복하여 개폐 조작한 후 기밀시험에서누출이 없고, 회전력이 0.6N · m 이하인 것으로 한다.

03 콕을 연 상태로 (120±2)℃에서 30분간 방치한 후 꺼내어 상온에서의 기밀시험에서 누출이 없어야 한다. 이때 핸들의 회전력을 쓰시오.

> **해답** 1.2N · m 이하

> **해설** 콕의 내열 성능
> ① 콕을 연 상태로 (60±2)℃에서 각각 30분간 방치한 후 지체없이 기밀시험을 실시하여 누출이 없고 회전력은 0.6N · m 이하인 것으로 한다.
> ② 콕을 연 상태로 (120±2)℃에서 30분간 방치한 후 꺼내어 상온에서의 기밀시험에서 누출이 없고, 변형이 없으며, 핸들 회전력은 1.2N · m 이하인 것으로 한다.

04 커플러안전기구부의 누출량 성능 기준을 쓰시오.

해답 4.2kPa 이상의 압력에서 누출량이 0.55L/h 이하일 것

해설 누출량 성능 시험 기준
① 커플러안전기구부는 4.2kPa 이상의 압력에서 누출량이 0.55L/h 이하인 것으로 한다.
② 과류차단안전기구부는 4.2kPa 이상의 압력에서 누출량이 1.0L/h 이하인 것으로 한다.

05 소형저장탱크의 충전 질량 1.5톤인 경우 탱크 상호간 거리는 얼마를 유지하는가?

해답 0.5m 이상

해설 소형저장탱크의 충전질량에 따른 이격거리
① 소형저장탱크의 이격거리

소형저장탱크의 충전질량(kg)	가스충전구로부터 토지 경계선에 대한 수평거리(m)	탱크간 거리(m)	가스충전구로부터 건축물 개구부에 대한 거리(m)
1,000 미만	0.5 이상	0.3 이상	0.5 이상
1,000 이상 2,000 미만	0.3 이상	0.5 이상	3.0 이상
2,000 이상	5.5 이상	0.5 이상	3.5 이상

[비고] 동일한 사업소에 두 개 이상의 소형저장탱크가 있는 경우에는 각 소형저장탱크 저장능력별로 이격거리를 유지하여야 한다. 〈신설 10.8.31〉

② 충전질량 1,000kg 이상인 소형저장탱크의 경우 이격거리를 유지할 수 없는 경우에는 방호벽을 설치함으로써 정한이격거리의 1/2을 유지할 수 있다. 다만, 이 경우 정한이격거리 이상의 우회거리는 유지하여야 하며, 방호벽의 높이는 소형저장탱크 정상부보다 50cm 이상 높게 한다.

06 지상에 설치한 LPG 저장탱크에 이충전 시 사용된 보호대 규격을 쓰시오.
① 재질   ② 높이   ③ 두께

해답 ① 재질 : 철근콘크리트 또는 강관제
② 높이 : 100cm 이상
③ 두께 : 12cm 이상의 철근콘크리트 구조 또는 100A 이상의 강관제

해설 보호대 규격
① 재질 : 철근콘크리트 또는 강관제
② 높이 : 100cm 이상(벌크로리의 진입이 불가능한 경우에는 45cm 이상)
③ 두께 : 12cm 이상의 철근콘크리트 구조 또는 100A(벌크로리의 진입이 불가능한 경우에는 80A) 이상의 강관제

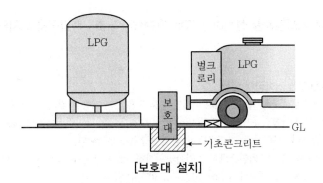

[보호대 설치]

07 LPG 공급배관에 대한 설명이다 빈칸에 알맞게 쓰시오.

> 배관은 온도상승방지를 위하여 차광조치 및 배관 외면에 (1) 도장을 하고, 바닥으로부터 (2)m 이상의 높이에 폭 (3)의 황색 띠를 (4)으로 표시한다.

⊕해답 (1) 은백색　　(2) 1m　　(3) 3cm　　(4) 2중

⊕해설 배관은 온도상승방지를 위하여 차광조치 및 배관 외면에 은백색 도장을 하고, 바닥으로부터 1m 이상의 높이에 폭 3cm의 황색 띠를 2중으로 표시한다.

08 배관은 용접으로 접합한 경우는 100% 비파괴시험을 실시한다. 비파괴시험 종류 4가지를 쓰시오.

⊕해답 (1) 방사선투과시험　　　　　(2) 초음파탐상시험
　　　(3) 자분탐상시험　　　　　　(4) 침투탐상시험

⊕해설 배관은 용접으로 접합하고 100% 비파괴시험을 실시한다. 이 경우 50A 초과 배관은 맞대기용접을 실시하고, 맞대기 용접부는 방사선투과시험을 하며, 기타 용접부는 방사선투과시험, 초음파탐상시험, 자분탐상시험 또는 침투탐상시험을 실시한다.

09 배관의 관경이 50A 초과 배관의 경우 용접 접합 방법을 쓰시오.

⊕해답 맞대기용접

⊕해설 배관은 용접으로 접합한 경우 50A 초과 배관은 맞대기용접을 실시하고, 맞대기 용접부는 방사선투과시험을 한다.

10 소형저장탱크에 기화장치를 설치하는 경우 기화장치의 출구측압력을 쓰시오.

🔹해답 1MPa 미만

🔹해설 소형저장탱크에 기화장치 설치기준
① 기화장치의 출구측 압력은 1MPa 미만이 되도록 하는 기능을 갖거나, 1MPa 미만에서 사용한다
② 가열방식이 액화석유가스 연소에 의한 방식인 경우에는 파일럿버너가 꺼지는 경우 버너에 대한 액화석유가스 공급이 자동적으로 차단되는 자동안전장치를 부착한다.
③ 소형저장탱크는 그 외면으로부터 기화장치까지 3m 이상의 우회거리를 유지한다. 다만, 기화장치를 방폭형으로 설치하는 경우에는 3m 이내로 유지할 수 있다.
④ 기화장치의 출구 배관에는 고무호스를 직접 연결하지 아니한다.

11 LPG 호스의 길이는 연소기까지 몇 m 이내 제한하는가?

🔹해답 3m 이내

🔹해설 호스(금속 플렉시블 호스를 제외한다)의 길이는 연소기까지 3m 이내로 하고, 호스는 T형으로 연결하지 아니한다.

12 다음 물음에 대한 LPG 호스와 유지거리를 쓰시오.
(1) 전기계량기 및 전기개폐기
(2) 전기점멸기 및 전기접속기
(3) 절연조치를 한전선과의 거리

🔹해답 (1) 60cm 이상 (2) 15cm 이상 (3) 10cm 이상

🔹해설 호스이음부와 전기계량기 및 전기개폐기와의 거리는 60cm 이상, 전기점멸기 및 전기접속기와의 거리는 15cm 이상, 절연조치를 하지 아니한 전선 및 단열조치를 하지 않은 굴뚝과의 거리는 15cm 이상, 절연조치를 한 전선과의 거리는 10cm 이상의 거리를 유지한다.

13 LPG 가스설비의 상용압력이 0.2MPa인 경우 질소로 내압시험했다. 이때 내압시험은 얼마 이상으로 하는가?

🔹해답 0.25MPa
계산식 : 0.2MPa×1.25＝0.25MPa

🔹해설 LP가스설비는 상용압력의 1.5배(그 구조상 물에 의한 내압시험이 곤란하여 공기 또는 소등의 불활성기체로 내압시험을 실시하는 경우에는 1.25배) 이상의 압력으로 내압시험을 실시하여 이상이 없고, 상용압력 이상의 기체의 압력으로 기밀시험을 실시하여 이상이 없는 것으로 한다.

14 LPG 압력조정기 출구에서 연소기 입구까지의 호스의 기밀시험은?

> **해답** 8.4kPa 이상

> **해설** 압력조정기 출구에서 연소기 입구까지의 호스는 8.4kPa 이상의 압력(압력이 3.3kPa 이상 30kPa 이하인 것은 35kPa 이상의 압력)으로 기밀시험(정기검사 시에는 사용압력 이상의 압력으로 실시하는 누출검사)을 실시하여 누출이 없도록 한다.

15 배관용 금속플렉시블호스는 건축물 내부에만 설치 사용한다. 다만, 건축물 외부에서 내부로 인입하기 위한 경우 그 길이는 얼마 이내로 하는가?

> **해답** 30cm 이내

> **해설** 금속플렉시블호스는 설치 기준
> ① 금속플렉시블호스의 사용압력은 3.3kPa 이하로 한다.
> ② 배관용 금속플렉시블호스는 건축물 내부에만 설치 사용한다.
> ③ 건축물 외부의 금속플렉시블호스 길이는 30cm 이내로 설치한다.

16 배관을 접합할 때 이음쇠 없이 접합 경우 2가지를 쓰시오.

> **해답** ① 배관과 배관을 직접 맞대기 용접하는 접합부
> ② 매니폴드(Manifold) 등의 본 줄기관과 지관의 접합부

> **해설** 배관을 접합할 때는 KS 표시 허가제품 또는 이와 같은 수준 이상의 이음쇠를 사용하여 접합한다. 다만, 다음 중 어느 하나에 해당하는 접합부의 경우에는 이음쇠 없이 접합할 수 있다.
> ① 배관과 배관을 직접 맞대기 용접하는 접합부
> ② 매니폴드(Manifold) 등의 본 줄기관(管)과 지관(支管)의 접합부

17 PE관의 접합 방법을 3가지로 구분하시오.

> **해답** ① 맞대기 융착   ② 소켓 융착   ③ 새들 융착

> **해설** PE관 열융착 이음은 맞대기 융착, 소켓 융착 또는 새들 융착으로 구분한다.

18 PE관의 접합의 경우 맞대기 융착(Butt Fusion)은 공칭외경 몇 mm 이상의 직관과 이음관 연결에 적용하는가?

> **해답** 90mm 이상

> **해설** 맞대기 융착(Butt Fusion)은 공칭 외경 90mm 이상의 직관과 이음관 연결에 적용한다.

19 PE관의 접합에서 공칭 외경별 비드폭 산출한 최소치 이상과 최대치 이하의 식을 쓰시오.

> **해답** (1) 최소=3+0.5t
> (2) 최대=5+0.75t(t=배관두께)

> **해설** PE관의 접합에서 공칭 외경별 비드폭은 원칙적으로 다음 식에 산출한 최소치 이상 최대치 이하로 산출한다.
> ① 최소=3+0.5t
> ② 최대=5+0.75t(t=배관두께)

20 배관은 움직이지 아니하도록 고정부착하는 장치를 한다. 다음 물음에 답하시오.

① 호칭지름이 13mm 미만
② 호칭지름이 13mm 이상 33mm 미만
③ 호칭지름이 33mm 이상

> **해답** ① 1m마다　② 2m마다　③ 3m마다

> **해설** 배관은 움직이지 아니하도록 고정부착하는 조치를 하되 그 호칭지름이 13mm 미만의 것은 1m마다, 13mm 이상 33mm 미만의 것은 2m마다, 33mm 이상의 것은 3m마다 고정장치를 설치한다. 또한 지지대, U볼트 등의 고정장치와 배관 사이에는 고무판, 플라스틱 등 절연물질을 삽입한다.

21 호칭지름이 100A 배관의 고정 및 지지를 위한 지지대의 최대지지 간격을 쓰시오.

> **해답** 8m마다

> **해설** 배관의 고정 및 지지를 위한 지지대의 최대지지간격

호칭지름(A)	지지간격(m)	호칭지름(A)	지지간격(m)
100	8	400	19
150	10	500	22
200	12	600	25
300	16		

22 LPG 배관 이음부와 전기계량기 및 전기개폐기와의 유지거리를 쓰시오.

> **해답** 60cm 이상

> **해설** 배관 이음부의 유지거리
> ① 전기계량기 및 전기개폐기와의 거리는 60cm 이상
> ② 절연조치를 하지 아니한 전선 및 단열조치를 하지 않은 굴뚝과의 거리는 15cm 이상
> ③ 절연조치를 한전선과의 거리는 10cm 이상

23 가스누출 경보기의 검지부 설치수는 배관길이 얼마마다 1개씩 설치하는가?

⊕해답 20m마다 또는 바닥면둘레 20m마다

⊕해설 가스누출경보기의 검지부 설치수는 배관길이 20m마다 또는 바닥면둘레 20m에 대하여 한 개 이상의 비율로 한다.

24 배관의 접합부에는 방사선투과시험(R/T)은 호칭지름 몇 mm 이상인 배관에서 실시하는가?

⊕해답 80mm 이상인 배관

⊕해설 ① 호칭지름 80mm 이상인 배관의 접합부에는 방사선투과시험(R/T)을 실시한다.
② 호칭지름 80mm 미만인 배관의 접합부에는 방사선투과시험, 초음파탐상시험, 자분탐상시험, 침투탐상시험 중 하나의 시험을 실시한다.

25 차량 등으로 손상을 받을 우려가 있는 배관 부분은 입상관의 밸브는 바닥으로부터 얼마 이내에 설치하는가?

⊕해답 1.6m 이상 2.0m 이내

⊕해설 입상관은 환기가 양호한 장소에 설치하고, 화기 등이 있을 우려가 있는 주위를 통과할 경우에는 화기등과 차단조치를 하며, 입상관의 밸브는 바닥으로부터 1.6m 이상 2.0m 이내에 설치한다.

26 다음의 식은 자연 배기식 배기통의 높이를 구하는 계산식이다. 각 기호를 설명하시오.

$$h = \frac{0.5 + 0.4n + 0.1\ell}{\left(\dfrac{A_v}{5.16Q}\right)_2}$$

⊕해답 h : 배기통의 높이(m)
n : 배기통의 굴곡수
ℓ : 역풍방지장치개구부 하단으로부터 배기통 끝의 개구부까지의 전 길이(m)
A_v : 배기통의유효단면적(cm^2)
Q : 가스소비량(kW)

27 자연 배기식 배기통의 굴곡 수는 몇 개 이하로 하는가?

해답 4개 이하

해설 **자연 배기식 설치 기준**
① 배기통의 굴곡수는 4개 이하로 한다.
② 배기통의 입상 높이는 원칙적으로 10m 이하로 한다.
다만, 부득이하여 입상 높이가 10m를 초과하는 경
우에는 보온조치를 한다.
③ 배기통의 끝은 옥외로 뽑아낸다.
④ 배기통의 가로 길이는 5m 이하로서 될 수 있는 한 짧
고 물고임이나 배기통 앞 끝의 기울기가 없게 한다.
⑤ 배기톱의 옥상돌출부는 지붕면으로부터 수직 거리를
1m 이상으로 높게 한다.

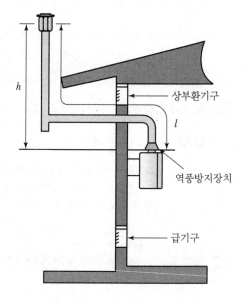

28 자연 급 · 배기식에서 급 · 배기톱은 좌우 또는 상하에 설치된 돌출물간의 거리가 몇 mm 미만인 곳에
는 설치하지 아니하는가?

해답 1,500mm 미만

해설 **자연 급 · 배기식 설치기준**
① 급 · 배기톱은 좌우 또는 상하에 설치된 돌출물간의 거리가 1,500mm 미만인 곳에는 설치하지 아니한다.
② 급 · 배기톱은 전방 150mm 이내에 장애물이 없는 장소에 설치한다.
③ 급 · 배기톱의 벽 관통부는 급 · 배기톱 본체와 벽과의 사이에 배기가스가 실내로 유입되지 아니하도록 한다.
④ 급 · 배기톱의 높이는 바닥면 또는 지면으로부터 150mm 위쪽에 설치한다.
⑤ 급 · 배기톱과 상방향 건축물 돌출물과의 이격거리는 250mm 이상으로 한다.
⑥ 급 · 배기통톱 개구부로부터 60cm 이내에 배기가스가 실내로 유입할 우려가 있는 개구부가 없어야 한다.

29 다음 식은 급기 및 배기덕트의 단면적을 구하는 식이다. 각 기호를 설명하시오.

$$A = 0.86 \times Z \times F \times Q$$

🔹해답 A : 단면적(단위 : cm^2)
Z : 공동 급 · 배기덕트 단면계수(cm^2/kW)
F : 보일러의 동시 사용율
Q : 1개의 공동 급 · 배기덕트에 접속되는 각 가스보일러의 표준가스 소비량(Q)의 총계(kW)

30 다음 식은 강제 배기식 공동배기방식 유효단면적을 구하는 식이다. 각 기호를 설명하시오.

$$A = Q \times 0.6 \times K \times F + P$$

🔹해답 A : 공동배기구의 유효단면적(mm^2)
Q : 연료전지(보조보일러포함)의 가스소비량 합계(kcal/h)
K : 형상계수(내부가 원형은 1, 정사각형은 1.3, 직사각형은 1.4)
F : 연료전지의 동시 사용율
P : 배기통의 수평투영면적(mm^2)

31 과압안전장치 중 안전밸브에서 가스방출관의 방출구는 건축물 밖에 화기가 없는 위치로서 지면으로부터 몇 m 이상의 높이에 설치하는가?

🔹해답 2.5m 이상

🔹해설 과압안전장치 중 안전밸브에서 가스방출관의 방출구는 건축물 밖에 화기가 없는 위치로서 지면으로부터 2.5m 이상 또는 소형저장탱크의 정상부로부터 1m 이상의 높이 중 높은 위치에 설치한다.

32 가스누출 자동차단장치의 검지부 설치 수는 연소기 버너의 중심부분으로부터 수평거리 몇 m 이내에 검지부 1개 이상을 설치하는가?

🔹해답 4m 이상

🔹해설 **가스누출자동차단장치의 검지부의 설치**
① 가스누출 자동차단장치 중 가스누출 경보차단장치의 검지부의 설치 수는 연소기 버너의 중심부분으로부터 수평거리 4m 이내에 검지부 1개 이상을 설치한다.
② 검지부는 바닥면으로부터 검지부 상단까지의 거리는 30cm 이하로 한다.

③ 다음 장소에는 검지부를 설치하지 아니한다.
- 출입구의 부근 등으로서 외부의 기류가 통하는 곳
- 환기구 등공기가 들어오는 곳으로부터 1.5m 이내의 곳
- 연소기의 폐가스에 접촉하기 쉬운 곳

33 LPG 가스누출경보기의 검지 농도를 쓰시오.

해답 폭발한계의 1/4 이하

해설 가스누출경보기의 기능
① 가스의 누출을 검지하여 그 농도를 지시함과 동시에 경보를 울리는 것으로 한다.
② 미리 설정된 가스농도(폭발한계의1/4 이하)에서 자동적으로 경보를 울리는 것으로 한다.
③ 경보를 울린 후에는 주위의 가스농도가 변화되어도 계속 경보를 울리며, 그 확인 또는 대책을 강구함에 따라 경보정지가 되는 것으로 한다.
④ 담배연기 등 잡가스에는 경보를 울리지 아니하는 것으로 한다.

34 액화석유가스의 안전관리 및 사업법의 적용을 받고 있는 사업소 또는 시설임을 외부사람이 명확하게 식별할 수 있는 경계표지의 규격을 쓰시오.

해답 규격 : 60×30cm 이상

해설 경계표지는 액화석유가스의 안전관리 및 사업법의 적용을 받고 있는 사업소 또는 시설임을 외부 사람이 명확하게 식별할 수 있는 크기로 하거나 또는 해당 사업소에서 준수하여야 할 안전 확보에 필요한 주의사항을 부기하는 것노 가능하다.

- 규격 : 60×30cm 이상
- 색상 : 흰색(바탕), 적색(LPG, 연), 흑색(저장소)
- 수량 : 출입 또는 접근할 수 있는 장소마다
- 게시위치 : 저장설비 외면

```
┌─────────────┐
│             │
│ LPG 저장소 연 │
│             │
└─────────────┘
```

- 규격 : 60×30cm 이상
- 색상 : 적색(바탕), 흰색(글자)
- 수량 : 출입 또는 접근할 수 있는 장소마다
- 게시위치 : 저장설비 외면

```
┌─────────────┐
│             │
│  화 기 엄 금  │
│             │
└─────────────┘
```

- 규격 : 60×30cm 이상
- 색상 : 적색(바탕), 흰색(글자)
- 수량 : 출입 또는 접근할 수 있는 장소마다
- 게시위치 : 저장설비 외면

35 전기식 다이어 프램형 압력계의 최고사용압력이 0.1MPa 미만이고, 용적이 1m³ 이상 10m³ 미만인 경우 이 압력측정기의 기밀시험 유지시간은?

◆해답▶ 40분

◆해설▶ 압력측정기의 종류별 기밀시험방법

종류	최고사용압력	용적	기밀유지시간
수은주 게이지	0.3MPa 미만	10m³ 미만	10분
		10m³ 이상 300m³ 미만	V분 다만, 120분을 초과할 경우에는 120분으로 함
수주 게이지	0.03MPa 이하	10m³ 미만	10분
		10m³ 이상 300m³ 미만	V분 다만, 60분을 초과할 경우에는 60분으로 함
전기식 다이어프램형 압력계	0.1MPa 미만	1m³ 미만	4분
		1m³ 이상 10m³ 미만	40분
		10m³ 이상 300m³ 미만	4×V분 다만, 240분을 초과할 경우에는 240분으로 함
압력계 또는 자기압력 기록계	0.3MPa 이하	10L 이하	5분
		10L 초과 50L 이하	10분
		50L 1m³ 이상 10m³미만	24분
		1m³ 이상 10m³ 미만	240분
		10m³ 이상 300m³ 미만	24×V분 다만, 1,440분을 초과한 경우 1,440분함
	0.3MPa 초과	10L 이하	5분
		10L 초과 50L 이하	10분
		50L 1m³ 이상 10m³미만	24분
		1m³ 이상 10m³ 미만	480분
		10m³ 이상 300m³ 미만	48×V분 다만, 2,880분을 초과한 경우 2,880분함

[비고]
(1) V는 피시험부분의 용적(단위 : m³)이다.
(2) 전기식다이어프램형압력계는공인기관으로부터성능인증을 받아 합격한 것이어야 한다.

36 프로판용 가스설비와 부탄용 가스설비 등에 부착되어 있는 안전밸브의 설정압력을 각각 쓰시오.

(1) 프로판용 가스설비
(2) 부탄용 가스설비

해답 (1) 1.8MPa 이하
(2) 1.08MPa 이하

해설 프로판용 가스설비 등에 부착되어 있는 안전밸브의 설정압력은1.8MPa 이하로 하고, 부탄용 가스설비등에 부착되어 있는 안전밸브의 설정압력은 1.08MPa 이하(압축기나 펌프 토출 압력의 영향을 받는 부분은 1.8MPa 이하)로 한다.

37 용기 제작 과정에서 필요에 따라 전처리 또는 이와 동등 이상의 효과를 갖는 전처리를 한다. 전처리 방법 4가지를 쓰시오.

해답 (1) 탈지
(2) 피막화성처리
(3) 산세척
(4) 쇼트브라스팅
(5) 에칭프라이머

해설 전처리
부식방지도장을 실시하기 전에 도장효과를 향상시키기 위하여 필요에 따라 전처리를 한다. 다만, 내용적이 10L 이상 125L 미만인 액화석유가스용 용기의 경우에는 쇼트브라스팅을 하고 부식방지도장에 유해한 스케일, 기름, 그 밖의 이물질을 제거할 수 있도록 적당한 방법으로 표면세척을 실시한다.
(1) 탈지
(2) 피막화성처리
(3) 산세척
(4) 쇼트브라스팅
(5) 에칭프라이머

38 용기의 용접부에 대한 시험의 종류 3가지를 쓰시오.

해답 (1) 이음매인장시험
(2) 안내 굽힘시험
(3) 측면 굽힘시험
(4) 이면 굽힘시험
(5) 용착금속 인장시험

해설 용접부검사
용기의 용접부에 대하여 이음매인장시험 · 안내 굽힘시험 · 측면 굽힘시험 · 이면 굽힘시험 · 용착금속 인장시험을 실시한다.

PART 03

동영상 출제 예상문제

용기 부분

01 다음은 용기를 가스에 충전하는 모습이다. 용기 몸통에 표시된 TP, FP, V, W의 기호가 뜻하는 바를 기술하시오.

🔹**해답** • TP : 내압시험압력(MPa)
　　　• FP : 최고충전압력(MPa)
　　　• V : 내용적(L)
　　　• W : 밸브 부속품을 포함하지 않은 용기의 질량(kg)

🔹**참고** 용기 표시 기호
　　　• TP : 내압시험압력(단위 : MPa)
　　　• FP : 최고충전압력(단위 : MPa)
　　　• t : 동판의 두께(단위 : mm)
　　　• V : 내용적(단위 : L)
　　　• W : 초저온용기 외의 용기일 경우 밸브 및 부속품을 포함하지 아니한 용기의 질량(기호 : W, 단위 : kg)
　　　• TW : 아세틸렌가스는 충전용기 질량에 용기의 다공물질 · 용제 및 밸브의 질량을 합한 질량(단위 : kg)

02 다음에 보여주는 용기는 이음매가 없는 용기이다. 이 이음매 없는 용기의 제조법 3가지는?

🔹**해답** 1) 만네스만식
　　　2) 에르하르트식
　　　3) 딥 드로잉식

🔹**참고** 용기의 종류
　　　• 이음매 없는 용기(무계목 용기, 심리스용기) : 고압에 견디기 쉬운 구조로 산소, 질소, 수소, 아르곤 등 충전에 사용
　　　• 용접용기(계목 용기) : 재료비가 비교적 저렴하고 저압에 사용하는 것으로 주로 LPG, 아세틸렌 등에 사용
　　　• 용접용기 제조법 : 심교축 용기법(원주방향 이음), 종 이음형 용기법(길이방향 이음)

03 다음에 보여주는 용기 보관 장소에 보관된 가스의 명칭 2가지를 쓰시오.

➕해답 산소, 수소, 액화탄산가스, 아르곤 등

➕참고 1) 일반가스 용기의 도색

가스의 종류	도색의 구분	가스의 종류	도색의 구분
액화석유가스	회색	산소	녹색
수소	주황색	액화탄산가스	청색
아세틸렌	황색	질소	회색
액화암모니아	백색	소방용 용기	소방법에 따른 도색
액화염소	갈색	그 밖의 가스	회색

2) 의료용 가스용기

가스의 종류	도색의 구분	가스의 종류	도색의 구분
산소	백색	질소	흑색
액화탄산가스	회색	아산화질소	청색
헬륨	갈색	사이크로프로판	주황색
에틸렌	자색	그밖의 가스	회색

04 다음에서 보여주는 용기에 사용하는 용제 2가지와 품질검사 시 유지하여야 할 순도는?

➕해답 1) 용제 : 아세톤, 디메틸 포름아미드(DMF)
2) 98% 이상

➕참고 아세틸렌 용기
- 다공성 물질 : 목탄, 규조토, 산화철, 다공성 플라스틱 등
- 다공도 : 75% 이상 92% 미만
- 충전 중 용기의 최고 충전압력은 2.5MPa 이하로 하고, 15℃에서 1.5MPa 이하로 정치
- 희석제 : 메탄, 일탄화탄소, 에틸렌, 질소 등
- 동 또는 동 함유량이 62% 초과하는 합금은 사용하지 않으며, 충전용 지관에는 탄소 함량이 0.1% 이하인 강을 사용한다.
- 습식 아세틸렌 발생기의 표면온도는 70℃ 이하로 한다.

05 다음에 표시된 안전밸브의 형식과 이에 따른 용융온도의 적정범위는 몇 ℃인지 쓰시오.

✛해답 1) 가용전식
       2) 105±5℃

✛참고 아세틸렌 용기의 밸브 재료
       • 동 함유량 62% 미만의 단조황동
       • 단조강

06 동영상에서 보여주고 있는 LPG 보관소의 한 부분이다. 표시 부분의 명칭과 설치 위치를 쓰시오.

✛해답 1) 명칭 : 가스 누설 검지기
       2) 설치 위치 : 바닥으로부터 30cm 이하

07 다음 동영상 용기 보관장소를 보고 잘못된 점을 모두 쓰고, 주황색 용기에 충전하는 가스는 무엇인지 쓰시오.

✛해답 1) 잘못된 점
       ① 산소와 가연성 가스를 한곳에 보관하고 있음
       ② 넘어짐 등으로 인한 밸브 등의 손상 방지조
          치를 하지 않았음
       ③ 직사광선 및 햇빛에 노출됨

       2) 주황색 용기 : 수소가스

✛참고 충전용기 보관기준
       • 가연성 · 독성 가스 및 산소용기는 각각 구분하
         여 보관한다.
       • 용기 보관장소에는 계량기 등 작업에 필요한 물
         건 이외에는 두지 않는다.
       • 충전용기는 40℃ 이하로 유지하고, 직사광선을
         받지 않도록 한다.
       • 충전용기는 넘어짐 방지조치를 한다.
       • 용기 보관 장소 2m 이내에는 화기, 인화성, 발
         화성 물질을 두지 않는다.
       • 충전용기와 잔 가스는 각각 구분하여 보관한다.

08 다음 용기의 명칭과 용도를 간단히 쓰시오.

➕해답
- 명칭 : 사이펀(Siphon) 용기
- 용도 : 기화장치가 설치되어 있는 시설에만 사용할 것

➕참고 LPG 용기 상단에 Valve가 2개 설치된 경우 사이펀 용기이다.

09 다음 용기의 충전구 나사형식으로는 무엇을 사용하는지 쓰시오.

➕해답 충전구 나사 : 오른나사(가연성 가스는 왼나사)

➕참고 충전 용기 밸브 형식 구분
1) 용기 충전형식에 따른 분류
   ① 왼나사 형식 : 가연성 가스는 왼나사를 사용한다.(다만, 액화브롬화메탄, 액화암모니아는 제외한다.)
   ② 오른나사 형식 : 가연성 가스를 제외한 모든 가스의 경우에 사용한다.

2) 용기 밸브 체결방식에 따른 형식
   ① A형 : 가스 충전구 나사가 숫나사
   ② B형 : 가스 충전구 나사가 암나사
   ③ C형 : 가스 충전구에 나사가 없는 형식

10 다음은 아세틸렌 용기 내부의 다공 물질의 모습이다. 다공도 검사방법을 2가지 이상 쓰시오.

➕해답
1) 진동시험
2) 부분가열시험
3) 역화시험
4) 충격시험

➕참고 아세틸렌의 용기는 다공물질로 채운다.
- 다공물질 : 규조토, 목탄, 산화철, 다공성 플라스틱 석면, 석회 등
- 다공도 : 75% 이상 92% 미만

11 다음 용기 내부의 충전가스 명칭을 각각 쓰시오.

➕해답 ① : 수소
② : 산소
③ : 아세틸렌

➕참고 품질검사 대상가스 품질검사기준

가스 구분	순도	시약(방법)	충전압력
수소	98.5% 이상	피로카롤 또는 하이드로 설파이드 시약(오르자트법)	35℃에서 11.8MPa 이상
산소	995% 이상	동암모니아 시약 (오르자트법)	35℃에서 11.8MPa 이상
아세틸렌	98% 이상	발열황산 시약(오르자트법) 브롬 시약(뷰렛법) 질산은 시약(정성시험)	3kg 이상

12 다음은 초저온 용기이다. 물음에 답하시오.

1) 초저온 용기의 정의를 쓰시오.
2) 단열성능 판정기준을 쓰시오.

➕해답 1) 영하 50℃ 이하의 액화가스를 충전하기 위한 용기로서 단열재로 피복하거나 냉동설비로 냉각하여 용기 내의 가스온도가 상용온도를 초과하지 않도록 한 용기이다.
2) 단열성능 판정기준
• 열침입량이 내용적 1,000L 미만인 경우
• 0.0005Kcal/℃.l.hr이고, 1,000L 이상인 경우
• 0.002Kcal/℃.l.hr이다.

➕참고 초저온 용기
1) 용기 재료 : 18−8 스테인리스강, 알루미늄 합금강, 9% Ni 강 등
2) 사용되는 안전밸브 : 스프링식 또는 파열판식 안전밸브 사용
3) 열 침입량 계산식

$$Q = \frac{W \times q}{H \times t \times V}$$

여기서, Q : 열 침입량(Kcal/hr .L.℃)
W : 측정가스 액화량(Kg)
q : 시험용 액화가스 잠열(Kcal/Kg)
H : 측정시간 (hr)
t : 외기 온도차(℃)
V : 내용적(L)

13 다음 초저온용기에 표시된 부분의 명칭은?

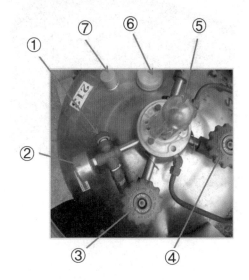

해답 ① : 내측 안전밸브
② : 압력계
③ : 벤트 밸브
④ : 승압 조절 밸브
⑤ : 액면계
⑥ : 외측 파열판식 안전밸브
⑦ : 진공 작업구

참고 초저온 용기 상부 구조도

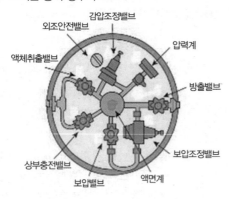

종류	두께	높이	구조 규격
철근 콘크리트	12cm 이상	2m 이상	ϕ9mm 이상의 철근을 40cm ×40cm 이하의 간격으로 배근 결속함
콘크리트 블록	15cm 이상	2m 이상	ϕ9mm 이상의 철근을 40cm ×40cm 이하의 간격으로 배근 결속하고 블록 공동부를 콘크리트 모르타르로 채움
박강판	3.2mm 이상	2m 이상	1.8m 이하의 간격으로 지주를 세우고 30mm×30mm 이상의 앵글을 40cm×40cm 이하의 간격으로 용접 보강함
후강판	6mm 이상	2m 이상	1.8m 이하의 간격으로 지주를 세움

15 다음과 같은 용기보관소 자연 통풍구 1개의 크기는 얼마로 하는가?

해답 2,400cm² 이하

참고 충전 용기 환기구
1) 환기구의 통풍 가능 면적의 합계는 바닥면적 1m²당 300cm²의 비율로 하고 사방에 방호벽 등을 설치하고 환기구는 2방향 이상으로 한다.
2) 1개의 환기구 면적은 2,400cm² 이하로 한다.
3) 기계식 환기구의 통풍능력은 1m²당 0.5m³/min 이상으로 한다.

14 다음은 LPG 보관소의 방호벽이다. 후강판일 경우 두께를 쓰시오.

해답 6mm 이상

참고 방호벽 기준

16 다음에 보여주는 용기가 10년 경과되었다면, 재검사 주기는 얼마인가?

➕해답▶ 3년마다

➕참고▶ 용기 재검사기간

용기의 종류		신규 검사 후 경과 연수에 따른 재검사 주기		
		15년 미만	15 이상 20년 미만	20년 이상
용접용기 (LPG용 용접용기 제외)	500L 이상	5년마다	2년마다	1년마다
	500L 미만	3년마다	2년마다	1년마다
LPG용 용접용기	500L 이상	5년마다	2년마다	1년마다
	500L 미만	5년마다		2년마다
이음매 없는 용기	500L 이상	5년마다		
	500L 미만	신규검사 후 10년 이하는 5년마다. 초과는 3년마다		
LPG 복합재료용기		5년마다		
용기 부속품	용기에 부착되지 아니한 것	2년마다		
	용기에 부착 시	검사 후 2년이 지나 용기의 재검사 시		

17 다음에 보여주는 것은 어떤 시험설비인가?

➕해답▶ 내압시험장치

➕참고▶ 용기 시험압력

용기 구분	최고충전압력 (FP)	기밀시험압력 (AP)	내압시험압력 (TP)
일반용기	최고 충전압력	최고 충전압력	FP×5/3배
아세틸렌 용기	15℃, 1.5MPa	FP×1.8배	FP×3배
초저온용기	사용압력 중 최고압력	FP×1.1배	FP×5/3배

18 다음은 산소가스를 충전하는 장면이다. 산소 충전 작업 시 주의사항 2가지를 쓰시오.

➕해답▶ 1) 석유류, 유지류 접촉에 주의할 것
2) 가연성 패킹을 사용하지 않을 것
3) 압축기 윤활유는 물 또는 10% 이하의 글리세린 수를 사용할 것

19 다음은 이음매 없는 용기제조시설이다. 이음매 없는 용기제조시설에서 갖추어야 할 설비 종류를 2가지만 쓰시오.

➕해답 1) 단조설비 및 성형설비
2) 아래 부분 접합 설비
3) 세척 설비 및 용기 내부 건조설비
4) 쇼트블라스팅 및 도장설비
5) 자동밸브 탈착기

20 다음에 보여주는 압력 용기의 가스명과 장점 2가지를 쓰시오.

➕해답 1) 압축천연가스(CNG ; Compressed Natural Gas)
2) 장점
  • 열효율이 높다.
  • 이산화탄소 배출량이 적다.
  • 연소상태가 안정적이다.
  • 기체상태로 엔진에 분사한다.

21 다음은 초저온 용기를 절단한 것이다. 내조와 외조의 진공도와 목적을 쓰시오.

➕해답 1) 진공 : 10^{-6}Torr 이하

2) 목적 : 용기 사이를 진공으로 하여 공기의 전열을 차단함으로써 열 침입을 억제하여 단열효과를 상승시키기 위한 진공단열법이다.

➕참고 1) 초저온 용기 : 영하 50℃ 이하의 액화가스를 충전하기 위한 용기로서 단열재로 피복하거나 냉동설비로 냉각하여 용기 내의 가스온도가 상용온도를 초과하지 않도록 한 용기
2) 열침입량이 내용적 1,000L 미만인 경우 0.0005 kcal/℃.l.hr이고, 1,000L 이상인 경우 0.002kcal/℃.l.hr이다.
3) 초저온 가스 : 액화 산소, 액화 질소, 액화 알곤 등

22 다음은 에어졸 용기 제조공정이다. 에어졸 용기의 온수시험 범위와 내용적을 쓰시오.

⊕해답 1) 46~50℃ 미만
2) 1l 미만(재사용 금기 내용적 : 30cm^3 이상, 용기에 기입할 사항은 제조자 명칭, 기호)

23 다음은 아세틸렌 용기에 부착된 기기이다. 표시 부분의 명칭을 쓰시오.

⊕해답 역화방지기

⊕참고 1) 역화방지기 설치장소
 • 가연성 가스 압축기와 오토클레이브 사이
 • 아세틸렌 충전용 지관 사이
 • 아세틸렌 고압건조기와 충전용 교체밸브 사이
 • 수소화염 및 산소와 아세틸렌 화염의 사용시설

2) 역화방지기 충전물 : 모래, 자갈, 물, 페로실리콘

24 다음은 아세틸렌 용기 저장소이다. 아세틸렌 발생 반응식을 쓰시오.

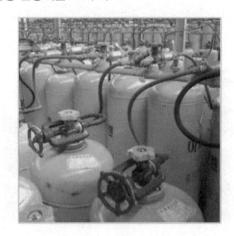

⊕해답 아세틸렌 발생 반응식
$$CaC_2 + 2H_2O \rightarrow Ca(OH)_2 + C_2H_2$$

25 다음은 용기제조 검사설비이다. 강으로 제조한 이음매 없는 용기의 신규검사항목 4가지를 쓰시오.

⊕해답 1) 내압시험
2) 기밀시험
3) 압궤시험
4) 인장시험
5) 외관검사

26 액체 염소용기에 염소가스를 충전하고 있다. 염소 충전용기를 차량에 적재 운반할 때 염소 용기와 동일 차량에 적재 운반하지 못하는 가스 3가지를 쓰시오.

⊕해답 1) 아세틸렌
2) 암모니아
3) 수소

27 다음은 산소가스를 충전하는 장면이다. 산소 충전 작업 시 미리 밸브와 용기 내부에 제거하여야 할 물질 2가지를 쓰시오.

⊕해답 1) 석유류
2) 유지류
3) 물

28 다음은 용기제조 내압검사설비이다. 강으로 제조한 LPG 용기의 검사설비 4가지를 쓰시오.

⊕해답 1) 내압시험설비
2) 기밀시험설비
3) 초음파 두께측정기, 나사게이지 등
4) 내압조정설비
5) 용기부속품성능시험기
6) 만능재료시험기
7) 저울, 용기전도대 등
8) 표준이 되는 온도계, 압력계 등

29 다음 동영상의 용기 명칭과 이 용기의 정의를 간단히 쓰시오.

⊕해답 1) 명칭 : 초저온 용기
2) 정의 : −50℃ 이하의 액화가스를 충전하기 위한 용기로서 단열재를 씌우거나 냉동설비로 냉각시키는 등의 방법으로 용기 내의 가스온도가 상용 온도를 초과하지 않도록 한 것을 말한다.

⊕참고 용어의 정의

1) 저온용기 : 액화가스를 충전하기 위한 용기로서 단열재를 씌우거나 냉동설비로 냉각시키는 등의 방법으로 용기 내의 가스온도가 상용의 온도를 초과하지 아니하도록 한 것 중 초저온 용기 외의 것을 말한다.

2) 전용기 : 고압가스의 충전질량 또는 충전압력의 1/2 이상이 충전되어 있는 상태의 용기를 말한다.

3) 잔가스용기 : 고압가스의 충전질량 또는 충전압력의 1/2 미만이 충전되어 있는 상태의 용기를 말한다.

4) 처리능력 : 처리설비 또는 감압설비에 의하여 압축 · 액화나 그 밖의 방법으로 1일에 처리할 수 있는 가스의 양을(0℃, 0Pa 게이지의 상태에서) 말한다.

30 아세틸렌 용기 내부에 들어갈 다공물질의 종류 5가지를 쓰시오.

⊕해답 규조토, 목탄, 산화철, 석면, 석회, 탄산마그네슘, 다공성 플라스틱

⊕참고 1) 다공물질의 구비조건
① 기계적 강도가 있을 것
② 고다공도일 것(다공도는 75~92% 미만)
③ 가스 충전이 용이할 것
④ 화학적으로 안정할 것
⑤ 가스공급이 용이할 것
⑥ 안정성이 있고 경제적일 것

2) 다공물질의 성능시험 종류
① 시험용기
② 진동시험
③ 주위가열시험
④ 부분가열시험
⑤ 역화시험
⑥ 충격시험

31 동영상은 산소 충전소를 보여주고 있다. 화살표가 지시하는 설비의 명칭을 쓰시오.

⊕해답 고압 충전관(호스)

32 다음은 LPG 판매소의 용기보관실이다. 누설된 가스가 사무실로 유입되지 않는 구조로 해야 하는 용기 보관실의 면적은 얼마 이상이어야 하는가?

⊕해답 19m² 이상

33 동영상에서 보여주는 LPG 사용시설의 호스 길이는 얼마 이하로 하는지 쓰시오.

➕해답 3m 이하

34 동영상에서 보여주는 LPG 운반차량에서 상부 삼각기의 규격을 가로와 세로로 쓰시오.

➕해답 1) 가로 : 40cm
2) 세로 : 30cm

35 동영상에서 보여주는 배관의 부속품 명칭을 쓰시오.

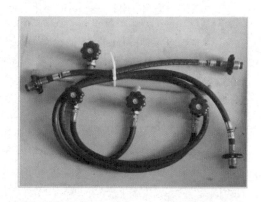

➕해답 집합대(고압배관)

36 동영상에서 보이는 용기에 각인된 Tp50, Tw 53, Ap27.9의 의미를 각각 기술하시오.

➕해답 1) Tp50 : 내압시험압력 $50kg/cm^2$
2) Tw53 : 용기질량에 다공물질 용제 밸브의 질량을 포함한 총질량 53kg
3) Ap27.9 : 기밀압력 $27.9kg/cm^2$

공급배관

01 다음은 도시가스 배관을 지하매설하는 장면이다. 매설 깊이를 지면과의 거리로 할 때 다음 물음에 답하시오.

1) 도로 폭이 8m 이상인 도로의 경우

2) 도로 폭이 4m 이상 8m 이하인 도로의 경우

3) 그 밖의 배관은?

4) 공동주택단지 내의 배관 깊이는?

➕**해답** 1) 1.2m 이상

2) 1m 이상

3) 0.8m 이상

4) 0.6m 이상

➕**참고** 1) 도시가스 배관과 건축물과의 이격거리는 1.5m 이상

2) 도시가스 배관과 기타 시설과의 이격거리는 0.3m 이상

3) 도시가스 배관과 지하상가는 10m 이상 이격거리 유지

02 다음 지하 매설배관의 시공 명칭과 두께 2가지를 기술하시오.

➕**해답** 1) 명칭 : 보호판

2) ① 저압 및 중압배관 : 4mm 이상

② 고압배관 : 6mm 이상

➕**참고** 1) 보호판 설치목적

① 도로 밑에 최고사용압력이 중압 이상인 배관을 매설할 경우

② 도로 밑에 배관을 매설할 경우 도시가스 배관을 보호하기 위해

③ 지하구조물, 암반 그 밖의 사정으로 매설깊이를 확보할 수 없을 경우

2) 보호판의 규격

① 재료는 KSD3503(일반구조용 압연강재)를 사용하고, 에폭시 타입으로 $80\mu\text{m}$ 이상 도막한다.

② 보호판에 지름 30~50mm 이하의 구멍을 3m 이하의 간격으로 뚫어 가스가 지면에 확산하도록 한다.

③ 보호판의 외면과 지면 또는 노면은 0.3m 이상 깊이를 유지하고 배관 상단은 0.3m 이상 이격한다.

03 다음 작업 중인 것의 명칭은 무엇이며 그 설치 높이는 최고사용압력이 저압인 배관의 경우(매설 깊이 1.2m) 배관 정상부로부터 얼마 이상이어야 하는가?

➕해답 1) 배관 보호포
2) 60cm 이상

➕참고 **보호포 기준**
1) 재질 및 규격
　① 보호포는 폴리에틸렌수지 · 폴리프로필렌수지 등 잘 끊어지지 않는 재질로 직조한 것으로서 두께는 0.2mm 이상으로 한다.
　② 보호포의 폭은 15cm 이상으로 한다.
　③ 보호포의 바탕색은 최고사용압력이 저압인 관은 황색, 중압 이상인 관은 적색으로 하고, 기타 가스명 · 사용압력 · 공급자를 표시한다.

2) 설치기준
　① 보호포는 호칭지름에 10cm를 더한 폭으로 설치하고, 2열 이상으로 설치할 경우 보호포 간의 간격은 해당 보호포
　② 최고사용압력이 중압 이상인 배관의 경우에는 보호판의 상부로부터 30cm 이상 떨어진 곳에 보호포를 설치한다.
　③ 최고사용압력이 저압인 배관으로서 매설깊이가 1.0m 이상인 경우에는 배관 정상부로부터 60cm 이상, 매설깊이가 40cm 이상 떨어진 곳에 보호포를 설치한다.
　④ 공동주택 등의 부지 안에 설치하는 배관의 경우에는 배관 정상부로부터 40cm 떨어진 곳에 보호포를 설치한다.

04 다음은 배관 매설작업의 한 부분이다. 배관 위의 전선의 명칭과 설치 이유를 기술하시오.

➕해답 1) 명칭 : 로케팅 와이어(Locating Wire)
2) 이유 : 지하매설 배관인 PE관 위치확인과 배관 보호 및 유지 관리를 위해 설치한다.

➕참고 **로케팅 와이어(Locating Wire)**
1) 탐지 원리는 전도체에 전기가 흐르면 도체 주변에 자장이 형성되는 원리를 이용한다.
2) 규격은 단면적이 6mm² 이상의 전선으로 나선형이 아닌 것을 사용한다.
3) 폴리에틸렌관에 3~5m 간격으로 표시테이프 등으로 다소 헐겁게 고정한다.

05 다음에 보여주는 배관 매설작업에서 배관 색상의 구분과 도시가스 배관 재료 2가지를 각각 쓰시오.

해답 1) ① 적색 배관 : 최고사용압력이 중압 이상일 때
사용
② 황색 배관 : 최고사용압력이 저압일 때 사용

2) 배관 재료
① 가스용 폴리에틸렌관(PE관)
② 폴리에틸렌 피복강관(PLP관)
③ 분말 융착식 폴리에틸렌 피복강관

참고 도시가스 배관의 구분
• 적색 배관은 PLP관으로 중압 이상에 사용하며,
최고사용압력은 1MPa 미만에 사용한다.
• 황색 배관은 PE관으로 저압에 사용하며, 최고사
용압력 0.4MPa 미만에 사용한다.
• 굴착으로 누설된 배관 또는 가스 체류가 쉬운 장
소에는 20m마다 가스누설경보기를 설치한다.

06 다음 화면에 보이는 전기방식의 종류는?

해답 희생양극법

참고 희생양극법(유전양극법, 전기양극법)
1) 원리는 양극의 금속과 음극의 매설배관을 전선
으로 연결 고유의 전위차로 방식전류를 얻는다.
2) 양극 재료는 주로 마그네슘(Mg), 알루미늄(Al),
아연(Zn)을 사용한다.

3) 장점
• 과방식 우려가 없다.
• 간섭영향이 적다.
• 단거리 배관에 적합하다.

4) 단점
• 일정기간 사용 후 보충해야 한다.
• 효과 범위가 좁다.
• 전류 조절이 곤란하다.
• 유지관리가 어렵다.

07 도시가스 배관에 전기방식을 위하여 전류를
공급하는 시설을 보여주는 다음 화면의 전기방식
종류는?

해답 외부 전원법

참고 외부 전원법
1) 외부 직류전원장치로부터 양극은 토양에 접속
하고 음극은 매설배관에 접속하는 원리이다.
2) 양극 재료는 고규소철, 자성산화철, 흑연봉을
사용한다.
3) 장점
• 장거리 배관에 적합하다.
• 방식 효과범위가 넓다.
• 전류 · 전압 조정이 용이하고, 관리가 용이하다.
4) 단점
• 직류 전원이 필요하다.
• 간섭에 대한 충분한 검토가 필요하다.
• 초기 투자비가 많이 든다.

08 다음은 전위 측정용 터미널 박스(테스트박스, TB)이다. 희생양극법, 배류법일 때 몇 m마다 설치하는가?

⊕해답 300m(외부 전원법 : 500m마다)

⊕참고 **전기방식시설의 유지관리**

1) 전기방식시설의 관대지전위는 1년마다 1회 점검한다.
2) 외부전원법에 의한 전기방식시설은 외부전원점 관대지전위, 정류기의 출력, 전압 등을 3개월마다 1회 점검한다.
3) 배류법에 의한 전기방식시설은 배류점 관대지전위, 배류기의 출력, 전압 등을 3개월마다 1회 점검한다.
4) 전기방식시설의 절연부속품, 역전류방지기, 결선 및 보호 절연체의 효과 등은 6개월마다 1회 점검한다.
5) 전기방식의 방식전위는 포화황산동 기준전극으로 $-0.85V$(박테리아 번식 토양 $-0.95V$) 이하로 한다.

09 다음의 PE관이 1호관일 경우 최고 사용압력은 얼마인가?

⊕해답 0.4MPa

⊕참고 1) 호관 또는 SDR 사용압력범위
   ① 1호관(SDR 11) : 0.4MPa 이하
   ② 2호관(SDR 17) : 0.25MPa 이하
   ③ 3호관(SDR 21) : 0.2MPa 이하

2) SDR(Standard Dimension Ration)

$$SDR = \frac{D(\text{관 외경})}{t(\text{최소 두께})}$$

10 다음과 같은 PE관 접합방법 2가지와 주요공정 3가지를 기술하시오.

⊕해답 1) 방법 : ① 열융착, ② 전기융착
   2) 공정 : ① 가열, ② 압착, ③ 냉각

⊕참고 **열융착과 전기융착**

1) 열융착 : PE관의 접합부에 가열판을 사용하여 가열 후 접합부에 압력을 작용시켜 냉각하여 결합한다. 열융착 이음방법으로는 맞대기(Butt), 새들(Saddle), 소켓(Socket) 융착(Fusion) 등이 있다.
2) 전기융착 : PE관에 접합부 주위를 전열선으로 내장된 소켓관을 삽입시킨 다음 전열선으로 열을 가해 PE 접합부가 팽창하여 접합하는 방식이다.

11 다음 동영상은 PE 배관 맞대기 열융착 상태를 보여주고 있다. 적합 여부를 판단하는 기준 한 가지를 쓰시오.

➕해답 1) PE관은 75mm 이상의 직관이음으로 연결하는 것
   2) 이음부의 연결 오차는 배관 두께의 10% 이하일 것

12 다음과 같은 PE관 이음방법의 명칭을 쓰시오.

➕해답 맞대기 융착

➕참고 1) 맞대기 융착 기준
   ① PE관 지름이 75mm 이상인 직관의 접합 시 사용할 것
   ② 비드는 좌우 대칭으로 둥글고 균일하게 형성할 것
   ③ 비드의 표면은 매끄럽고 청결할 것
   ④ 이음부의 연결 오차는 배관 두께의 10% 이하일 것

2) 맞대기 융착 순서
   ① 클램프에 이음관을 장착한 후 융착부위를 깨끗이 아세톤 등으로 세척한다.
   ② 히터온도 260＋10℃ 정도에서 약 20초간 가압용융한다.
   ③ 5초 이내 히터를 제거시킨 후 일정한 압력으로 40초간 용융 압착한다.
   ④ 3분 이상 냉각 후 융착 상태를 확인한다.

13 다음 도시가스 배관의 이음 명칭을 쓰시오.

➕해답 소켓 융착(socket fusion)

➕참고 소켓 융착 순서
   1) PE관 융착면을 깨끗하게 스크레이퍼로 등으로 약간 깎아 낸다.
   2) PE관을 클램프로 고정하고 전원 공급선을 소켓 단자에 연결한다.
   3) 융착기에 융착시간을 입력한 후 스타트 S/W 작동한다.
   4) 융착기 디스플레이가 종료를 알리면 정지 냉각 후 클램프를 제거한다.

14 다음 도시가스 배관 이음의 명칭을 쓰시오.

●해답 새들 융착(saddle fusion)

●참고 새들 융착 작업순서
1) 시작(start) 2) 융착
3) 냉각 4) 클램프 제거 완료

15 다음 동영상은 PE관 융착공정이다. ①, ②, ③, ④의 작업공정을 쓰시오.

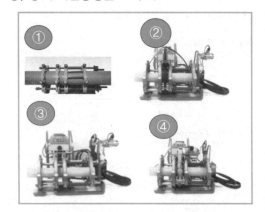

●해답 ① 냉각 과정 ② 가열 과정
③ 융착 과정 ④ 표면처리 과정

●참고 PE관 융착순서
1) PE관 표면처리
2) 전열판 가열 과정
3) 융착 과정
4) 냉각 과정

16 동영상은 지하 배관 설치작업이다. ①, ②의 명칭을 쓰시오.

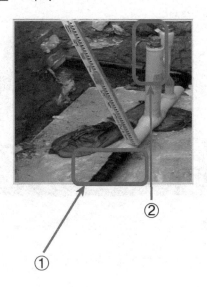

●해답 ① 절연 조인트
② 밸브 스핀들

17 동영상은 도시 가스 배관공사의 한 장면이다. 다음 물음에 답하시오.

1) 명칭
2) 목적
3) 배관의 정상부로부터 이격거리
4) 색상의 의미

✚해답 1) 배관 보호포

2) 굴착공사 등으로부터 배관을 보호하기 위함

3) 60cm 이상

4) 적색 : 최고사용압력이 중압인 배관에 사용

황색 : 최고사용압력이 저압인 배관에 사용

✚참고 보호포의 규격

1) 보호폭의 폭은 15cm 이상으로 한다.

2) 보호포의 두께는 0.2mm 이상으로 한다.

3) 시공할 때는 배관폭에 10cm을 더한 폭으로 시공한다.

4) 보호포의 재질은 폴리에틸렌, 폴리프로필렌 등을 사용한다.

5) 지면으로부터는 30cm 이상 유지한다.

6) 보호포에 표시사항은 가스명, 사용압력, 공급자명 등을 표기한다.

---

18 다음에 보여주는 도시가스 매설배관작업에서 배관 하부에서 상단까지 채우는 물질과 그 높이를 쓰시오.

✚해답 1) 마른 모래(건조사)

2) 30cm 이상

✚참고 1) 마른 모래(건조사)를 채우는 이유는 침상재료로 배관에 작용하는 하중을 수직방향과 수평방향으로 분산하기 위함이다.

2) 매설 배관의 기울기는 도로의 기울기를 따르고 평평한 경우 1/500~1/1,000 정도의 기울기로 설치한다.

---

19 다음의 부속품 명칭과 배관의 표시 간격 및 역할을 쓰시오.

✚해답 1) 명칭 : 라인 마크

2) 간격 : 배관 50m마다 1개 이상

3) 역할 : 지면에서 배관의 매설 위를 확인하기 위한 표시이다.

---

20 다음은 도시가스 배관에 따라 사용하는 표지판이다. 다음 물음에 답하시오.

1) 표지판 설치간격

2) 표지판 규격

✚해답 1) 500m 간격

2) 가로 200mm, 세로 150mm

21 다음에 보이는 지상 노출배관은 차량충돌 등의 위험이 있어 방호조치가 필요하다. 물음에 답하시오.

1) 명칭
2) 두께
3) 설치높이

➕해답 1) 방호 철판
　　　 2) 4mm 이상
　　　 3) 1m 이상

➕참고 방호철판은 지상에서 1m 이상의 높이에 설치하고 앵커볼트 등에 의해 건축물 외벽에 견고하게 고정시킨다.

22 다음 교량에 고압가스 배관이 통과할 경우 배관호칭 지름이 200A일 때 지지대의 간격은 얼마인가?

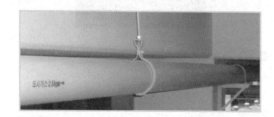

➕해답 12m

➕참고 교량 등의 배관지지 간격

호칭지름(A)	지지간격(M)
100	8
150	10
200	12
300	16
400	19
500	22
600	25

23 다음 배관에 의한 가스 공급을 보고 물음에 답하시오.

1) 배관 지름이 20mm일 경우 배관 고정 간격은?
2) 계량기를 격납상자에 설치한 경우 설치 위치는?

➕해답 1) 배관 고정 간격은 2m마다
　　　 2) 설치 위치는 관계없다.

➕참고 1) 배관 고정 간격

관 지름	13mm 미만	13~ 33mm	33mm 이상
고정 간격	1m	2m	3m

2) 계량기는 지상에서 1.6~2m 이내에 설치한다. 격납상자에 설치한 경우는 제외한다.

24 다음은 도시가스 사용시사설 배관이다. 배관 표시사항 3가지와 황색 2줄의 의미를 쓰시오.

⊕해답 1) 표시사항
- 사용가스명
- 최고사용압력
- 가스 흐름 방향

2) 황색 2줄 : 지상배관은 부식방지도장하여 황색 으로 가스관임을 표시하는데, 건물미관상 황색 2줄로 표시하여 가스관을 알린다.

⊕참고 1) 2줄 표시 : 지상에서 1m 이상의 높이에 폭 3m 황색 띠를 2줄로 표시한다.
2) 입상관은 바닥으로부터 1.6m 이상 2m 이내에 설치한다.

25 다음은 전위측정용 터미널(T/B)이다. 다음에 답하시오.

1) 희생양극법에 의한 (T/B)의 설치는 몇 m 간격으로 하는가?
2) 강제배류법에 의한 (T/B)의 설치는 몇 m 간격으로 하는가?

⊕해답 1) 300m   2) 300m

⊕참고 외부전원법의 경우 500m 간격으로 설치한다.

26 다음 배관은 상수도 배관과 함께 매설한 가연성 가스배관이다. 지하 매설배관의 경우 가연성 배관과 상수도용 배관은 몇 cm를 이격하여 설치하는가?

⊕해답 30cm

27 다음에 보여주는 배관부속품의 명칭과 역할을 쓰시오.

⊕해답 • 명칭 : 실링피팅
• 역할 : 가연성 가스 및 화염이 전선관을 따라 확산되는 것을 방지

28 다음은 도시가스 배관을 나타내고 있다. 다음에 답하시오.

1) 굴곡으로 설치한 이유

2) 장치명

➕**해답** 1) 굴곡 설치는 가스 배관의 온도변화에 대한 신축을 흡수하기 위한 것이다.

2) 신축흡수장치(루프 이음)

➕**참고** 1) 신축흡수장치의 종류
- 루프 이음
- 벨로즈 이음
- 스위블 이음
- 슬리브 이음

2) 입상관에 설치하는 곡관의 경우는 신축흡수용 곡관의 수평방향길이는 입상관 호칭지름의 6배 이상으로 하고 수직방향길이는 수평방향길이의 1/2 이상으로 한다.

29 다음은 도시가스 배관 설치작업 후 기밀시험을 보여주고 있다. 물음에 답하시오.

1) 표시 부분 명칭

2) 설치 위치

➕**해답** 1) 자기 압력 기록계

2) 정압기 출구 및 가스 공급시설의 끝 부분 배관

➕**참고** 도시가스 기밀시험 유지시간

최고사용압력	내용적	기밀 유지 시간
저압 또는 중압	1m³ 미만	24분
	1~10m³ 미만	240분
	10~300m³ 미만	24×용적(m³)분
고압	1m³ 미만	48분
	1~10m³ 미만	480분
	10~300m³ 미만	48×용적(m³)분

30 다음의 배관 말단을 처리할 수 있는 부속품 2가지를 쓰시오.

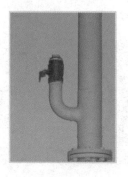

➕**해답** 말단 처리 부속품 : 플러그, 캡

31 다음 가스사용시설의 가스 배관에 부착된 ①, ②의 명칭을 쓰시오.

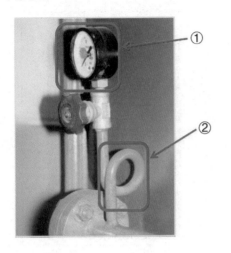

+해답 ① 압력계
② 사이펀관

+참고 사이펀(Siphon)관
고압의 기체가 순간적으로 압력계에 작용하여 압력계가 파손되는 것을 방지한다.

32 다음은 여러 가지 밸브를 보여주고 있다. A, B, C, D, E의 명칭을 쓰시오.

+해답 ① 게이트 밸브
② 게이트 밸브
③ 글로브 밸브
④ 글로브 밸브
⑤ 글로브 밸브

33 다음에 보여주는 밸브의 명칭과 종류 2가지를 기술하시오.

+해답 1. 체크 밸브(역류 방지 밸브)
2. 스윙식, 리프트식

34 다음에 보여주는 밸브의 명칭과 동작원 2가지를 기술하시오.

+해답 1. 버터플라이 밸브
2. 수동, 전동, 공기압, 유압

35 다음에 보여주는 배관 부속품의 명칭을 쓰시오.

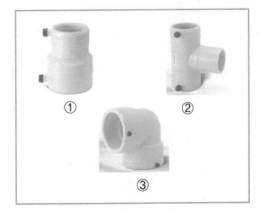

➕해답 ① : 전자식 리듀서(Reducer)

② : 전자식 티(Tee)

③ : 전자식 엘보(Elbow)

36 다음에 보여주는 배관 부속품의 명칭을 쓰시오.

① ② ③ ④

➕해답 ① : 전자 앤드 캡(End cap)

② : 전자소켓(e-Socket)

③ : 전자새들(Saddle)

④ : 전자서비스 티(services Tee)

37 다음은 도시가스 설치 배관이다. 물음에 답하시오.

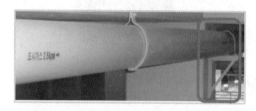

1) 150mm 배관의 길이가 2,000m일 경우 고정장치는 몇 개를 설치하는가?

2) 고정장치(표시 부분)의 명칭은?

➕해답 1) 200개(150mm 관은 10m마다 고정하므로 (2,000/10=200개)

2) 명칭 : 브래킷(Bracket)

38 동영상에서 보여주는 배관 중 ①번 배관의 명칭을 쓰시오.

① ②

➕해답 폴리에틸렌 피복강관(PLP관)

➕참고 1) 배관 구분

① 적색 배관 : 최고사용압력이 중압 이상일 때 사용

② 황색 배관 : 최고사용압력이 저압일 때 사용

2) 배관 명칭

① 가스용 폴리에틸렌관(PE관)

② 폴리에틸렌 피복강관(PLP관)

③ 분말 융착식 폴리에틸렌 피복강관

3) 2번은 가스용 폴리에틸렌관(PE관)

39 도시가스 매설 중이다. ①, ②, ③의 명칭을 쓰시오.

① ② ③

해답 ① : 로케이팅 와이어

② : 보호판

③ : 보호포

참고 ① 로케이팅 와이어 : 매설배관 확인용으로 단면적은 6mm² 이상 사용

② 보호판 : 매설 배관을 충격으로부터 보호하기 위한 것으로 배관 상부 30cm 이상에 설치

③ 보호포 : 가스 배관 매설임을 나타내기 위한 것으로 폭은 15cm 이상, 두께는 0.2mm 이상

40 동영상은 가스용 폴리에틸렌관을 보여주고 있다. 이 관의 SDR이 11 이하인 경우와 17 이하인 경우 최고사용압력을 각각 쓰시오.

해답 1) SDR 11 이하인 경우 : 0.4MPa 이하

2) SDR 17 이하인 경우 : 0.25MPa 이하

참고 1) 호관 또는 SDR 사용압력범위

① 1호관(SDR 11) : 0.4MPa 이하

② 2호관(SDR 17) : 0.25MPa 이하

③ 3호관(SDR 21) : 0.2MPa 이하

2) SDR(Standard Dimension Ration)

$$SDR = \frac{D(관\ 외경)}{t(최소\ 두께)}$$

41 동영상은 도시가스를 공급받고 있는 아파트를 보여주고 있다. 가스계량기와 전기계량기의 이격거리는 몇 cm 이상으로 하는가?

해답 60cm

참고 1) 가스계량기와 전기계량기, 전기개폐기 간격 : 60cm 이상

2) 가스계량기와 굴뚝, 전기전멸기, 전기접속기 간격 : 30cm 이상

3) 가스계량기와 절연조치하지 않은 전선 간격 : 15cm 이상

42 동영상에서 보여주는 것은 도시가스 지하 정압기실이다. 화살표가 지시하는 설비의 명칭을 영문 약자로 쓰시오.

해답 SSV(가스차단장치)

43 다음은 도시가스 배관용 PE관에 강관을 연결하여 사용하는 배관 접합이다. 명칭을 쓰시오.

➕해답 T/F(Transition Fitting) 이음 또는 이형질 이음

➕참고 1) T/F 이음
　　① T/F 이음은 PE관과 강관을 연결하는 이형질 이음이다.
　　② 주로 노출 배관에는 PE관을 사용할 수 없기에 지면 부분에 사용한다.
　　③ 재질은 PE관 KSM3514와 강관재료는 KSD 3562을 사용한다.

　　2) PE관의 설치기준
　　① PE관은 매몰하여 시공한다.
　　② 관의 굴곡허용반경은 외경의 20배 이상으로 한다.
　　③ 관의 온도가 40℃ 이하인 장소에 설치한다.

44 다음은 도시가스 매설배관의 밸브박스이다. 밸브박스 설치 규정을 2가지 이상 쓰시오.

➕해답 1) 조작이 충분한 내부 공간을 확보할 것
　　2) 밸브박스 뚜껑 문은 충분한 강도와 신속한 개폐가 가능한 구조일 것
　　3) 밸브박스는 물이 고이지 않는 구조일 것
　　4) 밸브는 부식방지도장을 할 것

충전도시가스 운반시설

01 다음은 CNG 충전소이다. 물음에 답하시오.

1) 자동차 충전(주입)호스의 길이는?
2) 충전 중 충전기 및 충전호스 파손을 방지하기 위한 장치명은?
3) 충전설비는 도로의 경계와 몇 m의 거리를 유지해야 하는가?

+해답 1) 8m 이하
2) 긴급분리장치
3) 10m 이상

+참고 압축도시가스(CNG) 충전시설 기준
1) 충전시설 외면과 사업소 경계까지는 10m 이상
2) 설비 외면으로부터 화기 또는 인화성 물질, 가연성 물질 저장소는 8m 이상
3) 충전설비 내에 설치된 압축설비의 밸브와 배관 부속품 주위는 1m 이상

02 다음은 CNG 충전소의 가스 충전구이다. 충전구 부근에 표시할 사항 2가지를 쓰시오.

+해답 1) 충전하는 연료의 종류(압축천연가스, CNG)
2) 충전 유효기간
3) 최고 충전압력

+참고 긴급분리장치 기준
긴급분리장치는 자동차가 충전호스와 연결된 상태로 출발할 경우 가스의 흐름을 차단할 수 있도록 긴급분리장치를 지면 또는 지지대에 고정 설치한 것이다.
1) 긴급분리장치는 각 충전설비마다 설치할 것
2) 긴급분리장치는 수평방향으로 당길 때 666.4N (68kgf) 미만의 힘으로 분리될 것
3) 긴급분리장치와 충전설비 사이에는 충전자가 접근하기 쉬운 곳에 90° 회전수동밸브를 설치할 것

03 다음은 CNG를 압축하는 압축기이다. 주로 사용하는 압축기의 형식과 다단압축 목적, 그리고 압축비 증가 시 단점을 각각 2가지씩 쓰시오.

해답 1) 주로 사용하는 압축기는 왕복동식 다단압축기이다.

2) 다단압축의 목적
  • 일량이 절약된다.
  • 가스의 온도 상승을 피한다.
  • 힘의 평형이 양호하다.
  • 이용효율이 증대된다.

3) 압축비 증가 시 단점
  • 소요동력이 증대된다.
  • 체적효율이 감소한다.
  • 실린더 내 온도가 상승한다.
  • 윤활유 기능이 저하된다.

04 다음은 천연가스 기화설비의 전경이다. 물음에 답하시오.

1) 주로 해수를 이용하는 기화장치의 명칭은?
2) 이 설비의 장점과 단점을 쓰시오.
3) 이 설비의 사용 가능한 조건은?

해답 1) 오픈 랙(open rack) 기화기
2) 장점 : 경제적이며 보수가 용이하다.
   단점 : 동절기 결빙 시 사용불가
3) 대량 해수 취수가 용이한 바닷가 주변
   (해상 수입기지에서 이용함)

참고 open rack vaporizer는 바닷물 온도 약 5℃의 해수를 이용하여 기화시키므로 경제적이며 설비의 안정성도 높다.

05 다음은 CNG 충전소이다. 충전 중 엔진 정지와 화기엄금의 표시 색상을 쓰시오.

해답 1) 황색 바탕에 흑색 글씨
2) 백색 바탕에 적색 글씨

참고 충전설비와 자동차의 충돌을 방지하기 위해 높이 30cm 이상으로 철근콘크리트 또는 이와 동등한 구조로 한다.

06 다음은 CNG 충전소이다. 충전기 근처와 충전기에서 몇 m 이상 떨어진 장소에 수동긴급차단장치를 설치하는가?

➕해답 5m 이상

➕참고 충전설비는 철도에서부터 15m 이상 거리를 유지한다.

07 다음은 CNG 자동차 충전설비의 압력 용기이다. 이 가스의 명칭과 저장압력은 몇 bar인지 쓰시오.

➕해답 1) 압축천연가스(CNG ; Compressed Natural Gas)
　　　2) 200~250bar

➕참고 자동차 사용 연료 비교

일반 명칭	LNG, CNG	LPG
주성분	CH_4	C_4H_{10}
저장상태	고압기체	액체상태
엔진 공급	기체상태 공급	액체 기화시켜 공급
연료의 안정	안정적	약간 불안정
CO_2 배출	적음	다소 많음
열효율	높음	낮음

08 다음은 CNG 충전소이다. 자동차 충전설비에서 충전설비와 고압전선(교류 600V 초과 , 직류 750V 초과인 경우)까지의 수평거리, 화기와의 우회거리를 각각 쓰시오.

➕해답 1) 5m 이상
　　　2) 8m 이상

➕참고 충전설비, 저장설비, 처리설비 및 압축가스설비 유지거리
- 고압전선(교류 600V 초과, 직류 750V 초과의 경우)과 수평거리 5m 이상 유지한다.
- 저압전선(교류 600V 이하, 직류 750V 이하의 경우)과 수평거리 1m 이상 유지한다.
- 설비외면으로부터 화기 취급하는 장소까지 8m 이상의 우회거리를 유지한다.
- 인화성 물질 또는 가연성 물질의 저장소와는 8m 이상의 거리를 유지한다.

09 다음 괄호에 적당한 답을 하시오.

> 처리설비 및 충전설비는 그 외면으로부터 사업소 경계까지 (①) 이상의 안전거리를 유지할 것, 다만, 처리설비 및 충전설비 주위에 방호벽을 설치한 경우 (②) 이상의 안전거리를 유지하여야 한다.

+해답 1) 10m
　　　　2) 5m

+참고 고정식 충전설비
　　1) 처리설비, 압축가스설비, 충전설비는 철도와 30m 이상 안전거리를 유지한다.
　　2) 충전설비는 도로 경계와 5m 이상의 거리를 유지한다.

10 다음은 액화천연가스 이동충전차량이다. 물음에 답하시오.

1) 차량에 고정된 탱크는 저장탱크 외면으로부터 몇 m 이상 떨어져 정차하는가?
2) 충전소 안 주정차 또는 충전작업을 하는 이동충전차량의 설치대수는 몇 대 이하로 하는가?

+해답 1) 3m 이상
　　　　2) 3대

+참고 차량 정지목
　　1) 차량에 고정된 탱크의 내용적이 5,000L(리터) 이상일 때 차량 정지목 등으로 고정하여야 한다.
　　2) 이동충전차량 및 충전설비는 철도에서부터 15m 이상의 거리를 유지할 것

11 다음은 액화천연가스 제조소이다. 저장능력이 20만 톤인 저압 지하식 저장탱크의 외면과 사업소 경계까지 유지하는 거리는 몇 m인가?

+해답 약 96m
$$L = C \times \sqrt[3]{143,000 \times W}$$
$$= 0.240 \times \sqrt[3]{143,000 \times \sqrt[2]{200,000}}$$
$$= 95.97 ≒ 96m$$

+참고 액화천연가스의 저장설비 및 처리설비 유지거리
　　(단, 50m 미만의 경우는 50m 유지)
$$L = C \times \sqrt[3]{143,000 \times W}$$
　　여기서, L : 유지거리(m)
　　　　　　C(상수) : 저압지하저장탱크의 경우
　　　　　　　　　0.240(그 밖의 가스저장시설,
　　　　　　　　　처리설비 : 0.576)
　　　　　　W : 저장탱크는 저장능력(톤)의 제곱근
　　　　　　　　　(그 밖의 것은 그 시설 안의 액화천연가스 질량(톤))

12 다음은 천연가스 제조소이다. 저장능력이 10만 톤인 저장탱크의 외면과 사업소 경계까지 유지하는 거리는 몇 m인가?

➕해답 약 206m

$$L = C \times \sqrt[3]{143,000 \times W}$$
$$= 0.576 \times \sqrt[3]{143,000 \times \sqrt[2]{100,000}}$$
$$= 205.24 = 206m$$

➕참고 도시가스 제조소 설비 사이의 거리
- 액화석유가스의 저장설비와 처리설비는 그 외면으로부터 보호시설까지 30m 이상의 거리를 유지할 것
- 안전구역 안에 있는 고압인 가스공급시설의 외면까지 30m 이상의 거리를 유지할 것
- 두 개 이상의 제조소가 인접하여 있는 경우의 가스공급시설은 그 외면으로부터 다른 제조소의 경계까지 20m 이상의 거리를 유지할 것
- 액화천연가스의 저장탱크는 그 외면으로부터 처리능력이 20만m³ 이상인 압축기까지 30m 이상의 거리를 유지할 것

13 저장설비의 저장능력이 25톤 이하인 경우 사업소 경계와의 안전거리는 몇 m 안전거리를 유지하는가?

➕해답 10m

➕참고 저장설비는 그 외면으로부터 사업소 경계까지 아래 표의 안전거리를 유지한다.

저장탱크의 저장능력(w)	사업소 경계와의 안전거리
25톤 이하	10m
25톤 초과 50톤 이하	15m
50톤 초과 100톤 이하	25m
100톤 초과	40m

14 다음은 CNG 충전소 저장탱크 상·하부에 설치된 기기와 배관이다. 표시된 부분의 명칭을 쓰시오.

➕해답 ① 가스방출관
② 스프링식 안전밸브
③ 드레인 밸브

참고 ① 가스방출관은 지면으로부터 5m 이상 높이로 한다.
② 충전설비는 도로 경계까지 5m 이상 거리를 유지한다.
③ 충전설비, 저장시설, 압축가스 설비 등과 고압 전선까지 수평거리 5m, 저접압까지는 1m 이상 유지한다.

④ 단열재의 구비조건
• 열전도율이 적을 것
• 흡수성이 적고 부식성이 적을 것
• 기계적 강도가 있고 불연성일 것
• 작업성이 좋고 시공성이 양호할 것
• 장시간 사용에도 노화 변형이 적고, 누출 가스에 반응하지 않을 것 등

15 동영상은 가스저장탱크이다. 탱크에 저장된 가스의 주성분과 비점을 각각 쓰시오.

해답 1) 주성분 : 메탄(CH_4)
2) 비점 : $-161.5℃$

참고 1) LNG의 특성 : 초저온 저장탱크에 보관 저장하여 그 이용률을 높이기 위해 천연도시가스를 액화한 것으로 주성분은 메탄(CH_4)이다.
① 비등점 : $-164.1℃$
② 임계온도 : $-82.1℃$
③ 임계압력 : 45.8atm

2) 초저온(LNG 등) 저장탱크
① 초저온 저장탱크는 $-50℃$ 이하의 가스를 저장하는 탱크임
② 보냉 재료 : 펄라이트, 폴리염화비닐폼, 경질 폴리우레탄폼 등
③ 단열법
• 상온 단열법
• 진공 단열법 : 고진공 단열법, 분발진공 단열법, 다층진공 단열법

충전LPG 운반시설

01 다음은 LPG 충전소이다. 표시 부분의 명칭과 높이를 쓰시오.

➕**해답** 1) 명칭 : 충전기 보호대
2) 높이 : 45cm 이상

➕**참고** 충전기 보호대
1) 충전기와 차량의 충돌을 방지하기 위한 것으로 충전기와 주정차선은 1m 이상 이격한다.
2) 보호대의 강관은 80A 이상, 철근콘크리트는 12cm 이상으로 한다.

02 다음은 LPG 충전소이다. 물음에 답하시오.

1) 충전호스의 길이는?
2) 자동차에 부착된 용기에 주입하는 충전기구 명칭은?
3) 충전기 중심에서 사업소 부지경계까지 몇 m를 유지하여야 하는가?

➕**해답** 1) 5m 이내
2) 퀵 카플러(원터치형)
3) 24m 이상

➕**참고** 세이프티 카플링(충전기 안정장치)
• 충전 중 충전호스에 과다한 인장응력이 가해졌을 경우 충전기와 가스주입기를 분리할 수 있는 안전장치이다.
• 세이프티 카플러가 분리되는 힘은 490.4N 이상이다.
• 충전기 충전 용량범위는 10~60L/분이다.

03 다음은 LPG 이송 탱크로리이다. 다음 물음에 답하시오.

1) 탱크로리의 내용적 제한규정 2가지를 쓰시오.
2) 조작상사와 뒤 범퍼의 수평거리는?

+해답 1) • 가연성 가스, 산소 : 18,000L 이하
　　　• 독성 가스 : 12,000L 이하
　　2) 20cm 이상

+참고 탱크로리에서 탱크 및 부속품을 보호하기 위한 기준
　• 후부취출식 탱크의 경우 뒤 범퍼와 수평거리로 40cm 이상 유지
　• 후부취출식 탱크 이외의 경우 뒤 범퍼와 수평거리로 30cm 이상 유지
　• 조작상자와 뒤 범퍼와 수평거리로 20cm 이상 유지

04 다음은 LPG 탱크와 탱크로리 사이를 연결하여 이송하는 장치이다. 물음에 답하시오.

1) 지시하는 장치의 명칭은?
2) 이송 방법은?

+해답 1) 로딩암

　　2) ① 압축기에 의한 방법
　　　② 펌프에 의한 방법
　　　③ 차압에 의한 방법

+참고 로딩암
충전소 저장소 탱크와 LPG 탱크로리와 저장탱크로 이입하는 장치로 액체라인(굵음) 기체라인(가늘다) 구분한다.

05 다음의 장면은 LPG 탱크와 탱크로리 사이를 접지시킨 장면이다. 접지를 하는 이유와 접지선 단면적은?

+해답 1) 가스 충전, 이송 등으로 발생한 정전기를 제거하여 가스폭발을 방지하기 위함
　　2) 5.5mm^2

+참고 1) 접속 금구 : 정전기 제거장치
　　2) 접지저항의 총합은 100Ω 이하(피뢰설비가 설치된 경우 10Ω 이하)로 한다.

06 다음에 보여주는 탱크로리의 경우 탱크 내부의 액면요동을 방지하기 위해 설치하는 것의 명칭과 두께를 쓰시오.

+해답 1) 명칭 : 방파판
　　2) 두께 : 3.2mm 이상

+참고 방파판 설치기준
　　1) 방파판은 내용적이 5,000L 이하마다 설치한다.
　　2) 방파판 면적은 횡단면적의 40% 이상으로 한다.
　　3) 설치위치는 상부 원호부 면적이 탱크 횡단면적의 20% 이하가 되는 위치이다.

07 다음은 LPG 충전시설에서 저장탱크의 저장능력이 50톤의 경우 사업소 경계까지 유지하여야 할 거리는 얼마인가?

◆해답 36m 이상

◆참고 충전시설의 저장능력과 유지거리

저장능력	사업소 경계와의 거리
10톤 이하	24m
10톤 초과 20톤 이하	27m
20톤 초과 30톤 이하	30m
30톤 초과 40톤 이하	33m
40톤 초과 200톤 이하	36m
200톤 초과	39m

08 다음 LPG 충전시설에 설치한 장치의 명칭과 용도를 쓰시오.

◆해답 1) 명칭 : 살수장치
2) 용도 : 탱크의 이상온도 상승 방지장치

◆참고 살수장치 기준
• 물 분무량 : 표면적 1m²당 5L/분 이상
• 방수능력 : 350L/분 이상
• 호스 끝 수압 : 250MPa 이상
• 수원(물공급원) : 30분간 방사 가능한 양
• 조작 위치 : 탱크 외면에서 5m 이상 조작

09 다음은 저장탱크 소화전에서 저장탱크에 방사하는 것을 보여 준다. 물음에 답하시오.

1) 저장탱크 외면으로부터 몇 m 이내에 설치하는가?
2) 소화전 호스 끝의 압력은?
3) 방수능력은?

◆해답 1) 40m 이내
2) 0.25MPa 이상
3) 350L/min 이상

◆참고 물분무장치 기준
• 물 분무량 : 표면적 1m²당 8L/분 이상
• 방수능력 : 400L/분 이상
• 호스 끝 수압 : 350MPa 이상
• 수원(물공급원) : 30분간 방사 가능한 양
• 조작 위치 : 탱크 외면에서 15m 이상 조작

10 다음은 LPG 충전소 설비 시공의 한 부분이다. 표시 부분의 명칭을 쓰시오.

◆해답 긴급차단장치

+참고 긴급차단장치
- 동력원 : 유압식, 기압식, 전기식, 스프링식
- 긴급차단장치 조작위치는 탱크 외면으로부터 5m 이상 유지
- 설치장소는 안전관리자가 상주하는 사무실, 충전기 주변 등

11 다음은 가스 충전장치이다. 이 장치의 명칭과 충전하는 가스명을 쓰시오.

+해답 1) 회전식 LPG 충전기
2) 프로판(C_3H_8), 부탄(C_4H_{10})

+참고 1) 다량의 가정용 LPG를 충전하기 위한 충전장치이다.
2) 충전설비에는 정확한 계량을 위하여 잔량측정기 및 자동계량기를 갖추어야 한다.

12 다음에 보이는 것처럼 고압가스 용기를 차량에 적재하여 운반할 때 주의할 점 3가지를 쓰시오.

+해답 1) 고압가스 전용 운반차량에 세워서 운반할 것
2) 차량의 최대적재량을 초과하여 적재하지 아니할 것
3) 외면에 가스의 종류·용도 및 취급 시 주의사항을 기재한 것에 한하여 적재할 것

13 용기를 차량에 적재하여 운반할 때 주의사항을 2가지 이상 쓰시오.

+해답 1) 염소와 아세틸렌, 암모니아, 수소는 동일 차량에 적재하지 말 것
2) 가연성과 산소 운반 시 충전용기의 밸브가 서로 마주보지 않도록 할 것
3) 충전용기와 소방법이 정하는 위험물과 혼합적재하지 말 것
4) 독성 가스 운반 시 용기 사이에 목재칸막이 패킹을 사용할 것
5) 충전용기 하차 시 충격방지를 위해 고무판, 가마니 등을 사용할 것

14 다음은 운반차량의 적색 삼각기이다. 가로 세로의 길이를 쓰시오.

+해답 가로 : 40cm

세로 : 30cm

+참고 경계표시(위험고압가스) 크기 기준

• 가로치수는 차체폭의 30% 이상
• 세로치수는 가로치수의 20% 이상
• 경계표시는 정사각형 또는 이에 가까운 형상으로 표시하고 그 면적은 600cm² 이상

15 다음은 자동차용 LPG 충전 디스팬서이다. "충전 중 엔진 정지" 표시의 색상을 기술하시오.

+해답 1) 바탕색 : 황색

2) 글씨 : 흑색

+참고 충전시설의 "충전 중 엔진 정지"는 황색 바탕에 흑색 글씨, "화기 엄금"은 백색 바탕에 적색 글씨

16 다음은 차량용 충전용기이다. ①, ②, ③ 부분의 명칭을 쓰시오.

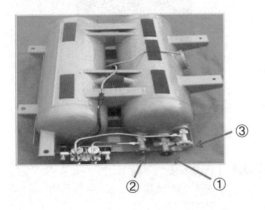

+해답 ① : 액체 충전 밸브(녹색)

② : 액체 출구 밸브(적색)

③ : 기체 출구 밸브(황색)

+참고 차량 충전 용기

1) 충전량은 내용적의 85% 이하까지 충전한다.
2) LPG 충전 용기의 안전장치 종류
  • 과충전방지장치
  • 과류방지장치
  • 안전밸브
  • 긴급차단장치
  • 액면표시장치 등

17 다음은 지하에 설치한 저장탱크이다. 상부 배관에 표시된 ①, ②, ③, ④ 부분의 명칭을 쓰시오.

+해답 ① 압력계

② 디지털 액면표시장치

③ 슬립튜브식 액면계

④ 온도계

18 다음은 방폭구조로 시설된 LP가스 저장실 내부이다. 이 저장실의 조명도는 몇 Lux이며, 표시 부분의 "ib"는 무엇인가?

➕해답 1) 150Lux 이상
　　　 2) 본질 안전 방폭 구조(ia 또는 ib)

➕참고 방폭 구조 기호 표시
　　　 • 내압 방폭 구조 : d
　　　 • 압력 방폭 구조 : p
　　　 • 유입 방폭 구조 : o
　　　 • 안전증 방폭 구조 : e
　　　 • 본질 안전 방폭 구조(a 또는 ib)

19 다음은 LP가스 자동차용 용기 내부의 부속품이다. 이 명칭과 작동 범위를 쓰시오.

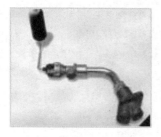

➕해답 1) 명칭 : 과충전 방지장치
　　　 2) 작동범위 : 연료 용기 내용적의 85%

20 다음은 LP가스 이입. 충전 작업을 위해 차량에 고정된 탱크와 저장 탱크로 연결하는 로딩암(Loading arm)이다. 지시 부분 ①, ② 라인에 흐르는 상태와 ③ 부분 명칭을 쓰시오.

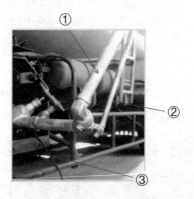

➕해답 ① : 액체라인
　　　 ② : 기체라인
　　　 ③ : 접지탭(접지코드)

21 다음은 LP가스 탱크 하부의 밸브이다. 이 밸브의 명칭과 억할을 기술하시오.

➕해답 1) 드레인 밸브
　　　 2) 탱크 수리 및 청소 시 불순물을 하부로 배출하기 위한 밸브

도시가스 사용시설

01 다음은 도시가스 정압기실이다. 정압기실에 설치하여야 할 안전감시장치 2가지를 쓰시오.

➕해답 1) 이상압력 경보장치(설비)
2) 가스 누출검지 통보설비
3) 출입문 개폐 통보장치
4) 긴급차단장치 개폐 통보장치
5) 릴리프 밸브

➕참고 정압기실 감시장치
1) 이상압력 경보장치 : 2차압력이 설정압력보다 상승하거나 이상 시 안전관리자가 알 수 있도록 경보를 울리는 장치이다.
2) 가스누설 검지 통보설비 : 정압기실 내에 가스가 누출되었을 때 통보하는 장치이다.
3) 릴리프 밸브 : 가스압력 상승 시 가스를 되돌리거나 방출하여 장치를 보호한다.

02 다음은 도시가스 정압기실이다. ①, ②, ③의 명칭을 쓰시오.

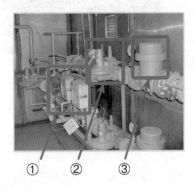

➕해답 ① : 자기압력기록계
② : 압력 조정기
③ : 필터(여과기)

03 다음은 도시가스 정압기실에 설치된 가스검지기이다. 가스누출경보기의 검지부 설치 개수 기준은?

➕해답 바닥면 둘레 20m에 대하여 1개 이상 설치
➕참고 가스경보기 작동상황은 1주일에 1회 이상 한다.

04 다음은 도시가스 정압기실이다. 동영상이 보여주는 기기의 명칭을 쓰시오.

➕해답 ① 자기압력 기록계
② 이상압력 통보장치(2차압력 원격감시장치)
③ 가스누설 검지기

05 동영상은 도시가스 정압기실이다. 표시된 부분의 명칭을 각각 기술하시오.

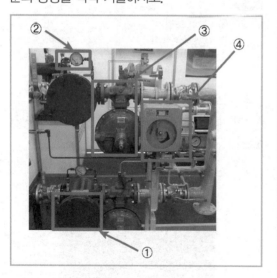

➕해답 ① : 여과기(필터)
② : 차압계
③ : 정압기
④ : 자기압력 기록계

06 다음은 도시가스의 SSV이다. 상용압력이 1kPa일 때 주정압기의 긴급차단밸브(SSV)의 작동압력은?

➕해답 $1 \times 1.2 = 1.2$kPa

➕참고 정압기 안전장치 작동압력

구분		상용압력 2.5KPa 경우	기타
주정압기에 설치하는 긴급차단장치		3.6KPa 이하	상용압력의 1.2배 이하
안전밸브		4.0KPa 이하	상용압력의 1.4배 이하
이상압력 통보설비	상한값	3.2KPa 이하	상용압력의 1.1배 이하
	하한값	1.2KPa 이상	상용압력의 0.7배 이하

07 다음은 도기사스를 공급하기 위한 부대시설이다. 이 장치의 명칭을 쓰시오.

➕해답 RTU(Remote Terminal Unit) Box 또는 정압기 원격단말장치

➕참고 RTU 용도
1) 정압기실 이상 압력 및 이상 유량 등 운전상태를 감시
2) 가스누설검지 경보기능
3) 정압기실 출입문 개폐 감시 기능

08 다음은 도시가스 RTU box 내부이다. ①, ②, ③의 명칭과 용도를 쓰시오.

+해답 1) ① : 모뎀
　　　② : 가스누설경보장치
　　　③ : UPS 또는 무정전 전원 공급장치

2) 정압기실 내의 온도, 압력, 유량 등의 이상 상태 감시와 가스 누설 경보기능 및 출입구 개폐 등을 감시하는 기능을 한다.

+참고 RTU(Remote Terminal Unit) Box

09 다음은 정압시설이다. 도시가스 공급시설에 설치한 정압기의 분해 점검 주기와 필터의 분해 점검에 대해 기술하시오.

+해답 1) 일반 정압기는 2년에 1회 이상(단독 정압기는 3년에 1회 이상)

2) 필터는 가스 공급 개시 후 1개월 이내이고, 가스 공급 재개 후 1년에 1회 이상 한다.

+참고 도시가스 정압기
　　　1) 역할 : 1차 압력의 부하변동에 관계없이 2차 압력을 일정하게 유지하는 기능이다.

　　　2) 정압기의 특성
　　　　① 정특성 : 유량과 2차 압력의 관계
　　　　② 동특성 : 부하 변동에 따른 응답의 신속성
　　　　③ 유량특성 : 밸브 열림과 유량의 관계

　　　3) 정압기 종류
　　　　① 직동식 정압기 : 정압기의 작동원리 중 가장 기본이 되는 정압기
　　　　② 파일럿식 정압기 : 가스량에 따라 파일럿과 누름장치 사이의 구동압력이 스프링의 힘에 의해 일정 압력을 유지하는 형식으로 로딩형과 언로딩형이 있다.

10 다음은 도시가스 정압설비의 일부분이다. 표시 부분의 명칭과 용도를 쓰시오.

+해답 1) 명칭 : 차압계

2) 용도 : 여과기 내부에 불순물의 축적 여부를 판단하여 필터의 교체 및 수리 정비를 확인한다.

+참고 차압계의 차압이 0.01~0.02MPa이면 엘리멘트를 교환하거나 필터 내부를 청소해야 한다.

11 동영상은 도시가스 정압기실 출입문에 설치되어 있는 시설이다. 표시 부분의 기기 명칭과 역할을 쓰시오.

➕해답 1) 리밋 스위치(출입문 개폐통보설비)
2) 외부 인원의 침입 등에 의한 인위적인 오작으로 출입문 개방 시 도시가스 상황실에 경보하는 역할을 한다.

12 다음은 도시가스 정압시설의 방출구이다. 다음 물음에 답하시오.

1) ①, ②의 명칭을 쓰시오.
2) 정압기 입구의 압력이 0.5MPa 이상인 경우 가스 방출관의 크기는 몇 mm 이상으로 하는가?

➕해답 1) ① : 가스 방출구
②: 배기구
2) 50mm 이상(50A)

➕참고 1) 정압기 가스 방출구 크기 기준
① 정압기 입구 측 압력이 0.5MPa 이상인 것은 50A 이상으로 한다.
② 정압기 입구 측 압력이 0.5MPa 미만일 경우, 설계유량이 1,000m³/hr 이상이면 50A 이상, 설계유량이 1,000m³/hr 미만이면 25A로 한다.

2) 정압기실 배출구 크기 기준
정압기 배출구의 관지름은 100mm 이상으로 하고 높이는 3m 이상으로 한다.

13 다음의 지시는 도시가스 정압기실 통풍장치이다. 자연통풍면적 기준과 강제통풍능력을 각각 쓰시오.

➕해답 1) 바닥 면적 1m²마다 300cm²로 한다.
2) 통풍능력은 1m²마다 0.5m³/분으로 한다.

➕참고 정압기실 일반사항
• 통풍구는 천장에서 30cm 이내로 한다.
• 방출구의 높이는 지면에서 3m 이상으로 한다.
• 정압기실 조명은 150Lux 이상으로 한다.
• 정압기 분해 점검주기는 2년에 1회 이상으로 한다.
• 정압기 작동상황 점검은 1주일에 1회 이상으로 한다.

14 다음은 공동주택의 도시가스 공급시설을 보여주고 있다. 이 시설의 명칭과 세대수별 설치기준 2가지를 쓰시오.

✚해답 1) 명칭 : 압력조정기

2) 세대별 기준
① 가스 압력이 중압인 경우 : 150세대 미만
② 가스 압력이 저압인 경우 : 250세대 미만

✚참고 압력조정기 점검기준
• 도시가스공급시설에 설비는 6개월에 1회 이상, 스트레이너 및 필터는 2년에 1회 이상 한다.
• 사용시설의 설비는 1년에 1회 이상, 스트레이너 및 필터는 3년에 1회 이상 한다.
• 압력조정기의 최대 유량은 합격유량의 +20% 범위로 한다.

15 다음은 정압기실 내부의 한 부분이다. 표시 부분의 명칭을 쓰시오.

✚해답 ① 필터(여과기)
② 압력조정기
③ 압력경보장치

16 다음은 도시가스 사용시설의 공급계통이다. 표시 부분의 명칭을 쓰시오.

✚해답 1) 긴급차단 밸브
2) 가스배관에 표시사항

✚참고 가스배관에 표시사항
1) 가스 흐름 방향
2) 최고 사용 압력
3) 사용가스명

17 동영상은 도시가스 배관이다. 다음의 도시가스배관에 표시할 사항 3가지와 이 가스배관에 흐르는 도시가스상 압력 구분을 쓰시오.

✚해답 1) 가스 흐름방향
최고 사용압력
사용 가스명
2) 저압관(2.45KPa)

✚참고 가스배관 구분 압력
• 고압관 : 1MPa 이상
• 중압관 : 0.1~1MPa
• 저압관 : 0.1MPa(100kPa) 미만

18 다음에 지시된 기구의 명칭과 설치 높이를 쓰시오.

➕해답 1) 가스 방출구
2) 지면에서 5m 이상

➕참고 전기시설물과의 접촉 등으로 인한 사고의 우려가 있는 장소에는 방출관 높이는 3m 이상으로 한다.

19 다음은 도시가스 정압기실에 설치된 조명기구이다. 다음 물음에 답하시오.

1) 설치된 기기 명칭은?
2) 정압시설의 조작을 안전하게 하기 위한 조명도는 얼마인가?
3) 방폭기기는 결합부의 나사류를 외부의 일반공구로 조작할 수 없도록 어떤 구조로 하는가?

➕해답 1) 방폭등
2) 150 Lux 이상
3) 자물쇠식 죄임 구조

20 화면에 보이는 것처럼 정압기실은 주로 지하에 매설하는데, 정압기실의 지하 매설 장점을 2가지 이상 쓰시오.

지하정압기실

➕해답 1) 소음 발생이 적다.
2) 주변 경관에 영향이 적다.
3) 설치면적을 작게 차지한다.
4) 패키지 형태로 유지 관리가 편리하다.

21 다음은 도시가스 정압기실에 설치한 기구이다. 이 기기의 명칭과 역할을 기술하시오.

➕해답 1) 차압계
2) 필터 입구와 출구의 압력차로 필터 내의 불순물의 축적과 방해물질 등을 판단하여 정압기 필터 상태를 알아보는 기능이다.

22 다음은 천장의 가스 누출검지부이다. 가스 누설 경보기 구성 3요소와 검지부는 연소기 버너의 중심과 몇 m 이내에 1개 이상 설치하는지 쓰시오.

➕해답 1) 검지부, 차단부, 제어부
2) 8m 이내

23 동영상은 공동주택 등에서 사용하는 공급시설 중 저압일 때 압력조정기를 설치한 경우이다. 가스 공급 세대수를 쓰시오.

➕해답 250세대

24 동영상에서 보여주는 정압기실의 자기 압력 기록계의 용도 2가지를 쓰시오.

➕해답 ① 가스 이상압력상태 기록 유지 확인
② 가스 누출시험에 사용

25 다음의 도시가스 누설검사를 하고 있다. 도시가스 검지기 경보 농도를 쓰시오.

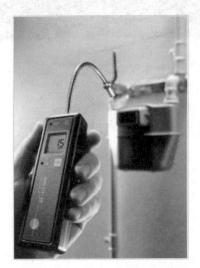

➕해답 1.25% 이하

➕참고 가스 경보 농도
• 가연성 가스 : 폭발하한계의 1/4 이하(도시가스 주성분이 메탄이므로 5%×0.25=1.25%임)
• 독성 가스 : 허용농도치 이하
• 산소 18~22%

LPG 사용시설의 부속품

01 다음은 LPG 단독 공급을 위한 설비이다. 표시 상자의 명칭과 기능을 쓰시오.

⊕**해답** 1) 명칭 : 압력 조정기
2) 기능 : 공급가스를 일정 압력으로 조정하는 장치

⊕**참고** 압력 조정기
1) 조정기 용량은 총 가스 소비량의 150% 이상

2) 조정기
① 입구압력 : 0.07~1.56kPa
② 출구압력 : 2.3~3.3kPa

3) 안전장치 작동압력
① 작동 표준 압력 : 7.0kPa
② 작동 개시 압력 : 5.6~8.4kPa
③ 작동 정지 압력 : 5.04~8.4kP

4) 조정기 최대 폐쇄 압력 : 3.5kPa 이하

02 다음 사진은 LPG 강제 기화장치이다. 이 기화 장치를 사용할 때의 장점 3가지를 쓰시오.

⊕**해답** 1) 가스 종류에 관계없이 한랭 시에도 충분히 기화한다.
2) 공급가스 조성이 일정하다.
3) 설비비 및 인건비를 절감할 수 있다.
4) 기화량을 가감할 수 있다.

⊕**참고** LPG 기화기
1) 기화장치 구성 : 기화부, 제어부, 조압부
2) 기화장치 열원 : 대기, 온수, 증기 등
3) 기화기 재검사 주기
① LPG 용기 집합장치에 연결 시 : 3년마다
② 저장탱크에 연결 시 : 5년마다

03 다음 동영상이 보여주는 표시 부분 기기의 명칭을 쓰시오.

➕**해답** 자동절체식 조정기

➕**참고** 자동절체식 조정기의 장점
  1) 잔액이 거의 없어질 때까지 사용한다.
  2) 용기 교환주기를 늦출 수 있다.
  3) 전체 용기의 수량은 수동교체식보다 적어도 된다.
  4) 단단 감압식보다 배관의 압력 손실을 크게 해도 된다.

04 다음은 LPG 사용시설의 압력조정기이다. 2단 감압조정기의 장점 2가지를 쓰시오.

➕**해답** 1) 최종 압력이 정확하다.
  2) 중간배관이 가늘어도 된다.
  3) 관의 입상에 의한 압력손실이 보정된다.
  4) 각 연소기구에 알맞은 압력으로 공급이 가능하다.

➕**참고** 1. 단단(1단) 감압식 저압 조정기 장단점
  1) 장점
    ① 장치가 간단하다.
    ② 조작이 간단하다.
  2) 단점
    ① 조정 압력이 부정확할 수 있다.
    ② 설비의 배관지름이 커야 한다.

  2. 2단 감압식 조정기 단점
    1) 설비가 복잡하다.
    2) 조정기 수가 많이 든다.
    3) 성비가 복잡하고, 재액화의 우려가 있다.

05 다음은 LPG에서 사용하는 시설의 압력조정기이다. 자동절체식 조정기의 표시된 ①, ②, ③ 부분의 명칭을 쓰시오.

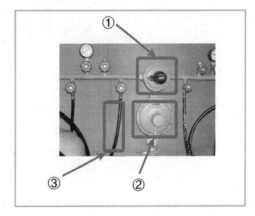

➕**해답** ① 가스자동절체기
  ② 압력조정기
  ③ 가스용기 연결 공급 호스

➕**참고** 용기 집합시설 기준
  1) 저장능력이 100kg을 초과하면 불연성 재료로 보관실을 설치한다.
  2) 저장능력이 500kg 이상인 경우에는 저장탱크 또는 소형 저장탱크를 설치한다.

06 LPG 용기에 설치된 1단 감압식 조정기이다. 조정압력(kPa)과 최대 폐쇄 압력을 쓰시오.

➕**해답** 1) 2.3~3.3kPa
　　　　2) 3.5kPa

➕**참고** 조정기 조정압력과 폐쇄압력

구분	1단 감압식 저압 조정기	1단 감압식 준저압 조정기	2단 감압식 1차용 조정기	2단 감압식 2차용 저압 조정기	2단 감압식 2차용 준저압 조정기	자동 절체식 저압 일체형	자동 절체식 준저압 일체형
조정 압력	0.07~ 1.56kPa	5.0~ 30.0kPa	57~ 83kPa				
	2.3~ 3.3kPa	5.0~ 30.0kPa	2.55~ 3.30kPa	5.0~ 30.0kPa			
최대 폐쇄 압력	3.5kPa	조정압력 의 1.25배	95kPa	3.5kPa	95KPa	3.5kPa	95kPa

07 다음은 액화석유가스 사용설비이다. 물음에 답하시오.

1) 사용시설의 내압시험압력은?
2) 사용시설의 기밀시험압력은?
3) 내용적이 10L 이하 시설에서 기밀시험 유지시간은?

➕**해답** 1) 상용압력의 1.5배
　　　　2) 상용압력 이상
　　　　3) 5분 이상

➕**참고** 사용시설 기밀시험 유지시간

용적	기밀시험 유지시간
10L 이하	5분
10~50L 미만	10분
50L~1m³ 미만	24분
1~10m³ 미만	240분
10~300m³ 미만	24×용적(m³)분

08 액화석유가스 집단공급설비의 점검기준에 관한 다음 물음에 답하시오.

1) 충전용 주관 압력계는?
2) 안전밸브 작동압력 작동시험 주기는?

➕**해답** 1) 매월 1회
　　　　2) 매년 1회

➕**참고** 집단공급시설의 점검기준
　　　　1) 충전용 주관 압력계는 매월 1회 이상 표준이 되는 압력계로 그 기능을 점검하고 그 밖의 압력계는 3개월에 1회 이상 점검한다.
　　　　2) 안전밸브는 매년 1회 이상 설정되는 압력 이하

에서 작동하도록 작동시험을 한다.
3) 집단공급시설 중 충전설비는 매일 1회 이상 작동상황을 점검해야 한다.
4) 물분무장치 및 살수장치와 소화전은 매월 1회 이상 작동상황을 점검해야 한다.

09 다음의 용기에 사용하는 부속품의 명칭을 쓰시오.

★해답 명칭 : 스프링식 안전밸브

10 다음의 용기에 사용하는 밸브의 명칭을 쓰시오.

★해답 명칭 : 스프링식 안전밸브

11 다음은 LPG 용기 부속품의 부분 단면이다. ①, ②의 명칭과 나사형식을 쓰시오.

★해답 1) 명칭
　　　①−스프링식 안전 밸브
　　　②−충전구(왼나사임)
　　　2) 나사 형식 : B형식

참고 나사형식에 의한 분류
　• A형 : 충전구 나사가 숫나사
　• B형 : 충전구 나사가 암나사
　• C형 : 충전구 나사가 없는 것

12 다음은 압축가스인 산소, 수소, 아르곤 등의 용기밸브로 안전밸브이다. 그 형식은 무엇인가?

★해답 파열판식

참고 1) 파열판식 안전밸브의 특징
　　　① 1회용이다.
　　　② 구조가 간단하며 취급이 용이하다.
　　　③ 밸브시트 누설이 없다.
　　　④ 부식성 유체에 적합하다.

　2) 안전밸브 형식과 사용 가스

형식	스프링식	파열판식	가용전식 (가용전 온도)
사용 가스	LPG, 도시가스 등	압축가스, 산소, 수소, 질소 등	아세틸렌(105＋5℃) 염소(65~68℃) (재료 : Bi, Cr, Pb, Sn 등)

13 다음은 용기에 사용하는 밸브이다. 충전가스 명칭과 PG 기호 표시에 대하여 설명하시오.

●해답 1) 수소가스
　　　 2) PG : 압축가스를 충전하는 용기 부속품

●참고 **용기 종류별 부품기호 표시**
　　　 1) 아세틸렌가스를 충전하는 용기의 부속품 : AG
　　　 2) 압축가스를 충전하는 용기의 부속품 : PG
　　　 3) 액화석유가스 외의 액화가스를 충전하는 용기의 부속품 : LG
　　　 4) 액화석유가스를 충전하는 용기의 부속품 : LPG
　　　 5) 초저온용기 및 저온용기의 부속품 : LT

14 다음은 사용시설의 부속품이다. 명칭과 기능을 쓰시오.

●해답 1) 명칭 : 퓨즈콕
　　　 2) 기능 : 가스 흐름을 개폐하고, 과류 차단 안전장치가 있어 일정량 이상의 가스가 흐를 경우 자동으로 가스의 흐름을 차단한다.

●참고 1) 콕이란 : 원형의 손잡이로 90° 회전하여 가스의 흐름을 개폐하는 도구 또는 밸브이다.
　　　 2) 콕의 종류 : 퓨즈 콕, 상자 콕, 주물 연소기용 노즐 콕 등

　　　 3) 과류차단장치 : 호스, 배관, 밸브 등의 구멍, 파손, 절단 등으로 가스가 유출할 경우 이상 흐름을 감지하여 가스를 자동으로 차단한다.

15 다음 사용시설의 부속품 명칭을 쓰시오.

●해답 상자 콕

●참고 **퓨즈 콕과 상자 콕의 구조**
　　　 1) 퓨즈 콕 : 가스 흐름을 볼로 개폐하고 과류차단장치가 부착된 것으로 배관과 호스, 호스와 호스를 연결하는 구조이다.
　　　 2) 퓨즈 콕의 입구압력은 1+0.1KPa이며, 차압은 0.1KPa이다.
　　　 3) 상자 콕 : 상자 형태 안에 과류차단장치 및 카플러 안전기구가 부착되어 있는 것으로 배관과 카플러를 연결하는 구조이다.

16 다음 부속품의 몸통에 표시된 F1.2 기능을 설명하시오.

●해답 F1.2 : 퓨즈 콕으로서, 과류차단장치의 기능이 작동하는 가스(유)량이 $1.2m^3/hr$이다.

17 다음은 LPG용 퀵 카플러이다. 기밀시험압력 (mmAq)과 허용누출량(l/h)은 얼마인가?

➕해답 1) 420mmAq

2) 0.55l/h

➕참고 **퀵 카플러**

퀵 카플러는 330mmAq 이하의 LPG 또는 도시가스를 사용하는 연소기와 콕을 실내에서 내경 9.5mm 인 호스를 빠르게 접속할 때 사용한다. 내식성, 내열성, 내한성, 난연성 등이 있어야 한다.

18 동영상에서 보여주는 저장실의 면적이 90m² 일 때 표시된 통풍구의 면적을 산출하시오.

➕해답 1) 계산식 : $90m^2 \times 300cm^2/m^2 = 27,000$

2) 답 : $27,000cm^2$

19 다음에 보여주는 장치의 표시 부분 명칭과 역할을 쓰시오.

➕해답 1) 명칭 : 역화 방지기

2) 역할 : 불꽃의 역화를 방지하기 위해

저장시설

01 저장탱크의 침하상태 측정은 몇 년마다 하여야 하는가?

➕해답 1년에 1회

➕참고 1) 저장탱크 부등침하 방지조치 기준은 압축가스는 10m, 액화가스는 1톤 이상
2) 저장탱크의 부등침하가 1% 이상 시 보강판으로 보강 조치하고 0.5% 이상 1% 이하인 경우는 1년간 매월 측정 기록을 한다.

02 다음은 저장탱크의 온도계와 압력계이다. 온도계의 비교검사 주기를 쓰시오.

➕해답 12개월에 1회

➕참고 저장탱크 온도계는 1년에 1회 이상
표준온도계로 비교 검사하고 오차가 최소눈금을 초과하면 보수 교체한다.

03 다음은 화학공장에 설치되어 있는 LPG 탱크이다. 이 탱크 주변에 방류제를 설치할 때 탱크의 총 중량은 몇 톤 이상이 되어야 하는가?

➕해답 1,000t 이상

➕참고 1) 방류둑 설치 대상
① LPG, 가연성 가스, 액화산소, 일반도시가스 : 1,000톤 이상
② 고압가스 특정제조 중 가연성 가스, 도시가스 도매사업 : 500톤 이상
③ 독성 가스 : 5톤 이상
④ 냉동 제조시설의 수액기의 내용적 : 10,000L 이상

2) 방류둑 구조
① 방류둑 성토는 45° 이하로 하고 성토 윗부분은 30cm 이상
② 계단 및 사다리 등 출입구는 50m마다 설치

③ 방류둑 용량은 저장탱크의 저장능력에 상당
하는 용량임(다만, 액화산소는 저장능력의
60% 이상)

04 다음의 LPG 저장탱크에 설치하여야 할 장치
를 쓰시오.

⊕해답 1) 안전밸브
2) 긴급차단장치
3) 방출관
4) 압력계
5) 액면계
6) 과충전 방지장치

⊕참고 1) 안전밸브 작동압력 : 내압시험의 8/10 이하에
서 작동
2) 긴급차단장치 : 화재 및 액유출 등 위험한 상태
시 긴급 차단
3) 방출관 : 탱크의 이상 압력 상승 시 안전밸브를
통한 가스 유출구
4) 과충전방지장치 : 액팽창에 의한 탱크 및 설비
파손 방지를 위해 내용적의 90% 이하로 충전
하는 장치

05 다음은 가스 발생 공급 설비의 한 부분이다.
①, ②, ③의 명칭을 쓰시오.

⊕해답 ① 대기식 기화기
② 릴리프 밸브
③ 드레인 밸브

⊕참고 ① 기화기 : 액체상태의 물질을 기체로 변화시키는
장치로 열원으로 온수, 대기, 전기, 해수 등 이용
② 릴리프 밸브 : 설비 내의 압력이 허용압력 이상
일 때 압력을 허용압력 이하로 되돌리는 밸브
③ 드레인 밸브 : 기기, 설비, 배관 등에 있는 수
분, CO_2 등 불순물을 제거하는 밸브

06 다음은 지하저장탱크 철근콘크리트 작업공정
이다. 철근콘크리트의 상부 슬래브 두께는 몇 cm
이상으로 해야 하는가?

+해답 30cm

+참고 지하 저장탱크 설치기준
1) 바닥, 벽, 바닥의 두께는 30cm 이상의 철근콘크리트 구조로 한다.
2) 저장탱크 매설 깊이는 60cm 이상으로 하고, 주위를 마른 모래로 채운다.
3) 저장 탱크를 2개 이상 설치 시 상호 간 거리는 1m 이상 유지하고 주위에 경계표지를 설치한다.
4) 바닥면과 저장탱크 하부와 60cm 이상, 측벽과 45cm 이상, 저장탱크 상부와 내측 벽과는 30cm 이상 유지
5) 점검구 설치는 20톤 이하는 1개소, 그 이상은 2개소로 하고 그 크기는 원형의 지름은 0.8m 이상, 사각형은 0.8m × 1m 이상의 크기로 한다.
6) 방출구의 높이는 지상에서 5m 이상에 설치한다.

07 다음은 LPG 자동차 충전소 지하저장탱크 상부 기계실이다. 다음의 명칭과 용도는?

+해답 1) 명칭 : 맨홀
2) 용도 : 정기검사 시 탱크를 개방하여 탱크 내부의 이상 유무를 확인한다.

+참고 1) 맨홀은 5년에 1회 이상 정기검사를 한다.
2) 지하 탱크 실내에 설치가 필요한 관
① 검지관 : 40A 이상의 관으로 주로 탱크실 내부에 가스 누설을 검사하기 위한 관
② 집수관 : 80A 이상의 관으로 주로 탱크실 내부에 침수를 확인하기 위한 관

08 LP가스 저장탱크를 지하에 매설하는 다음 동영상에서 표시하는 외벽의 재료와 두께를 쓰시오.

+해답 1) 철근콘크리트
2) 30cm 이상

09 다음 소형 저장탱크의 저장량은 얼마인가?

+해답 3톤 미만

+참고 소형 저장탱크
1) 소형 저장탱크는 저장량이 3톤 미만임
2) 가스 방출구의 높이는 지면에서 2.5m 이상 또는 정상부로부터 1m 이상
3) 탱크 기초는 지면보다 5cm 이상 높게 콘크리트 구조로 함
4) 소형 저장탱크와 기화기는 3m 이상 우회거리를 유지

10 다음은 액화석유가스 저장탱크로서 10톤 이하이다. 이 저장 탱크와 1종보호시설인 종합병원의 안전거리는 몇 m 이상이어야 하는가?

✚해답 17m 이상

✚참고

가스 구분	처리 및 저장능력 (Kg, m³)	제1종 보호시설	제2종 보호시설
독성, 가연성 (LPG) 가스	1만 이하 1만 초과 2만 이하 2만 초과 3만 이하 3만 초과 4만 이하 4만 초과	17m 21m 24m 27m 30m	12m 14m 16m 18m 20m
산소	1만 이하 1만 초과 2만 이하 2만 초과 3만 이하 3만 초과 4만 이하 4만 초과	12m 14m 16m 18m 20m	8m 9m 11m 13m 14m
기타	1만 이하 1만 초과 2만 이하 2만 초과 3만 이하 3만 초과 4만 이하 4만 초과	8m 9m 11m 13m 14m	5m 7m 8m 9m 10m

11 다음에 표시된 설비의 명칭을 쓰시오.

✚해답 기화기(자연대기식)

✚참고 **기화기 종류**
1) 작동원리 : 가온감압방식, 감압가온방식
2) 증발형식 : 순간증발식, 유입증발식
3) 가열방식 : 온수가스식, 온수전기식, 온수스팀식, 대기이용식
＊ 기화기 구성요소 : 기화부, 제어부, 조압부

12 다음에서 화살표가 지시하는 벽을 설치하는 목적을 간단히 쓰시오.

✚해답 저장탱크 화재 및 파열·파손으로 인한 액체상태의 유출로 다른 곳에 피해가 확대되는 것을 방지하기 위한 것이다.

구분	규격		구조
	두께	높이	
철근 콘크리트	12cm 이상	2m 이상	9mm 이상의 철근을 40×40cm 이하의 간격으로 배근 결속함
콘크리트 블록	15cm 이상	2m 이상	9mm 이상의 철근을 40×40cm 이하의 간격으로 배근 결속하고 블록공동부를 콘크리트 모르타르로 채움
박강판	3.2mm 이상	2m 이상	30×30cm 이상의 앵글강을 40×40cm 이하의 간격으로 용접보강하고 1.8m 이하의 간격으로 지주를 세워야 함
후강판	6mm 이상	2m 이상	1.8m 이하의 간격으로 지주를 세워야 함

13 다음은 액화가스를 기화하는 장치이다.

1) 기화장치를 작동원리에 따라 2가지로 분류하여라.

2) 온수가열방식의 온수 온도는 몇 ℃ 이하이어야 하는가?

+해답 1) 가온감압방식, 감압가온방식
  2) 80℃

+참고 1) 가온감압방식 : 액상의 LP가스를 흘려 보내어 온도를 가한 후 기화된 가스를 조정기에 의해 감압시켜 공급하는 방식
  2) 감압가온방식 : 액상의 LP 가스를 감압시킨 후 열교환기로 보내어 가열기화시키는 방식

14 다음 LPG 탱크 ①, ②의 명칭을 쓰시오.

+해답 ① : 안전밸브
  ② : 가스방출관

+참고 ① 안전밸브의 형식
  • 스프링식
  • 가용전식
  • 박판식
  • 중추식
  * LPG 저장탱크에는 주로 스프링 형식을 사용한다.

② 안전밸브는 1년에 1회 이상 내압시험 이하에서 작동시험을 한다.

③ 가스 방출구의 높이는 지면에서 5m 이상 또는 저장탱크 정상부로부터 2m 이상

④ 가스방출구는 안전밸브 규격에 따라 수직상방향 연장선으로부터 수평거리에 장애물이 없어야 한다.

안전밸브 규격(호칭 지름)	수평 거리
15A 이하	0.3m
15A 초과 20A 이하	0.5m
20A 초과 25A 이하	0.7m
25A 초과 40A 이하	1.3m
40A 초과	2.0m

15 다음 저장탱크의 특징과 내진설계 용량 기준을 쓰시오.

●해답▶ 1) 구형 저장탱크의 특징
- 내압 및 기밀성이 우수하다.
- 기초구조가 단순하며 공사가 용이하다.
- 동일 용량의 가스 또는 액체를 동일 압력 및 재료하에서 저장하는 경우 구형 구조는 표면적이 작고 강도가 높다.
- 고압저장탱크로서 건설비가 싸고 형태가 아름답다.

2) 내진설계 용량 : 3톤

16 다음 화면을 보고 소형 저장탱크의 저장설비 감압설비 및 배관의 외면과 화기를 취급하는 장소 사이에 유지하여야 할 거리에 관해 다음 표의 (1), (2)를 채우시오.

저장 능력	우회거리
1톤 미만	(1)
1톤 이상 3톤 미만	(2)

●해답▶ 1) 2m
2) 5m

●참고▶ 소형 저장탱크
1) 소형 저장탱크는 동일 장소에 6기 이하로 하고 그 충전 질량의 합은 5,000kg 미만이 되도록 한다.
2) 소형 저장탱크와 기화장치의 주위 5m 이내에는 화기의 사용을 금지하고 인화성, 발화성 물질을 두지 않는다.
3) 저장탱크의 저장능력이 3톤 이상인 경우 화기와의 우회거리는 8m 이상으로 한다.
4) 소형 저장탱크와 기화기는 3m 이상 우회거리를 유지한다.

17 동영상과 같이 LPG 저장탱크 설치에서 저장탱크실은 레디믹스트 콘크리트(ready-mixed con-crete)를 사용하여 수밀 콘크리트로 시공할 경우 설계상 강도를 몇 MPa로 하는가?

●해답▶ 20.6~23.5MPa

●참고▶ 1) 저장탱크의 지하 설치
① 저장탱크의 외면에는 부식방지코팅과 전기적 부식방지를 위한 조치를 한다.
② 저장탱크는 천장·벽 및 바닥의 두께가 각각 30cm 이상인 방수조치를 한 철근콘크리트로 만든 곳에 설치한다.
③ 저장탱크실은 다음 규격을 가진 레디믹스트 콘크리트(ready-mixed concreate)를 사용하여 수밀콘크리트로 시공한다.

2) 저장탱크실 재료규격

항목	규격
굵은 골재의 최대치수	25mm
설계강도	20.6~23.5MPa
슬럼프(slump)	12~15cm
공기량	4%
물−시멘트비	53% 이하
기타	KS F 4009(레디믹스트 콘크리트)에 따른 규정

18 다음은 저온 저장탱크이다. 저온 저장탱크의 내부압력이 외부압력보다 저하됨에 따라 그 저장탱크가 파괴되는 것을 방지하기 위한 설비 3가지를 쓰시오.

◆해답▶ 1) 압력계
2) 부압 경보장치
3) 진공 안전밸브
4) 다른 저장탱크 또는 시설로부터의 가스도입관 (균압관)
5) 압력과 연동하는 긴급차단장치를 설치한 냉동 제어 설비

충전펌프

01 다음은 LP가스를 이송시키는 압축기이다. 이 압축기 형식과 압축기의 이송 시 장단점을 각각 2 가지씩 쓰시오.

┿해답 1) 왕복동식 압축기

2) 장점
   ① 충전시간이 짧다.
   ② 잔가스 회수가 용이하다.
   ③ 베이퍼록의 우려가 없다.

3) 단점
   ① 재액화 우려가 있다.
   ② 드레인의 우려가 있다.

02 다음은 왕복동식 압축기이다. 이 압축기의 특징 4가지와 이상음 발생원인 3가지를 쓰시오.

┿해답 1) 특징
   ① 용적형이며, 고압을 얻는다.
   ② 용량 조절범위가 넓고 쉽다.
   ③ 압축효율이 높다.
   ④ 압축이 단속적이므로 진동이 크고, 소음이 크다.
   ⑤ 접속부가 많아 보수가 까다롭다.

2) 이상음 발생 원인
   ① 피스톤링이 마모되었을 경우
   ② 실린더와 피스톤이 닿았을 경우
   ③ 실린더 내에 액해머가 발생했을 경우
   ④ 실린더에 이물질이 혼입되었을 경우

03 다음은 왕복동식 압축기이다. 표시하는 기기의 명칭과 역할을 쓰시오.

➕해답 1) 명칭 : 액트랩 장치
　　　2) 역할 : 액압축을 방지하기 위해 액을 제거한다.

➕참고 연속적인 용량 조절방법
　• 타임드 밸브 제어에 의한 방법
　• 회전수 변경에 의한 방법
　• 바이패스 밸브에 의한 방법
　• 흡입 주밸브의 폐쇄에 의한 방법
　• 톱 클리어런스에 의한 방법

04 다음은 액화석유가스를 충전하는 압축기이다. 압축 운전 중 점검사항을 2가지 이상 쓰시오.

➕해답 1) 압력계는 규정압력인가?
　　　2) 작동 중 이상음은 없는가?
　　　3) 누설은 없는가?
　　　4) 진동은 없는가?
　　　5) 온도 상승은 없는가?

05 다음은 액화석유가스를 충전하는 압축기이다. 다음 물음에 답하시오.

1) 압축기에 사용하는 윤활유의 구비조건 3가지를 쓰시오.
2) LPG 압축기 윤활유를 쓰시오.

➕해답 1) 압축기 윤활유 구비조건
　　　① 인화점이 높을 것
　　　② 점도가 적당하고 항유화성이 클 것
　　　③ 열에 대한 안정성이 클 것
　　　④ 사용가스와 화학반응을 일으키지 않을 것
　　　⑤ 수분 및 산류 등의 불순물이 적을 것
　　　⑥ 정제도가 높고 잔류 탄소량이 적을 것

　　　2) 식물성유

➕참고 압축기 윤활유
　• 공기 압축기 : 양질의 광유
　• 염소압축기 : 진한 황산
　• 수소압축기 : 양질의 광유
　• 산소 압축기 : 물 또는 10% 이하의 묽은 글리세린유
　• 아세틸렌 압축기 : 양질의 광유
　• 아황산가스 압축기 : 화이트유, 정제된 테빈유

06 다음은 왕복동식 압축기이다. 표시하는 기기의 명칭과 역할을 쓰시오.

➕해답 1) 명칭 : 사방 밸브
2) 역할 : 이 밸브로 이송방향을 변경하며, 잔가스 회수도 가능하다.

07 다음은 LPG 펌프이다. LP 가스 축부에 기밀유지를 위하여 메커니컬실 중 밸런스실 방식을 사용하고 있다. 이 방식의 특징 3가지를 기술하시오.

➕해답 1) 저비점 액체일 때
2) 내압이 4~5kg/cm² 이상일 때
3) 하이드로 카본일 때

08 다음은 스크류 압축기 단면이다. 이 압축기의 특징 3가지를 쓰시오.

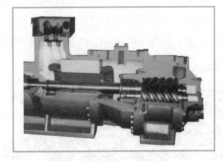

➕해답 1) 맥동이 없고 연속적이다.
2) 고속회전이므로 형태가 작고 경량이다.
3) 기초 설치면적이 작다.
4) 대용량에 적합하다.
5) 용량조절이 곤란하고 효율이 떨어진다.

09 다음은 압축천연가스를 압축하는 다단압축기이다. 다단압축의 목적 4가지를 쓰시오.

➕해답 1) 이용효율이 증가한다.
2) 가스의 온도 상승을 낮출 수 있다.
3) 일량이 절약된다.
4) 힘의 평형이 좋아진다.

+참고 압축비 증가 시 영향

    1) 소요동력이 증가한다.

    2) 실린더 내의 온도가 상승한다.

    3) 체적효율이 저하한다.

    4) 토출가스량이 감소한다.

    5) 가스의 온도가 상승한다.

10 다음은 공기액화분리장치의 터보압축기이다. 이 압축기의 구성요소와 특징을 각각 3가지씩 쓰시오.

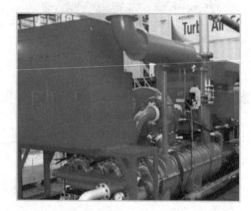

+해답 1) 구성

    ① 디퓨저

    ② 가이드 벤인

    ③ 임펠러

2) 특징

    ① 원심형 무급유식이다.

    ② 맥동이 없고 연속적인 송출이 가능하다.

    ③ 고속회전이므로 형태가 작고 경량이다.

    ④ 대용량에 적합하다.

    ⑤ 기초 설치면적이 작다.

    ⑥ 일반적인 효율이 낮다.

11 다음은 압축기의 한 종류이다. 물음에 답하시오.

1) 이 압축기 형식은?

2) 행정거리를 1/2로 줄이면 피스톤 압출량은 어떻게 되는가?

+해답 1) 왕복동(피스톤)식 압축기

    2) 1/2로 줄어든다.

12 다음은 LP가스를 이송하는 펌프이다. 펌프 이송 시 장단점을 각각 2가지씩 쓰시오.

+해답 1) 장점

    ① 재액화 우려가 없다.

    ② 드레인의 우려가 없다.

2) 단점

    ① 충전시간이 길다.

    ② 잔가스 회수가 불가능하다.

    ③ 베이퍼록의 우려가 있다.

+참고 펌프 정지 순서
- 토출밸브를 닫는다.
- 모터를 정지시킨다.
- 흡입밸브를 닫는다.
- 펌프 내 액을 배출한다.

13 다음은 펌프를 구동하는 전동기이다. 전동기 과부하 원인 2가지를 쓰시오.

+해답 1) 임펠러에 이물질 혼입 시
2) 양정유량이 증가 시
3) 모터의 소손 시
4) 액점도 증가 시
5) 과전류 통전 시

14 다음 원심펌프에서 발생할 수 있는 이상 현상 4가지를 쓰시오.

+해답 1) 캐비테이션(cavitation) 현상
2) 수격(water hammer) 현상
3) 베이퍼록(vapor lock) 현상
4) 서징(surging) 현상

15 다음에 도시된 펌프의 종류와 이 펌프의 3요소를 쓰시오.

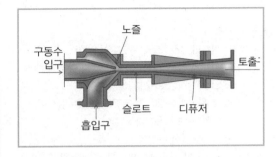

+해답 1) 종류 : 제트 펌프
2) 3요소 : ① 노즐
② 슬로트
③ 디퓨저

+참고 제트 펌프
1) 원리 : 제트펌프는 고압의 액체를 분사할 때 그 주변의 액체가 분사류에 따라 송출되는 펌프이다.

2) 구성 3요소
① 노즐 : 구동수와 급수를 분사시킨다.
② 슬로트 : 직관으로 되어 있는 혼합관을 말한다.
③ 디퓨저 : 확관 및 송출되는 부분으로 각도는 6~10° 정도이다.

16 다음은 LPG 이송펌프이다. 메커니컬실 방법 중 밸런스실의 용도 2가지를 쓰시오.

+해답 1) 내압이 0.4 ~ 0.5MPa 이상일 때
2) LPG 액화가스와 같이 저비점 액체일 때
3) 하이드로 카본일 때

+참고 **펌프의 구조**
1) 펌프의 구성 3요소 : 케이싱, 임펠러, 축봉장치
2) 펌프의 축봉장치는 그랜드 팩킹 방식과 메커니컬실 방식으로 구분된다.
3) 그랜드 패킹 방식의 특징은 약간 누설되어도 무방한 곳에 사용한다는 것이다.
4) 메커니컬실 방식의 특징
   • 누설이 허용되지 않는 곳에 사용한다.
   • 가연성, 유독성 액체 이송에 사용한다.
   • 동력손실이 적고 효율이 좋으나 고가이다.

17 동영상에서 보여주는 부취제 주입펌프는 정량(메터링)을 사용하는 펌프를 사용한다. 그 이유를 쓰시오.

+해답 일정량의 부취제를 첨가하기 위해서다.

+참고 1. 부취제 주입방식
1) 액체 주입식
   ① 펌프 주입방식 : 부취제 첨가율의 조절이 용이하다.(대규모 공급에 적합)
   ② 적하 주입방식 : 부취제 첨가율을 일정하게 하기 위해 수동조절이 필요하다.(긴급용, Stop용, 소규모에 적합)

2) 증발식
   ① 바이패스 증발식 : 온도, 압력 등의 변동에 따라 부취제 첨가율이 변동한다.(중소규모용에 적합)
   ② 워크 증발식 : 부취제 첨가율이 변동한다.(소규모에 적합)

2. 부취제의 종류

구분	T.H.T (Tetra Hydro Thiophen)	T.B.M (Tertiary Buthyl Mercaptan)	D.M.S (Methyl Sulfide)
취성	석탄 가스 냄새	양파 썩는 냄새	마늘 냄새
부식성	가스 중 H_2O, O_2 존재 시 배관 (강철, 동합금)을 부식시킴		
화학적 안정성	안정화합물	내산화성	안정화합물

비파괴 부분

01 다음은 도시가스 배관 용접작업이다. 용접 접합 시 발생할 수 있는 결함 2가지를 쓰시오.

➕해답 1) 언더컷
   2) 오버랩
   3) 블로우 홀
   4) 슬래그 혼입

➕참고 용접 결함
   1) 언더컷(undercut) : 용접 모재에 용입금속이 채워지지 않아 홈으로 남아있는 용입불량 결함
   2) 오버랩(overlap) : 용접금속이 모재보다 약간 높게 형성하여 모재에 융합하지 않고 겹쳐지는 부분의 결함
   3) 블로홀(blow hole) : 용접금속 중의 가스가 미처 배출되지 못하여 생기는 기공의 결함
   4) 슬래그 혼입(slag inclusion) : 슬래그가 응고할 때 용융금속 밖으로 유출시간이 부족하여 슬래그가 혼입되는 결함

02 다음은 용접부위에 대하여 비파괴검사를 하는 것이다. 비파괴검사의 종류 4가지를 쓰시오.

➕해답 1) 방사선 투과시험
   2) 침투탐상검사
   3) 초음파 탐상검사
   4) 자분탐상검사

➕참고 비파괴검사의 명칭과 기호

명칭	기호	영어표현
방사선 투과시험	RT	Radiography Test
침투탐상검사	PT	Penetrate Test
초음파 탐상검사	UT	Ultrasonic Test
와전류 탐상검사	ET	Eddy Current Test
자분탐상검사	MT	Magnetic Test
누설검사	LT	Leaking Test
육안검사	VT	Visual Test

03 다음은 여러 가지 비파괴검사이다. 비파괴검사의 장점을 2가지 이상 기술하시오.

●해답 1) 신뢰성이 높다.
2) 내부결함 검출이 가능하다.
3) 제품손상이 거의 없다.
4) 원형 보존이 가능하다.

●참고 비파괴검사를 하지 않아도 되는 배관
• 가스용 폴리에틸렌관
• 관경이 80mm 미만인 저압매설배관
• 저압용으로 노출된 사용자 공급관

04 다음에 보여주는 여러 가지 비파괴시험 장비의 검사 종류를 쓰시오.

●해답 방사선 투과시험(RT)

●참고 방사선 투과검사(Radiography Test)
1) 원리
시험체에 방사선을 투과시켜 방사선용 필름에 잠상을 형성시킨 후 필름을 현상하여 밝고 어두운 정도를 비교하여 시험체 내부의 상태를 알아보는 비파괴검사방법이다.

2) 장점
① 신뢰성이 높고, 내부결함 검출이 가능하다.
② 사진현상이 가능하므로 보존이 용이하다.
③ 결함의 종류 및 현상 판별이 쉽다.

3) 단점
① 인체에 유해하여 취급상 방호의 주의가 필요하다.
② 두께가 두꺼운 부분은 판별이 어렵다.
③ 장치가 대형이고 비싸다.

05 배관 용접 후 비파괴검사하고 있다. 비파괴검사 방법을 쓰시오.

●해답 초음파 탐상검사(UT)

●참고 초음파 탐상검사(Ultrasonic Test)
1) 원리
고주파 음파를 시험 부분에 주사하여 음향진동이 반사된 신호를 분석하여 결함을 찾아내는 방법이다.

2) 장점
① 내부결함의 검사가 가능하다.
② 불균일층의 검사도 가능하다.

3) 단점
① 검사 비용이 비싸다.
② 결함의 식별이 어렵고, 결과의 보존성이 없다.
③ 금속조직의 영향을 받기 쉽다.

06 배관 용접 후 비파괴검사를 하고 있다. 비파괴검사 방법을 쓰시오.

➕해답 방사선 투과검사(RT)

07 다음은 비파괴검사의 일종이다. 화면에 나타나는 비파괴검사 방법을 쓰시오.

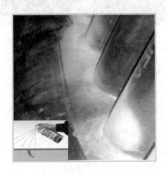

➕해답 침투탐상검사(PT)

➕참고 **침투탐상검사(Penetrate Test)**
　1) 원리
　　형광물질을 함유한 침투성이 좋은 액체를 시험부분에 침투시킨 다음 잔존 침투액을 제거 후 결함 내부의 침투액을 빨아올려 결함의 위치, 크기, 모양 등을 알아내는 비파괴검사 방법이다.

　2) 장점
　　① 외부결함의 검사가 가능하고, 시험방법이 간편하다.
　　② 표면에 생긴 미소결함의 검사도 가능하다.

　3) 단점
　　① 결과가 비교적 느리다.
　　② 내부 결함의 판단이 불가능하다.

　4) 검사 순서
　　① 침투 → ② 세정 → ③ 현상

08 동영상에서처럼 도시가스 배관접합의 경우 접합부분에는 용접을 원칙으로 하고 있다. 이 경우 도시가스 배관을 용접 접합한 후 비파괴시험을 실시하지 않아도 되는 배관 2가지를 쓰시오.

➕해답 1) 폴리에틸렌관(PE관)
　2) 관경이 80mm 미만의 저압매설 배관으로 0.1MPa 미만인 관
　3) 저압으로 사용자 노출관

09 다음은 비파괴검사의 일종이다. 화면에 나타나는 비파괴검사 방법을 쓰시오.

➕해답 자분탐상검사(MT)

➕참고 **자분탐상검사(Magnetic Test)**
　1) 원리
　　강자성체인 시험체가 자화되었을 때 표면 또는 표면직하에 결함이 있으면 그 부위에 자분을 적용시켜 누설자장에 의하여 형성된 자분의 표시로 결함 크기, 위치 등을 알아내는 비파괴검사 방법이다.

2) 장점

　① 외부결함의 검사가 가능하다.

　② 미세한 표면검사가 용이하다.

　③ 피로파괴나 취성파괴에 적당하다.

　④ 검사비용이 싸다.

3) 단점

　① 강자성체에만 적용한다.

　② 전원이 필요하고 종료 후 탈지처리가 필요하다.

　③ 내부결함 판별을 할 수 없다.

10 동영상에서 25인치 가스배관 용접을 보여주고 있다. 용접 방법을 쓰시오.

⊕해답 티그(TIG) 용접 또는 알곤 용접

11 5인치 가스배관 용접을 보여주고 있다. 용접 방법을 쓰시오.

⊕해답 미그(MIG) 용접

12 5인치 가스배관 용접을 보여주고 있다. 용접 방법을 쓰시오.

⊕해답 아크용접(전기용접)

계측 부분

01 다음 가스미터의 명칭과 장점 2가지를 쓰시오.

+해답 1) 습식 가스미터
2) 장점
  • 유량측정이 정확하다.
  • 사용 중에 계측상 기차의 변동이 거의 없다.

+참고 습식 가스미터
1) 단점
  ① 사용 중에 수위 조정 등의 관리가 필요하다.
  ② 설치면적이 크다.

2) 용도 : 실험실용, 기준용

3) 용량 범위 : 0.2~3,000m³/hr

02 다음 막식 가스미터기에 표시되어 있는 MAX 1.5m³/h는 무엇을 의미하는가?

+해답 사용최대 유량은 시간당 1.5m³ 유량이 흐름

+참고 막식 가스미터
1) 장점
  ① 가격이 저렴하다.
  ② 설치 후 유지관리에 시간을 요하지 않는다.

2) 단점
  ① 소량 수용가에 사용한다. (일반가정용)
  ② 대용량은 설치면적이 크다.

3) 용량 범위 : 1.5~200m³/hr
4) 0.5L/rev는 계량실 1주기 체적이 0.5L이다.

03 다음 도시가스 가스미터기의 명칭과 용도를 쓰시오.

+해답 1) 루츠(Roots)식 가스미터
      2) 대량의 가스를 사용하는 곳에 적용한다.

+참고 루츠식 가스미터
      1) 장점
         ① 대용량의 가스 측정에 용이하다.
         ② 중압가스의 계량이 용이하다.
         ③ 설치면적이 작다.

      2) 단점
         ① 설치 후 유지관리가 필요하다.
         ② 소용량인 것은 부동의 우려가 있다.

      3) 용량범위 : 100~5,000m³/hr

04 다음은 정압기실에 주로 설치하는 기기이다. ①, ②의 명칭을 쓰시오.

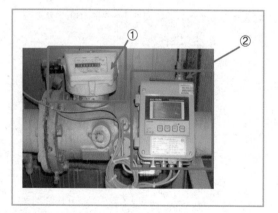

+해답 ① : 터빈식 가스미터
      ② : 온도압력 보정장치(BVI)

+참고 터빈식 가스미터(추량식)
      유체의 운동량으로 회전체를 회전시켜 운동량과 회전량의 변화량으로 가스의 사용량을 산정하는 유량계로 보통 LNG, LPG, 에틸렌, 석탄가스, 수소 등 가스 측정에 사용한다.

05 다음에 보여주는 가스 사용기구의 명칭을 쓰시오.

+해답 ① 막식 가스미터
      ② 로터리식 가스미터
      ③ 터빈식 가스미터
      ④ 터빈식 가스미터

06 다음은 정압기실 내부이다. 표시 부분의 명칭과 역할을 쓰시오.

➕해답 1) 온도압력보정장치(BVI)
2) 주위 온도압력에 따라 실제 사용량과 계량기의 수치에 차이가 생기게 되는데 이 오차값을 보정해 주는 장치

➕참고 **온도압력보정장치(BVI)**
1) 온도압력보정장치(BVI) : 도시가스 공급에 따른 관 내의 온도와 압력을 가스공급기준인 0℃, 1기압의 상태로 보정하는 장치이다.
2) 보정값의 수치는 보일-샤를의 법칙을 적용하여 산정한다.

07 다음은 LPG 계량기이다. 가스 계량기 종류와 목적, 허용압력손실, 사용공차 등을 쓰시오.

➕해답 1) 막식 가스미터
2) 소비자에게 공급하는 가스체적을 측정하여 요금환산의 근거로 활용함
3) 30mmAq 이하
4) 실제 사용 상태의 ±4%

08 다음은 가스계량기가 격납상자 내에 설치되어 있는 것이다. 이때의 설치높이는?

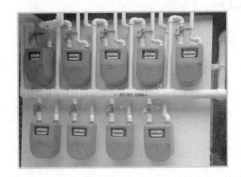

➕해답 설치높이에 제한이 없다.

➕참고 **가스미터 설치기준**
1) 설치높이
바닥으로부터 1.6m 이상 2m 이내(단, 격납상자 내에 설치 시 제외)

2) 유지거리
① 전기계량기 및 전기개폐기 : 60cm
② 굴뚝, 전기 전멸기 및 전기 접속기 : 30cm
③ 전연조치하지 않은 전선 : 15cm

3) 표시사항
① 가스미터의 형식
② 사용 최대유량
③ 가스 흐름방향
④ 형식승인번호
⑤ 계량식의 1주기 체적
⑥ 검정 및 합격 표시

4) 검정 유효기간 : 5년(단, LPG 가스미터 : 2년, 기준가스미터 : 2년)

09 다음은 다기능 가스 안전계량기이다. 이 계량기의 작동 성능 3가지를 쓰시오.

➕해답 1) 증가유량 차단성능
　　　 2) 합계유량 차단성능
　　　 3) 연속사용시간 차단성능
　　　 4) 미소 사용유량 등록성능
　　　 5) 미소 누출 검지성능
　　　 6) 압력저하 차단성능

10 다음 LP가스탱크에 설치되어 있는 액면계의 명칭과 설치목적은?

➕해답 1) 명칭 : 클링커식 액면계
　　　 2) 설치 목적 : 가스 과충전 방지 및 조업에 따른 잔량 확인

➕참고 LPG 저장탱크 액면계 종류
　　　 1) 클링커식 액면계
　　　 2) 플로트식 액면계
　　　 3) 회전튜브식 액면계
　　　 4) 슬립튜브식 액면계 등

11 다음에서 보여주는 클링커식 액면계의 상하부 밸브의 기능은?

➕해답 액면계 파손에 따른 가스누출을 방지하기 위해 자동 또는 수동으로 설치하는 스톱밸브

➕참고 1) 클링커식 액면계는 상하부에 파손으로 인한 가스 유출을 막기 위해 스톱 밸브을 설치한다.
　　　 2) 액면계 설치 목적은 90% 이하 충전하고 온도 상승에 따른 액팽창으로 저장탱크 파괴방지임

12 다음은 아르곤 저장탱크이다. 화살표가 지시하는 아르곤 저장탱크에 설치된 액면계의 명칭은?

➕해답 햄프슨식 액면계(차압식 액면계)

➕참고 햄프슨식 액면계
액화산소, 아르곤 등과 같이 극저온저장조의 액면 측정에는 차압식이 많이 사용되며 저장조 상부로부터 저장조 하부로 연결한 U자관으로 액면을 측정한다.

13 다음에 지시하는 것은 저장탱크 상부에 설치하여 가스상의 액상 경계를 보여주는 기기이다. 명칭을 쓰시오.

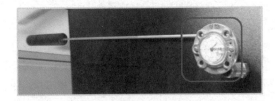

⊕해답 부자(float)식 액면계

⊕참고 1) Float(부자)식 액면계
저장조 내의 중앙부 액면에 부자를 띄워 회전력으로 중앙 경판부 지침으로 표시한다.

2) 슬립 튜브(Slip tube)식 액면계
저장조 최정상부 중앙으로부터 가는 스테인리스관을 저면까지 내려 상하로 움직여 관내 분출하는 가스상과 액상의 경계로 액면을 측정하는 방식이다.

14 다음은 CNG 충전소의 기계실이다. 기계장치의 명칭을 쓰시오.

⊕해답 액면표시장치(플로트식 액면계)

⊕참고 플로트식 액면계
저장조 내의 중앙부 액면에 부저를 띄워 액면에 따라 변동되는 양을 중앙거울부에 지침으로 표시되는 액면계이다.

15 다음은 저장탱크 상용압력이 20kg/cm²인 압력계이다. 이 압력계의 최고 눈금범위는?

⊕해답 30~40kg/cm²

⊕참고 1) 압력계의 최고눈금범위 : 상용압력의 1.5배 이상 2배 이하
2) 표준이 되는 압력계는 2개 이상 비치한다.
3) 저장탱크 압력계는 3개월에 1회 이상 점검하고 오차가 압력계 한 눈금의 1/2 이상이면 보수 교체한다.

16 다음은 차량 하부에 검지부가 있어 도로의 도시가스누출을 검지하는 차량이다. 검지기의 종류와 검지할 수 있는 가스 종류를 2가지 이상 쓰시오.

⊕해답 1) 수소화염이온화식 가스검지기(FID)=수소염이온화검출기
2) CH_4, C_2H_6, C_3H_8, C_4H_{10} 등

17 다음은 휴대용으로 사용하는 가스누설 검지기이다. 기기의 형식과 감지방식, 검지가스 2가지를 쓰시오.

➕**해답** 1) 휴대용 자동흡입식
2) 열선형 반도체 감지방식
3) LNG, LPG, CO, H₂S(가연성 가스) 등

➕**참고** 도시가스 사용시설의 시공감리 후 누설가스 검지에 사용

18 다음은 가스크로마토그래피(GC)의 가스검출기 종류 2가지를 쓰시오.

➕**해답** 1) 열전도도 검출기(TCD)
2) 수소이온화 검출기(FID)
3) 전자포획형 검출기(ECD)
4) 염광 광도 검출기(FPD)
5) 알칼리 이온화 검출기(FTD)

➕**참고** 1) 캐리어가스
① 수소
② 헬륨
③ 질소
④ 아르곤

2) 캐리어가스의 구비조건
① 시료와 반응하지 않는 불활성 가스일 것
② 순도가 높고 구입이 용이할 것
③ 가격이 저렴할 것
④ 사용하는 검출기에 적합할 것

19 다음은 휴대용 산소농도 측정기이다. 구성 3요소와 작업자가 작업할 수 있는 농도를 각각 쓰시오.

➕**해답** 1) 검지부, 측정부, 경보부, 조절부
2) 18% 이상 22% 이하

20 다음 휴대용 가스누출검지기의 종류 2가지를 쓰시오.

➕**해답** 1) 수소이온화식 가스검지기(FID)
2) 접촉연소식 검지기
3) 반도체식 검지기
4) 서모스탯식 검지기
5) 검지관식 검출기

➕**참고** 가스누설 검사방법
• 비눗물 검사(발포액 검사)
• 가스누설검지기
• 검사지
• 검지관식

21 다음은 도시가스(LNG)를 사용하는 사용시설의 배관도이다. 표시 부분 ①, ②의 명칭과 검지부의 설치위치를 기술하시오.

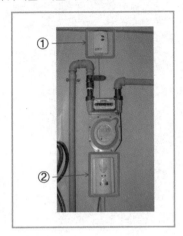

해답 1) 표시 부분 명칭
　　① : 검지부
　　② : 제어부

2) 설치위치 : 천장으로부터 30cm 이내에 설치

참고 가스누설 경보장치 구성 3요소와 역할
1) 구성 3요소 : 검지부, 제어부, 차단부
2) 구성 요소별 역할
　• 검지부 : 누설된 가스를 검지하여 제어부로 신호를 보내는 기능이다.
　• 제어부 : 신호를 받아 경보를 울리고 차단부로 신호를 보내는 기능이다.
　• 차단부 : 제어부로부터 받은 신호로 가스의 흐름을 차단하는 기능이다.

22 다음은 가스누설 경보장치이다. 경보장치의 구성 3가지와 검지기 종류 3가지를 쓰시오.

해답 1) 구성 3요소 : 검지부, 제어부, 차단부
2) 검지기 종류 : 접촉연소식, 반도체식, 열전대식, 정전위전해방식, 격막갈바니 전지방식

참고 가스누설 경보장치 설치기준
1) 가스검지부는 공기보다 가벼운 가스는 천장에서 30cm 이내, 무거운 가스는 바닥에서 30cm 이내 설치한다.
2) 검지부 설치는 버너 중심부에서 8m 이내에 1개소가 되도록 설치한다.(단, 공기보다 무거운 경우 4m마다)
3) 환기구, 출입구 등 외부기류가 통하는 곳은 피한다.
4) 연소기 폐가스가 접촉하기 쉬운 곳은 피한다.
5) 환기구 등 공기가 들어오는 곳으로부터 1.5m 이내는 피한다.

23 동영상은 가스누설 경보기기이다. 설치장소와 이 기기에 대한 정밀도, 지시계의 눈금 범위를 기술하시오.

해답 1) 설치장소 : 근무자가 항상 상주하는 곳으로 상황 전파가 용이한 곳
2) 정밀도 : 경보농도 설정값에 대하여 가연성 가스용 ±25% 이하, 독성 가스는 허용농도 이하
3) 지시계 눈금범위 : 가연성 가스용은 0~폭발하한 지시, 독성 가스는 0~허용농도의 3배 지시 ($NH_3 = 150PPM$)

참고 1) 가스누설경보기 설치는 저장설비와 처리설비 내에는 10m마다, 그 밖의 것은 20m마다 1개의 비율로 한다.
2) 경보기는 반도체식을 많이 사용한다.

24 다음 차량을 이용하여 도시가스 배관 노선상의 지표에서 고속 주행하며 도상 공기를 흡입하여 누설 여부를 검사하는 광학식 메탄가스 검지기 특성은?

➕해답 적외선 흡광 특성

➕참고 광학식 메탄가스검지기(OMD ; Optical Methane Detector)

1) 메탄가스만 반응하도록 특수한 광학 필터를 장착하여 검지한다.

2) 적외선 흡광 특성을 이용하여 고속 주행에도 검지가 우수하다.

3) 수소를 이용하는 FID 방식에 비해 사용이 안전하고 간편하다.

4) 짧은 시간 동안에 많은 지역을 감지할 수 있어 경제적이다.

CHAPTER

11

기타 안전

01 동영상은 고압가스 관련 설비이다. 이 탱크의 안전을 위하여 내부에 가스를 연소시켜 방출처리 하는 설비의 명칭과 역할을 쓰시오.

➕해답 1) 플레어 스택

2) 설비에서 이상상태 및 기타 위험이 발생할 경우 당해 설비의 내용물을 일정한 곳에 보관한 후 대기와 연결된 배관을 통해 점화 연소시켜 안전하게 처리하는 설비

➕참고 **플레어 스택**

1) 설치 높이 및 위치는 플레어 스택 바로 밑의 지표 면에 미치는 복사열이 바닥면적 $1m^2$당 4,000 Kcal/hr 이하가 되도록 한다.

2) 혼합폭발 방지를 위해 갖춰야 할 설비
  • Liquid Seal의 설치
  • Flame Arrestor의 설치
  • Vapor Seal의 설치
  • Purge Gas의 지속적인 주입 등
  • Molecular Seal의 설치

02 다음 용기에 충전된 가스명과 누설 시 사용할 수 있는 중화제를 2가지 이상 쓰시오.

➕해답 1) 가스명 : 염소(Cl_2)
2) 중화제 : ① 가성소다
② 탄산소다
③ 소석회

➕참고 **독성 가스 흡수제(중화제)**

가스명	제독제(중화제)
염소	가성소다, 탄산소다, 소석회
포스겐	가성소다, 소석회
황화수소	가성소다, 탄산소다
시안화수소	가성소다
아황산가스	가성소다, 탄산소다, 물
암모니아, 산화에틸렌, 염화메탄	대량의 물

03 동영상은 고압가스 관련 설비이다. 이 시설의 명칭과 역할을 쓰시오.

🔹해답 1) 벤트스택
2) 가연성 가스 또는 독성 가스의 설비에서 이상 상태가 발생할 경우 당해 설비의 내용물을 밖으로 안전하게 방출하는 설비

🔹참고 벤트 스택
1) 방출구 높이 기준은 방출된 가스의 착지농도가 폭발하한계 미만, 허용농도 미만이 되도록 충분한 높이로 한다.
2) 방출구 위치는 작업원이 정상적으로 작업에 필요한 장소로 긴급용일 경우 10m 이상, 일반용일 경우 5m 이상인 곳에 설치한다.

04 다음 조명기구에 있는 "e" 표시의 의미를 쓰시오.

🔹해답 안전증 방폭구조(0종 위험장소)
🔹참고 방폭구조의 종류와 기호
• d : 내압 방폭구조
• p : 압력 방폭구조
• o : 유입 방폭구조
• e : 안전증 방폭구조
• ia & ib : 본질안전 방폭구조
• s : 특수 방폭구조

05 다음은 도시가스 사용시설의 방폭기기 설치 장면이다. 방폭기기에 표시된 "Ex d IIB T5"의 의미를 쓰시오.

🔹해답 1) Ex : 방폭구조 방법
2) d : 내압방폭구조
3) llA : 내압방폭구조의 폭발등급
4) T5 : 방폭기기의 온도등급

🔹참고 1) 내압방폭구조 폭발등급 분류

최대 안전틈새 (mm)	0.9 이상	0.5~0.9 미만	0.5 이하
가연성 가스의 폭발등급	A	B	C
방폭 전기기기의 폭발등급	II A	II B	II C

2) 가연성 가스 발화온도에 따른 방폭 전기기기의 온도등급

가연성 가스 발화온도	방폭기기의 등급	가연성 가스 발화온도	방폭기기의 등급
450℃	T1	135℃ 초과 200℃ 이하	T4
300℃ 초과 450℃ 이하	T2	100℃ 초과 135℃ 이하	T5
200℃ 초과 300℃ 이하	T3	85℃ 초과 1,000℃ 이하	T6

06 다음의 방폭 전기기기에 설치한 정션(Junc-tion)박스, 풀(Pull)박스 접속함 및 부속품에 사용 가능한 방폭구조 2가지를 쓰시오.

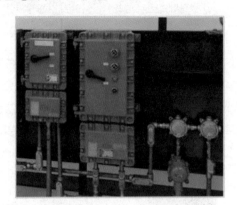

➕해답 1) 안전증 방폭구조
2) 내압방폭구조

➕참고 방폭 전기기기 선정 및 설치
1) 0종장소 : 본질안전 방폭구조
2) 방폭전기기기 설비 접속함 부속품 : 내압방폭구조, 안전증 방폭구조

07 다음은 가스 저장소에 설치하는 기기이다. 기기 명칭과 이런 시설을 하지 않아도 되는 가스 2종을 쓰시오.

➕해답 1) 방폭 등
2) 암모니아, 브롬화메틸

08 충전소 내에 긴급 사태 발생 시 사업소 전체에 신속히 전파할 수 있는 통신시설을 3가지 이상 쓰시오.

➕해답 1) 구내방송 설비
2) 사이렌
3) 휴대용 확성기
4) 페이징 설비
5) 메가폰

➕참고 통신시설

사항별(통신범위)	설치(구비)하여야 할 통신설비	비고
안전관리자가 상주하는 사업소와 현장 사업소 사이 또는 현장사무소 상호 간	• 구내 전화 • 구내 방송설비 • 인터폰 • 페이징 설비	사무소가 동일한 위치에 있는 경우에는 제외한다.
사업소 내 전체	• 구내 방송설비 • 사이렌 • 휴대용 확성기 • 페이징 설비 • 메가폰	
종업원 상호 간 (사업소 내 임의의 장소)	• 페이징 설비 • 휴대용 확성기 • 트랜시버(계기 등에 대하여 영향이 없는 경우에 한한다.) • 메가폰	사무소가 동일한 위치에 있는 경우에는 제외한다.

09 다음은 가스 보관소에서 화재 등으로 내부압력이 상승하여 결국 용기가 파괴되고 과포화액이 누출되면서 주위의 열을 흡수하는 동시에 증기운을 형성하고 점화원에 의해 폭발하는 장면을 보여주고 있다. 이런 형태의 폭발 명칭을 쓰시오.

➕해답 UVCE(개방형 증기운 폭발)

➕참고 UVCE(Uncontained Vapor Cloud Explosion, 개방형 증기운 폭발)
화재 등으로 내부압력이 상승하여 결국 용기가 파괴되고 과포화액이 누출되면 주위의 열을 흡수하는 동시에 증기운을 형성하고 점화원에 의해 폭발로 이어진다.

　• 특징
　　① 폭발보다는 화재의 피해가 크다.
　　② 난류에 의한 영향이 폭발의 충격을 가중시킨다.
　　③ BLEVE보다 폭발효율이 적다.

10 다음 액화가스 이송설비에서 가스 유동으로 발생하는 정전기 제거방법 3가지를 쓰시오.

➕해답 1) 대상물을 접지한다.
　　2) 공기를 이온화한다.
　　3) 상대습도를 70% 이상 유지한다.
　　4) 정전화 정전의 등을 착용하여 대전을 방지한다.

11 다음은 LP가스 탱크의 폭발현상으로 탱크 기상부의 과열로 액의 온도 상승과 탱크압력 상승으로 기계적 강도가 현저히 저하되어 내용물이 급속한 증발로 점화원에 의해 화구(Fire ball) 형태로 폭발하고 있다. 물음에 답하시오.

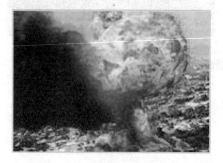

1) 이런 형태의 폭발 명칭을 쓰시오.
2) 폭발시고 시 한국가스안전공사에 보고할 사항을 쓰시오.

➕해답 1) BLEVE(비등액체 팽창 증기폭발)

　　2) ① 사고발생 일시
　　　　② 사고발생 장소
　　　　③ 사고내용
　　　　④ 시설현황
　　　　⑤ 피해현황(인명 및 재산)
　　　　⑥ 통보자 소속, 지위, 성명 및 연락처

➕참고 BLEVE(Boiling Liquefied Expanding Vapor Explosion, 비등액체팽창증기폭발) 저장탱크 주위의 화재로 탱크 기상부의 과열로 액의 온도 상승과 탱크압력 상승으로 기계적 강도가 현저히 저하되어 내용물이 급속한 증발로 점화원에 의해 화구(Fire ball) 형태로 폭발하며 연쇄 폭발로 이어진다.

12 공기 액화분리장치에서 공기정제탑의 흡입 공기 중 이산화탄소(CO_2)를 제거하는 이유를 쓰시오.

+해답 저온에서 이산화탄소는 고형 드라이아이스가 되어 배관과 밸브를 폐쇄하고 장치의 흐름을 방해하거나 파손을 발생한다.

+참고 공기 중 탄산가스(CO_3)의 제거
- 이산화탄소 흡수기로 제거한다.
- 흡수기 내부는 강제 원통형이며 흡수제도 가성소다 수용액(NaOH)이 상부에서 하부로 노즐을 통해 방사되고 하부에서 상부로 나오는 과정에서 다음과 같은 반응식에 의해 공기 중의 탄산가스(CO_2)가 제거된다.

$$2NaOH + CO_2 \rightarrow Na_2CO_3 + H_2O$$

- 가성소다 수용액(NaOH)은 용액탱크에서 펌프로 뿌려지며 하부에 고인 묽은 용액은 다시 펌프로 순환된다.
- CO_2를 제거하는 이유는 저온장치에 CO_2가 존재하면 고형의 드라이아이스가 되어 밸브 및 배관에 폐쇄 장애를 일으키기 때문이다.

13 다음은 가용전식 안전밸브이다. 이 안전밸브에 사용하는 재질을 2가지 이상 쓰시오.

+해답 1) 납
2) 주석
3) 카드뮴(Cd), 비스무트(Bi), 안티몬(Sb)

+참고 1) 원리
일정 온도 상승 시 가용전 금속이 녹아 내부의 가스를 외부로 방출하는 형식의 안전밸브임

2) 온도에 따른 구분
- 긴급 차단용 : 110℃
- 아세틸렌용 : 105 ±5℃ · 염소가스용 : 65~ 68℃ · 기타 일반용 : 75℃

14 동영상에서 보여주는 부품의 명칭을 쓰시오.

+해답 피그(Pig)

+참고 1) 원리 : 가스배관 내부의 흐름을 양호하게 하기 위하여 녹 또는 이물질 등을 제거한다.
2) 특징 : 가스배관을 돌아다니면서 청소하기 때문에 간편하고 안정적이나 각 구간마다 추진장치가 필요하여 비용이 많이 든다.

15 동영상에서 보여주고 있는 소형 저장탱크의 표시 부분의 명칭을 쓰시오.

+해답 스프링식 안전밸브

16 동영상에서 보여주는 LPG 이송펌프의 토출
측에 설치된 밸브의 명칭을 쓰시오.

➕해답▶ 안전밸브

부록

I

가스기사 기출문제

※ 최근 문제를 분석하여
출제빈도가 높은 것들로 재구성하였습니다.

가스기사 필답형

[2015~2020]

가스기사 필답형 기출문제

01 도시가스제조시설에서 도시가스 발생설비 및 공급설비가 갖추어야 하는 안전장치 4가지를 쓰시오.

➕해답 1) 안전밸브, 2) 긴급차단장치, 3) 가스 누설 경보장치, 4) 인터록 장치 5) 온도계, 압력계

02 안전밸브 성능에 대한 다음의 물음에 답하시오.

1) 분출 개시 안전밸브의 설정압력이 0.7MPa 이하일 때 설정압력의 범위는 얼마인가?
2) 밀폐성에 대하여는 출구 쪽으로부터 밸브 내부에 얼마 이상 압력을 가해서 입출구를 밀폐시켰을 때 누출이 없어야 하는가?

➕해답 1) 설정압력의 ±0.02MPa
2) 0.6MPa 이상

➕참고 1) 안전밸브 분출개시압력의 허용차는 설정압력이 0.7MPa 이하의 경우 설정압력의 ±0.02MPa, 0.7MPa 초과하는 경우는 설정압력의 ±3%이어야 한다.
2) 안전밸브 분출개시압력의 측정을 시행한 후, 안전밸브 입구 쪽에서 설정압력의 90% 이상 압력을 가했을 때, 누출이 없는 것으로 하고 밀폐형에 대하여는 출구 쪽으로부터 밸브 내부에 0.6MPa 이상의 압력을 가해서, 입구 쪽 및 출구 쪽을 밀폐시켰을 때 몸체 기타의 각부에 누출이 없을 것

03 도시가스 공급방식에서 공기혼합공급방식의 장점 3가지를 쓰시오.

➕해답 1) 발열량 조절　　2) 누설 시 손실량 감소
3) 연소효율 증대　　4) 재액화 방지

04 가스용 폴리에틸렌관 설치기준에서 압력범위에 따른 SDR 값을 쓰시오.

압력범위	SDR
0.4MPa 이하	(1)
0.25MPa 이하	(2)
0.2MPa 이하	(3)

➕해답 1) 11 이하　　2) 17 이하　　3) 21 이하

05 일반가스 제조시설에서 방류둑의 설치 시 저장량은 얼마 이상인가?

1) 가연성 가스

2) 독성 가스

➕해답 1) 1,000톤 이상

2) 5톤 이상

06 가스배관을 매설 중 지중, 수중에서의 부식 방지를 위해 양극이 되는 금속을 배관에 연결하여 양극의 전위를 흐르게 하는 방식법의 명칭은 무엇인가?

➕해답 희생양극법

07 도시가스 월사용 예정량 산정식을 쓰고 설명하시오.

➕해답 $Q = \dfrac{(A \times 240) + (B \times 90)}{11,000}$

Q : 월사용예정량(m^3)

A : 산업용으로 사용되는 연소기의 명판에 기재된 가스소비량 합계(kcal/h)

B : 산업용이 아닌 연소기의 명판에 기재된 가스소비량의 합계(kal/h)

08 산화에틸렌 가스 충전 시 분해폭발을 방지하기 위하여 4.5kg/cm^2 이상으로 주입하는 가스 두 가지를 쓰시오.

➕해답 1) N_2(질소)   2) CO_2(이산화탄소)

09 프로판(C_3H_8)을 내용적 118L 충전용기에 50kg 충전하여 사용한 후 27℃에서 압력을 측정하니 5kg $/\text{cm}^2$이었다. 사용한 프로판의 사용량(kg)은 얼마인가?(단, 이상기체로 간주한다.)

➕해답 48.77kg

➕참고 가스 잔량 산출

$PV = nRT$

$PV = \dfrac{W}{M}RT$

$W = \dfrac{PVM}{RT} = \dfrac{\left(\dfrac{(5 + 1.033)}{1.033}\right) \times 118 \times 44}{0.082 \times (273 + 27)} = 1,232\text{g} = 1.23\text{kg}$

잔량을 제외한 양은 소비되므로 50kg − 1.232kg = 48.77kg

10 아세틸렌 가스의 희석제로 사용되는 가스를 3가지 쓰시오.

> **해답** 1) 에틸렌   2) 메탄   3) 질소   4) 일산화탄소

11 사용압력 0.7MPa 이상인 안전밸브의 1) 분출개시압력의 허용차 2) 밀폐형에 대하여 출구 측으로부터 밸브 내부에 가하는 누설 테스트 압력을 각각 쓰시오.

> **해답** 1) 설정압력의 ±3%
> 2) 0.6MPa
> ※ 안전밸브의 분출개시압력의 허용차는 설정압력 0.7MPa 이하 ±0.02MPa

12 도시가스 제조공정 중 접촉분해 공정에 대하여 설명하시오.

> **해답** 접촉분해(수증기 개질) 공정은 촉매를 사용하여 반응온도 400~800℃로 탄화수소와 수증기를 반응시켜 메탄, 수소 일산화탄소 등 저급탄화수소로 변화하는 반응을 말한다.

13 다음 표의 제조가스에 프로판으로 증열 7,000kcal/m³의 공급가스를 만들었을 경우 공급가스의 웨베지수를 구하시오.(단, 공기분자량 28.9, LPG 24,000kcal/m³)

조성	H_2	CO_2	CO	CH_4
mol(%)	60	20	5	15
발열량(kcal/m³)	3,050		3,020	9,540

> **해답** 1) 현 혼합가스 발열량 $=(3,050 \times 06)+(3,020 \times 0.05)+(9,540 \times 0.15)=3,412\text{kcal/m}^3$
>
> 2) 증열가스량 산정 $=\dfrac{(3,412+24,000)x}{1+x}=7,000$, $x(프로판)=0.21\text{m}^3$
>
> 3) 증열 후 가스 조성
>
>   ① 프로판 $=\dfrac{0.21}{1.21}=0.1736$ ② 수소 $=\dfrac{0.6}{1.21}=0.4959$
>
>   ③ $CO_2=\dfrac{0.2}{1.21}=0.1653$ ④ $CO=\dfrac{0.05}{1.21}=0.0413$
>
>   ⑤ $CH_4=\dfrac{0.15}{1.21}=0.1736$
>
> 4) 가스 조성의 분자량 $=(2 \times 0.4959)+(44 \times 0.1653)+(28 \times 0.0413)+(16 \times 0.124)+(44 \times 0.1736)$
> $=19.094$
>
> 5) 가스비중 $=\dfrac{19.094}{28.9}=0.66$, 웨베지수 $=\dfrac{7,000}{\sqrt{0.66}}=8,616.4\text{kcal/m}^3$

14 고압설비의 내진설계 기준에서 내진등급 3가지를 쓰시오.

+해답 1) 내진특등급 : 가스공사 인수기지에서 최초의 차단 밸브까지 설치된 6.9Ma 이상의 배관
2) 내진1등급 : 일반도시가스 사업자가 소유한 0.5 MPa 이상의 배관
3) 내진2등급 : 내진특등급, 내진1등급 이외의 배관

01 최고충전압력이 $5kg/cm^2g$이고 현재 운전은 $3kg/cm^2g$에서 $20℃$를 유지 시 이 설비에서 유지되는 최고온도는 몇 ℃인가?

⊕해답 438.30K＝165.3℃

⊕참고 $\dfrac{P_1}{T_1}=\dfrac{P_2}{T_2}$ $\dfrac{\left(\dfrac{3+1.033}{1.033}\right)}{273+20}=\dfrac{\left(\dfrac{5+1.033}{1.033}\right)}{(273+t℃)}$, $T_2=273+165.3=438.3K=165.3℃$

02 가스 굴착공사 시 가스안전 영향평가서 작성기준 항목 4가지를 쓰시오.

⊕해답 1) 굴착공사로 인하여 영향을 받는 가스배관의 범위
2) 공사계획 변경의 필요성 여부
3) 공사 중 안전관리체계의 입회시기 및 입회방법
4) 안전조치의 비용에 관한 사항
5) 가스배관의 이설 사용 시 일시정지 안전조치의 필요성과 방법, 시기와 안전조치 세부계획

03 연소기구에 연결된 고무관이 노후하여 직경 $1mm$ 구멍이 뚫렸다. $350mmHg$ 압력으로 LP가스 유출 시 노즐에서의 분출량(m^3/d)은 얼마인가?(단, 비중은 1.6이다.)

⊕해답 $3.19m^3/d$

⊕참고 $Q=0.009\times D^2\times\sqrt{\dfrac{P}{d}}=0.009\times 1^2\times\sqrt{\dfrac{350}{1.6}}=0.133m^3/hr\times 24hr=3.19m^3/day$

04 대통령령이 정하는 특정 고압가스의 종류를 5가지 이상 쓰시오.

⊕해답 1) 압축모노실란 2) 압축디보레인
3) 액화알진 4) 포스핀
5) 셀렌화수소 6) 액화염소
7) 액화암모니아 등

05 가스의 유출속도가 연소속도보다 빨라 염공을 떠나 연소하는 현상을 무엇이라 하는가?

➕**해답** 선화(lifting, 리프팅)

06 오리피스 직경 100mm 내경 200mm의 원관에 물이 흐를 때 수은마노미터 차압이 376mmHg일 때 유량은 몇 (m³/hr)인가?(단 유량계수는 0.624, 수은의 비중은 13.6으로 한다.)

➕**해답** 175.56m³/hr

➕**참고** 유량$(Q) = A \times V = \dfrac{3.14 \times (0.1)^2}{4} \times \dfrac{0.624}{\sqrt{1 - (\dfrac{0.1}{0.2})^4}} \times \sqrt{2 \times 9.8 \left(\dfrac{13.6}{1} - 1 \right) \times 0.376 \times 3,600}$

$$= 175.66 \, \text{m}^3/\text{hr}$$

※ 유속$(V) = \dfrac{C}{\sqrt{1 - m^2}} \times \sqrt{2g \left(\dfrac{\rho'}{\rho} - 1 \right) \times H} \, (\text{m/s})$

07 다음 고압장치에서 아래 기호의 정의를 기술하시오.(단, 단위도 명시)

1) TP :

2) DP :

➕**해답** 1) 내압시험압력(MPa)

2) 최고사용압력(MPa)

08 액화프로판 내용적이 50l일 때 20kg이 충전되어 있다. 액비중이 0.5일 때 여유공간은 몇 %인가?

➕**해답** 20%

➕**참고** 20kg의 부피 $= 20\text{kg} \times \dfrac{1}{0.5} = 40l$

여유공간 $= \dfrac{(50 - 40l)}{50l} \times 100 = 20\%$

09 탄소강에 점성이 증가해 고온가공을 쉽게 하며, 강도 경도 인성이 증가해 연성을 감소(담금질 효과를 높이려고)하게 하려면 어떠한 원소를 첨가하여야 하는가?

➕**해답** Mn(망간)

10 다음 물음에 답하시오.

    1) 온수가열식의 기화기의 수온은 몇 ℃ 이하인가?

    2) 증기가열식 기화기의 증기온도는 몇 ℃ 이하인가?

    3) 안전밸브 작동압력은 내압시험 압력의 몇 배인가?

    ⊕해답▶ 1) 80℃

             2) 120℃

             3) 0.8배

11 가스홀더 직경 40m 사용상한압력 0.6MPa(G), 하한압력 0.2MPa(G)일 때 공급량은 몇 Nm³인가?
(단, 1atm＝0.101325 MPa, 공급온도는 20℃로 일정)

    ⊕해답▶ 141,947Nm³

    참고▶ $PV = K\dfrac{(0.6 - 0.101325)}{0.101325} - \dfrac{(0.2 + 0.101325)}{0.101325} \times V\left(\dfrac{3.14}{6} \times 40^3\right) = 132,258.0162$

        $\dfrac{V}{T} = \dfrac{132,258}{273} = \dfrac{V}{273} + 20 = 141,947\text{Nm}^3$

12 도시가스에서 사용되는 정압기의 기능 2가지를 쓰시오.

    ⊕해답▶ 1) 2차압력 일정하게 유지

             2) 2차 압력 조정기능

             3) 이상압력 상승 시 압력 정상화 기능

             4) 가스 누설 시 경보 기능

13 LNG 기화장치의 종류 3가지를 쓰시오.

    ⊕해답▶ 1) 오픈랙(Open rack Vapor) 기화장치

             2) 서브머지드(Submerged Vapor) 기화장치

             3) 중간매체식(Intermediate Fluid Vapor) 기화장치

14 도시가스의 월사용예정량을 구하는 식을 쓰고 기호를 설명하시오.

    ⊕해답▶ $Q = \dfrac{\{(A \times 240) + (B \times 90)\}}{11,000}$

        Q : 월사용 예정량(m³)

        A : 산업용으로 사용하는 연소기명판에 기재된 가스소비량의 합계(kcal/hr)

        B : 산업용이 아닌 연소기명판에 기재된 가스소비량의 합계(kcal/hr)

01 증기운 폭발에 대하여 설명하시오.

➕해답 증기운 폭발(VCE ; Vapor Cloud Explosion)은 화재 등으로 내부압력이 상승하여 용기가 파괴되고 과포화 액이 누출되면서 주위에서 열을 흡수하여 증기운을 생성하고 점화원에 의해 폭발하는 현상이다.

➕참고 1) 개방형 폭발로 과포화용액 누출로 인한 증기운 생성
2) 폭발보다 화재에 의한 피해가 크다.
3) 난류에 의한 영향이 폭발의 충격을 가중시킨다.
4) BLEVE보다 폭발효율이 적다.

02 냉동기 진공퍼지 순서를 쓰시오.

➕해답 1) 고압측, 저압측 밸브 연결
2) 진공펌프에 연결
3) 진공펌프를 운전하고 계기가 $-76cm^2Hg(-30inHg)$로 될 때까지 진공
4) 진공이 끝나면 고 · 저압 밸브를 닫고 진공펌프를 정지
5) 밸브를 열고 차지호스를 분해

03 구멍 뚫기, 말뚝 박기, 터파기, 그 밖의 토지의 굴착공사로 인하여 일어날 수 있는 도시가스배관의 파손사고를 예방하기 위한 정보제공, 홍보 등에 필요한 굴착공사 지원정보망의 구축 · 운영, 그 밖에 매설배관 확인에 대한 정보지원업무를 효율적으로 수행하기 위하여 한국가스안전공사에 설치하는 것을 쓰시오.

➕해답 굴착공사 정보지원센터

04 다음 설명에 답하시오.
1) 건축물의 천장, 벽, 바닥 속에 설치되는 배관으로서 배관 주위에 콘크리트, 흙 등이 채워져 배관의 점검 · 교체가 불가능한 배관은 무엇이라 하는가?
2) 건축물 내 천장 벽체, 바닥 등의 공간에 외부에서 배관이 보이지 않게 설치된 배관으로서, 배관의 점검 · 교체 등이 가능한 배관은 무엇이라 하는가?

➕해답 1) 매립배관   2) 은폐배관

05 저장탱크나 압력용기 용접부의 기계적 시험방법 3가지를 쓰시오.

+해답 1) 이음매 인장시험
2) 충격시험
3) 굽힘시험

06 보기에 주어진 조건으로 비수조식 내압시험장치의 전증가량 계산식을 쓰시오.

> - ΔV : 전증가[cm^3]
> - A : P기압에서의 압입된 모든 물의 양[cm^3]
> - B : P기압에서의 용기 이외에 압입된 물의 양[cm^3]
> - V : 용기 내용적[cm^3]
> - P : 내압시험압력[atm]
> - β_t : t℃에서 물의 압축계수

+해답 $\Delta V = (A-B) - [(A-B)+B] \cdot P \cdot \beta_t$

07 아파트에서 1층의 가스공급압력이 1.8kPa일 때 약 20층 구조의 배관 고저의 차가 60m 지점의 압력은 몇 kPa인가?(단, 가스의 비중은 0.65이다.)

+해답 2.07kPa

+참고 $H = 1.293(S-1)h = 1.293(0.65-1) \times 60 = -27.153\,\mathrm{mmH_2O}$

※ 1atm $= 101.325\mathrm{kPa} = 10,332\mathrm{mmH_2O}$, $H = \dfrac{-27.153\mathrm{mmH_2O}}{10332\mathrm{mmH_2O}} \times 101.325 = -0.27\mathrm{kPa}$

따라서 손실만큼 보정하면 1.8kPa+0.27kPa=2.07kPa

08 LP 연소기구에 연결된 고무관이 노후하여 직경 0.5mm 구멍이 뚫렸다. 280mmHg 압력으로 LP가스가 15시간 유출 시 분출량(m^3)은 얼마인가?(단, 비중은 1.7이다.)

+해답 0.43m^3

+참고 $Q = 0.009 \times D^2 \times \sqrt{\dfrac{P}{d}} = 0.009 \times 0.5^2 \times \sqrt{\dfrac{280}{1.7}} = 0.029\mathrm{m^3/hr} \times 15\mathrm{hr} = 0.43\mathrm{m^3}$

09 공기액화분리장치의 폭발원인이라 추정되는 사항을 쓰시오.

➕해답 1) 압축기용 윤활유 분해에 따른 탄화수소의 생성
2) 공기 취입구로부터의 아세틸렌 혼입
3) 공기 중에 NO, NO_2 등 질소화합물의 혼입
4) 액체 공기 중 오존의 축적

10 피스톤식 압력계의 지름이 10cm인 피스톤에 2,000N의 힘이 작용하면 5cm인 피스톤에 작용하는 힘 (kgf)은 얼마인가?

➕해답 51.02kgf

➕참고 $P(압력) = \dfrac{F}{A}$ or $\dfrac{F_1}{A_1} = \dfrac{F_2}{A_2}$, $\left(\dfrac{D_1}{D_2}\right)^2 = \dfrac{F_1}{F_2}$, $F_1 = \left(\dfrac{5}{10}\right)^2 \times 2{,}000 = 500\text{N}$

$\therefore 500\text{N} = \dfrac{500\text{N}}{9.8\text{m}/\text{s}^2} = 51.02\text{kgf}$

11 충전시설에서 자동차에 고정된 탱크에서 LPG 저장탱크로 이입할 수 있도록 건축물 외부에 설치하는 장치명을 쓰시오.

➕해답 로딩암

12 내용적 20m^3의 빈 저장탱크에 불연성 가스로 치환하기 위해 불연성 가스를 게이지 압력으로 3기압 압입한 후 가스방출관의 밸브를 열었다. 가스를 방출한 후 내부에 잔류하는 산소의 농도는 몇 %가 되 겠는가?(단, 공기 중의 산소 농도는 21%이다.)

➕해답 잔류산소 농도 $= \dfrac{20 \times 0.21}{20 \times (1+3)} \times 100 = 5.25\%$

13 고압가스 냉동제조 기준 중 다음의 냉매가스 사용에 따른 제한되는 금속재료를 쓰시오.
1) 프레온
2) 염화메탄

➕해답 1) 2% 이상 함유한 마그네슘을 포함한 알루미늄합금
2) 알루미늄합금

14 가스용 염화비닐호스에 관한 다음 물음에 답하시오.

1) 염화비닐호스 종류별 안지름을 쓰시오.

　① 1종 :

　② 2종 :

　③ 3종 :

2) 염화비닐호스 두께 허용차를 쓰시오.

★해답 1) ① 1종 : 6.3mm　　② 2종 : 9.5mm　　③ 3종 : 12.7mm

　　　　 2) ±0.7mm

가스기사 필답형 기출문제

01 폭굉에 대한 다음 물음에 답하시오.

1) 폭굉의 정의를 쓰시오.

2) 폭굉유도거리(DID)에 대하여 쓰시오.

3) 폭굉유도거리가 짧아질 수 있는 조건 4가지를 쓰시오.

+해답 1) 가스 중의 음속보다 폭발속도가 큰 경우로 파면선단에 충격파라고 하는 솟구치는 압력파가 생겨 격렬한 파괴작용을 일으키는 데토네이션 현상이 일어난다.

2) 최초 완만연소가 격렬한 폭굉으로 발전될 때까지의 거리

3) ① 정상연소속도가 큰 혼합가스일수록

② 관 속에 방해물이 있거나 관경이 가늘수록

③ 압력이 높을수록

④ 점화원의 에너지가 강할수록

02 독성 가스 중 2중배관을 하는 가스를 4가지만 쓰시오.

+해답 1) 포스겐   2) 황화수소

3) 아황산가스   4) 시안화수소

5) 암모니아   6) 염소

7) 산화에틸렌

03 용적 $5l$의 용기에 에탄을 $1,500g$ 충전하였다. 용기의 온도가 $100℃$일 때 압력이 $210atm$을 나타내었다면 에탄의 압축계수는 얼마인지 계산하시오.

+해답 0.69

+참고 $PV = nZRT = \dfrac{W}{M}ZRT$ 에서

압축계수$(Z) = \dfrac{PVM}{WRT} = \dfrac{210 \times 5 \times 30}{1,500 \times 0.082 \times (273+100)} = 0.69$

04 내용적이 40L인 아세틸렌 충전용기에 다공물질이 충전되어 있다. 이 용기에 내용적의 45%만큼 아세톤이 충전되어 있고 다공도가 85%였다면 이 용기에 충전된 아세톤의 무게(kg)는 얼마인가?(단, 아세톤의 비중은 0.795이다.)

> **해답** 14.31kg

> **참고** $G = (40l \times 0.45) \times 0.795 = 14.31kg$

05 펌프의 진동, 소음의 발생원인을 4가지만 쓰시오.

> **해답** 1) 압력맥동에 따른 영향   2) 과류에 따른 영향
> 3) 캐비테이션에 따른 영향   4) 서징에 따른 영향
> 4) 회전부의 불균형

06 입상관에 의한 압력손실 구하는 식을 쓰고 설명하시오.

> **해답** $H = 1.293(S-1)h$
> H : 가스압력손실(mmH$_2$O)
> S : 가스비중
> h : 입상관 높이(m)

07 A지점으로부터 B지점까지 액화천연가스(LNG, 비중 0.65) 300m³/h를 운송하는 경우 B지점에서의 압력을 폴(Pole)의 유량공식으로 구하시오.(단, B점은 A점보다 30m 높은 곳에 위치하고 있으며 A점의 송출압력은 160mmH₂O, 유량계수 K는 0.727이다.)

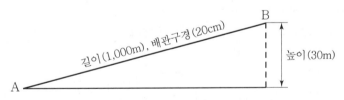

1) 고도차를 고려하지 않은 경우 B지점의 압력을 구하시오.
2) 고도차에 의한 압력보정 도달압력(B지점)을 구하시오.

해답 1) $Q = K \times \sqrt{\dfrac{D^5 \cdot H}{S \cdot L}}$

$H = \dfrac{Q^2 \cdot S \cdot L}{K^2 \cdot D^5} = \dfrac{(300)^2 \times 0.65 \times 1{,}000}{(0.727)^2 \times 20^5} = 34.59 \text{mmH}_2\text{O}$

$\therefore P_0 = 160 - 34.59 = 125.41 \text{mmH}_2\text{O}$

2) $P_h = P_0 + (1 - S)AH$

$= 125.41 + (1 - 0.65) \times 1.293 \times 30$

$= 138.99 \text{mmH}_2\text{O}$

08 가스 배관의 누설검사방법 3가지를 쓰시오.

해답 1) 비눗물 검사(발포법)
2) 누설 검지기법
3) 누설 검사지법

09 LP가스 저압배관(관경 2.67cm이고, 관 길이 $2{,}000$cm)의 공사를 완성하고 이 배관의 기밀시험을 위하여 공기압을 $1{,}000$mm 수주로 압입하고 5분이 경과하였더니 700mm 수주로 압력이 내려갔다. 이때의 누설된 가스량은 몇 cm^{3}인가?(단, 공기의 온도변화는 없는 것으로 보며 대기압은 1.0332 kgf/cm^{2}임)

해답 347.26cm^3

참고 • $V = \dfrac{\pi}{4}D^2 \times L = \dfrac{\pi}{4} \times 2.76^2 \times 2{,}000 = 11{,}959.632$cm^3(배관 내 가스 체적)

• $P_1 V_1 = P_2 V_2$

$(1{,}000 + 10{,}332) \times 11{,}959.632 = 10{,}332 \times V_2$

• $V_2 = 13{,}117.165$cm^3(기밀시험 개시 시 배관 내 체적)

• $P_3 V_3 = P_4 V_4 (V = V_1 = V_3)$

$(700 + 10{,}332) \times 11{,}959.632 = 10{,}332 \times V_4$

$V_4 = 12{,}769.90517$cm^3(5분 후 체적)

$\therefore$ 누설된 가스량$(\Delta V) = V_2 - V_4 = 13{,}117.1651 - 12{,}769.90517 = 347.26$cm^3

10 도시가스법에 적용하는 내진설계의 대상은 저장능력 몇 톤 이상인가?

해답 저장능력 3톤 이상

11 도시가스 발열량이 5,000kcal/m³, 비중이 0.61, 공급표준압력 100mmH₂O인 가스에서 발열량 11,000kcal/m³, 비중이 0.66, 공급표준 압력이 200mmH₂O인 LNG로 가스를 변경할 경우 노즐구경의 변경률 $\left(\dfrac{\phi_1}{\phi_2}\right)$ 은 몇 배로 축소하여야 하는가?

➕해답 노즐 변경 축소 $\left(\dfrac{D^2}{D^1}\right) = \dfrac{\sqrt{H_1 \times \sqrt{\dfrac{h_1}{d_1}}}}{\sqrt{H_2} \times \sqrt{\dfrac{h_2}{d}}} = \dfrac{\sqrt{5,000 \times \sqrt{\dfrac{100}{0.61}}}}{\sqrt{11,000 \times \sqrt{\dfrac{200}{0.66}}}} = 0.58$배 축소

12 조정입력이 3.3kPa 노즐의 직경이 3.2mm 이하인 일반용 LPG 가스조정기의 안전장치 분출용량은 몇 L/hr 이상으로 하는가?

➕해답 140L/hr

➕참고 1) 노즐의 직경이 3.2mm 이하의 경우 : 140L/hr 이상
2) 노즐의 직경이 3.2mm 이상의 경우 : Q(분출용량,L/hr) = 44D(조정기 노즐 직경 mm)

13 도시가스 제조공정 및 공급시설 중 가스홀더의 기능 4가지를 쓰시오.

➕해답 1) 가스 수요의 시간적 변동에 대하여 일정한 제조 가스량을 안전하게 공급하고 남는 가스를 저장한다.
2) 정전, 배관공사 제조 및 공급설비의 일시적 지장에 대하여 어느 정도 공급을 확보한다.
3) 각 지역에 가스홀더를 설치하여 피크 시 지구의 공급을 가스홀더에 의해 공급함과 동시에 배관의 수송 효율을 높인다.
4) 조성이 변동하는 제조가스를 저장 혼합하여 공급가스의 열량성분, 연소성 등을 균일화한다.

14 연료전지 제조설비의 제작설비를 쓰시오.

➕해답 연료 재질 제작 설비

➕참고 연료전지는 액체나 기체의 형태로 연료가 한쪽 전극에 계속 공급되고 다른 쪽 전극에는 산소나 공기를 외부로 부터 계속 공급해주기 때문에 축전지보다 훨씬 긴 시간 동안 전기에너지를 생산할 수 있다.

01 LPG 저장설비의 종류 3가지를 쓰시오.

➕해답 1) 충전 용기   2) 원통형 저장탱크   3) 구형 저장탱크

02 접촉 연소식 검출기의 원리에 대하여 쓰시오.

➕해답 누설된 가스를 열센서로 연소시켜 발생하는 열변화에 따른 전기저항의 변화를 이용하여 가스 누설을 검출하는 원리이다.

➕참고 가스누설 검지기 종류
1) 질량분석계   2) 흡광광도계
3) 자기공명 검출기   4) 열전도도검출기
5) 접촉연소식 검출기

03 감압가열방식 원리에 대하여 쓰시오.

➕해답 액상태의 LP가스가 액체 조정기 또는 팽창밸브를 통하여 감압하며 온도를 내려서 열교환기에 도입시켜 대기 또는 온수 등으로 가열하여 기화한다.

➕참고 가온감압방식
일반적으로 많이 사용하는 방식으로 열교환기에 액상태의 LP가스가 통하여 기화된 가스를 조절기에 의해 감압하며 공급하는 방식이다.

04 다음과 같은 부분에서 일어나기 쉬운 대표적인 부식현상의 명칭을 쓰시오.
1) 연강제의 소다 저장탱크
2) 스테인리스강의 용접부
3) 이송배관부에 사용하는 납파이트
4) 중유연소식 가열로에 사용하는 강철제 가열관

➕해답 1) 응력부식   2) 에로션
3) 에로션   4) 바나듐 어텍

05 다음 가스 누설 검지기의 물음에 답하시오.

  1) 가연성 가스의 경보 농도를 쓰시오.
  2) 독성 가스의 경보 농도를 쓰시오.
  3) 가연성 가스의 정밀도를 쓰시오.
  4) 독성 가스의 정밀도를 쓰시오.

  ➕해답 1) 폭발하한의 1/4 이하
    2) 허용농도(TLV－TWA) 이하
    3) ±25% 이하
    4) ±30% 이하

06 내용적 40L의 메탄가스가 35℃에서 15MPa로 충전되어 있다. 이때의 메탄가스 질량은 몇 kg인가?

  ➕해답 3.77kg

  ➕참고 $PV = \dfrac{W}{M}RT,\ W = \dfrac{PVM}{RT} = \dfrac{\dfrac{(15+0.1013)}{0.101325} \times 40 \times 16}{0.082 \times (273+35)} = 3,776.7\mathrm{g} = 3.77\mathrm{kg}$

07 비파괴검사의 종류 4가지를 쓰시오.

  ➕해답 1) 방사선 투과검사   2) 음향검사
    3) 자분탐상검사   4) 침투탐상검사
    5) 초음파탐상검사   6) 전위차법
    7) 와류검사

08 프로판 10kg 연소 시 필요한 공기량은 몇 m³인지 화학식을 쓰시오. (단, 공기 중 산소는 21%)

  ➕해답 1) 화학식 : $C_3H_8 + 5O_2 \rightarrow 3CO_2 + 4H_2O$
    $C_3H_8 + 5O_2 \rightarrow 3CO_2 + 4H_2O$
    $44\mathrm{kg}\ :\ 5 \times 22.4\mathrm{m}^3 = 10\mathrm{kg}\ :\ x\,\mathrm{m}^3$
    이론산소량$(x) = \dfrac{5 \times 22.4 \times 10}{44} = 25.45\mathrm{m}^3$

    2) 소요공기량$= 25.45 \times \dfrac{100}{21} = 121.21\mathrm{m}^3$

09 제조설비 내부반응 감시장치 2가지를 쓰시오.

> **해답** 1) 압력감시장치
> 2) 유량감시장치
> 3) 가스의 농도(밀도 조성) 감시장치

> **참고** 내부반응 감시장치 설치 대상
> 1) 암모니아 2차 개질로
> 2) 에틸렌 제조시설의 아세틸렌 수첨탑
> 3) 산화에틸렌 제조시설의 에틸렌과 산소 또는 공기와의 반응기
> 4) 시클로헥산 제조시설의 벤젠 수첨기
> 5) 석유정제에서 중유 직접 수첨 탈황기, 수소화 분해반응기, 저밀도 에틸렌 중합기 등
> 6) 메탄올 합성 반응탑 등

10 도시가스에 사용하는 정압기의 특성 4가지를 쓰시오.

> **해답** 1) 정특성
> 2) 동특성
> 3) 유량특성
> 4) 사용 최대 차압
> 5) 작동 최소 차압

11 도시가스 배관의 비상설비 4가지를 쓰시오.

> **해답** 1) 타처 공급전력
> 2) 자가발전설비
> 3) 축전지장치
> 4) 엔진구동 발전설비

12 가스를 사용하고 있는 반밀폐식 보일러의 급배기 형식에 따른 종류 3가지를 쓰시오.

> **해답** 1) 자연배기식(CF)
> 2) 강제배기식(FE)
> 3) 강제급배기식(FF)

13 폭굉 유도거리의 정의를 쓰시오.

> **해답** 최초 완만연소가 격렬한 폭굉으로 발전될 때까지의 거리

14 배관의 직경이 $1.45cm$이고 관길이 $20m$인 배관의 압력손실이 $17mm$ 수주일 때 유량(kg/hr)을 구하시오.(단 가스의 비중은 1.58이고, 밀도는 $2.03kg/m^3$, 유량계수는 0.463이다.)

⊕해답 $1.80kg/hr$

⊕참고 $Q = K\sqrt{\dfrac{D^5 \cdot H}{S \cdot L}} = 0.463 \times \sqrt{\dfrac{1.45^5 \times 17}{1.58 \times 20}} = 1.26347m^3/hr \times 2.03kg/m^3 = 1.80kg/hr$

15 도시가스 공급시설에 사용하는 긴급차단장치의 밀도지수를 쓰시오.

⊕해답 배관의 임의의 지점에서 길이 방향으로 $1.6km$, 배관 중심으로부터 좌우로 각각 폭 $0.2km$의 범위에 있는 가옥 수(아파트 등 복합건축물의 가옥 숫자는 건축물 안의 독립된 가구 수)를 말한다.

가스기사 필답형 기출문제

01 무색 독성 가스로 마늘 냄새가 나며 납산 배터리 및 전자화합물 재료 등으로 쓰이는 액화가스의 명칭을 쓰시오.

➕해답 아르신(AsH_3)

➕참고 아르신(AsH_3 Arsine)
- 무색, 마늘 냄새가 나며 물에 불용이다.
- 열적 불안정, 물리적 충격에 민감하다.
- 산화제, 산, 할로겐, 암모니아 혼합물 등과 격렬히 반응한다.
- 빛에 노출 시 비소로 분해한다.
- 독성, 극인화성 압축액화가스이다.
- 전자화합물, 유기물합성, 납산배터리 등의 제조에 이용한다.
- 폐를 자극하여 기침, 호흡장애, 폐수종, 혹은 사망에 이른다.
- 용기는 서늘하고 건조한 곳에 보관하고 날씨 및 온도 변화로부터 보호해야 한다.

[물적 성질]

구분	분자량	융점	비점	증기밀도	허용농도
수치	77.95	−117℃	−62℃	2.7	1ppm

02 연소 시 나타나는 현상의 일종으로 불꽃의 주위 특히 불꽃의 기저부에 대한 공기의 움직임이 세지면 불꽃이 노즐에 정착하지 않고 떨어지게 되어 꺼져버리는 현상을 무엇이라 하는가?

➕해답 블로우 오프(blow−off)

03 연소를 일으킬 수 있는 가연성 가스의 최저농도를 연소하한계(LFL), 연소를 일으킬 수 있는 가연성 가스의 최고농도를 연소상한계(UFL)라 한다. 이 범위를 무엇이라 하는가?

➕해답 연소범위

04 가스 사용시설에 사용하는 장치로 과류 차단 안전기구가 부착되어 있는 코크의 명칭을 쓰시오.

➕해답 퓨즈 콕 또는 상자 콕

05 카바이트를 물에 넣어 아세틸렌을 제조하는 발생기의 종류 3가지를 쓰시오.

➕해답 1) 주수식   2) 침지식   3) 투입식

06 액화석유가스 등의 가스 공급용 배관재료의 구비조건을 4가지 쓰시오.

➕해답 1) 관 내의 가스 유통이 원활할 것
2) 내부의 가스압과 외부로부터 하중 및 충격하중 등에 견디는 강도를 가질 것
3) 토양, 지하수 등에 대하여 내식성을 가질 것
4) 관의 접합이 용이하고 가스의 누설을 방지할 수 있을 것
5) 절단가공이 용이할 것

07 입상관의 높이 20m인 배관에 프로판가스를 공급할 때 압력손실은 몇 Pa인가?(프로판의 비중은 1.65이다.)

➕해답 164.85Pa

➕참고 $H = 1.293(S-1)h = 1.293 \times (1.65-1) \times 20 = 16.81 \text{mmH}_2\text{O}$

$$\text{Pa(환산하면)} = \frac{16.81\text{mmH}_2\text{O}}{10,332\text{mmH}_2\text{O}} \times 101,325\text{Pa} = 164.85\text{Pa}$$

H : 가스 압력 손실(mmH₂O)
S : 가스 비중
h : 입상관 높이(m)

08 프로판의 비중이 0.52인 프로판 1Sm³ 연소 시 필요한 공기량은 몇 m³인지 화학식을 쓰시오.(단, 공기 중 산소는 21%)

➕해답 6,303.03Sm³

➕참고 화학식 : $C_3H_8 + 5O_2 \rightarrow 3CO_2 + 4H_2O$

$44\text{kg} : 5 \times 22.4\text{m}^3 = (1,000\text{L}(1\text{m}^3) \times 0.52)\text{kg} : x\text{m}^3$

$$\text{이론산소량}(x) = \frac{5 \times 22.4 \times 520}{44} = 1,323.6\text{m}^3$$

$$\text{소요공기량} = 1,323.6 \times \frac{100}{21} = 6,303.03\text{m}^3$$

09 액화가스가 주위 온도의 상승에 따라 액이 체적팽창되어 액의 흐름을 방해하고 또는 이상고압이 발생하는 현상을 액봉현상이라 한다. 이를 방지하기 위한 방법을 쓰시오.

➕해답 드레인 밸브 또는 릴리프 밸브 설치

10 LPG 저장소의 바닥 면적이 $1m^2$일 때 통풍구의 면적을 쓰시오.

➕해답 $300cm^2$ 이상

11 다음 보기의 설명에 답하시오.

> 가스를 일정 용적의 계량실 안에 넣어 충만 후 유출하여 그 횟수를 용적 단위로 환산하여 표시하는 것이다. 통상 2개의 계량막을 사용하여 교대로 가스를 충만, 유출하도록 되어 있다.

➕해답 막식 가스미터

12 차량으로 운반하는 액상의 독성 가스를 1,000kg 이상 운반한다. 이때 갖추어야 할 보호구 3가지를 쓰시오.

➕해답 1) 방독마스크   2) 보호의   3) 보호장갑   4) 보호장화   5) 공기 호흡기

➕참고 독성 가스 운반 시 보호구 종류 기준
1) 독성 가스의 양이 $100m^3$, 1,000kg 이하 시 : 방독마스크, 보호의, 보호장갑, 보호장화 등
2) 독성 가스의 양이 $100m^3$, 1,000kg 이상 시 : 방독마스크, 보호의, 보호장갑, 보호장화, 공기호흡기 등

13 다음은 부식에 관한 내용이다 (   )에 공통된 용어를 쓰시오.

> 가스관에 렌치 등 다른 금속과 접하여 흠이 생기고 그대로 매설하면 흠 있는 부분과 흠 없는 부분 사이에 (①)가 발생하고 이에 따라서 흠이 생긴 부분에 부식이 발생하므로 방식테이프나 절연물로 감아 절연시킨다. 또한 가스관 표면에 발생된 녹은 (②)를(을) 형성하여 부식을 더욱 촉진시킨다.

➕해답 ① 통기차전지
② 농담전지

14 독성 가스 허용농도 중 LD50(Lethal Dose Fifty)의 정의를 쓰시오.

⊞해답 LD50은 실험동물에 화학물질, 약품 등을 투여한 경우, 실험동물의 50%가 사망하는 약품 투여량(mg/kg 실험동물)을 말한다.

⊞참고 TLV – TWA(Threshold Limit Value – Time Weighted Average)
시간가중치로서 거의 모든 노동자가 1일 8시간 또는 주 40시간의 평상작업에 있어서 악영향을 받지 않는다고 생각되는 농도로서 시간에 중점을 둔 유해물질의 평균농도이다.

15 산소압축용기에 대하여 다음 물음에 답하시오.

1) 공업용 용기의 색상은?
2) 의료용 용기의 색상은?
3) 안전밸브 형식은?

⊞해답 1) 녹색
2) 백색
3) 파열판식 안전밸브

01 가스굴착공사 시 가스 안전 영향평가서 작성기준 항목 4가지를 쓰시오.

> **+해답** 1) 굴착공사로 인하여 영향을 받는 가스관의 범위
> 2) 공사계획 변경의 필요성 여부
> 3) 공사 중 안전관리체계의 입회시기 및 입회방법
> 4) 안전조치 비용에 관한 사항
> 5) 가스배관의 이설 사용 시 일시정지 안전조치의 필요성, 방법, 시기와 안전조치 세부사항

02 LP 연소기구에 고무관이 노후화되어 직경 1mm 구멍이 뚫렸다. 350mmAq 압력으로 가스가 유출한다면 노즐에서 분출량 m³/hr는 얼마인가?(단, 비중은 1.6이다.)

> **+해답** $Q = 0.009 \times (1)^2 \times \dfrac{\sqrt{350}}{1.6} = 0.13 \text{m}^3/\text{hr}$

03 탄소강에 점성이 증가하고 고온가공을 쉽게 하며 강도, 경도 인성이 증가되고, 연성은 감소해 담금질 효과를 높이려면 어떠한 원소를 첨가하여야 하는가?

> **+해답** Mn

04 50L의 물이 들어 있는 욕조에 온수를 넣은 결과 17분 후에 온도 42℃ 온수량 150L이 되었다. 이때 온수기의 열효율을 구하시오.(단, 가스의 발열량 5,000kcal/m³, 온수기의 가스량 5m³/hr, 물의 비열 1kcal/kg℃, 수조의 수온 및 욕조의 첫 번째 수온은 5℃로 한다.)

> **+해답** 78.35℃
>
> **+참고** $100 \times t + 50 \times 5 = 42 \times 150 = 60.5$℃
> 열효율 $= 100 \times 1 \times (60.5 - 5)/5 \text{m}^3/\text{hr} \times 5,000 \times (17/60) \times 100 = 78.35\%$

05 다음 도시가스의 제조공정 중 접촉분해 프로세스 중 카본 생성을 방지하는 방법의 압력 온도를 가지고 설명하시오.

$$CH_4 + H_2O \rightarrow CO + 3H_2 \qquad\qquad CO + H_2 \rightarrow C + H_2O$$

➕해답 • 온도 : 높인다.
   • 압력 : 낮춘다.(수증기 : 수증기비를 증가시킨다.)

06 시안화수소의 제조법 중 앤드류소(Andrussow)법에 의한 ① 반응식과 ② 이때의 압력 및 온도는?

➕해답 • $CH_4 + NH_3 + 3/2O_2 \rightarrow HCN + 3H_2O + 11.3kcal$
   • 압력 : 2~3기압
   • 온도 : 1,100℃

07 다음과 같은 가스의 조성이 $1Nm^3$일 때 연소 시 공기량은 몇 Nm^3인가?

| CH_4 : 25% | CO_2 : 10% | CO : 5% | N_2 : 10% | H_2 : 5% |

➕해답 $\left(2 \times 0.25 + \dfrac{1}{2} \times 0.05 + \dfrac{1}{2} \times 0.05\right) \times \dfrac{1}{0.21} = 2.62Nm^3$

08 도시가스 제조공정 중 원료 송입법에 의한 분류 3가지를 쓰시오.

➕해답 연속식, 배치식, 사이클식

➕참고 가열방식의 분류 : 외열식, 축열식, 부분연소식, 자열식

09 다음에 적합한 안전밸브의 종류는?

1) 온도 상승이 빈번하여 이상압력 발생이 많은 장소
2) 중합반응에 의하여 이상압력 상승이 급격히 발생할 수 있는 장소

➕해답 1) 가용전식
   2) 파열판식

10 가스 홀더의 기능 3가지를 쓰시오.

⊕해답 • 공급설비에 어느 정도의 공급을 확보한다.
• 가스의 성분 열량 연소성이 균일화한다.
• 피크 시 도관의 수송량을 감소시킨다.
• 제조사가 일시적으로 수요를 따르지 못할 때 공급량을 확보한다.

11 다음 조정기의 입구에서 기밀시험 압력(MPa)은?

1) 1단 감압식 저압 조정기
2) 2단 1차 조정기

⊕해답 1) 1.56MPa
2) 1.8MPa

12 안전밸브 분출유량 계산식과 기호의 단위를 쓰시오.

⊕해답 $Q = 0.0278PW$
Q : 분출량(m^3/min)
P : 작동 절대압력(MPa)
W : 용기내용적(L)

13 사용압력 0.7MPa 이상인 안전밸브의 분출개시압력의 허용차와 밀폐형에 대하여 출구 측으로부터 밸브 내부에 가하는 누설 테스트 압력을 각각 쓰시오.

⊕해답 1) 설정압력의 ±3%
2) 0.6 MPa
※ 안전밸브의 분출개시압력의 허용차는 설정압력 0.7MPa 이하 ±0.02MPa

14 도시가스에서 사용되는 정압기의 기능 2가지를 쓰시오.

⊕해답 1) 2차압력 일정하게 유지
2) 2차압력 조정기능
3) 이상압력 상승 시 압력 정상화 기능
4) 가스 누설 시 경보기능

01 고압가스설비 중에서 반응기 또는 이와 유사한 설비로서 현저한 발열반응 또는 부차적으로 발생되는 2차 반응에 의하여 폭발 등의 위해가 발생할 가능성이 큰 반응설비 4가지를 쓰시오.

> **+해답** 1) 암모니아 2차 개질로
> 2) 에틸렌 제조시설의 아세틸렌수첨탑
> 3) 산화에틸렌 제조시설의 에틸렌과 산소 또는 공기와의 반응기
> 4) 시클로헥산 제조시설의 벤젠수첨반응기
> 5) 석유정제에 있어서 중유 직접수첨탈황반응기 및 수소화분해반응기
> 6) 저밀도폴리에틸렌중합기
> 7) 메탄올합성반응탑

02 가연성 가스의 제조설비, 저장설비의 전기설비는 방폭성능을 가지는 것을 설치하여야 한다. 방폭전기 기기의 종류 4가지를 쓰시오.

> **+해답** 1) 압력방폭구조
> 2) 내압방폭구조
> 3) 유입방폭구조
> 4) 안전증방폭구조
> 5) 본질안전방폭구조

03 액화석유가스(LPG) 변성가스 공급방식을 설명하시오.

> **+해답** 부탄을 고온의 촉매로 분해하여 메탄, 수소, 일산화탄소 등의 연질가스로 변성시켜 공급하는 방법으로 재액화 방지 외에 특수한 용도에 사용하기 위하여 변성한다.

04 액화석유가스를 저장하기 위하여 지상에 설치된 원통형 탱크에 흙과 모래를 덮은 저장탱크의 명칭을 쓰시오.

> **+해답** 마운드형 저장탱크

+**참고** 마운드형 저장탱크 설치 기준

1) 마운드형 저장탱크는 높이 1m 이상의 견고하게 다져진 모래기반 위에 설치한다.

2) 마운드형 저장탱크의 모래기반 주위에는 지하수 침입 등으로 인한 붕괴의 위험이 없도록 높이 50cm 이상의 철근콘크리트 옹벽을 설치한다.

3) 마운드형 저장탱크는 그 주위를 20cm 이상 모래로 덮은 후 두께 1m 이상의 흙으로 채운다.

4) 마운드형 저장탱크는 덮은 흙의 유실을 막기 위해 적절한 사면 경사각을 유지하고 그 표면에 잔디를 심는다.

5) 마운드형 저장탱크 주위에 물의 침입 및 동결에 대비하여 배수공을 설치하고 바닥은 물이 빠지도록 적절한 구배를 둔다.

6) 마운드형 저장탱크 주위에는 해당 저장탱크로부터 누출하는 가스를 검지할 수 있는 관을 바닥면 둘레 20m에 대하여 1개 이상 설치하고, 그 관 끝은 빗물 등이 침입하지 아니하도록 뚜껑을 설치한다.

05 산소를 압축하는 왕복동 압축기의 안전밸브 유효분출면적(cm^2)을 계산할 때 필요한 인자 4가지를 쓰시오.

⊕해답 1) 시간당 분출가스양(kg/h)

2) 분출압력($kgf/cm^2 \cdot a$)

3) 가스분자량

4) 분출 직전 가스의 절대온도(K)

+**참고** 산소 압축기용 안전밸브 분출면적 계산식

$$a = \frac{W}{230P\sqrt{\dfrac{M}{T}}}$$

여기서, W : 시간당 분출가스양(kg/h)

P : 분출압력($kgf/cm^2 \cdot a$)

M : 가스분자량

T : 분출 직전 가스의 절대온도(K)

α : 유효분출면적(cm^2)

06 액화석유가스 및 도시가스를 사용하는 연소기에서 발생하는 이상 현상 중 리프팅(Lifting)에 대한 물음에 답하시오.

1) 리프팅 현상을 설명하시오.

2) 리프팅이 발생할 때 가스의 분출속도와 연소속도의 관계에 대하여 설명하시오.

⊕해답 1) 불꽃이 염공에 접하여 연소하지 않고 염공을 떠나 공간에서 연소하는 현상이다.

2) 가스의 분출속도가 연소속도보다 클 때 발생한다.

2) 방식에 필요한 전류 : 가전극 20mA에 대한 완전방식전위 변화 값

$$20\text{mV} : (600-550)\text{mV} = \alpha\text{mV} : 300\text{mV}$$

$$\therefore \ \alpha = \frac{20 \times 300}{50} = 120\text{mA}$$

3) 구조물 접지 저항(R)

$$R = \frac{E}{I} = \frac{50\text{mV}}{20\text{mA}} = 2.5\Omega$$

4) Mg 1개를 발생시키는 전류(I)는 Fe과 Mg의 전위 차를 0.8V로 계산한다.

$$I = \frac{E}{R} = \frac{0.8\text{V}}{(2.5+50\Omega)} = 0.0152\text{A} = 15.2\text{mA}$$

5) 필요한 Mg의 수량(n)

$$n = \frac{120\text{mA}}{15.2\text{mA}} = 7.89 = 8\text{개}$$

13 고압가스 제조시설의 사업소 밖 배관장치에는 압력 또는 유량의 이상 변동 등 이상 상태가 발생한 경우에 그 상황을 경보하는 장치를 설치하여야 한다. 경보장치가 울리는 경우에 해당하는 내용 중 ( ) 안에 알맞은 숫자나 용어를 쓰시오.

1) 배관 안의 압력이 상용압력의 (   )배를 초과한 때
2) 배관 안의 압력이 정상운전 시의 압력보다 (   )% 이상 강하한 때
3) 배관 안의 유량이 정상운전 시의 유량보다 (   )% 이상 변동한 때
4) (   )의 조작회로가 고장 난 때 또는 폐쇄된 때

+해답 1) 1.05   2) 15   3) 7   4) 긴급차단밸브

14 동일한 온도에서 13L의 용기 2개 중 하나는 수소가 53atm.g 나머지 하나에는 질소가 63atm.g의 압력으로 충전되어 있다. 2개의 용기를 호스로 연결한 후 밸브를 개방하여 수소와 질소가 평형에 도달하였을 때 수소의 용적비율(%)은 얼마인지 계산하시오.

+해답 45.76%

+참고 용적비율(%) $= \dfrac{\text{성분용적}}{\text{총 용적}} \times 100$

$$= \frac{(53+1) \times 13}{(53+1) \times 13 + (64+1) \times 13} \times 100$$

$$= \frac{702}{702+832} \times 100$$

$$= 45.76\%$$

15 도시가스 정압기 중 피셔(Fisher)식 정압기의 2차 압력 이상 저하의 원인 4가지를 쓰시오.

⊕해답 1) 정압기의 능력 부족
2) 필터의 먼지류의 막힘
3) 파일럿의 오리피스의 녹 막힘
4) 센터 스템의 작동 불량
5) 스트로크 조정 불량
6) 주 다이어프램 파손

2) 방식에 필요한 전류 : 가전극 20mA에 대한 완전방식전위 변화 값

$20mV : (600-550)mV = \alpha mV : 300mV$

$\therefore \ \alpha = \dfrac{20 \times 300}{50} = 120mA$

3) 구조물 접지 저항(R)

$R = \dfrac{E}{I} = \dfrac{50mV}{20mA} = 2.5\Omega$

4) Mg 1개를 발생시키는 전류(I)는 Fe과 Mg의 전위 차를 0.8V로 계산한다.

$I = \dfrac{E}{R} = \dfrac{0.8V}{(2.5+50\Omega)} = 0.0152A = 15.2mA$

5) 필요한 Mg의 수량(n)

$n = \dfrac{120mA}{15.2mA} = 7.89 = 8개$

13 고압가스 제조시설의 사업소 밖 배관장치에는 압력 또는 유량의 이상 변동 등 이상 상태가 발생한 경우에 그 상황을 경보하는 장치를 설치하여야 한다. 경보장치가 울리는 경우에 해당하는 내용 중 ( ) 안에 알맞은 숫자나 용어를 쓰시오.

1) 배관 안의 압력이 상용압력의 ( )배를 초과한 때
2) 배관 안의 압력이 정상운전 시의 압력보다 ( )% 이상 강하한 때
3) 배관 안의 유량이 정상운전 시의 유량보다 ( )% 이상 변동한 때
4) ( )의 조작회로가 고장 난 때 또는 폐쇄된 때

＋해답 1) 1.05   2) 15   3) 7   4) 긴급차단밸브

14 동일한 온도에서 13L의 용기 2개 중 하나는 수소가 53atm.g 나머지 하나에는 질소가 63atm.g의 압력으로 충전되어 있다. 2개의 용기를 호스로 연결한 후 밸브를 개방하여 수소와 질소가 평형에 도달하였을 때 수소의 용적비율(%)은 얼마인지 계산하시오.

＋해답 45.76%

참고 용적비율(%) $= \dfrac{성분용적}{총용적} \times 100$

$= \dfrac{(53+1) \times 13}{(53+1) \times 13 + (64+1) \times 13} \times 100$

$= \dfrac{702}{702+832} \times 100$

$= 45.76\%$

15 도시가스 정압기 중 피셔(Fisher)식 정압기의 2차 압력 이상 저하의 원인 4가지를 쓰시오.

➕해답 1) 정압기의 능력 부족
2) 필터의 먼지류의 막힘
3) 파일럿의 오리피스의 녹 막힘
4) 센터 스템의 작동 불량
5) 스트로크 조정 불량
6) 주 다이어프램 파손

01 다량의 분진이 발생하는 작업장에서 발생할 수 있는 분진 폭발 방지대책 4가지를 쓰시오.

> **해답** 1) 분진의 퇴적 및 분진 열 축적의 생성 방지
> 2) 분진 발생 설비의 구조 개선
> 3) 불활성 가스 봉입 조치
> 4) 폭발 방호장치 설치
> 5) 점화원의 제거 및 관리
> 6) 접지로 정전기 제거
> 7) 제진설비 설치 및 가동

02 용접부의 균열 발생 부분을 검사하는 비파괴검사법의 종류 4가지를 쓰시오.

> **해답** 1) 방사선투과검사　　　2) 침투탐상검사
> 3) 초음파탐상검사　　　4) 자분탐상검사

03 전기방식시설 중 6개월에 1회 이상 점검하여야 할 대상 3가지를 쓰시오.

> **해답** 1) 절연부속품　　　　2) 역전류방지장치
> 3) 결선(bond)　　　　4) 보호절연체
>
> **참고** 전기방식시설의 점검주기
> 1) 관대지전위 점검 : 1년에 1회 이상
> 2) 외부 전원법 전기방식 및 배류법 전기방식 시설 점검 : 3개월에 1회 이상
> 3) 절연부속품, 역전류방지장치, 결선(bond), 보호절연체 점검 : 6개월에 1회 이상

04 고압가스 제조시설에서 건축물 내에 가스가 누출하기 쉬운 고압가스 설비가 설치되어 있는 경우 바닥면 둘레가 45m일 때 가스누출 검지 경보장치 검출부 설치 수는 몇 개인가?

> **해답** 5개
>
> **참고** 건축물 내에 설치되어 있는 압축기, 펌프, 반응설비, 저장탱크 등 가스가 누출하기 쉬운 고압가스설비 등이 설치되어 있는 장소 주위에는 가스가 체류하기 쉬운 곳에 이들 설비 주위의 바닥면 둘레 10m에 대하여 1개 이상의 비율로 계산한 수의 가스누출 검지 경보장치 검출부를 설치하여야 한다.

05 구형 가스홀더 내용적 계산식을 쓰고 각 인자에 대하여 설명하시오.

> **⊕해답** $V = \dfrac{\pi \times D^3}{6}$
>
> 여기서, V : 내용적(m^3), D : 직경(m)

06 구조에 따른 열교환기의 종류 3가지를 쓰시오.

> **⊕해답** 1) 코일식 열교환기(Submerged Pipe Coil Exchanger)
> 2) 이중관식 열교환기(Double Pipe Exchanger)
> 3) 원통다관식 열교환기(Shell And Tube Exchanger)
> 4) 스파이럴 열교환기(Spiral Tube Type Exchanger)
> 5) 공랭식 열교환기(Air Cooling Type Exchanger)
> 6) 자켓형 열교환기(Jacketed Type Exchanger)
> 7) 판형 열교환기(Plate Type Exchanger)
> 8) 나선형 열교환기(Volute Type Exchanger)
> 9) 블록형 열교환기(Block Type Exchanger)

07 다음 보기에서 설명하는 전기방식법의 명칭은 무엇인가?

> 〈보기〉
> 매설배관 주위의 타 금속 구조물을 전기적으로 접속시켜 매설배관에 유입된 누출전류를 전기회로적으로
> 복귀시키는 방법으로 부식을 방지한다.

> **⊕해답** 배류법

08 고정식 압축 도시가스 자동차충전시설의 충전호스에 설치하는 긴급분리장치를 수평 방향으로 당길
때 분리되는 힘은 몇 N인가?

> **⊕해답** 666.4N 미만

> **⊕참고** 고정식 압축 도시가스 자동차충전시설의 긴급분리장치는 수평 방향으로 당길 때 666.4N(68kgf) 미만의 힘
> 으로 분리되는 것으로 한다.

09 운반하는 액화독성가스의 질량이 1,000kg인 경우 갖추어야 할 보호구 3가지를 쓰시오.

해답 1) 방독마스크
2) 공기호흡기
3) 보호의
4) 보호장갑
5) 보호장화

10 발열량 5,000kcal/Nm³, 비중 0.61, 공급 표준압력 100mmH₂O인 가스에서 발열량 11,000kcal/Nm³, 비중 0.66, 공급 표준압력 200mmH₂O인 LNG로 가스를 변경할 경우 노즐 지름 변경률을 계산하시오.

해답 0.58

참고 노즐 지름 변경률 $= \dfrac{D_2}{D_1} = \sqrt{\dfrac{WI_1\sqrt{P_1}}{WI_2\sqrt{P_2}}} = \sqrt{\dfrac{\dfrac{5{,}000}{\sqrt{0.61}} \times \sqrt{100}}{\dfrac{11{,}000}{\sqrt{0.66}} \times \sqrt{200}}} = 0.58$

11 가스 시설의 퍼지용 가스로 사용되는 불활성 가스 2가지를 쓰시오.

해답 1) 아르곤   2) 헬륨   3) 네온

12 어떤 용기에 25℃, 650kPa로 산소가 충전되어 있다. 밸브를 개방하여 산소를 방출한 후 압력이 350kPa이 되었을 때 방출된 산소의 질량은 얼마인가?(단, 산소의 상수는 0.26이다.)

해답 3.87kg

참고 $PV = GRT$에서 $G = \dfrac{PV}{RT}$ 이용, 체적 V는 동일하다.

1) 처음 상태 충전량

$G = \dfrac{PV}{RT} = \dfrac{(101.325 + 650) \times V}{0.26 \times (273 + 25)} = 9.7\text{kg}$

2) 나중 상태(개방 후) 산소량

$G = \dfrac{PV}{RT} = \dfrac{(101.325 + 350) \times V}{0.26 \times (273 + 25)} = 5.83\text{kg}$

3) 방출량 $= 9.7 - 5.83 = 3.87\text{kg}$

13 보기는 액화석유가스 용기 충전의 시설기준이다. ( ) 안에 알맞은 숫자를 넣으시오.

〈보기〉

누출된 가연성 가스가 화기를 취급하는 장소로 유동하는 것을 방지하기 위한 시설은 높이 (①)m 이상의 내화성 벽으로 하고, 저장설비 및 가스설비와 화기를 취급하는 장소와의 사이는 우회수평거리를 (②)m 이상으로 한다.

+해답 ① 2   ② 8

14 상용압력이 2.5kPa인 도시가스 정압기에 설치되는 안전장치의 설정압력에 대한 다음 표의 빈칸 1)~5)에 알맞은 내용을 쓰시오.

구분		설정 압력
이상압력통보장치	상한값	1)
	하한값	2)
주 정압기에 설치되는 긴급차단장치		3)
안전밸브		4)
예비 정압기에 설치되는 긴급차단장치		5)

+해답 1) 3.2kPa 이하
2) 1.2kPa 이상
3) 3.6kPa 이하
4) 4.0kPa 이하
5) 4.4kPa 이하

15 식염(소금물)의 전기분해에 의하여 염소를 제조하는 방법 2가지를 쓰시오.

+해답 1) 수은법
2) 격막법

10 도시가스 제조 프로세스에서 원료의 송입법에 의한 분류 3가지를 쓰시오.

➕해답 1) 연속식   2) 배치식   3) 사이클릭식

11 도시가스용 정압기용 압력조정기의 종류를 출구압력에 따라 3가지로 구분하고 출구압력을 쓰시오.

➕해답 1) 중압 : 0.1~1.0MPa 미만
　　　2) 준저압 : 4~100kPa 미만
　　　3) 저압 : 1~4kPa 미만

12 A 지점과 B 지점 사이의 거리가 800m인 곳에 횡으로 설치된 안지름 200mm 배관에 비중이 0.65인 도시가스를 A 지점에 압력 200mmH$_2$O로 시간당 500m³로 공급할 때 B 지점에서의 유출압력(mmH$_2$O)을 계산하시오.(단, 폴의 정수 K는 0.7, B 지점은 A 지점보다 20m 높은 곳이다.)

➕해답 126.14mmH$_2$O

➕참고 1) 횡 배관의 압력 손실
$$Q = K \times \sqrt{\frac{D^5 \cdot H}{S \cdot L}} \text{에서}$$
$$H_1 = \frac{Q^2 \cdot S \cdot L}{K^2 \cdot D^5} = \frac{(500)^2 \times 0.65 \times 800}{(0.7)^2 \times 20^5} = 82.91 \text{mmH}_2\text{O}$$

2) 높이에 대한 압력 손실
$$H_2 = 1.293(S-1)h = 1.293 \times (0.65-1) \times 20 = -0.95 \text{mmH}_2\text{O}$$

∴ 유출압력 $= 200 - \{82.91 - (-0.95)\} = 126.14 \text{mmH}_2\text{O}$

13 터보형 압축기에서 맥동과 진동이 발생하여 불안전 운전이 되는 서징(Surging) 현상 방지법 4가지를 쓰시오.

➕해답 1) 우상이 없는 특성으로 하는 방법
　　　2) 방출밸브에 의한 방법
　　　3) 베인 컨트롤에 의한 방법
　　　4) 회전수를 변화시키는 방법
　　　5) 교축밸브를 기계에 가까이 설치하는 방법

14 가스저장 방법 중 용기에 의한 방법과 탱크로리에 의한 방법의 장단점을 각각 4가지씩 쓰시오.

> ➕해답 1) 용기에 의한 방법
> ① 용기 자체가 저장설비로 이용될 수 있다.
> ② 소량 수송인 경우 편리하다.
> ③ 수송비가 많이 소요된다.
> ④ 용기 취급 부주의로 인한 사고의 위험이 있다.
>
> 2) 탱크로리에 의한 방법
> ① 기동성이 있어 장거리, 단거리 모두 적합하다.
> ② 철도 전용선과 같은 특별한 설비가 필요하지 않다.
> ③ 용기와 비교하여 다량 수송이 가능하다.
> ④ 자동차에 고정된 탱크가 설치되어야 한다.

15 공기액화분리장치의 폭발원인 4가지를 쓰시오.

> ➕해답 1) 공기 취입구로부터 아세틸렌의 혼입
> 2) 압축기용 윤활유 분해에 따른 탄화수소의 생성
> 3) 액체 공기 중 오존의 혼입
> 4) 공기 중 질소화합물의 혼입

10 도시가스 제조 프로세스에서 원료의 송입법에 의한 분류 3가지를 쓰시오.

+해답 1) 연속식　　　　2) 배치식　　　　3) 사이클릭식

11 도시가스용 정압기용 압력조정기의 종류를 출구압력에 따라 3가지로 구분하고 출구압력을 쓰시오.

+해답 1) 중압 : 0.1~1.0MPa 미만
2) 준저압 : 4~100kPa 미만
3) 저압 : 1~4kPa 미만

12 A 지점과 B 지점 사이의 거리가 800m인 곳에 횡으로 설치된 안지름 200mm 배관에 비중이 0.65인 도시가스를 A 지점에 압력 200mmH$_2$O로 시간당 500m³로 공급할 때 B 지점에서의 유출압력(mmH$_2$O)을 계산하시오. (단, 폴의 정수 K는 0.7, B 지점은 A 지점보다 20m 높은 곳이다.)

+해답 126.14mmH$_2$O

+참고 1) 횡 배관의 압력 손실

$$Q = K \times \sqrt{\frac{D^5 \cdot H}{S \cdot L}} \text{ 에서}$$

$$H_1 = \frac{Q^2 \cdot S \cdot L}{K^2 \cdot D^5} = \frac{(500)^2 \times 0.65 \times 800}{(0.7)^2 \times 20^5} = 82.91 \text{mmH}_2\text{O}$$

2) 높이에 대한 압력 손실
$$H_2 = 1.293(S-1)h = 1.293 \times (0.65-1) \times 20 = -0.95 \text{mmH}_2\text{O}$$

∴ 유출압력 $= 200 - \{82.91 - (-0.95)\} = 126.14 \text{mmH}_2\text{O}$

13 터보형 압축기에서 맥동과 진동이 발생하여 불안전 운전이 되는 서징(Surging) 현상 방지법 4가지를 쓰시오.

+해답 1) 우상이 없는 특성으로 하는 방법
2) 방출밸브에 의한 방법
3) 베인 컨트롤에 의한 방법
4) 회전수를 변화시키는 방법
5) 교축밸브를 기계에 가까이 설치하는 방법

14 가스저장 방법 중 용기에 의한 방법과 탱크로리에 의한 방법의 장단점을 각각 4가지씩 쓰시오.

+해답 1) 용기에 의한 방법
① 용기 자체가 저장설비로 이용될 수 있다.
② 소량 수송인 경우 편리하다.
③ 수송비가 많이 소요된다.
④ 용기 취급 부주의로 인한 사고의 위험이 있다.

2) 탱크로리에 의한 방법
① 기동성이 있어 장거리, 단거리 모두 적합하다.
② 철도 전용선과 같은 특별한 설비가 필요하지 않다.
③ 용기와 비교하여 다량 수송이 가능하다.
④ 자동차에 고정된 탱크가 설치되어야 한다.

15 공기액화분리장치의 폭발원인 4가지를 쓰시오.

+해답 1) 공기 취입구로부터 아세틸렌의 혼입
2) 압축기용 윤활유 분해에 따른 탄화수소의 생성
3) 액체 공기 중 오존의 혼입
4) 공기 중 질소화합물의 혼입

가스기사 필답형 기출문제

01 고압가스 안전관리법에서 정하는 고압가스 특정설비의 종류 6가지를 쓰시오.

➕해답 1) 안전밸브　　　　　　　　　　　　　　2) 긴급차단장치
　　　3) 기화장치　　　　　　　　　　　　　　4) 독성가스 배관용 밸브
　　　5) 자동차용 가스 자동주입기　　　　　　6) 역화방지기
　　　7) 압력용기　　　　　　　　　　　　　　8) 특정고압가스용 실린더 캐비닛
　　　9) 자동차용 압축천연가스 완속 충전설비　10) 액화석유가스용 용기 잔류가스 회수장치

02 도로 굴착작업 중 줄파기 작업을 시행할 때 매설된 도시가스배관을 보호하기 위한 주의사항 4가지를 쓰시오.

➕해답 1) 가스배관이 있을 것으로 예상되는 지점으로부터 2m 이내에서 줄파기를 할 때에는 안전관리 전담자의 입회하에 시행한다.
　　　2) 줄파기 1일 시공량 결정은 시공속도가 가장 느린 천공작업에 맞추어 결정한다.
　　　3) 줄파기 심도는 최소한 1.5m 이상으로 하며 지장물의 유무가 확인되지 않는 곳은 안전관리 전담자와 협의 후 공사의 진척 여부를 결정한다.
　　　4) 줄파기는 두 줄 또는 세 줄을 동시에 시행하지 아니하여야 하며 시공작업. 항타작업 및 기포장이 완료된 후에 다른 줄을 시행한다.
　　　5) 줄파기 공사 후 가스배관으로부터 1m 이내에 파일을 설치할 경우에는 유도관을 먼저 설치한 후 되메우기를 실시한다.

03 역브레이턴 사이클(Reverse Brayton Cycle)의 작동 과정을 쓰시오.

➕해답 정압흡열과정 → 단열압축과정 → 정압방열과정 → 단열팽창과정

➕참고 브레이턴 사이클(Brayton Cycle)
공기 압축기, 연소실(혼합 챔버), 가스 터빈 등으로 구성되어 있고 터빈에 고온, 고속의 연소가스를 분사시켜 직접 회전일을 얻어 동력을 발생시키는 기관을 말한다. 브레이턴 사이클은 정압 · 연소 사이클이라고도 하며 가스터빈 중 대표적인 사이클로서 2개의 단열과정(단열압축, 단열팽창)과 2개의 등압과정(등압연소, 등압냉각)으로 이루어진 이상적 터빈 사이클이다. 특히, 역브레이턴 사이클은 가스터빈의 이상 사이클인 브레이턴 사이클의 역으로 작동되는 것으로 공기냉동 사이클이라 한다.

04 동일 장소에 설치하는 LPG 소형 저장탱크의 설치 수와 충전질량의 합계는 얼마인가?

+해답 1) 설치 수 : 6기 이하
2) 충전질량 합계 : 5,000kg 미만

05 아세틸렌(C_2H_2) 충전작업에 대한 물음에 답하시오.

1) 2.5MPa 압력으로 압축하는 때에 첨가하는 희석제의 종류 4가지를 쓰시오
2) 용기에 충전하는 때에 미리 용기에 침윤시키는 것 2가지를 쓰시오

+해답 1) ① 질소(N_2)
② 메탄(CH_4)
③ 일산화탄소(CO)
④ 에틸렌(C_2H_4)

2) ① 아세톤[$(CH_3)_2CO$]
② 디메틸포름아미드(DMF)

06 웨버지수 계산식을 쓰고 각 인자에 대하여 설명하시오.

+해답 $WI = \dfrac{H_g}{\sqrt{d}}$

여기서, WI : 웨버지수
H_g : 도시가스의 총 발열량($kcal/m^3$)
d : 도시가스의 공기에 대한 비중

07 프로판(C_3H_8) 가스에 대한 최소산소농도(MOC) 값을 추산하면 얼마인가?(단, 프로판의 공기 중 폭발범위 하한값은 2.1%이다.)

+해답 10.5%

+참고 프로판(C_3H_8) 연소반응 : $C_3H_8 + 5O_2 \rightarrow 3CO_2 + 4H_2O$

$MOC = LEL(연소하한농도) \times \dfrac{산소몰수}{가연성 가스몰수} = 2.1 \times \dfrac{5}{1} = 10.5\%$

08 독성가스 제조설비로부터 독성가스가 누출될 경우 그 독성가스로 인한 중독을 방지하기 위하여 독성 가스 종류에 따라 보유하여야 할 제독제 종류를 다음 각 가스별로 모두 쓰시오.

> 1) 포스겐($COCl_2$)   2) 황화수소(H_2S)   3) 아황산가스(SO_2)   4) 암모니아(NH_2)

＋해답 1) 가성소다 수용액, 소다회
2) 가성소다 수용액, 탄산소다 수용액
3) 가성소다 수용액, 탄산소다 수용액, 물
4) 물

09 강제혼합식 가스버너는 운전 중 화염이 블로오프(Blow-off)된 경우에 생가스 누출로 인한 사고를 방지하기 위하여 안전차단시간 이내에 버너의 작동이 정지되고, 가스통 로가 차단되도록 하여야 하며 시동 시에는 안전차단시간 이내에 화염이 검지되지 아니하면 버너는 자동 폐쇄되어야 한다. 이때 파일럿 점화방식으로 파일럿버너를 시동하는 경우 안전차단시간은 얼마인가?

＋해답 14초 이내

10 지름이 40m인 구형 가스홀더에 도시가스가 $7kgf/cm^2 \cdot a$로 저장되어 있다. 이 가스를 압력이 $3kgf/cm^2 \cdot a$가 될 때까지 공급하였을 때 공급된 가스양(Nm^3)은 얼마인가?(단, 온도 변화는 무시하며, 대기압은 1atm이다.)

＋해답 129,734.11Nm^3

＋참고 1) 구형 홀더 용적

$$V = \frac{\pi \times D^3}{6} = \frac{\pi \times 40^3}{6} = 33,510.32m^3$$

2) 공급된 가스양 산정($PV = K$)

$$\Delta V = 33,510.32 \times \left(\frac{7 + 1.0332}{1.0332} - \frac{3 + 1.0332}{1.0332} \right) = 129,734.11Nm^3$$

11 도시가스 사용 시설에서 가스 누출 시 대처 방법 4가지를 쓰시오.

＋해답 1) 가스누출을 발견한 경우 퓨즈콕 또는 중간밸브 및 계량기에 연결된 메인 밸브를 차단한다.
2) 출입문과 모든 창문을 열어 실내에 유출되어 있는 가스를 외부로 배출시킨다.
3) 화기 및 점화원 등과 멀게 한다.
4) 전기기기 사용을 금지한다.
5) 도시가스 회사에 연락하여 안전조치 및 누설 여부를 확인한다.

12 가연성 가스 충전용기 보관실의 지붕에 가벼운 불연재료 또는 난연재료를 사용하는 것에서 제외되는 경우 2가지를 쓰시오.

해답 1) 액화암모니아 충전용기 보관실
　　　 2) 특정고압가스용 실린더 캐비닛의 보관실

13 표준상태(0℃, 1기압)에서 암모니아가스의 비체적(m^3/kg)을 계산하시오.

해답 $1.32m^3/kg$

참고 비체적 = $\dfrac{22.4}{M} = \dfrac{22.4}{17} = 1.32kg/m^3$

여기서, M : 가스의 분자량

14 용기 종류별 부속품 기호를 각각 설명하시오.

1) AG :
2) LG :
3) LT :

해답 1) 아세틸렌가스 충전용기 부속품
　　　 2) 액화석유가스 외의 액화가스 충전용기 부속품
　　　 3) 초저온용기 및 저온용기의 부속품

15 관지름 400mm, 길이 20m인 강관을 외기온도가 −10℃ 상태인 겨울철에 설치하였는데, 여름철에 직사광선을 받아 온도가 상승하여 40℃가 되었다. 이때 배관에 작용하는 응력(kgf/cm^2)을 계산하시오.(단, 배관의 선팽창계수 $\alpha = 1.2 \times 10^{-5}/℃$, 영률 $\varepsilon = 2.1 \times 10^5 kgf/cm^2$이다.)

해답 $126kgf/cm^2$

참고 1) 신축 길이 $\triangle L = L \cdot \alpha \cdot \triangle t = 20 \times 1.2 \times 10^{-5} \times (40 - (-10)) = 1.2cm$

2) 응력 $\sigma = \dfrac{\varepsilon \times \triangle L}{L} = \dfrac{2.1 \times 10^5 \times 1.2}{2,000} = 126kgf/cm^2$

가스기사 필답형 기출문제

01 고압가스 특정제조시설의 배관을 기밀시험할 때 산소를 사용하면 안 되는 이유를 설명하시오.

➕해답 산소는 강력한 조연성 가스로 기밀시험을 하는 배관 내부에 석유류, 유지류 등이 있을 때 산소와 접촉 반응하여 인화, 폭발의 위험성이 있기 때문에 사용해서는 안 된다.

02 내용적 20L의 LP가스 배관 공사를 끝내고 나서 수주 880mm의 압력으로 공기를 넣어 기밀시험을 실시했다. 기밀시험 소요시간 12분이 경과한 후 배관에 부착된 자기압력계를 보니 수주 620mm의 압력을 나타내었다. 이 경우 기밀시험 개시 시의 약 몇 %의 공기가 누설되었나?(단, 기밀시험 실시 중 온도변화는 무시하고, 1기압은 1.033kgf/cm^2이다.)

➕해답 2.5%

➕참고 $PV = K$(일정), $1\text{atm} = 10,332\text{mmH}_2\text{O} = 760\text{mmHg}$

1) 처음 공기 체적 $V_1 = \dfrac{10,332 + 880}{10,332} \times 20 = 21.7\text{L}$

2) 기밀시험 후 체적 $V_2 = \dfrac{10,332 + 620}{10,332} \times 20 = 21.2\text{L}$

∴ 공기 누설(%) $= \dfrac{21.7 - 21.5}{20} \times 100 = 2.5\%$

03 나프타(Naphtha)의 가스화에 따른 다음의 물음에 답하시오.

1) PONA 각각에 대하여 설명하시오.
2) PONA 중 어느 것이 많거나 적을 때 가스의 생성에 유리한가?

➕해답 1) ① P : 파라핀계 탄화수소
   ② O : 올레핀계 탄화수소
   ③ N : 나프텐계 탄화수소
   ④ A : 방향족 탄화수소

2) 파라핀계 탄화수소가 많을 때 가스화 효율이 높아지며, 올레핀계, 나프텐계, 방향족 탄화수소가 많아지면 카본 석출, 촉매 노화, 나프탈렌 생성 등으로 가스화 효율이 저하되므로 이들 성분이 적을수록 가스 생성에 유리하다.

04 방폭전기기기의 폭발등급에 대한 물음에 답하시오.

1) 가연성 가스의 폭발등급 및 이에 대응하는 방폭전기기기의 폭발등급은 내압방폭구조는 최대 안전틈 새 범위에 따라 3가지로 분류하며, 본질안전방폭구조는 (　) 에 따라 3가지로 분류한다. (　) 안에 알맞은 용어를 쓰시오.

2) 본질안전 방폭구조의 폭발등급을 분류할 때 기준이 되는 가스는 무엇인가?

➕해답 1) 최소 점화전류비의 범위(mm)
　　　 2) 메탄

05 방폭전기기기에서 갈바닉 절연을 설명하시오.

➕해답 본질안전 전기기기 또는 본질안전 관련 전기기기 내부의 2개 회로 사이에 직접적인 전기적 접속 없이 신호 또 는 전력이 전달되도록 한 구조를 말한다.

06 가연성 가스 제조설비에 그 설비에서 발생한 정전기가 점화원이 되는 것을 방지하기 위하여 정전기 제 거설비를 설치할 때 접지 저항치 총합은 얼마로 하여야 하는가?(단, 피뢰설비를 설치한 설비이다.)

➕해답 10Ω 이하

07 내용적 $650m^3$인 저장탱크에 압축질소가 5.5MPa 상태로 저장되어 있을 때 저장능력을 계산하시오.

➕해답 $36,400m^3$

➕참고 $Q = (10P+1)V = (10 \times 5.5 + 1) \times 650 = 36,400m^3$

08 압축기에서 압축비가 증가하면 (①) 저하, (②)효율 저하, (③) 온도 상승이 발생하므로 (④)압축 으로 중간 단에 냉각기를 설치한다. (　) 안에 알맞은 용어를 쓰시오.

➕해답 ① 성능　　　　　② 체적　　　　　③ 토출가스　　　　　④ 다단

09 다음 [보기]에서 설명하는 전기방식법의 명칭을 쓰시오.

> [보기]
> 지중 또는 수중에 설치된 양극(Anode)금속과 매설배관 음극(Cathode) 등을 전선으로 연결하여 양극금
> 속과 매설배관 등 사이의 전지작용(고유전위차)에 의하여 전기적 부식을 방지하는 방법이다.

➕해답 희생 양극법(또는 유전 양극법)

10 레이저 메탄가스 검지기(Detector)는 최대 (①)m의 거리에서 (②)ppm · m의 메탄가스를 (③)초
이내에 검출해낼 수 있는 장비이다. ( ) 안에 알맞은 숫자를 넣으시오.

➕해답 ① 150　　　　② 300　　　　③ 0.2

➕참고 레이저 메탄가스 디텍터 등 가스 누출 정밀감시장비란 최대 150m의 거리에서 300ppm · m의 메탄가스를 0.2
초 이내에 검출해낼 수 있으며, 진단기간 동안 가스 누출 여부를 자동으로 감시할 수 있는 장비를 말한다.

11 도시가스 공급시설에 대한 시공감리대상 4가지를 쓰시오.

➕해답 1) 공사계획 승인대상에 해당되는 공사
2) 공사계획 신고대상에 해당되는 공사
3) 최고 사용압력이 중압 이상인 공급관
4) 밸브기지 내 배관
5) 정압기지 내 배관
6) 공사계획의 승인을 받았거나 신고를 한 공사로서 그 공사의 구간에서 배관 길이를 10분의 1 이내 또는 20
미터 미만으로 증감하여 변경하는 공사

12 액화석유가스용 차량에 고정된 탱크 내부에 설치하는 폭발방지제의 재료 기준에 대하여 쓰시오.

➕해답 1) 폭발방지제는 알루미늄 합금 박판에 일정 간격으로 슬릿(Slit)을 내고 이것을 팽창시켜 다공성 벌집형으로
한다.
2) 폭발방지제의 두께는 114mm 이상으로 하고, 설치 시에는 2~3% 압축하여 설치한다.
3) 스프링의 재질은 기존 탱크의 재질과 같은 것 또는 이와 동등 이상의 것으로서 액화석유가스에 대하여 내
식성을 가지며 열적 성질이 탱크 동체의 재질과 유사한 것으로 한다.
4) 지지봉은 배관용 탄소강관에 적합한 것(최저 인장강도 294N/mm²)으로 한다.
5) 그 밖의 지지구조물 부품의 재질은 안전 확보상 충분히 기계적 강도 및 액화석유가스에 대한 내식성을 가
지는 것으로 한다.

13 다음과 같은 조성을 가지는 증열 제조 부탄가스의 진발열량($kcal/m^3$)을 계산하시오. (단, 수증기의 응축잠열은 $0.6kcal/g$이다.)

조성	H_2	O_2	N_2	CO	CO_2	CH_4	C_4H_{10}
mol(%)	37	1	35	5	6	6	10
발열량($kcal/m^3$)	3,050			3,030		9,540	32,000

⊕해답 $4,502.76kcal/m^3$

⊕참고 1) 총 발열량
$$H_1 = (3,050 \times 0.37) + (3,030 \times 0.05) + (9,540 \times 0.06) + (32,000 \times 0.1) = 5,052.4kcal/m^3$$

2) 수증기 응축 잠열
$$H_2 = [(1 \times 0.37) + (2 \times 0.06) + (6.5 \times 0.1)] \times \frac{600 \times 18}{22.4} = 549.643kcal/m^3$$

∴ 진발열량 = 총 발열량 − 응축 잠열 = $5,052.4 - 549.64 = 4,502.76kcal/m^3$

14 용기에 충전하는 시안화수소(HCN)에 첨가하는 안정제의 종류 2가지를 쓰시오.

⊕해답 1) 아황산가스
2) 황산

15 공기와 혼합된 아세틸렌의 폭발하한계는 2.5%이다. 표준상태에서 혼합기체 $1m^3$ 중 아세틸렌의 폭발하한계에 해당하는 중량은 얼마인가?

⊕해답 $0.03kgf$

⊕참고 아세틸렌의 분자량은 $26kg$, $22.4m^3/kmol$
$$W = \frac{2.5}{100} \times \frac{26kgf}{22.4m^3} = 0.03kgf/m^3$$

01 용접부에 대한 비파괴검사법 중 초음파탐상시험의 장점과 단점을 각각 2가지씩 쓰시오.

> **+해답** 1) 장점
> ① 내부결함 및 불균일 층의 검사가 가능하다.
> ② 용입 부족 및 용입부의 결함을 검출할 수 있다.
> ③ 검사 비용이 저렴하다.
>
> 2) 단점
> ① 결함의 형태가 불명확하다.
> ② 결과의 보존성이 없다

02 $2kgf/cm^2 \cdot a$, 온도 $25℃$인 산소의 비중량(N/m^3)을 계산하시오.

> **+해답** $24.79N/m^3$
>
> **+참고** γ(비중량)$= \rho \cdot g = 2.53 \times 9.8 = 24.79 kg \cdot m/m^3 \cdot s^2 = 24.79 N/m^3$
>
> 밀도 $\rho = \dfrac{G}{V} = \dfrac{P}{RT}$, $\quad \because PV = GRT$
>
> $$\rho = \frac{2kgf/m^2 \times 10^4}{\dfrac{848}{32} kgf \cdot m/kg \cdot K \times (273+25)K} = 2.53 kg/m^3$$

03 도시가스 제조 및 공급시설 중 가스홀더의 기능 3가지를 쓰시오.

> **+해답** 1) 가스 수요의 시간적 변동에 대하여 일정 공급 가스양을 확보한다.
> 2) 공급설비의 일시적 중단에 대하여 어느 정도 공급량을 확보한다.
> 3) 공급가스의 성분, 열량, 연소성 등의 성질을 균일화한다.
> 4) 소비지역 근처에 설치하여 피크 시의 공급 · 수송 효과를 얻는다.

04 세이프티 커플링은 그 커플링의 안전성, 편리성 및 호환성을 확보하기 위하여 암 커플링은 호스가 분리되었을 경우 (①)에, 수 커플링은 (②)에 설치할 수 있는 구조로 한다. ( ) 안에 알맞은 위치를 쓰시오.

⊕해답 ① 자동차 충전구 쪽

② 충전기 쪽

05 금속재료의 일반적인 열처리 종류 4가지의 목적을 각각 쓰시오.

1) 담금질(Quenching)
2) 불림(Normalizing)
3) 풀림(Annealing)
4) 뜨임(Tempering)

⊕해답 1) 담금질(소입 : Quenching)

담금질은 재료를 적당한 온도로 가열하여 이 온도에서 물, 기름 속에 급히 침지하고 냉각, 경화시키는 것이다.

2) 불림(소준 : Normalizing)

불림은 결정조직이 거친 것을 미세화하며 조직을 균일하게 하고, 조직의 변형을 제거하기 위하여 균일하게 가열한 후 공기 중에서 냉각하는 조작이다.

3) 풀림(소둔 : Annealing)

금속을 기계가공하거나 주조, 단조, 용접 등을 하게 되면 가공경화되거나 내부응력이 생기므로 이러한 가공 중의 내부응력을 제거 또는 가공경화된 재료를 연화시키거나 열처리로 경화된 조직을 연화시켜 결정조직을 결정하고 상온가공을 용이하게 할 목적으로 뜨임보다는 약간 높은 온도로 가열하여 노 중에서 서서히 냉각시킨다.

4) 뜨임(소려 : Tempering)

담금질 또는 냉각가공된 재료의 내부응력을 제거하며 재료에 연성이나 인장강도를 주기 위해 담금질 온도보다 낮은 적당한 온도로 재가열한 후 냉각시키는 조작을 말한다. 보통강은 가열 후 서서히 냉각하나 크롬강, 크롬−니켈강 등은 서서히 냉각하면 취약하게 되므로 이들 강은 급랭시킨다.

06 도시가스 사업자가 가스공급시설에 대하여 정기적으로 받아야 하는 안전성평가 중 위험 인지를 평가할 때 선정하는 위험성 평가 기법 4가지를 쓰시오.

⊕해답 1) 체크리스트 기법

2) 상대위험순위결정 기법
3) 사고예상질문분석 기법
4) 위험과 운전 분석 기법
5) 이상위험도분석 기법
6) 결함수분석 기법
7) 사건수분석 기법
8) 작업자실수분석 기법
9) 원인결과분석 기법
10) 예비위험분석 기법
11) 공정위험분석 기법

07 펌프에서 발생하는 워터 해머링(Water Hammering)을 방지하는 방법 4가지를 쓰시오.

➕해답 1) 관 내 유속을 낮게 한다.
2) 압력 조절용 탱크를 설치한다.
3) 펌프에 플라이휠(Flywheel)을 설치한다.
4) 밸브를 펌프 토출구 가까이 설치한다.

08 [보기]에서 설명하는 사이클 명칭을 쓰시오.

[보기]
1) 외연기관으로서 가솔린 엔진보다 열효율이 높고 소음 · 진동이 적다.
2) 목재, 화석연료, 천연가스, 폐가스 등을 열원으로 사용한다.
3) 밀폐된 실린더 내에 열을 가해 팽창시키고, 냉각에 의해 압축을 하는 기관이다.
4) 수소나 헬륨을 작동유체로 사용하며, 역사이클은 저온용 가스냉동기의 기본 사이클에 해당된다.

➕해답 스털링 사이클(Stirling Cycle)

09 염소는 건조한 상태에서는 강재에 대하여 부식성이 없으나, 수분이 존재하면 철을 심하게 부식시킨다. 수분 존재 시 철을 부식시키는 이유와 화학반응식을 쓰시오.

➕해답 1) 부식 이유
염소가 수분과 접촉 시 염산(HCl)이 생성되어 이것이 철과 반응하여 염화제1철($FeCl_2$)을 생성하면서 부식이 발생한다.

2) 화학반응식
$Cl_2 + H_2O \rightarrow HCl + HClO$
$Fe + 2HCl \rightarrow FeCl_2 + H_2$

10 가스용 폴리에틸렌 관(PE 배관)은 온도가 40℃ 이상이 되는 장소에 설치하지 않는 것이 원칙이지만 어떤 조치를 하면 온도가 40℃ 이상이 되는 장소에 설치할 수 있는가?

➕해답 파이프 슬리브 등을 이용하여 단열조치를 한 경우

11 1atm, 25℃의 상태에서 무게가 27.92g인 진공밸브에 건조공기가 유입되어 28.05g으로 되었고 동일한 조건에서 메탄과 에탄으로 이루어진 LP가스를 넣었을 때 28.14g이 되었다. LP가스 성분에 해당하는 메탄과 에탄의 몰분율(%)을 계산하시오.(단, 공기의 평균 분자량은 29이다.)

해답 1) 메탄 : 71.5%
2) 에탄 : 28.5%(100 − 71.5)

참고 1) 공기 치환에 대한 부피

$$PV = \frac{W}{M}RT, \ V = \frac{WRT}{PM} = \frac{(28.05 - 27.92) \times 0.082 \times (273 + 25)}{1 \times 29} = 0.11\text{L}$$

2) 메탄과 에탄으로 이루어진 액화석유가스(LPG)의 혼합 분자량

$$PV = \frac{W}{M}RT, \ M = \frac{WRT}{PV} = \frac{(28.14 - 28.05) \times 0.082 \times (273 + 25)}{1 \times 0.11} = 19.99\text{g}$$

3) 분자량으로 몰분율 계산

$$M = (M_1 \times x) + [(M_2 \times (1 - x)]$$
$$19.99 = (16 \times x) + [(30 \times (1 - x)] = 16x + 30 - 30x$$
$$19.99 - 30 = x(16 - 30)$$
$$\therefore \ x = \frac{19.99 - 30}{16 - 30} = 71.5\%$$

12 자동제어계의 특성 중 정특성과 동특성을 설명하시오.

해답 1) 정특성
시간에 관계없는 정적인 특성으로 입력과 출력이 안정되어 있을 때의 일정한 관계를 유지하는 성질이다.

2) 동특성
시간적인 동작의 특성으로 입력을 변화시켰을 때 출력을 변화시키는 성질이다.

13 액화산소용기에 액화산소가 50kg 충전되어 있다. 이때 용기 외부에서 액화산소에 대하여 5kcal/h의 열량이 주어진다면 액화산소량이 $\frac{1}{2}$로 감소되는 데 걸리는 시간을 계산하시오.(단, 산소의 증발잠열은 1,600cal/mol이다.)

해답 250시간

참고 1) 산소의 증발 잠열 $= \frac{1,600\text{cal}}{32\text{g}} = 50\text{cal/g} = 50\text{kcal/kg}$

2) 소요시간 $= \dfrac{\left(50 \times \frac{1}{2}\right) \times 50}{5} = 250$시간

14 도시가스 배관의 부식을 방지하기 위하여 시공한 전기방식시설의 방식전위 측정 및 시설점검에 대한 내용이다. (   ) 안에 해당되는 것을 각각 쓰시오.

> 전기방식시설의 (①)은(는) 1년에 1회 이상 점검하며, 외부전원법에 따른 전기방식시설의 (②), 정류기의 출력, 전압, 전류, 배선의 접속상태, 계기류 확인 및 배류법에 따른 전기방식시설의 (③), 배류기의 출력, 전압, 전류, 배선의 접속상태, 계기류 확인은 (④)개월에 1회 이상 점검한다.

 ① 관대지전위
　　　　② 외부전원점 관대지전위
　　　　③ 배류점 관대지전위
　　　　④ 3

15 아크용접부에 발생하는 결함의 종류 4가지를 쓰시오.

 1) 오버랩(Overlap)
　　　　2) 언더컷(Undercut)
　　　　3) 기공(Blow Hole)
　　　　4) 슬래그 혼입(Slag Inclusion)
　　　　5) 피트(Pit)
　　　　6) 스패터(Spatter)
　　　　7) 용입 불량

01 탄화수소를 원료로 도시가스를 제조하는 방법 중 대체 천연가스 공정에서 가스화하는 공정 3가지를 쓰시오.

> **◆해답** 1) 수증기 개질 공정
> 2) 수첨분해 공정
> 3) 부분연소 공정

02 전양정 25m, 유량 1.2m³/min인 펌프로 물을 이송하는 경우 이 펌프의 축동력(PS)을 계산하시오. (단, 펌프의 효율은 85%이다.)

> **◆해답** 7.84PS

> **◆참고** 축동력 $= \dfrac{\gamma \cdot Q \cdot H}{75 \cdot \eta} = \dfrac{1,000 \times 1.2 \times 25}{75 \times 0.85 \times 60} = 7.84\text{PS}$

03 LPG 공급방식에서 공기혼합가스(Air Direct Gas)의 목적 3가지를 쓰시오.

> **◆해답** 1) 발열량 조절
> 2) 재액화 방지
> 3) 누설 시 손실 감소
> 4) 연소효율 증대

04 폭굉유도거리가 짧아지는 조건 4가지를 쓰시오.

> **◆해답** 1) 정상 연소속도가 큰 혼합가스일수록
> 2) 관 속에 방해물이 있거나 관 지름이 작을수록
> 3) 압력이 높을수록
> 4) 점화원의 에너지가 클수록

05 공기액화분리장치에서 CO_2를 제거하여야 하는 이유를 설명하시오.

> **＋해답** 장치 내에서 탄산가스는 고형의 드라이아이스가 되어 밸브 및 배관을 폐쇄하여 장애를 발생시키므로 제거하여야 한다.

06 온도가 일정한 상태에서 용기 내에 A와 B의 혼합기체가 동일한 질량으로 충전되어 있다. 이 용기 내의 압력은 얼마인가?(단, 이 온도에서 A의 증기압은 20atm, B의 증기압은 40atm, A의 분자량은 50, B의 분자량은 20으로 하고 라울(Raoult)의 법칙이 성립한다.)

> **＋해답** 34.29atm
>
> **＋참고** 1) 각 성분의 몰분율(W＝동일 질량)
>
> $$X_a = \frac{n_a}{n_a + n_a} = \frac{\dfrac{W}{50}}{\dfrac{W}{50} + \dfrac{W}{20}} = \frac{\dfrac{2W}{100}}{\dfrac{2W}{100} + \dfrac{5W}{100}} = \frac{2}{7} \ , \ \ X_b = 1 - \frac{5}{7} = \frac{2}{7}$$
>
> 2) 용기 압력
>
> $$P = P_a + P_b = \left(20 \times \frac{5}{7}\right) + \left(40 \times \frac{2}{7}\right) = 34.29\text{atm}$$

07 고압가스 충전용기 중 용접용기를 제조할 때 용기의 종류에 따른 부식여유 두께를 쓰시오.

용기의 종류		부식여유(mm)
암모니아를 충전하는 용기	내용적이 1,000L 이하인 것	1)
	내용적이 1,000L 초과인 것	2)
염소를 충전하는 용기	내용적이 1,000L 이하인 것	3)
	내용적이 1,000L 초과인 것	4)

> **＋해답** 1) 1 　　　　2) 2 　　　　3) 3 　　　　4) 5

08 냉동능력 산정기준 산식 $R = \dfrac{V}{C}$ 에서 주어진 조건별로 'V'를 계산하는 공식을 쓰고 설명하시오.

1) 다단압축방식 또는 다원냉동방식 :
2) 회전피스톤형 압축기 :

◆해답 1) $V = VH + 0.08V$

2) $V = 60 \times 0.785tn(D^2 - d^2)$

여기서, VH : 압축기의 표준회전속도에 있어서 최종단 또는 최종원의 기통의 1시간의 피스톤 압출량
(단위 : m³)

VL : 압축기의 표준회전속도에 있어서 최종단 또는 최종원 앞의 기통의 1시간의 피스톤 압출
량(단위 : m³)

t : 회전피스톤의 가스압축부분의 두께(단위 : m)

n : 회전피스톤의 1분간의 표준회전수(스크루형의 것은 로터의 회전수)

D : 기통의 안지름(스크루형은 로터의 지름)(단위 : m)

d : 회전피스톤의 바깥지름(단위 : m)

09 단열된 밀폐공간 2.1m³에 101kPa 상태로 공기가 5kg 채워져 있을 때 온도는 몇 ℃인가?

◆해답 23.41℃

◆참고 $PV = GRT$, $T = \dfrac{PV}{GR} = \dfrac{(101 + 101.325) \times 2.1}{5 \times \dfrac{8.314}{29}} = 296.405\text{K} - 273 = 23.41℃$

10 용접부에 대한 방사선투과시험을 할 때 개인의 방사선 피폭을 막기 위하여 휴대하여야 하는 장비는 무엇인가?

◆해답 가이거 계수기(Geiger Counter)

◆참고 가이거 계수기

이온화 방사선을 측정하는 장치로 휴대하기 간편하여 방사능 측정장비로 널리 사용되고 있다. 불활성 기체를 담은 가이거-뮐러 계수관을 이용하여 α입자, β입자, γ선 등과 같은 방사능에 의해 불활성 기체가 이온화되는 정도를 표시하여 방사능을 측정한다.

11 직동식 정압기에서 2차 압력이 설정압력보다 낮을 때 작동원리에 대하여 설명하시오.

◆해답 정압기 스프링 힘이 다이어프램을 받치고 있는 힘보다 커서 다이어프램에 연결된 메인밸브를 열리게 하여 가스의 유량이 증가하게 되며 2차 압력이 설정압력으로 유지되도록 작동한다.

12 도시가스 사용시설에 연소기가 다음 표와 같이 설치되었을 때 월사용예정량(m³)을 계산하시오.

명칭	가스소비량	설치수	비고
산업용 보일러	500,000kcal/h	2	
취사용 밥솥	5,000kcal/h	1	
취사용 국솥	10,000kcal/h	1	
취사용 튀김기	10,000kcal/h	1	

⊕해답 22,022.73m³

⊕참고
$$Q = \frac{(A \times 240) + (B \times 90)}{11,000}$$
$$= \frac{(500,000 \times 2 \times 240) + \{(5,000 + 10,000 + 10,000) \times 90\}}{11,000}$$
$$= 22,022.73\text{m}^3$$

13 불활성화(Inerting) 작업에 대하여 설명하시오.

⊕해답 가연성 혼합가스에 불활성 가스인 아르곤, 질소 등을 주입하여 산소의 농도를 최소산소농도(MOC) 이하로 낮추는 작업을 말한다.

14 금속재료에 인장응력이 작용하면 균열이 발생하고 부식이 발생한다. 이와 같이 금속재료에 발생하는 응력부식의 방지대책 4가지를 쓰시오.

⊕해답 1) 잔류응력을 제거한다.
2) 합금조성을 변화시킨다.
3) 재료의 두께를 두껍게 한다.
4) 환경의 유해성분을 제거한다.

15 도시가스 공급방식 중 공급압력에 따른 종류 3가지를 쓰시오.

⊕해답 1) 저압 공급방식 : 0.1MPa 미만
2) 중압 공급방식 : 0.1MPa 이상 1MPa 미만
3) 고압 공급방식 : 1MPa 이상

01 가연성 가스의 제조설비, 저장설비의 전기설비는 방폭성능을 가지는 것을 설치하여야 한다. 방폭전기 기기의 종류 4가지를 쓰시오.

> **해답** 1) 압력방폭구조   2) 내압방폭구조   3) 유입방폭구조
>   4) 안전증방폭구조   5) 본질안전방폭구조

02 도시가스를 원료로 사용하여 에너지를 발생시키는 가스용 연료전지의 원리를 설명하시오.

> **해답** LNG(바이오가스 등)의 연료원에서 수소를 분리하여 산소와 전기화학반응을 시켜 전기와 열에너지를 생산하는 고효율 및 친환경 발전 시스템을 말한다.

> **참고** **연료전지**
>
> 1) 연료전지 개요
>
> 물을 전기분해하면 수소와 산소로 분해되고, 반대로 수소와 산소를 결합시켜 물을 만드는데 이때 발생하는 에너지를 전기 형태로 바꿀 수 있다. 연료전지는 이 원리를 이용한 것이다. 연료전지는 전해물질과 두 개의 전극봉으로 이루어져 있으며, 공기 중의 산소가 한 전극을 지나고 수소가 다른 전극을 지날 때 전기화학 반응을 통해 전기와 물, 열을 생성하는 원리다.
>
> 2) 연료전지의 4대 구성 장치
>   ① 연료개질장치 : 도시가스에서 수소를 만드는 장치
>   ② 연료전지 본체(셀 스택) : 수소와 산소로부터 직류전기를 발생시키는 장치
>   ③ 인버터(전력 변환기) : 발전한 전기는 직류이므로 교류로 바꾸는 장치
>   ④ 열회수장치 : 연료개질장치나 셀 스택에서 나오는 열을 회수하여 열이나 증기로 바꾸는 장치
>
> 3) 연료전지의 특성
>   ① 고효율 : 에너지 효율이 50%로 내연기관의 30%보다 높다.
>   ② 연료의 다양성 : 천연가스, 메탄올, LPG, 납사, 등유, 석탄가스 등으로 다양하다.
>   ③ 친환경 미래 발전에너지
>   ④ 규모 및 용도의 다양성
>
> ※ 연료전지는 LNG · 바이오가스 등의 연료원에서 수소를 분리하여 산소와 전기화학반응을 시켜 전기와 열에너지를 생산하는 고효율 · 친환경 발전 시스템이다.

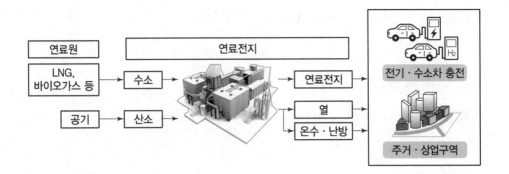

03 LPG를 가구수 40세대인 집단공급시설에서 1단 감압식 조정기를 사용하여 안지름 50mm인 저압배관으로 시간당 30m³로 공급할 때 길이 100m에서 발생하는 압력손실은 몇(mmH₂O)인지 계산하시오.(단 가스의 비중은 1.5이고, 유량 정수(K)는 0.707이다.)

➕**해답** 86.43mmH₂O

➕**참고** $Q = K\sqrt{\dfrac{D^5 \cdot H}{S \cdot L}}$ 에서 $H = \dfrac{Q^2 \cdot S \cdot L}{K^2 \cdot D^5} = \dfrac{30^2 \times 1.5 \times 100}{0.707^2 \times 5^5} = 86.43 \mathrm{mmH_2O}$

04 가스배관 중에 설치하는 콜드스프링에 대하여 설명하시오.

➕**해답** 콜드스프링은 배관의 자유팽창량을 먼저 계산하고 관의 길이를 약간 짧게 하여 강제 시공하는 배관공법을 말하며, 이때 자유팽창량을 1/2 정도로 짧게 한다.

05 원심펌프를 직렬연결 운전할 때와 병렬연결 운전할 때의 특성을 양정과 유량을 들어 비교하시오.

➕**해답** 1) 직렬연결 : 유량은 불변, 양정은 증가
2) 병렬연결 : 유량은 증가, 양정은 일정

06 프로판 55kg 연소 시 필요한 공기량은 몇 Nm³인지 화학식을 쓰시오.(단, 공기 중 산소는 21%)

➕**해답** 666.67Nm³

➕**참고** $C_3H_8 + 5O_2 \longrightarrow 3CO_2 + 4H_2O$

44kg : $5 \times 22.4\mathrm{m}^3 = 55$kg : $x\mathrm{m}^3$

이론산소량 $x = \dfrac{5 \times 22.4 \times 55}{44} = 140 \mathrm{Nm}^3$

∴ 소요공기량 $= 140 \times \dfrac{100}{21} = 666.67 \mathrm{Nm}^3$

07 다음 가스 압축기의 내부 윤활제를 쓰시오.

1) 산소압축기

2) 염소압축기

3) 아세틸렌압축기

+해답 1) 물 또는 10% 이하의 묽은 글리세린유
2) 진한 황산
3) 양질의 광유

+참고 **압축기 윤활유**
1) 공기압축기 : 양질의 광유
2) 산소압축기 : 물 또는 10% 이하의 묽은 글리세린유
3) 염소압축기 : 진한 황산
4) 아세틸렌압축기 : 양질의 광유
5) 수소압축기 : 양질의 광유
6) 염화메탄압축기 : 화이트유, 정제된 터빈유
7) 아황산가스압축기 : 화이트유, 정제된 터빈유
8) LP가스압축기 : 식물성유

08 펌프의 특성곡선 A~D에 가까운 펌프 명칭을 주어진 보기에서 찾아서 쓰시오.

> [보기]　원심펌프,　축류펌프,　점성펌프,　왕복펌프

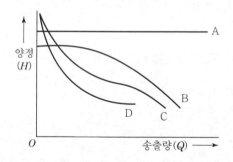

+해답 A : 왕복펌프,　　　B : 원심펌프,　　　C : 축류펌프,　　　D : 점성펌프

+참고 **펌프의 간략 특성**
1) 왕복펌프 : 소형인데 비해 고압이므로 고양정에 적합
2) 원심펌프 : 회전하는 임펠러에 안내 베인을 설치, 비교적 고양정을 유도함
3) 축류펌프 : 임펠러에서 나오는 유체를 축 방향으로 유도하는 것으로, 저양정에 적합
4) 점성펌프 : 유량은 적지만, 비교적 양정이 높은 경우에 적합

09 팽창비를 압축비보다 높게 하여 정압과정 1개와 정적과정 1개, 단열과정 2개로 이루어진 가스 터빈의 외연기관에 해당하는 사이클 명칭을 쓰시오.

> **해답** 앳킨슨(Atkinson) 사이클

> **참고** 앳킨슨(Atkinson) 사이클
> 앳킨슨(Atkinson) 사이클은 오토(Otto) 사이클과 약간 다른 사이클로 팽창비를 압축비보다 높게 하여 정압 과정 1개와 정적과정 1개, 단열과정 2개로 이루어진 것으로 오토(Otto) 사이클보다 효율이 높다.

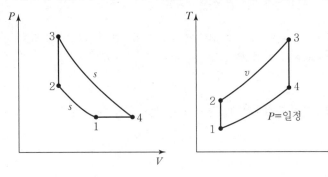

10 도시가스 제조공정(Process)에서 가스화 촉매에 요구되는 성질 4가지를 쓰시오.

> **해답** 1) 열, 마모, 석출 카본 등에 대한 강도가 높을 것
> 2) 활성도가 높을 것
> 3) 수명이 길 것
> 4) 유황 등의 피독물에 대하여 강할 것
> 5) 가격이 저렴할 것

11 고압가스 제조시설에 설치하는 플레어스택의 구조에서 역화 및 공기 등과의 혼합 폭발을 방지하기 위하여 갖추어야 할 시설 4가지를 쓰시오.

> **해답** 1) Liquid Seal의 설치
> 2) Flame Arresstor의 설치
> 3) Vapor Seal의 설치
> 4) Purge Gas(N_2, Off Gas 등)의 지속적인 주입 시설 설치
> 5) Molecular Seal의 설치

12 액화가스 저장탱크와 클링커식 액면계에 접촉하는 상하 배관에 설치하는 것은 무엇인가?

> **해답** 자동 및 수동의 스톱밸브

13 직동식 정압기에서 2차 압력이 설정압력보다 낮을 때의 작동 원리에 대하여 설명하시오.

➕해답 2차 측의 사용량이 증가하고 2차 압력이 설정압력 이하로 떨어질 경우, 스프링의 힘이 다이어프램을 받치고 있는 힘보다 커서 다이어프램에 연결된 메인 밸브를 열리게 하여 가스의 유량이 증가하게 되며 2차 압력이 설정압력으로 유지되도록 작동한다.

14 가연성 가스의 폭발(연소)범위를 설명하시오.

➕해답 가연성 가스와 공기 또는 산소와의 혼합가스 중 가연성 가스의 용량을 %로 나타낸 것으로 최고 농도를 폭발 상한계, 최저 농도를 폭발하한계라 하고, 그 차이를 폭발범위라 한다.

15 가스 누설 검지기의 오보 대책에 관한 다음 내용을 설명하시오.
1) 경보지연
2) 반시한 경보
3) 즉시경보

➕해답 1) 경보지연 : 가스 농도가 설정치에 도달한 후 그 농도 이상으로 계속해서 20~60초 정도 지속되는 경우에 경보를 울리는 형식
2) 반시한 경보 : 가스 농도가 설정치에 도달한 후 그 농도 이상으로 계속해서 지속되는 경우에 가스 농도가 높으면 즉시경보, 농도가 낮으면 지연경보 하는 형식
3) 즉시경보 : 가스 농도가 설정치에 도달하면 즉시 경보를 울리는 형식

가스기사 필답형 기출문제

01 수소취성에 대하여 설명하시오.

> **⊕해답** 수소가 고온·고압하에서 강재 중의 탄소와 반응하여 메탄을 생성하여 강재에 취성을 발생하는 수소취화 현
> 상으로 일명 탈탄작용이다.
> $Fe_3C + 2H_2 = CH_4 + 3Fe$(탈탄작용)

02 가연성 또는 독성 가스 설비에서 이상상태가 발생한 경우 당해 설비 내의 내용물을 설비 밖으로 긴급
하고 안전하게 이송하는 설비의 명칭을 쓰시오.

> **⊕해답** 벤트스택(Vent Stack)

> **⊕참고** 벤트스택에 관한 기준
> 1) 벤트스택 높이는 방출된 가스의 착지농도가 폭발하한계 미만이 되고, 독성가스의 경우 허용농도 미만이
>   되도록 한다.
> 2) 독성 가스는 제독 조치를 한 후 방출할 것
> 3) 방출구의 위치는 작업원이 통행하는 장소로부터 긴급 벤트스택은 10m 이상(일반은 5m) 떨어진 곳에 설
>   치할 것
> 4) 액화가스가 방출되거나 급랭의 우려가 있는 곳에는 기액분리기를 설치할 것
> 5) 벤트스택에는 정전기 또는 낙뢰 등에 의한 착화를 방지하는 조치를 하고 만일 착화된 경우에는 즉시 소화
>   할 수 있는 조치를 강구할 것
> 6) 벤트스택에 연결된 배관에는 응축액의 고임을 제거 또는 방지하는 조치를 강구할 것

03 비중 0.75인 액체가 내경 4cm인 원관 속을 매분 31.4kg의 질량 유량으로 흐를 경우 평균속도
(m/min)는 얼마인가?

> **⊕해답** 33.32m/min

> **⊕참고** $m = \rho \cdot A \cdot V$ ($\rho g = \gamma$, 액체의 경우 $\gamma = d$(비중)·1,000)
> $$V = \frac{m}{\rho \cdot A} = \frac{31.4\text{kg/min}}{(0.75 \times 1,000) \times \left(\dfrac{3.14 \times 0.04^2}{4}\right)} = 33.32\text{m/min}$$

04 27℃, 100kPa 상태의 이산화탄소 비중은 얼마인가?(단, 물의 비중량은 $9.8kN/m^3$ 이산화탄소 기체 상수는 $0.189kJ/kg \cdot K$이다)

해답 3.55×10^{-3}

참고 $PV = GRT$, $\quad \rho = \dfrac{G}{V}$, $\quad P = \rho \cdot R \cdot T$

$$\rho = \frac{P}{RT} = \frac{(100 + 101,325)kPa}{0.189kJ/kg \cdot K \times (273 + 27)K} = 3.55kg/m^3 \ (\rho g = \gamma, \ \gamma = d \cdot 1,000)$$

$$d = \frac{3.55 \times 9.8}{9.8(물 \ 비중) \times 1,000} = 3.55 \times 10^{-3}$$

05 직동식 정압기의 기본 구조에 해당하는 다이어프램, 스프링, 메인밸브의 역할을 설명하시오.

해답 1) 다이어프램 : 2차 측 압력을 감지하여 그 변동 압력을 메인밸브에 전달하는 역할
2) 스프링 : 2차 측 압력을 설정하는 역할
3) 메인밸브 : 가스의 유량을 제한하여 개도에 따라 공급량을 직접 조정하는 역할

06 고압가스 제조시설에서 안전설비로 설치하는 내부 반응 감시장치의 종류 3가지를 쓰시오.

해답 1) 온도감시장치
2) 압력감시장치
3) 유량감시장치
4) 가스의 밀도, 조성 등의 감시장치

07 펌프의 비속도에 대해 설명하시오.

해답 펌프의 일정한 유량 및 수두, 즉 1m³/min의 유량을 1m 양수하는 데 필요한 회전수를 말한다.

08 액화석유가스의 부취제 냄새 측정방법 4가지를 쓰시오.

해답 1) 오더(Odor) 미터법
2) 주사기법
3) 냄새주머니법
4) 무취실법

09 온도 40℃ 상태에서 내용적 2m³인 용기에 산소 3kg, 질소 2kg이 충전되어 있을 때 용기 내의 압력(kPa)은 얼마인가?(단, 산소와 질소는 이상기체로 가정하며, 기체상수는 산소 : 0.2598kJ/kg·K, 질소 : 0.2962kJ/kg·K이다.)

+해답 113.36kPa

+참고 $PV = GRT$, $P = \dfrac{GRT}{V} = \dfrac{\{(3 \times 0.2598) + (2 \times 0.2962)\} \times (273 + 40)}{2} = 214.686 \text{kPa.a}$

용기 내의 측정압력은 게이지 압력

∴ $(214.686 - 101.325) \text{kPa} = 113.36 \text{kPa}$

10 초저온 액화가스가 충전된 용기를 취급할 때 발생할 수 있는 사고의 종류 3가지를 쓰시오.

+해답 1) 동상
2) 질식
3) 액체 증발에 의한 급격한 압력 상승
4) 저온에 의하여 생기는 물리적 성질 변화

11 압력 조정기 특성 중 동특성에 대하여 설명하시오.

+해답 동특성은 부하 변화가 큰 곳에 사용되는 정압기의 중요한 특성으로, 변동에 대한 응답의 신속성과 안전성이 모두 요구된다.

+참고 정압기의 특성
1) 정특성 : 정상 상태에서의 유량과 2차 압력의 관계
2) 유량 특성 : 메인밸브의 열림과 유량과의 관계
3) 사용 최대 차압 : 정압성능에 영향을 주는 메인밸브의 1차 압력과 2차 압력의 실용적으로 사용 가능한 범위에서의 최대 차압

12 정전기 제거설비를 정상상태로 유지하기 위하여 확인할 사항 3가지를 쓰시오.

+해답 1) 지상의 접지 저항치 확인
2) 지상 접속부의 접속 상태 확인
3) 접속 전선 손상 및 파손 유무 확인
4) 작업자의 대전 방지 확인

13 다음의 물음에 답하시오.

   1) 폭굉 유도거리를 간단히 설명하시오.

   2) 폭굉 유도거리가 짧아지는 조건 4가지를 쓰시오.

   ➕해답 1) 최초의 완만한 연소가 격렬한 폭굉으로 발전할 때까지의 거리
   2) ① 정상 연소 속도가 빠른 혼합가스일수록
   ② 관 속에 장애물이 있거나 지름이 작을수록
   ③ 혼합가스가 고압일수록
   ④ 점화원의 에너지가 강할수록

14 공동 배기구의 유효단면적(mm^2)을 구하는 공식을 쓰고 인자에 대하여 단위를 포함하여 설명하시오.
(단, 연돌의 유효면적 A는 제외한다.)

   ➕해답 $A = Q \times 0.6 \times K \times F + P$
   여기서, Q : 가스보일러의 가스소비량 합계(kcal/h)
   K : 형상계수
   F : 가스보일러의 동시 사용률
   P : 배기통의 수평투영면적(mm^2)

15 도시가스 제조공정의 가스화 방식에 의한 분류 4가지를 쓰시오.

   ➕해답 1) 열분해 공정
   2) 접촉분해 공정
   3) 수소화분해 공정
   4) 부분산화 공정
   5) 대체천연가스 공정

가스기사 작업형(동영상)

[2014~2020]

01 다음에서 보여주는 용기의 몸통에 표시된 TP, FP, V, W의 기호가 뜻하는 바를 기술하시오.

➕해답 TP : 내압시험압력(MPa)
FP : 최고충전압력(MPa)
V : 내용적(L)
W : 밸브 부속품을 포함하지 않은 용기의 질량(kg)

02 다음은 배관매설작업의 한 부분이다. 1) 배관 위의 전선의 명칭, 2) 설치 이유를 기술하시오.

➕해답 1) 명칭 : 로케팅 와이어(Locating Wire)
2) 이유 : 지하매설배관인 PE관의 위치 확인과 배관 보호 및 유지 관리를 위해 설치한다.

03 다음은 LPG 충전소이다. 물음에 답하시오.

1) 충전호스의 길이는?
2) 자동차에 부착된 용기에 주입하는 충전기구의 명칭은?
3) 충전기 중심에서 사업소 부지경계까지 몇 m를 유지하여야 하는가?

➕해답 1) 5m 이내
2) 퀵 카플러(원터치형)
3) 24m 이상

04 다음은 LPG 충전소 설비 시공의 한 부분이다. 사각형 내 표시 부분의 명칭을 쓰시오.

➕해답 긴급차단장치

05 저장탱크의 침하상태 측정은 몇 년마다 하여야 하는가?

➕해답 1년에 1회

06 다음은 압축천연가스를 압축하는 다단압축기이다. 다단압축의 목적 4가지를 쓰시오.

➕해답 • 이용효율의 증가
   • 가스의 온도 상승을 낮출 수 있다.
   • 일량이 절약된다.
   • 힘의 평형이 좋아진다.

07 다음은 비파괴검사의 일종이다. 화면에 나타난 비파괴검사 방법을 쓰시오.

➕해답 침투탐상검사(PT)

가스기사 작업형 기출문제

01 동영상은 도시가스배관이다. 가스배관에 표시할 사항 3가지와 이 가스배관에 흐르는 도시가스상 압력 구분을 쓰시오.

➕해답 1) 가스배관의 표시사항
- 가스 흐름방향
- 최고사용압력
- 사용 가스명

2) 압력구분 : 저압관(2.45KPa)

02 다음은 도기사스를 공급하기 위한 부대시설이다. 이 장치의 명칭을 쓰시오.

➕해답 RTU(Remote Terminal Unit) Box 또는 정압기 원격단말장치

03 다음은 LP가스 탱크 하부의 밸브이다. 이 밸브의 명칭과 역할을 기술하시오.

➕해답 1) 드레인 밸브
2) 탱크 수리 및 청소 시 불순물을 하부로 배출한다.

04 다음은 가스충전장치이다. 이 장치의 명칭과 충전하는 가스명을 쓰시오.

➕해답 1) 회전식 LPG 충전기
　　　 2) 프로판(C_3H_8), 부탄(C_4H_{10})

05 다음 LPG 충전시설에 표시된 부분의 명칭과 용도를 쓰시오.

➕해답 1) 명칭 : 살수장치
　　　 2) 용도 : 탱크의 이상온도 상승을 방지한다.

06 다음은 CNG 충전소 저장탱크 상·하부에 설치된 기기와 배관이다. 표시된 ①, ②, ③의 명칭을 쓰시오.

➕해답 ① 가스방출관
　　　 ② 스프링식 안전밸브
　　　 ③ 드레인 밸브

07 다음은 도시가스 정압기실이다. 정압기실에 설치하여야 할 안전감시장치를 2가지 이상 쓰시오.

➕해답 • 이상압력 경보장치(설비)
　　　 • 가스 누출검지 통보설비
　　　 • 출입문 개폐 통보장치
　　　 • 긴급차단장치
　　　 • 개폐 통보장치
　　　 • 릴리프 밸브

08 동영상은 지하 배관 설치이다. ①, ②의 명칭을 쓰시오.

◆해답 ① 절연 조인트
② 밸브 스핀들

09 다음은 도시가스 배관에 전기방식을 위하여 전류를 공급하는 시설을 보여주고 있다. 이 전기방식의 종류는?

◆해답 외부 전원법

10 다음은 아세틸렌 용기 저장소이다. 아세틸렌 발생 반응식을 쓰시오.

◆해답 반응식 : $CaC_2 + 2H_2O \rightarrow Ca(OH)_2 + C_2H_2$

01 다음 용기 보관장소를 보고 잘못된 점과 주황색 용기에 충전하는 가스는 무엇인지 쓰시오.

➕해답 1. 잘못된 점
- 산소와 가연성 가스를 한곳에 보관하고 있다.
- 넘어짐 등으로 인한 밸브 등의 손상 방지조치를 하지 않았다.
- 직사광선이나 햇빛에 노출된다.

2. 주황색 용기 : 수소가스

02 동영상에서 보여주고 있는 LPG 보관소의 표시 부분 명칭과 설치 위치를 쓰시오.

➕해답 1) 명칭 : 가스 누설 검지기
2) 설치 위치 : 바닥으로부터 30cm 이하

03 다음은 도시가스 배관의 지하매설 작업이다. 지면과의 거리를 기준으로 매설깊이에 대한 다음 물음에 답하시오.
1) 도로 폭이 8m 이상인 도로의 경우
2) 도로 폭이 4m 이상 8m 이하인 도로의 경우
3) 그 밖의 배관
4) 공동주택 단지 내의 배관 깊이

◆해답〉 1) 1.2m 이상
2) 1m 이상
3) 0.8m 이상
4) 0.6m 이상

04 액체 염소용기에 염소가스를 충전하고 있다. 염소 충전용기를 차량에 적재 운반할 때 염소용기와 동일 차량에 적재 운반하지 못하는 가스 3가지를 쓰시오.

◆해답〉 1) 아세틸렌
2) 암모니아
3) 수소

05 다음에서 보여주는 것은 LPG 보관소의 방호벽이다. 후강판일 경우 두께를 쓰시오.

◆해답〉 3.2mm 이상

06 다음은 전기방식공사이다. 화면에 보이는 전기방식의 종류는?

◆해답〉 희생양극법

07 다음과 같은 PE관 접합방법 2가지와 주요공정 3가지를 기술하시오.

➕해답 1) 방법 : 열 융착, 전기 융착
2) 공정 : 가열, 압착, 냉각

08 다음은 전위측정용 터미널(T/B)이다. 물음에 답하시오.

1) 희생양극법에 의한 터미널(T/B)의 설치는 몇 m 간격으로 설치하는가?
2) 강제배류법에 의한 터미널(T/B)의 설치는 몇 m 간격으로 설치하는가?

➕해답 1) 300m   2) 300m

09 다음에서 보여주는 밸브의 명칭과 종류를 2가지만 기술하시오.

➕해답 1) 체크 밸브(역류 방지 밸브)
2) 스윙식, 리프트식

10 다음은 도시가스 설치 배관이다. 물음에 답하시오.

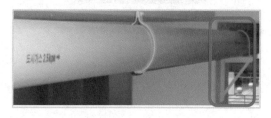

1) 150mm 배관의 길이가 2,000m일 경우 고정장치는 몇 개를 설치하는가?
2) 고정장치(표시 부분)의 명칭은?

➕해답 1) 200개(150mm 관은 10m마다 공정하므로 (2,000/10＝200개)
2) 명칭 : 브래킷(Bracket)

가스기사 작업형 기출문제

01 동영상은 도시가스를 공급받고 있는 아파트를 보여주고 있다. 가스계량기와 전기계량기의 이격거리는 몇 cm 이상으로 하는가?

➕해답 60cm

02 다음은 도시가스 매설배관의 밸브박스이다. 설치 규정을 2가지 이상 쓰시오.

➕해답 • 조작이 충분한 내부 공간을 확보할 것
• 밸브박스 뚜껑 문은 충분한 강도와 신속히 개폐할 수 있는 구조일 것
• 밸브박스는 물이 고이지 않는 구조일 것
• 밸브는 부식 방지 도장을 할 것

03 다음은 CNG 충전소의 가스 충전구이다. 충전구 부근에 표시할 사항 2가지를 쓰시오.

➕해답 1) 충전하는 연료의 종류(압축천연가스, CNG)
2) 충전 유효기간
3) 최고 충전압력

04 다음은 천연가스 기화설비 전경이다. 물음에 답하시오.

1) 주로 해수를 이용하는 기화장치의 명칭은?
2) 이 설비의 장점과 단점은?
3) 이 설비의 사용 가능한 조건은?

+해답 1) 오픈 랙(open rack) 기화기

2) 장점 : 경제적이며 보수가 용이하다.

단점 : 동절기 결빙 시 사용 불가

3) 대량해수의 취수가 용이한 바닷가 주변
(해상 수입기지에서 이용함)

05 다음은 CNG를 압축하는 압축기이다. 1) 주로 사용하는 압축기의 형식을 쓰고 2) 다단압축의 목적과 3) 압축비 증가 시 단점을 2가지 이상 쓰시오.

+해답 1) 왕복동식 다단압축기

2) • 일량이 절약된다.
• 가스의 온도 상승을 피한다.
• 힘의 평형이 양호하다.
• 이용효율이 증대된다.

3) • 소요동력이 증대된다.
• 체적효율이 감소한다.
• 실린더 내 온도가 상승한다.
• 윤활유 기능이 저하된다.

06 다음은 LPG 충전소이다. 표시 부분의 명칭과 높이를 쓰시오.

+해답 1) 명칭 : 충전기 보호대

2) 높이 : 45cm 이상

07 다음은 도시가스 정압기실에 설치된 가스검지기이다. 가스누출 경보기의 검지부 설치 개수 기준은?

+해답 바닥면 둘레 20m에 대하여 1개 이상 설치

08 다음은 도시가스의 SSV이다. 상용압력이 1MPa일 때 주정압기의 긴급차단밸브(SSV)의 작동압력은?

+해답 $1 \times 1.2 = 1.2\text{MPa}$

09 동영상은 도시가스 RTU box 내부이다. 표시 부분 ①, ②, ③의 명칭과 용도를 쓰시오.

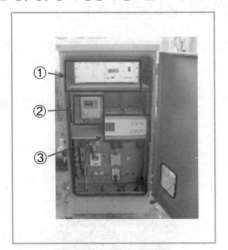

＋해답 1) ① : 모뎀
② : 가스누설경보장치
③ : UPS 또는 무정전 전원공급장치

2) 정압기실 내의 온도, 압력, 유량 등을 이상 상태 감시와 가스 누설 경보기능 및 출입구 개폐 등 을 감시하는 기능을 한다.

10 다음은 공동주택의 도시가스 공급시설을 보 여주고 있다. 이 시설의 명칭과 세대수별 설치기준 2가지를 쓰시오.

＋해답 1) 명칭 : 압력조정기

2) 세대수별 기준
① 가스 압력이 중압인 경우 : 150세대 미만
② 가스 압력이 저압인 경우 : 250세대 미만

01 다음은 정압기실 내부의 한 부분이다. 표시 부분의 명칭을 쓰시오.

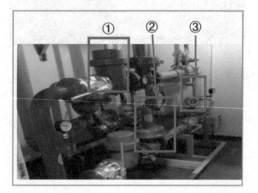

➕해답 ① 필터(여과기)
② 압력조정기
③ 압력경보장치

02 도시가스 누설검사를 하고 있다. 도사가스 검지기 경보 농도를 쓰시오.

➕해답 1.25% 이하

03 다음은 LPG 강제 기화장치이다. 이 장치를 사용할 때의 장점 3가지를 쓰시오.

➕해답 1) 가스 종류에 관계없이 한랭 시에도 충분히 기화한다.
2) 공급가스 조성이 일정하다.
3) 설비비 및 인건비를 절감할 수 있다.
4) 기화량을 가감할 수 있다.

04 다음은 액화석유가스 사용설비이다. 물음에 답하시오.

1) 사용시설의 내압시험 압력은?

2) 사용시설의 기밀시험 압력은?

3) 내용적 10L 이하인 시설에서 기밀시험 유지 시간은?

+해답 1) 상용압력의 1.5배
2) 상용압력 이상
3) 5분 이상

05 다음 부속품의 몸통에 표시된 F1.2 기능을 설명하시오.

+해답 F1.2 : 퓨즈 콕으로서 과류차단장치의 기능이 작동하는 가스(유)량이 1.2m³/hr이다.

06 다음에서 보여주는 장치의 표시 부분 명칭과 역할을 쓰시오.

+해답 • 명칭 : 역화 방지기
• 역할 : 불꽃의 역화를 방지하기 위해

07 다음은 지하저장탱크 철근콘크리트 작업공정이다. 철근콘크리트의 상부 슬래브 두께는 몇 cm 이상으로 해야 하는가?

+해답 30cm

08 다음 저장탱크의 특징과 내진 설계 용량 기준을 쓰시오.

+해답 1) 구형 저장탱크의 특징
• 내압 및 기밀성이 우수하다.
• 기초구조가 단순하며 공사가 용이하다.
• 동일 용량의 가스 또는 액체를 동일 압력 및 재료에서 저장하는 경우 구형 구조는 표면적이 작고 강도가 높다.
• 고압저장탱크로서 건설비가 싸고 형태가 아름답다.

2) 내진설계 용량 : 3톤

09 다음은 LP가스를 이송시키는 압축기이다. 이 압축기 형식과 이송 시 장단점을 2가지씩 쓰시오.

▶해답 1) 왕복동식 압축기

2) 장점
- 충전시간이 짧다.
- 잔가스 회수가 용이하다.
- 베이퍼록의 우려가 없다.

3) 단점
- 재액화 우려가 있다.
- 드레인의 우려가 있다.

10 다음은 공기액화분리장치의 터보압축기이다. 이 압축기의 구성요소 3가지와 특징을 쓰시오.

▶해답 1) 구성 요소
- 디퓨저
- 가이드 벤인
- 임펠러

2) 특징
- 원심형 무급유식이다.
- 맥동이 없고 연속적 송출이 가능하다.
- 고속회전이므로 형태가 작고 경량이다.
- 대용량에 적합하다.
- 기초 설치면적이 작다.
- 일반적인 효율이 낮다.

01 다음 정압기실 조명기구에 있는 'e' 표시의 의미를 쓰시오.

➕해답 안전증 방폭구조

02 다음은 LPG 이송펌프이다. 메커니컬실 방법 중 밸런스실의 용도 2가지를 쓰시오.

➕해답
• 내압이 0.4 ~0.5MPa 이상일 때
• LPG 액화가스와 같이 저비점액체일 때
• 하이드로 카본일 때

03 동영상에서 보여주는 소형 저장탱크의 표시 부분 명칭을 쓰시오.

➕해답 스프링식 안전밸브

04 다음은 도시가스 배관 용접작업이다. 용접 접합 시 발생할 수 있는 결함을 2가지 이상 쓰시오.

➕해답
• 언더컷   • 오버랩
• 블로우 홀   • 슬래그 혼입

05 다음은 가스 미터이다. 명칭과 장점 2가지를 쓰시오.

➕해답 1) 습식 가스미터

2) 장점
  • 유량 측정이 정확하다.
  • 사용 중에 기차의 변동이 거의 없다.

06 다음은 정압기실에 주로 설치하는 기기이다. ①, ② 표시 부분의 명칭을 쓰시오.

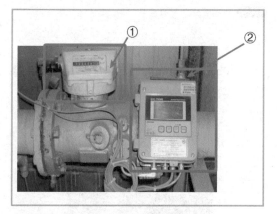

➕해답 ① : 터빈식 가스미터
  ② : 온도 압력 보정장치(BVI)

07 다음에서 보여주는 클링커식 액면계의 상하부 밸브의 기능은?

➕해답 액면계 파손에 따른 가스누출 방지를 위해 자동 또는 수동으로 설치하는 스톱밸브

08 다음은 CNG 충전소의 기계실이다. 기계장치의 명칭을 쓰시오.

➕해답 액면표시장치(플로트식 액면계)

09 동영상은 고압가스 관련 설비이다. 이 시설의 명칭과 역할을 쓰시오.

➕해답 1) 벤트스택
2) 가연성 가스 또는 독성 가스의 설비에서 이상 상태가 발생할 경우 당해 설비의 내용물을 밖으로 안전하게 방출하는 설비

10 다음은 아르곤 저장탱크이다. 화살표가 지시하는 아르곤 저장탱크에 설치된 액면계의 명칭은?

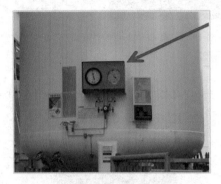

➕해답 햄프슨식 액면계(차압식 액면계)

01 충전소 내에 긴급 사태 발생 시 사업소 전체에 신속히 전파할 수 있는 통신시설 3가지를 쓰시오.

+해답 1) 구내방송설비   2) 사이렌
      3) 휴대용 확성기   4) 페이징 설비
      5) 메가폰

02 다음은 가스 보관소에서 화재 등으로 내부압력이 상승하여 결국 용기가 파괴되어 과포화액이 누출되면 주위의 열을 흡수하는 동시에 증기운을 형성하고 점화원에 의해 폭발하는 현상을 보여주고 있다. 이런 형태의 폭발 명칭을 쓰시오.

+해답 UVCE(개방형 증기운 폭발)

03 다음은 휴대용 산소농도 측정기이다. 구성 3요소와 작업자가 작업할 수 있는 농도를 각각 쓰시오.

+해답 1) 검지부, 측정부, 경보부, 조절부
      2) 18% 이상 22% 이하

04 동영상에서 보여주는 LPG 이송펌프의 토출측에 설치된 밸브의 명칭을 쓰시오.

+해답 안전 밸브

05 다음을 보고 가스크로마토그래피(GC)의 가스검출기 종류를 2가지 이상 쓰시오.

➕해답 • 열전도도 검출기(TCD)
 • 수소이온화 검출기(FID)
 • 전자포획형 검출기(ECD)
 • 염광광도 검출기(FPD)
 • 알칼리 이온화 검출기(FTD)

06 동영상에서 25인치 가스배관 용접을 보여주고 있다. 용접방법을 쓰시오.

➕해답 티그(TIG) 용접 또는 알곤 용접

07 다음을 보고 원심펌프에서 발생할 수 있는 이상 현상 4가지를 쓰시오.

➕해답 • 캐비테이션(cavitation) 현상
 • 수격(water hammer) 현상
 • 베이퍼록(vapor lock) 현상
 • 서징(surging) 현상

08 다음은 가스 발생 공급 설비의 한 부분이다. ①, ②, ③으로 표시된 부분의 명칭을 쓰시오.

➕해답 ① 대기식 기화기
 ② 릴리프 밸브
 ③ 드레인 밸브

09 동영상에서 보여주는 저장실 면적이 90m²일 때 표시된 통풍구의 면적을 산출하시오.

➕해답 통풍구 면적 = 90m² × 300cm²/m²
　　　　　　　 = 27,000cm²

10 다음은 용기에 사용하는 밸브이다. 충전가스 명칭과 PG기호 표시에 대하여 설명하시오.

➕해답 1) 수소가스
2) PG : 압축가스를 충전하는 용기의 부속품

11 다음 동영상의 표시 부분 기기의 명칭을 쓰시오.

➕해답 자동절체식 조정기

가스기사 작업형 기출문제

01 동영상은 공동주택 등에서 사용하는 공급시설 중 저압일 때 압력조정기를 설치한 경우이다. 이 가스 공급 세대 수를 쓰시오.

➕해답 250세대

02 다음 지하에 설치한 저장탱크 상부 배관에 표시된 기기의 명칭을 쓰시오.

➕해답 ① 압력계
② 디지털 액면표시장치
③ 슬립튜브식 액면계
④ 온도계

03 다음 탱크로리의 경우 탱크 내부의 액면요동을 방지하기 위해 설치하는 것의 명칭과 두께를 쓰시오.

➕해답 1) 명칭 : 방파판
2) 두께 : 3.2mm 이상

04 동영상은 가스저장탱크이다. 탱크에 저장된 가스의 주성분과 비점을 각각 쓰시오.

➕해답 1) 주성분 : 메탄(CH$_4$)
2) 비점 : -161.4℃

05 다음은 천연가스 제조소이다. 저장능력이 10만 톤인 저장탱크의 외면과 사업소 경계까지의 유지 거리는 몇 m인가?

➕해답 약 206(또는 205.24)m

06 다음은 CNG 충전소이다. 자동차 충전설비에서 1) 충전설비와 고압전선(교류 600V 초과, 직류 750V 초과인 경우)까지의 수평거리, 2) 화기와의 우회거리를 각각 쓰시오.

➕해답 1) 5m 이상
　　　 2) 8m 이상

07 동영상에서 보여주는 것은 도시가스 지하 정압기실이다. 화살표가 지시하는 설비의 명칭을 영문 약자로 쓰시오.

➕해답 SSV(가스차단장치)

08 다음은 도시가스 설치 배관이다. 물음에 답하시오.

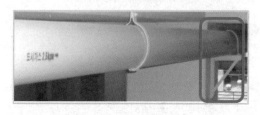

1) 150mm 배관의 길이가 2,000m일 경우 고정장치는 몇 개를 설치하는가?
2) 고정장치(표시 부분)의 명칭은?

➕해답 1) 200개(150mm 관은 10m마다 고정하므로
　　　　　(2,000/10＝200개)
　　　 2) 명칭 : 브래킷(Bracket)

09 다음 부속품의 명칭과 배관의 표시 간격 및 역할을 쓰시오.

+해답 1) 명칭 : 라인 마크
2) 간격 : 배관 50m마다 1개 이상
3) 역할 : 지면에서 배관의 매설 위치를 확인하기 위한 표시이다.

10 다음에 보여주는 버스차량 압력용기의 가스명과 장점을 쓰시오.

+해답 1) 압축천연가스(CNG ; Compressed Natural Gas)
2) 장점
 • 열효율이 높다.
 • 이산화탄소 배출량이 적다.
 • 연소상태가 안정적이다.
 • 기체상태로 엔진에 분사한다.

01 다음에 보여주는 용기는 이음매가 없는 용기이다. 이음매 없는 용기 제조법 3가지는?

➤**해답** • 만네스만식
• 에르하르트식
• 딥 드로잉식

02 다음은 이음매 없는 용기제조시설이다. 이음매 없는 용기제조시설에서 갖추어야 할 설비 종류를 2가지 이상 쓰시오.

➤**해답** • 단조설비 및 성형설비
• 아래 부분 접합 설비
• 세척 설비 및 용기 내부 건조설비
• 쇼트블라스팅 및 도장설비
• 자동밸브 탈착기

03 다음은 지하 매설배관의 시공작업이다. 명칭과 두께를 기술하시오.

➤**해답** 1) 명칭 : 보호판
2) 두께
• 저압 및 중압배관 : 4mm 이상
• 고압배관 : 6mm 이상

04 다음은 도시가스 배관에 전기방식을 위하여 전류를 공급하는 시설을 보여주고 있다. 이 전기방식의 종류는?

+해답 외부 전원법

05 다음 도시가스 배관 이음의 명칭을 쓰시오.

+해답 소켓융착(socket fusion)

06 도시 가스 배관공사의 한 장면이다. 다음 물음에 답하시오.

1) 명칭은?
2) 목적은?

3) 배관 정상부로부터의 이격거리는?
4) 색상의 의미는?

+해답 1) 배관 보호포
2) 굴착공사 등으로부터 배관을 보호하기 위함
3) 60cm 이상
4) 적색 : 최고사용압력이 중압인 배관에 사용
황색 : 최고사용압력이 저압인 배관에 사용

07 다음에 보이는 지상 노출배관은 차량충돌 등의 위험이 있어 방호조치가 필요하다. 물음에 답하시오.
1) 명칭은?
2) 두께는?
3) 설치높이는?

+해답 1) 방호 철판
2) 4mm 이상
3) 1m 이상

08 다음은 도시가스 사용사설 배관이다. 배관에 있는 표시 사항 3가지와 황색 2줄의 표시 의미를 쓰시오.

+해답 1) 표시사항
• 사용가스명
• 최고사용압력
• 가스 흐름 방향
2) 황색 2줄의 의미 : 가스공급배관임을 표시함

09 다음 배관에 의한 가스 공급과 관련하여 다음 물음에 답하시오.

1) 배관 지름이 20mm일 경우 배관 고정 간격은?

2) 계량기를 격납 상자에 설치한 경우 위치는?

+해답 1) 2m마다

2) 설치 위치는 관계없다.

10 다음은 CNG를 압축하는 압축기이다. 1) 주로 사용하는 압축기의 형식을 쓰고 2) 다단압축의 목적, 3) 압축비 증가 시 단점을 각각 2가지씩 쓰시오.

+해답 1) 왕복동식 다단압축기

2) 목적
- 일량이 절약된다.
- 가스의 온도 상승을 피한다.
- 힘의 평형이 양호하다.
- 이용효율이 증대된다.

3. 압축비 증가 시 단점
- 소요동력이 증대된다.
- 체적효율이 감소한다.
- 실린더 내 온도가 상승한다.
- 윤활유 기능이 저하된다.

01 다음은 에어졸 용기의 제조 공정이다. 에어졸 용기의 온수시험 범위와 내용적을 쓰시오.

➕해답 1) 46~50℃ 미만
2) 1l 미만(재사용 금기 내용적 : 30cm³ 이상, 용기 기입사항은 제조자 명칭, 기호)

02 다음은 용기 제조 검사설비이다. 강으로 제조한 이음매 없는 용기의 신규 검사항목 4가지를 쓰시오.

➕해답 • 내압시험 • 기밀시험
• 압궤시험 • 인장시험
• 외관검사

03 다음은 배관 매설작업의 한 부분이다. 배관 위 전선의 명칭과 설치 이유를 기술하시오.

➕해답 1) 명칭 : 로케팅 와이어(Locating Wire)
2) 이유 : 지하 매설 배관인 PE관의 위치 확인과 배관 보호 및 유지 관리를 위해 설치한다.

04 다음은 전위 측정용 터미널 박스(테스트박스, TB)이다. 희생양극법, 배류법일 때 몇 m마다 설치하는가?

➕해답 300m(외부 전원법 : 500m마다)

05 PE관이 1호관일 경우 최고 사용압력은 얼마
인지 쓰시오.

➕해답 0.4MPa

06 다음은 천연가스 기화설비 전경이다. 물음에
답하시오.

1) 주로 해수를 이용하는 기화장치의 명칭은?

2) 이 설비의 장점과 단점은?

3) 이 설비의 사용 가능한 조건은?

➕해답 1) 오픈 랙(open rack) 기화기
　　 2) 장점 : 경제적이며 보수가 용이하다.
　　　　단점 : 동절기 결빙 시 사용이 불가하다.
　　 3) 대량해수의 취수가 용이한 바닷가 주변(해상 수
　　　　입기지에서 이용함)

07 다음은 CNG 충전소이다. 자동차 충전설비에
서 충전설비와 고압전선(교류 600V 초과 , 직류
750V 초과인 경우)까지의 수평거리, 화기와의 우
회거리를 각각 쓰시오.

➕해답 1) 수평거리 : 5m 이상
　　 2) 우회거리 : 8m 이상

08 동영상은 가스저장탱크이다. 탱크에 저장된
가스의 주성분과 비점을 각각 쓰시오.

➕해답 ① 주성분 : 메탄(CH_4)
　　 ② 비점 : $-161.4℃$

09 다음은 LPG 탱크와 탱크로리 사이를 연결하여 이송하는 장치이다. 물음에 답하시오.

1) 지시하는 장치의 명칭
2) 이송 방법

+해답 1) 명칭 : 로딩암
　　　 2) 이송 방법
　　　　　 • 압축기에 의한 방법
　　　　　 • 펌프에 의한 방법
　　　　　 • 차압에 의한 방법

10 저장탱크 소화전에서 저장탱크에 방사하고 있다. 물음에 답하시오.

1) 저장탱크 외면으로부터 몇 m 이내에 설치하는가?
2) 소화전 호스 끝의 압력은?
3) 방수능력은?

+해답 1) 40m 이내
　　　 2) 0.25MPa 이상
　　　 3) 350L/min 이상

01 다음은 산소가스를 충전하는 장면이다. 산소 충전작업 시 미리 밸브와 용기 내부에서 제거하여야 할 물질을 2가지 이상 쓰시오.

➕해답 • 석유류   • 유지류   • 물

02 배관 매설작업을 하고 있다. 배관 색상의 구분과 도시가스 배관재료 2가지를 쓰시오.

➕해답 1) 색상 구분
  • 적색 배관 : 최고 사용압력이 중압 이상에 사용
  • 황색 배관 : 최고 사용압력이 저압에 사용

2) 배관 재료
  • 가스용 폴리에틸렌관(PE관)
  • 폴리에틸렌 피복강관(PLP관)

03 전위측정용 터미널(T/B)에 관한 다음 물음에 답하시오.

1) 희생양극법에 의한 터미널(T/B)의 설치는 몇 m 간격으로 설치하는가?
2) 강제배류법에 의한 터미널(T/B)의 설치는 몇 m 간격으로 설치하는가?

➕해답 1) 300m   2) 300m

04 다음은 액화천연가스 이동충전차량이다. 물음에 답하시오.

1) 차량에 고정된 탱크는 저장탱크 외면으로부터 몇 m 이상 떨어져 정차하는가?
2) 충전소 안 주정차 또는 충전작업을 하는 이동충전차량의 설치 대수는 몇 대 이하로 하는가?

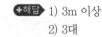
➕해답 1) 3m 이상
  2) 3대

05 동영상은 도시가스 정압기실 출입문에 설치되어 있는 시설이다. 표시 부분 기기의 명칭과 역할을 쓰시오.

➕해답 1) 기기 명칭 : 리밋 스위치(출입문 개폐통보 설비)

2) 역할
외부 인원의 침입 등에 의한 인위적 오작으로 출입문 개방 시 도시가스 상황실에 경보하는 역할을 한다.

06 다음은 공동주택의 도시가스 공급시설을 보여주고 있다. 이 시설의 명칭과 세대수별 설치기준 2가지를 쓰시오.

➕해답 1) 명칭 : 압력조정기

2) 세대수별 기준
• 가스압력이 중압인 경우 : 150세대 미만
• 가스압력이 저압인 경우 : 250세대 미만

07 동영상에서 보듯 정압기실은 주로 지하에 매설하는데, 그 이유를 쓰시오.

➕해답 1) 소음 발생이 적다.
2) 주변 경관에 영향이 적다.
3) 설치면적을 작게 차지한다.
4) 패키지 형태로 유지 관리가 편리하다.

08 동영상이 보여주는 저장실의 면적이 90m²일 때 표시된 통풍구의 면적을 산출하시오.

➕해답 통풍구 면적 $= 90m^2 \times 300cm^2/m^2$
$= 27,000cm^2$

09 다음은 저장탱크의 온도계와 압력계이다. 온도계는 몇 개월마다 1회 이상 표준 온도계로 비교 검사하는가?

➕해답 12개월에 1회

10 다음은 LPG 탱크이다. 표시된 ①, ②의 명칭을 쓰시오.

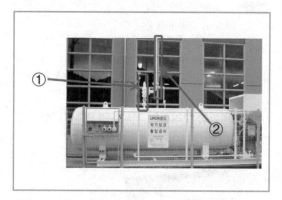

➕해답 ① : 안전 밸브
　　　② : 가스 방출관

11 다음 저장탱크의 특징과 내진설계 용량기준을 쓰시오.

➕해답 1) 구형 저장탱크 특징
　　• 내압 및 기밀성이 우수하다.
　　• 기초구조가 단순하며 공사가 용이하다.
　　• 동일 용량의 가스 또는 액체를 동일 압력 및 재료에서 저장하는 경우 구형 구조는 표면적이 작고 강도가 높다.
　　• 고압저장탱크로서 건설비가 싸고 형태가 아름답다.
　　2) 저장탱크의 내진설계 용량기준
　　　3톤 이상(누락 부분)

01 화면에서 보여주는 용기는 아세틸렌 충전용기이다. 용기 몸통에 표시된 'TW' 기호가 뜻하는 바를 쓰시오.

➕**해답** 밸브 및 분리할 수 있는 부속품을 포함하지 아니한 용기의 질량에 용기의 다공물질 · 용제 및 밸브의 질량을 합한 질량(단위 : kg)

➕**참고** TP : 내압시험압력(MPa)
FP : 최고충전압력(MPa)
V : 내용적(L)
W : 밸브 및 분리할 수 있는 부속품을 포함하지 아니한 용기의 질량(kg)

02 화면에서 보여주는 지상에 설치된 LPG 저장탱크에 부착된 클링커식 액면계 상하 배관에는 어떤 형식의 밸브를 설치하는지 쓰시오.

➕**해답** 자동 및 수동식 스톱밸브

➕**참고** 설치 목적은 액면계 파손 시 액 유출 방지이다.

03 화면의 방폭등과 같이 방폭전기기기 결합부위를 외부에서 쉽게 조작함으로써 방폭성능을 손상시킬 우려가 있는 일반 공구로 조작할 수 없도록한 구조의 명칭과 방폭전기기기의 온도등급 T4의 발화도 범위는 몇 ℃인지 쓰시오.

➕**해답** 1) 명칭 : 자물쇠식 조임 구조
2) 발화도 범위 : 135℃ 초과 200℃ 이하

➕**참고** 가연성 가스 발화온도에 따른 방폭 전기기기의 온도등급

가연성 가스 발화온도	방폭기기의 등급	가연성 가스 발화온도	방폭기기의 등급
450℃ 초과	T1	135℃ 초과 200℃ 이하	T4
300℃ 초과 450℃ 이하	T2	100℃ 초과 135℃ 이하	T5
200℃ 초과 300℃ 이하	T3	85℃ 초과 100℃ 이하	T6

04 다음 액화천연가스시설의 내진설계 대상에서 제외되는 경우 2가지를 쓰시오.

➕해답 1) 저장능력이 3톤(압축가스의 경우 300m³) 미만 인 저장탱크 또는 가스홀더
2) 지하에 설치되는 시설
3) 건축법령에 따라 내진설계를 하여야 하는 것으 로서 같은 법령이 정하는 바에 따라 내진설계를 한 시설

05 도시가스(LNG) 지하 정압기실에 설치된 강제 통풍장치에 대한 물음에 답하시오.

1) 배기구 관지름은 몇 mm 이상인가?

2) 방출구는 지면에서 몇 m 이상의 높이에 설치해 야 하는가?

➕해답 1) 100mm 이상
2) 3m 이상

➕참고 전기시설물과의 접촉 등으로 인한 사고 우려가 있 는 장소의 방출관 높이는 3m 이상으로 한다.

06 다음에서 설명하는 방폭구조의 명칭과 기호 를 각각 쓰시오.

> 용기 내부에 절연유를 주입하여 불꽃, 아크 또는 고온 발생 부분이 기름 속에 잠기게 함으로써 기름 면 위에 존재하는 가연성 가스에 인화되지 아니하 도록 한 구조로 탄광에서 처음으로 사용하였다.

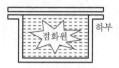

➕해답 1) 명칭 : 유입방폭구조
2) 기호 : O

07 화면에서 보여주는 장미는 LNG에 넣었다가 빼낸 것으로, 꽃잎이 쉽게 부스러진다. LNG의 주 성분에 대한 물음에 답하시오.

1) 주성분인 가스는 무엇이고 비중은 얼마인가?

2) 주성분 가스의 공기 중에서의 폭발범위를 쓰시오.

3) 주성분 가스의 대기압 상태에서의 비점은 얼마 인가?

➕해답 1) ① 주성분 : 메탄(CH_4)
② 가스비중 $S = \dfrac{\text{가스분자량}}{29} = \dfrac{16}{29} = 0.55$
2) 5~15%
3) -161.5℃

08 화면의 맞대기 융착이음에 대한 가스용 폴리에틸렌(PE)관의 두께가 20mm일 때 비드 폭의 최소치(A, min)와 최대치(B, max)를 각각 계산하시오.

➕**해답** A(최소) : 13mm
B(최대) : 20mm

➕**참고** 1) A(최소) $= 3 + 0.5 \times t$
$= 3 + 0.5 \times 20$
$= 13 \text{mm}$

2) B(최대) $= 5 + 0.75 \times t$
$= 5 + 0.75 \times 20$
$= 20 \text{mm}$

09 다음은 도시가스 매설배관의 되메우기 작업 시 배관 상부에 보호포를 시공하는 장면이다. 최고 사용압력(저압, 중압)에 따른 보호포 색상을 쓰시오.

➕**해답** • 저압 : 황색
• 중압 : 적색

10 다음은 도시가스를 공급하기 위해 정압기실에 설치하는 부대시설이다. 물음에 답하시오.

1) 명칭을 쓰시오.

2) 기능(역할) 2가지를 쓰시오.

➕**해답** 1) RTU(Remote Terminal Unit) Box 또는 정압기 원격 단말 장치
2) ① 정압기실 이상 압력·온도 및 가스누설 유무 등 운전상태를 감시
② 가스누설 검지 경보 기능
③ 정압기실 출입문 개폐 감시 기능

01 동영상에서 보여주는 충전용기 중 탄산가스 용기의 재검사 주기는 얼마인가?(단, 내용적은 500L 이하이고 신규검사 후 경과 연수가 10년 미만이다.)

✚해답 5년마다

✚참고 용기 재검사 기간

용기의 종류		신규검사 후 경과 연수에 따른 재검사 주기		
		15년 미만	15 이상 20년 미만	20년 이상
용접용기 (LPG용·용접 용기 제외)	500L 이상	5년 마다	2년마다	1년마다
	500L 미만	3년마다	2년마다	1년마다
LPG용· 용접용기	500L 이상	5년마다	2년마다	1년마다
	500L 미만	5년마다		2년마다
이음매 없는 용기	500L 이상	5년마다		
	500L 미만	신규검사 후 10년 이하는 5년마다, 초과는 3년마다		
LPG 복합재료 용기		5년마다		

02 화면에 보여주는 용기보관실의 가스 누설 시 화재 확산 예방법 3가지를 쓰시오.

✚해답 1) 용기보관실은 그 외면으로부터 화기를 취급하는 장소까지 2m 이상의 우회거리를 유지한다.
2) 용기보관실은 불연성 재료를 사용하고, 그 지붕은 불연성 재료를 사용한 가벼운 지붕을 설치한다.
3) 용기보관실에는 분리형 가스누출경보기를 설치한다.
4) 용기보관실에 설치된 전기설비는 방폭구조로 하고 용기보관실 내에는 방폭등 외의 조명등을 설치하지 아니한다.
5) 용기보관실에는 누출된 액화석유가스가 머물지 아니하도록 자연환기설비나 강제환기설비를 설치한다.

03 다음 화면에 보이는 가스용 폴리에틸렌(PE)관에 대한 물음에 답하시오.

1) SDR을 구히는 계산식을 쓰시오.

2) 최고 사용압력이 0.3MPa일 때 SDR 값은 얼마인가?

➕해답 1) $SDR = \dfrac{D(관\ 외경)}{t(최소\ 두께)}$

    ※ SDR(Standard Dimension Ration)

   2) SDR 11 이하

➕참고 PE관의 호수(SDR)별 사용압력범위
- 1호관(SDR 11) : 0.4MPa 이하
- 2호관(SDR 17) : 0.25MPa 이하
- 3호관(SDR 21) : 0.2MPa 이하

04 화면은 도시가스 사용 시설의 방폭기기가 설치된 장면을 보여주고 있다. 물음에 답하시오.

1) 방폭전기기기의 최대 안전틈새를 설명하시오.

2) ⅡB의 최대 안전틈새 범위를 쓰시오.

➕해답 1) 최대 안전틈새는 내용적이 8L이고 틈새 길이가 25mm인 표준 용기 내에서 가스가 폭발할 때 발생한 화염이 용기 밖으로 전파하여 가연성 가스에 점화되지 아니하는 최대의 값을 말한다.

   2) 내압방폭구조에서 0.5mm 초과 0.9mm 미만

05 LPG용 자동차에 고정된 탱크 이입·충전 장소에 설치된 냉각살수장치에 대한 물음에 답하시오.

1) 물분무능력은 저장탱크 표면적 1m²당 얼마인가?

2) 살수장치의 방수능력은 얼마인가?

➕해답 1) 5L/min 이상

   2) 350l/mim 이상

➕참고 살수장치의 기준
① 물분무량 : 표면적 1m²당 5L/분 이상
② 방수능력 : 350L/분 이상
③ 호스 끝 수압 : 250MPa 이상
④ 수원(물 공급원) : 30분간 방사 가능한 양
⑤ 조작 위치 : 탱크 외면에서 5m 이상 조작

06 화면은 용접부위에 대하여 비파괴검사를 하는 것을 보여주고 있다. 비파괴검사 방법 중 자석의 S극과 N극을 이용하여 검사하는 방법의 명칭을 쓰시오.

➕해답 자분탐상검사(MT, Magnetic Test)

➕참고 자분탐상검사

강자성체인 시험체가 자화되었을 때 표면 또는 표면 직하에 결함이 있으면 그 부위에 자분을 적용시켜 누설자장에 의하여 형성된 자분의 표시로 결함 크기, 위치 등을 알아내는 비파괴검사 방법이다.

07 단독식·밀폐식·강제급배기식 터미널은 전방 얼마 이내에 장애물이 없는 장소에 설치하여야 하는가?

➕해답 15cm 이내

08 지상에 설치된 정압기실에 대한 물음에 답하시오.

1) 경계책 설치 높이는 얼마인가?

2) 경계 표시 내용 2가지를 쓰시오.

➕해답 1) 1.5m 이상
  2) ① 공급자
    ② 연락처
    ③ 업체명

09 다음은 LPG 자동차용 용기충전기(Dispenser)이다. 충전호스의 기준 3가지를 쓰시오.

➕해답 1) 충전호스 길이는 5m 이내일 것
  2) 가스 주입기는 원터치형으로 할 것
  3) 충전호스에 정전기 제거장치를 설치할 것

10 다음과 같이 도시가스를 사용하는 연소기에서 황염이 발생하고 있다. 황염이 발생하는 이유 2가지를 쓰시오.

➕해답 1) 불꽃이 저온의 물체에 접촉한 경우
2) 1차 공기량 부족
3) 불완전연소
4) 연소반응이 충분하게 진행되지 못한 경우

01 다음은 고압가스 설비에서 긴급 이상상태가 발생하는 경우 그 설비 내의 내용물을 설비 밖으로 안전하게 이송하는 설비이다. 이 설비의 설치기준에서 높이를 결정하는 착지농도 기준 2가지를 쓰시오.

➕해답 1) 가연성 가스의 경우 가스의 착지농도가 폭발하한계 미만인 높이
2) 독성 가스의 경우 허용농도 미만인 높이

02 화면에서 보여주는 공업용 용기에 충전하는 가스 명칭을 각각 쓰시오.

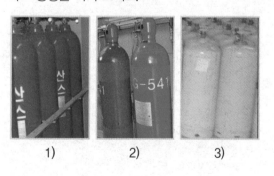

1)　　　　　2)　　　　　3)

➕해답 1) 탄산가스　　2) 수소　　3) 아세틸렌

03 다음은 배관을 시공하고 있는 장면이다. 최고 사용압력이 고압 또는 중압인 배관에서 (①)에 합격된 배관은 통과하는 가스를 시험가스로 사용할 때 가스 농도가 (②)% 이하에서 작동하는 가스검지기를 사용한다. ( ) 안에 알맞은 용어 및 숫자를 넣으시오.

➕해답 ① 방사선투과시험
② 0.2

04 다음 화면에 관한 설명의 (   )에 알맞은 내용을 쓰시오.

(①)℃ 이하의 액화가스를 충전하기 위한 용기로서 단열재를 씌우거나 냉동설비로 냉각시키는 등의 방법으로 용기 내의 가스 온도가 (②)온도를 초과하지 아니하도록 한 것이다.

 ① -50
　　　② 상용

05 화면과 같이 공동주택 등에 압력조정기를 설치하는 경우에 대한 물음에 답하시오.

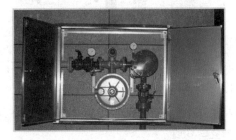

1) 공급되는 도시가스의 압력이 저압인 경우 공급 세대 수는 얼마인가?

2) 도시가스 공급압력에 따른 규정 세대 수의 2배로 할 수 있는 경우를 설명하시오.

●해답 1) 250세대 미만
　　　2) 한국가스안전공사의 안전성 평가를 받고 그 결과에 따라 안전관리조치를 한 경우

06 도시가스 매설배관의 누설검사 차량에 탑재하여 사용하는 수소불꽃이온화검출기(FID)의 검출원리를 설명하시오.

●해답 불꽃 속에 탄화수소가 들어가 시료 성분이 이온화되면 불꽃 중에 놓여진 전극 간의 전기 전도도가 증대하는 것을 이용한 것이다.

07 다음은 교량에 고압가스 배관을 설치하는 장면이다. 교량에 설치된 도시가스 배관의 호칭지름별 고정장치 지지간격을 나타낸 다음 표의 빈칸에 알맞은 내용을 쓰시오.

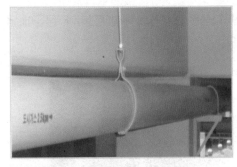

호칭지름	지지간격
100A	(①)
200A	(②)
400A	(③)
600A	(④)

●해답 ① 8m　　　② 12m
　　　③ 19m　　　④ 25m

08 다음은 내압방폭구조 시설이다. 내압방폭구조의 폭발등급 분류기준에 관한 다음 표의 빈칸에 알맞은 기호나 단어를 쓰시오.

최대 안전틈새 (mm)	0.9 이상	0.5~0.9 미만	0.5 이하
가연성 가스의 폭발등급	(①)	(②)	(③)
방폭 전기기기의 폭발등급	(④)	(⑤)	(⑥)

➕해답 ① A   ② B
     ③ C   ④ ⅡA
     ⑤ ⅡB   ⑥ ⅡC

09 다음은 도시가스 매설배관이다. 물음에 답하시오.

1) 지하에 매설할 때 허용되는 배관 종류 2가지를 쓰시오.

2) 도시가스 배관이 2015년에 매설되었을 때 최초 기밀시험은 몇 년 후에 실시하여야 하는가?

➕해답 1) ① 가스용 폴리에틸렌관(PE)
     ② 폴리에틸렌피복강관(PLP)
     ③ 분말용착식 폴리에틸렌피복강관

     2) 15년

➕참고 도시가스 매설배관 기밀시험 실시시기

매설배관 구분	기밀시험 시기
가스용 폴리에틸렌관	설치 후 15년이 되는 해 및 그 이후 5년마다
폴리에틸렌피복강관	
그 밖의 배관	설치 후 15년이 되는 해 및 그 이후 1년마다
공동주택 (다세대주택 제외) 등 부지 내에 설치한 배관	3년마다

10 화면은 여러 다기능 가스 안전 계량기의 구조를 보여주고 있다. 다음 내용의 ( ) 안에 알맞은 용어를 쓰시오.

1) 차단밸브가 작동한 후에는 (①)을(를) 하지 않는 한 열리지 않는 구조이어야 한다.

2) 사용자가 쉽게 조작할 수 없는 (②)이(가) 있는 것으로 한다.

➕해답 ① 복원조작
     ② 테스트 차단장치

가스기사 작업형 기출문제

01 화면은 일반 가스 충전소를 보여주고 있다. 산소 충전용기와 가연성 가스 충전용기를 동일 차량에 적재할 때의 주의사항을 쓰시오.

➕해답 산소와 가연성 가스 충전용기 밸브가 서로 마주 보지 않도록 적재한다.

02 LPG 판매사업의 용기보관실에 대한 물음에 답하시오.

1) 용기보관실 면적(m²)은 얼마인가?
2) 자연환기를 위하여 외기에 면하여 설치된 환기구 1개의 면적은 몇 cm²로 해야 하는가?

➕해답 1) 19m² 이상
2) 2,400cm² 이하

03 동영상에서 보여주는 LPG 용기는 원칙적으로 ( )장치가 설치되어 있는 시설에서만 사용한다. ( ) 안에 알맞은 용어를 쓰시오.

➕해답 기화

➕참고 주의 : LPG 용기 상단에 밸브가 2개 설치된 것은 사이펀 용기이다.

04 다음은 액화석유가스 이송작업이다. 액화석유가스를 차량에 고정된 탱크로부터 저장시설에 이송하기 전에 해야 할 조치의 순서를 4단계로 기술하시오.

➕해답 1) 차량을 안전한 장소에 정차하고 차량 고정목으로 바퀴를 고정한다.
2) 정전기 제거용 접지코드를 접지탭에 접속한다.
3) 로딩암을 연결하고 밸브 누출 유무를 확인한다.
4) 개폐밸브를 서서히 작동한다.

05 방폭전기기기의 방폭구조 종류 6가지를 쓰시오.

➕해답 1) 내압방폭구조
2) 압력방폭구조
3) 유입방폭구조
4) 안전증방폭구조
5) 본질안전방폭구조
6) 특수방폭구조

06 다음은 액화천연가스 제조소이다. 저장능력 20만 톤인 LNG 저압 지하식 저장탱크의 외면과 사업소 경계까지 유지하여야 하는 안전거리는 몇 m 이상인가?

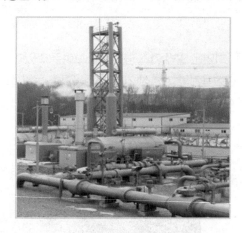

➕해답 96m

➕참고 액화천연가스의 저장설비 및 처리설비 유지거리
(단, 50m 미만의 경우는 50m 유지)
$$L = C \times \sqrt[3]{143,000 \times W}$$
$$= 0.240 \times \sqrt[3]{143,000 \times \sqrt{200,000}}$$
$$= 95.98m \fallingdotseq 96m$$
여기서,
L : 유지거리(m)
C : 상수[저압 지하식 저장탱크 0.240(그 밖의 가스저장시설, 처리설비 0.576)]
W : 저장탱크 저장능력(톤)의 제곱근[저장탱크 외의 것은 그 시설 안의 액화천연가스 질량(톤)]

07 다음은 실내에 설치된 기화장치 구조의 시설이다. 물음에 답하시오.

1) 열교환기 밖으로의 액체 상태 유출을 방지하는 장치의 명칭을 쓰시오.
2) 실내로의 액체 유출 시 발생할 수 있는 문제점을 2가지 쓰시오.

➕해답 1) 액유출방지장치
　　 2) ① 인화, 폭발의 위협
　　　　 ② 가스 유출로 인한 실내 산소 부족에 의한 질식
　　　　 ③ 피부 노출 시 저온 자극에 의한 동상

08 화면과 같이 도시가스 배관을 지하에 매설할 때 시공하는 보호판에 대한 물음에 답하시오.

1) 보호판의 설치 위치를 설명하시오.
2) 보호판을 설치하는 이유 2가지를 쓰시오.

➕해답 1) 배관 정상부에서 30cm 이상의 높이
　　 2) ① 지하구조물, 암반 등으로 매설깊이를 확보하지 못했을 경우 배관을 보호하기 위해
　　　　 ② 도로 밑에 매설하는 경우 배관을 보호하기 위해
　　　　 ③ 도로 밑에 최고사용압력이 중압 이상인 배관을 매설하는 경우 배관을 보호하기 위해

09 LPG 용기 충전사업소에 대한 물음에 답하시오.

1) 지상에 설치된 저장탱크 저장능력이 100톤일 경우 저장설비 외면에서 사업소 경계까지 유지해야 할 안전거리는 얼마인가?
2) 충전설비 외면으로부터 사업소 경계까지 유지해야 할 안전거리는 얼마인가?

➕해답 1) 36m 이상
　　 2) 24m 이상

10 도시가스 사용 시설에서 사용되는 다음 가스 용품의 명칭을 각각 쓰시오.

1)

2)

 1) 퓨즈콕
2) 상자콕

01 화면은 퓨즈콕 장치의 모습과 설치 상태 등을 보여주고 있다. 다음 물음에 답하시오.

1) 표시량 이상 통과 시 가스유로를 차단하는 기구의 명칭을 쓰시오.

2) 퓨즈콕에 대하여 설명하시오.(단, 몸체에 각인된 '1.2'를 포함하여야 한다.)

➕**해답** 1) 과류차단안전기구
  2) 가스유로를 볼로 개폐하고 과류차단안전기구가 부착된 것으로서 배관과 호스, 호스와 호스를 연결하는 구조이며, 끊어지거나 파손되어 누출되는 경우 차단하는 과류차단안전기구가 작동하는 유량은 1.2m³/h이다.

02 다음에서 설명하는 방폭구조의 명칭과 기호를 쓰시오.

용기 내부에 절연유를 주입하여 불꽃, 아크 또는 고온 발생 부분이 기름 속에 잠기게 함으로써 기름면 위에 존재하는 가연성 가스에 인화되지 아니하도록 한 구조로 탄광에서 처음으로 사용하였다.

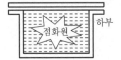

➕**해답** 1) 명칭 : 유입방폭구조
  2) 기호 : O

03 다음은 LPG 자동차용 용기충전기(Dispenser)이다. 충전호스의 기준 및 그 성능을 4가지 쓰시오.

➕**해답** 1) 충전호스 길이는 5m 이내일 것
  2) 가스 주입기는 원터치형으로 할 것
  3) 충전호스에 정전기 제거장치를 설치 할 것
  4) 충전 중 충전호스에 과다한 인장응력이 발생할 경우 충전기와 가스주입기가 분리되는 안전장치인 세이프티커플러가 분리되는 힘은 490.4N 이상일 것

04 화면과 같이 LPG 충전사업소에서 폭발사고가 발생하여 사업자가 한국가스안전공사에 통보할 때 통보내용에 포함되어야 할 사항을 4가지만 쓰시오.

+해답 1) 사고 발생 일시
2) 사고 발생 장소
3) 사고 내용
4) 시설 현황
5) 피해 현황(인명 및 재산)
6) 통보자의 소속, 지위, 성명 및 연락처

05 공기보다 비중이 가벼운 도시가스 정압기실이 지하에 설치될 때의 통풍구조 기준 4가지를 쓰시오.

+해답 1) 환기구를 2방향 이상으로 분산하여 설치한다.
2) 배기구는 천장면으로부터 30cm 이내에 설치한다.
3) 흡입구 및 배기구의 관지름은 100mm 이상으로 설치하고 통풍이 양호하도록 한다.
4) 배기가스 방출구는 지연에서 3m 이상의 높이에 설치한다.
5) 화기가 없는 안전한 장소에 설치한다.

06 화면에 보이는 가스용 폴리에틸렌(PE)관에 대한 물음에 답하시오.

1) 최고 사용압력이 0.1MPa일 때 SDR 범위는 얼마인가?

2) SDR의 의미를 설명하시오.

+해답 1) SDR 21 이하
2) 배관의 안전성을 확보하기 위한 가스용 폴리에틸렌관의 최소 두께에 대한 외경의 비이다.

+참고 PE관의 호수(SDR)별 사용압력범위
• 1호관(SDR 11) : 0.4MPa 이하
• 2호관(SDR 17) : 0.25MPa 이하
• 3호관(SDR 21) : 0.2MPa 이하

07 다음은 천연가스를 압축하는 다단압축기 이다. 다단 압축하는 이유 2가지를 쓰시오.

➕해답 1) 이용효율이 증가한다.
2) 가스의 상승 온도를 낮출 수 있다.
3) 일량이 절약된다.
4) 힘의 평형이 좋아진다.

08 가스용 폴리에틸렌(PE배관)관 융착이음에 대한 다음 물음에 답하시오.

1) 동영상에서 보여주는 융착이음의 명칭을 쓰시오.

2) 동영상에서 보여주는 융착이음을 할 수 있는 관 규격을 쓰시오.

➕해답 1) 맞대기 융착이음
2) 75mm 이상의 직관이음

09 액화천연가스 저장탱크의 멤브레인 시공기준에 대한 다음 내용의 (   ) 안에 알맞은 용어를 쓰시오.

1) 멤브레인을 프레스 가공한 경우는 (   )을 멤브레인의 피로강도 이내에서 안전하게 운전할 수 있는 범위 내로 한다.

2) 멤브레인을 벤딩 가공한 경우는 (   )부분에서의 형상을 균일하게 하고, 치수 정밀도를 유지하여 피로에 따른 응력집중 현상이 없도록 한다.

3) 멤브레인을 가공한 후에도 (   )를 균일하게 유지하여 멤브레인 패널 조립 시 불균일한 응력집중이나 잔류응력이 발생하지 아니하도록 한다.

➕해답 1) 단면수축률
2) 마디(Knot)
3) 평면도(Flatness)

➕참고 멤브레인식 저장탱크(Membrane Containment Tank)
멤브레인 구조의 1차 탱크와 단열재와 콘크리트가 조합된 복합구조의 2차 탱크로 구성된 것으로서 다음의 ① 및 ②를 만족하는 저장탱크를 말한다.
① 멤브레인에 걸리는 액화천연가스의 하중 및 기타 하중은 단열재를 거쳐 콘크리트 구조의 2차 탱크로 전달될 수 있는 것으로 한다.
② 복합구조 지붕 또는 기밀한 돔 지붕과 단열된 현수 천장(Suspended Roof)은 증기를 담을 수 있는 것으로 한다.

10 도시가스를 사용하는 연소기구에서 1차 공기
량이 부족할 경우, 연소반응이 충분한 속도로 진행
되지 않을 때 불꽃의 끝이 적황색으로 되어 연소하
는 현상을 무엇이라 하는가?

➕해답 옐로 팁(Yellow tip) 또는 황염

01 화면의 가스 충전용기에 각인된 다음 기호의 의미를 쓰시오.

1) W

2) TW

해답
1) 밸브 및 분리할 수 있는 부속품을 포함하지 않은 용기의 질량(단위 : kg)
2) 밸브 및 분리할 수 있는 부속품을 포함하지 아니한 용기의 질량에 용기의 다공물질 · 용제 및 밸브의 질량을 합한 질량(단위 : kg)

02 화면은 도시가스 사용 시설의 방폭기기가 설치된 장면을 보여주고 있다.

1) 방폭전기기기의 최대 안전틈새를 설명하시오.

2) 'Ex d Ⅱ B'에 대하여 설명하시오.

해답
1) 최대 안전틈새 : 내용적이 8L이고 틈새 길이가 25mm인 표준용기 내에서 가스가 폭발할 때 발생한 화염이 용기 밖으로 전파하여 가연성 가스에 점화되지 아니하는 최대의 값을 말한다.

2) ① Ex : 방폭구조 방법
② d : 내압방폭구조
③ Ⅱ B : 방폭전기기기의 폭발등급

03 화면에서 보이는 장미는 LNG에 넣었다가 빼낸 것으로, 꽃잎이 쉽게 부스러진다. LNG의 주성분에 대한 물음에 답하시오.

1) 분자식을 쓰시오.

2) 공기 중에서의 폭발범위를 쓰시오.

3) 가스의 비중은 얼마인가?

4) 대기압 상태에서의 비점은 얼마인가?

해답
1) CH_4

2) 5~15%

3) 가스 비중 $S = \dfrac{가스\ 분자량}{29} = \dfrac{16}{29} = 0.55$

4) $-161.5°C$

04 용기 검사 시 재검사에서 불합격된 이음매 없는 용기의 파기 기준을 3가지 쓰시오.

➕해답 1) 불합격된 용기는 절단 등의 방법으로 파기하여 원형으로 가공할 수 없도록 한다.
2) 잔가스를 전부 제거한 후 절단한다.
3) 검사신청인에게 파기의 사유, 일시, 장소 및 인수시한을 통지하고 파기한다.
4) 파기하는 때에는 검사 장소에서 검사원에게 직접 실시하게 하거나 검사원 입회하에 용기 사용자에게 실시하게 한다.
5) 파기한 물품은 검사신청인이 인수시한(1개월 이내) 내에 인수하지 아니하는 때에는 검사기관에게 임의로 매각 처분하게 할 수 있다.

05 다음은 LPG 자동차용 용기충전기(Dispenser)이다. 충전호스의 기준 3가지를 쓰시오.

➕해답 1) 충전호스 길이는 5m 이내일 것
2) 가스 주입기는 원터치형으로 할 것
3) 충전호스에 정전기 제거장치를 설치 할 것

06 화면에서 보여주는 용기보관실에서의 가스 누설 시 화재 확산 예방법 3가지를 쓰시오.

➕해답 1) 용기보관실은 그 외면으로부터 화기를 취급하는 장소까지 2m 이상의 우회거리를 유지한다.
2) 용기보관실은 불연성 재료를 사용하고, 그 지붕은 불연성 재료를 사용한 가벼운 지붕을 설치한다.
3) 용기보관실에는 분리형 가스누출경보기를 설치한다.
4) 용기보관실에 설치된 전기설비는 방폭구조로 하고 용기보관실 내에는 방폭등 외의 조명등을 설치하지 아니한다.
5) 용기보관실에는 누출된 액화석유가스가 머물지 아니하도록 자연환기설비나 강제환기설비를 설치한다.

07 도시가스 매설배관의 지하설치에 대한 다음 물음에 답하시오.

1) 도로 밑에 최고 사용압력이 중압 이상인 배관을 매설하는 때에 배관을 보호할 수 있는 조치 기준을 쓰시오.

2) 도시가스 매설배관의 기울기는 얼마로 하는가?

➕해답 1) 배관 정상부에서 30cm 이상의 높이에 보호판을 설치한다.
2) 배관의 기울기 : 1/500~1/1,000

08 건축물 밖에 설치된 도시가스 노출배관(입상관)에 설치되는 신축 흡수용 곡관에 대한 다음 물음에 답하시오.

1) 곡관의 수평 방향 길이는 호칭지름의 (   ) 이상으로 한다.

2) 곡관의 수직 방향 길이는 수평 방향 길이의 (   ) 이상으로 한다.

➕해답 1) 6배   2) 1/2

➕참고 곡관의 규격 기준
입상관에 설치하는 신축 흡수용 곡관의 수평 방향 길이(L)는 배관 호칭지름의 6배 이상으로 하고 수직 방향의 길이(L')는 수평 방향 길이의 1/2 이상으로 한다. 이때 엘보의 길이는 포함하지 않는다.

09 정압기용 필터의 구조 및 치수 기준에 관한 다음 설명의 (   ) 안에 알맞은 내용을 쓰시오.

1) 입·출구 연결부는 (   )식으로 한다.

2) 필터 엘리먼트는 (   )kPa 미만의 차압에서 찌그러들지 아니하는 것으로 한다.

3) 필터는 분해 청소 및 (   )의 교체가 용이한 구조로 한다.

4) 필터는 이물질을 제거할 수 있도록 (   )를 설치한다.

➕해답 1) 플랜지
2) 50
3) 엘리먼트
4) 드레인 밸브

10 도시가스 사용 시설에 설치되는 가스 계량기에 대한 다음 물음에 답하시오.

1) 가스계량기와 화기 사이에 유지하여야 하는 우회거리는 얼마인가?

2) 가스계량기를 바닥으로부터 2m 이내에 설치할 수 있는 조건 2가지를 쓰시오.

3) 가스계량기와 전기접속기와의 유지거리는 얼마인가?

해답 1) 2m 이상

2) ① 보호상자 내에 설치하는 경우
② 기계실에 설치하는 경우
③ 보일러실(가정에 설치된 보일러실은 제외)에 설치하는 경우
④ 문이 달린 파이프 덕트 내에 설치하는 경우

3) 30cm 이상

2020년

1회

가스기사 작업형 기출문제

01 다음 장면은 도시가스 시설이다. 도시가스 배관에서 관지름이 20mm인 배관의 길이가 300m일 때 배관 고정장치는 몇 개를 설치하여야 하는가?

➕**해답** 150개

➕**참고** 2m마다 고정

$$\frac{300}{2} = 150개$$

02 화면에 보이는 맞대기 융착이음에 대한 가스용 폴리에틸렌(PE)관의 두께가 20mm일 때 비드폭의 최소치(A, min)와 최대치(B, max)를 각각 계산하시오.

➕**해답** A : 최소 13mm, B : 최대 20mm

➕**참고**
1) A(최소) $= 3 + 0.5 \times t$
$= 3 + 0.5 \times 20$
$= 13mm$
2) B(최대) $= 5 + 0.75 \times t$
$= 5 + 0.75 \times 20$
$= 20mm$

03 도시가스 매설배관의 누설검사 차량에 탑재하여 사용하는 수소불꽃이온화검출기(FID)의 검출원리를 설명하시오.

➕**해답** 불꽃 속에 탄화수소가 들어가 시료 성분이 이온화되면 불꽃 중에 놓여진 전극 간의 전기 전도도가 증대하는 것을 이용한 것이다.

04 화면에 보이는 가연성 가스에 사용하는 설비의 방출구는 작업원이 정상작업을 하는 장소 및 항시 통행하는 장소로부터 얼마 이상 떨어져 설치해야 하는가?

● 해답 1) 긴급용 벤트스택 : 10m 이상
    2) 그 밖의 벤트스택 : 5m 이상

05 다음 충전시설에서 아세틸렌가스를 용기에 2.5MPa 이상으로 충전할 때 첨가하는 희석제의 종류 4가지를 쓰시오.

● 해답 1) 메탄   2) 질소
    3) 에틸렌   4) 일산화탄소

06 LPG용 자동차에 고정된 탱크의 정차 위치에 설치한 냉각살수장치의 살수량은 저장탱크 표면적 $1m^2$당 얼마인가?

● 해답 5L/min 이상

07 기기에 대한 [보기]의 설명과 제시되는 그림을 보고 방폭구조의 명칭과 기호를 각각 쓰시오.

[보기]
용기 내부에 보호가스로 신선한 공기 또는 불활성 가스를 압입하여 내부압력을 유지함으로써 가연성 가스가 용기 내부로 유입되지 않도록 한 구조이다.

→ : 불활성 가스

● 해답 1) 명칭 : 압력방폭구조
    2) 기호 : P

08 다음은 도시가스 정압시설이다. 도시가스 정압기실 실내의 조명도는 최소 얼마인가?

➕해답 150lux

09 도시가스 사용 시설에 설치된 압력조정기에 대한 다음 물음에 답하시오.

1) 안전점검 주기는 얼마인가?

2) 안전점검 항목 2가지를 쓰시오

➕해답 1) 안전점검 주기 : 6개월에 1회 이상
　　2) 안전점검 항목
　　　① 압력조정기의 정상 작동 유무
　　　② 필터나 스트레이너의 청소 및 손상 유무
　　　③ 압력조정기의 몸체 및 연결부의 가스누출 유무
　　　④ 출구압력을 측정하고 출구압력이 명판에 표시된 출구압력범위 이내로 공급되는지 여부

⑤ 격납상자 내부에 설치된 압력조정기의 경우는 격납 상자의 견고한 고정 여부
⑥ 건축물 내부에 설치된 압력조정기의 경우는 가스방출구의 실외 안전장소에의 설치 여부

10 다음 초저온용기의 정의에 대한 내용의 ( ) 안에 알맞은 숫자나 단어를 쓰시오.

(①)℃ 이하의 액화가스를 충전하기 위한 용기로서 단열재를 씌우거나 냉동설비로 냉각시키는 등의 방법으로 용기 내의 가스 온도가 (②)온도를 초과하지 아니하도록 한 것이다.

➕해답 ① −50
　　② 상용

01 화면에 보이는 가스누출 경보 차단 장치에 대한 물음에 답하시오.

1) 검지부, 차단부, 제어부의 기능을 각각 설명하시오.

2) 제어부의 열림 및 닫힘 표시의 색상을 각각 쓰시오.

해답 1) ① 검지부 : 누출된 가스를 검지하여 제어부로 신호를 보내는 기능
② 차단부 : 제어부로부터 신호를 받아 가스 유로를 차단하는 기능
③ 제어부 : 검지부의 신호를 받아 자동 차단 신호를 보내어 차단부를 원격 개폐할 수 있는 기능 및 경보하는 기능

2) ① 열림 : 녹색
② 닫힘 : 적색 또는 황색

02 화면에 보이는 것은 액화 산소, 액화 질소, 액화 아르곤을 분리하는 장치이다. 다음의 물음에 답하시오.

1) 이 장치의 명칭을 쓰시오.

2) 이 장치 안에서 액화 산소 5L 중 아세틸렌 질량이 몇 mg을 넘을 때 운전을 중지하고 액화산소를 방출하는가?

해답 1) 공기 액화 분리장치
2) 5mg

03 화면에 보이는 실내에 설치된 기화 장치에 대한 물음에 답하시오.

1) 열 교환기 밖으로의 액체 상태 유출을 방지하는 장치의 명칭을 쓰시오.

2) 실내로의 유출 시 발생할 수 있는 문제점을 2가지 쓰시오.

해답 1) 액유출방지장치
2) ① 가연성(LPG 등) 가스로 인한 인화, 폭발의 위험
② 산소 부족에 의한 질식
③ 피부 노출 시 저온 자극에 의한 동상

04 화면의 저장소에 보관된 산소, 질소와 같은 압축가스 용기의 제조방법에 따른 명칭을 쓰시오.

해답 이음매 없는 용기(무계목 용기)

05 화면은 가스용 폴리에틸렌관의 열융착이음을 보여주고 있다. 열융착이음의 종류 3가지를 쓰시오.

해답 1) 맞대기 융착이음
2) 소켓 융착이음
3) 새들 융착이음

06 신규로 설치되는 최고 사용압력이 고압이나 중압인 도시가스 배관의 기밀시험 방법에 대한 물음에 답하시오.

1) 용접으로 접합된 배관에 행하는 비파괴검사법은?

2) 비파괴검사에 합격한 배관은 통과하는 가스를 시험가스로 사용할 때 가스검지는 몇 % 이하에서 작동하지 않는 것을 합격으로 판정하는가?

3) 매설된 배관은 시험가스를 넣고 얼마 경과 후 판정하는가?

해답 1) 방사선투과검사
2) 0.2% 이하
3) 24시간

07 다음은 도시가스 공급배관을 매설하는 화면이다. 물음에 답하시오.

1) 황색 배관에 사용할 수 있는 최고의 압력은 얼마인가?

2) 적색 배관과 황색 배관의 최소 이격거리는 얼마인가?

➕해답 1) 0.4MPa
　　　 2) 2m

08 다음 장비로 측정하는 최고 사용압력이 저압인 도시가스 배관의 기밀시험에 대한 물음에 답하시오.

1) 화면에 나타난 기밀시험 압력을 측정하는 장비의 명칭을 쓰시오.

2) 배관 내용적이 $1m^3$ 미만인 경우에 기밀유지시간은 얼마인가?

➕해답 1) 자기압력기록계
　　　 2) 24분

09 공동주택의 압력조정기를 설치하는 경우에 대한 다음 물음에 답하시오.

1) 공급되는 압력이 저압인 경우 공급세대 수를 쓰시오.

2) 압력조정기 점검주기는 얼마인지 쓰시오.

➕해답 1) 250세대 미만
　　　 2) 6개월에 1회 이상

10 화면에 보여주는 가스용 상자콕에 대한 물음에 답하시오.

1) 상자콕의 용도를 쓰시오.

2) 과류차단안전기구를 설명하시오.

3) 상자콕의 출구 측에 접촉되는 것으로 신속하게 탈착할 수 있고, 접촉부에서 가스 누출이 없는 이음구조는 무엇인가?

4) 과류차단안전기구를 가지며 핸들 등의 반개방 상태에서도 가스 유로가 열리지 않도록 하는 장치의 명칭을 쓰시오.

➡해답
1) 가스용 콕을 상자에 넣어 바닥, 벽 등에 설치하는 것으로 사용유량의 개폐에 이용한다.
2) 표시유량 이상의 가스 유량이 통과하는 경우 가스 유로를 차단하는 장치이다.
3) 신속이음쇠
4) On-Off 장치

가스기사 작업형 기출문제

01 다음은 교량에 고압가스 배관을 설치하는 화면이다. 교량에 설치된 도시가스 배관의 호칭지름별 고정장치 지지간격을 나타낸 다음 표의 빈칸을 채우시오.

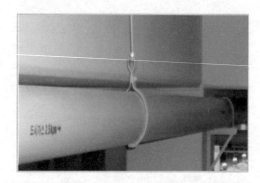

호칭지름	지지간격
100A	(①)
200A	(②)
500A	(③)
600A	(④)

◆해답 ① 8m
② 12m
③ 22m
④ 25m

02 화면에 보이는 가스용 폴리에틸렌(PE)관에 대한 다음 물음에 답하시오.

1) SDR을 구하는 계산식을 쓰시오.

2) 최고 사용압력이 0.3MPa일 때 SDR 값은 얼마인가?

◆해답 1) $SDR = \dfrac{D(관\ 외경)}{t(최소\ 두께)}$

※ SDR(Standard Dimension Ration)

2) SDR 11 이하

◆참고 PE관의 호수(SDR)별 사용압력범위
• 1호관(SDR 11) : 0.4MPa 이하
• 2호관(SDR 17) : 0.25MPa 이하
• 3호관(SDR 21) : 0.2MPa 이하

03 다음은 도시가스 사용시설의 방폭기기가 설치된 장면이다. 방폭전기기기 명판에 표시된 'Ex d ib Ⅱ B T6'에 대한 물음에 답하시오.

1) 방폭구조 2가지의 표시와 명칭을 쓰시오.

2) 2가지 방폭구조의 구조에 대하여 설명하시오.

+해답 1) ① d : 내압방폭구조
　　　　② ib : 본질안전방폭구조
　　　2) ① 내압방폭구조 : 기기 내부에 가연성 가스의 폭발이 발생할 경우 그 용기가 폭발압력에 견딜 수 있는 구조로 된 것
　　　　② 본질안전방폭구조 : 정상 시 및 사고 시에 발생하는 전기불꽃 아크 또는 고온부에 의하여 가연성 가스가 점화되지 아니하는 것이 점화시험, 기타 방법에 의하여 확인된 구조로 된 것

04 도시가스 매설배관의 지하설치에 대한 다음 물음에 답하시오.

1) 도로 밑에 최고 사용압력이 중압 이상인 배관을 매설하는 때에 배관을 보호할 수 있는 조치 기준을 쓰시오.

2) 도시가스 매설배관의 기울기는 얼마로 하는가?

+해답 1) 배관 정상부에서 30cm 이상의 높이에 보호판을 설치한다.
　　　2) 배관의 기울기 : 1/500~1/1,000

05 화면의 저장소에 보관된 산소, 질소와 같은 압축가스 용기의 제조방법에 따른 명칭을 쓰시오.

+해답 이음매 없는 용기(무계목 용기)

06 LNG 저장설비의 외면으로부터 사업소 경계까지 유지하여야 할 거리를 구하는 다음 계산식에 쓰인 'W'의 의미를 단위까지 포함하여 설명하시오.

$$L = C \times \sqrt[3]{143{,}000 \times W}$$

+해답 W : 저장탱크 저장능력(톤)의 제곱근[저장탱크 외의 것은 그 시설 안의 액화천연가스 질량(톤)]

참고 액화천연가스의 저장설비 및 처리설비 유지거리
(단, 50m 미만의 경우는 50m 유지)

$$L = C \times \sqrt[3]{143,000 \times W}$$

여기서,

L : 유지거리(m)

C : 상수[저압 지하식 저장탱크 0.240(그 밖의 가
스저장시설, 처리설비 0.576)]

W : 저장탱크 저장능력(톤)의 제곱근[저장탱크
외의 것은 그 시설 안의 액화천연가스 질량
(톤)]

07 다음은 도시가스 배관에 따라 사용하는 표지판이다. 물음에 답하시오.

1) 표지판 설치간격은?

2) 표지판 규격을 쓰시오.

해답 1) 500m 간격

2) 가로 200mm, 세로 150mm

참고 매설배관 표지판 설치간격 요약

1) 가스도매사업자 배관 및 고압가스 배관 지하매
설 : 500m마다

2) 일반 도시가스 사업자 배관의 시가지 외 :
200m마다

08 다음 라인마크에 대한 물음에 답하시오.

1) 라인마크의 표시방법 4가지를 쓰시오.

2) 금속재 라인마크의 규격 중 몸체 부분의 ① 지름
과 ② 두께를 쓰시오.

해답 1) ① 직선방향

② 양방향

③ 삼방향

④ 일방향

2) ① 지름 : 60cm

② 두께 : 7mm

참고 보호포 · 라인마크 표시방법의 보기

1) 보호포의 표시방법

20cm [도시가스(주) 도시가스, 중압, ○○도시가스(주)] 20cm

2) 라인마크의 표시방법 및 크기

① 직선방향   ② 양방향

③ 삼방향   ④ 일방향

⑤ 135° 방향   ⑥ 관말지점

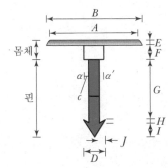

(단위 : mm)

A	B	C	D	E	F	G	H	I	J
40	60	15	25	7	15	100	5	20	5

[비고] α, α′는 핀이 회전하지 않는 구조일 것

09 신규로 설치되는 최고 사용압력이 고압이나 중압인 도시가스 배관의 기밀시험 방법에 대한 물음에 답하시오.

1) 용접으로 접합된 배관에 행하는 방사선투과시험을 설명하시오.

2) 비파괴검사에 합격한 배관은 통과하는 가스를 시험가스로 사용할 때 가스검지는 몇 % 이하에서 작동하지 않는 것을 합격으로 판정하는가?

➕해답 1) 투과한 방사선으로 필름을 감광시켜 내부결함의 모양, 크기 등을 관찰하는 방법이다.
2) 0.2% 이하

10 다음은 도시가스 가스누설 경보기이다. 보기의 ( ) 안에 알맞은 숫자를 넣으시오.

[보기]
도시가스 시설에 설치하는 가스누설 경보기의 검지부는 천장으로부터 검지부 하단까지의 거리가 ( )cm 이하가 되도록 설치한다.

➕해답 30

Engineer Gas
Industrial Engineer Gas

부록 II

가스산업기사 기출문제

※ 최근 문제를 분석하여
출제빈도가 높은 것들로 재구성하였습니다.

CHAPTER 01

가스산업기사 필답형

[2015~2021]

01 다음 조정기의 유입 측 기밀시험압력은 각각 얼마 이상인가?

1) 단단감압식 저압조정기 :

2) 2단 1차조정기 :

+해답 1) 1.56MPa

2) 1.8MPa

02 $COCl_2$에 관한 다음 물음에 답하시오.

1) 무슨 가스라고 하는가?

2) 어떤 냄새가 나는가?

3) CO와 Cl_2의 반응 시 사용하는 촉매는?

4) 무엇으로 탈수 후 정제하는가?

+해답 1) 포스겐가스로 독성이다.

2) 건초 또는 풀냄새

3) 활성탄

4) 진한 황산(농황산)

03 용기 내장형 가스난방기에 부착된 안전밸브 분출량 공식을 쓰고 각 기호의 뜻을 설명하시오.(단, 단위가 있는 것은 함께 표기하시오.)

+해답 $Q = 0.0278PW$

P : 압력(MPa)

W : 용기내용적(L)

Q : 분출량(m^3/min)

04 가스제조시설에서 사용하는 플레어스택에 대한 물음에 답하시오.

1) 설치목적은?

2) 설치 시 높이의 결정은?

해답 1) 가스제조시설에 이상압력 발생의 경우 장치를 보호하기 위하여 가연성 가스를 방출하며 스택에서 연소하여 방출하는 시설로 가스제조시설의 폭발을 방지하는 장치이다.
2) 굴뚝 아래 지면의 복사열이 4,000kcal/h · m² 이하가 되는 높이로 할 것

05 다음 보기의 동판 두께 산출식에 대한 물음에 답하시오.

$$t = \frac{PD}{2s\eta - 1.2P} + C$$

1) "s"가 뜻하는 것은 무엇인가?
2) "η"가 뜻하는 것은 무엇인가?

해답 1) 허용응력(N/mm²)
2) 용접효율(%)

06 공기액화 분리장치의 폭발원인 2가지를 쓰시오.

해답 1) 공기취입구로부터 아세틸렌가스의 혼입
2) 윤활유의 열분해에 의한 탄화수소 생성
3) 오존의 혼입
4) 질소화합물의 혼입

07 가스이송시설에서 소요동력 20PS, 유량 4m³/min, 전양정 15m일 때, 펌프의 효율(%)을 구하시오. (단, 물의 비중1.0이다.)

해답 66.66%

참고 $P[\text{PS}] = \dfrac{\gamma \cdot Q \cdot H}{75 \cdot \eta}$

$$\therefore \eta = \frac{\gamma \cdot Q \cdot H}{75 \cdot P[\text{PS}]} = \frac{1,000 \times \left(4 \times \dfrac{1}{60}\right) \times 15}{75 \times 20} \times 100 = 66.66\%$$

08 LP가스가 액체상태로 열교환기 외부로 유출되는 것을 방지하는 장치는?

해답 액유출방지장치

09 초기 200kg이 24시간 건조시험 후에는 187kg이 되었다. 기화잠열 48kcal/kg, 외기의 온도 25℃, 기체의 비점 −196℃, 내용적 190L이다. 초저온용기의 침입열량을 구하고 판정하시오.

> **해답** 1) 침입열량(Q)=0.00063kcal/h · L · ℃
> 2) 판정 : 0.0005kcal/h · L · ℃를 초과하는 관계로 불합격이다.

> **참고** Q(침입열량)$=\dfrac{W \cdot q}{V \cdot H \cdot \triangle t}=\dfrac{(200-187) \times 48}{190 \times 24 \times \{25-(-196)\}}=0.00063$kcal/h · L · ℃

10 가연성 가스가 상용 상태에서 연속해서 폭발하한계 이상으로 체류하는 곳은 몇 종 위험장소인가?

> **해답** 0종 장소

11 금속재료 중 강재의 열처리방법 4가지를 쓰시오.

> **해답** 불림, 풀림, 뜨임, 담금질

12 C_2H_2 압축 시 첨가하는 희석제의 종류 3가지를 쓰시오.

> **해답** 1) 메탄　　2) 일산화탄소　　3) 에틸렌　　4) 질소

13 고압설비의 내진설계 기준에서 내진등급 3가지를 쓰시오.

> **해답** 1) 내진특등급 : 가스공사 인수기지에서 최초의 차단 밸브까지 설치된 6.9MPa 이상의 배관
> 2) 내진1등급 : 일반도시가스 사업자가 소유한 0.5MPa 이상의 배관
> 3) 내진2등급 : 내진특등급, 내진1등급 이외의 배관

14 도시가스에서 사용되는 정압기의 기능 2가지를 쓰시오.

> **해답** 1) 2차압력 일정하게 유지
> 2) 2차압력 조정기능
> 3) 이상압력 상승 시 압력 정상화 기능
> 4) 가스 누설 시 경보기능

01 다음은 정압기의 특성에 관한 유량과 2차 압력에 관한 선도이다. ㉮, ㉯, ㉰에 해당되는 내용을 기술하시오.

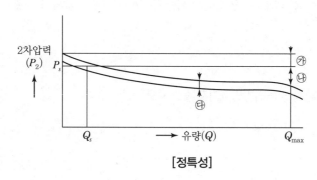

[정특성]

➕해답 ㉮ 록업(lock－up)
　　　 ㉯ 오프셋
　　　 ㉰ 시프트

02 금속재료의 부식인자 4가지를 기술하시오.

➕해답 1) 금속재료 조성　　　2) 금속재료 조직　　　3) 구조
　　　 4) 전기화학적 특성　　5) 온도　　　　　　　6) 용존 산소

➕참고 금속재료의 부식인자
　　　 1) 내부 인자 : 금속재료 조성, 조직, 구조, 전기화학적 특성, 응력상태, 표면상태 등
　　　 2) 외부 인자 : 부식액의 조성, pH, 용존산소농도, 습기, 유동상태, 온도 등

03 아래 보기의 설명에 적합한 검사방법은 무엇인가?

> 자성체를 자화할 때 홈 부분에 생기는 누설가스를 이용, 강자성체에 미분말을 뿌리면 홈부분에 흡착해 폭넓은 무늬가 되므로 철강제품에 적용되며 자성이 약한 재료는 사용이 불가능하고 용접 내부 결함은 찾을 수 없다.

➕해답 자분탐상시험(검사)

04 일반도시가스사업의 가스공급시설과 관련하여 아래 물음에 답하시오.

① 최고사용압력이 저압인 가스정제설비에는 압력의 이상상승 방지를 위해 (①)를 설치한다.

② 배관의 접합은 용접시공을 원칙으로 하며 배관 용접부에는 (②)을 실시한다.

③ 가스가 통하는 부분에 직접 액체를 이입하는 장치가 있는 가스정제설비에는 액체의 (③)를 설치한다.

해답 ① 수봉기   ② 비파괴시험   ③ 역류방지장치

05 액화크세논 용기 내용적이 $1.5m^3$일 때 저장능력은 몇 kg인가?(단, 크세논의 $C = 0.81$이다.)

해답 1,852kg

참고 $G = \dfrac{V}{C} = \dfrac{1,500l(1.5m^3)}{0.81} = 1,851.85kg$

06 15℃에서 15MPa을 유지하는 고압장치에서 온도를 40℃로 상승하면 압력은 몇 MPa이 되는가?

해답 16.31MPa

참고 $\dfrac{P_1}{T_1} = \dfrac{P_2}{T_2}$, $\dfrac{(15+0.1013)}{(273+15)} = \dfrac{x}{(273+40)}$

$\therefore \ x = 16.31MPa$

07 안전간격이 0.4mm 미만인 폭발 3등급의 가스종류 4가지를 쓰시오.

해답 1) CS_2 2) C_2H_2 3) 수성가스   4) H_2

08 LPG 사용시설 압력조정기 출구에서 연소기 입구까지 배관 및 호스의 (①)kPa 이내의 압력으로 기밀시험을 몇 (②)분 이상 실시하는가?

해답 1) 8.4
2) 10

09 배관 내 마찰저항에 의한 압력손실은 다음과 어떠한 관계가 있는가?

1) 유속 : (   )   2) 관 내경 : (   )   3) 관 길이 : (   )   4) 유체의 점도 : (   )

해답 1) 제곱(2승)에 비례   2) 반비례   3) 비례   4) 비례

참고 $Q = K\sqrt{\dfrac{D^5 \cdot H}{S \cdot L}}$

　여기서, Q : 가스 유량(m³/hr)

　　　　 K : 정수

　　　　 S : 가스의 비중

　　　　 D : 내경

　　　　 H : 허용손실압력(수주 mm)

10 다단 공기압축기에 있어서 대기 중의 27℃ 공기를 흡입하여 최종단에서 28kgf/cm² 및 50℃로 38m³/hr의 압축공기를 토출하였다면 그 체적 효율은 몇 %인가?(단, 1단 압축기를 통과할 수 있는 흡입 용적은 1,200m³/hr이며, 대기압은 1.033kgf/cm²이다.)

해답 82.65%

참고 체적 효율 $= \dfrac{\text{실제 흡입량(m}^3\text{/h)}}{\text{이론적 흡입량(m}^3\text{/hr)}} \times 100(\%)$에서

실제 흡입량 $= \dfrac{P_1 V_1}{T_1} = \dfrac{P_2 V_2}{T_2}$

실제 토출량(V_2) $= \dfrac{P_1}{P_2} \times \dfrac{T_2}{T_1} \times V_1 = \dfrac{28 + 1.0332}{1.0332} \times \dfrac{273 + 27}{273 + 50} \times 380 = 991.77 \text{m}^3\text{/h}$

$\therefore$ 체적 효율 $= \dfrac{991.77}{1,200} \times 100 = 82.65\%$

11 물과 가스가 융합하여 저온에서 고체로 있는 물질은?

해답 가스 하이드레이트

12 연료전지에서 필요한 검사설비 2가지를 쓰시오.

해답 1) 전기출력 측정설비

　　　 2) 전류전압측정기

　　　 3) 가스소비량 측정설비

　　　 4) 연소성 시험설비

　　　 5) 기밀시험설비

13 반밀폐식 온수보일러에서 반드시 필요한 장치를 쓰시오.

+해답 역풍방지장치

+참고 역풍방지장치가 없을 때 과대풍압 안전장치를 갖춘다.

14 A기체의 확산시간은 20분, 같은 부피의 수소 확산시간은 4분일 때 A기체의 분자량은?

+해답 50g

+참고
$$\frac{U_A}{U_H} = \sqrt{\frac{M_H}{M_A}}$$

$$\frac{U_A}{U_H} = \frac{\left(\dfrac{1l}{20\text{min}}\right)}{\left(\dfrac{1l}{4\text{min}}\right)} = \frac{4}{20} = \frac{1}{5}$$

$$\frac{1}{5} = \sqrt{\left(\frac{2}{M_A}\right)} \qquad \frac{1}{25} = \frac{2}{M_A} \qquad M_A = 25 \times 2 = 50\text{g}$$

01 산업현장 사용온도가 30℃인 산소 충전용기를 최고 120kgf/cm² 충전하여 사용 중에 안전밸브가 작동하여 분출하였다. 이때의 온도는 몇 ℃인가?

> **해답** 130.14℃

> **참고** 안전밸브는 내압시험의 0.8배에서 작동하고, 내압시험(TP)＝최고충전압력(FP) 5/3배이다.
>
> 1) 안전밸브 작동압력＝$FP \times \dfrac{5}{3} \times \dfrac{8}{10} = 120 \times \dfrac{5}{3} \times \dfrac{8}{10} = 160 \text{kgf/cm}^2$
>
> 2) 온도＝$\dfrac{P_1}{T_1} = \dfrac{P_2}{T_2}$, $\dfrac{(120+1.033)}{(273+30)} = \dfrac{(160+1.033)}{(273+x℃)}$, $(273+x℃) = 403.173\text{K}$
>
> $x℃ = 403.14 - 273 = 130.14$

02 방사선 투과시험 중 γ선 투과 사진촬영법의 특징 3가지를 쓰시오.

> **해답** 1) 장치가 극히 간단하고 전력이 필요하지 않다.
> 2) 투과력이 크다.
> 3) X선 장치가 들어가지 않는 장소에도 사용이 가능하다.
> 4) 노출시간이 X선에 비해 길다.

03 다음의 (　) 안을 채우시오.

> 상자 콕은 (①) 및 (②) 안전기구가 부착되어 있는 것으로서 배관과 커플러를 연결하는 구조이다.

> **해답** ① 커플러　　② 과류차단

04 도시가스시설에 사용하는 정압기(Governor)의 역할 3가지를 쓰시오.

> **해답** 1) 도시가스 공급압력을 사용자에게 알맞게 낮추어 공급
> 2) 2차 압력을 허용범위 이내의 압력으로 유지하는 정압기능
> 3) 가스의 흐름이 없을 때 밸브를 완전히 폐쇄하여 압력상승을 방지하는 폐쇄기능

05 연소기 염공이 갖추어야 할 조건 4가지를 쓰시오.

> **해답** 1) 불꽃이 염공 위에 안정하게 형성할 것
> 2) 가열 열원에 대하여 배열이 적정할 것
> 3) 염공에 빠르게 옮겨서 완전 점화가 가능할 것
> 4) 먼지 등의 물질에 막히지 않고 청소가 용이할 것
> 5) 연소기구의 용도에 적합할 것

06 특수반응설비와 긴급차단장치를 설치한 고압가스설비에 이상상태가 발생한 경우 그 설비 안의 내용물을 설비 밖으로 긴급하고도 안전하게 처리할 수 있는 방법 4가지를 쓰시오.

> **해답** 1) 다른 저장탱크로 긴급 이송하는 방법
> 2) 독성 가스는 제독 처리 후 안전하게 폐기하는 방법
> 3) 플레어스택에서 안전하게 연소시켜 제거하는 방법
> 4) 벤트스택으로 안전하게 방출하는 방법

07 정압기 특성 중 사용 최대차압에 대하여 설명하시오.

> **해답** 메인밸브에는 1차 압력과 2차 압력의 차압이 작용하여 정압성능의 영향을 주나 이것이 실용적으로 사용할 수 있는 범위에서 최대가 되었을 때의 차압을 말한다.

08 수소가스의 제조방법을 3가지 이상 쓰시오.

> **해답** 1) 수 전해법   2) 수성가스법
> 3) 일산화탄소 전화법(또는 수성가스 전화법)   4) 석탄 완전 가스화법
> 5) 석유 분해법   6) 천연가스 분해법
> 7) 암모니아 분해법

09 가스액화 분리장치의 구성요소 3가지를 쓰시오.

> **해답** 1) 한랭 발생장치   2) 정류장치   3) 불순물 제거장치

10 가스에 사용하는 콕의 종류 3가지를 쓰시오.

> **해답** 1) 퓨즈 콕   2) 상자 콕   3) 주물 연소기용 노즐 콕

11 가스 배관에 이용되는 전기방식법의 종류 4가지를 쓰시오.

⊕해답 1) 희생양극법   2) 외부전원법   3) 선택배류법   4) 강제 배류법

12 사용시설에서 내압시험 압력 및 기밀시험압력의 기준이 되는 압력으로 해당 설비 등의 각부에 작용하는 최고사용압력을 의미하는 것을 쓰시오.

⊕해답 사용압력

13 직류 전철, 선로 등에 의한 누출 전류의 영향을 받는 배관에 적합한 전기방식의 명칭과 전위 측정용 터미널 설치간격은 얼마인지 쓰시오.

⊕해답 1) 명칭 : 배류법
2) 설치간격 : 300m 이내

14 내용적 50L의 고압용기에 0℃에서 100atm으로 산소가 충전되어 있다. 이때에 3kg의 질량을 사용했다면 압력(atm)은 얼마인가?(단, 온도는 없는 것으로 한다.)

⊕해답 58.03atm

⊕참고 $PV = \dfrac{W}{M}RT$, 3kg의 압력$(P) = \dfrac{WRT}{VM} = \dfrac{3,000 \times 0.082 \times (273)}{50 \times 32} = 41.973atm$

∴ 100atm − 41.97 = 58.03atm

15 대기압하에서 LNG 저장탱크에 490kg을 모두 20℃에서 기화시키면 부피는 몇 m³인가?(단, LNG의 조성은 CH_4 90%, C_2H_6은 10%이고 액비중은 0.49이다.)

⊕해답 677.21m³

⊕참고 이상기체로 간주하여 풀면

$PV = nRT$, $PV = \dfrac{W}{M}RT$(평균분자량$(M) = (16 \times 0.9) + (30 \times 0.1) = 17.4$)

$V = \dfrac{WRT}{PM} = \dfrac{490kg \times 848kgfm/kmol \cdot k \times (273+20)k}{10,332kgf/m^2 \times 17.4kg/kmol} = 677.213m^3$

01 산업현장에 사용되는 고압장치의 압력이 10MPa일 경우 안전밸브 작동압력은 몇 MPa인가?

> **+해답** 안전밸브 작동압력 $= FP \times 1.5 \times \dfrac{8}{10} = 10 \times 1.5 \times \dfrac{8}{10} = 12\text{MPa}$

> **+참고** 1) 안전밸브는 내압시험의 0.8배에서 작동한다.
> 2) 내압시험(TP) = 최고 충전압력(FP)의 1.5배이다.

02 가스를 사용하고 있는 반밀폐식 보일러의 급배기 형식에 따른 종류 3가지를 쓰시오.

> **+해답** 1) 자연배기식(CF)   2) 강제배기식(FE)   3) 강제급배기식(FF)

03 냉동장치에서 액봉이 발생하기 쉬운 곳을 3군데만 쓰시오.

> **+해답** 1) 액펌프방식의 펌프 출구와 증발기 사이의 배관
> 2) 2단 압축 냉동장치의 중간냉각기에서 과냉각된 액관
> 3) 수액기와 증발기의 액배관

04 연소기의 소화안전장치 방식 2가지를 쓰시오.

> **+해답** 1) 열전대식   2) 광전자식   3) 플레임 로드식

05 위험성 평가방법을 4가지 이상 쓰시오.

> **+해답** 1) 체크리스트(Checklist) 기법
> 2) 상대위험순위(Dow And Mond Indices) 기법
> 3) 작업자 실수 분석(Human Error Analysis, HEA) 기법
> 4) 사고예상질문 분석(WHAT−IF) 기법
> 5) 위험과 운전 분석(Hazard And Operablity Studies, HAZOP) 기법
> 6) 결함수 분석(Fault Tree Analysis, FTA) 기법
> 7) 사건수 분석(Event Tree Analysis, ETA) 기법
> 8) 원인결과 분석(Cause−Consequence Analysis, CCA) 기법

06 충전시설의 충전용기 보관실 및 사무실 등의 건축물 외벽에 설치하는 유리제의 종류 2가지를 쓰시오.

> **➕해답** 1) 강화유리
> 2) 접합유리
> 3) 망 판유리 및 선판유리

07 허용 농도의 기준으로 TLV−TWA(Threshold Limit Value−Time Weighted Average)를 사용한다. 이때 허용농도 시간 가중치 기준을 쓰시오.

> **➕해답** 1일 8시간 또는 주 40시간

> **➕참고** TLV−TWA(Threshold Limit Value−Time Weighted Average)
> 시간가중치로서 거의 모든 노동자가 1일 8시간 또는 주 40시간의 평상작업에 있어서 악영향을 받지 않는다고 생각되는 농도로서 시간에 중점을 둔 유해물질의 평균농도이다.

08 고압가스 운반차량 등록 대상 4가지를 쓰시오.

> **➕해답** 1) 허용농도가 100만분의 200 이하인 독성 가스 운반차량
> 2) 차량에 고정된 탱크로 고압가스를 운반하는 차량
> 3) 차량에 고정된 2개 이상을 이음매 없이 연결한 용기로 고압가스를 운반하는 차량
> 4) 총리령으로 정하는 탱크 컨테이너로 고압가스를 운반하는 차량

09 순도 80%인 칼슘 카바이드 200kg으로부터는 아세틸렌 몇 m^3가 발생되는가?(단, 칼슘 카바이드의 분자량은 64이다.)

> **➕해답** $CaC_2 + 2H_2O \rightarrow C_2H_2 \uparrow + Ca(OH)_2$
> $64kg : 22.4m^3 = (0.8 \times 200kg) : xm^3$
> $\therefore$ 아세틸렌 양$(x) = 22.4 \times \dfrac{0.8 \times 200}{64} = 56m^3$

10 수량(水量) $6m^3/min$, 전양정 45m의 터빈펌프의 소요 동력은 몇 kW인가?(단, 펌프 효율은 80%로 한다.)

> **➕해답** 펌프의 소요동력 $= \dfrac{Q \times H \times r}{102 \times 60 \times n} = \dfrac{6 \times 45}{102 \times 60 \times 0.8} = 55.15kW$

11 LP가스 공급방식 중 강제기화방식의 특징 3가지를 쓰시오.

해답 1) 생가스 공급방식
2) 공기혼합가스 공급방식
3) 변성가스 공급방식

12 르샤틀리에의 법칙에 의해 C_3H_8 45%, C_4H_{10} 3%, H_2 15%, O_2 11%, N_2가 26%인 도시가스의 폭발범위를 구하시오.(단, C_3H_8의 폭발범위는 2.0~9.0%, C_4H_{10}의 폭발범위는 1.5~10.0%, H_2의 폭발범위는 4.0~75%이다.)

해답 ∴ 3.54~18.18%

참고 • $\dfrac{100}{L_1} = \dfrac{45}{2} + \dfrac{3}{1.5} + \dfrac{15}{4}$, $\dfrac{100}{L_1} = 28.25$, 폭발하한계$(L_1) = \dfrac{100}{28.25} = 3.54\%$

• $\dfrac{100}{L_k} = \dfrac{49}{9} + \dfrac{3}{10} + \dfrac{15}{75}$, $\dfrac{100}{L_k} = 5.5$, 폭발상한계$(L_k) = \dfrac{100}{5.5} = 18.18\%$

13 가스 설비의 안전한 가스 처리를 위해 사용하는 플레어스택(Flare stack)의 역할에 대하여 설명하시오.

해답 긴급이송설비에 의해 이송된 가연성 가스를 대기 중에 분출할 경우 공기와 혼합하여 폭발성 혼합기체가 형성되지 않도록 연소장치로 연소하여 처리하는 시설을 말한다.

14 도시가스에 사용하는 정압기 4가지를 쓰시오.

해답 1) 정특성 2) 동특성 3) 유량특성 4) 사용 최대 차압 5) 작동 최대 차압

15 아세틸렌 충전에 관한 다음 물음에 답하시오
1) 다공물질의 종류 4가지를 쓰시오.
2) 다공물질의 구비조건 4가지를 쓰시오.
3) 다공도를 쓰시오.

해답 1) 규조토, 석면, 목탄, 석회, 산화철, 탄산마그네슘, 다공성 플라스틱 등
2) 구비조건
• 고다공도일 것   • 기계적 강도가 클 것
• 화학적으로 안정할 것   • 가스충전이 쉽고 안전성이 있을 것
• 경제적일 것
3) 75% 이상 92% 미만

01 가스홀더에 관해 다음 물음에 답하시오.

　1) 구형 가스홀더 사용 시의 이점 3가지를 쓰시오.

　2) 가스홀더의 기능 3가지를 쓰시오.

　해답 1) 구형 가스홀더 사용 시의 이점

　　　• 강도가 커서 두께가 얇아도 된다.

　　　• 용량이 크다.

　　　• 표면적이 저장탱크 중 가장 작다.

　　　• 보존, 관리 면에서 유리하다.

　　　• 기초구조가 단순해 공사가 용이하다.

　　　• 탱크 완성 시 충분한 내압 및 기밀시험을 행하므로 누설이 방지된다.

　　　• 형태가 아름답다.

　　　2) 가스홀더의 기능

　　　• 가스 수요의 시간적 변동에 대하여 일정한 제조 가스량을 안전하게 공급하고 남는 가스를 저장한다.

　　　• 정전, 배관공사 제조 및 공급설비의 일시적 지장에 대하여 어느 정도 공급을 확보한다.

　　　• 각 지역에 가스홀더를 설치하여 피크 시 지구의 공급을 가스홀더에 의해 공급함과 동시에 배관의 수송 효율을 높인다.

　　　• 조성이 변동하는 제조 가스를 저장 혼합하여 공급 가스의 열량 성분, 연소성 등을 균일화한다.

02 조정기를 사용하여 공급하는 가스를 감압하는 방법 중 2단 감압법의 장점 4가지를 쓰시오.

　해답 1) 공급 압력이 안정하다.

　　　2) 중간 배관이 가늘어도 된다.

　　　3) 배관 입상에 의한 압력 강하를 보정할 수 있다.

　　　4) 각 연소기구에 알맞은 압력으로 공급이 가능하다.

03 프로판 22kg 연소 시 이산화탄소량은 몇 kg인지 쓰시오. (단, 공기 중 산소는 21%)

　해답 66kg

　참고 $C_3H_8 + 5O_2 \rightarrow 3CO_2 + 4H_2O$

　　　$44\text{kg} : 3 \times 44\text{kg} = 22\text{kg} : x\text{kg} \quad \therefore x\text{kg} = \dfrac{22}{44} \times 3 \times 44 = 66\text{kg}$

04 LP가스 소비설비에서 공기로 희석하여 공급하는 목적 2가지를 쓰시오.

> **➕해답** 1) 발열량 조절
> 2) 재액화 방지
> 3) 소요공기량 보충
> 4) 누설 시 가스 손실 감소

05 9기압 용기 15l와 20l의 12기압 용기 2개를 연결했을 때 평균압력은 얼마인가?

> **➕해답** 10.714기압

> **➕참고** 용기 평균압력 $= \dfrac{(15 \times 9) + (20 \times 12)}{35} = \dfrac{135 + 240}{35} = 10.714$기압

06 기어펌프 정지순서를 올바르게 나열하시오.

> **➕해답** ① 모터의 전원을 끈다. ② 흡입밸브를 먼저 닫는다.
> ③ 토출밸브를 닫는다. ④ 펌프 내 액을 배출한다.

07 아세틸렌을 충전할 때 첨가하는 희석제의 종류 3가지를 쓰시오.

> **➕해답** ① 메탄 ② 질소 ③ 에틸렌 ④ 일산화탄소

08 도시가스에 사용하는 정압기를 선정할 경우 각 특성에 적합하도록 선정한다. 이때 정압기의 특성 3가지를 쓰시오.

> **➕해답** 1) 정특성 2) 동특성 3) 유량특성 4) 사용 최대 차압

09 저온공기 액화분리장치의 폭발원인 및 방지대책에 관한 다음 내용의 ( ) 안에 알맞은 단어를 쓰시오.

> 1) 산화질소 등이 액체산소 중에 모이면 폭발적인 작용을 하기 때문에 장치 내에 ( )를 설치한다.
> 2) 공기 흡입구로부터 ( )의 침입을 방지한다.
> 3) 압축기용 윤활유의 분해에 따른 ( ) 생성을 방지한다.
> 4) 공기 중에 있는 ( ) 화합물의 혼입을 방지한다.

> **➕해답** 1) 여과기 2) 아세틸렌 3) 탄화수소 4) 질소

10 용기를 옥외저장소에서 보관할 때 충전용기와 잔가스용기의 보관 장소는 몇 m 이상의 이격거리를 유지하는가?

▶해답 1.5m

11 나프타(Naphtha)의 성질이 가스화에 미치는 영향을 판정하는 수치로 PONA치가 있는데 이에 관한 다음 용어를 쓰시오.

1) P :   2) O :
3) N :   4) A :

▶해답 1) 파라핀계 탄화수소   2) 올레핀계 탄화수소
     3) 나프텐계 탄화수소   4) 방향족계 탄화수소

12 다음(   ) 안에 알맞은 용어를 쓰시오.

> 연소속도보다 가스의 분출압력이 낮아서 불꽃이 염공 속으로 빨려 들어가 혼합관 내에서 연소하는 현상을 (①)라 하고, 또한 불꽃의 주위 특히 불꽃의 기저부에 대한 공기의 움직임이 세지면 불꽃이 노즐에 정착하지 못하고 떨어져 꺼지는 현상을 (②)라 한다.

▶해답 ① 역화(back-fire)   ② 블로우 오프(blow-off)

13 가스미터의 종류는 실측식과 추량식으로 구분한다. 각각 그 종류를 2가지씩 쓰시오.

1) 실측식
2) 추량식

▶해답 1) 막식, 루츠식
     2) 델타식, 터빈식 등

▶참고 가스미터의 종류

```
        ┌ 건식 ┌ 막식 : 독립내기식, 크로바식
 ┌ 실측식 ┤      └ 회전자식 : 루츠식(Roots), 로터리식(Rotary), 오발식(Oval)
 │      └ 습식
 └ 추량식 : 델타(Delter), 터빈(Turbine), 벤투리(Venturi), 오리피스(Orifice), 와류
```

14 사용시설에 사용하는 퓨즈콕 연결 구조에 의한 분류 3가지를 쓰시오.

　＋해답 1) 배관과 호스 연결
　　　　2) 호스와 호스 연결
　　　　3) 배관과 배관 연결

15 액화가스 용기 과충전 처리방법에 대하여 쓰시오.

　＋해답 과충전된 액화가스는 가스 회수장치로 보내어 초과량을 회수한다.

01 LPG 공급방식 중 변성가스 공급방식을 설명하시오.

> **➕해답** 변성가스 공급방식은 부탄을 고온의 촉매로 분해하여 메탄, 수소, 일산화탄소 등의 저급탄화수소를 변성시켜 공급하는 방법
>
> **➕참고** 1) 생가스 공급방식 : 기화기에서 기화한 가스를 그대로 사용처에 공급하는 방법
> 2) 공기혼합가스 공급방식 : 기화기에서 기화한 가스를 베이퍼라이저 믹서에서 공기와 혼합하여 공급하는 방식

02 폭굉 유도거리가 짧아질 수 있는 조건을 4가지 쓰시오.

> **➕해답** • 정상연소 속도가 큰 혼합가스일수록   • 관 속에 방해물이 있거나 관경이 가늘수록
> • 점화원의 에너지가 클수록   • 압력이 높을수록

03 다음 보기에서 설명하는 공기액화 분리장치의 종류는 무엇인가?

> 비교적 7atm 정도의 압축공기로 팽창기인 터빈을 돌려 외부로부터 일을 하게 하여 공기의 엔탈피를 감소시켜 온도를 강하시켜 액화시키는 공기액화 분리장치이다.

> **➕해답** 필립스식 공기액화장치
>
> **➕참고** 필립스식은 수소 헬륨 등을 냉매로 사용하며 하나의 실린더에 피스톤 보조 피스톤이 있어, 이 두 개의 피스톤이 팽창기와 압축기의 역할을 하는 것으로 장치가 소형이며 비교적 콤팩트하다.

04 액체산소 탱크에 산소 200kg이 있다. 이 용기의 내용적이 100l일 때 12시간 방치 후 탱크 내 산소는 100kg이다. 이 탱크가 단열성능시험에 합격할 수 있는지 계산으로 판별하시오.(외기온도는 20℃이며, 산소의 비점은 −183℃ 증발잠열은 51kcal/kg이다.)

> **➕해답** $Q = \dfrac{w \cdot g}{H \cdot \Delta t \cdot v} = \dfrac{\{(200-100)\mathrm{kg} \cdot 51\mathrm{kcal}\}}{\{12 \cdot (20+183)℃ \times 100\mathrm{L}\}} = 0.0209\mathrm{kcal/hr℃}l$
>
> 0.0005kcal/hr℃l을 초과하였으므로 불합격이다.

05 순수증기압 용기에 대하여 용기 A에 10atm 1mol B는 30atm 1mol로 평형을 이룰 때 전체의 증기압과 A · B의 몰비는 얼마인가?

⊕해답 $P = P_A \times A + P_B \times B = 10 \times \frac{1}{2} + 30 \times \frac{1}{2} = 20\text{atm}$

A : B 몰비 = $(10 \times 1) : (30 \times 1) = 1 : 3$

06 프로판의 비중을 1.5로 하면 입상 30m 경우의 압력손실은 몇 mm 수주인가?

⊕해답 H = 1.293(S−1)h
　　　　 여기서, H : 가스압력 손실(mm)
　　　　　　　　 S : 가스비중
　　　　　　　　 h : 입상의 높이
　　∴ H = 1.293(S−1)h = 1.293(1.5−1) × 30 = 19.40mm 수주

07 나프타의 성상과 가스화에 미치는 영향 중 PONA 값이란 무엇인가?

⊕해답 • P : 파라핀계 탄화수소　　　　　• O : 올레핀계 탄화수소
　　　　 • N : 나프텐계 탄화수소　　　　　• A : 방향족 탄화수소

08 도시가스용 원료의 구비조건 4가지를 쓰시오.

⊕해답 • 제조설비의 건설비가 쌀 것　　　• 이동, 변동이 용이할 것
　　　　 • 공해문제가 적을 것　　　　　　• 원료의 취급이 간편할 것

09 액화천연가스(LNG) 수입기지의 기화설비 구비조건 4가지를 기술하시오.

⊕해답 • 수요에 적응할 수 있는 확실한 운전성을 유지할 것
　　　　 • 장기간 사용에 견디는 내구성을 가질 것
　　　　 • 안정성이 있을 것
　　　　 • 경제적일 것

10 압축천연가스를 설명하시오.

⊕해답 운반의 용이성을 위해 천연가스가 일정한 압력에 의해 압축된 천연가스를 말한다.

11 다음 용어를 간단히 설명하시오.

1) 연소안전장치
2) 역풍방지장치
3) 연돌효과

⊕해답 1) 연소안전장치 : 가스의 사용 중 불꽃이 꺼질 때 가스 공급을 차단하는 장치
2) 역풍방지장치 : 연소 중에 바람이 배기통에서 역류하는 것을 방지하는 장치
3) 연돌효과 : 배기가스와 외기의 온도차에 의한 비중 차이로 배기가스를 흡입하는 효과

12 CaC_2 25℃ 1기압 1kg을 물 1m³에 넣으면 아세틸렌은 몇 리터(L) 생성되는가?

⊕해답 381.21L

⊕참고 $CaC_2 + 2H_2O \rightarrow C_2H_2 + Ca(OH)_2$

   64kg   : 22.4m³
   1kg   : x

$$\therefore\ x = \frac{22.4 \times 1}{64} \times \left(\frac{273+25}{273}\right) = 381.21L$$

13 고압가스 제조장치에 설치하는 접지선의 저항값 기준은 얼마인가?

⊕해답 총합 100Ω 이하 , 피뢰설비 시 10Ω 이하

14 도시가스 공급 설비에서 가스 홀더(Gas Holder)의 종류와 기능을 각 3가지 쓰시오.

1) 유수식 가스홀더
2) 무수식 가스홀더
3) 고압 홀더

⊕해답 1) 유수식 가스홀더 : 가스수요의 시간적 변화에 대하여 일정한 제조가스를 안정적으로 공급·저장
2) 무수식 가스홀더 : 공급설비의 일시적 지장에 대하여 공급량 확보
3) 고압 홀더 : 공급가스의 열량, 성분, 연소 등을 균일화한다.

15 가스 버너 중 분젠식 버너의 이상현상 2가지를 쓰고 설명하시오.

⊕해답 1) 리프트(Lift) : 가스유출속도가 연소속도보다 빠른 경우 불꽃이 염공을 떠나 연소하는 현상(백화)
2) 블로우 오프(blow off) : 불꽃의 기저부에 대한 공기의 움직임이 세어져 불꽃이 꺼지는 현상

01 밀폐된 실내에서 LP가스가 연소될 때 산소가 부족하면 불완전연소하게 된다. 다음 선도는 밀폐된 실내에서 LP가스가 연소될 때의 공기 조성이다. 물음에 답하시오.

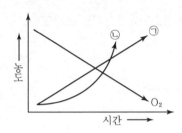

1) ㉠의 선도로 나타내는 가스는?
2) ㉡의 선도로 나타내는 가스는?(단, H_2나 H_2O는 선도상에 표시되어 있지 않다.)

➕해답 1) CO_2
2) CO

02 정압기에서 정특성을 설명하시오.

➕해답 정상상태에서 유량과 2차압력의 관계

03 물과 가스가 융합하여 저온에서 고체로 있는 물질은?

➕해답 가스 하이드레이트

04 고압설비의 내진설계 기준에서 내진등급을 3가지 쓰시오.

➕해답 1) 내진특등급 : 가스공사 인수기지에서 최초의 차단 밸브까지 설치된 6.9MPa 이상의 배관
2) 내진1등급 : 일반도시가스 사업자가 소유한 0.5 MPa 이상의 배관
3) 내진2등급 : 내진특등급, 내진1등급 이외의 배관

05 가스홀더 직경 40m 사용상한압력 0.6 MPa(G), 하한압력 0.2 MPa(G)일 때 공급량은 몇 Nm³인가?
(단, 1atm=0.101325MPa, 공급온도는 20℃로 일정)

+해답 141.947Nm³

+참고 $PV = K\dfrac{(0.6-0.101325)}{0.101325} - \dfrac{(0.2+0.101325)}{0.101325} \times V\left(\dfrac{3.14}{6} \times 40^3\right) = 132,258.0162$

$\dfrac{V}{T} = \dfrac{132,258}{273} = \dfrac{V}{273+20} = 141,947\text{Nm}^3$

06 도시가스에서 사용되는 정압기의 기능 2가지를 쓰시오.

+해답 1) 2차압력을 일정하게 유지
2) 2차 압력 조정기능
3) 이상압력 상승 시 압력 정상화 기능
4) 가스 누설 시 경보기능

07 LNG 기화장치의 종류 3가지를 쓰시오.

+해답 1) 오픈랙 기화장치(Open rack Vapor)
2) 서브머지드 기화장치(Submerged Vapor)
3) 중간매체식 기화장치(Intermediate Fluid Vapor)

08 도시가스의 월사용 예정량을 구하는 식을 쓰고 기호를 설명하시오.

+해답 $Q = \dfrac{(A \times 240) + (B \times 90)}{11,000}$

Q : 월사용 예정량(m³)
A : 산업용으로 사용하는 연소기 명판에 기재된 가스소비량의 합계(kcal/hr)
B : 산업용이 아닌 연소기 명판에 기재된 가스소비량의 합계(kcal/hr)

09 도시가스 제조공정 중 접촉분해공정에 대하여 설명하시오.

+해답 접촉분해(수증기 개질) 공정은 촉매를 사용하여 반응온도 400~800℃로 탄화수소와 수증기를 반응시켜 메탄, 수소, 일산화탄소 등 저급탄화수소로 변화하는 반응을 말한다.

10 다음 표의 제조가스에 프로판으로 증열 $7,000\text{kcal/m}^3$의 공급가스를 만들었을 경우, 공급가스의 웨베지수를 구하시오.(단, 공기분자량 28.9, LPG $24,000\text{kcal/m}^3$)

조성	H_2	CO_2	CO	CH_4
mol(%)	60	20	5	15
발열량(kcal/m³)	3,050		3,020	9,540

➕해답 웨베지수$=\dfrac{7,000}{\sqrt{0.66}}=8,616.4\text{kcal/m}^3$

➕참고 1) 현 혼합가스 발열량$=(3,050\times06)+(3,020\times0.05)+(9,540\times0.15)=3,412\text{kcal/m}^3$

2) 증열가스량 산정$=\dfrac{(3,412+24,000)x}{1+x}=7,000$, x(프로판)$=0.21\text{m}^3$

3) 증열 후 가스 조성

- 프로판$=\dfrac{0.21}{1.21}=0.1736$
- 수소$=\dfrac{0.6}{1.21}=0.4959$

- $CO_2=\dfrac{0.2}{1.21}=0.1653$
- $CO=\dfrac{0.05}{1.21}=0.0413$

- $CH_4=\dfrac{0.15}{1.21}=0.1736$

4) 가스조성의 분자량$=(2\times0.4959)+(44\times0.1653)+(28\times0.0413)+(16\times0.124)+(44\times0.1736)$
$$=19.094$$

5) 가스비중$=\dfrac{19.094}{28.9}=0.66$, 웨베지수$=\dfrac{7,000}{\sqrt{0.66}}=8,616.4\text{kcal/m}^3$

11 다음 도시가스의 제조공정 중 접촉분해 프로세스 중 카본 생성 방지법을 압력, 온도를 가지고 설명하시오.

$$CH_4 + H_2O \;\rightarrow\; CO + 3H_2 \qquad\qquad CO + H_2 \;\rightarrow\; C + H_2O$$

➕해답 온도를 높인다.

➕참고 압력은 낮춘다.(수증기는 수증기비를 증가시킨다.)

12 시안화수소의 제조법 중 앤드류소(Andrussow)법에 의한 반응식과 이때의 압력, 온도는?

➕해답 1) 반응식 : $CH_4 + NH_3 + \dfrac{3}{2}O_2 \;\rightarrow\; HCN + 3H_2O + 11.3\text{kcal}$

2) 압력 : 2~3기압, 온도 : 1,100℃

13 LP 연소기구의 고무관이 노후되어 직경 1mm의 구멍이 뚫렸다. 350mmAq 압력으로 가스가 유출한다면 노즐에서 분출량(m^3/hr)은 얼마인가?(단, 비중은 1.6이다.)

+해답 $Q = 0.009 \times (1)^2 \times \sqrt{\dfrac{350}{1.6}} = 0.13 \, m^3/hr$

14 가연성 가스의 범위 2가지를 쓰시오.

+해답 1) 폭발한계의 하한이 10% 이하
2) 폭발한계의 상한과 하한의 차가 20% 이상

가스산업기사 필답형 기출문제

01 다음 방폭구조에 대한 설명을 쓰시오.

1) 압력방폭구조
2) 내압방폭구조
3) 유입방폭구조
4) 안전증방폭구조
5) 본질안전방폭구조

➕해답 1) 압력방폭구조

방폭전기기기의 용기 내부에 보호가스(신선한 공기 또는 불활성 가스)를 압입하여 내부압력을 유지함으로써 가연성 가스가 용기 내부로 유입되지 않도록 한 구조

2) 내압방폭구조

방폭전기기기의 용기 내부에서 가언성 가스의 폭발이 발생할 경우 그 용기가 폭발 압력에 견디고 접합면, 개구부 등을 통하여 외부의 가연성 가스에 인화되지 않도록 한 구조

3) 유입방폭구조

방폭전기기기 용기 내부에 절언유를 주입하여 불꽃, 아크 또는 고온 발생 부분이 기름 속에 잠기게 함으로써 기름면 위에 존재하는 가연성 가스에 인화되지 않도록 한 구조

4) 안전증방폭구조

정상운전 중에 가연성 가스의 점화원이 될 전기불꽃, 아크 또는 고온부분 등의 발생을 방지하기 위하여 기계적, 전기적 구조상 또는 온도 상승에 대하여 특히 안전도를 증가시킨 구조

5) 본질안전방폭구조

정상 시 및 사고(단선, 단락, 지락 등) 시에 발생하는 전기불꽃, 아크 또는 고온부에 의하여 가연성 가스가 점화되지 않는 것이 점화시험 및 기타 방법으로 확인된 구조

02 지상에 설치되는 LNG 저장설비의 방호 종류 3가지를 쓰시오.

➕해답 1) 단일 방호식 저장탱크
2) 이중 방호식 저장탱크
3) 완전 방호식 저장탱크

➕참고 초저온 LNG 저장설비의 방호(Containment) 종류 분류

1) 단일 방호(Single Containment)식 저장탱크

내부탱크와 단열재를 시공한 외부벽으로 이루어진 것으로 저장탱크에서 LNG의 유출이 발생할 때 이를 저장하기 위한 낮은 방류둑으로 둘러싸인 형식이다.

2) 이중 방호(Double Containment)식 저장탱크

내부탱크와 외부탱크가 각기 별도로 초저온의 LNG를 저장할 수 있도록 설계 시공된 것으로 유출되는 LNG의 액이 형성하는 액면을 최소한으로 줄이기 위해 외부탱크는 내부탱크에서 6m 이내의 거리에 설치하여 내부탱크에서 유출되는 액을 저장하도록 되어 있는 형식이다.

3) 완전 방호(Full Containment)식 저장탱크

내부탱크와 외부탱크를 모두 독립적으로 초저온의 액을 저장할 수 있도록 설계, 시공한 것으로 외부탱크 또는 벽은 내부탱크에서 12m 사이에 위치하여 내부탱크의 사고 발생 시 초저온의 액을 저장할 수 있으며 누출된 액에서 발생된 BOG(증발가스)를 제어하여 벤트(Vent)시킬 수 있도록 한 형식이다.

03 전기방식법 중 희생양극법을 설명하고 장점과 단점을 각각 2가지씩 쓰시오.

➕해답 1) 희생양극법 : 매설배관에 양극(Anode)과 음극(Cathode)을 전선으로 접속하고 양극 금속과 배관 사이의 전지작용(고유전위차)에 의해서 방식전류를 얻는 방법이다.

2) 장점
① 시공이 간편하다.
② 단거리 배관에 경제적이다.

3) 단점
① 효과 범위가 좁다.
② 장거리 배관에는 비용이 많이 소요된다.

04 액화석유가스 용기를 실외저장소에 보관하는 기준이다. ( )에 알맞은 단어를 넣으시오.

1) 실외저장소 안의 용기군 사이에 통로를 설치할 때 용기의 단위 집적량은 (①)톤을 초과하지 않아야 한다.
2) 팰릿(Pallet)에 넣어 집적된 용기군 사이의 통로는 그 너비가 (②)m 이상이 되어야 한다.
3) 팰릿(Pallet)에 넣지 아니한 용기군 사이의 통로는 그 너비가 (③)m 이상이 되어야 한다.
4) 실외저장소 안의 팰릿(Pallet)에 넣어 집적된 용기의 높이는 (④)m 이하가 되어야 한다.

➕해답 ① 30　　　　② 2.5　　　　③ 1.5　　　　④ 5

05 일반용 액화석유가스 압력조정기가 그 압력조정기의 안전성과 편리성을 확보하기 위하여 갖추어야 할 제품 성능 4가지를 쓰시오

➕해답 1) 내압 성능　　　2) 기밀 성능　　　3) 내구 성능
4) 내한 성능　　　5) 다이어프램 성능

06 도시가스 배관의 접합부분은 용접하는 것을 원칙으로 하며, 용접부에 대하여 비파괴시험을 실시하여 이상이 없어야 하지만 비파괴시험을 하지 않는 경우도 있다. 비파괴시험을 하지 않아도 되는 배관 3가지를 쓰시오.

> **+해답** 1) 가스용 폴리에틸렌관
> 2) 노출된, 저압의 사용자 공급관
> 3) 관지름 80mm 미만인 저압의 매설배관

07 암모니아의 공업적 제조법 반응식을 쓰시오.

> **+해답** $N_2 + 3H_2 \rightarrow 2NH_3$

08 부취제 주입방식 중 액체주입방식 3가지를 쓰시오

> **+해답** 1) 펌프 주입 방식
> 2) 적하 주입 방식
> 3) 미터 연결 바이패스 방식

09 왕복동 압축기의 실린더 안지름이 100mm, 행정거리가 150mm, 회전수가 600rpm, 체적효율이 80%일 때 피스톤 압출량(m^3/min)을 계산하시오.

> **+해답** $0.57m^3/min$

> **+참고** $V = \dfrac{\pi \times D^2}{4} \times L \times n \times N \times \eta = \dfrac{3.14 \times 0.1^2}{4} \times 0.15 \times 1 \times 600 \times 0.8 = 0.565 = 0.57$

10 [보기]의 매설배관에 발생하는 부식에 대한 설명의 (　) 안에 알맞은 용어를 넣으시오.

> [보기]
> 매설배관 주위의 토양 중에 포함되는 수분 및 기타의 화학성분 등에 의해서 형성되는 국부전지에 의한 부식으로서 부식이 발생하는 쉬운 곳으로는 pH가 극단적으로 다른 곳이나 모래와 점토질 등과 같이 토양 중의 (①)농도가 다른 경계 부근 등이 있고. 토양 속에 혐기성 황산염 환원 박테리아가 존재하는 곳에서 (②)부식이 발생한다.

> **+해답** ① 산소　　　　② 자연

11 왕복동 다단압축기에서 대기압 상태의 20℃ 공기를 흡입하여 최종단에서 토출압력 25kgf/cm².g, 온도 60℃의 압축공기 28m³/h를 토출하면 체적효율(%)은 얼마인가?(단, 1단 압축기의 이론적 흡입체적은 800m³/h이고, 대기압은 1.033kgf/cm²이다.)

⊕해답 77.61%

⊕참고 1) 피스톤 압출량 계산

$$\frac{P_1 V_1}{T_1} = \frac{P_2 V_2}{T_2} \text{에서} \quad V_1 = \frac{P_2 V_2 T_1}{P_1 T_2} = \frac{(25+1.0332) \times 28 \times (273+20)}{1.0332 \times (273+60)} = 620.88 \text{m}^3/\text{h}$$

2) 체적효율 계산

$$\eta(\text{효율}) = \frac{\text{실제적 토출량}}{\text{이론적 흡입량}} \times 100 = \frac{620.88}{800} \times 100 = 77.61\%$$

12 가스화 방식 중 수증기 개질법에서 원료 중에 함유된 불순물을 제거하는 수첨탈황법에 첨가하는 물질은 무엇인가?

⊕해답 수소(H_2)

⊕참고 수첨(수소화)탈황법은 촉매를 사용해서 수소를 첨가하여 유기유황화합물을 황화수소로, 질소화합물을 암모니아로, 산소화합물을 물로 변화시켜 제거한다.

13 일반용 액화석유가스 압력조정기의 입구 측 기밀시험 압력은 다음의 경우 각각 얼마인가?

1) 1단 감압식 저압조정기 :
2) 2단 감압식 1차 조정기 :

⊕해답 1) 1.56MPa 이상
2) 1.8MPa 이상

14 저장능력 10만 톤인 LNG 저압 지하식 저장탱크의 외면과 사업소 경계까지 유지하여야 하는 거리는 얼마인가?(단, 유지하여야 하는 거리 계산 시 적용하는 상수 C는 0.24로 한다.)

⊕해답 85.50m 이상

⊕참고 $L = C \times \sqrt[3]{143,000 \times W} = 0.24 \times \sqrt[3]{143,000 \times \sqrt{100,000}} = 85.50\text{m}$

15 르샤틀리에의 법칙에 대하여 설명하시오.

+해답 여러 가연성 가스가 혼합되었을 경우 그 혼합가스의 폭발범위 하한값과 상한값을 계산하는 것으로, 공식은 다음과 같다.

$$\frac{100}{L} = \frac{V_1}{L_1} + \frac{V_2}{L_2} + \frac{V_3}{L_3} + \cdots$$

여기서, L : 혼합가스의 폭발한계치
V_1, V_2, V_3 : 각 성분의 체적(%)
L_1, L_2, L_3 : 각 성분 단독의 폭발한계치

01 시안화수소는 충전 후 24시간 정치한다. 물음에 답하시오.

   1) 점검방법 :

   2) 검사횟수 :

   ◆해답 1) 질산구리벤젠지로 누출검사

          2) 1일 1회 이상

02 고압가스를 운반하는 차량에 고정된 탱크에 대한 물음에 답하시오.

   1) LPG를 제외한 가연성 가스의 최대 내용적은 얼마인가?

   2) 액화암모니아를 제외한 독성가스의 최대 내용적은 얼마인가?

   ◆해답 1) 18,000L   2) 12,000L

03 안지름 60cm의 관을 사용하여 수평거리 500m 떨어진 곳에 3m/s의 속도로 송수하고자 한다. 관 마찰손실수두는 약 몇 m인가?(단, 관의 마찰계수는 0.02이다.)

   ◆해답 7.65mH₂O

   ◆참고 $h_f(\text{마찰손실수두}) = f \times \dfrac{L}{D} \times \dfrac{V^2}{2g} = 0.02 \times \dfrac{500}{0.6} \times \dfrac{3^2}{2 \times 9.8} = 7.65\text{m}\,\text{H}_2\text{O}$

04 다음 [보기]에서 설명하는 가스의 명칭을 화학식으로 쓰시오.

> [보기]
> 1) 가연성 가스이다.
> 2) 물과 반응하여 글리콜을 생성한다.
> 3) 암모니아와 반응하여 에탄올아민을 생성한다.
> 4) 물, 알코올, 에테르, 유기용제에 녹는다.

   ◆해답 산화에틸렌(C_2H_4O)

05 LPG 충전사업소에서 안전관리자가 상주하는 사업소와 현장사업소 사이에 설치해야 하는 통신설비 4가지를 쓰시오.

> **해답** 1) 구내전화
> 2) 구내방송 설비
> 3) 인터폰
> 4) 페이징 설비

06 전기방식법 중 희생양극법의 장점과 단점을 각각 2가지씩 쓰시오.

> **해답** 1) 장점
> ① 시공이 간편하다.
> ② 단거리 배관에 경제적이다.
>
> 2) 단점
> ① 효과 범위가 좁다.
> ② 장거리 배관에는 비용이 많이 소요된다.

07 도시가스 제조 프로세스(Process)에서 가열방식에 의한 분류 중 외열식과 축열식을 각각 설명하시오.

> **해답** 1) 외열식 : 원료가 들어 있는 용기를 외부에서 가열하는 방법이다.
> 2) 축열식 : 반응기 내에서 연료를 연소시켜 충분히 가열한 후 원료를 송입하여 가스화하는 방법이다.

08 도시가스 공급방식 중 공급압력에 따른 종류 3가지를 쓰시오.

> **해답** 1) 저압 공급방식 : 0.1MPa 미만
> 2) 중압 공급방식 : 0.1MPa 이상 1MPa 미만
> 3) 고압 공급방식 : 1MPa 이상

09 수정이나 전기석 또는 로셀염 등의 결정체의 특정 방향에 압력을 가하면 기전력이 발생하고 발생한 전기량은 압력에 비례하는 현상을 무엇이라 하는가?

> **해답** 압전현상

10 다음 [보기]와 같은 반응이 이루어지는 곳에 탄소강이 접촉되었을 때 어떤 문제점이 발생하는지 설명하시오.

> [보기]
> 1) $Cl + H_2O \rightarrow HCl + HClO$
> 2) $Fe_3C + 2H_2 \rightarrow 3Fe + CH_4$

해답 1) 염소(Cl_2)와 수분(H_2O)이 반응하여 생성된 염산(HCl)이 탄소강을 심하게 부식시킨다.
2) 고온, 고압에서 수소(H_2)는 탄소강(Fe_3C) 중의 탄소와 반응하여 수소취성(탈탄작용)을 일으킨다.

11 일반용 액화석유가스 압력조정기의 다이어프램 노화시험방법 2가지를 쓰시오

해답 1) 공기가열 노화시험
2) 오존 노화시험

참고 다이어프램 노화시험방법
1) 공기가열 노화시험
   70℃의 공기 중에서 96시간 노화시킨 후 실온에서 48시간 방치한 다음 인장강도 및 신장률을 측정하였을 때 인장강도 변화율은 ±15% 이내, 신장 변화율은 ±25% 이내, 강도 변회는 쇼어경도(A형) 기준 ±10 이내인 것으로 한다.

2) 오존 노화시험
   KS M 6518(가화고무 물리시험방법)의 오존균열시험에 따라 온도 40℃, 오존농도 25pphm에서 시험편에 20%의 신장을 가한 상태로 72시간 유지한 다음 신장력을 제거하였을 때 길이 변화가 없는 것으로 하고, 10배의 확대경으로 확인하였을 때 A2급 이상인 것으로 한다.

12 카르노 사이클에서 공급온도 600℃, 방출온도 30℃일 때 열효율(%)을 구하시오.

해답 65.29%

참고 $\eta = \dfrac{W}{Q} \times 100 = \dfrac{T_1 - T_2}{T_1} \times 100 = \dfrac{(273 + 600) - (273 + 30)}{(273 + 600)} \times 100 = 65.29\%$

13 지상에 일정량 이상의 저장능력을 갖는 액화가스 저장탱크 주위에 방류둑을 설치하는 목적을 설명하시오.

해답 가연성 가스, 독성 가스 또는 산소의 액화가스 저장탱크 주위에 액상의 가스가 누출된 경우에 액체상태의 가스가 저장탱크 주위의 한정된 범위를 벗어나서 다른 곳으로 유출되는 것을 방지하기 위하여 설치한다.

14 다음 [보기]는 동판 두께를 산출하는 공식이다. 물음에 답하시오.

[보기]
$$t = \frac{PD}{2S\eta - 1.2P} + C$$

1) 'S'는 무엇인가 설명하시오.
2) 'η'는 무엇인가 설명하시오.
3) 'P'는 무엇인가 설명하시오
4) 'D'는 무엇인가 설명하시오.

+해답 1) 허용응력(N/mm²)
2) 용접효율
3) 최고충전압력(MPa)
4) 안지름(mm)

15 가스시설에서 배관 등을 용접한 후에 강도 유지 및 수송하는 가스의 누출을 방지하기 위하여 비파괴시험 중 육안검사를 할 때 보강 덧붙임은 그 높이가 모재 표면보다 낮지 않도록 하고 몇 mm 이하를 원칙으로 하는가?

+해답 3mm 이하

01 저장탱크 내의 LPG를 이송하는 방법 3가지를 쓰시오.

> **해답** 1) 차압에 의한 방법
> 2) 액 펌프에 의한 방법
> 3) 압축기에 의한 방법

02 다음 [보기]의 도시가스 배관 용접부의 비파괴검사에 대한 설명 중 ( ) 안에 알맞은 단어를 쓰시오.

> [보기]
> 도시가스 배관 등의 용접부는 전부에 대하여 (①)와(과) (②)을(를) 하여야 한다. 단, 2번을 실시하기
> 곤란한 곳에 대신할 수 있는 비파괴검사는 (③)와(과) (④)을(를) 할 수 있다.

> **해답** ① 육안검사
> ② 방사선투과시험
> ③ 초음파탐상시험
> ④ 자분탐상시험(또는 침투탐상시험)

03 전기방식시설 중 관대지전위의 점검주기는 얼마인가?

> **해답** 1년에 1회 이상

04 도로에 매설된 도시가스 배관의 누출 여부를 검사하는 장비의 명칭을 영문 약자로 쓰시오.
> 1) 불꽃 속에 탄화수소가 들어가면 시료 성분이 이온화됨으로써 불꽃 중에 놓여진 전극 간의 전기전도
>   도가 증대하는 것을 이용한 것
> 2) 적외선 흡광 특성을 이용한 방식으로 차량에 탑재하여 메탄의 누출 여부를 탐지하는 것

> **해답** 1) FID(수소 불꽃 이온화 검출기)
> 2) OMD(광학 메탄 검지기)

+참고 ▶ 매설배관 누출을 검사하는 장비(검지기)

    1) FID(Flame Ionization Detector)

      가스크로마토그래피 분석장치 검출기 중 하나로 불꽃 속에 탄화수소가 들어가면 시료 성분이 이온화됨으로써 불꽃 중에 놓여진 전극 간의 전기전도도가 증대하는 것을 이용한 것으로 탄화수소에서 감도가 최고이다.

    2) OMD(Optical Methane Detector)

      적외선 흡광방식으로 차량에 탑재하여 50km/h로 운행하면서 도로상 누출과 반경 50m 이내의 누출을 동시에 측정할 수 있고, GPS와 연동되어 누출지점 표시 및 실시간 데이터를 저장하고 위치를 표시하는 것으로 차량용 광학 메탄 검지기라 한다.

05 LPG의 성분 2가지를 쓰시오.

+해답 1) 프로판(C_3H_8)
       2) 부탄(C_4H_{10})

06 다음 [보기]에서 설명하는 전기방식법의 명칭을 쓰시오.

> [보기]
> 지중 또는 수중에 설치된 양극(Anode) 금속과 매설배관 음극(Cathode) 등을 전선으로 연결하여 양극 금속과 매설배관 등 사이의 전지작용(고유전위차)에 의하여 전기적 부식을 방지하는 방법이다.

+해답 희생양극법(또는 유전양극법)

07 도시가스 배관 종류 3가지를 쓰시오.(단, 관 종류는 제외한다.)

+해답 1) 본관   2) 공급관   3) 내관

08 도시가스 정압기의 정특성 종류 3가지를 쓰시오.

+해답 1) 로크업(Lock Up)
       2) 오프셋(Off Set)
       3) 시프트(Shift)

09 가스 관련 시설의 내압시험을 물로 하는 이유(장점) 2가지를 쓰시오.

> **해답** 1) 물은 비압축성이므로 압력의 전달이 정확하고 안전하다.
> 2) 구입이 쉽고 경제적이다.
> 3) 시험 중에 파괴되어도 위험성이 적다.

10 비중이 0.64인 가스를 길이 300m 떨어진 곳에 저압으로 시간당 170m³로 공급하고자 한다. 압력손실이 수주로 27mm이면 배관의 최소 관지름(mm)은 얼마인가?(단, 폴의 정수 $K = 0.7070$이다.)

> **해답** 132.68mm

> **참고** $Q = K\sqrt{\dfrac{D^5 \cdot H}{S \cdot L}}$
>
> $D = \sqrt[5]{\dfrac{Q^2 \cdot S \cdot L}{K^2 \cdot H}} = \sqrt[5]{\dfrac{170^2 \times 0.64 \times 300}{0.707^2 \times 27}} = 13.2678\text{cm} = 132.68\text{mm}$

11 기계적 성질을 개선하기 위하여 실시하는 열처리 종류 4가지를 쓰시오.

> **해답** 1) 담금질(Quenching)
> 2) 불림(Normalizing)
> 3) 풀림(Annealing)
> 4) 뜨임(Tempering)

12 과잉공기계수 1.5로 프로판 1Nm³를 완전연소시키는 데 필요한 공기량은 몇 Nm³인가?

> **해답** 35.71Nm³

> **참고** $C_3H_8 + 5O_2 \rightarrow 3CO_2 + 4H_2O$
> 이론산소량(프로판 1Nm³)은 5Nm³ 필요하다.
>
> 필요한 공기량 $A = A_0 \times m = \dfrac{5}{0.21} \times 1.5 = 35.71\text{Nm}^3$

13 원심펌프를 직렬 및 병렬 운전할 때의 특성을 유량과 양정에 대하여 설명하시오.

> **해답** 1) 직렬운전 : 양정이 증가하고, 유량은 일정하다.
> 2) 병렬운전 : 유량이 증가하고, 양정은 일정하다.

14 전기기기의 방폭구조 중 안전증방폭구조를 설명하시오.

+해답 정상운전 중에 가연성 가스의 점화원이 될 전기불꽃 아크 또는 고온부분 등의 발생을 방지하기 위해 기계적 · 전기적 구조상 또는 온도상승에 대해 특히 안전도를 증가시킨 구조이다.

15 다음 보기는 나프타 및 LPG를 원료로 SNG를 제조하는 저온 수증기 개질 프로세스이다. 빈칸에 알맞은 공정을 쓰시오.

LPG → (①) → 저온 수증기 개질 → 메탄화 → (②) → 탈습 → SNG

+해답 ① 수소화탈황   ② 탈탄산

01 고압가스 안전관리법에 정한 액화가스의 정의에 대한 설명 중 ( ) 안에 알맞은 용어 및 숫자를 쓰시오.

> [보기]
> 액화가스란 가압, 냉각 등의 방법으로 액체 상태로 되어 있는 것으로서 대기압에서의 끓는점이 섭씨 (①)도 이하 또는 (②) 이하인 것을 말한다.

+해답 ① 40 　　　　　② 상용온도

02 지하에 매설된 도시가스 배관에서 발생하는 부식의 원인 4가지를 쓰시오

+해답 1) 국부전지의 발생
2) 미주전류의 발생
3) 이종금속의 접촉
4) 콘크리트의 접촉
5) 토양 중의 박테리아(세균)

03 아래와 같은 반응으로 진행되는 접촉분해(수증기 개질)공정에서 카본(C) 생성을 방지하는 방법에 대하여 온도, 압력, 수증기비의 관계를 설명하시오.

> $CH_4 = 2H_2 + C(카본)$ ·· 1)
> $2CO = CO_2 + C(카본)$ ·· 2)

+해답 1) 반응온도를 낮게, 반응압력을 높게 유지하고 수증기비(수증기량)를 증가시킨다.
2) 반응온도를 높게, 반응압력은 낮게 유지하고 수증기비(수증기량)를 증가시킨다.

04 고압가스 저장탱크의 열 침입 원인 4가지를 쓰시오.

⊕해답 1) 외연에서의 열복사
2) 지지대에서의 열전도
3) 부속장치(밸브, 안전밸브 등)에 의한 열전도
4) 연결된 배관을 통한 열전도
5) 단열재를 충진한 공간에 남은 가스분자의 열전도

05 폭굉(Detonation)의 정의에 대한 설명 중 (   ) 안에 알맞은 용어를 쓰시오.

[보기]
가스 중의 (①)보다도 화염 전파 속도가 큰 경우로서 가스의 경우 1,000~3,500m/s 정도에 달하여 파면선단에 충격파라고 하는 (②)가 생겨 격렬한 파괴작용을 일으키는 현상이다.

⊕해답 ① 음속   ② 압력파

06 용접용기 재검사 항목 4가지를 쓰시오.

⊕해답 1) 외관검사
2) 내압검사
3) 누출검사
4) 다공질물 충전검사
5) 단열성능검사

07 소비호수가 50호인 액화석유가스 사용시설에서 피크 시 평균 가스 소비량이 15.5kg/h이다. 50kg 용기를 사용하여 가스를 공급하고, 외기온도가 5℃일 경우 가스발생능력이 1.7kg/h라 할 때 표준 용기 설치 수를 계산하시오.(단, 최저 용기 수는 기본 단위 1로 하고 2일분 용기 수는 4개이다.)

⊕해답 14개

⊕참고 표준 용기 수=필요 최저 용기 수$\times \left(\dfrac{소비량}{발생능력} \right)$+2일분 용기 수

$$= \frac{15.5}{1.7}+4 = 13.11 = 14개$$

08 정압기를 평가 선정할 경우 각 특성이 사용조건에 적합하도록 정압기를 선정하여야 한다. 정압기를 선정할 때 고려하여야 할 사항 4가지를 쓰시오.

> **해답** 1) 정특성
> 2) 동특성
> 3) 유량특성
> 4) 사용 최대 차압

09 도시가스 제조공정 중 접촉개질공정에 대하여 설명하시오.

> **해답** 접촉분해반응은 촉매를 사용하여 반응온도 400~800℃에서 탄화수소와 수증기를 반응시켜 수소, 일산화탄소, 탄산가스, 메탄, 에틸렌, 에탄 및 프로필렌 등의 저급 탄화수소를 변화하는 반응을 말한다. 700℃ 이상에서는 H_2, CO가 많아지고 저온에서는 CH_4, CO_2가 증가한다. 또한 수증기의 탄화수소비가 커지면 H_2, CO_2가 증가하고 CO, CH_4은 감소한다.

10 배관의 길이가 1km이고 선팽창계수 $n = 1.2 \times 10^{-5}/℃$일 때 −10℃에서 50℃까지 사용되는 배관에서 신축량 20mm를 흡수할 수 있는 신축이음은 몇 개를 설치하여야 하는가?

> **해답** 36개

> **참고** 1) 신축길이 $\triangle L = L \cdot \alpha \cdot \triangle t = 1,000 \times 1.2 \times 10^{-5} \times \{50-(-10)\} = 720mm$
> 2) 신축이음 수 $= \dfrac{720}{20} = 36ea$

11 레이놀즈(Reynolds)식 정압기의 특징 4가지를 쓰시오.

> **해답** 1) 언로딩(Unloading)형이다.
> 2) 정특성은 극히 좋으나 안정성이 부족하다.
> 3) 다른 정압기에 비하여 크다.
> 4) 중압을 저압으로 하는 데(저압용) 사용한다.

12 액화가스와 압축가스 저장탱크 및 용기가 배관으로 연결된 경우 저장능력을 합산한다. 이때 압축가스 $1m^3$는 액화가스로 몇 kg에 해당하는 것으로 계산하는가?

> **해답** 10kg

13 냉동설비에 사용되는 냉매의 구비조건 4가지를 쓰시오.

해답 1) 응고점이 낮고 임계온도가 높으며 응축, 액화가 쉬울 것
2) 증발잠열이 크고 기체의 비체적이 작을 것
3) 화학적으로 안정하고 분해하지 않을 것
4) 인화 및 폭발성이 없을 것
5) 인체에 무해할 것(비독성 가스일 것)
6) 액체의 비열은 작고, 기체의 비열은 클 것
7) 경제적일 것(가격이 저렴할 것)
8) 단위 냉동능력당 소요 동력이 적을 것
9) 금속에 대한 부식성 및 패킹 재료에 악영향이 없을 것

14 자연발화온도(Autoignition Temperature : AIT)에 영향을 주는 요인 4가지를 쓰시오.

해답 1) 농도
2) 압력
3) 온도
4) 산소량
5) 촉매

15 배관지름이 14cm인 관에 8m/s로 물이 흐를 때 질량유량(kg/s)을 계산하시오.(단, 물의 밀도는 1,000kg/m³이다.)

해답 123.15kg/s

참고 $Q = A \cdot V \cdot \rho = \dfrac{3.14 \times 0.14^2}{4} \times 8 \times 1,000 = 123.5 \text{kg/s}$

01 도시가스 정압기 중 피셔(Fisher)식 정압기의 2차압 이상 저하의 원인과 예방대책 4가지를 각각 쓰시오.

> **해답** 1) 원인
> ① 정압기의 능력 부족
> ② 필터의 먼지류의 막힘
> ③ Center Steam의 불량
> ④ 주 다이어프램의 파손
>
> 2) 대책
> ① 적절한 정압기로 교환
> ② 필터의 교환
> ③ 분해 정비
> ④ 다이어프램의 교환

02 압축가스 설비 저장능력 산정식을 쓰시오.(단, Q : 저장능력[m³], P : 35℃에서 최고충전압력[MPa], V : 내용적[m³]을 의미한다.)

> **해답** $Q = (10P+1)V$

03 도시가스 원료로 사용하는 오프가스(Off Gas)의 제조공정을 설명하시오.

> **해답** 석유 정제 오프가스는 원유의 상압증류, 감압증류 및 가솔린 생산을 위한 접촉개질공정 등에서 발생하는 가스를 회수한 것이다.

04 비중이 0.64인 가스를 길이 300m 떨어진 곳에 저압으로 시간당 145m³로 공급하고자 할 때 압력손실이 수주로 20mm이면 배관의 최소 관지름(mm)은 얼마인가?(단, 폴의 정수 K는 0.707이다.)

> **해답** 132.2mm

> **참고** $Q = K\sqrt{\dfrac{D^5 \cdot H}{S \cdot L}}$ 에서 $D = \sqrt[5]{\dfrac{Q^2 \cdot S \cdot L}{K^2 \cdot H}} = \sqrt[5]{\dfrac{145^2 \times 0.64 \times 300}{0.707^2 \times 20}} ≒ 13.22006\text{cm} ≒ 132.2\text{mm}$

05 아세틸렌에서 발생하는 폭발 종류 3가지의 반응식을 쓰시오.

⊕해답 1) 산화폭발 : $C_2H_2 + 2.5O_2 \rightarrow 2CO_2 + H_2O$
2) 분해폭발 : $C_2H_2 \rightarrow 2C + H_2 + 54.2kcal$
3) 화합폭발 : $C_2H_2 + 2Cu \rightarrow Cu_2C_2 + H_2$, $C_2H_2 + 2Ag \rightarrow Ag_2C_2 + H_2$

06 가스압축에 사용하는 압축기에서 다단압축의 목적 4가지를 쓰시오.

⊕해답 1) 1단 압축과 비교한 일량의 절약
2) 이용효율의 증가
3) 힘의 평형 향상
4) 가스의 온도 상승 방지

07 고압가스설비에 설치하는 피해 저감 설비의 종류 2가지를 쓰시오.

⊕해답 1) 방류둑
2) 방호벽
3) 살수장치
4) 제독설비
5) 중화·이송설비
6) 온도상승방지설비

08 압축기에서 용량 제어를 하는 이유 2가지를 쓰시오.

⊕해답 1) 수요, 공급의 균형을 유지한다.
2) 경부하 가동한다.
3) 소요 동력을 절감한다.
4) 압축기를 보호한다.

09 고압가스 시설에서 전기방식조치 대상 2가지를 쓰시오.

⊕해답 1) 지중 및 수중에 설치하는 강재배관
2) 지하에 설치하는 강재배관
3) 저장탱크 및 지하저장탱크

10 고압가스설비에 부착하는 과압안전장치의 작동압력에 대한 기준 중 (   ) 안에 알맞은 숫자를 넣으시오.

> 액화가스의 고압가스설비 등에 부착되어 있는 스프링식 안전밸브는 상용의 온도에 있어서 당해 고압가스 설비 등 내의 액화가스의 상용의 체적이 당해 고압가스설비 등 내의 내용적으로 (   )%까지 팽창하게 되는 온도에 대응하는 당해 고압가스설비 등 안의 압력에서 작동하는 것일 것

⊕해답 98

11 LPG를 이송하는 펌프에서 발생하는 베이퍼 로크(Vapor Lock) 현상의 방지법 4가지를 쓰시오.

⊕해답 1) 실린더 라이너의 외부를 냉각한다.
　　　 2) 흡입관 지름을 크게 하거나 펌프의 설치 위치를 낮춘다.
　　　 3) 흡입배관을 단열 처리한다.
　　　 4) 흡입관로를 청소한다.

12 내진설계 시 지진기록 측정장비의 종류 2가지를 쓰시오.

⊕해답 1) 가속도계
　　　 2) 속도계

13 부탄 200kg/h를 기화시키는 데 20,000kcal/h의 열량이 필요한 경우 효율이 80%인 온수순환식 기화기를 사용할 때 열교환기에 순환되는 온수량(L/h)은 얼마인가?(단, 열교환기 입구와 출구의 온수 온도는 60℃와 40℃이며 온수의 비열은 1kcal/kg · ℃, 비중은 1이다.)

⊕해답 1,250L/h

⊕참고 $Q = G \cdot C \cdot \triangle t \times \eta$

$$20,000 = G \times 1 \times (60-40) \times 0.8, \qquad G = \frac{20,000}{1 \times (60-40) \times 0.8} = 1,250\text{L/h}$$

14 도시가스의 원료 중 액체 성분에 해당하는 것 2가지를 쓰시오.

⊕해답 1) 나프타(Naphtha)
　　　 2) LNG(액화천연가스)
　　　 3) LPG(액화석유가스)

15 직동식 정압기의 기본 구조도를 보고 2차 압력이 설정압력보다 낮을 때의 작동 원리에 대하여 설명하
시오.

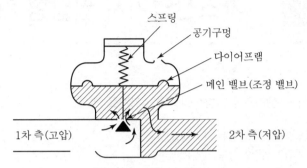

스프링
공기구멍
다이어프램
메인 밸브(조정 밸브)
1차 측(고압)
2차 측(저압)

⊕해답 2차 측의 사용량이 증가하고 2차 압력이 설정압력 이하로 떨어질 경우, 스프링의 힘이 다이어프램을 받치고
있는 힘보다 커서 다이어프램에 연결된 메인 밸브를 열리게 하여 가스의 유량이 증가하게 되며 2차 압력이 설
정압력으로 유지되도록 작동한다.

⊕참고 직동식 정압기의 작동원리 : 정압기 작동원리의 기본
1) 설정압력이 유지될 때
다이어프램(Diaphragm)에 걸려 있는 2차 압력과 스프링의 힘이 평형상태를 유지하면서 메인밸브는 움
직이지 않고 일정량의 가스가 메인밸브를 경유하여 2차 측으로 가스를 공급한다.

2) 2차 측 압력이 설정압력보다 높을 때
2차 측 가스 수요량이 감소하여 2차 측 압력이 설정압력 이상으로 상승하나 이때 다이어프램을 들어 올리
는 힘이 증가하여 스프링의 힘을 이기고 다이어프램에 직결된 메인 밸브를 위쪽으로 움직여 가스의 유량
을 제한하므로 2차 압력이 설정압력으로 유지되도록 작동한다.

3) 2차 측 압력이 설정압력보다 낮을 때
2차 측의 사용량이 증가하고 2차 압력이 설정압력 이하로 떨어질 경우, 스프링의 힘이 다이어프램을 받치
고 있는 힘보다 커져서 다이어프램에 연결된 메인 밸브를 열리게 하여 가스의 유량이 증가하게 되며 2차
압력이 설정 압력으로 유지되도록 작동한다.

01 LP가스 공급방식 중 생가스 공급방식의 특징 4가지를 쓰시오.

> **해답** 1) 높은 발열량을 필요로 하는 경우 사용한다.
> 2) 발생된 가스의 압력이 높다.
> 3) 서지탱크가 필요하지 않다.(발열량과 압력이 균일하므로)
> 4) 장치가 간단하다.
> 5) 열량조정이 필요 없다.
> 6) 기화된 LP가스가 이송배관 중에서 냉각되어 재액화의 문제점이 발생한다.

02 오스테나이트계 스테인리스강에서 입계부식이 발생하는 환경조건에 대하여 설명하시오.

> **해답** 오스테나이트 스테인리스강은 450~900℃의 온도 범위로 가열하면 결정립계로 크롬(Cr) 탄화물이 석출된다. 특히, 이음의 열영향부에서 잘 나타난다.

03 카바이드를 이용하여 아세틸렌을 제조하는 방식의 가스발생기 중 투입식을 설명하시오.

> **해답** 물에 카바이드(CaC_2)를 넣는 방식으로, 카바이드가 물속에 있으므로 온도 상승이 크지 않고 불순가스 발생이 적고, 카바이드 투입량에 따라 아세틸렌가스 발생량을 조절할 수 있어 공업적으로 대량 생산에 적합한 방식이다.

04 가연성 가스 및 방폭 전기기기의 폭발등급 분류 시 사용하는 최소점화전류비는 어느 가스의 최소점화전류를 기준으로 하는가?

> **해답** 메탄(CH_4)

05 내용적 18L의 LP가스 배관공사를 끝내고 나서 수주 880mm의 압력으로 공기를 넣어 기밀시험을 실시했다. 기밀시험 소요시간 12분이 경과한 후 배관에 부착된 자기압력계를 보니 수주 660mm의 압력을 나타내었다. 이 경우 기밀시험 개시 시의 약 몇 %의 공기가 부설되었나?(단, 기밀시험 실시 중 온도 변화는 무시한다.)

+해답 1.94%

+참고
1) 처음 부피= $P_1 \times V_1 = \left(\dfrac{10.33 + 0.088}{10.33} \right) \text{atm} \times 18 = 18.15 \text{L}$

2) 기밀 후 부피 = $P_2 \times V_2 = \left(\dfrac{10.33 + 0.066}{10.33} \right) \text{atm} \times 18 = 18.115 \text{L}$

3) 누설(%)= $\dfrac{(18.15 - 18.115)}{18} \times 100 = 1.94\%$

06 플레어스택(Flare Stack)을 설치하는 이유를 설명하시오

+해답 긴급이송설비에 의하여 이송되는 가연성 가스를 대기 중으로 분출할 경우 연소시켜 대기로 안전하게 방출시키기 위한 것으로 플레어스택의 설치 위치 및 높이는 플레어스택의 바로 밑의 지표면에 미치는 복사열이 $4,000 \text{kcal/m}^2 \cdot \text{hr}$ 이하가 되도록 한다.

07 펌프에서 발생하는 수격작용(Water Hammering)을 설명하시오.

+해답 펌프에서 물을 압송하고 있을 때 정전 등으로 급히 펌프가 멈춘 경우와 수량 조절 밸브를 급히 개폐한 경우 등 관 내의 유속이 급변하면 물에 심한 압력 변화가 생긴다.

08 정압기 특성 중 동특성을 설명하시오.

+해답 부하변화가 큰 곳에 사용되는 정압기에 대하여 중요한 특성으로 부하변동에 대한 응답의 신속성과 안정성이 요구된다.

09 굴착공사에 따른 매설된 도시가스배관을 보호하기 위한 파일박기 및 터파기에 대한 내용 중 (   ) 안에 알맞은 내용을 쓰시오.

1) 가스배관과의 수평 최단 거리 (   )m 이내에서 파일박기를 하고자 할 때에는 도시가스 사업자의 입회하에 시험굴착을 통하여 가스배관의 위치를 정확히 확인한다.

2) 가스배관과의 수평거리 (   )m 이내에서는 파일박기를 하지 아니한다.

3) 가스배관의 주위를 굴착하고자 할 때에는 가스배관의 좌우 (   )m 이내의 부분은 인력으로 굴착한다.

+해답 1) 2   2) 0.3   3) 1

10 가스의 공급압력이 높아 불꽃이 염공을 떠나 공간에서 연소하는 현상을 (①)라 하고, 불꽃 주위 기류에 의하여 불꽃이 염공에 정착하지 않고 떨어지게 되어 꺼지는 현상을 (②)라 한다. ( ) 안에 들어갈 용어를 쓰시오.

해답 ① 선화[또는 리프팅(Lifting)]
② 블로오프(Blow Off)

11 직동식 정압기에서 2차 압력이 설정압력보다 낮을 때의 작동원리에 대하여 설명하시오.

해답 2차 측의 사용량이 증가하고 2차 압력이 설정압력 이하로 떨어질 경우, 스프링의 힘이 다이어프램을 받치고 있는 힘보다 커져서 다이어프램에 연결된 메인 밸브를 열리게 하여 가스의 유량이 증가하게 되며 2차 압력이 설정압력으로 유지되도록 작동한다.

12 내용적 3L의 고압용기에 암모니아를 충전하여 온도를 173℃로 상승시켰더니 압력이 220atm을 나타내었다. 이 용기에 충전된 암모니아는 몇 g인가?(단, 173℃, 220atm에서 암모니아의 압축계수는 0.4이다.)

해답 766.98g

참고 $PV = Z\dfrac{W}{M}RT$에서 $W = \dfrac{PVM}{ZRT} = \dfrac{220 \times 3 \times 17}{0.4 \times 0.082 \times (273 + 173)} = 766.98$atm

13 액화석유가스 사용시설에서 2단 감압방식을 설명하시오.

해답 저장시설(용기)의 가스압력을 소요압력보다 약간 높은 압력으로 1차적으로 감압시켜 공급한 후, 사용시설 근처에서 소요압력으로 2차적으로 감압시켜 각 연소기에 알맞은 압력으로 공급하고 압력손실을 보정할 수 있어 안정적으로 액화석유가스를 공급하는 방법이다.

14 [보기]의 가스 중 같은 온도, 압력 조건에서 가장 많이 흐르는 가스부터 번호 순서대로 나열하시오.

[보기]　　(1) 수소　　　　　　　　　(2) 천연가스
　　　　　(3) 이산화탄소　　　　　　(4) 질소

해답 (1) → (2) → (4) → (3)

15 기체 상태의 프로판 100Sm³를 액화시켰을 때 무게는 몇 kg인가?(단, 온도와 압력은 변화가 없다.)

⊕해답 196.42kg

⊕참고 프로판 1mol=22.4ℓ=44g(분자량)이므로

$$\text{mol 수}=\frac{100}{22.4}=4.46\text{kmol}$$

$$4.46\text{kmol}\times44=196.42\text{kg}$$

가스산업기사 필답형 기출문제

01 LPG 기화장치를 사용할 때의 장점 4가지를 쓰시오.

+해답 1) 한랭 시에도 연속적으로 가스 공급이 가능하다.
2) 공급가스의 조성이 일정하다.
3) 설치면적이 작아진다.
4) 기화량을 가감할 수 있다.
5) 설비비 및 인건비가 절약된다.

02 비열이 0.8kcal/kg · ℃인 어떤 액체 1,000kg을 0℃에서 100℃로 상승시키는 데 필요한 프로판 사용량(kg)은 얼마인가?(단, 프로판의 발열량은 12,000kcal/kg, 연소기 효율은 90%이다.)

+해답 7.41kg

+참고 $G_f = \dfrac{G \cdot C \cdot \triangle t}{H_l \cdot \eta} = \dfrac{1,000 \times 0.8 \times (100)}{12,000 \times 0.9} = 7.41\text{kg}$

03 고압가스 용기의 안전성을 확보하기 위하여 용기 재료의 함유량에 제한을 두는 원소 3가지를 쓰시오.

+해답 1) 탄소(C)　　　　2) 인(P)　　　　3) 황(S)

04 고온에서 암모니아와 마그네슘이 반응하는 반응식을 완성하시오.

+해답 $2NH_3 + 3Mg \rightarrow Mg_3N_2 + 3H_2$

05 체적비로 메탄 55%(폭발범위 : 5~15%), 수소 30%(폭발범위 : 4~75%), 일산화탄소 15%(폭발범위 : 12.5~74%)인 혼합가스의 공기 중에서의 폭발범위 하한값(%)과 상한값(%)을 각각 계산하시오.

+해답 5.08~23.42v%

+참고 $\dfrac{100}{L} = \dfrac{V_1}{L_1} + \dfrac{V_2}{L_2} + \dfrac{V_3}{L_3} + \cdots$

1) 하한값

$\dfrac{100}{L_L} = \dfrac{55}{5} + \dfrac{30}{4} + \dfrac{15}{12.5}$, $L_L = 5.08\%$

2) 상한값

$\dfrac{100}{L_h} = \dfrac{55}{15} + \dfrac{30}{75} + \dfrac{15}{74}$, $L_h = 23.42\%$

06 부취제 주입방식 중 액체주입방식 3가지를 쓰시오.

+해답 1) 펌프 주입방식
2) 적하 주입방식
3) 미터 연결 바이패스 방식

07 최고 사용압력이 $7\mathrm{kgf/cm^2 \cdot g}$이고, 초저압력이 $2\mathrm{kgf/cm^2 \cdot g}$일 때 가스홀더의 활동량이 $60{,}000$ $\mathrm{Nm^3}$라면 이 가스홀더의 안지름(m)을 계산하시오.(단, 온도 변화는 없다.)

+해답 28.72m

+참고 1) 홀더 내용적

$\triangle V = V \times \dfrac{(P_1 - P_2)}{P_0}$ 에서 $V = \dfrac{\triangle V \times P_0}{(P_1 - P_2)} = \dfrac{60{,}000 \times 1.033}{(7+1.033) - (2+1.033)} = 12{,}398.4\mathrm{m^3}$

2) 홀더 지름

$V = \dfrac{\pi D^3}{6}$ 에서 $D = \sqrt[3]{\dfrac{6V}{\pi}} = \sqrt[3]{\dfrac{6 \times 12398.4}{3.14}} = 28.72\mathrm{m}$

08 독성가스 제조설비로부터 독성가스가 누출될 경우 그 독성가스로 인한 중독을 방지하기 위하여 독성 가스 종류에 따라 보유하여야 할 제독제 종류를 1가지씩 쓰시오.

1) 포스겐($COCl_2$)
2) 황화수소(H_2S)
3) 아황산가스(SO_2)

+해답 1) 포스겐($COCl_2$) : 가성소다 수용액, 소석회
2) 황화수소(H_2S) : 가성소다 수용액, 탄산소다 수용액
3) 아황산가스(SO_2) : 가성소다 수용액, 탄산소다 수용액, 물

09 전기방식법 중 외부전원법과 선택배류법의 장점을 2가지씩 각각 쓰시오.

> **해답** 1) 외부전원법
> ① 효과 범위가 넓다.
> ② 평상시의 관리가 용이하다.
> ③ 전압, 전류의 조성이 일정하다.
> ④ 전식에 대해서도 방식이 가능하다.
> ⑤ 장거리 배관에는 전원장치의 수가 적어도 된다.
>
> 2) 선택배류법
> ① 유지 관리비가 적게 소요된다.
> ② 전철과의 위치 관계에 따라 효과적이다.
> ③ 전철 운행 시에는 자연부식의 방지효과가 있다.
> ④ 설치비가 저렴하다.

10 산소를 내용적 40L의 충전용기에 27℃, 130atm으로 압축 저장하여 판매하고자 할 때 다음 물음에 답하시오. (단, 산소는 이상기체로 가정한다.)
1) 이 용기 속에는 산소가 몇 mol 들어 있는가?
2) 이 산소는 몇 kg인가?

> **해답** 1) 211.38mol
> 2) 6.76kg

> **참고** 1) mol 수
>
> $$PV = nRT \text{에서 } n = \frac{PV}{RT} = \frac{130 \times 40}{0.082 \times (273 + 27)} = 211.38\text{mol}$$
>
> 2) 산소 질량(kg) = 211.38mol × 32g(분자량) = 6,764g = 6.76kg

11 액화석유가스 소형 저장탱크의 내용적이 800L일 때 저장능력은 얼마인가? (단, 액화석유가스의 비중은 0.477이다.)

> **해답** 324.36kg

> **참고** $W = 0.85dV = 0.85 \times 0.477 \times 800 = 324.36\text{kg}$
> (소형 탱크의 충전량은 85% 이하로 한다.)

12 용기 종류별 부속품 기호를 각각 설명하시오.

1) PG
2) LG
3) LT

⊕해답 1) 압축가스 충전용기 부속품
2) 액화석유가스 외의 액화가스 충전용기 부속품
3) 초저온용기 및 저온용기의 부속품

13 일정 높이 이상의 건물로서 가스압력 상승으로 인하여 연소기에 실제 공급되는 가스의 압력이 연소기의 최고사용압력을 초과할 우려가 있는 건물은 가스압력 상승으로 인한 가스 누출, 이상연소 등을 방지하기 위하여 (   )를(을) 설치한다. (   ) 안에 알맞은 용어를 쓰시오.

⊕해답 승압방지장치

⊕참고 승압방지장치 설치기준
1) 높이가 80m 이상인 고층 건물 등에 연소기를 설치할 때에는 승압방지장치 설치 대상인지 판단한 후 이를 설치한다.
2) 승압방지장치는 한국가스안전공사의 성능인증품을 사용한다.

14 도시가스 사용시설의 정압기 성능 중 기밀시험에 대한 내용이다. (   ) 안에 알맞은 숫자를 넣으시오.

[보기]
정압기는 도시가스를 안전하고 원활하게 수송할 수 있도록 하기 위하여 정압기 입구 측 은 최고사용압력의 (①)배, 출구 측은 최고사용압력의 (②)배 또는 (③)kPa 중 높은 압력 이상에서 기밀성능을 갖는 것으로 한다.

⊕해답 ① 1.1   ② 1.1   ③ 8.4

15 처리능력이란 용어에 대하여 설명하시오.

⊕해답 처리설비 또는 감압설비에 의하여 압축, 액화, 그 밖의 방법으로 1일에 처리할 수 있는 가스의 양이다.

01 대기압력이 100kPa일 때 진공도 30%의 절대압력은 몇 kPa인가?

+해답 70kPa

+참고 절대압력＝대기압－진공압력

$$= 100kPa - \left(100 \times \frac{30}{100}\right) = 70kPa$$

02 밀폐식 가스 연소 기구는 실내 공기와 격리된 연소실에서 옥외로부터 취한 공기에 의하여 연소시키는 방식에 해당한다. 그 방식의 종류를 2가지로 구분하고 각각 설명하시오.

+해답 1) 자연 급배기식(BF식)
   급배기통(top)의 급기부를 통하여 연소에 필요한 공기를 옥외로부터 취하고, 급배기통(top)의 배기부를 통하여 폐가스를 옥외로 배출하는 형식이다.

2) 강제 급배기식(FF식)
   연소 기기 자체나 별도로 내장된 펜을 이용하여 강제적으로 급배기하는 형식이다. 급배기통을 연장할 수 있기 때문에 설치장소가 반드시 벽면이 아니어도 된다.

03 고압가스에 사용하는 기화기의 용어 설명이다. 다음 [보기]의 (   )에 알맞은 단어를 쓰시오.

> [보기]
> "연결 압력실"이란 기화통의 동체 또는 경판과 교차하여 기화통에 종속된 압력실로 (①) · (②) · 맨홀 (Manhole) 등을 말한다.

+해답 ① 섬프(Sump)   ② 돔(Dome)

+참고 고압가스에 사용하는 기화기 용어의 뜻은 다음과 같다.
1) "기화장치"란 액화가스를 증기 · 온수 · 공기 등 열매체로 가열하여 기화시키는 기화통을 주체로 한 장치이고, 이것에 부속된 기기 · 밸브류 · 계기류 및 연결관을 포함한 것(기화장치가 캐비닛 등에 격납된 것은 캐비닛 등의 외측에 부착된 밸브 또는 플랜지까지)을 말한다.
2) "기화통"이란 기화장치 중 액화가스를 증기 · 온수 · 공기 등 열매체로 가열하여 기화시키는 부분으로서 그 내부의 기구와 접속노즐을 포함한 것을 말한다.

3) "액화가스"란 가압·냉각 등의 방법으로 액체 상태로 되어 있는 것으로서 대기압에서의 비점이 섭씨 40도 이하 또는 상용의 온도 이하인 것을 말한다.

4) "연결 압력실"이란 기화통의 동체 또는 경판과 교차하여 기화통에 종속된 압력실로 섬프(Sump)·돔 (Dome)·맨홀(Manhole) 등을 말한다.

04 도시가스관의 누설을 조기에 발견하기 위한 누설 사전 방지대책을 3가지 쓰시오.

➕해답 1) 노후관의 조사 및 교체
2) 타 공사에 대한 입회, 순환감시 및 보안조치와 사전협의
3) 방식설비 유지상태의 점검
4) 관 부속품, 정압기, 신축흡수설비 등 접촉부의 기능 점검 및 분해 점검
5) 매설위치가 불량인 배관 및 충격을 받은 배관의 조사 및 교체

05 도시가스 제조공정 중 접촉개질공정에 대하여 설명하시오.

➕해답 접촉분해반응은 촉매를 사용하여 반응온도 400~800℃에서 탄화수소와 수증기를 반응시켜 수소, 일산화탄소, 탄산가스, 메탄, 에틸렌, 에탄 및 프로필렌 등의 저급 탄화수소를 변화하는 반응을 말하며, 700℃ 이상에서는 H_2, CO가 증가하고 저온에서는 CH_4, CO_2가 증가한다. 또한 수증기의 탄화수소비가 커지면 H_2, CO_2가 증가하고 CO, CH_4은 감소한다.

06 펌프에서 발생되는 베이퍼록(Vapor Lock) 현상의 발생원인 3가지를 쓰시오.

➕해답 1) 액 자체 또는 흡입배관 외부의 온도가 상승할 경우
2) 흡입관 지름이 작거나 펌프 설치 위치가 적당하지 않을 때
3) 흡입관로의 막힘, 스케일 부착 등에 의해 저항이 증대되었을 때
4) 펌프 냉각기가 정상 작동하지 않거나 설치되지 않았을 경우

07 정압기를 평가 선정할 경우 각 특성이 사용조건에 적합하도록 선정하여야 한다. 정압기를 선정할 때 고려하여야 할 사항 4가지를 쓰시오.

➕해답 1) 정특성
2) 동특성
3) 유량특성
4) 사용 최대 차압

08 아세틸렌가스의 용도 4가지를 쓰시오.

⊕해답 1) 금속의 용접 및 절단
2) 금속의 표면처리
3) 염화비닐 제조
4) 부타디엔(합성고무원료) 제조
5) 합성섬유(타이어 등) 제조
6) 알코올, 초산 등 생산

09 LP가스 공급 시 1단 감압의 장점과 단점을 2가지씩 각각 쓰시오.

⊕해답 1) 장점
① 장치가 간단하다.
② 조작이 간단하다.

2) 단점
① 배관이 굵어야 한다.
② 최종 압력이 부정확하다.

10 가스 소비에 대한 조건이 다음과 같을 때 그래프를 이용하여 피크 시 평균 가스 소비량을 구하시오.

• 세대수 : 40세대
• 1세대당 1일 평균 가스 소비량(겨울) : 1.35kg/day
• 50kg 1개 용기의 가스 발생 능력이 1.07kg/h이고, 이때의 외기 온도는 0℃를 기준으로 하였으며, 자동 교체장치를 사용하였다.

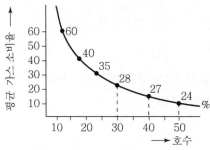

⊕해답 14.58

⊕참고 피크 시 평균 가스 소비량=일일 소비율×호수×평균 가스 소비율
$$= 1.35 \times 40 \times 0.27 = 14.58 \text{kg/h}$$

11 일반 가정에서 사용하는 가스미터의 감도유량이란 무엇인지 쓰시오.

   해답 가스미터가 작동하기 시작하는 최소 유량이다.

12 안지름이 200mm인 저압배관의 길이가 30m이고 배관에서의 압력손실이 30mmH₂O 발생할 때 통과하는 가스 유량(m³/h)을 계산하시오.[단, 가스의 비중은 0.5이고, 폴의 정수(K)는 0.7이다.]

   해답 560m³/h

   참고 $Q = K\sqrt{\dfrac{D^5 \cdot H}{S \cdot L}} = 0.7 \times \sqrt{\dfrac{20^5 \times 30}{0.5 \times 300}} = 560 \text{m}^3/\text{h}$

13 저온장치에 사용되는 진공 단열법 3가지를 쓰시오.

   해답 1) 고진공 단열법
         2) 분말 진공 단열법
         3) 다층 진공 단열법

14 어떤 도시가스의 발열량이 12,100kcal/Sm³일 때 웨버지수(WI)는 얼마인가?(단, 이 가스의 조성은 공기가 28.8g/mol이고, 도시가스가 34g/mol이다.)

   해답 11,138.95

   참고 웨버지수 $WI = \dfrac{H}{\sqrt{d}} = \dfrac{12,100}{\sqrt{1.18}} = 11,138.95$

       ※ 가스비중 $d = \dfrac{M(\text{가스분자량})}{\text{공기분자량}} = \dfrac{34}{28.8} = 1.18$

15 도시가스 배관의 접합부분은 용접하는 것을 원칙으로 하며, 용접부에 대하여 비파괴시험을 실시하여 이상이 없어야 하지만 비파괴시험을 하지 않는 경우도 있다. 비파괴시험을 하지 않아도 되는 배관 3가지를 쓰시오.

   해답 1) 가스용 폴리에틸렌관
         2) 노출된, 저압의 사용자 공급관
         3) 관지름 80mm 미만인 저압의 매설배관

01 비중이 0.64인 가스를 길이 200m 떨어진 곳에 저압으로 시간당 200m³로 공급하고자 할 때 압력손실이 수주로 20mm이면 배관의 최소 관지름(mm)은 얼마인가?(단, 폴의 정수 K는 0.7055이다.)

해답 138.75mm

참고 $Q = K\sqrt{\dfrac{D^5 \cdot H}{S \cdot L}}$ 에서

$$D = \sqrt[5]{\dfrac{Q^2 \cdot S \cdot L}{K^2 \cdot H}} = \sqrt[5]{\dfrac{200^2 \times 0.64 \times 200}{0.7055^2 \times 20}} = 13.875\text{cm} = 138.75\text{mm}$$

02 가연성 가스 중 산소의 농도가 증가할수록 아래의 사항은 어떻게 변하는가?

1) 연소속도
2) 발화온도
3) 폭발한계
4) 화염온도

해답 1) 빨라진다.   2) 내려간다.   3) 넓어진다.   4) 높아진다.

03 22g의 프로판이 완전연소하면 몇 g의 이산화탄소가 만들어지는가?

해답 66g

참고 $C_3H_8 + 5O_2 \rightarrow 3CO_2 + 4H_2O$

$44\text{g} : (3 \times 44) = 11\text{g} : x$

$\therefore x = \dfrac{(3 \times 44) \times 11}{44} = 66\text{g}$

04 공기와 혼합하였을 때 폭발성 혼합가스를 형성하면서 독성가스인 것을 다음 보기에서 찾아 5가지를 쓰시오.

> [보기] 질소, 암모니아, 염화메탄, 도시가스, 이산화질소, 염소, 일산화탄소, 황화수소, 벤젠, 오존

해답 1) 암모니아　　　2) 염화메탄　　　3) 일산화탄소　　　4) 황화수소　　　5) 벤젠

05 염소폭명기와 수소폭명기에 대하여 각각 설명하시오.

해답 1) 염소폭명기
염소와 수소를 같은 부피로 혼합하면 일광, 기타 점화원에 의하여 격렬한 폭발을 하며 염화수소를 생성하는 것을 말한다.

2) 수소폭명기
수소와 산소의 체적비가 2 : 1일 때 점화하면 폭발적으로 반응하여 물을 생성한다.
($2H_2 + O_2 \rightarrow 2H_2O + 136.6kcal$)

06 연료로 사용되는 가연성 원소 C, H, S 중 원소량(분자량)의 값이 가장 큰 것을 쓰시오.

해답 S(황)

07 이상기체 상태 식에 이용되는 아보가드로의 법칙을 설명하시오.

해답 아보가드로의 법칙은 '같은 온도와 압력하에서 기체의 종류에 관계없이 같은 부피 속에는 같은 수의 분자가 들어있다'는 법칙으로, 모든 기체의 1mol은 똑같은 수의 분자를 포함한다는 것이다. 또한, 어떤 물체 1mol이 가진 입자들의 수를 아보가드로수라고 부르며 그 수는 6.022×10^{23}개이다.

08 가스홀더(Holder)의 기능 4가지를 쓰시오.

해답 1) 가스 수요의 시간적 변동에 대응하여 일정한 양의 제조 가스를 안정하게 공급하고 남는 가스를 저장한다.
2) 조성이 변동하는 제조 가스를 저장 혼합하여 공급 가스의 열량, 성분, 연소성 등을 균일화한다.
3) 정전, 배관공사, 제조 및 공급설비의 가스생산이 일시적으로 이루어지지 않을 때에 대비하여 어느 정도 공급을 확보한다.
4) 각 지역에 가스홀더를 설치하여 피크 시 가스홀더에 의해 각 지구에 가스를 공급함과 동시에 배관의 수송 효율을 높인다.

09 접촉개질공정에서 고온수증기 개질의 ICI 방식을 4단계로 구분하시오.

+해답 1) 원료의 탈황
2) 가스 제조
3) 탈탄산
4) 가스 회수 및 열 회수

10 도시가스 원료 선정 시 구비조건 4가지를 쓰시오.

+해답 1) 경제적일 것
2) 발열량이 클 것
3) 공해가 없을 것
4) 취급, 수송이 용이할 것

11 스프링식 안전밸브와 비교한 파열판식 안전밸브의 특징 4가지를 쓰시오.

+해답 1) 구조가 간단하고 취급, 점검이 용이하다.
2) 스프링식 안전밸브보다 취출용량이 많으므로 압력 상승 속도가 급격한 중합분해와 같은 반응의 장치에 사용한다.
3) 스프링식 안전밸브와 같은 밸브시트 누설이 없다.
4) 부식성 유체, 괴상 물체를 함유한 유체에도 적합하다.
5) 한번 작동하면 새로운 박판으로 교체한다.

12 직동식 정압기에서 2차 압력이 설정압력보다 높을 때 작동 원리에 대하여 설명하시오.

+해답 2차 측 가스 수요량이 감소하여 2차 측 압력이 설정압력 이상으로 상승하나 이때 다이어프램을 들어 올리는 힘이 증가하여 스프링의 힘을 이기고 다이어프램에 직결된 메인 밸브를 위쪽으로 움직여 가스의 유량을 제한하므로 2차 압력이 설정압력으로 유지되도록 작동한다.

13 가스 배관을 피복 도장하는 목적을 쓰시오.

+해답 배관 부식을 방지한다.

14 폭굉(Detonation)과 폭연(Deflagrations)의 정의를 쓰시오.

> **➕해답** 1) 폭굉
>
> 가스 중의 화염의 전파속도가 음속보다 큰 경우 파면선단에 충격파라고 하는 솟구치는 압력파가 생겨 격렬한 파괴작용을 일으키는 것을 말한다.
>
> 2) 폭연
>
> 혼합가스 중의 연소속도가 음속 이하이며 격렬하게 연소하는 것으로, 정압만 형성할 뿐 충격파 및 압력파는 거의 형성하지 않는 것을 말한다.

15 다음은 동판 두께를 산출하는 공식이다. 물음에 답하시오.

$$t = \frac{PD}{2S\eta - 1.2P} + C$$

1) 'S'는 무엇인지 설명하시오.
2) 'C'는 무엇인지 설명하시오.

> **➕해답** 1) 허용응력(N/mm²)
>
> 2) 부식 여유(mm)

01 LP 가스 자동절체식 저압 조정기 입구압력(MPa)과 조정압력(kPa)의 범위를 기술하시오.

해답 1) 입구압력(MPa) 범위 : 0.1MPa~1.56MPa
2) 조정압력(kPa) 범위 : 2.55kPa~3.3kPa

참고 압력조정기 조정압력의 규격

종류 구분		1단 감압식		2단 감압식		자동절체식		
		저압 조정기	준저압 조정기	1차용 조정기	2차용 조정기	분리형 조정기	일체형 조정기 (저압)	일체형 조정기 (준저압)
입구 압력	하한	0.07MPa	0.1MPa	0.1MPa	0.01MPa	0.1MPa	0.1MPa	0.1MPa
	상한	1.56MPa	1.56MPa	1.56MPa	0.1MPa	1.56MPa	1.56MPa	1.56MPa
출구 압력	하한	2.3kPa	5kPa	0.057MPa	2.3kPa	0.032MPa	2.55kPa	5kPa
	상한	3.3kPa	30kPa	0.083MPa	3.3kPa	0.083MPa	3.3kPa	30kPa
내압 시험	입구 측	3MPa 이상	3MPa 이상	3MPa 이상	0.8MPa 이상	3MPa 이상	3MPa 이상	3MPa 이상
	출구 측	0.3MPa 이상	0.3MPa 이상	0.8MPa 이상	0.3MPa 이상	0.8MPa 이상	0.3MPa 이상	0.3MPa 이상
기밀 시험 압력	입구 측	1.56MPa 이상	1.56MPa 이상	1.8MPa 이상	0.5MPa 이상	1.8MPa 이상	1.8MPa 이상	1.8MPa 이상
	출구 측	5.5kPa	조정압력의 2배 이상	0.15MPa 이상	5.5kPa 이상	0.15MPa 이상	5.5kPa 이상	조정압력의 2배 이상
최대 폐쇄압력		3.5kPa	조정압력의 1.25배 이하	0.095MPa 이하	3.5kPa	0.095MPa 이하	3.5kPa	조정압력의 1.25배 이하

02 도시가스 제조공정의 접촉분해공정에서 발생하는 생성가스 4가지를 쓰시오.

해답 1) 메탄(CH_4)　　2) 수소(H_2)　　3) 일산화탄소(CO)　　4) 이산화탄소(CO_2)

참고 접촉분해공정
보통 고옥탄가 제조공정으로, 촉매(제올라이트)를 사용하여 비등점이 315~560℃인 가스상 오일에 탄화수소와 수증기를 반응하여 메탄(CH_4), 수소(H_2), 일산화탄소(CO), 이산화탄소(CO_2) 등의 도시가스 원료 등으로 변화하는 공정이다.

03 다음 식은 저압배관의 유량 계산 공식이다. 물음에 답하시오.

$$Q = K\sqrt{\frac{D^5 \cdot H}{S \cdot L}}$$

1) 'D'의 의미와 단위를 설명하시오.
2) 'H'의 의미와 단위를 설명하시오.

➕해답 1) 관의 내경(cm)
  2) 압력손실[수주(mm)]

➕참고 저압배관의 관경 결정

$$Q = K\sqrt{\frac{D^5 \cdot H}{S \cdot L}}$$

여기서, Q : 가스 유량(m^3/hr)
  D : 관의 내경(cm)
  H : 압력손실[수주(mm)]
  S : 가스 비중(공기를 1로 한 경우)
  L : 관의 길이(m)
  K : 유량계수(상수), (학자들의 실험 상수 : ① Pole : 0.707, ② Cox : 0.653)

04 가스액화분리장치에서 공기액화장치의 구성 장치 3가지를 쓰시오.

➕해답 1) 한랭발생장치
  2) 정류(분축, 흡수)장치
  3) 불순물제거장치

➕참고 1) 가스액화분리 구분

가스액화 분류	가스액화 사이클		가스액화장치 구성
① 단열팽창방법(줄―톰슨 방식)	① 린데식	② 클라우드식	① 한랭발생장치
② 팽창기에 의한 방법	③ 캐피자식	④ 필립스식	② 정류(분축, 흡수)장치
(피스톤형, 터빈식)	⑤ 캐스케이드식		③ 불순물 제거장치

2) 공기액화장치의 구성
  ① 한랭발생장치 : 냉동 사이클, 가스 액화 사이클의 응용으로 가스액화분리장치의 열 손실을 돕고 액화 가스를 채취할 때에는 그것에 필요한 한랭을 보급한다.
  ② 정류(분축, 흡수)장치 : 원료가스를 저온에서 분리, 정제하는 장치이며 목적에 따라 선정한다.
  ③ 불순물 제거장치 : 저온이 되면 동결하는 원료가스 중의 수분, 탄산가스 등을 제거하기 위해 사용한다.

05 이륜차로 용기 운반 시 용기의 크기와 허용수량에 대하여 쓰시오.

> **해답** 1) 용기 크기 : 20kg
> 2) 용기 수량 : 2개

> **참고** 용기는 2단 이상으로 쌓지 않을 것. 다만, 내용적 30L 미만의 용기는 2단으로 쌓을 수 있다.

06 축 동력이 15PS이고, 양정이 27m이며 유량이 2m³/min일 때 이 펌프의 효율은 얼마인가?

> **해답** 80%

> **참고** 축동력(PS) $= \dfrac{r \cdot Q \cdot H}{75 \cdot \eta \cdot 60}$ 에서 $\eta = \dfrac{r \cdot Q \cdot H}{75 \cdot Ps \cdot 60} \times 100$
>
> 효율 $\eta = \dfrac{1,000 \times 2 \times 27}{75 \times 15 \times 60} \times 100 = 80\%$

07 토양에 매설된 강관은 토양의 물리적, 화학적 반응에 의해 불균일하며 지표의 상황이나 매설 깊이 등의 영향을 받아 부식이 생긴다. 이때 매설배관의 부식원인 4가지를 쓰시오.

> **해답** 1) 다른 종류의 금속 간의 접촉에 의한 부식
> 2) 국부전지에 의한 부식
> 3) 농염 전지작용에 의한 부식
> 4) 미주전류에 의한 부식
> 5) 박테리아에 의한 부식

08 초음파 탐상검사의 단점 4가지를 기술하시오.

> **해답** 1) 결함의 형태가 부적당하다.
> 2) 결과의 보존성이 없다.
> 3) 결과 분석이 비교적 어렵다.
> 4) 주변 환경에 영향을 받는다.

09 시안화수소의 제조법 중 앤드류소법의 반응식을 화학식으로 쓰시오.

➕해답 $CH_4 + NH_3 + \dfrac{3}{2}O_2 \rightarrow HCN + 3H_2O$

➕참고 시안화수소의 제조법

1) 앤드류소법 : $CH_4 + NH_3 + \dfrac{3}{2}O_2 \rightarrow HCN + 3H_2O + 11.3kcal$

2) 폼아미드법 : $CO + NH_3 \rightarrow \underset{(폼아미드)}{HCONH_2} \xrightarrow{탈수} HCN + H_2O$

10 초저온 액화가스의 종류 4가지를 쓰시오.

➕해답
1) 액화질소
2) 액화 산소
3) 액화 아르곤
4) 액화 수소
5) 액화 암모니아

11 절대압력이 1atm이고, 그 용적이 1m³인 공기를 5L 용기에 담을 경우 게이지 압력은 얼마인가?(단, 온도의 변화는 없다.)

➕해답 199atm

➕참고 $P_1V_1 = P_2V_2$

$= 1 \times 1,000L\,(=1m^3) = x_1 \times 5L$

$\therefore$ 절대압력 $x_1 = \dfrac{1 \times 1,000}{5} = 200atm$

절대압력 = 대기압 + 게이지압

$200atm = 1atm\,(대기압) + x_2$

$\therefore$ 게이지 압력 $x_2 = 200 - 1 = 199atm$

12 아세틸렌 용기 충전의 경우 내부에는 다공물질을 주입한다. 이 다공물질을 충전하는 이유를 쓰시오.

➕해답 용기 내부를 미세한 간격으로 구분하여 분해 폭발의 기회를 만들지 않고 분해 폭발이 일어나도 용기 전체로 파급되는 것을 막기 위해서이다.

13 장치 내의 가스 중에 수분이 존재하는 경우 수분 분리 방법 3가지를 쓰시오.

해답 1) 흡착제를 이용한 수분 제거 방법
2) 수분리기를 이용한 방법
3) 비등점을 이용한 증발 분리 방법

14 바깥지름이 20cm이고 구경의 두께가 5.4mm인 강관이 내압 10kg/cm²를 받을 때 관에 생기는 원주 방향 응력은 몇 kg/cm²인가?

해답 175.19kg/cm²

참고 원주 방향 응력 $\sigma_2 = \dfrac{PD}{2t} = \dfrac{10 \times (20 - 2 \times 0.54)}{2 \times 0.54} = 175.19 \text{kg/cm}^2$

15 BLEVE를 설명하시오.

해답 가연성 액체의 저장 탱크 주위에 화재가 발생한 경우 탱크 기상부분의 과열에 의해 점차 액의 온도가 상승하고, 탱크 압력이 상승하여 기계적 강도가 현저히 저하되어 결국 파괴되고 내용물이 급속히 증발되어 점화원에 의해 화구 형태로 폭발하는 현상이다.

참고 비등액체 팽창 증기폭발(BLEVE = Boiling Liquid Expanding Vapor Explosion)
1) 정의
가연성 액체의 저장 탱크 주위에 화재가 발생한 경우 탱크 기상부분의 과열에 의해 점차 액의 온도가 상승하고, 탱크 압력이 상승하여 기계적 강도가 현저히 저하되어 결국 파괴되고 내용물이 급속히 증발되어 점화원에 의해 화구 형태로 폭발하는 현상이다.
2) 특징
㉠ 밀폐형으로 가스 누출 시 점화원에 의한 폭발이다.
㉡ 폭굉에 의한 복사열 및 폭풍압에 의한 피해가 크다.
3) 대책
㉠ 단열조치
㉡ 저장 탱크의 지하 설치
㉢ 냉각 살수 장치
㉣ 누출 시 체류 방지
㉤ 긴급이송조치

CHAPTER 02

가스산업기사 작업형(동영상)

[2014~2021]

■ ■ ■ Engineer Gas / Industrial Engineer Gas

가스산업기사 작업형 기출문제

01 다음은 액화산소 저장시설이다. 지시하는 기화기와 관련하여 물음에 답하시오.(단, 물로써 내압시험하지 않는다.)

1) 내압시험압력은 얼마인가?
2) 내압시험용 가스 종류는?

➕해답 1) 상용압력의 1.25배
2) 질소, 공기, 탄산가스 등

02 다음 LPG 충전시설에 표시된 부분의 명칭과 용도를 쓰시오.

➕해답 1) 명칭 : 살수장치
2) 용도 : 탱크의 이상온도 상승 방지장치

03 다음은 CNG 충전소 저장탱크 상·하부에 설치된 기기와 배관이다. 표시된 부분의 명칭을 쓰시오.

➕해답 ① 가스 방출관
② 스프링식 안전밸브
③ 드레인 밸브

04 다음은 도시가스 정압기실이다. 정압기실에 설치하여야 할 안전감시장치를 2가지 이상 쓰시오.

➕해답 ① 이상압력 경보장치(설비)
② 가스 누출검지 통보설비
③ 출입문 개폐 통보장치
④ 긴급차단장치
⑤ 릴리프 밸브

05 동영상은 지하배관 설치이다. ①, ②의 명칭을 쓰시오.

➕해답 ① 절연 조인트
② 밸브 스핀들

06 다음은 도시가스 배관에 전기방식을 위하여 전류를 공급하는 시설을 보여주고 있다. 이 전기방식의 종류는?

➕해답 외부 전원법

07 다음은 아세틸렌 용기 저장소이다. 아세틸렌 발생 반응식을 쓰시오.

➕해답 반응식 : $CaC_2 + 2H_2O \rightarrow Ca(OH)_2 + C_2H_2$

08 다음 동영상에서 실내에 설치된 기화기의 액체로 열교환되어 밖으로 유출되는 것을 방지하는 기기의 명칭과 유출 시 나타나는 현상을 2가지 이상 쓰시오.

➕해답 1) 액유출방지장치

2) 유출 시 현상
 • 가연성 가스의 인화 및 폭발의 위험
 • 산소 부족에 의한 질식위험
 • 저온에 의한 동상
 • 설비 부식 및 환경오염 등

09 동영상에서 보이는 LPG 저장소 시설에서 저장탱크 배관에 설치한 긴급 차단장치는 저장탱크로부터 조작스위치까지 얼마 이상 떨어져 설치하는가?

➕해답 5m 이상

10 동영상은 도시가스(NG)를 사용하는 연소기구의 설치상태이다. 표시된 ①과 ②의 부적합 사항을 각각 지적하시오.

➕해답 ① 가스계량기와 화기는 2m 이상 유지한다.
② 도시가스는 가벼우므로 가스검지기는 천장에서 30cm 이내에 설치한다.

11 다음에 보여주는 고정식 압축도시가스(CNG) 자동차 충전시설에 대한 물음에 답하시오.

1) 충전설비와 고압전선까지의 수평거리는?
2) 충전설비와 화기와의 우회거리는?

➕해답 1) 수평거리 : 5m 이상
2) 우회거리 : 8m 이상

01 동영상에서 보이는 도시가스 사용시설의 가스용품 몸통에 있는 'Ⓕ 1.2' 표시를 설명하시오.

➕해답 도시가스 공급능력 유량이 1.2m³/hr이다.

02 동영상은 공기액화 분리장치이다. 액화산소 5L 중 공기액화 분리장치의 운전을 중지하고 방출하는 기준 2가지를 쓰시오.

➕해답 1) 아세틸렌 질량이 5mg 넘을 때
　　　2) 탄화수소의 탄소 질량이 500mg을 넘을 때

03 동영상에서 보여주는 지하 도시가스 매설배관작업에서 저압과 고압 배관의 색상을 다르게 시공하는 이유를 답하시오.

➕해답 저압관과 고압관을 구분함으로써 굴착공사 및 타공사로부터의 파손을 방지하고 안전관리를 하기 위함

04 다음 동영상 용기 보관장소를 보고 잘못된 점과 주황색 용기에 충전하는 가스는 무엇인지 쓰시오.

+해답 1) 잘못된 점
　　　• 산소와 가연성 가스를 한 곳에 보관하고 있음
　　　• 넘어짐 등으로 밸브 등 손상 방지조치를 하지
　　　　않았음
　　　• 직사광선 및 햇빛에 노출됨
　　2) 주황색 용기 : 수소가스

05 동영상에서 보여주는 것은 LPG 보관소의 한 부
분이다. 표시 부분의 명칭과 설치 위치를 쓰시오.

+해답 1) 명칭 : 가스 누설 검지기
　　2) 설치 위치 : 바닥으로부터 30cm 이하

06 액체 염소용기에 염소가스를 충전하고 있다.
염소 충전용기를 차량에 적재 운반할 때 함께 차량
에 적재 운반하지 못하는 가스 3가지를 쓰시오.

+해답 1) 아세틸렌
　　2) 암모니아
　　3) 수소

07 도시가스 배관을 지하매설하고 있다. 매설 깊
이를 지면과의 거리로 할 때 다음 물음에 답하시오.
1) 도로 폭이 8m 이상인 도로의 경우
2) 도로 폭이 4m 이상 8m 이하인 도로의 경우
3) 그 밖의 배관은?
4) 공동주택단지 내의 배관 깊이는?

+해답 1) 1.2m 이상　　　2) 1m 이상
　　3) 0.8m 이상　　　4) 0.6m 이상

08 다음에서 보여주는 LPG 보관소의 방호벽이
다. 후강판일 경우 두께를 쓰시오.

+해답 6mm 이상

09 다음은 전기방식공사이다. 화면에 보이는 전기방식의 종류는?

➕해답 ▶ 희생양극법

10 다음과 같은 PE관의 접합 방법 2가지와 주요 공정 3가지를 기술하시오.

➕해답 ▶ 1) 접합 방법
　　　　• 열 융착
　　　　• 전기 융착

　　　　2) 주요 공정
　　　　• 가열
　　　　• 압착
　　　　• 냉각

11 동영상은 도시가스가 흐르는 가스배관이다. 이 가스배관에 표시할 사항 3가지와 이 가스배관에 흐르는 도시가스상 압력 구분을 쓰시오.

➕해답 ▶ 1) 표시사항
　　　　• 가스 흐름방향
　　　　• 최고사용압력
　　　　• 사용 가스명

　　　　2) 압력 구분 : 저압관(2.45kPa)

01 다음은 전위측정용 터미널(T/B)이다. 물음에 답하시오.

1) 희생양극법에 의한 터미널(T/B)의 설치는 몇 m 간격으로 설치하는가?
2) 강제배류법에 의한 터미널(T/B)의 설치는 몇 m 간격으로 설치하는가?

➕해답 1) 300m   2) 300m

02 다음은 도시가스 설치 배관이다. 물음에 답하시오.

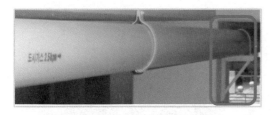

1) 150mm 배관의 길이가 2,000m일 경우 고정장치는 몇 개를 설치하는가?
2) 고정장치(표시 부분)의 명칭은?

➕해답 1) 200개(150mm 관은 10m마다 공정하므로 2,000/10＝200개)
     2) 명칭 : 브래킷(Bracket)

03 다음 초저온 용기 내부에 사용하는 보냉재의 종류를 3가지 이상 쓰시오.

➕해답 • 경질폴리우레탄폼
     • 폴리염화비닐폼
     • 펄라이트
     • 글라스울

04 동영상은 도시가스를 공급받고 있는 아파트를 보여주고 있다. 가스계량기와 전기계량기와의 이격거리는 몇 cm 이상으로 하는가?

➕해답 60cm

05 다음은 도시가스 매설배관의 밸브 박스이다. 밸브 박스 설치규정을 2가지 이상 쓰시오.

➕해답 1) 조작이 충분한 내부 공간을 확보할 것
2) 밸브박스 뚜껑 문은 충분한 강도와 신속히 개폐할 수 있는 구조일 것
3) 밸브박스는 물이 고이지 않는 구조일 것
4) 밸브는 부식 방지 도장을 할 것

06 다음은 CNG 충전소의 가스 충전구이다. 충전구 부근에 표시할 사항 2가지를 쓰시오.

➕해답 1) 충전하는 연료의 종류(압축천연가스, CNG)
2) 충전 유효기간
3) 최고 충전압력

07 다음은 천연가스 기화설비 전경이다. 물음에 답하시오.

1) 주로 해수를 이용하는 기화장치 명칭은?
2) 이 설비의 장점과 단점은?
3) 이 설비의 사용 가능한 조건은?

➕해답 1) 오픈 랙(open rack) 기화기
2) 장점 : 경제적이며 보수가 용이하다.
   단점 : 동절기 결빙 시 사용이 불가능하다.
3) 대량해수의 취수가 용이한 바닷가 주변
   (해상 수입기지에서 이용함)

08 다음 동영상에서 보여주는 경계책의 설치기준 높이는?

➕해답 바닥에서 1.5m 이상

09 다음 동영상에서 보여주는 습식 가스미터의 용도 2가지를 쓰시오

+해답 실험실용, 연구실용

10 바닥면 둘레가 55m일 때 가스누설 경보기의 설치 개수는 몇 개인가?

+해답 3개(55m÷20m/개=2.75=3개)

11 다음은 LP가스 탱크 하부의 밸브이다. 이 밸브의 명칭과 역할을 기술하시오.

+해답 1) 명칭 : 드레인 밸브
2) 역할 : 탱크 수리 및 청소 시 불순물을 하부로 배출하기 위한 밸브

01 다음 초저온용기에서 지시하는 ①, ②의 명칭을 쓰시오.

●해답 ① : 스프링식 안전밸브 또는 파열판식 안전밸브
② : 케이싱 파열판

02 다음은 CNG를 압축하는 압축기이다. 주로 사용하는 압축기의 형식과 다단압축의 목적, 압축비 증가 시 단점을 2가지 쓰시오.

●해답 1) 왕복동식 다단압축기

2) 다단압축 목적
 • 일량이 절약된다.
 • 가스의 온도 상승을 피한다.
 • 힘의 평형이 양호하다.
 • 이용효율이 증대된다.

3) 압축비 증가 시 단점
 • 소요동력이 증대된다.
 • 체적효율 감소한다.
 • 실린더 내 온도가 상승한다.
 • 윤활유 기능이 저하된다.

03 다음은 LPG 충전소이다. 표시 부분의 명칭과 높이를 쓰시오.

●해답 1) 명칭 : 충전기 보호대
2) 높이 : 45cm 이상

04 다음은 도시가스 정압기실에 설치된 가스검지기이다. 가스누출 경보기의 검지부 설치 개수 기준은?

●해답 바닥면 둘레 20m에 대하여 1개 이상 설치

05 다음은 도시가스의 SSV이다. 상용압력이 1MPa 일 때 주정압기의 긴급차단밸브(SSV)의 작동압력은?

➕해답 1×1.2=1.2MPa

06 동영상은 도시가스 RTU box 내부이다. 표시 된 ①, ②, ③의 명칭과 용도를 쓰시오.

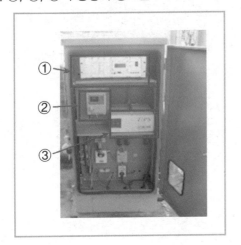

➕해답 1) 명칭
　　　①：모뎀
　　　②：가스누설경보장치
　　　③：UPS 또는 무정전 전원 공급장치
　　2) 용도
　　　정압기실 내의 온도, 압력, 유량 등을 이상 상태 감시와 가스 누설 경보기능 및 출입구 개폐 등을 감시하는 기능을 한다.

07 다음은 공동주택의 도시가스 공급시설을 보여주고 있다. 이 시설의 명칭과 세대수별 설치기준을 2가지 쓰시오.

➕해답 1) 명칭 : 압력조정기
　　2) 세대별 기준
　　　• 가스 압력이 중압인 경우 : 150세대 미만
　　　• 가스 압력이 저압인 경우 : 250세대 미만

08 다음 동영상은 중압 배관을 지하에 매설하는 장면이다.
1) 도로폭이 12m일 때 매설깊이는?
2) 도로폭이 5m일 때 매설깊이는?

➕해답 1) 1.2m 이상
　　2) 1m 이상

09 동영상에서 보여주는 탱크를 내압시험을 실시할 때 물로서 내압시험을 할 수 없는 비수조식으로 내압시험을 실시하고자 한다. 그때의 시험유체는 무엇이며, 그때의 압력은 상용압력의 몇 배인가?

+해답 1) 시험유체명 : 질소, 공기, 탄산가스 등
2) 압력 : 상용압력의 1.5배 이상

10 다음은 정압기실 내부의 한 부분이다. 표시 부분의 명칭을 쓰시오.

+해답 ① 필터(여과기)
② 압력조정기
③ 압력경보장치

11 다음은 가스 충전장치이다. 이 장치의 명칭과 충전하는 가스명을 쓰시오.

+해답 1) 장치명 : 회전식 LPG 충전기
2) 충전 가스 : 프로판(C_3H_8), 부탄(C_4H_{10})

01 다음 (　)에 알맞은 숫자를 쓰시오.

> 액화가스가 저장된 저장시설에 설치된 방류둑 성토
> 의 기울기는 수평에 대하여 (①) 이하로 하며, 성토
> 윗부분의 폭은 (②) 이상으로 한다.

➕**해답** 1) 45°
　　　　2) 30cm

02 동영상과 같이 LPG가 누설되어 가연성 액체
저장탱크 주변에서 화재가 발생하여 사고가 발생
하였을 때, 사업자가 가스안전공사에 보고서에 기
재하여야 할 사항 4가지를 쓰시오.

➕**해답** 1) 가스사고의 발생 일시
　　　　2) 가스사고 발생 장소
　　　　3) 가스사고 발생 내용과 현황
　　　　4) 물적 및 인적 피해상황
　　　　5) 통보자의 성명과 연락처

03 동영상에서 보여주는 전기기기의 Ex e ⅡT3
기호의 뜻을 쓰시오.

➕**해답** 1) Ex : 방폭형 전기기기임을 의미
　　　　2) e : 안전증가 방폭구조를 표시
　　　　3) Ⅱ : 사용장소가 가스 분위기임을 의미(분진 및
　　　　　　 탄진 따위일 경우는 Ⅰ로 표기함)
　　　　4) T3 : 외피 표면의 온도상승 한도를 표시

04 동영상에서 보여주는 방폭구조의 명칭과 기
호를 쓰시오.

> 용기 내부에 보호가스를 압입하여 내부압력을 유
> 지함으로써 가연성 가스가 용기 내부로 유입되지
> 않도록 한 구조이다.

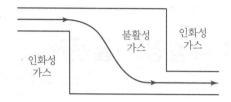

➕해답 1) 명칭 : 압력방폭구조
2) 기호 : P

05 다음의 도시가스 누설검사를 하고 있다. 도시가스 검지기 경보 농도를 쓰시오.

➕해답 1.25% 이하

06 다음 사진은 LPG 강제기화장치이다. 이 기화장치를 사용할 때의 장점을 3가지 이상 쓰시오.

➕해답 • 가스 종류에 관계 없이 한랭 시에도 충분히 기화한다.
• 공급가스 조성이 일정하다.
• 설비비 및 인건비를 절감할 수 있다.
• 기화량을 가감할 수 있다.

07 다음 액화석유가스 사용설비이다. 다음 물음에 답하시오.

1) 사용시설의 내압시험 압력은?
2) 사용시설의 기밀시험 압력은?
3) 내용적이 10L 이하 시설에서 기밀시험 유지시간은?

➕해답 1) 상용압력의 1.5배
2) 상용압력 이상
3) 5분 이상

08 다음 부속품의 몸통에 표시한 F1.2 기능을 설명하시오.

➕해답 F1.2 : 퓨즈 콕으로, 과류차단장치의 기능이 작동하는 가스(유)량이 1.2m³/hr이다.

09 다음에서 보여주는 장치의 표시 부분 명칭과 역할을 쓰시오.

➕해답 • 명칭 : 역화 방지기
　　　 • 역할 : 불꽃의 역화를 방지하기 위해

10 다음은 지하저장탱크 철근콘크리트 작업공정이다. 철근콘크리트의 상부 슬래브 두께는 몇 cm 이상으로 해야 하는가?

➕해답 30cm

11 다음 동영상은 도시가스배관 매설작업이다. 사용하는 가스용 폴리에틸렌관(PE)이 SDR 11일 경우 사용 가능한 가스 압력은?

➕해답 0.4MPa 이하

가스산업기사 작업형 기출문제

01 다음 저장탱크의 특징과 저장탱크의 내진설계 용량기준을 쓰시오.

➕해답 1) 구형 저장탱크 특징
- 내압 및 기밀성이 우수하다.
- 기초구조가 단순하며 공사가 용이하다.
- 동일 용량의 가스 또는 액체를 동일압력 및 재료하에서 저장하는 경우 구형 구조는 표면적이 작고 강도가 높다.
- 고압저장탱크로서 건설비가 싸고 형태가 아름답다.

 2) 내진설계 용량 : 3톤

02 다음은 LP가스를 압축기로 이송시키는 압축기이다. 이 압축기 형식과 압축기 이송 시 장점과 단점을 2가지씩 쓰시오.

➕해답 1) 왕복동식 압축기

 2) 장점
- 충전시간이 짧다.
- 잔가스 회수가 용이하다.
- 베이퍼록의 우려가 없다.

 3) 단점
- 재액화 우려가 있다.
- 드레인의 우려가 있다.

03 다음은 공기액화분리장치의 터보압축기이다. 이 압축기의 구성요소 3가지와 특징 3가지를 쓰시오.

➕해답 1) 구성
- 디퓨저
- 가이드 벤인
- 임펠러

 2) 특징
- 원심형 무급유식이다.
- 맥동이 없고 연속적인 송출이 가능하다.
- 고속회전이므로 형태가 작고 경량이다.
- 대용량에 적합하다.
- 기초 설치면적이 작다.
- 일반적인 효율이 낮다.

04 동영상은 LP가스가 점화원에 의해 화구 형태로 폭발되고 있는 블레비(Bleve, 액체비등 증기폭발)를 형성하고 있는 장면이다. 이러한 현상을 방지하기 위하여 평소 철저한 위험성을 평가를 실시하여야 한다. 공정 위험성 평가 중 정성적 분석방법과 정량적 분석방법을 2가지씩 쓰시오.

➕해답 1) 정성적 분석
 • 체크리스트
 • HAZOP(위험과 운전분석)
 • HEA(작업자 실수분석)

2) 정량적 분석
 • FTA(결함수분석)
 • ETA(사건수분석)
 • CCA(원인결과분석)

05 다음의 가스배관의 호칭 지름이 300A인 도시가스 배관을 교량에 설치할 때 물음에 답하시오.

1) 주로 사용하는 배관재료는?
2) 공정장치 설치간격은 몇 m마다 하는가?
3) 지지대, U볼트 등의 고정장치와 배관 사이에 조치하여야 할 사항은?

➕해답 1) 강관 또는 강재
 2) 16m
 3) 플라스틱 또는 고무판 등을 이용 절연조치한다.

06 다음 다기능 가스 안전계량기의 구조에 대한 ( )에 알맞은 용어를 쓰시오.

1) 계량기의 차단밸브가 작동한 후에는 ( )을(를) 하지 않는 한 열리지 않는 구조이어야 한다.
2) 사용자가 쉽게 조작할 수 없는 ( )이(가) 있는 것으로 한다.

➕해답 1) 복원 조작
 2) 테스트 차단기능

07 다음 괄호에 알맞은 숫자를 쓰시오.

> 1) 방열판이 설치되지 않은 배기통 톱의 전방, 측변, 상하 주위 ( )cm 가연물이 없어야 한다.
> 2) 배기통 톱 개구부로부터 ( )cm 이내에 배기가스가 실내로 유입할 우려가 있는 개구부가 없어야 한다.

➕해답 1) 60cm
　　　 2) 60cm

08 동영상에서 보여주는 LPG 이송펌프의 토출측에 설치된 밸브의 명칭을 쓰시오.

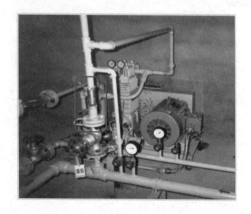

➕해답 안전 밸브

09 다음 조명기구의 'e' 표시 의미를 쓰시오.

➕해답 안전증 방폭구조(0종 위험장소)

10 다음은 LPG 이송펌프이다. 메커니컬실 방법 중 밸런스실의 사용 용도를 2가지 이상 쓰시오.

➕해답 • 내압이 0.4~0.5MPa 이상일 때
　　　 • LPG 액화가스와 같이 저비점 액체일 때
　　　 • 하이드로 카본일 때

11 다음 동영상에서 보여주는 액화천연가스(LNG)의 저장설비와 처리설비는 그 외면으로부터 사업소 경계까지 유지할 안전거리를 〈보기〉의 식으로 계산한다. 계산식에서 W의 기호를 설명하시오.

〈보기〉
$$L = C \times \sqrt[3]{143,000 W}$$

✚해답 저장탱크는 저장능력의 제곱근, 그 밖의 것은 그 시설 안의 액화천연가스의 질량

01 동영상에서 보여주고 있는 소형 저장탱크의 표시 부분의 명칭을 쓰시오.

➕해답 스프링식 안전밸브

02 동영상에서 25인치 가스배관 용접을 보여주고 있다. 용접 방법을 쓰시오.

➕해답 티그(TIG) 용접 또는 알곤 용접

03 다음은 원심펌프에서 발생할 수 있는 이상 현상 4가지를 쓰시오.

➕해답 • 캐비테이션(cavitation) 현상
• 수격(water hammer) 현상
• 베이퍼록(vapor lock) 현상
• 서징(surging) 현상

04 다음은 가스크로마토그래피(GC)의 가스검출기 종류 2가지를 쓰시오.

➕해답 • 열전도도 검출기(TCD)
• 수소이온화 검출기(FID)
• 전자포획형 검출기(ECD)
• 염광광도 검출기(FPD)
• 알칼리 이온화 검출기(FTD)

05 다음은 도시가스 배관 용접작업이다. 용접 접합 시 발생할 수 있는 결함을 2가지 이상 쓰시오.

➕해답 1) 언더컷
  2) 오버랩
  3) 블로우 홀
  4) 슬래그 혼입

06 다음 가스미터의 명칭과 장점 2가지를 쓰시오.

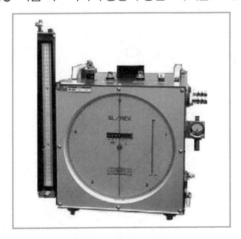

➕해답 1) 명칭 : 습식 가스미터

  2) 장점
    • 유량 측정이 정확하다.
    • 사용 중에 기차의 변동이 거의 없다.

07 화살표가 지시하는 아르곤 저장탱크에 설치된 액면계의 명칭은?

➕해답 햄프슨식 액면계(차압식 액면계)

08 다음에서 보여주는 클링커식 액면계의 상하부 밸브의 기능은?

➕해답 액면계 파손에 따른 가스 누출을 방지하기 위해 자동 또는 수동으로 설치는 스톱밸브

09 동영상은 고압가스 관련 설비이다. 이 시설의 명칭과 역할을 쓰시오.

➕해답 1) 벤트스택
2) 가연성 가스 또는 독성 가스의 설비에서 이상 상태가 발생할 경우 당해 설비의 내용물을 밖으로 안전하게 방출하는 설비

10 다음은 CNG 충전소의 기계실이다. 기계장치의 명칭을 쓰시오.

➕해답 액면표시장치(플로트식 액면계)

11 다음 동영상에서 고압가스 충전 용기를 차량에 적재 운반하고 있다. 산소 충전용기와 가연성 가스 충전용기를 적재 운반할 때의 주의사항을 쓰시오.

➕해답 산소 충전용기와 가연성 가스 충전용기의 밸브가 서로 마주보지 않도록 한다.

2016년
2회

가스산업기사 작업형 기출문제

01 다음은 도시가스 배관 지름이 30mm, 관 길이가 500m이라면, 배관 지름이 150mm, 관 길이가 3,000m일 경우 배관 고정장치는 몇 개가 필요한가?

●해답 1) 30mm 관 고정장치＝500/2＝250개
2) 150mm 관 고정장치＝3,000/10＝300개
3) 총 필요 고정장치 수＝(250＋300)＝550개

02 가스 배관을 보여주는 다음 동영상과 관련하여 ( )에 알맞은 내용을 쓰시오.

(①) 시험에 합격된 배관을 통과하는 가스를 시험가스로 사용할 때 가스 농도가 (②) 이하에서 작동하는 검지기를 사용한다.

●해답 ① 방사선투과시험
② 0.2% 이하

03 다음은 매몰형 폴리에틸렌(PE)관 밸브이다. 물음에 답하시오.

1) 개폐용 밸브 열림 표시사항은?
2) 밸브에 표시하여야 할 사항 2가지를 쓰시오.

●해답 1) 시계바늘 반대방향

2) 밸브 표시사항
① 제조자명 또는 약호
② 최고 사용압력 및 호칭지름
③ 제조연월 또는 로트번호
④ 개폐방향

04 다음은 가스 보일러의 파일럿 버너 또는 메인 버너의 불꽃이 꺼지는 경우 연소기구 사용 중에 가스공급이 중단 또는 불꽃 검지부에 고장이 생겼을 때 가스 유출하는 것을 방지하는 안전장치와 방식을 쓰시오.

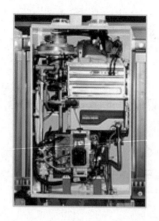

➕해답 1) 소화 안전장치
2) 열전대 방식, UV셀 방식

05 다음은 충전소 내에 긴급 사태 발생 시 사업소 전체에 신속히 전파할 수 있는 통신시설 3가지를 쓰시오.

➕해답 • 구내방송 설비
• 사이렌
• 휴대용 확성기
• 페이징 설비
• 메가폰

06 다음은 가스 보관소에서 화재 등으로 내부압력이 상승하여 결국 용기가 파괴되어 과포화액이 누출되면 주위의 열을 흡수하는 동시에 증기운을 형성하고 점화원에 의해 폭발하는 현상을 보여주고 있다. 이런 형태의 폭발의 명칭을 쓰시오.

➕해답 UVCE(개방형 증기운 폭발)

07 다음은 휴대용 산소 농도 측정기이다. 구성 3요소와 작업자가 작업할 수 있는 농도를 각각 쓰시오.

➕해답 1) 구성요소 : 검지부, 측정부, 경보부, 조절부
2) 농도 : 18% 이상, 22% 이하

08 동영상에서 보여주는 LPG 이송펌프의 토출측에 설치된 밸브의 명칭을 쓰시오.

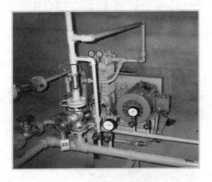

➕해답 안전 밸브

09 다음 가스 발생 공급 설비의 한 부분이다. 표시된 ①, ②, ③의 명칭을 쓰시오.

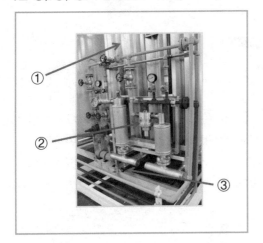

➕해답 ① 대기식 기화기
② 릴리프 밸브
③ 드레인 밸브

10 다음 동영상이 보여주는 표시 부분 기기의 명칭을 쓰시오.

➕해답 자동절체식 조정기

11 다음 동영상의 LPG 충전사업소에 설치된 저장탱크의 저장능력이 100톤일 경우 저장탱크 외면에서 유지하여야 할 안전거리는?

➕해답 36m 이상

01 동영상은 공동주택 등에서 사용하는 공급
시설 중 저압일 때 압력조정기를 설치한 경우이
다. 이 가스 공급 세대수를 쓰시오.

➕해답 250세대

02 다음은 탱크로리 경우 탱크 내부의 액면요동
을 방지하기 위해 설치하는 명칭과 두께를 쓰시오.

➕해답 1) 명칭 : 방파판
2) 두께 : 3.2mm 이상

03 동영상은 가스저장탱크이다. 탱크에 저장된
가스의 주성분과 비점을 각각 쓰시오.

➕해답 1) 주성분 : 메탄(CH_4)
2) 비점 : $-161.4℃$

04 다음은 CNG 충전소이다. 자동차 충전설비에
서 충전설비와 고압전선(교류 600V 초과, 직류
750V 초과인 경우)까지의 수평거리, 화기와의 우
회거리를 각각 쓰시오.

➕해답 1) 수평거리 : 5m 이상
2) 우회거리 : 8m 이상

05 동영상에서 보여주는 것은 도시가스 지하 정압기실이다. 화살표가 지시하는 설비의 명칭을 영문 약자로 쓰시오.

➕해답 SSV(가스차단장치)

06 다음은 도시가스 설치 배관이다. 물음에 답하시오.

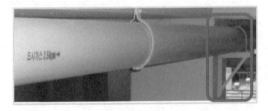

1) 150mm 배관의 길이가 2,000m일 경우 고정장치는 몇 개를 설치하는가?
2) 고정장치(표시 부분)의 명칭은?

➕해답 1) 200개(150mm 관은 10m마다 고정하므로 2,000/10＝200개)
　　　 2) 명칭 : 브래킷(Bracket)

07 다음 부속품의 명칭과 배관의 표시 간격 및 역할을 쓰시오.

➕해답 1) 명칭 : 라인 마크
　　　 2) 간격 : 배관 50m마다 1개 이상
　　　 3) 역할 : 지면에서 배관의 매설 위치를 확인하기 위한 표시이다.

08 다음에 보여주는 버스차량 압력용기의 가스명과 장점 2가지만 쓰시오.

➕해답 1) 압축천연가스(CNG ; Compressed Natural Gas)
　　　 2) 장점
　　　　 • 열효율이 높다.
　　　　 • 이산화탄소 배출량이 적다.
　　　　 • 연소상태가 안정적이다.
　　　　 • 기체상태로 엔진에 분사한다.

09 다음은 지하에 설치한 저장탱크 상부 배관에 표시된 기기의 명칭을 쓰시오.

★해답 ① 압력계
② 디지털 액면표시장치
③ 슬립튜브식 액면계
④ 온도계

10 다음은 전위 측정용 터미널 박스(테스트 박스, TB)이다. 희생양극법, 배류법일 때 몇 m마다 설치하는가?

★해답 300m(외부 전원법 : 500m마다)

가스산업기사 작업형 기출문제

01 다음은 에어졸 용기 제조공정이다. 에어졸 용기의 온수시험 범위와 내용적을 쓰시오.

➕해답 1) 온수 범위
46~50℃ 미만

2) 내용적
1l 미만(재사용 금기 내용적 : 30cm³ 이상, 용기에 기입사항은 제조자 명칭, 기호 명시)

02 다음은 이음매 없는 용기의 제조시설이다. 이음매 없는 용기 제조시설에서 갖추어야 할 설비 종류 2가지만 쓰시오.

➕해답 • 단조설비 및 성형설비
• 아래 부분 접합설비
• 세척설비 및 용기 내부 건조설비
• 쇼트블라스팅 및 도장설비
• 자동밸브 탈착기

03 동영상은 도시가스 배관공사의 한 장면이다. 다음 물음에 답하시오.

1) 명칭은?
2) 목적은?
3) 배관의 정상부로부터 이격거리는?
4) 색상의 의미는?

➕해답 1) 배관 보호포
2) 굴착공사 등으로부터 배관을 보호하기 위함
3) 60cm 이상
4) 적색 : 최고사용압력이 중압인 배관에 사용
황색 : 최고사용압력이 저압인 배관에 사용

04 다음 지하 매설배관에 시공하는 것의 명칭과 두께 2가지로 기술하시오.

➕해답 1) 명칭 : 보호판
    2) • 저압 및 중압배관 : 4mm 이상
       • 고압배관 : 6mm 이상

05 다음은 도시가스 배관에 전기방식을 위하여 전류를 공급하는 시설을 보여주고 있다. 이 전기방식 종류는?

➕해답 외부 전원법

06 다음에서 보여주는 용기는 이음매가 없는 용기이다. 이 이음매 없는 용기 제조법 3가지는?

➕해답 • 만네스만식
    • 에르하르트식
    • 딥 드로잉식

07 다음은 보이는 것은 지상 노출배관은 차량충돌 등의 위험이 있어 방호조치가 필요하다. 다음 물음에 답하시오.
1) 명칭은?
2) 두께는?
3) 설치높이는?

➕해답 1) 방호 철판
    2) 4mm 이상
    3) 1m 이상

08 다음은 도시가스 사용시설 배관이다. 배관 표시 사항 3가지와 황색 2줄의 표시 의미를 쓰시오.

➕해답 1) 표시사항
　　　① 사용가스명
　　　② 최고사용압력
　　　③ 가스 흐름 방향

　　 2) 황색 2줄의 의미
　　　가스공급배관

09 다음은 배관에 의한 가스 공급이다. 다음 물음에 답하시오.

1) 배관 지름이 20mm일 경우 배관 고정 간격은?
2) 계량기를 격납상자에 설치한 경우 설치 위치는?

➕해답 1) 2m마다
　　 2) 설치 위치는 관계없다.

10 다음은 CNG를 압축하는 압축기이다. 주로 사용하는 압축기의 형식과 다단압축의 목적, 압축비 증가 시 단점을 2가지씩 쓰시오.

➕해답 1) 왕복동식 다단압축기

　　 2) 목적
　　　• 일량이 절약된다.
　　　• 가스의 온도 상승을 피한다.
　　　• 힘의 평형이 양호하다.
　　　• 이용효율이 증대된다.

　　 3) 단점
　　　• 소요동력이 증대된다.
　　　• 체적효율이 감소한다.
　　　• 실린더 내 온도가 상승한다.
　　　• 윤활유 기능이 저하된다.

01 다음은 산소가스를 충전하는 장면이다. 산소 충전작업 시 미리 밸브와 용기 내부에 제거하여야 할 물질을 2가지 이상 쓰시오.

+해답
• 석유류
• 유지류
• 물

02 다음에서 보여주는 LPG 탱크에 표시한 ①, ②의 명칭을 쓰시오.

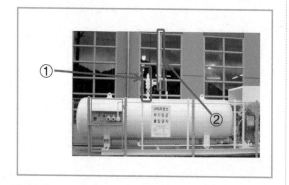

+해답 ① : 안전 밸브
② : 가스 방출관

03 다음은 용기제조 검사설비이다. 강으로 제조한 이음매 없는 용기의 신규 검사항목을 4가지 이상 쓰시오.

+해답
• 내압시험
• 기밀시험
• 압궤시험
• 인장시험
• 외관검사

04 다음은 배관 매설작업의 한 부분이다. 배관 위 전선의 명칭, 설치하는 이유를 기술하시오.

+해답 1) 명칭 : 로케팅 와이어(Locating Wire)
2) 이유 : 지하 매설 배관인 PE관 위치 확인과 배관 보호 및 유지 관리를 위해 설치한다.

05 다음 배관 매설작업의 배관 색상의 구분과 도시가스 배관재료 2가지를 쓰시오.

해답 1) 색상 구분
① 적색 배관 : 최고 사용압력이 중압 이상에 사용
② 황색 배관 : 최고 사용압력이 저압에 사용

2) 배관 재료
① 가스용 폴리에틸렌관(PE관)
② 폴리에틸렌 피복강관(PLP관)

06 다음은 천연가스 기화설비 전경이다. 물음에 답하시오.

1) 주로 해수를 이용하는 기화장치의 명칭은?
2) 이 설비의 장점과 단점은?
3) 이 설비의 사용 가능한 조건은?

해답 1) 오픈 랙(open rack) 기화기
2) 장점 : 경제적이며 보수가 용이하다.
단점 : 동절기 결빙 시 사용이 불가하다.
3) 대량해수의 취수가 용이한 바닷가 주변
(해상 수입기지에서 이용함)

07 다음은 CNG 충전소이다. 자동차 충전설비에서 충전설비와 고압전선(교류 600V 초과, 직류 750V 초과인 경우)까지의 수평거리와 화기와의 우회거리를 각각 쓰시오.

해답 1) 수평거리 : 5m 이상
2) 우회거리 : 8m 이상

08 LP가스 탱크의 폭발현상으로 탱크 기상부의 과열로 액의 온도와 탱크압력 상승으로 기계적 강도가 현저히 저하되고 내용물이 급속한 증발로 점화원에 의해 화구(Fire ball) 형태로 폭발하고 있다. 물음에 답하시오.

1) 이런 형태의 폭발 명칭을 쓰시오.
2) 폭발사고 시 한국가스안전공사에 제출할 보고서의 기재사항을 쓰시오.

해답 1) BLEVE(비등액체 팽창 증기폭발)

2) 보고서 기재사항
• 사고 발생 일시
• 사고 발생 장소
• 사고내용
• 시설현황
• 피해현황(인명 및 재산)
• 통보자 소속, 지위, 성명 및 연락처

09 다음은 전위측정용 터미널(T/B)이다. 다음에 답하시오.

1) 희생양극법에 의한 터미널(T/B)의 설치는 몇 m 간격으로 설치하는가?
2) 강제배류법에 의한 터미널(T/B)의 설치는 몇 m 간격으로 설치하는가?

+해답 1) 300m
2) 300m

10 다음은 액화천연가스 이동 충전 차량이다. 물음에 답하시오.

1) 차량에 고정된 탱크는 저장탱크의 외면으로부터 몇 m 이상 떨어져 정차하는가?
2) 충전소 안 주정차 또는 충전작업을 하는 이동충전차량의 설치 대수는 몇 대 이하로 하는가?

+해답 1) 3m 이상
2) 3대

01 다음은 공동주택의 도시가스 공급시설이다. 이 시설의 명칭과 세대수별 설치기준 2가지를 쓰시오.

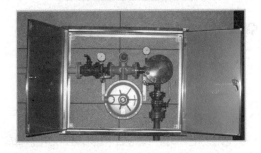

➕해답 1) 명칭 : 압력조정기

2) 세대별 기준
  • 가스 압력이 중압인 경우 : 150세대 미만
  • 가스 압력이 저압인 경우 : 250세대 미만

02 다음은 저장탱크의 온도계와 압력계이다. 온도계는 몇 개월마다 1회 이상 표준 온도계로 비교 검사하는가?

➕해답 12개월에 1회

03 정압기실은 주로 지하에 매설하는 경우 있다. 정압기실을 지하 매설의 장점 2가지를 쓰시오.

➕해답 • 소음 발생이 적다.
  • 주변 경관에 영향이 적다.
  • 설치면적을 작게 차지한다.
  • 패키지 형태로 유지 관리가 편리하다.

04 다음은 LPG 충전소 설비 시공의 한 부분이다. 표시 부분 명칭을 쓰시오.

➕해답 긴급차단장치

05 다음에서 보여주는 용기는 가스를 충전하는 모습이다. 용기 몸통에 표시된 TP, FP, V, W의 기호가 뜻하는 바를 기술하시오.

➕해답 TP : 내압시험압력(MPa)
FP : 최고충전압력(MPa)
V : 내용적(L)
W : 밸브 부속품을 포함하지 아니한 용기의 질량(kg)

06 저장탱크의 침하상태 측정은 몇 년마다 하여야 하는가?

➕해답 1년에 1회

07 다음은 압축천연가스를 압축하는 다단압축기이다. 다단 압축의 목적 4가지를 쓰시오.

➕해답 • 이용효율의 증가
• 가스의 온도 상승을 낮출 수 있다.
• 일량이 절약된다.
• 힘의 평형이 좋아진다.

08 동영상은 고압가스 관련 설비이다. 이 탱크의 안전을 위하여 내부에 가스를 연소시켜 방출처리하는 명칭과 역할을 쓰시오.

➕해답 1) 플레어 스택
2) 설비에서 이상상태 및 기타 위험이 발생할 경우 당해 설비의 내용물을 일정한 곳에 보관한 후 대기와 연결된 배관을 통해 점화 연소시켜 안전하게 처리하는 설비

09 동영상에서 보여주는 부품의 명칭은?

➕해답 피그(Pig)

10 차량을 이용하여 도시가스 배관 노선상의 지표에서 고속 주행하며 도상 공기를 흡입하여 누설 여부를 검사하는 광학식 메탄가스의 검지 특성은?

➕해답 적외선 흡광 특성

11 다음은 용접부위에 대하여 비파괴검사를 하는 것이다. 비파괴검사의 종류 4가지를 쓰시오.

➕해답 • 방사선투과시험
• 침투탐상검사
• 초음파 탐상검사
• 자분탐상검사

01 다음은 용기에 가스를 충전하는 장면이다. 충전용기 밸브로 사용하는 안전밸브 또는 안전장치의 종류 3가지를 쓰시오.

◆해답▶ 1) 파열판식
2) 스프링식
3) 가용전식

02 다음은 도시가스 사용 시설의 방폭기기 설치 장면이다. 방폭기기에 표시된 'Ex d Ⅱ B T5'의 의미를 쓰시오.

◆해답▶ 1) Ex : 방폭구조(방법)
2) d : 내압방폭구조
3) Ⅱ B : 방폭전기기기의 폭발등급
4) T5 : 방폭기기의 온도등급(100℃ 초과 135℃ 이하)

03 가스 충전용기에 각인된 다음 기호의 의미를 쓰시오.

1) W

2) TP

◆해답▶ 1) 밸브 및 분리할 수 있는 부속품을 포함하지 않은 용기의 질량(단위 : kg)
2) 내압시험압력

04 다음 화면은 LPG 자동차 충전소의 폭발사고 모습이다. LPG가 누설되어 가연성 액체 저장탱크 주변에서 화재가 발생하여 기상부의 탱크가 국부적으로 가열되면 그 부분이 강도가 약해져 탱크가 파열된다. 이때 내부의 액화 가스가 급격히 유출 팽창되어 화구(Fire Ball)를 형성하여 폭발하는 형태를 무엇이라 하는지 영문자로 쓰시오.

+해답 BLEVE

+참고 BLEVE(Boiling Liquid Expanding Vapor Explosion, 비등 액체 팽창 증기 폭발) : 저장탱크 주위의 화재로 인해 기상부 탱크가 과열되어 액의 온도 상승과 탱크 압력 상승으로 기계적 강도가 현저히 저하되면, 내용물의 급속한 증발로 점화원에 의해 화구(Fire Ball) 형태로 폭발하며 연쇄 폭발로 이어진다.

05 다음은 도시가스 시설의 한 부분이다. 도시가스 배관에서 관지름이 30mm인 배관의 길이가 500m이고, 150mm인 배관의 길이가 3,000m일 때 배관 고정장치는 각각 몇 개를 설치하여야 하는가?

+해답 1) 관지름 30mm : 250개

$$\left(2\text{m마다 고정, } \frac{500}{2} = 250\text{개}\right)$$

2) 관지름 150mm : 300개

$$\left(10\text{m마다 고정, } \frac{3,000}{10} = 300\text{개}\right)$$

06 다음 화면에 보이는 가스도매사업의 1일 처리능력이 25만 m³인 압축기가 액화천연가스(LNG) 저장탱크 외면과 유지하여야 하는 거리는 얼마인가?

+해답 30m 이상

07 다음은 다기능 가스안전계량기이다. 다기능 가스안전계량기의 작동성능 4가지를 쓰시오.(단, 유량 계량 성능은 제외한다.)

+해답 1) 합계유량 차단 성능
2) 연속사용시간 차단 성능
3) 미소사용유량 등록 성능
4) 미소누출 검지 성능
5) 압력저하 차단 성능

08 차압식 유량계에 관한 다음 내용의 빈칸을 채우시오.

조리개 전후에 연결된 액주계의 압력 차를 이용하여 유량을 측정하는 차압식 유량계는 (　)의 원리를 응용한 것이다.

➕해답 베르누이 정리

09 다음은 도시가스를 공급하기 위해 정압기실에 설치하는 부대시설이다. 물음에 답하시오.

1) 명칭을 쓰시오.
2) 기능(역할) 2가지를 쓰시오.

➕해답 1) RTU(Remote Terminal Unit) Box 또는 정압기 원격 단말 장치
　　2) ① 정압기실 이상 압력·온도 및 가스누설 유무 등 운전상태를 감시
　　　② 가스누설 검지 경보 기능
　　　③ 정압기실 출입문 개폐 감시 기능

10 다음은 정압기실의 가스 방출구이다. 도시가스 정압기의 입구압력이 0.5MPa일 때 다음 물음에 답하시오.

1) 정압기 설계유량이 900Nm³/h일 때 안전밸브 방출관 크기는 얼마인가?
2) 상용압력이 2.5kPa인 경우 안전밸브 설정압력은 얼마인가?

➕해답 1) 50A 이상
　　2) 4.0kPa 이하

➕참고 1) 정압기 가스 방출구 크기 기준
　　　① 정압기 입구 측 압력이 0.5MPa 이상인 것은 50A 이상으로 한다.
　　　② 정압기 입구 측 압력이 0.5MPa 미만인 것은 설계유량이 1,000m³/h 이상인 것은 50A 이상, 설계유량이 1,000m³/h 미만인 것은 25A로 한다.
　　2) 안전밸브는 사용압력이 2.5kPa인 경우 4kPa 이하 그 밖의 경우 사용압력의 1.4배 이하이다.

01 다음 화면에서 보여주는 공업용 용기에 충전하는 가스의 명칭을 각각 쓰시오.

1)

2)

3)

4)

✚해답 1) 탄산가스
2) 수소
3) 아세틸렌
4) 산소

02 다음은 도시가스 사용 시설의 방폭기기가 설치된 장면이다. 방폭기기에 표시된 'Ex d Ⅱ B T5'의 의미를 쓰시오.

1) Ex

2) d

3) Ⅱ B

4) T5

✚해답 1) Ex : 방폭구조(방법)
2) d : 내압방폭 구조
3) Ⅱ B : 방폭전기기기의 폭발등급
4) T5 : 방폭기기의 온도등급(100℃ 초과 135℃ 이하)

03 다음 화면의 밀폐식 보일러를 사람이 생활하는 곳에 부득이 설치할 때 바닥면적이 5m²라면 통풍구 면적은 최소 몇 cm²인가?

➕해답 1,500cm² 이상

➕참고 통풍구 면적은 바닥면적 1m²당 300cm² 이상으로 한다.

04 다음은 LPG 자동차용 충전기(Dispenser) 충전호스 설치에 대한 설명이다. ( ) 안에 알맞은 숫자나 용어를 넣으시오.

1) 충전기의 충전호스 길이는 ( )m 이내로 한다.

2) 충전호스에 부착하는 가스 주입기는 ( )으로 한다.

➕해답 1) 5
2) 원터치형

05 도시가스 매설배관의 누설검사 차량에 탑재하여 누설검사에 사용되는 장비로, 우리나라 대부분의 도시가스 공급회사에서 시용하는 장비의 명칭을 쓰시오.

➕해답 수소불꽃이온화검출기(FID)

06 다음 화면은 도시가스 사용 시설의 배관시설이다. 물음에 답하시오.

1) 배관 이음부와 절연조치를 하지 않은 전선과의 유지거리는 얼마인가?

2) 가스계량기와 절연조치를 하지 않은 전선과의 유지거리는 얼마인가?

➕해답 1) 15cm 이상
2) 15cm 이상

07 다음 화면에 보이는 가스도매사업의 1일 처리능력이 25만m³인 압축기가 액화천연가스(LNG) 저장탱크 외면과 유지하여야 하는 거리는 얼마인가?

➕해답 30m 이상

08 다음은 도시가스 지하배관에 사용하는 PE관 접합 장면이다. 가스용 폴리에틸렌관의 열융착이음 종류를 2가지 쓰시오.

➕해답 1) 맞대기 융착이음
2) 새들 융착이음
3) 소켓 융착이음

09 다음은 압축 천연가스의 온도를 측정하는 장면이다. 측정온도 표시가 −161℃인 상태에서 액체 상태와 기체 상태로 공존하는 주성분 가스의 명칭을 쓰시오.

➕해답 메탄(CH_4)

10 다음은 천연가스 공급시설의 일부이다. 가스시설 방폭구조 중 방폭전기기기의 방폭구조 종류를 4가지 쓰시오.

➕해답 1) 내압방폭구조
2) 압력방폭구조
3) 유입방폭구조
4) 안전증방폭구조
5) 본질안전방폭구조
6) 특수방폭구조

가스산업기사 작업형 기출문제

01 액화석유가스의 저장설비, 가스설비, 용기보관실 등에 설치된 자연환기설비의 환기구에 대한 통풍구의 통풍능력 기준을 쓰시오.

➕해답 바닥면적 1m²마다 300cm² 비율로 계산한 면적 이상

02 다음은 다기능 가스안전계량기이다. 다기능 가스안전계량기의 작동성능 4가지를 쓰시오.(단, 유량 계량 성능은 제외한다.)

➕해답 1) 합계유량 차단 성능
     2) 연속사용시간 차단 성능
     3) 미소사용유량 등록 성능
     4) 미소누출 검지 성능
     5) 압력저하 차단 성능

03 화면은 LNG의 저장시설을 보여주고 있다. LNG의 주성분인 메탄(CH4)의 기체 비중은 얼마인가?

➕해답 0.551

➕참고 가스 비중 $S = \dfrac{M}{29} = \dfrac{16}{29} = 0.551$

04 화면에 보여주는 고압가스의 충전용기용 안전밸브의 종류를 쓰시오.

➕해답 스프링식 안전밸브

05 화면에 보이는 가연성 가스에 사용하는 설비에 대한 다음 물음에 답하시오.

1) 이 설비의 방출구는 작업원이 정상작업을 하는 장소 및 항시 통행하는 장소로부터 얼마 이상 떨어져 설치하는가?

2) 착지농도 기준으로 이 설비의 높이는 얼마인가?

➕해답 1) ① 긴급용 벤트스택 : 10m 이상
② 그 밖의 벤트스택 : 5m 이상

2) 폭발 하한계 값 미만

06 도시가스 매설배관의 지하설치에 대한 물음에 답하시오.

1) 도시가스 배관과 상수도관 등 다른 시설물과의 이격거리는 얼마인가?

2) 도시가스 배관 매설 시 보호판을 설치하는 이유를 2가지 쓰시오.

➕해답 1) 30cm 이상
2) ① 지하구조물, 암반 등으로 매설깊이를 확보하지 못했을 경우 배관을 보호하기 위해
② 도로 밑에 매설하는 경우 배관을 보호하기 위해
③ 도로 밑에 최고 사용압력이 중압 이상인 배관을 매설하는 경우 배관을 보호하기 위해

07 화면에서 보여주는 용기는 아세틸렌 충전용기이다. 용기 몸통에 표시된 'TW'의 기호가 뜻하는 바를 쓰시오.

➕해답 밸브 및 분리할 수 있는 부속품을 포함하지 아니한 용기의 질량에 용기의 다공물질·용제 및 밸브의 질량을 합한 질량(단위 : kg)

08 화면의 LPG 자동차용 용기충전기(Dispenser)에서 지시하는 부분의 명칭을 쓰시오.

➕해답 세이프티 커플링(Safety Coupling)

09 다음에서 설명하는 방폭구조의 명칭과 기호를 각각 쓰시오.

> 용기 내부에 절연유를 주입하여 불꽃, 아크 또는 고온 발생 부분이 기름 속에 잠기게 함으로써 기름면 위에 존재하는 가연성 가스에 인화되지 아니하도록 한 구조로 탄광에서 처음으로 사용하였다.
>
>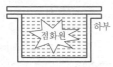

+해답 1) 명칭 : 유입방폭구조
2) 기호 : O

10 다음 화면에서 보여주는 안전밸브의 명칭을 쓰시오.

+해답 파열판식 안전밸브

가스산업기사 작업형 기출문제

01 다음 화면에서 보여주는 공업용 용기에 충전하는 가스의 명칭을 각각 쓰시오.

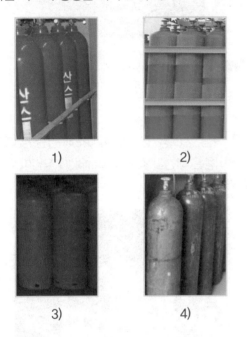

1)

2)

3)

4)

➕해답▶ 1) 탄산가스
2) 수소
3) 아세틸렌
4) 산소

02 다음 방폭등과 같이 방폭전기기기 결합부의 나사류를 외부에서 쉽게 조직함으로써 방폭성능을 손상시킬 우려가 있는 것은 드라이버, 스패너, 플라이어 등의 일반 공구로 조작할 수 없도록 한 구조의 명칭을 쓰고 표시된 Ex d ⅡB에서 ⅡB에 대하여 설명하시오.

➕해답▶ 1) 명칭 : 자물쇠식 조임구조
2) ⅡB : 내압방폭전기기기의 폭발등급

03 LPG 탱크로리 정차위치 및 이입·충전장소에 설치된 냉각살수장치의 물분무능력은 저장탱크 표면적 1m²당 얼마인가?

➕해답▶ 5L/min 이상

04 다음 화면에 보이는 장치는 메탄과 같은 저급 탄화수소의 유기화합물을 검출하는 검출기로, 불꽃 이온화검출기(FID)라 불리며 특정 가스와의 반응을 이용한 것이다. 이 가스는 무엇인가?

➕해답 수소(H_2)

05 액화석유가스의 저장설비, 가스설비, 용기보관실 등에 설치된 자연환기설비의 환기구에 대한 통풍구의 통풍능력 기준을 쓰시오.

➕해답 바닥면적 $1m^2$마다 $300cm^2$ 비율로 계산한 면적 이상

06 도로 밑에 매설된 도시가스 배관의 전기방식 중 희생양극법 및 외부전원법에 대한 전위측정용 터미널(TB) 설치간격을 각각 쓰시오.

➕해답 1) 희생양극법 : 300m 이내
　　　 2) 외부전원법 : 500m 이내

07 다음 가스용 폴리에틸렌(PE배관)관 맞대기 융착이음은 내경이 최소 몇 mm일 때 작업이 가능한지 쓰시오.

➕해답 75mm

08 다음 화면에 보이는, 도시가스 사용 시설에서 호스의 파손 및 구멍 등으로 가스가 누출될 때의 이상 과다 유량을 감지하여 가스 유출을 차단하는 기능을 지닌 기기의 명칭을 쓰시오.

➕해답 퓨즈콕

09 다음 화면은 일반 도시가스 배관을 지하에 매설하는 경우 지면에서 매설위치를 확인하는 것이다.

1) 명칭을 쓰시오.

2) 설치간격 기준을 쓰시오.

➕해답 1) 라인마크(Line-mark)
　　　 2) 배관길이 50m마다 1개 이상 설치한다.

10 다음은 도시가스 제조공정의 일부이다. 다음 설명에 해당하는 기법을 쓰시오.

> 공정에 존재하는 위험요소들과 공정의 효율을 떨어뜨릴 수 있는 운전상의 문제점을 찾아내어 그 원인을 제거하는 위험성 평가기법

➕해답 위험과 운전 분석(HAZOP) 기법

01 다음의 화면의 가연성 가스에 사용하는 설비에 대한 물음에 답하시오.

1) 이 설비의 방출구 위치는 작업원이 정상작업을 하는 장소 및 항시 통행하는 장소로부터 얼마 이상 떨어져 설치하는가?

2) 착지농도 기준으로 이 설비의 높이는 얼마인가?

➕해답 1) ① 긴급용 벤트스택 : 10m 이상
　　　　② 그 밖의 벤트스택 : 5m 이상

　　　 2) 폭발 하한계 값 미만

02 다음 화면과 같이 횡으로 설치된 도시가스 배관의 호칭지름이 150A일 때 고정장치의 최대 지지간격은 얼마인가?

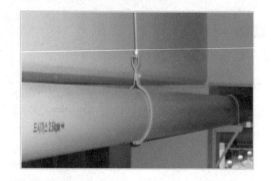

➕해답 10m

➕참고 교량 등의 배관지지

호칭지름(A)	지지간격(m)
100	8
150	10
200	12
300	16
400	19
500	22
600	25

03 다음은 도시가스 배관에 따라 사용하는 표지판이다. 물음에 답하시오.

1) 표지판 설치간격은?

2) 표지판 규격을 쓰시오.

➕해답 1) 500m 간격
　　　　2) 가로 200mm, 세로 150mm

➕참고 매설배관 표지판 설치간격 요약
　　　　1) 가스도매사업자 배관 및 고압가스 배관 지하
　　　　　매설 : 500m마다
　　　　2) 일반 도시가스 사업자 배관의 시가지 외 :
　　　　　200m마다

04 다음은 LPG용 자동차에 고정된 탱크의 이입 · 충전장소에 설치하는 장치로 온도 상승의 방지를 위해 사용하는 장치이다. 다음 물음에 답하시오.

1) 물분무능력은 저장탱크 표면적 1m²당 얼마인가?

2) 이 장치의 명칭을 쓰시오.

➕해답 1) 5L/min 이상
　　　　2) 냉각살수장치

05 다음은 도시가스 제조시설의 전경이다. 제조시설의 액화천연가스 저장설비와 처리설비의 외면으로부터 사업소 경계까지 유지하여야 하는 최소거리는 얼마인가?

➕해답 50m

06 화면은 LNG의 저장시설을 보여주고 있다. 다음 물음에 답하시오.

1) LNG의 주성분인 메탄(CH_4)의 임계압력은 얼마인가?

2) 메탄(CH_4)의 임계온도는 얼마인가?

➕해답 1) 임계압력 : 45.8atm
　　　　2) 임계온도 : −82.1℃

07 고압가스의 충전용기용 안전밸브의 종류를 3 가지만 쓰시오.

➕해답 1) 스프링식 안전밸브
2) 파열판식 안전밸브
3) 가용전식 안전밸브

08 다음의 설명에 대한 물음에 답하시오.

탱크 내부의 폭발 모습으로 방폭전기기기의 용기 내부에서 가연성 가스의 폭발이 발생할 경우 용기 가 폭발압력에 견디고 접합면, 개구부 등을 통하 여 외부의 가연성 가스에 인화되지 아니하도록 한 구조의 방폭구조이다.

1) 이 구조의 명칭을 쓰시오.

2) 이 구조의 기호를 쓰시오.

➕해답 1) 내압방폭구조
2) d

09 다음 설명에 해당하는 장치의 명칭을 쓰시오.

파일럿 버너 또는 메인 버너의 불꽃이 꺼지거나 연 소기구 사용 중에 가스 공급이 중단되거나 불꽃 검 지부에 고장이 생겼을 때 자동으로 가스 밸브를 닫 히게 하여 불이 꺼졌을 때 가스가 유출되는 것을 방지하는 안전장치로, 종류에는 열전대식, UV-cell 방식 등이 있다.

➕해답 소화안전장치

10 전기 방식법 중 외부전원법의 장점 3가지를 쓰시오.

➕해답 1) 효과 범위가 넓다.
2) 전식에 대해서도 방식이 가능하다.
3) 전압, 전류의 조성이 일정하다.
4) 장거리 배관에는 전원장치 수가 적어도 된다.
5) 평상시의 관리가 용이하다.

01 다음 화면은 LPG 자동차 충전소의 폭발사고 모습이다. LPG가 누설되어 가연성 액체 저장탱크 주변에서 화재가 발생하여 기상부의 탱크가 국부적으로 가열되면 그 부분이 강도가 약해져 탱크가 파열된다. 이때 내부의 액화 가스가 급격히 유출 팽창되어 화구(Fire Ball)를 형성하여 폭발하는 형태를 무엇이라 하는지 영문자로 쓰시오.

➕해답 BLEVE

02 다음의 화면에서 보여주는 공업용 용기에 충전하는 가스의 명칭을 각각 쓰시오.

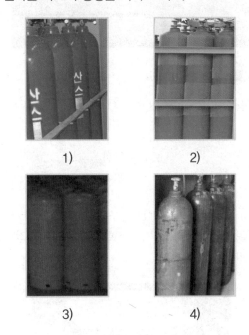

1)   2)

3)   4)

➕해답 1) 탄산가스
2) 수소
3) 아세틸렌
4) 산소

03 다음 화면의 맞대기 융착이음에 대한 가스용 폴리에틸렌(PE)관의 두께가 20mm일 때 비드 폭의 최소치(A, min)와 최대치(B, max)를 각각 계산하시오.

해답 A(최소) : 13mm, B(최대) : 20mm

참고 1) A(최소) = $3 + 0.5 \times t$
$= 3 + 0.5 \times 20 = 13\text{mm}$
2) B(최대) = $5 + 0.75 \times t$
$= 5 + 0.75 \times 20 = 20\text{mm}$

04 도시가스 매설배관의 누설검사 차량에 탑재하여 사용하는 수소불꽃이온화검출기(FID)의 검출 원리를 설명하시오.

해답 불꽃 속에 탄화수소가 들어가 시료 성분이 이온화되면 불꽃 중에 놓인 전극 간의 전기 전도도가 증대하는 것을 이용한 것이다.

05 다음 도시가스 정압기실에서 정압기의 전단 및 후단에 설치되는 안전장치의 명칭을 각각 쓰시오.

해답 1) 전단 : 긴급차단장치
2) 후단 : 정압기 안전밸브

06 화면은 LNG의 저장시설을 보여주고 있다. 다음 물음에 답하시오.

1) LNG의 주성분인 메탄(CH_4)의 기체 비중 얼마인가?
2) 메탄(CH_4)의 밀도는 얼마인가?

해답 1) 가스 비중 $S = \dfrac{M}{29} = \dfrac{16}{29} = 0.551$

2) 밀도 $\rho = \dfrac{M}{22.4} = \dfrac{16}{22.4} = 0.714\text{kg/m}^3$

07 화면에 보여주는 고압가스의 충전용기용 안전밸브의 종류를 쓰시오.

➕해답 스프링식 안전밸브

08 [보기]의 설명과 제시되는 그림을 보고 해당하는 방폭구조의 명칭과 기호를 각각 쓰시오.

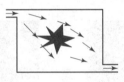

[보기]
용기 내부에 보호가스로 신선한 공기 또는 불활성 가스를 압입하여 내부압력을 유지함으로써 가연성 가스가 용기 내부로 유입되지 않도록 한 구조이다.

➕해답 1) 명칭 : 압력방폭구조
2) 기호 : P

09 도시가스 매설배관의 지하설치에 대한 물음에 답하시오.

1) 도시가스 배관과 상수도관 등 다른 시설물과의 이격거리는 얼마인가?

2) 도시가스 배관 매설 시 보호판을 설치하는 이유 2가지를 쓰시오.

➕해답 1) 30cm 이상
2) ① 지하구조물, 암반 등으로 매설깊이를 확보하지 못했을 경우 배관을 보호하기 위해
② 도로 밑에 매설하는 경우 배관을 보호하기 위해
③ 도로 밑에 최고 사용압력이 중압 이상인 배관을 매설하는 경우 배관을 보호하기 위해

10 다음과 같이 도시가스를 사용하는 연소기구에서 1차 공기량이 부족할 경우, 연소반응이 충분한 속도로 진행되지 않을 때 불꽃의 끝이 적황색으로 되어 연소하는 현상을 무엇이라 하는가?

➕해답 옐로 팁(Yellow Tip) 또는 황염

가스산업기사 작업형 기출문제

01 고압가스 충전용기용 안전밸브의 종류를 3가지만 쓰시오.

●해답 1) 스프링식 안전밸브
2) 파열판식 안전밸브
3) 가용전식 안전밸브

02 다음은 다기능 가스안전계량기이다. 다기능 가스안전계량기의 작동성능 4가지를 쓰시오.(단, 유량 계량 성능은 제외한다.)

●해답 1) 합계유량 차단 성능
2) 연속사용시간 차단 성능
3) 미소사용유량 등록 성능
4) 미소누출 검지 성능
5) 압력저하 차단 성능

03 다음 화면에서 보여주는 공업용 용기에 충전하는 가스의 명칭을 각각 쓰시오.

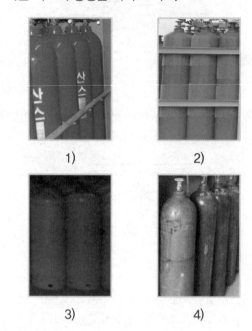

1)

2)

3)

4)

●해답 1) 탄산가스
2) 수소
3) 아세틸렌
4) 산소

04 다음은 실내에 설치된 기화장치 구조의 시설이다. 물음에 답하시오.

1) 열교환기 밖으로의 액체 상태 유출을 방지하는 장치의 명칭을 쓰시오.

2) 실내로의 액체 유출 시 발생할 수 있는 문제점을 2가지 쓰시오.

➕해답 1) 액유출방지장치
2) ① 인화, 폭발의 위협
② 가스 유출로 인한 실내 산소 부족에 의한 질식
③ 피부 노출 시 저온 자극으로 인한 동상

05 화면에서 보여주는 용기는 아세틸렌 충전용기이다. 용기 몸통에 표시된 'TW' 기호가 뜻하는 바를 쓰시오.

➕해답 밸브 및 분리할 수 있는 부속품을 포함하지 아니한 용기의 질량에 용기의 다공물질·용제 및 밸브의 질량을 합한 질량(단위 : kg)

06 다음 가스용 폴리에틸렌(PE)관 맞대기 융착 이음은 내경이 최소 몇 mm일 때 작업이 가능한지 쓰시오.

➕해답 75mm

07 액화석유가스의 저장설비, 가스설비, 용기보관실 등에 설치된 자연환기설비의 환기구에 대한 통풍구의 통풍능력 기준을 쓰시오.

➕해답 바닥면적 $1m^2$마다 $300cm^2$ 비율로 계산한 면적 이상

08 화면에 보이는 장미는 LNG에 넣었다가 빼낸 것으로, 꽃잎이 쉽게 부스러진다. 100% CH_4를 Cl_2와 반응시키면 HCl과 냉매로 사용되는 물질이 생성되는데 이 물질명을 쓰시오.

◆해답 염화메틸(CH_3Cl)

◆참고 반응식 : $CH_4 + Cl_2 \rightarrow CH_3Cl + HCl$

09 다음은 도시가스 배관의 용접부에 비파괴검사를 하는 장면이다. 이 검사법의 명칭을 영문 약자로 쓰시오.

◆해답 RT(방사선 투과검사)

10 다음은 지하에 매설된 도시가스 배관을 전기방식조치를 하기 위하여 설치된 정류기이다. 이 전기방식법의 전위 측정용 터미널 설치간격은 얼마인가?

◆해답 500m 이내

01 도로 밑에 매설된 도시가스 배관의 전기방식 중 희생양극법 및 외부전원법에 대한 전위측정용 터미널(TB) 설치간격을 각각 쓰시오.

+해답 1) 희생양극법 : 300m 이내
2) 외부전원법 : 500m 이내

02 LPG 탱크로리 정차위치 및 이입·충전장소에 설치된 냉각살수장치의 물분무능력은 저장탱크 표면적 1m²당 얼마인가?

+해답 5L/min 이상

03 다음 화면은 도시가스 사용 시설의 배관시설이다. 물음에 답하시오.

1) 배관 이음부와 절연조치를 하지 않은 전선과의 유지거리는 얼마인가?

2) 가스계량기와 절연조치를 하지 않은 전선과의 유지거리는 얼마인가?

+해답 1) 15cm 이상
2) 15cm 이상

04 다음은 압축 천연가스의 온도를 측정하는 장면이다. 측정온도 표시가 −161℃인 상태에서 액체 상태와 기체 상태로 공존하는 주성분 가스의 명칭을 쓰시오.

+해답 메탄(CH_4)

05 다음은 각 가스를 공업용 용기에 충전하여 보관하는 장면이다. 아래의 물음에 해당하는 장면의 기호를 쓰시오.

A   B

C   D

1) 가연성 가스를 고르시오.

2) 충전 시 수취기가 필요한 것은?

3) 바닥으로 가라앉을 수 있는 가스는?

➕해답 1) A(아세틸렌), D(수소)
2) B(산소)
3) B(산소), C(탄산가스)

➕참고 수취기는 산소 충전 시 압축기와 충전용 지관 사이에 설치한다.

06 화면에 보이는 용기의 안전장치 부분의 명칭을 쓰시오.

➕해답 가용-전식 안전밸브

07 다음은 도시가스 사용 시설의 정압기실의 내부이다. 액시얼플로식(AFV) 정압기의 2차압력 상승 원인을 3가지 쓰시오.

➕해답 1) 고무 슬리브, 게이지 사이에 먼지가 끼어 Cut-off 불량 발생
2) 파일럿의 Cut-off 불량 발생
3) 파일럿계 필터 조리개의 먼지 막힘
4) 고무 슬리브 하류 측의 파손
5) 2차압 조절관 파손
6) 바이패스밸브류의 누설
7) 파일럿 대기 측 다이어프램 파손

08 방폭등 명판에 각인 표시사항이 Exd(d)로 표기된 경우 어떤 방폭구조인가? ① 명칭을 쓰고, ② 설명하시오.

➕해답 ① 내압방폭구조
② 방폭전기기기 내부의 폭발 등으로 인한 불꽃이 외부로 전달되지 않도록 내압에 견디는 구조이다.

09 화면에 보이는 아세틸렌(C_2H_2) 가스 충전용기 내부에 충전하는 침윤제와 희석제의 종류를 각각 2가지씩 쓰시오.

➕해답 1) 침윤제(용제)
① 아세톤
② DMF(디메틸포름아미드)

2) 희석제
① 메탄　　　② 일산화탄소
③ 질소　　　④ 에틸렌

10 액화석유가스 저장설비나 가스설비 등의 용기보관실의 전경이다. 다음의 물음에 답하시오.

1) 바닥면적 1m²에 대한 통풍구 크기를 쓰시오.
2) 1개의 통풍구 최대 면적은 몇 cm²인지 쓰시오.

➕해답 1) 300cm²
2) 2,400cm² 이하

2020년
3회
가스산업기사 작업형 기출문제

01 화면은 도시가스 사용시설의 방폭기기 설치 장면을 보여주고 있다. 방폭전기기기 명판에 표시된 'Ex d ib ‖ B T6'의 방폭구조 2가지를 쓰시오.

⊕해답 1) d : 내압방폭구조
2) ib : 본질안전방폭구조

02 다음은 LPG 자동차용 충전기(Dispenser)에 대한 설명이다. 물음에 답하시오.

1) 충전호스 끝부분에 설치되는 장치는?

2) 충전호스에 과도한 인장이 작용했을 때 분리되는 안전장치의 명칭은?

⊕해답 1) 정전기 제거장치
2) 세이프티커플링(Safety Coupling)

⊕참고 세이프티커플링(충전기 안전장치)
1) 충전 중 충전호스에 과다한 인장응력이 발생할 경우 충전기와 가스주입기가 분리될 수 있는 안전장치이다.
2) 세이프티커플러가 분리되는 힘은 490.4N 이상이다.
3) 충전기 충전용량범위는 10~60L/분이다.

03 화면에 보이는 액화석유가스(LPG)를 이입·충전 시 정전기를 제거하기 위하여 접지선을 연결하는 기기의 명칭을 쓰시오.

⊕해답 접지탭(접지코드, 접속금구)

04 다음 화면에서 보여주는 용기에 대한 물음에 답하시오.

1) 이 용기의 명칭을 쓰시오.

2) 이 용기의 일반 용기와 비교 시 특징을 설명하시오.

해답 1) 사이펀 용기

2) 원칙적으로 기화장치와 연결하여 상용하는 것으로 용기 내부에 사이펀 관을 설치하여 하부의 액화석유가스를 이송하여 기화 후 사용한다.

05 화면은 액화산소 저장탱크를 보여 주고 있다. 물음에 답하시오.

1) 방류둑을 설치하여야 할 저장능력은 얼마인가?

2) 방류둑 용량은 저장탱크 저장능력 상당 용적의 얼마인가?

해답 1) 1,000톤 이상   2) 60% 이상

참고 1) 방류둑 설치 대상

① LPG, 가연성 가스, 액화산소, 일반도시가스 : 1,000톤 이상

② 고압가스 특정 제조 중 가연성 가스, 도시가스 도매사업 : 500톤 이상

③ 독성가스 : 5톤 이상

④ 냉동 제조시설의 수액기의 내용적 : 10,000L 이상

2) 방류둑 구조

① 방류둑 성토는 45° 이하로 하고 성토 윗부분은 30cm 이상으로 한다.

② 계단 및 사다리 등 출입구는 50m마다 설치한다.

③ 방류둑 용량은 저장탱크의 저장능력에 상당하는 용량이다.(다만, 액화산소는 저장능력의 60% 이상)

06 다음의 막식 가스미터에 표시된 내용을 설명하시오.

1) MAX 1.5m³/h

2) 0.5l/rev

해답 1) 사용 최대 유량이 시간당 1.5m³이다.

2) 계량실 1주기 체적이 0.5L이다.

07 다음의 [보기] 내용의 빈칸을 채우시오.

[보기]
고압가스의 저장시설에 설치한 압력계는 상용압력의 (①)배 이상 (②)배 이하의 최고 눈금이 있는 것이어야 하며, 사업소에는 국가표준기본법에 의한 교정을 받은 표준이 되는 압력계를 2개 이상 비치한다.

⊕해답 ① 1.5　　　　　② 2

08 다음의 LPG 충전기 보호대에 대한 물음에 답하시오.

1) 보호대의 규격을 쓰시오.

2) 보호대의 높이를 쓰시오.

⊕해답 1) 강관은 100A 이상 또는 철근콘크리트는 두께 12cm 이상으로 한다.
　　　 2) 80cm 이상

09 다음의 고압가스 제조설비가 누출된 가스가 체류할 우려가 있는 장소에 설치될 때 바닥면 둘레가 55m이면 가스누출 검지 경보장치의 검출부 설치 수는 몇 개인가 쓰시오.

⊕해답 3개

⊕참고 고압가스 설비가 설치된 경우는 바닥 둘레 20m마다 1개 이상 설치한다.

10 다음 고정식 압축도시가스 자동차 충전소에 대한 물음에 답하시오.

1) 압축가스설비 외면으로부터 사업소 경계까지 안전거리는 얼마를 유지하는가?(단, 압축가스설비 주위에 철근콘크리트제 방호벽이 설치되어 있다.)

2) 처리설비 및 압축가스설비로부터 몇 m 이내에 보호시설이 있는 경우에는 방호벽을 설치하는가?

3) 충전설비가 도로경계와 유지하여야 할 거리는 얼마인가?

4) 처리설비·압축가스설비 및 충전설비가 철도까지 유지하여야 할 거리는 얼마인가?

해답 1) 5m 이상
2) 30m 이내
3) 5m 이상
4) 30m 이상

01 다음 화면과 같이 횡으로 설치된 도시가스 배관의 호칭지름이 150A일 때 고정장치의 최대 지지간격은 얼마인가?

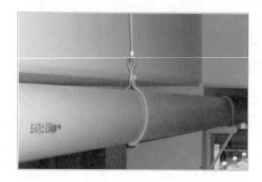

➕해답 10m

➕참고 교량 등의 배관 지지

호칭지름(A)	지지간격(m)
100	8
150	10
200	12
300	16
400	19
500	22
600	25

02 다음 보기에서 해당하는 방폭구조 명칭을 쓰시오.

[보기]
불꽃이나 아크 발생 부분이 기름 속에 잠기게 함으로써 기름면 위에 존재하는 가연성 가스에 인화되지 않게 하는 구조이다.

➕해답 유입방폭구조

➕참고 유입 방폭구조는 가스 · 증기에 대한 전기기기 방폭구조의 한 형식으로 용기 내의 전기 불꽃을 발생하는 부분을 유(油) 중에 내장시켜 유면상 및 용기의 외부에 존재하는 폭발성 분위기에 점화할 염려가 없게 한 방폭구조를 말한다.

03 다음 화면은 저장시설 바닥을 보여준다. 저장탱크와 방류둑 외부에 있는 밸브로, 방류둑 내 배수를 위한 밸브의 명칭과 이 밸브의 평상시 열림 또는 닫힘을 쓰시오.

➕해답 1) 명칭 : 배수밸브
　　2) 열림 또는 닫힘 : 닫혀있어야 한다.

04 다음 화면의 저장탱크에서 지름이 30m와 지름이 34m인 저장탱크의 상호 간 거리는 몇 m 인가?

➕해답 16m

➕참고 저장탱크 상호 간 거리는 최대 직경 합산의 1/4로 한다.

$$\therefore \ 상호 \ 간 \ 거리 = \frac{30+34}{4} = 16m$$

05 화면의 가스보일러 설치 장면을 보고 다음 괄호에 알맞은 내용을 쓰고, 물음에 답하시오.

1) 배기통 톱에는 새·쥐 등 직경 (　　)mm 이상인 물체가 통과할 수 없는 방조망을 설치한다.
2) 전용보일러실에는 음압(대기압보다 낮은 압력) 형성의 원인이 되는 (　　)을 설치하지 않는다.
3) 가스보일러는 (　　)에 설치하지 않는다.
4) 가스보일러를 전용보일러실에 설치하지 않을 수 있는 경우 1가지를 쓰시오.

➕해답 1) 16
　　2) 환기팬
　　3) 지하실 또는 반지하실
　　4) ① 밀폐식 가스보일러
　　　　② 옥외에 설치한 가스보일러
　　　　③ 전용급기통을 부착하는 구조로 검사에 합격한 강제배기식 가스보일러

➕참고 가스보일러의 설치
　　1) 배기통 톱에는 새·쥐 등 직경 16mm 이상인 물체가 통과할 수 없는 방조망을 설치한다.
　　2) 전용보일러실에는 음압(대기압보다 낮은 압력을 말한다.) 형성의 원인이 되는 환기팬을 설치하지 않는다.

3) 가스보일러는 지하실 또는 반지하실에 설치하지 않는다. 다만, 밀폐식 가스보일러 및 급배기 시설을 갖춘 전용보일러실에 설치하는 반밀폐식 가스보일러의 경우에는 지하실 또는 반지하실에 설치할 수 있다.

4) 가스보일러는 전용보일러실(보일러실 안의 가스가 거실로 들어가지 않는 구조로서 보일러실과 거실 사이의 경계벽은 출입구를 제외하고는 내화구조의 벽을 말한다.)에 설치한다. 다만, 다음 중 어느 하나에 해당하는 경우에는 전용보일러실에 설치하지 않을 수 있다.

① 밀폐식 가스보일러
② 옥외에 설치한 가스보일러
③ 전용급기통을 부착하는 구조로 검사에 합격한 강제배기식 가스보일러

06 초저온용기의 기준온도를 쓰시오.

⊕해답 −50℃(영하 50℃, 섭씨 영하 50도)

⊕참고 용어의 정의

1) 초저온용기 : 섭씨 영하 50도 이하의 액화가스를 충전하기 위한 용기로서 단열재를 씌우거나 냉동설비로 냉각시키는 등의 방법으로 용기 내의 가스 온도가 상용의 온도를 초과하지 아니하도록 한 것을 말한다.

2) 저온용기 : 액화가스를 충전하기 위한 용기로서 단열재를 씌우거나 냉동설비로 냉각시키는 등의 방법으로 용기 내의 가스 온도가 상용의 온도를 초과하지 아니하도록 한 것 중 초저온용기 외의 것을 말한다.

3) 충전용기 : 고압가스의 충전질량 또는 충전압력의 2분의 1 이상이 충전되어 있는 상태의 용기를 말한다.

4) 잔가스용기 : 고압가스의 충전질량 또는 충전압력의 2분의 1 미만이 충전되어 있는 상태의 용기를 말한다.

5) 가스설비 : 고압가스의 제조·저장 설비 중 가스(제조·저장된 고압가스, 제조공정 중에 있는 고압가스가 아닌 상태의 가스 및 해당 고압가스 제조의 원료가 되는 가스를 말한다.)가 통하는 부분을 말한다.

6) 고압가스설비 : 가스설비 중 고압가스가 통하는 부분을 말한다.

7) 처리설비 : 압축·액화나 그 밖의 방법으로 가스를 처리할 수 있는 설비 중 고압가스의 제조(충전을 포함한다)에 필요한 설비와 저장탱크에 딸린 펌프·압축기 및 기화장치를 말한다.

8) 감압설비 : 고압가스의 압력을 낮추는 설비를 말한다.

9) 처리능력 : 처리설비 또는 감압설비에 의하여 압축·액화나 그 밖의 방법으로 1일에 처리할 수 있는 가스의 양(온도 섭씨 0도, 게이지압력 0파스칼의 상태를 기준으로 한다.)을 말한다.

07 용기에 각인된 1) Tp 250, 2) Fp 150 표시의 의미를 쓰시오.

⊕해답 1) 250kg/cm²(내압시험압력)
2) 150kg/cm²(최고충전압력)

08 폭 20m 도로에 배관을 설치할 때 배관의 매설깊이는 몇 m 이상으로 하는가?

+해답 1.2m

+참고 배관을 매설하는 경우에는 설치 환경에 따라 다음 기준에 따른 적절한 매설깊이나 설치간격을 유지할 것
1) 공동주택 등의 부지 안에서는 0.6m 이상
2) 폭 8m 이상의 도로에서는 1.2m 이상. 다만, 도로에 매설된 최고사용압력이 저압인 배관에서 횡으로 분기하여 수요가에게 직접 연결되는 배관의 경우에는 1m 이상으로 할 수 있다.
3) 폭 4m 이상 8m 미만인 도로에서는 1m 이상
4) 배관을 철도부지에 매설하는 경우에는 배관의 외면으로부터 궤도 중심까지 4m 이상, 그 철도부지 경계까지는 1m 이상의 거리를 유지하고, 지표면으로부터 배관의 외면까지의 깊이를 1.2m 이상 유지한다.

09 LPG 충전소의 지하에 설치된 30톤 탱크와 사업소 경계와의 거리는 얼마 이상 유지해야 하는가?

+해답 30m

+참고 액화석유가스 충전시설 중 저장설비는 그 바깥 면으로부터 사업소 경계까지의 거리를 다음 표에 따른 거리 이상으로 유지할 것

저장능력	사업소 경계와의 거리
10톤 이하	24m
10톤 초과 20톤 이하	27m
20톤 초과 30톤 이하	30m
30톤 초과 40톤 이하	33m
40톤 초과 200톤 이하	36m
200톤 초과	39m

10 열 융착 이음의 종류 3가지를 쓰시오.

⊕해답 1) 맞대기 융착
2) 새들 융착
3) 소켓 융착

⊕참고 PE배관의 접합은 열 융착 또는 전기 융착에 의하여
실시하고, 모든 융착은 융착기(Fusion Machine)
를 사용하여 실시한다.
1) 열융착 이음 방법은 맞대기 융착, 소켓 융착 또
는 새들 융착으로 구분하고 맞대기 융착(Butt
Fusion)은 공칭외경 90mm 이상의 직관과 이음
관 연결에 적용하되 다음 기준에 적합하게 한다.
① 비드(Bead)는 좌우 대칭형으로 둥글고 균일
하게 형성되도록 한다.
② 비드의 표면은 매끄럽고 청결하도록 한다.
③ 접합면의 비드와 비드 사이의 경계 부위는
배관의 외면보다 높게 형성되도록 한다.
④ 이음부의 연결오차(V)는 배관 두께의 10%
이하로 한다.

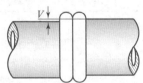

⑤ 공칭외경별 비드 폭은 원칙적으로 다음 식
에 의해 산출한 최소치 이상 최대치 이하이
고 산출식은 다음과 같다.
• 최소(B_{min}) = 3 + 0.5t
• 최대(B_{max}) = 5 + 0.75t
여기서, t : 배관 두께

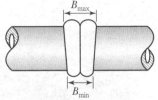

2) 전기 융착 이음은 소켓 융착 또는 새들 융착으
로 구분하여 다음 기준에 적합하게 한다.
① 전기 융착에 사용되는 이음관은 KGS AA232
(가스용 전기융착폴리에틸렌이음관 제조의
시설ㆍ기술ㆍ검사 기준)에 의한 검사품 또는
KS M 3515(가스용 폴리에틸렌관의 이음관)
제품을 사용한다.
② 소켓 융착 이음부는 배관과 일직선을 유지
하고, 새들 융착 이음매 중심선과 배관 중심
선은 직각을 유지한다.
③ 소켓 융착의 이음부에는 배관 두께가 일정하
게 표면 산화층을 제거할 수 있도록 기계식
면취기(스크래퍼)를 사용하여 배관 표면층
을 제거해야 하며 관의 용융부위는 소켓 내
부 경계턱까지 완전히 삽입되도록 한다. 다
만, 기계식 면취기(스크래퍼)로 면취가 불가
능한 경우 면취용 날 등을 사용하여 배관의
표면 산화층을 일정하게 제거할 수 있다.
④ 소켓 융착 작업은 클램프 등 홀더를 사용하
여 고정 후 융착 작업을 실시하고 융착 작업
종료 시까지 융착 공정에 적합한 전류가 공
급되어야 한다.
⑤ 전기 융착에 사용되는 이음관과 배관의 접
합면 외부로는 용융물 또는 열선이 돌출되
지 않도록 한다.
⑥ 융착기는 융착 과정의 전류변화가 표시되어
야 하며, 급격한 전류변화 및 이음관 열선의
단선ㆍ단락 시에는 융착을 즉시 중단한다.
⑦ 융착기는 전기 융착에 사용되는 이음관의 사
양에 적합한 것으로 한다.
⑧ 시공이 불량한 융착이음부는 절단 후 재시
공한다.

가스기사 · 산업기사 실기

발행일 | 2018년 2월 10일 초판 발행
2021년 7월 10일 개정 1판1쇄

저 자 | 권오수 · 권혁채 · 전삼종
발행인 | 정용수
발행처 | 예문사

주 소 | 경기도 파주시 직지길 460(출판도시) 도서출판 예문사
T E L | 031) 955 – 0550
F A X | 031) 955 – 0660
등록번호 | 11 – 76호

• 이 책의 어느 부분도 저작권자나 발행인의 승인 없이 무단 복제
  하여 이용할 수 없습니다.
• 파본 및 낙장은 구입하신 서점에서 교환하여 드립니다.
• 예문사 홈페이지 http : //www.yeamoonsa.com

정가 : 32,000원

ISBN 978–89–274–4065–9 13570